W0252254

Lizenz zum Wissen.

Sichern Sie sich umfassendes Wirtschaftswissen mit Sofortzugriff auf tausende Fachbücher und Fachzeitschriften aus den Bereichen: Management, Finance & Controlling, Business IT, Marketing, Public Relations, Vertrieb und Banking.

Exklusiv für Leser von Springer-Fachbüchern: Testen Sie Springer für Professionals 30 Tage unverbindlich. Nutzen Sie dazu im Bestellverlauf Ihren persönlichen Aktionscode C0005407 auf *www.springerprofessional.de/buchkunden/*

Springer für Professionals.
Digitale Fachbibliothek. Themen-Scout. Knowledge-Manager.

- Zugriff auf tausende von Fachbüchern und Fachzeitschriften
- Selektion, Komprimierung und Verknüpfung relevanter Themen durch Fachredaktionen
- Tools zur persönlichen Wissensorganisation und Vernetzung

www.entschieden-intelligenter.de

Springer für Professionals

Springer

Lars Binckebanck · Ann-Kristin Hölter ·
Alexander Tiffert
Herausgeber

Führung von Vertriebsorganisationen

Strategie - Koordination - Umsetzung

Springer Gabler

Herausgeber

Lars Binckebanck
Nordakademie – Hochschule der Wirtschaft
Elmshorn, Deutschland

Alexander Tiffert
Vertriebsentwicklung mit Kultur
Hamburg, Deutschland

Ann-Kristin Hölter
Nordakademie – Hochschule der Wirtschaft
Elmshorn, Deutschland

ISBN 978-3-658-01829-0
ISBN 978-3-658-01830-6 (eBook)
DOI 10.1007/978-3-658-01830-6

Die Deutsche Nationalbibliothek verzeichnet diese Publikation in der Deutschen Nationalbibliografie; detaillierte bibliografische Daten sind im Internet über http://dnb.d-nb.de abrufbar.

Springer Gabler
© Springer Fachmedien Wiesbaden 2013
Das Werk einschließlich aller seiner Teile ist urheberrechtlich geschützt. Jede Verwertung, die nicht ausdrücklich vom Urheberrechtsgesetz zugelassen ist, bedarf der vorherigen Zustimmung des Verlags. Das gilt insbesondere für Vervielfältigungen, Bearbeitungen, Übersetzungen, Mikroverfilmungen und die Einspeicherung und Verarbeitung in elektronischen Systemen.

Die Wiedergabe von Gebrauchsnamen, Handelsnamen, Warenbezeichnungen usw. in diesem Werk berechtigt auch ohne besondere Kennzeichnung nicht zu der Annahme, dass solche Namen im Sinne der Warenzeichen- und Markenschutz-Gesetzgebung als frei zu betrachten wären und daher von jedermann benutzt werden dürften.

Lektorat: Angela Pfeiffer

Gedruckt auf säurefreiem und chlorfrei gebleichtem Papier.

Springer Gabler ist eine Marke von Springer DE. Springer DE ist Teil der Fachverlagsgruppe Springer Science+Business Media
www.springer-gabler.de

Vorwort

„The speed of the boss is the speed of the team“ (Lee Iacocca).

Der amerikanische Topmanager Lee Iacocca, von 1979 bis 1992 der Vorstandsvorsitzende der Chrysler Corporation, hatte die Gabe, sein Erfolgsrezept mit markanten Aussagen zu vermitteln. Ihm, der zuvor bei Ford im Vertrieb Karriere gemacht hatte, war trotz seiner unternehmerischen Gesamtverantwortung als Topmanager stets klar: „Ein Unternehmen lebt nicht von dem, was es produziert, sondern von dem, was es verkauft.“ Demnach lebt ein Unternehmen von seiner Vertriebsorganisation und davon, wer diese auf welche Weise führt.

Doch die Führung der Vertriebsorganisation ist nicht nur erfolgskritisch für das Gesamtunternehmen, sie gehört auch zu den fachlich anspruchsvollsten Aufgaben für Führungskräfte. Vertrieb ist vielfältig und komplex. Er umfasst direkte und indirekte Vertriebskanäle sowie persönliche und unpersönliche Vertriebsprozesse. In der Vertriebsorganisation arbeiten hochqualifizierte Mitarbeiter und Mitarbeiterinnen[1] im Innen- und Außendienst, im technischen Kundendienst oder im Callcenter. Sie kümmern sich um Kleinkunden sowie Schlüsselkunden und müssen sich dabei stets funktionenübergreifend auf kundenindividuelle Marktbedürfnisse einstellen. Neue Medien, von Mobile Media über Social CRM bis hin zu Geoinformationssystemen, verändern permanent die Anforderungen an persönliche und fachliche Kompetenzen. Der Job umfasst logistische Aspekte ebenso wie psychologische. Intelligente Entlohnungssysteme sollen motivieren und steuern, IT-Systeme entlocken „Big Data“ überraschende Perspektiven auf das Kaufverhalten von Kunden. E-Commerce substituiert tradierte Vertriebsaktivitäten, und die Globalisierung schafft neue Formen des Team Selling sowie Chancen und Herausforderungen durch Diversität. Und über allem schwebt das Damoklesschwert des Wirtschaftlichkeitsgebots.

Gerade der persönliche Verkauf gehört zu den teuersten Marketinginstrumenten, entzieht sich aber zugleich aufgrund der komplexen Interaktionen zwischen Selling und Buying Center herkömmlichen Optimierungsprozessen. Vertriebsleiter müssen daher konzeptionell die organisatorischen Voraussetzungen für die Umsetzung der Unternehmensziele

[1] Im Folgenden wird aus Gründen der Übersichtlichkeit der Textdarstellung stets die geschlechtsneutrale Form verwendet.

schaffen. Gleichzeitig brauchen sie vertrieblichen „Stallgeruch" und ein Verständnis dafür, wie Verkaufsmitarbeiter zu motivieren sind. Erfahrungsgemäß haben Hochschulabsolventen ein gutes Rüstzeug für die Konzeptionsebene, aber ein unzureichendes Gespür für die Durchführungsebene im Vertrieb. Bei erfahrenen Verkäufern ist es genau umgekehrt: Sie können verkaufen, aber häufig nicht führen. Welche Erfolgsfaktoren gelten also für die effektive Vertriebsleitung? Welche Stellhebel führen zu mehr Effizienz in der Vertriebsorganisation? Im globalen Wettbewerb ist der Vertrieb als Speerspitze des Unternehmens zu erfolgskritisch, um diese Frage im Trial-and-Error-Verfahren zu erforschen.

Vor diesem Hintergrund fand am 27. April 2012 im Audimax der NORDAKADEMIE in Elmshorn die dritte „Sales Convention" unter dem Motto „In Führung gehen im Vertrieb – Erfolgsfaktoren für die Vertriebsleitung" statt. Renommierte Experten aus Forschung, Beratung und Praxis diskutierten mit über 120 Zuhörern, welche Erfolgsfaktoren für die Führung von Vertriebsorganisationen relevant sind. Es gelang dank hochkarätiger Referenten, das Thema in Elmshorn angemessen zu beleuchten – die Diskussionen waren sicherlich für alle Teilnehmer spannend und hoffentlich auch inspirierend.

Doch wurde uns dort schnell klar: Die Anforderungen sind komplex und die Lösungsansätze vielfältig. In der Wissenschaft fehlen allgemein akzeptierte Modelle, dafür wird mit immer ausgefeilteren empirischen Methoden auf immer exotischere Teilprobleme der Vertriebsleitung eingegangen. Im Spannungsfeld von Rigour vs. Relevance bleibt die Praxisrelevanz akademischer Forschung allzu häufig auf der Strecke. In der Beratung dominiert das „Big Picture" die praktische Umsetzung: Die strategischen Postulate aus den großen Consulting-Schmieden klingen beeindruckend, verfehlen aber in der Praxis häufig das charakteristische Wesen von Vertriebsorganisationen. Wenn Strategen auf Verkäufer treffen, prallt zumeist Anspruch auf Wirklichkeit. Kaum eine Unternehmensfunktion ist veränderungsresistenter als der Vertrieb. Vielleicht liegt das daran, dass bei vielen Veränderungsversuchen der Vergangenheit schlicht und einfach die Rechnung ohne den Vertrieb gemacht wurde. Welcher Praktiker glaubt denn wirklich, dass sich Kundenbeziehungen mit Datenbanken managen lassen? Welcher Verkäufer hat seinen Kunden jemals mithilfe von „Unternehmensleitbild", „Vision" oder „Corporate Governance" zum Abschluss geführt? Und hat ein Markenhandbuch mit den allerfeinsten Corporate-Identity-Richtlinien schon einmal den Ausschlag in einer Preisverhandlung gegeben?

Es ist also nicht verwunderlich, dass die Vertriebsorganisation in manchem Unternehmen bedenklich einer Parallelwelt ähnelt. Manche Verkäufer sind erfolgreich, weil sie eben *nicht* jeder Modewelle hinterherrennen, sondern Verkaufen als einen Akt zwischenmenschlicher Interaktion sehen – mit psychologischen und sozialen Regeln, die seit Tausenden von Jahren unverändert gelten. Und so mancher Vertriebsleiter verdient sich den Respekt seiner Mitarbeiter und führt diese zum Erfolg, weil er Vorgaben aus der Zentrale einfach *nicht* umsetzt. Allerdings führt beides auch dazu, dass der Vertrieb in der Praxis von Legenden und Mythen durchsetzt ist und teilweise unsinnige Heuristiken als Verkäuferfolklore ein scheinbar ewiges Leben führen. Einer dieser Wiedergänger der Vertriebspraxis ist beispielsweise die Unsitte, den besten Verkäufer zum Vertriebsleiter zu machen – ohne Rücksicht darauf, dass die erfolgskritischen Kompetenzen beider Berufsbilder grundverschieden sind. Wer etwa schon einmal auf dem Deutschen Vertriebs- und Verkaufsleiterkongress erlebt hat, wie hochrangige Führungskräfte großer und renommierter Vertriebsorganisationen öffentlich über die „superschlauen Herren Professoren" und die „arroganten Triple-MBA-16V-Berater" herziehen, der muss sich Sorgen machen. Nicht wegen der geradezu pogromartigen Stimmung, die diese Selbststilisierung als Hohepriester der Praxis in Teilen des Plenums hervorruft, sondern wegen der Zukunft deutscher Unternehmen im globalen Wettbewerb. Denn längst haben die dynamischen Umfeldveränderungen den Vertriebsalltag so fundamental umgekrempelt, dass die Parolen „Weiter so" und „Wir gegen den Rest" den Blick auf die Zukunft verstellen.

Zwar sind die Veränderungen tatsächlich so vielfältig, die Stellschrauben so unterschiedlich und die Konsequenzen im Einzelfall so intransparent, dass es keine „One size fits all"-Lösung geben kann. Wie mit der Sales Convention, so können auch wir mit diesem Werk nur Schlaglichter werfen, zentrale Aspekte akzentuieren und Beispiele herausgreifen. Wir sind nicht so hochmütig, hier ein abschließendes Werk vorlegen zu wollen. Vielmehr wollen wir bewusst die Breite des Themas skizzieren. Gleichwohl geht es uns grundsätzlich um Orientierung für Führungskräfte im Vertrieb. Dieses Werk soll sich einerseits von der allgegenwärtigen, fachlich meist allzu flachen und als Verkaufsförderung konzipierten „Beraterliteratur" durch einen durchgängigen wissenschaftlichen Anspruch abheben. Andererseits haben wir versucht, die Inhalte so aufzubereiten, dass sie auch dem „real existierenden" Vertriebsleiter relevant erscheinen. Dabei haben wir uns der Führung von Vertriebsorganisationen mit drei Fragekomplexen angenähert:

- *Strategische Perspektive der Vertriebsführung*: Welche Grundlagen sind für das strategische Vertriebsmanagement bedeutsam? Gibt es eine ergiebige Systematik, der es sich zu folgen lohnt? Welche grundsätzlichen Fähigkeiten braucht eine erfolgreiche Führungskraft im Vertrieb? Wie lassen sich strategische Wettbewerbsvorteile im und durch den Vertrieb umsetzen?
- *Koordinationsbezogene Perspektive der Vertriebsführung*: Wie kann man als Führungskraft im Vertrieb die „Inseldenke" überwinden und als Team abteilungsübergreifend effektiv und effizient zum Wohle des Gesamtunternehmens zusammenarbeiten? Wie sieht ein professionelles Schnittstellenmanagement aus? Wie lassen sich häufig vernachlässigte Themen, wie etwa Kleinkundenmanagement, digitaler Vertrieb oder auch die Verzahnung mit Direktmarketingaktivitäten, in die Vertriebsprozesse integrieren?
- *Operative Perspektive der Vertriebsführung*: Welche Erfolgsfaktoren gelten für die Führung der Vertriebsorganisation im Tagesgeschäft? Wie lassen sich Vertriebsmitarbeiter steuern? Wie stellt man durchgängige Kundenorientierung im hektischen Tagesgeschäft sicher? Wer soll die Preishoheit erhalten? Wie sieht eine effektive Führungsarbeit aus? Wie sollten Führungskräfte im Vertrieb mit Stress umgehen? Und schließlich: Wie lassen sich Veränderungen im Vertrieb im Rahmen eines ganzheitlichen Change Managements effizient und effektiv umsetzen?

Mit dieser Auflistung von aus unserer Sicht spannenden Fragestellungen ist bereits in kurzer Form die Struktur des Buchs skizziert. Am Anfang eines jeden Teils findet sich zunächst ein Grundlagenbeitrag, den jeweils einer der drei Herausgeber geschrieben hat. Schon an der unterschiedlichen Ausrichtung der Herausgeber, die sich auch in den Beiträgen manifestiert, wird deutlich, dass uns Vielfalt wichtig war. Ann-Kristin Hölter kommt aus der quantitativ-empirischen Marketingschule, Lars Binckebanck verfolgt einen eher qualitativen Forschungsansatz und Alexander Tiffert ist als Berater für Organisationsentwicklung im Vertrieb insbesondere an systemtheoretischen Ansätzen interessiert. Es war nicht immer ganz leicht, diese Diversität unter einen Hut zu bringen, aber wir glauben, dass sich die zahlreichen Diskussionen im Hinblick auf die Qualität des fertigen Werks ausgezahlt haben.

Darüber hinaus war es uns unabhängig von unseren eigenen Schwerpunkten wichtig, die Führung von Vertriebsorganisationen konsequent aus drei unterschiedlichen Blickrichtungen darzustellen. Die *Perspektive der Forschung* befasst sich wissenschaftlich fundiert mit Teilaspekten der Vertriebsführung und soll die Thematik in der Breite erschließen. Die *Perspektive der Beratung* beschäftigt sich dagegen mit ausgewählten Erfolgspotenzialen für Führungskräfte im Vertrieb. Diese Beiträge renommierter Beratungshäuser erhalten ihre Fundierung vor allem durch die Praxiserfahrung von Spezialisten, die ihre jeweilige Thematik fortlaufend in Beratungsprojekten mit Firmen unterschiedlichster Größe und Branche diskutieren, implementieren und damit kontinuierlich überprüfen. Diese Artikel sind immer noch von übergeordnetem Charakter. Aus der *Perspektive der Praxis* („Best Practice") werden branchenspezifische Herausforderungen beleuchtet, und zwar durch Experten, die in ihren jeweiligen Unternehmen eine operative und verantwortliche Position ausfüllen. Diese Beiträge haben zwar den höchsten Detaillierungsgrad, die Lektüre sei jedoch auch Branchenfremden empfohlen, da sich immer wieder übergeordnete Themen und Muster abzeichnen, die sich bei der Implementierung in anderem Kontext als hilfreich erweisen können.

In Teil 1 dieses Werks skizziert *Lars Binckebanck* Grundlagen des strategischen Vertriebsmanagements. Dabei beschäftigt er sich mit Entscheidungstatbeständen hinsichtlich Kundendefinition, -segmentierung und -priorisierung, mit der grundsätzlichen Definition von Wettbewerbsvorteilen im und durch den Vertrieb, mit Fragen der Kundenbeziehungsstrategie sowie mit Vertriebskanalstrategien.

Christian Belz entwirft eine Systematik des Verkaufsmanagements. Auf Basis eines Modells der Verkaufsführung vertieft er ausgewählte Aspekte und schafft so eine Übersicht der Schauplätze im Vertrieb. Gleichzeitig hinterfragt er die allgemeine Fixierung auf ein systematisches Vorgehen im Vertrieb und hält ein Plädoyer für Augenmaß und gesunden Menschenverstand.

David Scheffer und *Dietmar Moede* diskutieren Aspekte der psychologischen Eignungsdiagnostik im Vertrieb. Auf der Basis der PSI-Theorie charakterisieren sie die zentrale Herausforderung für Führungskräfte im Vertrieb im Spannungsfeld zwischen intuitiver und analytischer Informationsverarbeitung. Sie zeigen die Umsetzbarkeit ihrer Schlussfolgerungen instrumentengestützt und konkret im Rahmen eines Praxisbeispiels bei PENTAX.

Michael Budt und *Kai Lügger* konzentrieren sich auf das Vertriebsmanagement für Industriegüter. Ausgehend von den Besonderheiten des Industriegütergeschäfts stellen sie, differenziert nach Geschäftstypen, sehr fundiert die spezifischen Herausforderungen für die Vertriebsarbeit dar.

Lars Binckebanck und *Jessica Lange* thematisieren Komplexitätsmanagement als Führungsaufgabe im Vertrieb. Sie stellen Ursachen von Verkaufskomplexität dar und diskutieren Strategien für das Management von Verkaufskomplexität sowie Implikationen für Führungskräfte und Verkaufsmitarbeiter.

Abschließend liefern *Thomas Nieraad*, *Mark Delp* und *Mohan Joshi* ein Best-Practice-Beispiel von SCHOTT. Im Mittelpunkt steht dabei das Management der unterschiedlichen Perspektiven der deutschen Zentrale sowie US-amerikanischer und indischer Tochtergesellschaften.

In Teil 2 skizziert *Ann-Kristin Hölter* Grundlagen zur Koordination im Vertrieb. Dabei beschäftigt sie sich aus einer koordinationsbezogenen Perspektive mit Aspekten wie wertorientierter Kundensegmentierung, Vertriebskanal- und Kommunikationsstrategie sowie Informations- und Schnittstellenmanagement.

Heiko Frenzen schreibt über Team Selling. Dabei beleuchtet er Bedeutung und Formen ebenso wie Erfolgsfaktoren und entwirft ein konzeptionelles Modell des Erfolgs von Team Selling. Abschließend präsentiert er empirische Ergebnisse zu den Erfolgsfaktoren von Vertriebsteams.

Christian Schmitz, *Michael Ahlers* und *Christian Belz* fokussieren mit dem Kleinkundenmanagement einen häufig vernachlässigten Bereich der Kundenbetreuung im Vertrieb. Sie stellen empirische Studienergebnisse dar und identifizieren wesentliche Stellhebel für ein erfolgreiches Kleinkundenmanagement.

Tobias Fredebeul-Krein und *Manfred Krafft* analysieren den koordinierten Einsatz von Direktmarketing und Verkaufsaußendienst im Business-to-Business-Kontext auf der Basis einer explorativen Studie. Es gelingt ihnen so, zentrale Determinanten, Ziele und Erfolgsfaktoren an dieser Schnittstelle zu kennzeichnen und zu systematisieren.

Lars Binckebanck untersucht Ansätze des Schnittstellenmanagements zwischen Vertrieb und Marketing. Im Spannungsfeld zwischen Effizienz und Effektivität stellt er zunächst ausgewählte herkömmliche Ansätze dar, bevor er einen Ansatz für ein Schnittstellenmanagement auf der Basis interaktiver Markenführung entwickelt.

Antje Niehaus und *Katrin Emrich* beschäftigen sich auf der Basis ihrer Erfahrungen als Beraterinnen bei CAPGEMINI CONSULTING mit Organisationsstrukturen im traditionellen und digitalen Vertrieb. Im Mittelpunkt stehen digitale Organisationsmodelle für einen Vertrieb 3.0.

Schließlich liefern *Sebastian Arndt* und *Josef Hesse* ein Best-Practice-Beispiel von SCHÄPER SPORTGERÄTEBAU. Dabei geht es um die koordinierte Zusammenführung zweier Vertriebsorganisationen nach einem Unternehmenszusammenschluss.

In Teil 3 skizziert *Alexander Tiffert* Grundlagen des operativen Vertriebsmanagements. Dabei beschäftigt er sich mit der Planung von Vertriebsressourcen und -gebieten, mit

Rollen- und Aufgabenbeschreibungen, Ziel- und Vergütungssystemen, Personalauswahl, -beurteilung und -entwicklung sowie der Motivation von Mitarbeitern.

Alexander Haas skizziert Bedeutung und Erfolgsfaktoren der Vertriebsführung und identifiziert dabei drei Erfolgsfaktoren: Managementkompetenzen, Verkaufsprozess und Führungsstil.

Alexander Tiffert und *Anna Bänfer* beschäftigen sich mit kompetenzorientierter Personalauswahl im persönlichen Verkauf. Im Mittelpunkt stehen dabei Kompetenzmodelle und entsprechende Instrumente in der Praxis. Diese Grundlagen werden anhand eines Praxisbeispiels (Assessment Center für Key Account Manager) veranschaulicht.

Friedemann W. Nerdinger thematisiert die Kundenorientierung im persönlichen Verkauf. Im Mittelpunkt stehen dabei die Wirkungen der Kundenorientierung, Möglichkeiten der Beeinflussung durch Mitarbeiterselektion und -training sowie kundenorientierte Führung unter besonderer Berücksichtigung der intrinsischen Motivation kundenorientierten Verhaltens.

Sandra Hake und *Manfred Krafft* diskutieren die Vorteilhaftigkeit der Delegation von Preissetzungskompetenz an den Verkaufsaußendienst. Mithilfe einer Abwägung von Pro und Kontra identifizieren sie Determinanten einer erfolgreichen Delegation von Preissetzungskompetenz.

Alexander Tiffert beschäftigt sich mit systemischen Ansätzen für das Change Management. Im Unterschied zum traditionellen Verständnis von Change Management werden auf der Basis eines erweiterten Organisationsverständnisses ein alternativer Ansatz entworfen und konkrete Handlungsoptionen für die operative Führungsarbeit abgeleitet.

Thomas Trilling diskutiert Stressmanagement für Führungskräfte im Vertrieb. Er skizziert zunächst die Bedeutung von Stress im Vertrieb und charakterisiert die Führungskraft in ihrer Vorbildrolle beim Umgang mit Stress. Anschließend entwirft er Grundpfeiler einer leistungsorientierten Vertriebskultur ohne Stress.

Harald L. Schedl, *Alexander Thöle* und *Daniel Korany* beschäftigen sich auf der Basis ihrer Erfahrungen als Berater bei SIMON-KUCHER & PARTNERS mit Vertriebssteuerung und -incentivierung. Dabei thematisieren sie Aspekte wie Vertriebssteuerung mittels Kennzahlen, Zielvereinbarungen und variable Entlohnung im Vertrieb.

Holger Dannenberg untersucht auf der Basis seiner Erfahrungen als Berater bei MERCURI INTERNATIONAL Ansätze des Aktivitätenmanagements im Vertrieb. Im Mittelpunkt stehen dabei Verkaufsprozesse als Produktionsfaktoren des Vertriebs.

Schließlich liefert *Ralf Menikheim* ein Best-Practice-Beispiel zur Führung im Vertrieb aus dem Finanzsektor. Dabei richtet er den Fokus insbesondere auf die Rollen der Führungskraft im Vertrieb.

Insgesamt ist ein Werk entstanden, auf das wir nach einem Jahr Arbeit mit Stolz blicken. Gleichwohl räumen wir gerne ein, dass sicherlich nicht alle Fragen beantwortet werden konnten. Doch wie so häufig in der Praxis angezeigt, beweisen wir an dieser Stelle „Mut zur Lücke" und riskieren den Versuch einer Annäherung an die Thematik. Uns ist klar: Dies ist ein klassischer Fall von „Work in Progress" – wir laden alle Leserinnen und Leser ein, uns mit ihrem Feedback und ihrer Kritik die Richtung zu weisen, um das Thema adäquat weiterzuentwickeln.

An diesem „Zwischenstand" zur Führung von Vertriebsorganisationen haben viele Helfer, Kollegen und Partner mitgewirkt. Zunächst gilt unser Dank den Referenten der NORDAKADEMIE Sales Convention 2012, der „Keimzelle" dieses Buchs, für ihre Unterstützung und die tollen Vorträge: Prof. Dr. Alexander Haas für den wissenschaftlichen Input; Dr. Matthias Meifert ehem. Kienbaum Management Consultants und Markus Weise vom Deutschen Hockey Bund sowie den Praxisreferenten Hans-Joachim Kamp von Philips, Ralf Menikheim von Heidelberger Leben und Jan Van Riet von Melitta Haushaltsprodukte Europa. Weiterhin danken wir Christoph Pause und Klaus Dietzel für die Medienpartnerschaft mit dem Fachmagazin acquisa, Wilfried Rähse von Crocodile Media für die Medienarbeit und Joachim Jürss für das Mediendesign. Schließlich bedanken wir uns natürlich bei den vielen Teilnehmern der Sales Convention, die hoffentlich auch bei den nächsten Veranstaltungen an der NORDAKADEMIE wieder zahlreich mit dabei sein werden.

Herzlich danken wir den beteiligten Autoren für ihre wichtigen Beiträge zu diesem Werk, für die häufig spontane und vorbehaltlose Bereitschaft zur Mitwirkung, die sorgfältige Erstellung der Manuskripte sowie die Disziplin, den doch recht eng gesetzten Zeitrahmen einzuhalten. Dieses Engagement ist umso höher einzuschätzen, da die meisten Autoren hohen beruflichen Belastungen ausgesetzt sind.

Wir freuen uns, dass der Verlag Springer Gabler dieses Buch veröffentlicht. Für die professionelle, hilfsbereite und unkomplizierte Betreuung und Zusammenarbeit danken wir Frau Angela Pfeiffer.

Schließlich möchten wir uns ganz besonders bei unseren Kollegen und Mitarbeitern bedanken: Anna Bänfer in Hamburg und Jessica Lange in Elmshorn haben stets den Überblick behalten und dafür gesorgt, dass alle Puzzleteile dieses Werks vollständig und in grafisch ansprechender Form an den Verlag gehen konnten. Prof. Dr. Georg Plate hat als Präsident der NORDAKADEMIE die Sales Convention und das Buchprojekt tatkräftig unterstützt, finanziell wie ideell. Das wiederum wird ihm ermöglicht durch die Aktionäre der NORDAKADEMIE. Auch ihnen gebührt, last but not least, ein herzliches Dankeschön.

Das Buch richtet sich an Führungskräfte in Marketing und Vertrieb. Für Studierende soll ein Gebiet geöffnet werden, das viele Fachhochschulen und Universitäten bisher vernachlässigen. Allen Leserinnen und Lesern wünschen wir wichtige Impulse, die sie selbst weiterentwickeln und umsetzen können. Gleichzeitig freuen wir uns über kritische Rückmeldungen.

Elmshorn und Hamburg, im April 2013

Lars Binckebanck
Ann-Kristin Hölter
Alexander Tiffert

Inhaltsverzeichnis

Die Herausgeber

Prof. Dr. Lars Binckebanck leitet den Masterstudiengang „Marketing & Sales Management" an der Nordakademie in Elmshorn. Nach dem Studium der Betriebswirtschaftslehre in Lüneburg, Kiel und Preston (UK) promovierte er am Institut für Marketing an der Universität St. Gallen. Prof. Binckebanck war seit 1997 in leitender Funktion als Marktforscher, Unternehmensberater und Vertriebstrainer tätig, bevor er zuletzt als Geschäftsführer bei einem führenden Münchener Bauträger für Verkauf und Marketing verantwortlich zeichnete.

Kontakt: lars.binckebanck@nordakademie.de

Dr. Ann-Kristin Hölter ist Dozentin an der Nordakademie in Elmshorn. Nach dem Studium der Betriebswirtschaftslehre promovierte sie bei Prof. Krafft am Institut für Marketing in Münster. Anschließend war sie als Markt- und Wettbewerbsanalystin bei einem amerikanischen Gesundheits- und Konsumgüterkonzern mit strategischen Fragestellungen betraut. Ihre Forschung befasst sich mit der Schnittstelle zwischen Marketing und Vertrieb sowie mit der Steuerung von Verkaufsaußendienstmitarbeitern.

Kontakt: ann-kristin.hoelter@nordakademie.de

Dr. Alexander Tiffert studierte Wirtschaftsingenieurwesen und promovierte am Lehrstuhl für Wirtschafts- und Organisationspsychologie der Universität Rostock. Danach war er Berater in einer renommierten internationalen Vertriebsberatung, bevor er 2010 sein eigenes Beratungsunternehmen gründete. Heute begleitet er mit seinem Team komplexe Prozesse zur Führungs- und Organisationsentwicklung im Vertrieb und bei Unternehmen im hochdynamischen Marktumfeld. Er ist zudem Lehrbeauftragter für Vertriebsmanagement und systemische Organisationsentwicklung.

Kontakt: atiffert@dr-tiffert.de

Die Autoren

Michael Ahlers ist geschäftsführender Gesellschafter der SUXXEED Sales for your Success GmbH. Er lernte Bankkaufmann und studierte Betriebswirtschaftslehre in Mainz und Leeds (UK). Nachdem er als Key Accounter in der Automobilbranche tätig war, bekleidete er mehrere verantwortliche Positionen in den Bereichen Vertriebsservice sowie Unternehmensentwicklung in der IT-Branche – zunächst als Direktor für Process Reengineering und später als Director Managed Services unter mehrfach wechselnden Muttergesellschaften. Es folgten die Geschäftsführerfunktion bei einem Nürnberger Kommunikationsdienstleister, Bereich Operations sowie der Aufbau von dessen ersten europäischen Niederlassungen. Danach gründete er die SUXXEED Sales for your SUCCESS GmbH.

Kontakt: michael.ahlers@suxxeed.de

Sebastian Arndt absolvierte bei der Firma Schäper Sportgerätebau GmbH in Münster erfolgreich die Ausbildung zum Industriekaufmann. Danach wurde er als Vertriebsreferent Im- und Export übernommen. Sebastian Arndt ist Mitglied des IHK Exportclubs (Münster). Seit 2011 studiert er nebenberuflich an der Fachhochschule für Ökonomie und Management in Essen. Angestrebter Abschluss ist der Bachelor of Arts (Business Administration) Anfang 2015.

Kontakt: sarndt@sportschaeper.de

Anna Bänfer ist Projektmitarbeiterin bei der Unternehmensberatung Dr. Tiffert Vertriebsentwicklung mit Kultur und begleitet dort Projekte zur Führungs- und Organisationsentwicklung. Anna Bänfer absolvierte ihr Studium in Business Psychology an der Hochschule Fresenius mit den Schwerpunkten Personalpsychologie, Organisationsmanagement und International Management. Entwicklung und Implementierung von Führungsleitlinien sind unter anderem ihre heutigen Arbeitsschwerpunkte. Sie war zudem mehrere Jahre als wissenschaftliche Mitarbeiterin beim Wabe-Institut für Sozialforschung und Organisationsberatung tätig.

Kontakt: anna.baenfer@wabe-institut.de

Prof. Dr. Christian Belz ist Ordinarius für Marketing an der Universität St. Gallen und leitet seit 1991 das Institut für Marketing. Die Kompetenzzentren des Instituts umfassen die Bereiche Business-to-Business-Marketing, Hightech-Marketing, Distribution und Kooperation, Marketingplanung und -controlling. Die Basisbereiche des Instituts stellen die Universitätslehre und Führungskräfteweiterbildung dar. In der Lehre engagiert sich Prof. Belz in verschiedenen Fachbereichen des Management und Marketings und koordiniert den Masterstudiengang „Marketing, Dienstleistungsmanagement und Kommunikation". Christian Belz ist Verwaltungsrat in verschiedenen Unternehmen sowie Mitglied im Stiftungsausschuss des Kinderdorfs Pestalozzi. Er ist zudem Mitbegründer und -herausgeber der Fachzeitschrift „Marketing Review St. Gallen" (früher Thexis).

Kontakt: christian.belz@unisg.ch

Dr. Michael Budt ist wissenschaftlicher Mitarbeiter am Betriebswirtschaftlichen Institut für Anlagen und Systemtechnologien des Marketing Center Münster (MCM). Er promovierte bei Prof. Dr. Dr. h.c. Klaus Backhaus an der Westfälischen Wilhelms-Universität Münster zu strategischen Allianzen in Standardisierungskämpfen. Seine Forschungsschwerpunkte sind die Wahrnehmung und Adaption von Netzeffekttechnologien sowie der Vertrieb von Industriegütern. Michael Budt absolvierte sein Studium der Betriebswirtschaftslehre an der Westfälischen Wilhelms-Universität Münster mit den Schwerpunkten Marketing, Organisation, Personal, Innovation und Controlling.

Kontakt: michael.budt@uni-muenster.de

Holger Dannenberg studierte Betriebswirtschaftslehre an der Universität Münster und gründete nach verschiedenen Positionen im Absatzbereich bei Unilever ein heute bundesweit erfolgreich tätiges Dienstleistungsunternehmen im KFZ-Servicebereich, Clean Car. Holger Dannenberg ist seit 2000 Geschäftsführer der Mercuri International Deutschland GmbH, Global Partner und verantwortlich für die Mercuri-Aktivitäten in Deutschland. Er ist renommierter Berater, Trainer und Autor zahlreicher Artikel, Fachbücher und Studien zum Thema Vertrieb.

Kontakt: holger.dannenberg@mercuri.de

Mark Delp ist Executive Vice President Sales, Marketing & Innovation bei der SCHOTT Gemtron Corporation (USA). Er studierte Betriebswirtschaftslehre an der University of Tennessee. Mark Delp hat über 30 Jahre operative Management- und Führungserfahrung in verschiedenen Vertriebs- und Marketingfunktionen, schwerpunktmäßig in den Bereichen Glasherstellung und Glasverarbeitung. Er entwickelte und implementierte im Rahmen seiner Verantwortungen grundlegende Wachstumsstrategien auf der Basis von Produktentwicklungen, Lizenzierungen, Mergers & Acquisitions, vertikaler Integration sowie organischem Wachstum aus bestehenden Geschäften heraus.

Kontakt: mark.delp@us.schott.com

Katrin Emrich ist Managing Consultant im Bereich „Marketing Sales & Service“ bei Capgemini Consulting Deutschland. Nach dem Studium der Biologie an der Rheinisch-Westfälischen Technischen Hochschule Aachen war sie fünf Jahre in einem internationalen Pharmaunternehmen in verschiedenen Funktionen als Vertriebsmitarbeiterin, Marktforscherin und Produktmanagerin tätig. Katrin Emrich berät seit 2000 branchenübergreifend internationale Unternehmen zu strategischen Themen aus den Bereichen Vertrieb und Marketing.

Kontakt: katrin.emrich@capgemini.com

Dr. Tobias Fredebeul-Krein ist Vertriebsmarketingleiter bei der Landwirtschaftsverlag GmbH, dem führenden europäischen Fachverlag für Agrarmedien. Nach dem Studium der Betriebs- und Volkswirtschaftslehre in Münster und London promovierte er 2011 bei Prof. Krafft am Institut für Marketing an der Westfälischen Wilhelms-Universität zum Thema „Koordinierter Einsatz von Direktmarketing und Verkaufsaußendienst im B2B-Kontext“. Seine Forschungsinteressen liegen in den Bereichen Sales Management, Direktmarketing, integrierte Marketingkommunikation sowie Medienmanagement.

Kontakt: t.fredebeul-krein@uni-muenster.de

Dr. Heiko Frenzen ist Lecturer für Marketing an der Aston Business School in Birmingham (UK). Zuvor arbeitete er als Post-Doctoral Fellow am Sales Excellence Institute des Bauer College of Business an der University of Houston, Texas (USA), sowie als wissenschaftlicher Mitarbeiter an der Universität Münster und der WHU – Otto Beisheim School of Management in Vallendar. Hier promovierte er 2008 zum Thema „Teams im Vertrieb – Gestaltung und Erfolgswirkungen". Seine Forschungsinteressen liegen in den Bereichen Vertriebssteuerung, Business-to-Business-Marketing, Team Management sowie Direktmarketing.

Kontakt: h.frenzen@aston.ac.uk

Prof. Dr. Alexander Haas ist Professor für Marketing an der Justus-Liebig-Universität in Gießen. Vorher war er an den Universitäten Graz (AT), Bern (CH) und Nürnberg (D) tätig. Viele andere Universitäten in Europa und den USA haben ihn als Gastprofessor und zu Gastvorträgen eingeladen. Seine Arbeitsschwerpunkte sind Kundenorientierung von Unternehmen und Mitarbeitern, Strategieimplementierung sowie Vertriebsmanagement & Persönlicher Verkauf. Dazu hat er zahlreiche Projekte mit Unternehmen durchgeführt und Beiträge in führenden Fachzeitschriften verfasst.

Kontakt: alexander.haas@wirtschaft.uni-giessen.de

Sandra Hake ist wissenschaftliche Mitarbeiterin am Institut für Marketing der Westfälischen Wilhelms-Universität Münster. Sie studierte Wirtschaftswissenschaften mit den Schwerpunkten Marketing, Human Ressource Management und internationale Wirtschaftsbeziehungen an der Ruhr-Universität Bochum. Seit April 2009 ist sie wissenschaftliche Mitarbeiterin und Doktorandin am Institut für Marketing von Prof. Dr. Krafft an der Westfälischen Wilhelms-Universität Münster. Ihre Forschungsinteressen liegen in den Bereichen Direktmarketing und Sales Management.

Kontakt: s.hake@uni-muenster.de

Dr. Josef Hesse ist geschäftsführender Inhaber der Firma Schäper Sportgeräte Vertriebs-GmbH aus Münster. Nach dem erfolgreichen Studium der Betriebswirtschaftslehre in Münster promovierte er am Lehrstuhl für Distribution und Handel bei Prof. Ahlert am Marketing Centrum Münster (MCM). Josef Hesse war bereits vor seiner Promotion in leitender Funktion in einem Start-up der New Economy tätig. Neben seinem derzeitigen Aufgabenbereich im eigenen Unternehmen übernimmt er immer wieder die Betreuung wissenschaftlicher Arbeiten im Rahmen von Bachelor- oder Masterarbeiten.

Kontakt: jhesse@sportschaeper.de

Mohan Joshi studierte Chemieingenieurswesen am Birla Institute of Technology and Science und hat einen MBA-Abschluss der Chandigarh Business School (Indien). Er arbeitete bei verschiedenen indischen Firmen im In- und Ausland. 1998 begann er als Leiter des neu gegründeten Vertriebsbüros Indien bei SCHOTT und wurde anschließend Geschäftsführer Indien für die Einheit Pharmaceutical Tubing mit lokaler Produktion. Aktuell arbeitet Mohan Joshi als strategischer Berater für SCHOTT und andere indische Firmen. Er wird regelmäßig als Referent von verschiedenen Gremien, Industrieverbänden und akademischen Instituten engagiert.

Kontakt: mohan.joshi@global-alliances.in

Daniel Korany ist Consultant bei Simon-Kucher & Partners in München. Sein Fokus liegt im strategischen Marketing, insbesondere in der Optimierung von Preis- und Vertriebsmanagement. Zuvor sammelte er Erfahrung bei globalen Unternehmen wie beispielsweise Danone oder Tyson. Daniel Korany studierte International Marketing in Deutschland und Mexiko.

Kontakt: daniel.korany@simon-kucher.com

Prof. Dr. Manfred Krafft ist seit Anfang 2003 Direktor des Instituts für Marketing (IfM) an der Westfälischen Wilhelms-Universität in Münster. Nach seiner Promotion im Jahre 1994 habilitierte er zum Thema „Kundenbindung und Kundenwert" an der Universität Kiel. Anfang 1999 übernahm er den Otto-Beisheim-Lehrstuhl für Marketing der WHU Koblenz. Im Rahmen seiner Forschungs- und Lehrtätigkeiten orientiert er sich an Customer Management, Direktmarketing und Sales Management. Diese Schwerpunkte werden insbesondere durch Aspekte der quantitativen Marketingforschung ergänzt. Professor Krafft veröffentlichte zahlreiche deutsch- und englischsprachige Beiträge in renommierten Fachzeitschriften sowie Beiträge in Sammelbänden. Zudem ist er Gewinner des ersten internationalen ISMS Practice Prize für den herausragenden Transfer wissenschaftlicher Konzepte in die unternehmerische Praxis.

Kontakt: mkrafft@uni-muenster.de

Jessica Lange ist wissenschaftliche Angestellte an der NORDAKADEMIE Elmshorn. Nach ihrem Studium der Betriebswirtschaftslehre war Jessica Lange einige Jahre als Unternehmensberaterin mit den Schwerpunkten Corporate Compliance und Risikomanagement tätig. Ende 2011 begann sie eine Promotion zum Thema „Werte- und Risikomanagement in der kommunalen Energieversorgung" an der Carl von Ossietzky Universität Oldenburg in Zusammenarbeit mit der HTWG Konstanz.

Kontakt: jessica.lange@nordakademie.de

Kai Lügger ist wissenschaftlicher Mitarbeiter und Doktorand am Betriebswirtschaftlichen Institut für Anlagen und Systemtechnologien des Marketing Center Münster (MCM) an der Westfälischen Wilhelms-Universität Münster. Seine Forschungsschwerpunkte sind der Einfluss von Verhandlungen sowie die Wirkung von Marken bei Austauschprozessen zwischen Industriegüterunternehmen. Kai Lügger absolvierte sein Studium der Betriebswirtschaftslehre an der Westfälischen Wilhelms-Universität Münster und an der BI Norwegian Business School in Oslo mit den Schwerpunkten Controlling, Internationales Management und Marketing.

Kontakt: kai.luegger@uni-muenster.de

Ralf Menikheim ist CFP und studierte Finanzökonomie an der EBS Finanzakademie in Oestrich-Winkel. Ralf Menikheim war lange Zeit im Direktvertrieb tätig. Mitte der 1990er Jahre legte er seinen Fokus auf den Aus- und Aufbau von Vertriebsstrukturen bei einigen Finanzintermediären. Seit 2001 bekleidete er diverse Führungspositionen bei renommierten in- und ausländischen Versicherungskonzernen, zum Beispiel HDI. Aktuell verantwortet er den Vertrieb eines Lebensversicherers in Deutschland.

Kontakt: menikheim@web.de

Dietmar Moede studierte Betriebswirtschaft mit dem Schwerpunkt Personal und Organisation an der Bundeswehruniversität in Hamburg. Nach seiner Bundeswehrzeit übernahm er verschiedene Aufgaben im Personalbereich in unterschiedlichen deutschen und internationalen Unternehmen, sowohl in der Linienfunktion als auch als Personalberater. Als zertifizierter Profiler von unterschiedlichen Persönlichkeitstestverfahren nutzt er diese seit 15 Jahren in den Bereichen Recruiting, Training, Personalentwicklung und Employer Branding. Seit 2007 ist Dietmar Moede bei der PENTAX Europe GmbH als General Manager Human Resources EMEA für den Bereich Personal in Europa, dem Mittleren Osten und Afrika zuständig.

Kontakt: moede.dietmar@pentax.de

Prof. Dr. Friedemann W. Nerdinger ist Professor für Wirtschafts- und Organisationspsychologie an der Universität Rostock. Nach dem Studium der Psychologie, Soziologie und Pädagogik an der Universität München promovierte er am dortigen Lehrstuhl für Organisations- und Wirtschaftspsychologie zum Dr. phil. und habilitierte sich anschließend ebenfalls in München. Seine Forschungsschwerpunkte umfassen die folgenden Bereiche: Psychologie der Dienstleistung und des persönlichen Verkaufs; Arbeitsmotivation und Arbeitszufriedenheit; produktives, extraproduktives und kontraproduktives Arbeitsverhalten; Mitarbeiterbeteiligung und Unternehmenskultur.

Kontakt: friedemann.nerdinger@uni-rostock.de

Dr. Antje Niehaus ist Principal im Bereich Marketing, Sales & Service bei Capgemini Consulting Deutschland und verantwortet in diesem Bereich das Thema Vertrieb. Nach dem Studium der Biochemie an der Privaten Universität Witten/Herdecke und der Promotion in Neurobiologie an der Universität Heidelberg war sie drei Jahre in der Entwicklung und Qualitätssicherung eines internationalen Life-Sciences-Unternehmens tätig. Seit 2001 fokussiert sich Antje Niehaus auf Vertriebs- und Marketingthemen und berät branchenübergreifend internationale Unternehmen zu aktuellen strategischen und fachlichen Fragestellungen.

Kontakt: antje.niehaus@capgemini.com

Thomas Nieraad ist Senior Vice President Global Sales, Marketing & Innovation der Business Unit Flat Glass bei der SCHOTT AG, Mainz. Nach dem Studium der Betriebswirtschaftslehre in Mainz und Saarbrücken startete er 1986 bei der SCHOTT AG als internationaler Vertriebstrainee. Thomas Nieraad hatte während seiner beruflichen Laufbahn diverse Leitungsfunktionen im globalen Vertrieb und die Gesamtverantwortung von Organisationseinheiten im In- und Ausland bei der SCHOTT AG inne und arbeitet heute in verschiedenen internationalen Programmen des Konzerns sowie externen Gremien.

Kontakt: thomas.nieraad@schott.com

Harald L. Schedl ist Partner der globalen Strategieberatung Simon-Kucher & Partners. Er studierte Betriebswirtschaftslehre und Maschinenbau an der Technischen Universität Stuttgart mit den Schwerpunkten Unternehmensführung, Organisation, Marketing und Fertigungstechnik. Sein Branchenfokus bei Simon-Kucher liegt auf dem Maschinen- und Anlagenbau, der Verpackungsindustrie sowie Manufacturing. Als Partner bei Simon-Kucher betreut Harald Schedl seit 2003 europaweit Unternehmen der herstellenden Industrie sowie Unternehmen aus Handel und Dienstleistung. Er ist Spezialist für Strategie, Innovation, Vertrieb und Pricing. Neben Großkonzernen berät Harald Schedl viele klein- und mittelständische Unternehmen in strategischen Fragen.

Kontakt: harald.schedl@simon-kucher.com

Prof. Dr. David Scheffer studierte Psychologie an der Universität Osnabrück. Zwischen 1992 und 2008 betrieb er Grundlagenforschung in Osnabrück und Hamburg zu impliziten Persönlichkeitssystemen und kann hierzu eine Vielzahl an Veröffentlichungen in nationalen und internationalen Fachpublikationen nachweisen. Daneben übernahm er zahlreiche Beratungsmandate in den Bereichen Personalauswahl, Mitarbeitermotivation, Organisationsentwicklung und Marketingforschung in namhaften Unternehmen. Seit 2008 ist er wissenschaftlicher Leiter der NeuroIPS Methode, geschäftsführender Gesellschafter der MassineScheffer GmbH in Berlin und Professor für Personalmanagement und Wirtschaftspsychologie an der NORDAKADEMIE.

Kontakt: david.scheffer@nordakademie.de

Prof. Dr. Christian Schmitz ist Assistenzprofessor für Betriebswirtschaftslehre mit besonderer Berücksichtigung des Marketings und Leiter des Kompetenzzentrums Business-to-Business-Marketing an der Universität St. Gallen. Prof. Schmitz studierte Wirtschaftswissenschaften und Betriebswirtschaftslehre an der Universität Duisburg, der Katholischen Universität Eichstätt und der European Business School London. Er promovierte am Institut für Marketing bei Prof. Belz an der Universität St. Gallen. In seiner Forschung beschäftigt er sich mit Fragen des Business-to-Business-Marketings, des Vertriebsmanagements, des persönlichen Verkaufs und der Marketingstrategie.

Kontakt: christian.schmitz@unisg.ch

Alexander Thöle ist Director bei Simon-Kucher & Partners in Bonn. Seine hauptsächlichen Beratungsthemen sind Wachstumsstrategien, Vertrieb, Kundenbindung und Pricing. Zu seinen Kunden gehören sowohl Großkonzerne als auch mittelständisch geprägte Unternehmen der herstellenden Industrie, insbesondere im Bereich der erneuerbaren Energien. Vor seiner Zeit bei Simon-Kucher war Alexander Thöle im Bertelsmann-Konzern tätig. Er studierte Betriebswirtschaftslehre an der Universität Münster.

Kontakt: alexander.thoele@simon-kucher.com

Thomas Trilling ist Vertriebs- und Stressexperte bei Mercuri International und dort als Berater, Trainer und Coach für Verkauf und Vertriebsmanagement national und international tätig. Nach dem Studium der Ökonomie in Bochum arbeitete er in verschiedenen Vertriebs- und Managementfunktionen, bevor er 2002 in die Beratung wechselte.

Kontakt: thomas.trilling@mercuri.de

Teil I
Strategische Perspektive der Vertriebsführung

Grundlagen zum strategischen Vertriebsmanagement

Lars Binckebanck

Inhaltsverzeichnis

1 Einleitung

Marketing ist ein duales Konzept, welches einerseits als Leitbild der marktorientierten Unternehmensführung fungiert und andererseits eine operative absatzwirtschaftliche Unternehmensfunktion darstellt (vgl. Meffert et al. 2012). Marketing ist also auf einer ersten Ebene eine unternehmerische Denkhaltung, die Unternehmensziele dadurch zu erreichen versucht, dass sämtliche interne und externe Unternehmensaktivitäten konsequent am Kundennutzen ausgerichtet werden. Ein so verstandenes Marketing ist demnach nicht auf die Marketingabteilung beschränkt. Gleichzeitig ist Marketing auf einer zweiten Ebene eine operative Unternehmensfunktion und umfasst Elemente wie Produktmanagement, Preisstrategien, Werbung und Vertrieb (vgl. Binckebanck 2011).

Das Verhältnis der beiden Ebenen zueinander wird in der Literatur klar definiert (vgl. Baumgarth und Binckebanck 2011c): Das Marketing gibt auf der Basis fundierter Analysen

Lars Binckebanck ✉
Nordakademie – Hochschule der Wirtschaft, Köllner Chaussee 11, 25337 Elmshorn, Deutschland
e-mail: lars.binckebanck@nordakademie.de

L. Binckebanck et al. (Hrsg.), *Führung von Vertriebsorganisationen*,
DOI 10.1007/978-3-658-01830-6_1, © Springer Fachmedien Wiesbaden 2013

strategische Konzepte vor, die dann operativ durch den Marketingmix umgesetzt werden, in dem der Vertrieb üblicherweise der Distributionspolitik zugeordnet wird. Marketing ist demnach verantwortlich für Strategie, Vertrieb dagegen für die Strategieumsetzung in der Distribution (vgl. Kotler et al. 2006; Rouziès et al. 2005). Entsprechend wird Vertrieb zumeist als operative Aufgabe begriffen (vgl. Backhaus et al. 2011). Das klassische Verständnis des Vertriebsmanagements umfasst in diesem Sinne die Steuerung und Gestaltung des persönlichen Verkaufs, des Vertriebssystems (Vertriebsstrukturen, -prozesse und -kanäle) und der Distribution in nationalen und internationalen Märkten (vgl. Dannenberg und Zupancic 2008). „Verkauf" wiederum soll hier verstanden werden als „the phenomenon of human-driven interaction between and within individuals/organizations in order to bring about economic exchange within a value-creation context" (Dixon und Tanner Jr. 2012, S. 10).

Eine rein operative Interpretation des Vertriebs ist angesichts der zukünftigen Anforderungen an die Absatzfunktion von Unternehmen problematisch. Denn die aktuellen Herausforderungen im Zuge der Finanzkrise verdecken in der Diskussion häufig die Tatsache, dass sich bereits seit einiger Zeit umfassende Veränderungen in der Umwelt von Unternehmen und daraus resultierend im Unternehmensverhalten abspielen. Hinsichtlich der langfristigen Rollenverteilung von Marketing und Vertrieb ist es daher sinnvoll, sich nicht nur mit akuten und kurzfristigen Phänomenen auseinanderzusetzen, sondern mit fundamental wirkenden, nachhaltigen Trends. Somit lässt sich die zentrale Rolle des Vertriebs bei der Übersetzung von Unternehmens- und Marketingstrategien in überlegenen Kundennutzen und damit strategische Wettbewerbsvorteile angemessen würdigen (vgl. Albers et al. 2010).

Im Einzelnen lassen sich die folgenden, tiefgreifenden Veränderungen identifizieren (vgl. Baumgarth und Binckebanck 2011c; ähnlich LaForge et al. 2009; Evans et al. 2012):

- **Eskalierende Kundenansprüche**: Angesichts gestiegener Erwartungen von Kunden, zunehmender Skepsis gegenüber Vertriebsaktivitäten und gleichzeitig fortschreitender Globalisierung sind der Aufbau und die Pflege stabiler Geschäftsbeziehungen für Unternehmen weltweit zu einer strategischen Priorität geworden. Gerade der Trend zur schlanken Unternehmung impliziert eine Verschiebung von der kostengetriebenen und transaktionsorientierten Beschaffung hin zu langfristigen Partnerschaften zwischen Lieferant und Kunde. Der Vertrieb ist hierbei als Werttreiber für anspruchsvolle Kunden häufig wichtiger als das Marketing.
- **Dienstleistungen als dominanter Fokus**: Während in der Vergangenheit typischerweise tangible Produkte und intangible Dienstleistungen getrennt voneinander betrachtet wurden, postuliert die „service-centered logic" (Vargo und Lusch 2004), dass diese Unterscheidung zugunsten eines integrierten Verständnisses aufzugeben sei. „A service-centered view of exchange implies customized offerings to better fit customers' needs and identifying firm resources – both internal and external – to better satisfy the needs of customers" (Sheth und Sharma 2008, S. 262). In diesem Kontext wächst das Interesse an intangiblen Leistungen, hochspezialisierten Fähigkeiten, Know-how, Prozessma-

nagement und kooperativer Wertschöpfung zwischen Lieferanten und Kunden – alles potenzielle Domänen des Vertriebs.

- **Einfluss der Informationstechnologie (IT)**: IT hat in den vergangenen Jahren viele Bereiche des Marketings verändert, jedoch sind die Auswirkungen auf das Management von Kundenbeziehungen besonders dramatisch (vgl. Hunter und Perreault 2007). Dabei hat allerdings die technische Seite von Systemen des Customer Relationship Managements (CRM) zu häufig strategische Aspekte dominiert. Es gilt daher, intelligente Anwendungsmöglichkeiten für neue IT-Lösungen zu entwickeln, die Verkaufsprozesse nicht in feste Schemata zu pressen versuchen, sondern die die Implementierung strategischer Projekte effektiv und effizient unterstützen. Hinzu kommen Multichannel-Vertrieb sowie Internetverkauf, die zunehmend als potenzielle Substitute für den herkömmlichen, persönlichen Verkauf angesehen werden (vgl. Lane und Piercy 2009). Auch internetbasierte Interaktionsformen (z. B. Videokonferenzen, Social und Mobile Media) verändern und substituieren die Face-to-Face-Interaktion zwischen Verkäufer und Kunde und schaffen so strategischen Mehrwert (vgl. Agnihotri et al. 2012; Andzulis et al. 2012). Verkäufer ohne effektiven Kundenmehrwert werden durch effizientere Alternativen ersetzt. Bereits die weitgehend fehlgeschlagenen Versuche im Zusammenhang mit Sales Force Automation vor gut 15 Jahren haben eine gewisse Technikferne in Vertriebsorganisationen aufgezeigt (vgl. Marshall et al. 1999) – hier ist strategisch induziertes Umdenken erforderlich.
- **Globale Perspektive**: Vertrieb, aber auch Wettbewerb erfolgen heute für die meisten Unternehmen wie selbstverständlich über nationale Grenzen hinweg, verstärkt auch im Rahmen von Global Virtual Sales Teams (vgl. Badrinarayanan et al. 2011). Attraktive Zielkunden sind weltweit zu identifizieren, zu gewinnen und zu betreuen. Auf der anderen Seite steigt der Wettbewerbsdruck stetig. Länder wie China, Indien und Brasilien konkurrieren dabei nicht mehr nur über Kosten, sondern immer stärker auch in den Bereichen Innovation und Qualität. Insofern wird es der Vertrieb immer schwerer haben, sich auf „Made in Germany“ auszuruhen – innovative Value Propositions sind gefragt.
- **Strategisches Management und organisatorischer Wandel**: Auf zunehmend komplexen Märkten sorgen Überkapazitäten für veränderte Wettbewerbsmechanismen. Das strategische Management beschäftigt sich vor diesem Hintergrund mit „changing markets, disruptive innovation (simpler, more convenient products), commoditization of products (goods and services), value driven segmentation, and creation of new market space“ (vgl. LaForge et al. 2009, S. 201). Dies hat Auswirkungen auf die Unternehmensorganisation („Structure follows Strategy“ nach Chandler 1962), die sich mit dem Wandel von Hierarchien zu Kernprozessen und dem Aufbau von Kompetenzen für funktionenübergreifende Zusammenarbeit zu beschäftigen hat. Insofern sind die gerade in Vertriebsorganisationen tradierten Organisations- und Entlohnungssysteme sowie Verkaufsprozesse zu hinterfragen und der strategischen Schwerpunktsetzung anzupassen.
- **Marken**: Nicht nur im Konsumgüter-, sondern zunehmend auch im Business-to-Business-Bereich rücken Marken als relevanter und häufig dominanter Treiber des

Unternehmenswertes mehr und mehr in den Fokus des Topmanagements. Speziell für Industriegüter und Dienstleistungen handelt es sich dabei meistens um Dachmarkenkonzepte und Märkte mit einem hohen Anteil an persönlicher Interaktion zwischen Verkauf und Kunde. In diesen Feldern sind der Aufbau und die Pflege einer starken Marke ohne die Einbindung des Verkaufs schlichtweg unmöglich. Der Vertrieb wird zunehmend zum zentralen Instrument einer interaktiven Markenführung (vgl. Binckebanck 2006).

Diese Veränderungen implizieren einen signifikanten Transformationsdruck auf die Absatzfunktion und insbesondere auf die Vertriebsorganisation als Schnittstelle zum Markt und zu den Kunden (vgl. Homburg et al. 2000). Der Vertrieb wird angesichts der sich dynamisch verändernden Anforderungen zu einer strategischen Ressource (vgl. Ingram et al. 2002; Jones et al. 2005; Storbacka et al. 2009). Es ist notwendig, den Verkauf als integrales Element der unternehmerischen Wettbewerbsfähigkeit zu verstehen. Er wird damit Teil des strategischen Managements und der Wertschöpfungskette (vgl. Moncrief und Marshall 2005; Sheth und Sharma 2008). Lane und Piercy (2009) sprechen in diesem Kontext vom „strategischen Vertrieb", der mit seinem spezifischem Kunden- und Marktwissen Ausgangspunkt und nicht Endstation des gesamtunternehmerischen Strategieentwicklungsprozesses sein sollte.

Es wird deutlich: Die Gleichung, nach der das Marketing strategisch denkt und der Vertrieb operativ umsetzt, greift zu kurz. Moderne Führung im Vertrieb umfasst offensichtlich auch komplexe strategische Überlegungen: „Professionelle Vertriebsarbeit muss sich auf eine klare Vertriebsstrategie stützen [...]. Sie stellt die zentralen Weichen für das Tagesgeschäft und reduziert die Gefahr, dass zu oft ‚aus dem Bauch heraus' gehandelt wird" (Homburg et al. 2010, S. 27). Nach Dannenberg und Zupancic (2008) legt eine Vertriebsstrategie fest, mit welchen Kundengruppen und Kunden welche Ziele erreicht werden sollen, welche Ressourcen dazu in welcher Quantität, Qualität und Zielrichtung eingesetzt werden müssen und welche organisatorischen Rahmenbedingungen benötigt werden. Storbacka et al. (2011, S. 46) definieren Vertriebsstrategie und -management allgemeiner als „a set of design principles that influence the practices carried out on a managerial and operational level and sales management as a set of repeatable patterns of management practice used to influence and monitor sales performance".

Strategisches Vertriebsmanagement beinhaltet laut Backhaus et al. (2011) insbesondere diejenigen Entscheidungen, die einen grundlegenden und vollständigen Handlungsplan für alternative zukünftige Umweltkonstellationen beschreiben, ohne auf operative Details einzugehen. Insofern ist es eine zentrale Aufgabe für die Führungskraft im Vertrieb, zuerst grundlegende strategische Vorgaben für die Vertriebsarbeit zu definieren. Dazu gehören aus den übergeordneten Unternehmenszielen abgeleitete Entscheidungen zur Kundendefinition, -segmentierung und -priorisierung, zur Definition von Wettbewerbsvorteilen, zur Kundenbeziehungsstrategie und zur Vertriebskanalstrategie. Solche Strategien fungieren als Steuerungsmechanismen, um sicherzustellen, dass alle operativen Instrumente auch zielführend eingesetzt werden (vgl. Becker 2009).

Die Vertriebsstrategie muss also die grundsätzliche Ausrichtung aller vertriebsbezogenen Instrumente festlegen, sodass ein einheitliches Verständnis unter den Mitarbeitern und ein einheitlicher Auftritt am Markt sichergestellt werden (vgl. Homburg et al. 2010). Diese Auffassung ist kennzeichnend für ein strategisches Vertriebsmanagement im engeren Sinne. Allerdings weist Dannenberg (1997) darauf hin, dass nicht nur die Strategien selbst, sondern vielmehr deren Operationalisierung und Umsetzung in der Praxis als erfolgskritisch anzusehen sind. In Anlehnung an Panagopoulos und Avlonitis (2010) ist zwischen strategischen Entscheidungen auf der Ebene des Vertriebsmitarbeiters (Salesperson Level bzw. Durchführungsebene) einerseits und auf übergeordneter Organisationsebene (Firm Level bzw. Konzeptionsebene) andererseits zu unterscheiden. Beide Ebenen müssen miteinander in Einklang gebracht werden, denn beide beeinflussen letztlich die Vertriebsergebnisse: „Whereas managerial practices drive overall sales performance directly, sales strategies influence performance indirectly through various management practices" (Storbacka et al. 2011, S. 48).

Demnach kommt der Führungskraft im Vertrieb nicht nur die Funktion des übergeordneten Weichenstellers zu, sondern sie fungiert auch als Transmissionsriemen zwischen einer konzeptionellen Entscheidungs- und einer operativen Umsetzungsebene im Vertrieb (vgl. Abb. 1). Mit Blick auf die Praxis der Vertriebsführung erscheint es daher grundsätzlich zielführend, das strategische Vertriebsmanagement in einem umfassenden Sinne zu interpretieren.

Der in Abb. 1 dargestellte Bezugsrahmen des strategischen Vertriebsmanagements im weiteren Sinne betont die zentrale Rolle der Führungskraft. Diese muss zum einen konzeptionelle Rahmenbedingungen der Vertriebsorganisation mit Blick auf die strategischen Grundsatzentscheidungen einerseits und die gewünschten Vertriebsergebnisse andererseits konfigurieren. Dazu gehören Aspekte der Vertriebsziele und -systeme, der Vertriebsorganisation, der vertrieblichen Steuerungssysteme, des Kundenbeziehungsmanagements sowie der Vertriebskultur und -philosophie. Diese Parameter bilden die Voraussetzungen für den Verkaufserfolg. Zum anderen muss die Führungskraft Akzeptanz und ein einheitliches Verständnis von Vertriebsstrategie und Systemumfeld unter den Mitarbeitern schaffen und gleichzeitig als Trainer und Coach im operativen Tagesgeschäft fungieren. Führung muss auf die Durchführungsebene und damit das zielkompatible Selbstverständnis, die Selbstorganisation sowie auf die Persönlichkeitsmerkmale und soziale sowie fachliche Kompetenzen aktiv Einfluss nehmen. Die Durchführungsebene umfasst damit die individuelle Verkaufsleistung und ihre Einflussfaktoren als Stellhebel für die Vertriebsoptimierung. Aus dem Zusammenspiel dieser Führungsaktivitäten entstehen vertriebliche Aktivitäten, die wiederum zu Vertriebsergebnissen führen, die im Rahmen eines Vertriebscontrollings permanent überwacht und optimiert werden müssen.

Vor diesem Hintergrund konzentriert sich dieser Beitrag auf die strategischen Grundsatzentscheidungen und skizziert damit Entscheidungstatbestände des strategischen Vertriebsmanagements im engeren Sinne. Das vorliegende Herausgeberwerk interpretiert in seiner Gänze strategisches Vertriebsmanagement jedoch im weiteren Sinne und thematisiert eine Reihe wesentlicher tiefergehender Entscheidungstatbestände.

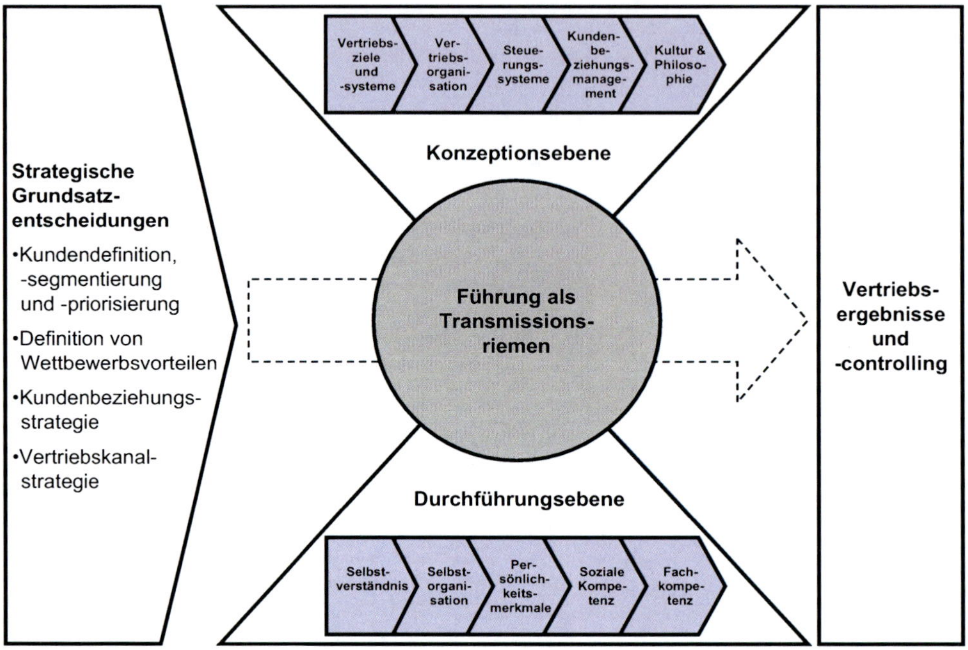

Abb. 1 Ebenen des strategischen Vertriebsmanagements i. w. S. (Quelle: In Anlehnung an Dannenberg 1997)

2 Strategische Grundsatzentscheidungen im Vertriebsmanagement

Im Gegensatz zu operativen Entscheidungen haben strategische Grundsatzentscheidungen längerfristige Auswirkungen und sind nur schwer revidierbar (vgl. Backhaus und Schneider 2009). Hinsichtlich des strategischen Vertriebsmanagements umfassen sie Aspekte, die die Zuordnung der Vertriebsressourcen zu den Kunden direkt betreffen (vgl. Backhaus et al. 2011). Nach Panagopoulos und Avlonitis (2010) umfasst eine Vertriebsstrategie insbesondere vier Dimensionen: Kundensegmentierung, Kundenpriorisierung, Geschäftsbeziehungsmanagement und Vertriebskanalmanagement. Homburg et al. (2010) betonen darüber hinaus den Stellenwert vertriebsbezogener Wettbewerbsvorteile und das Thema Preispolitik. Da Letzteres in der Praxis selten im Kompetenzbereich des Vertriebs angesiedelt ist, sollen im Folgenden lediglich die erstgenannten Aspekte diskutiert werden, und zwar nach zunehmenden strategischen Freiheitsgraden für die Führungskraft im Vertrieb geordnet.

2.1 Kundendefinition, -segmentierung und -priorisierung

Startpunkt der Vertriebsstrategie ist zunächst einmal die *Kundendefinition*, auf deren Basis Segmentierungs- und Priorisierungsentscheidungen getroffen werden können. Diese ersten Grundsatzentscheidungen wiederum determinieren strategische Folgeentscheidungen, beispielsweise zur Art und Weise der Kundenbeziehung oder zur Eignung einzelner Vertriebskanäle (vgl. Backhaus et al. 2011). Homburg et al. (2010) definieren vier Gruppen potenzieller Kunden für ein Unternehmen:

- **Nutzer** sind die Endkunden (Firmen- oder Privatkunden), die eine Leistung zur Erfüllung eigener Bedürfnisse in Anspruch nehmen.
- **Weiterverarbeiter** integrieren die gekauften Produkte in ihre eigenen Leistungen, zum Beispiel Original Equipment Manufacturer (OEM).
- **Händler** vertreiben die Produkte unverändert, eventuell unter Anreicherung durch Serviceleistungen.
- **Berater** unterstützen Nutzer oder Weiterverarbeiter bei ihrer Produktwahl, zum Beispiel Unternehmensberater oder Ingenieurbüros.

Wer die Frage „Wer sind unsere Kunden?“ zu eng beantwortet, wer also die Kunden der Kunden nicht in Betracht zieht, versteht die Bedürfnisse der direkten Kunden nicht umfassend genug, erkennt Trends zu spät und vergibt die Chance zum Pull-Marketing. Wer seine Kundschaft dagegen zu weit fasst, verliert möglicherweise seinen Marktfokus, wird zum Anbieter generischer Leistungen und damit austauschbar. Diese Überlegungen erfolgen analog zur Abgrenzung des relevanten Markts im Marketing, die auf der Grundlage von Kundenbedürfnissen und nicht anhand eng definierter Produktkategorien passieren sollte (vgl. Meffert et al. 2012). Demnach ist die Frage nach den grundlegenden Bedürfnissen der Kunden eng verbunden mit der Kundenidentifikation und führt zur Notwendigkeit, im Rahmen der Vertriebsstrategie ein klar definiertes Nutzenversprechen zu entwickeln und so Wettbewerbsvorteile zu generieren und abzusichern (vgl. Homburg et al. 2010). Dieser zentrale Aspekt soll im folgenden Abschnitt separat dargestellt werden.

Zunächst ist jedoch der Heterogenität der Kunden durch Segmentierung Rechnung zu tragen, um eine einheitliche und effiziente Marktbearbeitung auch über verschiedene Unternehmensbereiche hinweg sicherzustellen. Das Leistungsangebot des Unternehmens ist möglichst weit an die unterschiedlichen Ansprüche, Wünsche und Präferenzen unterschiedlicher Kundengruppen anzupassen (vgl. Homburg et al. 2010). Bei der *Kundensegmentierung* wird die Gesamtheit der Kunden demnach in bezüglich ihrer Marktreaktion intern homogene und untereinander heterogene Untergruppen (Kundensegmente) aufgeteilt und anschließend differenziert bearbeitet (vgl. Meffert et al. 2012). Abbildung 2 beinhaltet typische Kriterien der Kundensegmentierung im Überblick.

Kriterien zur Kundensegmentierung	Privatkunden	Firmenkunden
Demografische Kriterien	• Geschlecht • Alter • Familienstand • Wohnort	• Firmensitz • Dauer der Geschäftsbeziehung
Kaufverhaltensbezogene Kriterien	• Einkaufsstättenwahl • Produktwahl • Kaufhäufigkeit • Preisbereitschaft • Informationsverhalten	• Vertriebswegewahl • Kaufhäufigkeit • Preissensitivität • Informationskanäle
Sozio-ökonomische Kriterien	• Einkommen • Bildung • Beruf	• Umsatz • Branche
Nutzenkriterien	• Preisnutzen • Qualitätsnutzen • Imagenutzen • Servicenutzen	• Preisnutzen • Qualitätsnutzen • Imagenutzen • Servicenutzen
Allgemeine Persönlichkeitsmerkmale	• Lebensstil • Einstellungen • Interessen	

Abb. 2 Kriterien zur Kundensegmentierung im Überblick (Quelle: In Anlehnung an Homburg et al. 2010)

Folgende Anforderungen an die Segmentierungskriterien sind zu stellen (vgl. Meffert et al. 2012):

- **Kaufverhaltensrelevanz**: Die Indikatoren sollten mit Aspekten des Kaufverhaltens korrelieren und so Prognosen zu künftigen Verhaltensweisen zulassen.
- **Messbarkeit**: Die Indikatoren sollten mit vorhandenen Methoden messbar und erfassbar sein.
- **Erreichbarkeit**: Die Indikatoren sollten die gezielte Ansprache der mit ihrer Hilfe abgegrenzten Segmente ermöglichen.
- **Handlungsfähigkeit**: Die Indikatoren sollten den gezielten Einsatz der zur Verfügung stehenden Instrumente und so den Übergang von der Segmentierung zur Marktbearbeitung ermöglichen.
- **Wirtschaftlichkeit**: Die Indikatoren und die resultierende Segmentierung sollten einen Nutzen stiften, der die entstehenden Kosten mindestens kompensiert und somit segmentspezifische Strategien rechtfertigt.
- **Zeitliche Stabilität**: Die Indikatoren sowie die resultierende Segmentstruktur sollten über einen längeren Zeitraum hinweg stabil sein.

Die Kundensegmentierung des Vertriebs muss schließlich kompatibel sein mit der Marktsegmentierung aus dem Marketing. Backhaus et al. (2011) diagnostizieren hier erhebliches Konfliktpotenzial, wenn der Vertrieb die Marktsegmentierung nicht „lebt“

und durch eine eigene Segmentierung unterläuft. Die Führungskraft braucht hier neben der fachlichen Kompetenz zur Durchführung einer fundierten Segmentierung auch eine Schnittstellenkompetenz zur integrativen Abstimmung häufig unterschiedlicher Marktbearbeitungsansätze.

Während die Kundensegmentierung aus Sicht der Marktbearbeitung vorgenommen wird, erfolgt die *Kundenpriorisierung* aus ökonomischer Sicht auf der Basis einer Kundenbewertung. Hierbei wird der Kundenstamm in „wichtige" und „unwichtige" Kunden eingeteilt (vgl. Kuhlmann 2001), wobei Kriterien herangezogen werden, „die die Bedeutung der Kunden für vertriebsstrategische Entscheidungen verdeutlichen und die Kunden aus Anbieterperspektive in eine sinnvolle Rangfolge der Bearbeitungsintensität bringen" (Backhaus et al. 2011, S. 42). Die aus der Segmentierung identifizierten Unterschiede der Kunden sollten angesichts knapper Ressourcen für die Marktbearbeitung auch zu einer explizit differenzierenden vertrieblichen Behandlung der Kunden führen. In der Praxis herrscht in Vertriebsorganisationen hinsichtlich der Unterschiedlichkeit normalerweise Einsicht, nicht jedoch hinsichtlich der Konsequenz. Vertriebsmitarbeitern fällt es oft sehr schwer, auf der Basis ökonomischer Kriterien Unterschiede zwischen ihren Kunden zu machen. Vielmehr tendieren Vertriebsmitarbeiter dazu, ihre eigenen Maßstäbe zu entwickeln, beispielsweise Sympathie, Schwierigkeitsgrad des Überzeugungsprozesses oder regionale Aspekte. Setzt sich die Führungskraft an dieser Stelle nicht mit einem ökonomischen Strategieansatz der systematischen Kundenpriorisierung durch, so sind Willkür und Diskontinuität auf der Durchführungsebene die Folge.

Die Kundenpriorisierung soll eine Marktbearbeitung nach dem „Gießkannenprinzip" vermeiden, indem der Leitgedanke der Effizienz im Fokus steht (Homburg et al. 2010). Knappe Vertriebsressourcen sollen für diejenigen Kunden eingesetzt werden, deren wirtschaftliche Attraktivität dies rechtfertigt. Hierzu kommen in der Praxis häufig einfache Heuristiken zur Anwendung, etwa die ABC-Analyse auf der Basis der „80/20-Regel" (vgl. Belz und Bieger 2004; Bradford et al. 2012). Solche eindimensionalen Ansätze, die zudem meist auf dem Umsatz als Zielgröße fußen, erfassen die Komplexität des ökonomischen Kundenwerts jedoch nur unzureichend. Ergiebiger ist es, mehrdimensional vorzugehen und dabei auch qualitative Kriterien zu berücksichtigen. In Theorie und Praxis existiert eine Vielzahl verschiedener Kundenwertmodelle (vgl. Jones et al. 2005; Krafft 2007). Empfehlenswert erscheint insbesondere die Unterscheidung von Marktpotenzial und Ressourcenpotenzial als Determinanten des Kundenwerts. Das Marktpotenzial eines Kunden umfasst die gegenwärtigen und/oder zukünftigen direkten Transaktionen mit dem Anbieter im Rahmen einer Geschäftsbeziehung. Der Kundenwert ergibt sich jedoch auch aus dem Ressourcenpotenzial des Kunden, das die indirekten Beiträge zum Unternehmenserfolg des Anbieters umfasst, beispielsweise das Weiterempfehlungsverhalten oder der Informationsaustausch zwischen Anbieter und Kunde (vgl. Tomczak und Rudolf-Sipötz 2006). Abbildung 3 liefert einen Überblick zu den skizzierten Determinanten des Kundenwerts.

Die Ergebnisse von Kundendefinition, -segmentierung und -priorisierung müssen zu strategisch differenzierten Unterschieden in der Marktbearbeitung führen. Als Stellschrau-

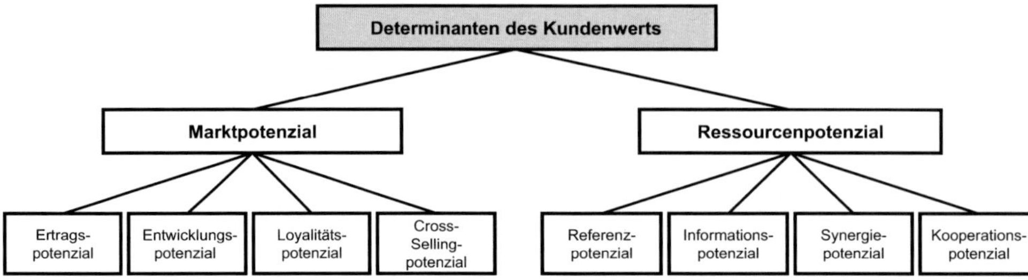

Abb. 3 Determinanten des Kundenwerts im Überblick (Quelle: Tomczak und Rudolf-Sipötz 2006)

ben hierfür identifizieren Homburg et al. (2010) fünf Parameter der Marktbearbeitung, die im Folgenden aufsteigend nach den Kosten der Differenzierung aufgezählt werden:

- **Kommunikationspolitik**: Entwicklung einer spezifischen Ansprache für jedes Segment,
- **Preispolitik**: Entwicklung spezifischer Bepreisungssysteme,
- **Markenführung**: Führung unterschiedlich positionierter Marken,
- **Vertriebspolitik**: Vertrieb über unterschiedlich positionierte Vertriebskanäle und
- **Produktgestaltung**: Entwicklung spezifischer Produktvarianten.

Die Entscheidung über die segmentspezifische Ausgestaltung der einzelnen Marktbearbeitungsparameter hängt neben der kostenbezogenen Effizienz auch davon ab, wie heterogen die Kundengruppen bezüglich ihrer Anforderungen an die einzelnen Parameter sind (vgl. Homburg et al. 2010).

2.2 Definition von Wettbewerbsvorteilen

Im Rahmen von Kundendefinition, -segmentierung und -priorisierung spielen Analyse und Berücksichtigung von Kundenbedürfnissen eine zentrale Rolle. Jedes Kundenbedürfnis bietet grundsätzlich die Möglichkeit, Kundennutzen zu schaffen. Diese Überlegungen sind in der Vertriebsstrategie durch die Entwicklung eines klar definierten Nutzenversprechens unter gleichzeitiger Abgrenzung vom Wettbewerb zu berücksichtigen. Nur so lassen sich *strategische Wettbewerbsvorteile* entwickeln und absichern (vgl. Homburg et al. 2010).

Die Idee, die Wahrnehmungswelt der Kunden zum zentralen Effektivitätskriterium für die Marktbearbeitung im Wettbewerb zu machen, führt in der Vertriebspraxis häufig zum Konstrukt der Unique Selling Proposition bzw. USP (vgl. Ries und Trout 2001). Postuliert wird hierbei die Notwendigkeit eines Alleinstellungsmerkmals für ein Leistungsangebot. Jedoch ist nicht jede einzigartige Leistung so nutzenstiftend, dass der Kunde auch kauft – denn das Konstrukt berücksichtigt nicht die vom Kunden dafür aufzubringenden entscheidungsrelevanten Kosten (vgl. Backhaus und Voeth 2010). Nicht jeder Unterschied zum

Wettbewerb begründet also automatisch einen strategischen Wettbewerbsvorteil, durch den die Überlebensfähigkeit des Anbieters langfristig gewährleistet werden könnte. Ein solcher strategischer Wettbewerbsvorteil ist erst gegeben, wenn eine im Vergleich zum Wettbewerb überlegene Leistung drei Kriterien erfüllt (vgl. Becker 2009; Simon 1988):

- Die Leistung muss sich auf ein für den Kunden wesentliches Leistungsmerkmal beziehen,
- sie muss kommunizierbar sein sowie vom Kunden auch tatsächlich wahrgenommen werden, und
- sie muss eine gewisse Dauerhaftigkeit aufweisen, darf also von der Konkurrenz nicht ohne Weiteres imitierbar sein und sichert somit einen nachhaltigen Vorsprung im Wettbewerb.

Kotler et al. (2007) definieren weitere erfolgskritische Kriterien für die strategische Differenzierung und Positionierung von Leistungsangeboten:

- **Substanzialität**: Der Leistungsunterschied bringt einer genügend hohen Anzahl möglicher Kunden einen über den generischen Grundnutzen hinausgehenden Zusatznutzen (vgl. Beutin 2000), etwa ökonomischen, emotionalen, sozialen oder Sicherheitsnutzen (vgl. Homburg et al. 2010).
- **Hervorhebbarkeit**: Der Leistungsunterschied wird von Wettbewerbern nicht oder vom Anbieter in besonderer Form angeboten.
- **Überlegenheit**: Der Leistungsunterschied ist anderen Mitteln zur Erlangung des gleichen Vorteils überlegen.
- **Bezahlbarkeit**: Die Kunden können und wollen es sich leisten, für den Leistungsunterschied ein Preispremium zu zahlen.
- **Gewinnbeitragspotenzial**: Der Anbieter sieht im Leistungsunterschied das Potenzial, zusätzliche Gewinne zu erwirtschaften.

Hinsichtlich der Wahl des anzustrebenden Wettbewerbsvorteils empfiehlt es sich, auf die generischen Wettbewerbsstrategien nach Porter (2008) zurückzugreifen, die im Wesentlichen mit den kunden- bzw. abnehmerorientierten Kernstrategien von Kotler et al. (2007) übereinstimmen (zur kritischen Würdigung vgl. Becker 2009):

- Branchenweite, umfassende Kostenführerschaft,
- branchenweite Differenzierung bzw. Leistungsführerschaft und
- Konzentration auf segmentspezifische Schwerpunkte.

Die Option der Kostenführerschaft dürfte in Zeiten der Globalisierung für Anbieter aus westlichen Hochlohnländern nur selten realisierbar sein. Sie impliziert außerdem mit Blick auf den Vertrieb eine Konzentration auf kostengünstige Vertriebsmethoden und nur wenige Vertriebskanäle, demnach wären vertriebsstrategische Aspekte den Kostenaspekten klar untergeordnet (vgl. Simon und Fassnacht 2009). Aus strategischer Sicht besonders ergiebig ist dagegen die Rolle des Vertriebs im Rahmen einer branchenweiten Differenzierung. Denn in diesem Zusammenhang stellt sich für den Vertrieb die Frage, welchen Betrag er zur Differenzierung vom Wettbewerb leisten kann (vgl. Homburg et al. 2010). Die Konzentration auf segmentspezifische Schwerpunkte schließlich ist typisch für die sogenannten „Hidden Champions", also in der Öffentlichkeit unbekannte Weltmarktführer in ihrem jeweiligen Segment (vgl. Simon 2012). Hierbei handelt es sich zumeist um ingenieursgetriebene Unternehmen, deren Wettbewerbsvorteile insbesondere auf Qualität und Innovation beruhen. In solchen Unternehmen spielt der Vertrieb als Berater der Kunden bei erklärungsbedürftigen Lösungen bereits eine deutlich gewichtigere Rolle im Gesamtleistungsangebot.

Grundsätzlich sind die Freiheitsgrade zur Strategiedefinition in der Führung von Vertriebsorganisationen beschränkt. Nach dem klassischen strategischen Managementprozess wird ein Top-Down-Ansatz unterstellt, das heißt, strategische Entscheidungen werden von der Geschäftsleitung getroffen und sodann auf die Unternehmens- und Funktionalbereiche heruntergebrochen (vgl. Barney und Hesterly 2012). Homburg et al. (2010) konstatieren, dass in vielen Unternehmen die Wettbewerbsvorteile praktisch ausschließlich auf Produkte bezogen werden. Dem Vertrieb kommt aus dieser Perspektive lediglich die Aufgabe zu, die strategischen Wettbewerbsvorteile, die in anderen Unternehmensbereichen geschaffen werden, zu „verkaufen". Doch gerade der persönliche Verkauf als vertriebliche Grundfunktion kann mehr als „nur" verkaufen: Er kommuniziert im Rahmen interaktiver Kommunikation unternehmerische (Mehr-)Werte und schafft eine im Wettbewerb differenzierende Positionierung in der Kundenwahrnehmung (vgl. Binckebanck 2006). Die zentrale Rolle des Vertriebs bei der Schaffung und Durchsetzung von Wettbewerbsvorteilen am Markt wird von vielen Praktikern unterschätzt, dabei wird sie mit zunehmender Austauschbarkeit von Primärleistungen auf vielen Märkten als Differenzierungsinstrument noch wichtiger: „Immer häufiger muss die Differenzierung gegenüber dem Wettbewerb über den Vertrieb erfolgen" (Homburg et al. 2010, S. 46).

Der Vertrieb wird aus dieser Perspektive zur unternehmerischen Kernkompetenz (vgl. Belz und Reinhold 1999) und kann selbst zum strategischen Wettbewerbsvorteil werden (vgl. Belz und Bußmann 2002). Nach Hamel und Prahalad (1997) zeichnen sich Kernkompetenzen durch folgende Eigenschaften aus:

- Sie umfassen ein integriertes Bündel von strategisch relevanten Fähigkeiten eines Unternehmens,
- sie beruhen auf Lernprozessen und Know-how,
- sie sind wichtig, wirken nachhaltig und begründen den zukünftigen Unternehmenserfolg,
- sie tragen wesentlich zum Kundennutzen bei,
- sie differenzieren ein Unternehmen gegenüber der Konkurrenz und lassen sich nicht oder nur langfristig nachahmen, und

- sie sind entwicklungsfähig und ermöglichen den Eintritt in neue Märkte im Rahmen des Business Development.

Belz und Reinhold (2012) konstatieren vor diesem Hintergrund, dass der Vertrieb in den meisten Unternehmen die genannten Kriterien einer Kernkompetenz wie folgt erfüllt:

- Der Vertrieb steigert den Kundenutzen, beispielsweise durch Problemlösung, Wissenstransfer, Beratung und After Sales Services.
- Eine schlagkräftige Vertriebsorganisation lässt sich nur langfristig entwickeln und durch Wettbewerber nur schwer oder gar nicht imitieren.
- Der Vertrieb unterstützt durch seine Fähigkeiten das Wachstum von Unternehmen in neuen Segmenten und Leistungsbereichen.
- Der Vertrieb erfordert spezifische Fach- und Sozialkompetenzen und schließt dabei spezifisches unternehmensinternes, nicht allgemein zugängliches Wissen ein.
- Der Vertrieb ermöglicht neue Geschäftsmodelle.

Sind solche vertrieblichen Kernkompetenzen vorhanden, können nach Homburg et al. (2010) insbesondere die folgenden strategisch relevanten Differenzierungsmöglichkeiten durch den Vertrieb zu gesamtunternehmerischen Wettbewerbsvorteilen führen:

- **Flexibilität und Individualität der Leistungen**: Individualisierte Kundenanforderungen lassen sich mit angemessenem Aufwand erfüllen. Notwendige Kernkompetenz hierfür sind insbesondere Strukturen und Prozesse beim Anbieter, die eine unbürokratische Abstimmung zwischen unterschiedlichen Unternehmensfunktionen ermöglichen (Schnittstellenkompetenz). Grundlegende Voraussetzung hierfür ist das Wissen um die individuellen Anforderungen der Kunden, das aus engem Kundenkontakt entsteht (Individualisierungskompetenz).
- **Informationen und Schnelligkeit**: Die Absatzfunktion lässt sich rasch an veränderte Rahmenbedingungen im Markt anpassen und ermöglicht eine zügige Reaktion auf Kundenanfragen. Notwendige Kernkompetenzen hierfür sind insbesondere marktorientierte Informationssysteme zum Monitoring von Umfeldentwicklungen und Kundenstrukturen (Informationskompetenz) sowie professionelle Logistikstrukturen (Distributionskompetenz).
- **Qualität der Kundenbetreuung**: Der Vertriebserfolg in Märkten mit persönlich geprägten Geschäftsbeziehungen ist von der Quantität verfügbarer Vertriebsmitarbeiter und deren Qualität im Hinblick auf Kompetenz und Kundenorientierung abhängig. Notwendige Kernkompetenzen hierfür sind Verkaufstechniken, wie etwa Kunden- und Bedarfsanalyse, Angebotspräsentation, Einwandbehandlung, Abschlusstechniken und After Sales Services (Interaktionskompetenz).
- **Problemlösungsfähigkeit**: Vertriebsmitarbeiter erkennen, welche Probleme ihre Kunden derzeit beschäftigen und welche Lösungsoptionen bestehen. Notwendige Kernkompetenz hierfür ist, dass entweder die eigenen Mitarbeiter oder Netzwerkpartner

den Kunden bei komplexen Problemen als Ansprechpartner, Berater und Problemlöser überzeugend zur Verfügung stehen (Fachkompetenz).

- **Image**: Vertriebsmitarbeiter sind als zentrales Bindeglied zwischen Anbieter und Kunde Botschafter des Unternehmens vor Ort und beeinflussen stark die kundenseitige Wahrnehmung der Leistungsfähigkeit (vgl. Baumgarth und Binckebanck 2011b). Damit sind Vertriebs- und Kundendienstmitarbeiter nicht nur „Public Relations Manager vor Ort" (Homburg et al. 2010, S. 47), sondern auch zentrales Instrument der Markenführung (vgl. Baumgarth und Binckebanck 2011a; Homburg und Richter 2003). Notwendige Kernkompetenz hierfür ist, dass der Vertrieb in eine ganzheitliche und interaktive Markenführung eingebunden ist und die Vertriebsmitarbeiter entsprechende Kenntnis der Markenwerte und -strategie haben (Markenkompetenz).

Es wird deutlich, dass vertriebsbezogene Wettbewerbsvorteile auf unterschiedlichen Kompetenzen beruhen. Die Führungskraft muss daher ein umfassendes Verständnis sowohl vorhandener Kompetenzen als auch zukünftig im Wettbewerb notwendiger Fähigkeiten im Vertrieb entwickeln. Nach dem „resource-based View" (vgl. Wernerfelt 1984) geht der Definition strategischer Wettbewerbsvorteile eine umfassende Analyse der Fähigkeiten voraus. Die Vertriebsstrategie darf demnach nicht losgelöst von Vertriebskompetenzen formuliert werden.

Ebenfalls deutlich geworden sind die Interdependenzen zwischen der Vertriebsstrategie und anderen strategischen Entscheidungen in vertikaler (Verhältnis von Vertriebs- zur Unternehmensstrategie) und horizontaler (Verhältnis von Vertriebsstrategie zu anderen Funktionalstrategien) Hinsicht. Die Führungskraft muss daher die Vertriebsstrategie immer im dualen Kontext begreifen: Einerseits ist der Vertrieb Implementierungsinstrument von in anderen Unternehmensbereichen generierten Wettbewerbsvorteilen, andererseits lassen sich originär vertriebsbezogene Wettbewerbsvorteile definieren. Letztere müssen nicht nur widerspruchsfrei in Bezug auf nicht vertriebliche Wettbewerbsvorteile sein, sondern sie müssen auch in sich kompatibel sein und sich gegenseitig unterstützen (Komplementarität). Nicht zuletzt ist auch eine gewisse Fokussierung bei der Definition von Wettbewerbsvorteilen anzuraten (vgl. Homburg et al. 2010), denn die Erzielung und Verteidigung zu vieler Wettbewerbsvorteile kann komplex sowie aufwendig werden und in einem „Vorteilsdschungel" münden, der aus Kundensicht entweder unglaubwürdig oder intransparent ist.

Abbildung 4 fasst die Überlegungen zur Ableitung vertriebsbezogener Wettbewerbspotenziale abschließend zusammen.

2.3 Kundenbeziehungsstrategie

„The name of the game today for sales organizations is the development of long-term relationships with customers"(Johnston und Marshall 2011, S. 82). Dahinter verbirgt sich ein Paradigmenwechsel vom Transaktions- zum *Beziehungsmarketing* (vgl. Berry 1983; Grön-

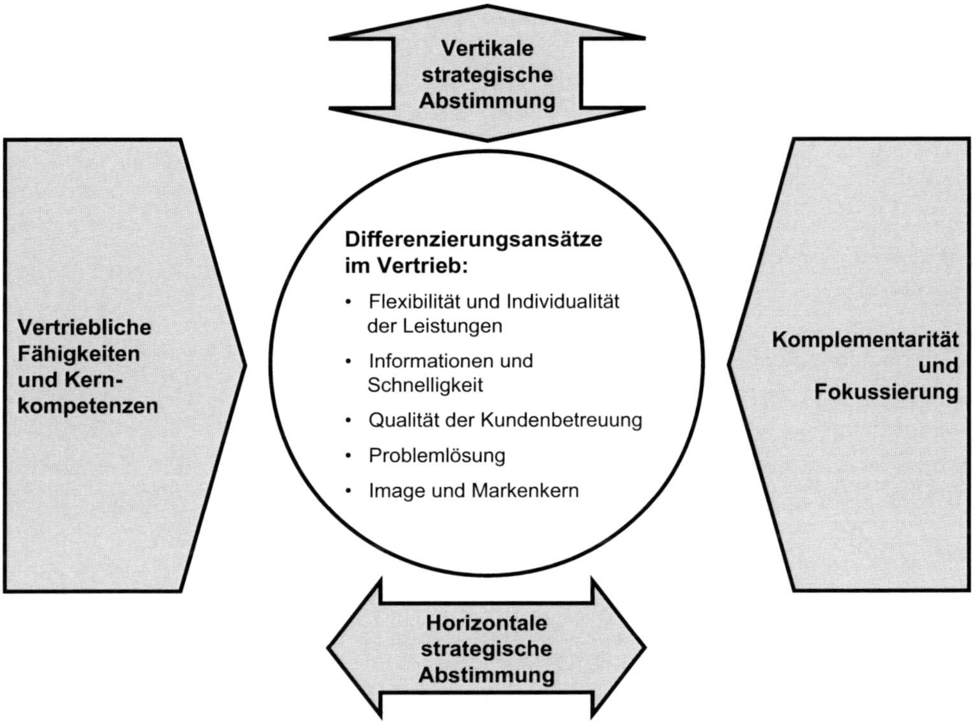

Abb. 4 Ableitung vertriebsbezogener Wettbewerbspotenziale

roos 1994; Homburg und Bruhn 2010). Danach werden Aufbau, Pflege und Gestaltung von langfristigen und für den Anbieter profitablen Geschäftsbeziehungen zur Kernaufgabe des Marketings. Die Marketinginstrumente sind daher an den verschiedenen Phasen der Geschäftsbeziehung auszurichten, um diese im Sinne der Anbieterziele optimal auszugestalten. Unter einer Geschäftsbeziehung ist ein von ökonomischen Zielen geleiteter Interaktionsprozess zwischen dem Anbieter und seinen Kunden zu verstehen (vgl. Homburg 2012).

In der Praxis wird in diesem Zusammenhang häufig der Begriff Customer Relationship Management (CRM) verwendet. Damit ist allerdings häufig eine Überbetonung von informationstechnologischen Aspekten verbunden, die zu sehr in Datenbanken und zu wenig in zwischenmenschlichen Interaktionskategorien denkt (vgl. Finnegan und Currie 2010). CRM ist in der Praxis lediglich eine „Worthülse" (Homburg et al. 2010, S. 249) und bezeichnet zumeist eine Technologie zur Umsetzung einer Kundenbeziehungsstrategie (vgl. Ahearne et al. 2012). Angesichts einer Erfolgsquote bei der CRM-Implementierung von gerade einmal 20 Prozent (vgl. Bush et al. 2005) ist zu diagnostizieren, dass die Vertriebsleitung ihre operativen Vorgaben zu häufig, zu einseitig und zu restriktiv auf der Basis von Daten und Analysen aus CRM-Systemen formuliert und die Freiheitsgrade der Vertriebsmitarbeiter hinsichtlich Kundenkontaktfrequenz und Gesprächsinhalten übermäßig einschränkt (vgl. Ahearne et al. 2012).

Für die Führungskraft im Vertrieb kommt es eher darauf an, die operative Notwendigkeit von kundenindividuellen Schwerpunkten der Vertriebsarbeit, die sich aus Kundendefinition, -segmentierung und -priorisierung ergeben haben, mit der grundsätzlichen strategischen Ausrichtung zu verbinden, die aus der Definition der Wettbewerbsvorteile abgeleitet worden ist. Dabei ist abzuwägen zwischen den Anforderungen der Kunden, die zunehmend eine individuelle Betreuung fordern, und den daraus entstehenden Kosten (vgl. Backhaus et al. 2011). Folgende Aspekte sollten hierbei Beachtung finden:

- **Primat der Effektivität**: Aus Kundendefinition, -segmentierung und -priorisierung ergeben sich vielfältige Ansatzpunkte für ein weitgehend kundenindividuelles Beziehungsmanagement. Die kundenorientiere Outside-In-Perspektive verspricht durch klassisches Pull-Marketing eine hohe Effektivität, ist aber andererseits mit vergleichsweise hohen Kosten verbunden. Die Marketinginstrumente lassen sich an den 3R (Recruitment, Retention, Recovery) ausrichten: Kundenakquisition mit Fokus Kundendialog, Kundenbindung mit Fokus Kundenzufriedenheit und Kundenrückgewinnung mit Fokus Wechselbarrieren (vgl. Bruhn 2012). Die Geschäftsbeziehungen werden primär unter Anwendung des Interaktionsparadigmas gestaltet und stark durch Personenpräferenzen geprägt.
- **Primat der Effizienz**: Auf der Basis der Definition von Wettbewerbsvorteilen ist das Beziehungsmanagement stärker strategiegeleitet und damit eher standardisiert zu gestalten. Diese Inside-Out-Perspektive verspricht durch klassisches Push-Marketing eine hohe Effizienz und ist auf die Wirtschaftlichkeit der Transaktionen fokussiert. Die Marketinginstrumente lassen sich an den traditionellen 4P (Product, Price, Promotion, Place) ausrichten (vgl. McCarthy 1960). Die Geschäftsbeziehungen werden tendenziell unter IT- und Rationalisierungsaspekten gesehen und umfassen Ansätze des CRM und des Computer Aided Selling (CAS, vgl. Homburg et al. 2010).

Grundsätzlich streben beide Ansätze des Beziehungsmanagements auch einen langfristigen Mehrwert für den Kunden an. Aus strategischer Sicht stellt sich die Frage, ob, für welche Kunden und in welcher Intensität *Kundenbindung* betrieben werden soll (vgl. Backhaus et al. 2011). Kundenbindung ist ein Prozess, bei dem auf systematische Weise die Geschäftsbeziehung zu Kunden langfristig aufrechterhalten werden soll (vgl. Krafft 2007). In Abhängigkeit von der Umsetzung ist dieser Prozess mit Kosten und Investitionen verbunden. Für den Anbieter steigen mit zunehmender Intensität der Kundenbindung auch die damit verbundenen Kosten überproportional (vgl. Backhaus et al. 2011). Demnach besteht eine zentrale Herausforderung darin, ein optimales Verhältnis vom Nutzen der Kundenbindung zu den damit verbundenen Kundenbindungskosten herzustellen.

Es ist davon auszugehen, dass Kundenbindung den Erfolg eines Unternehmens positiv beeinflusst, wobei zwei aufeinander aufbauende Erfolgsgrößen unterschieden werden können (vgl. Homburg et al. 2010):

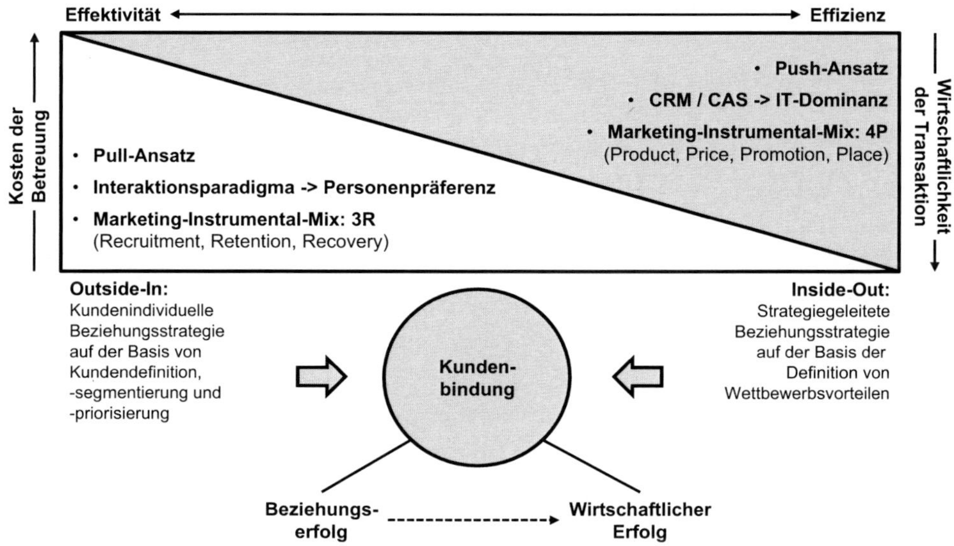

Abb. 5 Grundsätzliche Optionen der Kundenbeziehungsstrategie

- **Beziehungserfolg**: Kundenbindung fördert Vertrauen in Geschäftsbeziehungen und erhöht die Kundenloyalität. Loyale Kunden sind toleranter bei Fehlern des Anbieters, kommunizieren offener und empfehlen aktiv weiter.
- **Wirtschaftlicher Erfolg**: Als Resultat des Beziehungserfolgs ergibt sich eine Absatzsteigerung durch intensivere Produktnutzung, Reduktion alternativer Beschaffungsquellen und Cross Buying. Auch weisen gebundene Kunden eine höhere Zahlungsbereitschaft und eine geringere Preissensitivität auf. Schließlich sinken im Laufe der Geschäftsbeziehung die Kosten der Kundenbetreuung.

Abbildung 5 fasst die grundsätzlichen Optionen der Kundenbeziehungsstrategie zusammen.

In der Praxis werden die Kundenbeziehungen häufig nur sehr undifferenziert betrachtet, sodass auch entsprechende Maßnahmen selten zielgenau und ergiebig eingesetzt werden können (vgl. Backhaus et al. 2011). Vor diesem Hintergrund identifizieren Ingram et al. (2009) vier grundsätzliche konzeptionelle Kundenbeziehungsstrategien:

- **Transaktionsorientiert**: Im Mittelpunkt steht der reine Abverkauf der (standardisierten) Leistungen. Da sich die Kundenbeziehung auf die Anbahnung und Abwicklung von Transaktionen reduziert, kann eine hohe Anzahl Kunden bei niedrigen Kosten effizient betreut werden.
- **Lösungsorientiert**: Hier werden Kundenprobleme individualisiert gelöst, die Leistungen also an die jeweiligen Kundenbedürfnisse angepasst. Der Zeithorizont der Strategie ist länger, jedoch impliziert die gestiegene Intensität der Betreuung pro Kunde eine

geringere Kundenzahl im Vergleich zur transaktionsorientierten Kundenbeziehungsstrategie.
- **Partnerschaftlich orientiert**: Die Leistungen werden noch stärker an die Bedürfnisse der Kunden angepasst, was zu einer bevorzugten Lieferantenposition aus Kundensicht führt. Eine überschaubare Anzahl von Kunden wird so intensiv bedient.
- **Gemeinschaftlich orientiert**: Dies ist die engste Form der Zusammenarbeit zwischen Anbieter und Kunde, in der gemeinsam hochspezialisierte Lösungen für spezifische Kundenprobleme entwickelt werden. Aufgrund der langfristig ausgerichteten Zusammenarbeit erfolgt eine starke Verzahnung der jeweiligen Wertschöpfungsprozesse. Wegen der hohen Kosten dieser Kundenbeziehungsstrategie kann nur eine kleine Anzahl von Kunden intensiv betreut werden.

Eine große Differenz zwischen Wissenschaft und Praxis besteht bei der Integration des Verkaufspersonals in die Betrachtung von Kundenbeziehungsstrategien. Während die oben dargestellten Überlegungen das Verkaufspersonal weitgehend ausklammern und die Strategien „personenneutral" formulieren, machen Praktiker oft die Erfahrung, dass der Verkäufer selbst Dreh- und Angelpunkt der Kundenbeziehung sein kann. „Kundenbeziehungsmanagement wird zu einem wesentlichen Teil durch Vertriebsmitarbeiter im täglichen Kundenkontakt betrieben" (Homburg et al. 2010, S. 249). Dieser Aspekt konnte in einer Studie von 200 Geschäftsbeziehungen im Business-to-Business-Geschäft empirisch gezeigt werden (vgl. Binckebanck 2006). Auf Basis einer Cluster-Analyse lassen sich drei unterschiedliche Formen von Geschäftsbeziehungen identifizieren und charakterisieren (vgl. Binckebanck 2012):

- In **unternehmensorientierten Geschäftsbeziehungen** spielen weder Verkäufer noch das Win-win-Prinzip eine entscheidende Rolle. Solche Geschäftsbeziehungen entsprechen dem oben dargestellten transaktionsorientierten Ansatz und sind demnach eher durch einen sachlichen Umgang miteinander geprägt. Zwar wird die Verfolgung einer langfristigen Zusammenarbeit durch den Anbieter vom Kunden durchaus geschätzt, jedoch nur unter Beachtung formaler Regeln. Dazu gehört ein ausgeprägtes Monitoring der gegenseitigen Rechte und Pflichten ebenso wie eine langfristige Planung mit der daraus resultierenden Berechenbarkeit. Die persönliche Interaktion der Unternehmensrepräsentanten ist eher sekundär. Interessant ist, dass eine solche Haltung zur Geschäftsbeziehung offenbar mit einer niedrigen Markenstärke des Lieferanten aus Kundensicht einhergeht. Vor dem Hintergrund der in der Studie gefundenen starken Einstellungs- und Verhaltenswirkung von Marken bedeutet dies, dass solche Geschäftsbeziehungen tendenziell instabil sind. Demnach kommt dem Vertrieb in derartigen Fällen die Aufgabe zu, für emotionale Differenzierung zu sorgen. So ergeben sich interessante Perspektiven für eine interaktive Markenführung, denn das Differenzierungspotenzial des Vertriebs stellt in solchen Geschäftsbeziehungen häufig „Neuland" dar. Jedoch wird es auch vorkommen, dass das beschaffende Unternehmen solche Ansätze bewusst ablehnt. Relationale Ansätze wären ineffektiv und möglicherweise sogar negativ für die Kundenbeziehung (vgl. Homburg et al. 2011). In solchen Fällen ist der Einfluss des Vertriebs beschränkt, und es gilt, die Geschäftsbeziehung im Rahmen des bestehenden Leistungssystems abzusichern.

- In **beziehungsorientierten Geschäftsbeziehungen** steht das Win-win-Prinzip stark im Mittelpunkt. Zur gegenseitigen Unterstützung auch in problematischen Phasen gehört durchaus auch, dass Informationen offen ausgetauscht werden und die künftige Entwicklung der Geschäftsbeziehung systematisch geplant angegangen wird. Dagegen spielen Machtfragen und Marketingimpulse eine eher schwache Rolle. Die eigentliche Leistung ist in solchen Fällen eher als Hygienefaktor zu sehen. Der Kunde hat eine positive Einstellung sowohl zum Lieferantenunternehmen als auch zu dessen Repräsentanten, ohne jedoch den Verkäufer zu sehr im Fokus zu haben. Das Ergebnis ist in diesen Fällen eine insgesamt mittlere Markenstärke des Anbieters aus Sicht des Kunden. Demnach ist eine konsistente Win-win-Orientierung beider Elemente, also des Lieferanten und seiner Verkäufer, erfolgstreibend. Für das Management der Geschäftsbeziehung bedeutet dies, strategische Konsistenz zwischen den verschiedenen Unternehmensfunktionen sicherzustellen und hierbei insbesondere den Vertrieb zu integrieren.
- In **verkäuferorientierten Geschäftsbeziehungen** steht die Verkäuferpersönlichkeit mit ihren Persönlichkeitsmerkmalen, Sozial- und Fachkompetenzen (Homburg et al. 2010) im Mittelpunkt. Dabei ist jedoch entscheidend, dass der Verkäufer die Bedürfnisse seiner Kunden optimal erfüllt, sich flexibel veränderten Rahmenbedingungen anpasst und Konflikte früh und systematisch entschärft. Insofern geht es hierbei nicht um „Verkäufergurus", denen die Kunden vor Begeisterung blind folgen, sondern um Verkäufer, die ihre Qualitäten konsequent im Sinne des Kunden einsetzen. Dieser Prozess läuft jedoch offenkundig auf einer persönlich und emotional verbindlichen Basis ab. Das Ergebnis ist eine hohe Markenstärke des Anbieters aus Sicht des Kunden. Der Verkäufer erweist sich in dieser Art von Geschäftsbeziehungen als stärkster Markentreiber. Demnach ist es Aufgabe der Führung, den Erfolgsfaktor Vertrieb systematisch in die Kundenbeziehungsstrategie einzubinden.

Eine andere Perspektive auf die Kundenbeziehungsstrategie liefert das *Relationship Modelling* (vgl. Homburg et al. 2010). Dabei werden Zielsetzungen und Maßnahmen der Kundenbearbeitung anhand von Phasen der Geschäftsbeziehung ausgerichtet. Dahinter steckt die Überlegung, dass das Aktivitätsniveau im Vertrieb und die Profitabilität der Kundenbeziehung nach der Aufnahme der Geschäftsbeziehung typischerweise ansteigen, während der Geschäftsbeziehung ihr Maximum erreichen und zum Ende der Geschäftsbeziehung abfallen. Mithilfe von Indikatoren für den normalen Verlauf einer Geschäftsbeziehung und solchen für außergewöhnliche Entwicklungen innerhalb der Geschäftsbeziehung lassen sich Verkaufsprozesse modellieren, proaktive und reaktive Kundenkontaktpunkte modellieren und Erfolgskennziffern für die Messung der Beziehungsqualität definieren. Abbildung 6 fasst die Ansatzpunkte für das Relationship Modelling zusammen.

Aufgrund der mit den jeweiligen Strategieoptionen verbundenen Kosten müssen Kundenbindungsmaßnahmen fokussiert durchgeführt werden (vgl. Homburg et al. 2010). Ihr

	Vor der Geschäftsbeziehung	Bei Aufnahme der Geschäftsbeziehung	Während der Geschäftsbeziehung	Zum Ende der Geschäftsbeziehung	Nach der Geschäftsbeziehung
Zielsetzung der Kundenbearbeitung	• Selektion • Akquisition	• Ausbau	• Bindung	• Sicherung	• Wiedergewinnung
Maßnahmen der Kundenbearbeitung	• Information und Kommunikation • Gezielte, personalisierte Ansprache	• Information • Bestätigung von Kaufentscheidungen • Cross-Selling	• Kundenbindungs-management • Cross-Selling	• Aufbau/Sicherung von Austrittsbarrieren • Reaktivierung von Kunden	• Rückgewinnungs-management • Vermittlung von Wertschätzung
Indikatoren einer normalen Entwicklung der Geschäftsbeziehung	• Kundenanfrage • Erstkontakt	• Verkaufsgespräch • Vertragsabschluss • Erhalt der ersten Lieferung	• Geburtstag/Jubiläum des Kunden/der Geschäftsbeziehung • Anfragen von Kunden bzgl. zusätzlicher Produkte • Nutzung von Serviceleistungen (Wartung, Schulungen usw.) • Zufriedenheits-untersuchung	• Vertragsende • Wieder-beschaffungszeit	• Eingang der Kündigung
Indikatoren für außergewöhnliche Entwicklungen der Geschäftsbeziehung		• Ausbleiben von erwarteten Transaktionen/ Umsätzen • Übertreffen der erwarteten Umsätze	• Wegfall bzw. Entstehung eines Bedarfs durch Änderungen in der Situation des Kunden • Markteinführung neuer Produkte • Personelle Veränderungen bei Firmenkunden	• Beschwerden • Veränderung der Bedarfsdeckung (z.B. Kauf beim Wettbewerb) • Einschlafen der Geschäftsbeziehung • Vorzeitige Kündigung	• Ergebnisse von Kündigeranalysen • Wiederaufnahme der Geschäftsbeziehung

Abb. 6 Ansatzpunkte für Relationship Modelling (Quelle: In Anlehnung an Homburg et al. 2008)

Einsatz ist vom Ergebnis der Kundendefinition, -segmentierung und -priorisierung abhängig und führt in der Praxis zu differenzierten Kundenbetreuungskonzepten, in denen Kunden und Kundengruppen etwa in Abhängigkeit von ihrem Wert unterschiedlich intensiv vom Vertrieb bearbeitet werden (vgl. Bradford et al. 2012; Ivens und Pardo 2008). Aus dieser Überlegung heraus entstehen beispielsweise Ansätze des Key Account Managements, des Kleinkundenmanagements oder des verkaufsaktiven Innendienstes. Wichtig ist dabei, dass diese Lösungen stets kompatibel sind mit den definierten Wettbewerbsvorteilen für den Vertrieb insgesamt.

Kundenbindungsinstrumente lassen sich grundsätzlich wie folgt systematisieren (vgl. Homburg et al. 2010):

- **Instrumente zur Schaffung bzw. Sicherung der Kundenzufriedenheit**: zum Beispiel Sicherung hoher Leistungsqualität, Beschwerdemanagement.
- **Value-Added-Service-Instrumente**: zum Beispiel Kundenzeitschriften/-clubs, 24-Stunden-Service bzw. -Hotlines, Garantien.
- **Instrumente zum Aufbau bzw. zur Festigung (persönlicher) Beziehungen**: zum Beispiel persönlicher Kontakt, Key Account Management, Virtual Communities, Kundenforen.
- **Instrumente zur Schaffung von (ökonomischen oder sozialen) Vorteilen für treue Kunden**: zum Beispiel Rabatte/Boni, Geschenke, Status („Gold"), Einladungen zu Events.
- **Instrumente zum Aufbau von Wechselbarrieren**: zum Beispiel vertragliche Bindung, technische Standards/Inkompatibilität.

2.4 Vertriebskanalstrategie

Nachdem im Rahmen der Vertriebsstrategie festgelegt wurde, welche Kunden in welcher Intensität, mit welchen Argumenten und mit welcher Beziehungsstrategie zu bearbeiten sind, ist nunmehr zu bestimmen, über welche Vertriebskanäle (z. B. Einzelhandel, Großhandel, Webshop, Vertriebsmitarbeiter etc.) sie erreicht werden sollen (vgl. Backhaus et al. 2011). „Die Entscheidungen über die Vertriebswege und Vertriebspartner gehören zu den wesentlichen vertriebsstrategischen Entscheidungen, die ein Unternehmen zu treffen hat" (Homburg et al. 2010, S. 49). Vertriebskanäle als „Pipeline des Marketing" (Becker 2009, S. 527) stellen sicher, dass die Leistungen des Anbieters die Zielkunden tatsächlich erreichen. Denn erst die markt- und unternehmensadäquate Präsenz der Leistungen ermöglicht ihren Absatzerfolg und ist damit wesentlicher Bestandteil der gesamten Marktleistung des Unternehmens (vgl. Becker 2009). Marktzugang und -abdeckung werden grundsätzlich und mittel- bis langfristig determiniert und können zumeist nicht ohne Weiteres kurzfristig verändert werden. Gleichzeitig haben die Vertriebskanäle einen wesentlichen Einfluss auf alle anderen Marktentscheidungen des Unternehmens: Der Marketingmix beim Exklusivvertrieb über Fachgeschäfte unterscheidet sich deutlich von den bei Absatz über

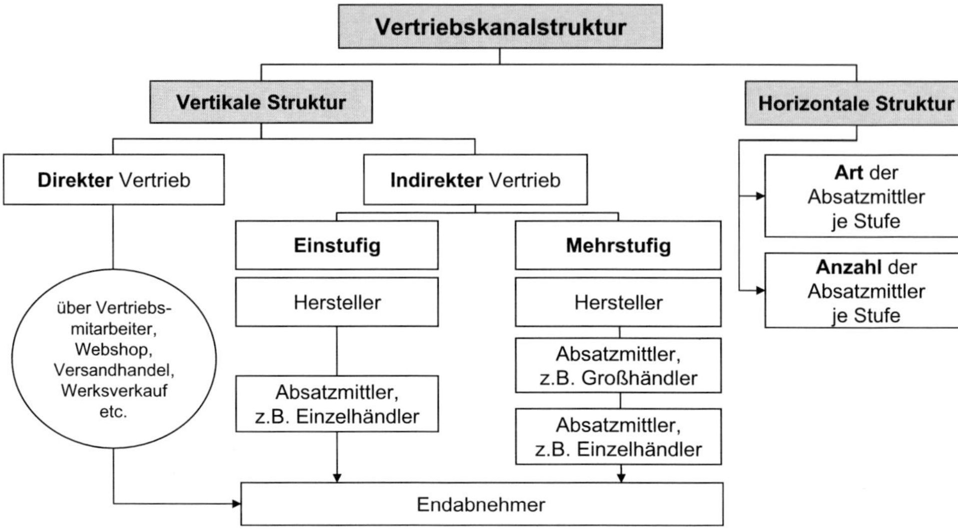

Abb. 7 Konfigurationsoptionen von Vertriebssystemen (Quelle: In Anlehnung an Bruhn 2012)

Supermärkte notwendigen Instrumenten (vgl. Esch et al. 2011). Schließlich beeinflussen Vertriebswege und -partner wesentlich die gesamte Wahrnehmung eines Unternehmens durch die Kunden und damit auch die Positionierung als Marke im Wettbewerb (vgl. Homburg et al. 2010).

Eine wesentliche Grundsatzentscheidung hierbei ist die Festlegung der vertikalen und horizontalen Vertriebskanalstruktur nach dem *Selektionskonzept* (vgl. Meffert et al. 2012). Abbildung 7 zeigt die hiermit verbundenen grundsätzlichen Entscheidungstatbestände, die im Folgenden erläutert werden.

Bei der Festlegung der *vertikalen* Vertriebskanalstruktur werden Art und Anzahl der Absatzstufen und damit die Länge des Vertriebskanals zwischen Hersteller und Endabnehmer festgelegt. Als strategische Grundoptionen sind direkter und indirekter Vertrieb voneinander zu unterscheiden (vgl. Bruhn 2012). Beim *direkten* Vertrieb verkauft der Hersteller ohne unternehmensfremde Absatzmittler unmittelbar an den Endabnehmer. Dies kann sowohl über eigene Vertriebsmitarbeiter im Rahmen des persönlichen Verkaufs, über Onlineshops, über Formen des Direktmarketings wie beispielsweise den katalogbasierten Versandhandel oder auch über unternehmenseigene Verkaufsstellen wie Factory Outlets erfolgen. Angesichts der Stagnation im stationären Handel und des Machtzuwachses der Handelsorganisationen tendieren Hersteller vermehrt zur Vertikalisierung, das heißt, sie stellen klassische Vertriebsstrategien infrage und versuchen, durch direktere Absatzkanäle näher an den Endabnehmer zu rücken (vgl. Meffert et al. 2012).

Beim *indirekten* Vertrieb werden bewusst unternehmensfremde, rechtlich selbstständige Absatzmittler in die Vermarktungskette zwischen Hersteller und Endabnehmer eingeschaltet. Im einstufigen indirekten Vertrieb besteht zwischen Hersteller und Endabnehmer nur eine einzige Zwischenstufe, während beim mehrstufigen indirekten Vertrieb verschiedene Formen von Absatzmittlern in den Absatzweg eingegliedert sind (vgl. Bruhn 2012). Bei Absatzmittlern im Rahmen des indirekten Vertriebs sind insbesondere Groß- und Einzelhändler voneinander zu unterscheiden. Es gibt darüber hinaus in der Literatur eine Vielzahl von weiterführenden Klassifikationskriterien für Betriebsformen und Betriebstypen von Handelsbetrieben (vgl. Becker 2009; Bruhn 2012; Homburg 2012; Meffert et al. 2012).

Im Unterschied zur bislang dargestellten vertikalen Vertriebskanalstruktur umfasst die *horizontale* Perspektive Entscheidungen hinsichtlich der Zahl und Art der Absatzmittler auf den einzelnen Absatzstufen. Zunächst erfolgt die Festlegung der Breite des Vertriebskanals, das heißt die grundsätzliche Art der zu beliefernden Betriebsformen je Stufe (z. B. Fachgeschäfte, Discounter). Anschließend wird die Tiefe des Vertriebskanals durch die Anzahl der einzusetzenden Absatzmittler determiniert. Hierbei lassen sich je nach angestrebter Distributionsintensität drei generische Ausgestaltungsformen unterscheiden (vgl. Meffert et al. 2012):

- Durch **intensive Distribution** wird ein maximaler Distributionsgrad angestrebt (Universalvertrieb). Die Leistungen sollen möglichst überall erhältlich sein (Überallerhältlichkeit bzw. Ubiquität). Der Hersteller akzeptiert ohne wesentliche quantitative oder qualitative Beschränkungen jeden Absatzmittler, der bereit ist, das Leistungsprogramm anzubieten. Beispiele für diese Art der Distribution findet man primär im Bereich der Güter des täglichen Bedarfs, also bei Zeitungen, Zigaretten, Softdrinks, Brot oder Butter.
- Bei der **selektiven Distribution** werden dagegen nur solche Absatzmittler akzeptiert, die vorher festgelegten qualitativen Selektionskriterien entsprechen. Neben Anforderungen an die Ausstattung der Absatzmittler (z. B. Geschäftsgröße, Kundendiensteinrichtungen, Personalqualifikation oder Geschäftslage) werden zumeist vor allem Merkmale der Marketingaktivitäten als Maßstab für die Auswahl herangezogen (z. B. Kooperationsbereitschaft, Preisaktivitäten). Eingesetzt wird der Selektivvertrieb beispielsweise bei Haushalts- und Bürogeräten.
- Die **exklusive Distribution** ist insofern ein Sonderfall der selektiven Absatzmittlerauswahl, als dass zusätzlich zu den qualitativen Selektionskriterien quantitative Beschränkungen existieren. Dies führt im Extremfall zum gebietsbezogenen Alleinvertrieb (z. B. bei Kosmetika, hochwertiger Bekleidung und Möbeln). Der Hersteller erwartet unter solchen Bedingungen zumeist aggressivere Verkaufsbemühungen der Absatzmittler sowie eine bessere Kontrollmöglichkeit über Preise und Serviceleistungen.

Abbildung 8 stellt die Vor- und Nachteile direkter und indirekter Absatzwege sowie relevante Entscheidungskriterien zusammenfassend dar.

Der Hauptunterschied zwischen direktem und indirektem Vertrieb liegt in der rechtlichen *und* wirtschaftlichen Unabhängigkeit der Vertriebspartner (vgl. Homburg et al. 2010). In der Praxis existiert eine Vielzahl von Mischformen im Rahmen eines *Mehrkanalvertriebs*. Ausgelöst durch die Entwicklung des Internets als Instrument des Direktvertriebs so-

	Direkter Vertrieb	Indirekter Vertrieb
Vorteile	• Sicherstellung einer vorgegebenen Präsentations- und Beratungsqualität • Unmittelbare Kontrolle der Vertriebsaktivitäten • Unmittelbare Interaktion mit Endabnehmern • Marktforschungsfunktion: Kundenbedürfnisse und Trends können schneller und umfassender erkannt werden	• Breite Massendistribution möglich • „Abwälzung" der Absatzfunktion auf Absatzmittler (inkl. z.B. Markt- und Inkassorisiken) • Geringe Kapitalbindung notwendig • Handel übernimmt Sortimentsbildung • Nutzung des Markt- und Marketing-Know-hows des Handels
Nachteile	• Hoher eigener absatzorganisatorischer Aufwand (Kapitalaufwand, aufwändige Steuerung von Verkaufsorganen) • Kein Universalvertrieb möglich	• Kein unmittelbarer Einfluss auf das Absatzgeschehen • Erschwerte Interaktion (Informationsaustausch) mit Endabnehmern
Produktspezifische Entscheidungskriterien	• Erklärungsbedürftige Produkte • Sortimentsungebundene Produkte	• Problemlose Markenartikel • Sortimentsgebundene Produkte
Nachfragespezifische Entscheidungskriterien	• Überschaubare Anzahl von Kunden	• Viele Kleinabnehmer
Anbieterspezifische Entscheidungskriterien	• Alleinstellung als Spezialanbieter, geringe Substitutionsgefahr	• Hoher Bekanntheitsgrad als Markenartikelhersteller • Me-too-Angebot mit Preisvorteil

Abb. 8 Direkte und indirekte Absatzwege im Vergleich (Quelle: In Anlehnung an Becker 2009; Homburg et al. 2010)

wie durch veränderte Kauf- und Konsumgewohnheiten auf Nachfragerseite und die Dynamik der Betriebsformen verfolgen Anbieter immer öfter eine Erweiterung des klassischen Einkanalsystems auf mehrere, parallel genutzte Absatzkanäle. So lassen sich zur Maximierung der Kaufwahrscheinlichkeit verschiedene Kundengruppen entsprechend ihrer jeweiligen Präferenzen bedienen. Ohne eine Abstimmung der Kanäle besteht jedoch grundsätzlich die Gefahr, dass Nachfrager an verschiedenen Kontaktpunkten unterschiedliche Botschaften, Preise und Verhaltensweisen wahrnehmen. Die resultierende Konfusion des Nachfragers aufgrund eines diffusen Images des Anbieters kann zu einer Erosion von Markenpräferenzen und sodann zu einer Hinwendung zu Discountangeboten führen (vgl. Meffert et al. 2012).

„Ein Patentrezept für die Wahl des ‚richtigen' Vertriebsweges gibt es leider nicht" (Homburg et al. 2010, S. 50). Folgende Faktoren sollten grundsätzlich bei der Wahl der Vertriebskanalstrategie berücksichtigt werden (vgl. Backhaus et al. 2011; Bruhn 2012; Homburg et al. 2010):

- **Strategische Ausrichtung**: Die gewählte Vertriebskanalstrategie sollte mit der übergeordneten Marketing- und Vertriebsstrategie kompatibel sein. So ist beispielsweise bei der Integration zusätzlicher Absatzmittler oder neuer Vertriebskanäle in das bestehende Vertriebssystem auf Konfliktpotenziale mit bestehenden Vertriebspartnern sowie auf das Anspruchsniveau der Vertriebsziele zu achten.

- **Produktcharakteristika**: Aspekte wie beispielsweise die Erklärungsbedürftigkeit der Produkte, ihre Bedarfshäufigkeit oder auch ihre Transport- und Lagerfähigkeit bestimmen maßgeblich die Sinnhaftigkeit einzelner Vertriebsoptionen.
- **Wettbewerbsintensität**: Die Wettbewerbssituation in den relevanten Kanälen kann ebenfalls ein wesentlicher Aspekt bei der Vertriebskanalwahl sein. Ein Anbieter sollte berücksichtigen, in welchen Vertriebskanälen die Hauptkonkurrenten wie stark engagiert sind und welche Möglichkeiten der Wettbewerbsprofilierung sich beispielsweise durch neue Vertriebskanäle ergeben.
- **Kundenpräferenzen**: Bei der strategischen Entscheidungsfindung ist das Image der Vertriebskanäle aus Sicht der Kunden ebenso zu bedenken wie etwa Trends beim Informations- und Kaufverhalten. So entspricht beispielsweise der Online-Direktvertrieb sicherlich dem veränderten Einkaufspräferenzen im Gesamtmarkt, jedoch sind ältere Zielgruppen auf diese Art noch immer tendenziell schwieriger zu erreichen (vertriebskanalspezifische Aufgeschlossenheit der Zielgruppen).
- **Zugang zu Markt- und Kundeninformationen**: Beim indirekten Vertrieb geht die unmittelbare Interaktion mit den Endkunden verloren. Angesichts der Notwendigkeit einer marktorientierten Unternehmensführung ist die Kooperationsbereitschaft der Absatzmittler beim Daten- und Informationsaustausch ein zentrales Selektionskriterium.
- **Ressourcenausstattung des Anbieters**: Die Fähigkeit zum direkten Vertrieb wird insbesondere durch die Größe und Finanzkraft des Unternehmens determiniert. Erfahrungen mit Vertriebswegen oder historisch gewachsene Vertriebskanäle und -prozesse können die Optionen bei der Vertriebskanalwahl in der Praxis bisweilen deutlich limitieren. Umgekehrt entscheidet die Marktstellung des Anbieters über die Attraktivität der Zusammenarbeit aus Sicht der Absatzmittler und damit über die relative Verhandlungsmacht.
- **Möglichkeit zur Kundenbindung**: Die Effektivität des Vertriebssystems beeinflusst Kundenzufriedenheit und -bindung unmittelbar. So ist etwa die Qualifikation des Verkaufspersonals gerade bei erklärungsbedürftigen Produkten wahlweise Engpass- oder Erfolgsfaktor. Damit werden neben den Vertriebskosten vor allem auch die Beeinflussbarkeit und Kontrolle des Absatzmittlers im Sinne des Anbieters zu einem wesentlichen Selektionskriterium. Es ist in diesem Zusammenhang zu prüfen, wie die vertragliche Bindung der Absatzmittler strategiekonform gestaltet werden kann.
- **Marktabdeckung**: Die Flexibilität des Absatzmittlers sowie Standort, Größe und Verfügbarkeit der Handelsbetriebe sind mit Blick auf die Effektivität der Marktbearbeitung kritisch zu prüfen. Wesentlich sind darüber hinaus marktbezogene Kenngrößen, beispielsweise die Marktposition oder die Wachstumsraten der Vertriebskanäle. Schließlich ist der Einfluss neuer Technologien auf Vertriebskanäle ebenso zu berücksichtigen wie die Wirkung der Gesetzgebung auf die Tätigkeit von Vertriebssystemen (z. B. Vertragsgestaltung, Wettbewerbsrecht).

Die Definition der vertikalen und horizontalen Struktur der Vertriebskanäle legt eine grundlegende strategische Konfiguration fest, die nun durch das *Kontraktkonzept* weiter zu präzisieren ist. Dabei steht die Ausgestaltung der vertraglichen Beziehungen zu den rechtlich selbstständigen Absatzmittlern im Rahmen zwischenbetrieblicher Kooperationen im Mittelpunkt (vgl. Meffert et al. 2012). Zielsetzung der vertraglichen Bindung ist es, die Durchsetzung der eigenen Marketing- und Vertriebsstrategie in den Vertriebskanälen mittel- bis langfristig sicherzustellen. So sollen die Kontroll- und Steuerungsdefizite des indirekten Vertriebs kompensiert werden (vgl. Bruhn 2012). Dabei sind insbesondere die folgenden vertraglichen Vertriebssysteme von praktischer Bedeutung (vgl. Becker 2009):

- **Vertriebsbindungssysteme**: Es wird nur mit solchen Absatzmittlern zusammengearbeitet, die bestimmte Anforderungen und Auflagen entsprechend der strategischen Selektionskriterien erfüllen. Vertriebsbindungen dienen damit der vertraglichen Absicherung einer selektiven Distribution.
- **Alleinvertriebssysteme**: Der Absatzmittler erhält regionale Ausschließlichkeitsrechte, wobei er sich im Gegenzug insbesondere zu einer umfassenden Sortimentsleistung und Lagerhaltung des Herstellerprogramms verpflichtet. Damit soll eine exklusive Distribution durchgesetzt werden.
- **Vertragshändlersysteme**: Hier verpflichtet sich der Absatzmittler, ausschließlich Produkte des Herstellers anzubieten und auf den Vertrieb von Konkurrenzprodukten zu verzichten.
- **Franchisesysteme**: Bei dieser sehr engen Form der vertraglichen Bindung zwischen Hersteller und Handel stellt der Franchisegeber (Hersteller) dem Franchisenehmer (Handel) gegen ein Entgelt ein Produktkonzept und ein Vermarktungssystem zur Verfügung. Der Franchisenehmer ist selbstständig unternehmerisch tätig und übernimmt durch den Einsatz eigenen Kapitals entsprechende Risiken, was unter Umständen eine rasche Expansion des Geschäftsmodells erlaubt. Andererseits sorgt die Bindung durch den Franchisevertrag dafür, dass die Franchisenehmer de facto wie eine Direktvertriebsorganisation geführt werden können.
- **Agentursysteme**: Hierbei ist die Bindung zwischen Hersteller und Handel so eng, dass die durch Agenturverträge gebundenen Handelsbetriebe weitgehend ihre wirtschaftliche Selbstständigkeit verlieren. So kontrolliert der Hersteller, ähnlich wie beim Direktvertrieb, neben dem Sortiment und der Warenpräsentation auch die Preispolitik des Händlers.

Während die Entscheidungstatbestände des Selektions- und Kontraktkonzepts auf einer strategischen Ebene anzusiedeln sind, lassen sich auf die Absatzmittler bezogene Akquisitions- und Stimulierungsmaßnahmen (*Stimulierungskonzept*, vgl. Meffert et al. 2012) als kontinuierliche Aufgabe im Vertrieb charakterisieren (vgl. Bruhn 2012). Gleichwohl ist im Rahmen der Vertriebsstrategie grundsätzlich zu klären, auf welche Stufe im Vertriebskanal die Aktivitäten der Marktbearbeitung bezogen werden sollen. Der Fokus dieser Maßnahmen kann nämlich grundsätzlich entweder auf die Absatzmittler

(Push-Strategie) oder die Endverbraucher (Pull-Strategie) gelegt werden (vgl. Meffert et al. 2012):

- **Pull-Strategie**: Bei der endabnehmergerichteten Vertriebskanalstimulation werden die Nachfrager, nicht die Absatzmittler, durch Vertriebs- und Kommunikationsmaßnahmen angesprochen (Sprungwerbung, z. B. über den Aufbau starker Marken). Der so erzeugte Nachfragesog führt zu einer aktiven Nachfrage für die Herstellerprodukte beim Handel, was diesen zur Listung anregen soll.
- **Push-Strategie**: Bei der absatzmittlergerichteten Vertriebskanalstimulation werden direkt den Absatzmittlern Anreize geboten, die zur Listung und proaktiven Förderung der Herstellerleistungen veranlassen sollen. Zunächst sind die spezifischen Anforderungen der Absatzmittler zu analysieren, um daran anschließend Maßnahmen in Form monetärer (z. B. hohe Handelsspannen, Rabatte, Boni, Finanzhilfen) und nicht monetärer (z. B. Serviceleistungen, Exklusivitätsrechte, Know-how-Transfer) Anreize zu konzipieren.

Die intensive Nutzung einer Pull-Strategie bietet sich insbesondere bei verhandlungsmächtigen Absatzmittlern an, die den Hersteller ansonsten unter starken Konditionendruck setzen würden (vgl. Homburg et al. 2010). In der Praxis finden sich nur selten reine Push- bzw. Pull-Strategien (vgl. Meffert et al. 2012): „Die Herausforderung besteht darin, die richtige Gewichtung für den gleichzeitigen Einsatz dieser beiden Marktbearbeitungsformen zu finden" (Homburg et al. 2010, S. 67).

3 Zusammenfassung und Fazit

Strategisches Vertriebsmanagement lässt sich in einem engeren und in einem weiteren Sinne interpretieren. In einem weiteren Sinne besteht die Rolle der Führungskraft nicht nur darin, strategische Grundsatzentscheidungen zu treffen, sondern als Transmissionsriemen die Umsetzung dieser Entscheidungen im Spannungsfeld zwischen Konzeptions- und Durchführungsebene sicherzustellen. Strategisches Vertriebsmanagement im engeren Sinne fokussiert dagegen auf die grundsätzlichen Weichenstellungen, die einerseits im Kontext der unternehmerischen Zielpyramide vertikal und unter Abstimmung mit anderen Funktionsstrategien horizontal vorgenommen werden müssen.

In diesem Beitrag sind die wesentlichen Grundsatzentscheidungen im Rahmen eines strategischen Vertriebsmanagements im engeren Sinne skizziert worden. Abbildung 9 zeigt eine Zusammenfassung.

Grundsätzlich ist demnach zu beachten, dass das strategische Vertriebsmanagement integriert zu betreiben ist. Es handelt sich um grundlegende Weichenstellungen, die letztlich der gesamtunternehmerischen Zielerreichung dienen und daher stets unter Berücksichtigung des übergeordneten Zielsystems zu betrachten sind. Darüber hinaus handelt es sich um eine Funktionalstrategie, die mit den anderen Strategieelementen im Unternehmen abzustimmen ist (z. B. Marketing, Logistik, Kundendienst, vgl. Storbacka et al. 2009).

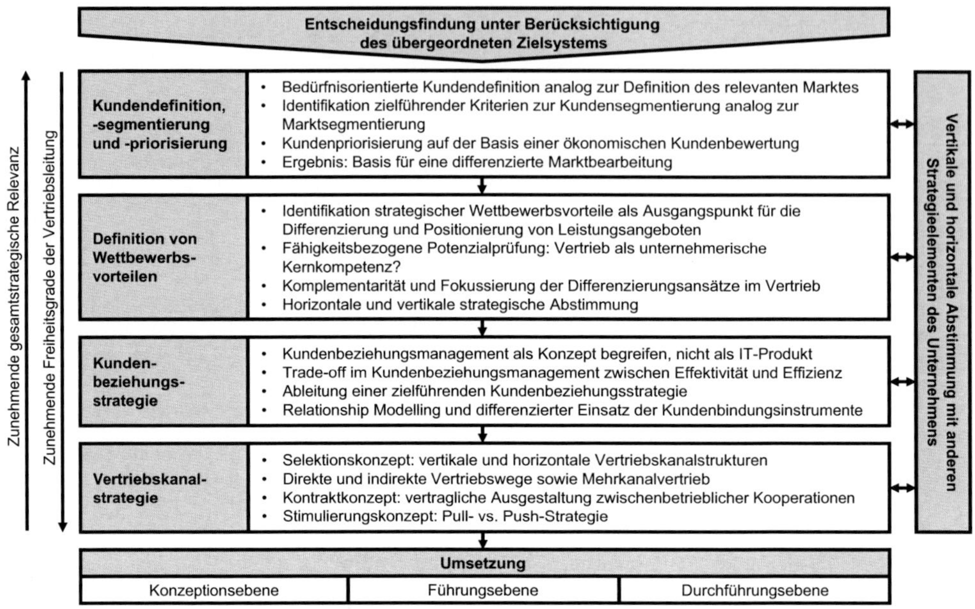

Abb. 9 Entscheidungstatbestände des strategischen Vertriebsmanagements im Überblick

Entsprechend wichtig sind Schnittstellenmanagement und somit auch integrative Managementkompetenz der Führungspersönlichkeit.

Erster Schritt des strategischen Vertriebsmanagements ist die Definition der zu bearbeitenden Kunden und die Analyse ihrer Bedürfnisse. Handelt es sich im Ergebnis um eine große Zahl heterogener Kunden, so sollte im zweiten Schritt eine Kundensegmentierung erfolgen. Die definierten Segmente sind schließlich mit Blick auf eine differenzierte Marktbearbeitung nach ökonomischen Kriterien zu priorisieren.

Im dritten Schritt ist die Leistung zu definieren, die der Marktbearbeitung zugrunde liegen soll. Diese Leistung muss gleichzeitig Kundenbedürfnisse befriedigen, sich vom Wettbewerb abheben und ökonomisch ertragreich sein. Es geht also um die Identifikation strategischer Wettbewerbsvorteile. Mit Blick auf den Vertrieb ist insbesondere dessen Beitrag zu klären. In der Praxis emanzipiert sich der Vertrieb zunehmend von der ihm zugedachten ausführenden Rolle hin zu einer unternehmerischen Kernkompetenz. Ein solcher strategischer Vertrieb muss sich allerdings in das integrierte Management des Gesamtunternehmens einfügen und darf nicht als Blackbox eine Parallelexistenz entwickeln.

Im vierten Schritt ist die Kundenbeziehungsstrategie auszugestalten. Diese kann sowohl operative Vertriebsaktivitäten zielführend steuern als auch im Erfolgsfall selbst zum strategischen Wettbewerbsvorteil werden. Dazu müssen aber konzeptionelle Fragen stärker gewichtet werden als IT-systemische. Außerdem ist die ökonomische Perspektive zentral: Nicht jeder Kunde darf aus Kostengründen als König behandelt werden. Die Effektivitätsperspektive (Zielgröße: Kundenzufriedenheit) ist zwingend mit einer Effizienzperspektive

(Zielgröße: Kundendeckungsbeitrag) zu kombinieren. Die Kundenbindungsinstrumente sind vor diesem Hintergrund gezielt und systematisch einzusetzen.

Im letzten Schritt müssen die Träger des Kundenbeziehungsmanagements ausgewählt werden. Vertriebswege und Vertriebspartner müssen die Zielkunden mit den definierten Leistungen in der vorgegebenen Art und Weise der Interaktion erreichen und dabei die Anbietermarke positionieren sowie differenzieren. Im Rahmen der Festlegung der vertikalen und horizontalen Vertriebskanalstruktur ist insbesondere zu klären, ob das Unternehmen direkt, indirekt oder parallel einen Mehrkanalvertrieb einrichten möchte. Im indirekten Vertrieb sind weiterführend zwischenbetriebliche Kooperationsformen vertraglich abzusichern und Schwerpunkte in der Zielrichtung der Stimulierungsmaßnahmen festzulegen.

Diese strategischen Grundsatzentscheidungen legen den Rahmen der vertrieblichen Aktivitäten langfristig fest und binden die Führungskraft an entsprechende Vorgaben. Gleichzeitig verpflichten sie die Führungskraft zur Umsetzung. Sie muss dafür in der Lage sein, die Konzeptionsebene der Vertriebsorganisation strategiekonform auszugestalten, und gleichzeitig ein ausgeprägtes Verständnis für die Prozesse und Aktivitäten auf der Durchführungsebene entwickeln. Auf diese Weise fungiert die Führungskraft im Vertrieb als Transmissionsriemen bei der Strategieumsetzung und wird somit zum Erfolgsfaktor eines strategischen Vertriebsmanagements im weiteren Sinne.

Vertriebsergebnisse sind kein Zufall. Sie ergeben sich aus einem systematischen Vorgehen, in dessen Mittelpunkt die Führungskraft steht. Daher ist es problematisch, wenn in der Praxis ganz pragmatisch der beste Verkäufer bzw. die beste Verkäuferin zum Vertriebsleiter bzw. zur Vertriebsleiterin gemacht wird. Auf diese Weise schwächt sich das Unternehmen zweifach selbst: Die Schlagkraft im Vertrieb wird durch den Verlust an Vertriebskompetenz reduziert, und gleichzeitig fehlt es potenziell an Strategie- und Umsetzungskompetenz in der Führungsposition.

Somit sind angesichts der eingangs skizzierten Herausforderungen an Ausbildung und Qualifizierung von Führungskräften im Vertrieb zukünftig andere Maßstäbe anzulegen (vgl. Davenport und Prusak 1998; Lassk et al. 2012). Parallel dazu gilt es, Kompensations- und Controllingsysteme hinsichtlich der beschriebenen Herausforderungen auszugestalten und stärker mit strategischen Managementprozessen zu verknüpfen (vgl. Krafft et al. 2012). Dabei sollte eine konsequente Marktorientierung in der Vertriebsorganisation als Leitbild dienen, sprich Kundenorientierung, Wettbewerbsbeobachtung und bereichsübergreifende Koordination sind sicherzustellen (vgl. Le Meunier-FitzHugh und Piercy 2011). Schließlich sind ethische Aspekte bei der Führung von Vertriebsorganisationen zu beachten (vgl. Schwepker Jr. und Good 2010). Denn angesichts eines empirisch nachweisbaren Zusammenhangs zwischen Ethik und Vertriebsleistung (vgl. z. B. Weeks et al. 2004; Jaramillo et al. 2006) kommt der Führungskraft im Vertrieb eine besondere Rolle als Vorbild zu: „Salespeople learn which behaviors are acceptable through a socialization process that involves observing others, particularly management“ (Evans et al. 2012, S. 97).

Insgesamt wird deutlich: Die Entwicklung in Richtung strategischer Vertrieb erfordert eine umfassende Professionalisierungsoffensive in deutschen Vertriebsorganisationen.

Literatur

Agnihotri, R., Kothandaraman, P., Kashyap, R., & Singh, R. (2012). Bringing „social" into sales: The impact of salespeople's social media use on service behaviors and value creation. *Journal of Personal Selling & Sales Management, 32*(3), 333–348.

Ahearne, M., Rapp, A., Mariadoss, B. J., & Ganesan, S. (2012). Challenges of CRM implementation in business-to-business markets: A contingency perspective. *Journal of Personal Selling & Sales Management, 32*(1), 117–129.

Albers, S., Mantrala, M. K., & Sridhar, S. (2010). A meta-analysis of personal selling elasticities. *Journal of Marketing Research, 47*(4), 840–853.

Andzulis, J. M., Panagopoulos, N. G., & Rapp, A. (2012). A review of social media and implications for the sales process. *Journal of Personal Selling & Sales Management, 32*(3), 305–316.

Backhaus, K., & Schneider, H. (2009). *Strategisches Marketing* (2. Aufl.). Stuttgart.

Backhaus, K., & Voeth, M. (2010). *Industriegütermarketing* (9. Aufl.). München.

Backhaus, K., Budt, M., & Neun, H. (2011). Strategisches Vertriebsmanagement. In C. Homburg, & J. Wieseke (Hrsg.), *Handbuch Vertriebsmanagement: Strategie – Führung – Informationsmanagement – CRM* (S. 35–55). Wiesbaden.

Badrinarayanan, V., Madhavaram, S., & Granot, L. (2011). Global Virtual Sales Teams (GVSTs): A conceptual framework of the influence of intellectual and social capital on effectiveness. *Journal of Personal Selling & Sales Management, 31*(3), 311–324.

Barney, J. B., & Hesterly, W. S. (2012). *Strategic management and competitive advantage: Concepts and cases* (4. Aufl.). Upper Saddle River/NJ.

Baumgarth, C., & Binckebanck, L. (2011a). Nachhaltige Markenimplementierung im B-to-B-Geschäft. *Business + Innovation – Steinbeis Executive Magazin, 02*, 20–26.

Baumgarth, C., & Binckebanck, L. (2011b). Sales Force Impact on B-to-B Brand Equity: Conceptual framework and empirical test. *Journal of Product and Brand Management, 20*(6), 487–498.

Baumgarth, C., & Binckebanck, L. (2011c). Zusammenarbeit von Verkauf und Marketing – reloaded. In L. Binckebanck (Hrsg.), *Verkaufen nach der Krise* (S. 43–60). Wiesbaden.

Becker, J. (2009). *Marketing-Konzeption – Grundlagen des ziel-strategischen und operativen Marketing-Managements* (9. Aufl.). München.

Berry, L. (1983). Relationship marketing. In L. Berry, G. Shostack, & G. Upah (Hrsg.), *Emerging perspectives on services marketing* (S. 25–28). Chicago.

Belz, C., & Bieger, T. (2004). *Customer Value: Kundenvorteile schaffen Unternehmensvorteile.* St. Gallen.

Belz, C., & Bußmann, W. F. (2002). *Performance Selling – Erfolgreiche Verkäufer schaffen Kundenvorteile.* St. Gallen.

Belz, C., & Reinhold, M. (1999). *Internationales Vertriebsmanagement für Industriegüter.* St. Gallen/Wien.

Belz, C., & Reinhold, M. (2012). Internationaler Industrievertrieb. In L. Binckebanck, & C. Belz Wiesbaden (Hrsg.), *Internationaler Vertrieb* (S. 3–222).

Beutin, N. (2000). *Kundennutzen in industriellen Geschäftsbeziehungen.* Wiesbaden.

Binckebanck, L. (2006). *Interaktive Markenführung.* Wiesbaden.

Binckebanck, L. (2011). Einleitung und Überblick. In L. Binckebanck (Hrsg.), *Verkaufen nach der Krise* (S. 11–20). Wiesbaden.

Binckebanck, L. (2012). Die Rolle des internationalen Vertriebs bei der Umsetzung der B-to-B-Markenpolitik. In L. Binckebanck, & C. Belz (Hrsg.), *Internationaler Vertrieb* (S. 532–561). Wiesbaden.

Bradford, K. D., Challagalla, G. N., Hunter, G. K., & Moncrief III, W. C. (2012). Strategic account management: Conceptualizing, integrating, and extending the domain from fluid to dedicated accounts. *Journal of Personal Selling & Sales Management, 32*(1), 41–56.

Bruhn, M. (2012). *Marketing: Grundlagen für Studium und Praxis* (11. Aufl.). Wiesbaden.

Bush, A. J., Moore, J. B., & Rocco, R. (2005). Understanding sales force automation outcomes: A Managerial perspective. *Industrial Marketing Management, 34*(4), 369–377.

Chandler, A. D. (1962). *Strategy and structure*. Cambridge, MA.

Dannenberg, H. (1997). *Vertriebsmarketing – Wie Strategien laufen lernen* (2. Aufl.). Neuwied.

Dannenberg, H., & Zupancic, D. (2008). *Spitzenleistungen im Vertrieb – Optimierungen im Vertrieb- und Kundenmanagement*. Wiesbaden.

Davenport, T. H., & Prusak, L. (1998). *Working knowledge: How organizations manage what they know*. Boston.

Dixon, A. L., & Tanner Jr., J. F. (2012). Transforming selling: Why it is time to think differently about sales research. *Journal of Personal Selling & Sales Management, 32*(1), 9–13.

Esch, F.-R., Herrmann, A., & Sattler, H. (2011). *Marketing – Eine managementorientierte Einführung* (3. Aufl.). München.

Evans, K. R., McFarland, R. G., Dietz, B., & Jaramillo, F. (2012). Advancing sales performance research: A focus on five underresearched topic areas. *Journal of Personal Selling & Sales Management, 32*(1), 89–105.

Finnegan, D. J., & Currie, W. L. (2010). A multi-layered approach to CRM implementation: An integration perspective. *European Management Journal, 28*(2), 153–167.

Grönroos, C. (1994). From marketing mix to relationship marketing: Towards a paradigm shift in marketing. *Management Decision, 32*(2), 4–20.

Hamel, G., & Prahalad, C. K. (1997). *Wettlauf um die Zukunft* (2. Aufl.). Wien.

Homburg, C. (2012). *Marketingmanagement* (4. Aufl.). Wiesbaden.

Homburg, C., & Bruhn, M. (2010). Kundenbindungsmanagement – Eine Einführung in die theoretischen und praktischen Problemstellungen. In M. Bruhn, & C. Homburg (Hrsg.), *Handbuch Kundenbindungsmanagement* (7. Aufl. S. 3–39). Wiesbaden.

Homburg, C., & Richter, M. (2003). *Branding Excellence – Wegweiser für professionelles Markenmanagement, Arbeitspapier (M75) des Instituts für Marktorientierte Unternehmensführung (IMU) an der Universität*. Mannheim.

Homburg, C., Müller, M., & Klarmann, M. (2011). When does salespeople's customer orientation lead to customer loyalty? The differential effects of relational and functional customer orientation. *Journal of the Academy of Marketing Sciences, 39*(6), 795–812.

Homburg, C., Schäfer, H., & Schneider, J. (2010). *Sales Excellence – Vertriebsmanagement mit System* (6. Aufl.). Wiesbaden.

Homburg, C., Workman Jr., J. P., & Jensen, O. (2000). Fundamental changes in marketing organization: The movement toward a customer-focused organizational structure. *Journal of the Academy of Marketing Sciences, 28*(4), 459–478.

Hunter, G. K., & Perreault, W. D. (2007). Making sales technology effective. *Journal of Marketing, 71*(1), 16–34.

Ingram, T. N., LaForge, R. W., Avila, R. A., Schwepker, C. H., & Williams, M. R. (2009). *Sales management: Analysis and decision making* (7. Aufl.). New York.

Ingram, T. N., LaForge, R. W., & Leigh, T. W. (2002). Selling in the new millennium: A joint agenda. *Industrial Marketing Management, 31*(7), 559–567.

Ivens, B. S., & Pardo, C. (2008). Key account management in business markets: An empirical test of common assumptions. *Journal of Business & Industrial Marketing, 23*(5), 301–310.

Jaramillo, F., Mulki, J. P., & Solomon, P. (2006). The role of ethical climate on salesperson's role stress, job attitudes, turnover intention and job performance. *Journal of Personal Selling & Sales Management, 24*(3), 271–282.

Johnston, M. W., & Marshall, G. W. (2011). *Churchill/Ford/Walker's Sales force management* (10. Aufl.). New York.

Jones, E., Brown, S. P., Zoltners, A. A., & Weitz, B. A. (2005). The changing environment of selling and sales management. *Journal of Personal Selling & Sales Management, 25*(2), 105–111.

Kotler, P., Keller, K. L., & Bliemel, F. (2007). *Marketing-Management – Strategien für wertschaffendes Handeln* (12. Aufl.). München.

Kotler, P., Rackham, N., & Krishnaswamy, S. (2006). Ending the war between sales and marketing. *Harvard Business Review, 84*(7/8), 68–78.

Kuhlmann, E. (2001). *Industrielles Vertriebsmanagement*. München.

Krafft, M. (2007). *Kundenbindung und Kundenwert* (2. Aufl.). Heidelberg.

Krafft, M., DeCarlo, T. E., Poujol, F. J., & Tanner Jr., J. F. (2012). Compensation and control systems: A new application of vertical dyad linkage theory. *Journal of Personal Selling & Sales Management, 32*(1), 107–115.

LaForge, R. W., Ingram, T. N., & Cravens, D. W. (2009). Strategic alignment for sales organization transformation. *Journal of Strategic Marketing, 17*(3/4), 199–219.

Lane, N., & Piercy, N. (2009). Strategizing the sales organization. *Journal of Strategic Marketing, 17*(3/4), 307–322.

Lassk, F. G., Ingram, T. N., Kraus, F., & Di Masico, R. (2012). The future of sales training: Challenges and related research questions. *Journal of Personal Selling & Sales Management, 32*(1), 141–154.

Le Meunier-FitzHugh, K., & Piercy, N. F. (2011). Exploring the relationship between market orientation and sales and marketing collaboration. *Journal of Personal Selling & Sales Management, 31*(3), 287–296.

Marshall, G. W., Moncrief, W. C., & Lassk, F. G. (1999). The current state of sales force activities. *Industrial Marketing Management, 28*(1), 87–98.

McCarthy, J. (1960). *Basic marketing: A managerial approach*. Homewood, IL.

Meffert, H., Burmann, C., & Kirchgeorg, M. (2012). *Marketing – Grundlagen marktorientierter Unternehmensführung* (11. Aufl.). Wiesbaden.

Moncrief, W. C., & Marshall, G. W. (2005). The evolution of the seven steps of selling. *Industrial Marketing Management, 34*(1), 13–22.

Panagopoulos, N. G., & Avlonitis, G. J. (2010). Performance implications of sales strategy: The moderating effects of leadership and environment. *International Journal of Research in Marketing, 27*(1), 46–57.

Porter, M. E. (2008). *Wettbewerbsstrategie – Methoden zur Analyse von Branchen und Konkurrenten* (11. Aufl.). Frankfurt/New York.

Ries, A., & Trout, J. (2001). *Positioning: The battle for your mind* (20. Aufl.). New York.

Rouziès, D., Anderson, E., Kohli, A. K., Michaels, R. E., Weitz, B. A., & Zoltners, A. A. (2005). Sales and marketing integration: A proposed framework. *Journal of Personal Selling & Sales Management, 25*(2), 113–122.

Schwepker Jr., C. H., & Good, D. J. (2010). Transformational leadership and its impact on sales force moral judgment. *Journal of Personal Selling & Sales Management, 30*(4), 299–317.

Sheth, J. N., & Sharma, S. (2008). The impact of the product to service shift in industrial markets and the evolution of the sales organization. *Industrial Marketing Management, 37*(3), 260–269.

Simon, H. (1988). Management strategischer Wettbewerbsvorteile. In H. Simon, & J. Bohnenkamp (Hrsg.), *Wettbewerbsvorteile und Wettbewerbsfähigkeit* (S. 1–17). Stuttgart.

Simon, H. (2012). *Hidden Champions – Aufbruch nach Globalia: Die Erfolgsstrategien unbekannter Weltmarktführer*. Frankfurt/New York.

Simon, H., & Fassnacht, M. (2009). *Preismanagement* (3. Aufl.). Wiesbaden.

Storbacka, K., Polsa, P., & Sääksjärvi, M. (2011). Management practices in solution sales: A multilevel and cross-functional framework. *Journal of Personal Selling & Sales Management, 31*(1), 35–54.

Storbacka, K., Ryals, L., Davies, I. A., & Nenonen, S. (2009). The changing role of sales: Viewing sales as a strategic, cross-functional process. *European Journal of Marketing, 43*(7–8), 890–906.

Tomczak, T., & Rudolf-Sipötz, E. (2006). Bestimmungsfaktoren des Kundenwertes – Ergebnisse einer branchenübergreifenden Studie. In B. Günter, & S. Helm (Hrsg.), *Kundenwert – Grundlagen, Innovative Konzepte, Praktische Umsetzungen* (3. Aufl. S. 127–155). Wiesbaden.

Vargo, S. L., & Lusch, R. F. (2004). Evolving to a new dominant logic for marketing. *Journal of Marketing, 68*(1), 1–17.

Weeks, W. A., Loe, T. W., Chonko, L. B., & Wakefield, K. (2004). The effect of perceived ethical climate on the search for sales force excellence. *Journal of Personal Selling & Sales Management, 24*(3), 199–214.

Wernerfelt, B. (1984). A resource-based view of the firm. *Strategic Management Journal, 5*(1), 171–180.

Systematik des Verkaufsmanagements

Christian Belz

Inhaltsverzeichnis

1 Einleitung

Der Verkauf ist das Tor oder das Nadelöhr zum Markt und Kunden. Zu großen Teilen bestimmt er, ob ein Unternehmen seine Leistungsfähigkeit auf die Interaktion mit Kunden übertragen kann. Unternehmen beschäftigen meist viele Verkäufer, beispielsweise sind in der Industrie 30 bis 40 Prozent der Mitarbeiter im Außendienst engagiert. Die Verkaufskontakte sind sehr zahlreich und vielfältig und beeinflussen die Interaktionen zwischen Außendienst und Kunden. Durch die beteiligten Persönlichkeiten in ihren spezifischen Situationen wird jeder Verkauf einzigartig.

Christian Belz ✉
Universität St. Gallen, Dufourstrasse 40a, 9000 St. Gallen, Schweiz
e-mail: christian.belz@unisg.ch

L. Binckebanck et al. (Hrsg.), *Führung von Vertriebsorganisationen*,
DOI 10.1007/978-3-658-01830-6_2, © Springer Fachmedien Wiesbaden 2013

Mehr als für jedes andere Instrument des Marketing- und Vertriebsmanagements ist es bedeutend, die Führung zu gewichten und damit die Verkaufsaufgaben mit den Erkenntnissen des Managements zu verknüpfen. Dieses Kapitel strukturiert Verkaufsführung und verbindet sie mit aktuellen Entscheidungen in Unternehmen. Damit schaffen wir eine Übersicht der Schauplätze im Vertrieb (vgl. Belz 2008). Die Begriffe Verkauf, Außendienst und Vertrieb werden im Folgenden synonym verwendet.

2 Verkauf als Instrument des Marketings

„Verkauf als wirtschaftssozialer Prozess umfasst alle beziehungsgestaltenden Maßnahmen, bei welchen Verkaufspersonen (Verkäufer) durch persönliche Kontakte Absatzpartner (Käufer) direkt oder indirekt zu einem Kaufabschluss bewegen wollen" (Weinhold 1988, S. 256). Die vielfältigen persönlichen und lebendigen Interaktionen mit den Kunden unterscheiden den Vertrieb vom Marketing. Der Verkauf vermittelt zwischen Unternehmen und Kunden. Es gelingt ihm, die Leistungsfähigkeit des Unternehmens in der konkreten Zusammenarbeit mit den Kunden einzusetzen. Er schafft durch seine Beziehung, die Beratung, die individuelle Lösung und die Koordination im eigenen Unternehmen selbst einen Mehrwert für Kunden. Durch die verschiedenen Instrumente der Marktbearbeitung von Public Relations, Sponsoring, Dokumentationen, Werbung, Direktmarketing, Social Media, Verkaufsförderung bis zu Schulungen und Anlässen für Kunden wird der Vertrieb flankiert. Lösungsentwicklung und Offerte sind anspruchsvoll, ebenso wie es viel Professionalität fordert, die angebotene Leistung auch zu erbringen. Auch hat der Verkauf intern manche Partner, um die Kunden zu gewinnen und zu begleiten. Solche internen Partner sind beispielsweise Innendienst, Produktmanagement, Kundendienst, Preismanagement, Customer Relationship Management, Controlling oder Informatik. Oft sind auch ähnliche Einheiten in der Organisation der Kunden beteiligt. Das Verkaufsmanagement gestaltet, führt und entwickelt die Verkaufsorganisation eines Unternehmens.

Durchschnittlich werden 46 Prozent des Marketingaufwands und 13 Prozent des Umsatzes im Verkauf eingesetzt und 84 Prozent der Befragten beurteilen die Bedeutung des Verkaufs generell als steigend (vgl. Belz und Bussmann 2002). Über alle Branchen hinweg bleibt der Verkauf von 19 Budgetpositionen in Marketing und Vertrieb an erster Stelle, sowohl in Zeiten der Hochkonjunktur als auch der Krisen (vgl. Belz 2007).

Die grundsätzlichen Ausrichtungen im Verkauf sind in den letzten Jahren recht konstant. Themen wie Key Account Management, Smart (oder Small) Account Management, Kundeneroberung und -bindung bleiben aktuell, ebenso wie das Management der Vertriebskomplexität, Restrukturierungen des Vertriebs, Vertriebsintegration nach Übernahmen, Pflege persönlicher Geschäftsbeziehungen, Cross Selling, Team Selling, Value Selling, optimierte Verkaufsprozesse, Integration neuer Vertriebskanäle, professioneller Umgang mit Ausschreibungsverfahren usw.

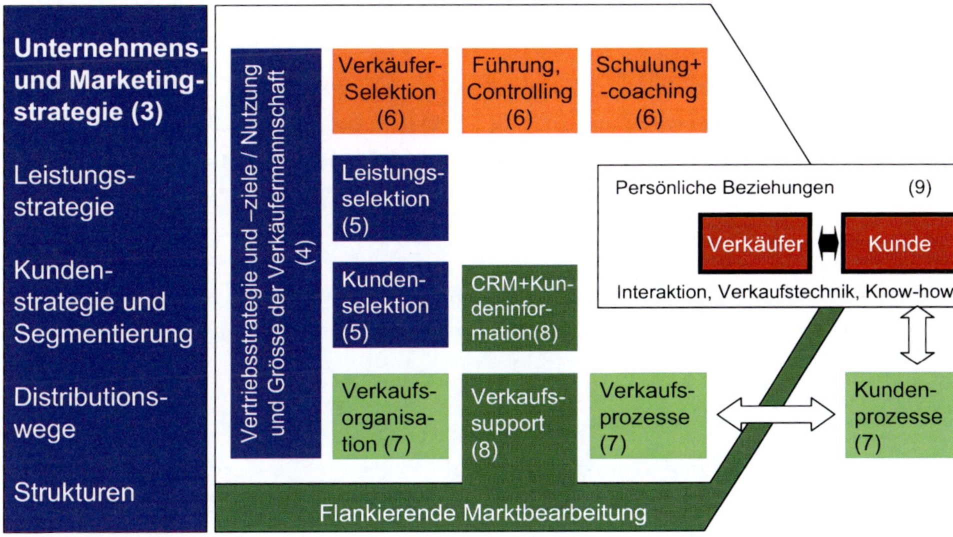

Abb. 1 Modell der Verkaufsführung

Damit bleiben auch die Herausforderungen bestehen. Der Verkauf lässt sich nicht einfach professionell einrichten. Es gilt, in allen Themen für Verbesserungen zu kämpfen und sich laufend zu verbessern.

3 Modell der Verkaufsführung

Verkaufsbedingungen, Strategie des Unternehmens und flankierende Marktbearbeitung sind prägende Bestandteile im Modell der Verkaufsführung. Sie hängen zusammen und lassen sich nicht einfach getrennt oder schrittweise gestalten. Um Konzepte des Verkaufs zu entwickeln, folgen die Verantwortlichen in der Regel einem Problemlöseprozess, bestehend aus Vorgaben, Istanalyse, strategischen, operativen sowie taktischen Entscheidungen bis zur Erfolgskontrolle. Oft ist es zweckmäßig, besondere Themen herauszugreifen und zu konzipieren. Möglichkeiten sind beispielsweise Produkteinführungen durch den Verkauf, Erschließung neuer Kundengruppen, Cross Selling, Customer Face Time oder Verkaufsspezialisierung. Das Modell wurde mit bestehenden Strukturen in der Literatur und mit Verkaufsprojekten in Unternehmen verglichen (vgl. z. B. Belz 2008; Homburg et al. 2012; Jobber und Lancaster 2006; Johnston 2008; Zoltners et al. 2001) sowie in Schulungen mit Führungskräften erprobt. Die wichtigen Bereiche sind entsprechend erfasst. Wer sich mit Verkauf befasst, hat manchmal den Eindruck, dass sich das Thema auf die Zusammenarbeit und das Gespräch zwischen Verkäufer und Kunden beschränkt. Wie Abb. 1 verdeutlicht, ist dies jedoch nur ein Teil, wenn auch ein wesentlicher.

4 Verkaufsbedingungen

Der Verkauf unterscheidet sich nach der Intensität der Beziehung und der Komplexität der Leistungen sowie den Entscheidungsprozessen der Kunden. Naturgemäß sind die Spielräume für den Verkauf kleiner, wenn einfache Produkte in einer kurzen Interaktion mit Kunden verkauft werden. Die folgende Aufzählung zeigt einige Bedingungen für den Verkauf:

- **Marktbedingungen**: z. B. Marktsättigung, Wettbewerbsintensität, konkurrierende Geschäftsmodelle im Markt, Ansprüche der Kunden, Zusammenarbeit mit vertikalen Partnern, Krisen
- **Kundenstrategien**: z. B. global sourcing, Lieferantenreduktion, modular sourcing, Preisdruck usw. und entsprechende Differenzierung des Verkaufs nach Kundenstrategien und -gruppen, Kundenkonkurrenzierung
- **Verkaufsspielräume**: z. B. „One-Minute Selling" bis zur umfassenden Kundenbetreuung, Spielräume für Kontaktquantität und -qualität
- **Internationalität**: z. B. zentrale und dezentrale Unternehmensphilosophie; regionale, nationale, internationale, globale Schwerpunkte; Zusammenarbeit von Niederlassungen und Zentrale und Umsetzung von Strategien über relativ unabhängige, internationale Einheiten; internationale Präsenz von Kunden
- **Infrastrukturen und Fixkosten**: z. B. kapazitätsorientierter Verkauf (Yield Management)
- **Verkaufskomplexität**: z. B. ertragsorientierte Abstimmung von Verkaufsaufgaben und Verkaufsressourcen

Die Komplexität des Verkaufs ergibt sich aus der Leistungs- und Kundenvielfalt sowie vielfältigen Zielen des Vertriebs. Je nach Geschäft sind die Spielregeln für den Verkaufserfolg sehr verschieden.

5 Unternehmens-, Marketing- und Vertriebsstrategie

Unternehmens- und Marketingstrategie bestimmen die Vertriebsstrategie und -ziele und auch die Größe der Vertriebsmannschaft. Unternehmens- und Marketingstrategien definieren grob die Aufgabe des Verkaufs (und für weitere Marketingspezialisten):

- **Unternehmens- und Marketingstrategie**: z. B. Volumengeschäft, Nischengeschäft, Innovationsführer
- **Leistungsstrategie**: z. B. Solution Provider, Erschließung des Volumengeschäfts, Anteil neuer Leistungen, Leistungsportfolio, Sortimentsstrukturen, Services (Stichwort Leistungsselektion)

- **Kundenstrategie und Segmentierung**: z. B. angestrebtes Kundenportfolio, Strukturierung der Kunden und Akzente in attraktiven Segmenten (Stichwort Kundenselektion)
- **Distributionswege**:
  - z. B. direkte und indirekte Distribution (Großhandel, Einzelhandel, Vertretungen, E-Business); Verkaufssysteme vom klassischen Besuch des Außendienstes über die „Tupperware-Party“ und bis zum Tür-zu-Tür-Verkauf; multipler und integrierter Vertrieb
  - Rolle des Außendienstes im Multichannel-Vertrieb, Vertriebskooperationen
- **Strukturen**: z. B. Veränderung des Anteils der Kundenkontaktpersonen zum gesamten Personalbestand des Unternehmens

Dominiert der Vertrieb das Unternehmen, spricht man von „Sales Driven Companies“. Vertriebsorientierte Anbieter führen beispielsweise häufig mehrere Marken, um die Kunden breiter zu bearbeiten, obschon die klassische Markenführung zu einer Konzentration rät (vgl. Belz 2006). Dieses Vorgehen hängt auch oft mit der Übernahme lokal starker Unternehmen zusammen.

- Vertriebsstrategie und -ziele greifen die Vorgaben des Unternehmens auf und konkretisieren diese für den Verkauf; sie bestimmen die erforderliche Verkäufermannschaft. Die besondere Herausforderung liegt in der Abstimmung zwischen Unternehmensstrategie und Vertrieb. **Verkaufsstrategie**: z. B. Balance zwischen Akquisition und Kundenpflege; Systemverkauf (oder Solution Selling/Value Selling); Verkaufsstil (etwa Aggressivität)
- **Verkaufsziele**: z. B. Customer Face Time und Verkaufseffektivität; quantitative und qualitative Ziele (etwa Kontaktquantität (Schlagzahl) und -qualität), differenziert nach Kunden, Leistungen und Regionen; Ergebnisverantwortung im Verkauf
- **Nutzung und Größe der Verkaufsorganisation**: z. B. Nutzung der bestehenden Verkäufer für Kundenkontakte (selektiver Ressourcenansatz) und erforderliche Verkäufermannschaft für eine angestrebte Kundenbearbeitung (Ansatz der Marktabdeckung); Vorgehen bei kleiner und großer Verkäufermannschaft im Vergleich zu den Wettbewerbern

Im Verkauf setzen Unternehmen quantitative Ziele (z. B. Umsätze (inkl. neues Geschäft), Erträge, Kundenzahl (neue und bestehende Kunden) und Kontaktquantität sowie Zeitvorgaben und Spesen) und qualitative Ziele (z. B. Beziehung und Vertrauen, Kundenqualität, Kontaktqualität). Diese Ziele differenzieren sie nach Kunden (z. B. für die Erschließung neuer Kundengruppen), Leistungen (z. B. für die Produkteinführungen) und Regionen (z. B. zur Abdeckung „weißer Flecken“ mit geringem Unternehmensanteil im Markt).

Einerseits optimieren Unternehmen ihre Kontaktquantität, beispielsweise wenn die Verkäufer zehn oder mehr Kundenbesuche pro Tag durchführen. Typische Ansätze finden sich im Schlagzahlmanagement mit höheren Vorgaben zur Zahl von Kundenbesuchen (vgl. Pinczolits 1998), prozentualen Vorgaben für die „Customer Face Time“ und in der optimierten Tourenplanung. Andererseits konzentrieren sich diejenigen Anbieter auf die Kontaktqualität, die komplexere Lösungen für Kunden verkaufen oder erschwerten Zugang zum Kunden haben. Weil beispielsweise die Pharmaindustrie die Ärzte mit einem starken Außendienst bedrängt, gewähren diese manchem Anbieter nur zwei Besuche à 15 Minuten pro Jahr. Knappe Zeit beim Kunden optimal zu nutzen, heißt, die Qualität für Unternehmen und Kunden zu steigern. Damit lässt sich vielleicht auch die Besuchszeit ausdehnen.

Für den optimalen Einsatz der Verkäufer ist es möglich, von der gesamten der Verkaufsmannschaft zur Verfügung stehenden Kundenzeit und der möglichen Kontaktzahl auszugehen und diese auf die bevorzugten aktuellen und potenziellen Kunden auszurichten. Die optimale Verkäuferzahl lässt sich ausgehend von den angestrebten Kunden und der Kontakthäufigkeit bestimmen. Sie wird mit dem Zeitbedarf pro Kontakt multipliziert und durch die Kundenzeit pro Verkäufer geteilt. Beide Sichtweisen, ausgehend vom Verkäuferpotenzial oder von der angestrebten Marktbearbeitung, werden in der Praxis kombiniert. Kleine Anbieter setzen meistens sehr begrenzte Verkäuferpotenziale gleichzeitig gezielt ein (selektiver Ressourcenansatz). Marktführer streben eine breite Marktabdeckung an.

Veränderungsprozesse im Vertrieb sind vielschichtig, sie betreffen viele Länder, Menschen und Verkaufsprozesse. Zudem verwässern sich viele Vorgaben vom Topmanagement bis zur konkreten Arbeit im Feld (vgl. Loss 1996). Wie lässt sich die Aufmerksamkeit des Vertriebs für wichtige Initiativen gewinnen? Grobe Zielwürfe sind ein möglicher Ansatz, weil sich damit die Kommunikation erleichtern lässt.

6 Leistungs- und Kundenselektion

Leistungs- und Kundenstrategien werden im Vertrieb letztlich in konkreten Kundenkontakten umgesetzt. Die Marktsegmentierung äußert sich beispielsweise in den Prioritäten der Verkäufer für besuchte Kunden. Im Folgenden einige Aspekte zur Leistungs- und Kundenselektion, die die Verkaufsressourcen auf kurzfristig und langfristig ergiebige Geschäfte konzentrieren:

- **Leistungsselektion**: Sortimentsschwerpunkte im Verkauf, Systemverkauf (auch Value Selling, Solution Selling), Serviceschwerpunkte, Produkteinführungen, Gestaltung von Offerten (und Rechnungen)
- **Kundenselektion**: Kundenkategorisierungen (z. B. A-/B- und C-Kunden) und Verkaufsdifferenzierung, Umsetzung der Segmentierung auf den konkreten Verkaufseinsatz (Adresse)

Meistens sind die Sortimente und Services der Anbieter sehr breit und tief. 30.000 verschiedene Produkte und Services (keine Seltenheit für Industrieanbieter) lassen sich kaum aktiv mit Generalisten im Verkauf an vielfältige Kundensegmente verkaufen. Chronisch sind auch die Probleme mancher Anbieter, wenn neue Leistungen rasch in internationalen Märkten einzuführen sind. Während sie die Zeit zur Marktreife (Time to Market) inzwischen oft beherrschen, bleibt die Zeit zum angestrebten Umsatz (Time to Money) ein Engpass.

7 Führung und Entwicklung der Verkäufer

Die Bausteine der personellen Führung im Verkauf zeigt die folgende Aufzählung. Die Hauptaufgabe der Verkaufsführung besteht darin, das personelle Potenzial des Verkaufs zu nutzen.

- **Verkäuferselektion**: Anforderungsprofile und Aufgaben (z. B. Branchenkenntnis, Kunden-Know-how, Verkäuferfähigkeiten, Persönlichkeit, Teamorientierung, Projektleitung usw.) sowie Selektionsprozess nach der angestrebten Größe der Verkaufsmannschaft; Differenzierung der Vertriebsprofile; Screening der bestehenden Verkäufer
- **Führung und Controlling**:
  - Nutzung intrinsischer und extrinsischer Motivatoren (etwa spannende Verkaufsaufgaben/Eigenverantwortlichkeit/Management by Objectives und Provisionssysteme für einzelne Verkäufer und Teams/Verkaufswettbewerbe/10er-Club und Verkäufer des Jahres/Lob usw.); Umgang mit Topverkäufern und Durchschnitt; auch Umstellung von Entlohnungssystemen für den Lösungsverkauf etc.
  - Team Selling
  - Ziele und Kontrolle der Zielerreichung (etwa kurzfristige Vorgaben und Kontrolle, Verkaufsbegleitung, Informationssystem usw.)
- **Verkäuferschulung und -coaching**:
  - Schulungsprogramme im Verkauf, z. B. Einführungsschulung, Entwicklungsschulung, Top Level Selling usw.; Workshops und Projektbeteiligung von Verkäufern
  - Unterstützung des Verkaufs im Management-by-Objectives-Prozess, Coaching mit gemeinsamen Kundenbesuchen, Best Practices im Verkauf und Multiplikation usw.

Eine wichtige Herausforderung ist jede Führung des Verkaufs über Distanz. Außendienstmitarbeiter agieren als Individualisten und erbringen dezentral spezifische Leistungen für einzelne Kunden; sie gehen entsprechend selbstständig und beweglich vor.

In den letzten Jahren überprüften manche große Unternehmen (z. B. T-Systems/Deutsche Telekom) ihre Verkäufer systematisch, häufig kombiniert mit einem Personalabbau. Bis zu 30 Prozent der Verkäufer wurden an anderer Stelle im Unternehmen eingesetzt oder entlassen. Verkäufermannschaften und Fähigkeiten der Verkäufer lassen sich jedoch nur langfristig entwickeln. Deshalb sind Unternehmen mehr und mehr in Bedrängnis, zu definieren, wie Verkäuferprofile und -aufgaben in fünf Jahren aussehen müssen, um heute entsprechende Selektions- und Qualifikationsprogramme einleiten zu können. Weder grobe Vorgaben zu Branchenkenntnissen oder Sozialkompetenz noch lange und unerfüllbare Fähigkeitskataloge genügen dazu.

8 Verkaufsorganisation und -prozesse

Im Verkaufsmanagement erweisen sich Verkaufsspezialisierungen als besonders wichtiger und Erfolg versprechender Bereich für Eingriffe. Kleinere Verkaufsgebiete sowie neue Spezialisten für Kleinkunden, für besondere Marktsegmente oder für Leistungsgruppen entlasten den bestehenden Verkauf und helfen, eine überbordende Verkaufskomplexität zu vermindern. Sollen aber Verkäufer spezielle Gebiete, Kunden oder Leistungen abgeben, ist meistens mit einem großen Widerstand zu rechnen, selbst wenn die Betreffenden nicht finanziell schlechter gestellt werden. Überzeugungsarbeit und Übergangsregelungen sind wichtig (zur Trennung des Kleinkundenmanagements als Beispiel vgl. Belz und Schmitz 2008). Die wichtigen Aspekte zu Verkaufsorganisation und -prozessen sind:

- **Verkaufsorganisation**:
  Verkaufsprozesse sollten mit den Informations- und Entscheidungsprozessen der Kunden eng verzahnt werden (vgl. Rackham und De Vincentis 1999). Inzwischen etablierte sich zwar der Ansatz des „Sales Funnels", mit dem im Verkauf überprüft wird, wie viele Kunden in jeder Phase des Prozesses vor dem Kauf nötig sind, damit am Schluss der angestrebte Umsatz und Ertrag erzielt werden. Im Verkauf wie auch im übrigen Marketing setzte sich aber die Prozessorientierung noch zu wenig durch, obschon sich damit die klassischen Konflikte zwischen Marketing, Produktmanagement und Vertrieb lösen ließen (vgl. Diller et al. 2005; Klumpp 2000).
- **Verkaufsorganisation**:
  - Integration des Verkaufs im Unternehmen (z. B. häufige, aber kritische Trennung von Marketing, Produktmanagement und Verkauf)
  - Differenzierung der Verkaufsorganisation (mit Kombinationen) nach:
    - Kunden (z. B. Spezialisten für Kundensegmente, Key Account Management, Smart Account Management)
    - Leistungen (z. B. Spartenverkauf, Generalisten im Verkauf, Verantwortliche für neue Produkte)
    - Ländern (z. B. unterschiedliche Strategien je nach Marktsituation und Marktanteil); Sales Levels (z. B. mit Europa, deutschsprachigen Ländern und der Schweiz)
    - Distributionskanälen (z. B. persönlicher Verkauf, Telefonverkauf, E-Business usw.)
    - Funktionen (z. B. Innendienst, Verkaufsaufgaben des Kundendienstes, Verkaufsaufgaben des Topmanagements und der Technik, Zusammenspiel zum Produktmanagement usw.)
    - Personen (z. B. Einsatz von Verkaufsteams für spezifische Kunden)
  - Cross Selling und Schnittstellenmanagement
  - Anspruchsvolle Verkaufsrestrukturierungen (z. B. neue Kundenschwerpunkte, neue Gebietseinteilungen usw.)
  - Verbesserung des Zusammenspiels von globaler und lokaler Kundenbetreuung und der Zusammenarbeit zwischen Zentrale und Niederlassungen

- **Verkaufsprozesse**:
  - Definition und Optimierung der relevanten Verkaufsprozesse (z. B. Sales und Buying Cycle gestalten („Sales Funnel" vom Interessenten bis zum treuen Kunden), Erschließung neuer Segmente und Kundenakquisition, Kundenpflege und -ausbau (Share of Wallet steigern), Cross Selling, Produkteinführung, Auftragsabwicklung (Weg zum prozessorientierten Vertrieb), Vorgehen bei Ausschreibungen)
  - Mobilisierung interner Abteilungen und Personen für Kunden durch den Verkauf

9 Verkaufssupport

Ziel des Verkaufssupports ist es, die Verkaufseffizienz und -effektivität zu steigern. Die Aufzählung zeigt einige Ansätze zu flankierenden Maßnahmen. Dabei geht es beispielsweise darum, die Ressourcen beim Kunden besser zu nutzen, etwa durch mehr Kundenkontaktzeit bei attraktiven Kunden.

- **Verkaufssupport**:
  - Verkaufsflankierung und -entlastung:
    - Team aus Innen- und Außendienst (z. B. 1 : 1)
    - Telefonmarketing, Direktmarketing, Internet und Messen für qualifizierte Leads
    - Events für Kunden und Besuche in Produktion, Technologiezentren und Ausstellungsräumen
    - unpersönliche Marktbearbeitung für Kleinkunden oder Smart Accounts (Kundenkontaktzentren)
    - Administrationsprogramme zur Entlastung des Verkaufs
  - Gewichtung (inkl. Budgets) von persönlichem Verkauf und flankierenden Maßnahmen
- **Customer Relationship Management und Kundeninformation**:
  - Steigerung der Verkaufsqualität:
    - verfügbare Information zum Kunden für wirksame Lösungen und Besuchsvorbereitung (systematische Auswertung der Verkäuferinformationen und Flankierung durch Zusatzinformationen zu Markt, Konkurrenz, Kunden usw.)
    - Beratungsführung am Bildschirm; Vision der Fabrik beim Kunden durch das Tablet oder den Laptop (Verminderung der Zahl nötiger Besuche pro Abschluss und Qualifizierung der Interaktion mit Kunden; Computer Aided Selling)
    - Intranetlösungen (inkl. kundenspezifischer Plattformen für Kunden und Verkäufer)
    - anspruchsvolle CRM-Systeme (z. B. Siebel) und Nutzung im Verkauf (inkl. Koordination der Kontakte, Zusagen, Leistungen mit und für Kunden)

Aktuelle Kundeninformationen hat der Verkäufer laufend einzugeben, der Aufwand ist erheblich. Gute Systeme erlauben aber dem Verkäufer ein besseres Gedächtnis über die Kundenbeziehung, als es der Kunde oft selbst hat.

Die Fülle der vorhandenen Informationen zu Unternehmen, Markt und Kunden ist jedoch auch kritisch zu sehen. In der Vorbereitung auf das nächste Gespräch mit Kunden versuchen die Verkäufer, die Schwerpunkte zu bestimmen, die sich beispielsweise in 30 bis 40 Minuten ergebnisorientiert besprechen lassen. Dabei ist es oft bereits anspruchsvoll, die Hinweise aus dem eigenen Gedächtnis zu ordnen. Für jedes Gespräch hätte ein Verkäufer nämlich viermal mehr Themen als zeitlich möglich. Die zahlreichen Informationen erschweren den Prozess der Schwerpunktfindung oder steigern die Vorbereitungszeit wesentlich. Die konkrete und meist kurze Interaktion zwischen Verkäufer und Kunden wird zum Nadelöhr.

10 Interaktion zwischen Verkäufer und Kunde

Die Interaktion zwischen Verkäufer und Kunden prägt den Verkauf maßgeblich. Ratgeberliteratur für den Verkauf konzentriert sich deshalb häufig nur auf die Gespräche, Verhandlungen oder Abschlüsse. Dabei bleiben die Erkenntnisse darüber recht konstant, wie sich Beziehungen knüpfen und aufbauen sowie Menschen überzeugen lassen. Die wichtigsten Bausteine zur Interaktion sind:

- **Persönliche Beziehungen**: Vertrauensaufbau durch Kompetenz und Sympathie, individuelles und organisatorisches Beziehungsmanagement, aktive Beziehungspflege in Marktnetzen, Emotional Selling, Nutzung von Social Media usw.
- **Interaktion**: Persönlichkeitsentwicklung der Verkäufer, Nutzung von Typologien für Verkäufer und Kunden (z. B. mit den Dimensionen Macht und Anpassung sowie Sach- und Personenorientierung sowie Flexibilität); Verkauf an Gremien, Moderation von Workshops mit Kunden usw.
- **Verkaufstechniken**: Verkaufsphasen, Fragetechniken, Abschlusstechniken, Preisargumentation, Mediation für kritische Situationen mit Kunden usw.
- **Branchen-, Angebots- und Kunden-Know-how**: Fachliches Know-how zur Kundenberatung, Beratungsstandards; Definition der Wertschöpfung für Kunden und Unternehmen durch den Verkauf usw.

In Untersuchungen zu den Prioritäten von Unternehmen in ihren Marketinginnovationen (wir unterscheiden inzwischen mehr als 130 innovative Akzente) steht das Management persönlicher Geschäftsbeziehungen seit 1996 an zweiter bis vierter Stelle (vgl. Belz 2007). Dabei geht es nicht nur darum, die Beziehungen zwischen Verkäufern und Käufern zu optimieren, sondern die Angebots- und Nachfrageorganisationen zu vernetzen. Alle Mitarbeiter des Unternehmens beteiligen sich am Verkauf; auch Produktmanager, Kundendienst, Techniker, Geschäftsleitung usw. Diesen Trend bestätigten 85 Prozent der Manager und Verkaufsverantwortlichen (vgl. Belz und Bussmann 2002, $n = 376$).

Die Qualität der Beziehung stützt sich dabei auf Kompetenz und Sympathie. Einerseits lässt sich empfehlen, wie einzelne Verkäuferpersönlichkeiten optimal mit ihren Kunden- und Marktbeziehungen umgehen. Andererseits lässt sich für gesamte Unternehmen und Abteilungen ein Beziehungsmanagement gestalten (vgl. Belz et al. 1999).

11 Prioritäten für Verkaufsinitiativen

Für eine Verbesserung des Vertriebs braucht es integrierende Gesamtideen. Nur ein bis zwei Stichworte reichen bereits, um anspruchsvolle Vertriebsprogramme zu prägen. Vollständiges Management zersplittert sich. Im laufenden Entwicklungsprogramm „Sales Driven Company" mit zehn Unternehmen und dem Institut für Marketing an der Universität St. Gallen definierten wir die in Tab. 1 dargestellten elf Hebel für Verkaufsinitiativen. Hier liegen mögliche Ansätze für Prioritäten. Ein Indiz gibt die zusätzliche Rangfolge (zweite Spalte) der Beteiligten. Nur ist es selten richtig, das Gleiche wie der Durchschnitt zu tun.

Marketingverantwortliche betonen oft, dass es in ihrer Branche für den Kunden eigentlich gleichgültig ist, mit wem dieser zusammen arbeitet oder von wem er kauft. Sie wollen den Unterschied auf Nebenschauplätzen schaffen, etwa mit emotionalen Marken, Spon-

Tab. 1 Hebel zur Kraft im Vertrieb

Hebel	Rangfolge*	Inhalt
Hebel 1	2	Verkaufskomplexität führt – große Aufgaben mit engen Ressourcen
Hebel 2	3	Unternehmensweite Verkaufsdynamik als strategischen Job wahrnehmen
Hebel 3	4	Verkaufsinitiative zurück gewinnen
Hebel 4	10	Mit Distributionspartnern bis zum Kunden vordringen
Hebel 5	1	Attraktive Kunden differenziert bearbeiten und Interaktionsmodelle anbieten
Hebel 6	11	Geschäftsanbahnung im neuen Umfeld optimieren
Hebel 7	7	Touch Points mit Kunden führen und Customer Care Centers neu aufbauen oder ausrichten
Hebel 8	8	Time to Money für neue Verkäufer, neue Produkte, neue Kunden verkürzen
Hebel 9	9	Umorientierung zu fixer Entlohnung und starker Führung
Hebel 10	5	Von Spitzenverkäufern lernen
Hebel 11	6	Kunden qualifizieren

* Aus dem Blickwinkel der beteiligten zehn Unternehmen im Programm „Sales Driven Company" der Universität St. Gallen

soring, kreativen Aktionen oder Einladungen zu beliebigen Events. Diese Argumentation ist verbreitet, aber gefährlich. Unternehmen, die ihre eigentlichen Aufgaben als selbstverständlich hinnehmen und nicht mehr verbessern, kapitulieren und verlieren jegliche Substanz. Meines Erachtens lassen sich in jeder Branche die Leistungen für Kunden optimieren. Die Chancen sind groß, denn Unzulänglichkeiten im Kern der Angebote sind verbreitet. Im eigentlichen Marketingjob ist die Arbeit des Vertriebs zentral. Er führt den Kunden zum Kauf. Er begleitet Kaufprozesse, die tatsächlich oft wichtiger werden als schließlich gekaufte Produkte oder Services. Der Verkauf kann für den Kunden echte Werte schöpfen und damit den Erfolg eines Anbieters prägen.

Aus der Systematik ergibt sich eine Vielfalt von Themen im Verkauf. Wie gelingt es, die richtigen Schwerpunkte zu setzen?

12 Fazit

Der Verkauf ist das wichtigste und teuerste Instrument im Marketing- und Vertriebsmanagement. Er prägt durch sein Vorgehen die Einführung neuer Produkte, die Schwerpunkte im Sortiment und Service sowie die erzielten Preise. Kurz: Die Implementierung des Marketings muss beim Verkauf ansetzen. Die Herausforderung besteht darin, die Leistungsfähigkeit des Unternehmens in die Interaktion mit den Kunden einzubringen. Leider ist bei Verkaufsbegleitungen nicht selten festzustellen, dass die konkrete Zusammenarbeit mit den Kunden den formulierten Strategien diametral widerspricht (vgl. Loss 1996).

In manchen Unternehmen ist der Verkauf über viele Jahre gewachsen. Manager beginnen, das Eigenleben des Verkaufs zu akzeptieren und zu lernen, was einfach funktioniert. Einige Unternehmen werden damit indirekt vom Vertrieb geführt. Tatsächlich sind alle Veränderungen im dezentralen Verkauf anspruchsvoll umzusetzen, Tausende von Kundenkontakten lassen sich nicht per Dekret neu gestalten. Der Vertrieb wird häufig eher als Bremser denn als Innovator interpretiert. Auch der Vertrieb selbst nennt zum Thema Vertriebsinnovation oft neue Produkte, Services, Absatzgebiete und Kunden. Er konzentriert sich dabei auf die Frage, was wem zu verkaufen ist, statt sich auf das innovative „Wie" des Verkaufs zu konzentrieren. Unternehmen, denen es aber gelingt, ihren Verkauf dynamisch weiterzuentwickeln und auf die Strategie abzustimmen, stützen sich auf eine starke Kraft. Der Vertrieb wird dann zur Kernkompetenz: Er ist wichtig für den Kundennutzen, wurde langfristig entwickelt, unterstützt die Marktposition sowie das Wachstum und differenziert vom Wettbewerb (vgl. Belz und Reinhold 2012). Ein professioneller Verkauf verschafft dem Unternehmen nachhaltige Wettbewerbsvorteile, weil sich die Fortschritte nicht leicht und rasch kopieren lassen.

In der Zentrale von Konzernen sind kaum Abteilungen oder Stellen anzutreffen, die sich mit der Dynamik des internationalen Vertriebs befassen. Vielleicht ist der Schott Konzern mit der zentralen Stelle „Corporate Market & Development" für diese Aufgabe ein Vorbild; denn es braucht nicht nur Verantwortliche für Marken und Kommunikation.

Besonders Wissenschaftler und Berater vertreten überzeugt die Meinung, dass Systematik ein intuitives Vorgehen schlägt. Neuere Erkenntnisse der Hirnforschung zeigen jedoch, dass ein analytisches Vorgehen für komplexe Aufgaben ungeeignet ist. Auch sind Spontanurteile oft besser oder ebenso gut wie Bewertungen, die sich auf aufwendige Abklärungen stützen. Systematik hat keinen eigenen Zweck, sondern ist nur Hilfsmittel. Allzu häufig führt eine stur angewendete Methodik auch nur zu pseudoprofessionellen Vorschlägen. Manager brauchen Augenmaß und gesunden Menschenverstand. Das ist das Beste, was sie in ihrer persönlichen Entwicklung erreichen können.

Literatur

Belz, C. (2006). *Spannung Marke – Markenführung für komplexe Unternehmen.* Wiesbaden.

Belz, C. (2007). Übersicht: Akzente im innovativen Marketing. In C. Belz, M. Schögel, & T. Tomczak (Hrsg.), *Innovation Driven Marketing* (S. 109–158). Wiesbaden.

Belz, C. (2008). Verkaufsführung – die unterschätzte Managementaufgabe. *Marketing Review St. Gallen, 25*(3), 12–18.

Belz, C., Brademann, E., & Fuchs, H. J. (1999). *Management von Geschäftsbeziehungen* (2. Aufl.). St. Gallen, Wien.

Belz, C., & Bussmann, W. (2002). *Performance Selling*. St. Gallen, Wien.

Belz, C., & Reinhold, M. (2012). Internationaler Industrievertrieb. In L. Binckebanck, & C. Belz (Hrsg.), *Internationaler Vertrieb* (S. 3–222). Wiesbaden: Reinhold.

Belz, C., & Schmitz C (2008). *Smart Account Management – Erfolg mit kleinen Geschäften im B2B-Marketing*. St. Gallen.

Diller, H., Haas, A., & Ivens, B. (2005). *Verkauf und Kundenmanagement – Eine prozessorientierte Konzeption.* Stuttgart.

Homburg, C., Schäfer, H., & Schneider, J. (2012). *Sales Excellence – Vertriebsmanagement mit System* (7. Aufl.). Wiesbaden.

Jobber, D., & Lancaster, G. (2006). *Selling and Sales Management* (7. Aufl.). Harlow-Essex.

Johnston, M. (2008). *Churchill/Ford/Walker's Sales Force Management* (9. Aufl.). New York u. a.

Klumpp, T. (2000). *Zusammenarbeit von Marketing und Verkauf*. Dissertation, St. Gallen.

Loss, C. (1996). *Systemverkauf*. Dissertation, St. Gallen.

Pinczolits, K. (1998). *Der Schlagzahlmanager – Arbeitsleistungen im Vertrieb messen und steigern.* Frankfurt.

Rackham, N., & De Vincentis, J. (1999). *Rethinking the Sales Force.* New York u. a.

Weinhold, H. (1988). *Marketing in 20 Lektionen* (21. Aufl.). Heerbrugg.

Zoltners, A., Sinha, P., & Zoltners, G. (2001). *The Complete Guide to Accelerating Sales Force Performance, AMACOM*. New York u. a.

Selektionskriterien für Mitarbeiter im Vertrieb

David Scheffer und Dietmar Moede

Inhaltsverzeichnis

1 Die Kernherausforderung für Führungskräfte im Vertrieb: System 1 vs. System 2

Mehr als in anderen Führungsfunktionen sehen sich Führungskräfte im Vertrieb mit einer zentralen Herausforderung konfrontiert: Während im Verkaufsgespräch für die Vertriebskraft Intuition und Einfühlungsvermögen erfolgskritisch sind, sind für die Vorbereitung und Nachbereitung sorgfältige Planung und bewusste Analyse entscheidend. Der Psychologe und Nobelpreisgewinner Daniel Kahneman (2011) bezeichnet das „schnelle Denken" durch das intuitive Bauchgefühl als System 1 und das „langsame Denken" bei der bewussten Planung und Analyse als System 2. Beide Systeme arbeiten zwar parallel und unabhängig

David Scheffer ✉
Nordakademie – Hochschule der Wirtschaft, Köllner Chaussee 11, 25337 Elmshorn, Deutschland
e-mail: david.scheffer@nordakademie.de
Dietmar Moede
Rachoniweg 43, 25474 Bönningstedt, Deutschland
e-mail: moede.dietmar@pentax.de

L. Binckebanck et al. (Hrsg.), *Führung von Vertriebsorganisationen*,
DOI 10.1007/978-3-658-01830-6_3, © Springer Fachmedien Wiesbaden 2013

voneinander, weisen jedoch ein antagonistisches Verhältnis zueinander auf: Systematische Planung und intuitives Handeln schließen einander zumindest situativ aus.

Zahlreiche andere Autoren bestätigen die grundlegende Erkenntnis aus Psychologie und Neurowissenschaften, dass es beim Menschen ein intuitives und ein rationales System gibt, die unabhängig voneinander und komplementär zueinander menschliches Verhalten steuern. Es wurden diverse Analogien gebildet, die diese fundamental unterschiedlichen Steuerungsmodi des Verhaltens verdeutlichen sollen. Beispiele hierfür sind:

- Fühlen vs. Denken (vgl. Jung 1923/1971),
- Autopilot vs. Pilot (vgl. Zaltman 2003),
- rechte vs. linke Gehirnhälfte (vgl. Kuhl 2001),
- Selbstregulation vs. Selbstkontrolle (vgl. Kuhl 2000) oder
- limbisches System vs. Neocortex (vgl. Damasio 1994).

Alle Analogien können für sich eine Fülle an wissenschaftlichen Belegen beanspruchen. Wir wollen hier nicht zu tief in die Details einsteigen und die umfangreiche wissenschaftliche Evidenz auf eine Erkenntnis reduzieren, die für alle im Vertrieb Tätigen nachvollziehbar sein dürfte:

Während System 1 im Verkaufsgespräch das intuitive Dekodieren von nonverbalen Signalen und Emotionen, die Bedarfsermittlung, das Herstellen einer tragfähigen Beziehung und das instinktsichere Abschließen steuert, ist System 2 für die Planung und Vorbereitung einer zielorientierten und strukturierten Vorgehensweise im Gespräch sowie eine systematische Nachbereitung, das Nachhalten von Kontakten und das Aushalten von Frustrationserlebnissen notwendig.

Aufgrund ihrer antagonistischen Verschaltung schließen sich System 1 und 2 jedoch komplementär aus. Kein Individuum ist sowohl in System 1 als auch in System 2 gleichzeitig herausragend. Wenn man daher erfolgreiche Vertriebskräfte einstellen will, muss man wohl oder übel in Kauf nehmen, dass die mit System 1 verbundenen Eigenschaften und Kompetenzen unter Umständen dominieren können. Wie in dem empfehlenswerten Buch von Kahneman (2011) ausführlich beschrieben wird, sind viele der Eigenschaften von System 1 ausgesprochen lästig, wie beispielsweise eine Neigung zu unüberlegtem Handeln. Da das intuitive System 1 jedoch notwendig für das Verkaufsgespräch ist, muss eine professionelle Führung im Vertrieb das System 2 bei Vertriebskräften stärken und teilweise ergänzen. Dies bedeutet, dass die Selektionskriterien der Führung einerseits auf einem Bündel analytischer Planungsintelligenz beruhen müssen, andererseits aber auch intuitive, empathische Kompetenzen vorhanden sein sollten.

Unsere zentrale These ist, dass Führungskräfte im Vertrieb in der Lage sein müssen, bei Vertriebspersonal System 2 (systematische Vorbereitung und rationales Planen) einzufordern, ohne System 1 (Intuition und Gefühl) dabei zu hemmen. Es geht also um *integrative* Kompetenzen, damit zwei komplementäre Systeme bei Vertriebskräften gestärkt werden. In einer Case Study bei der Firma Pentax wurde diese zentrale Hypothese bestätigt (vgl. Abschn. 4.2).

Integrative Kompetenz lässt sich anhand des Wertequadratmodells von Schulz von Thun (1989) illustrieren. Führungskräfte müssen stark sein in der analytischen Planung (System 2), ohne dies jedoch zu übertreiben. Denn so würden sie das eigentlich wertvolle System 2 zu einer durch rigides Reporting und bürokratisches Listenausfüllen gekennzeichneten Kontrollwut treiben. Führungskräfte im Vertrieb brauchen also außerdem den komplementären Gegenwert zu System 2, das heißt die intuitive und gefühlsbetonte Empathie des Systems 1. Natürlich darf auch hier das wertvolle System nicht durch Übertreibung Schaden nehmen. Abbildung 1 zeigt diesen Denkansatz einer dynamischen Balance zwischen beiden Systemen.

Anders ausgedrückt: Führungskräfte im Vertrieb müssen die Übertreibungen verhindern, also den Dingen und Menschen nicht einfach ihren Lauf lassen, aber darüber auch nicht überkompensatorisch in einen rigiden Bürokratismus verfallen.

Wie diese integrative Kompetenz wissenschaftlich definiert und operationalisiert werden kann, ist Gegenstand der folgenden Ausführungen. Wir werden die Definitionen und Operationalisierungen im Rahmen der PSI-Theorie von Julius Kuhl (2001) beschreiben. Gemessen werden können diese Kompetenzen mit einem in mehr als 15 Jahren intensiver Forschung entwickelten Test, dem Visual Questionnaire (ViQ). Da er ohne Fragen misst und nur Bilder, Formen und Farben verwendet, eignet er sich auch zur Erfassung der mit System 1 verbundenen Eigenschaften, die unbewusst (implizit) sind.

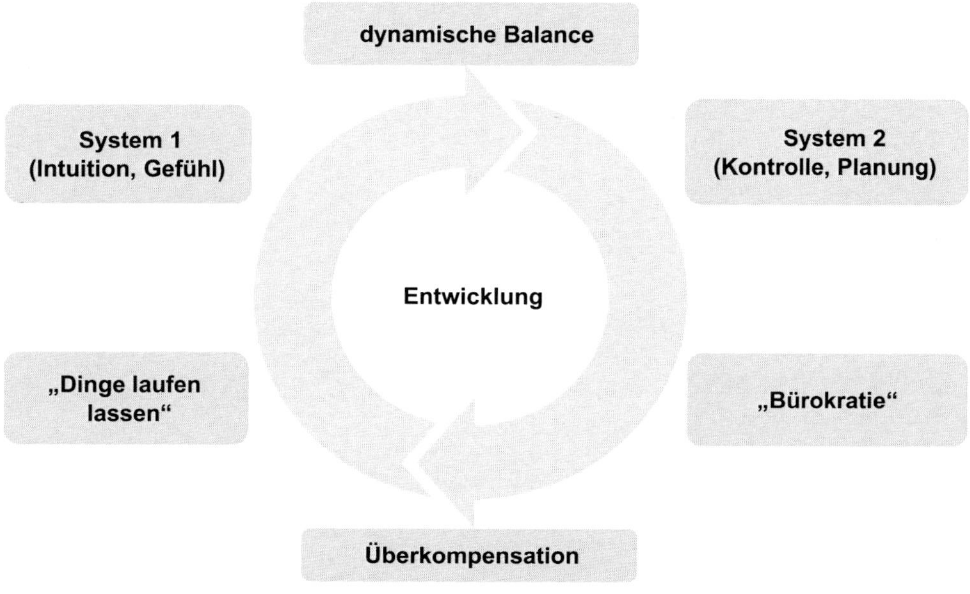

Abb. 1 Komplementäre Kompetenzen aus System 1 und System 2 bei Mitarbeitern und Führungskräften im Vertrieb (Scheffer et al. 2007)

2 Die PSI-Theorie

Das gedankliche Instrumentarium, um die Auswahlkriterien für Führungskräfte im Vertrieb funktionsanalytisch abzuleiten, ist die Persönlichkeits-System-Theorie, deren Grundzüge wir hier darstellen (eine ausführliche Darstellung findet sich in Kuhl 2001; eine wissenschaftliche Kurzfassung in Scheffer und Kuhl 2006). Die PSI-Theorie wurde entwickelt, um experimentelle Befunde aus der Motivations- und Neuropsychologie zu erklären. Diese zeigen tiefgreifende individuelle Unterschiede, wie stark Menschen von System 1 und System 2 gesteuert werden.

Diese tiefreichende Erklärung individueller Unterschiede, die auch die Motivation beeinflussen, ist schon recht alt und geht auf die fundamentale Unterscheidung von Verstand (= analytisch) und Gefühl (= ganzheitlich) in der antiken Philosophie zurück. Später wurde sie in der Erkenntnistheorie nach Immanuel Kant entscheidend weiterentwickelt. Ausgerechnet in der Psychologie jedoch waren die Unterschiede zwischen analytischer und ganzheitlicher Informationsverarbeitung vernachlässigt worden. Das hat sich inzwischen geändert. Mit dem Nobelpreis für Daniel Kahneman wurden diese Anstrengungen stellvertretend gewürdigt.

System 1 bzw. die intuitive Informationsverarbeitung wurde also inzwischen intensiv beforscht und zunächst etwas abfällig als *natürlich* (im Sinne von naiv und fehlerhaft), später auch etwas wohlwollender als *heuristisch* bezeichnet, oder auch als *automatisch* im Sinne von *mühelos* (vgl. Bargh und Chartrand 1999), *implizit* (vgl. McClelland et al. 1989) und *erfahrungsbezogen* (vgl. Epstein et al. 1996).

Zusammengefasst kann als gesichert angesehen werden, dass der Mensch nicht ausschließlich ein „Homo oeconomicus" ist, sondern sich in seinen Entscheidungen mindestens genauso stark von Gefühlen leiten lässt. In Tab. 1 werden die Merkmale der intuitiven und der analytisch-rationalen Informationsverarbeitung gegenübergestellt.

Bereits Jung (1923/1971) hatte *zwei* verschiedene Formen von Intuition („ganzheitliches Fühlen" und „Intuieren" im Sinne von „um die Ecke" wahrnehmen) und zwei ver-

Tab. 1 Vergleich zwischen den Merkmalen von System 1 und System 2 (Epstein et al. 1996)

Intuitive Verarbeitung (System 1)	Analytische Verarbeitung (System 2)
Ganzheitlich	Sequenziell (Schritt für Schritt)
Automatisch, anstrengungslos	International, anstrengend
Affektiv: Lust-Unlust-betont	Logisch: an Ursachen orientiert
Assoziative Verbindungen	Logische Verbindungen
Enkodiert Realität in Bildern	Enkodiert Realität in abstrakten Symbolen
Rasche Verarbeitung: an sofortiger Aktion orientiert	Langsame Verarbeitung: an verzögerter Aktion orientiert
Kontextspezifische Verarbeitung	Kontextübergreifende Prinzipien
Erfahrung ist passiv und vorbewusst	Erfahrung ist aktiv, bewusst, kontrolliert
Glauben	Beweisen

schiedene Formen von analytischer Intelligenz unterschieden („analytisches Denken" und „geradliniges Empfinden"). Persönlichkeitstypen unterscheiden sich nach Jung darin, dass eine dieser vier Erkenntnisformen dominiert. Die PSI-Theorie basiert ebenfalls auf einer Unterscheidung von *vier* verschiedenen Erkenntnissystemen. Da die psychische Architektur der PSI-Theorie nicht aus Jungs Ansatz abgeleitet, sondern aus der motivationspsychologischen Tradition entwickelt worden war, ergaben sich trotz einiger bemerkenswerter Konvergenzen für die Praxis wichtige Unterschiede: Im Gegensatz zu Jungs Typologie sind die vier Erkenntnissysteme der PSI-Theorie motivations- und handlungstheoretisch konzipiert.

Und genau deswegen führen wir diese Unterscheidung hier ein: Die experimentelle Psychologie konnte zeigen, dass die intuitive Wahrnehmung der analytischen bei der Beachtung von *Kontextinformation* überlegen ist (vgl. Kuhl 2001). Individuelle Unterschiede bei der Präferenz für eine intuitive Wahrnehmung stehen daher in direkter Beziehung zu der Stärke von kontextueller Motivation. Genau diese auf Kontextinformationen ausgerichtete Wahrnehmung braucht man für das erfolgreiche Vertriebsgespräch. Menschen, die sich dagegen bei ihrer Wahrnehmung vor allem auf ihre einzelnen Sinne und damit auf das Fassbare, das vernünftig Einzuordnende verlassen, erleben eher eine aufgabenbezogene, systematisch planende und strukturierende Motivation. Und die ist für die Vor- und Nachbereitung von Vorteil.

Eine gefühlsmäßige Art zu entscheiden stellt eigene Körperwahrnehmungen und die Freude an persönlichen Fortschritten in den Vordergrund; sie ist deshalb entscheidend für alle intrinsischen Formen der Motivation. Wo im Vertrieb die Abschlussquote eher gering und unsicher ist, dafür aber die Inhalte des Produkts oder der Dienstleistung vermittelt werden müssen, ist diese Form der Entscheidungsfindung überlegen. Der analytische Entscheidungsmodus ist auf die Überprüfung von Zielerreichungsgraden spezialisiert und daher besonders gut für die extrinsischen Motivationsformen geeignet. Steht die Steuerung des Vertriebs durch Provision im Vordergrund, ist diese Persönlichkeitseigenschaft vorteilhafter.

3 Vier Persönlichkeitssysteme

Die vier Elemente der PSI-Theorie lassen sich unterteilen in zwei Entscheidungs- und zwei Wahrnehmungssysteme. Von diesen wiederum ist je eines analytisch-sequenziell und eines ganzheitlich-intuitiv: Die Entscheidungssysteme sind das *Absichtsgedächtnis* (AG), dessen Erkenntniskomponente mit dem *analytischen Denken* in Jungs Typologie vergleichbar ist (= Verstand), und das *Extensionsgedächtnis* (EG), das Gemeinsamkeiten mit Jungs *ganzheitlichem Fühlen* und der Selbstwahrnehmung hat (= Gefühl). Die Wahrnehmungssysteme sind die *intuitive Verhaltenssteuerung* (IVS), die einige Ähnlichkeiten mit Jungs Funktion des *Intuierens* hat (= Gefühl) und das *Objekterkennungssystem* (OES), das mehrere Gemeinsamkeiten mit Jungs *Empfinden* aufweist (= Verstand). In Tab. 2 werden diese vier Elemente kurz beschrieben.

Tab. 2 Beschreibung der vier Persönlichkeitssysteme (Scheffer und Kuhl 2006)

Persönlichkeitssystem	Typologie nach Jung	Merkmale
Objekterkennungssystem	Empfinden	Die Wahrnehmung vollzieht sich über die fünf Sinne und stellt fest, was konkrete, fassbare Wirklichkeit im Hier und Jetzt ist. Menschen, die dieses System oft benutzen, wollen klar umrissene Aufgaben bearbeiten und dabei Fehler vermeiden. Situationen, die diese Menschen motivieren, sind Aufgaben, bei denen Richtig oder Falsch eindeutig feststeht und die man durch Einsatz von Verstand lösen kann.
Intuitive Verhaltenssteuerung	Intuieren	Die Wahrnehmung vollzieht sich als komplexes Beziehungsmuster oder plötzliche Erkenntnis, die eine sofortige Reaktion oder Handlung auslöst. Menschen, die dieses System oft benutzen, wollen rasche Veränderungen und Wechsel. Sie werden durch Situationen motiviert, in denen man ohne langes Nachdenken in einem dynamischen Kontext handeln kann; sie entscheiden aus dem Gefühl heraus.
Absichtsgedächtnis	Denken	Das Urteilen wird logisch, objektiv, abstrakt und kritisch. Es erarbeitet Pläne und Ziele und verhindert, dass sie vorschnell umgesetzt werden. Menschen, die dieses System oft benutzen, wollen Dinge erst gründlich analysieren, bevor sie handeln. Sie werden durch Situationen motiviert, in denen sie fortlaufend Feedback erhalten, wie nahe sie der Zielerreichung in einem bestimmten Moment gekommen sind. Sie setzen daher auf ihren Verstand.
Extensionsgedächtnis	Fühlen	Gefühle und Erfahrungen werden in den Urteilsprozess eingebunden. Diese Gefühls- und Erfahrungslandschaften sind ganzheitlich und lassen sich daher nur schwer in Worte fassen. Menschen, die dieses System oft benutzen, wollen erleben, wie sie durch Erfahrungen innerlich wachsen und differenzierter werden. Sie wollen Dinge als Ganzes begreifen und ein Gefühl für Wahrheit und Sinnhaftigkeit entwickeln. Dabei setzen sie auf ihr Gefühl.

Menschen *benutzen* diese psychischen Systeme unterschiedlich stark. Und diese unterschiedlich starke *Nutzung*, die neuroanatomisch durch verschieden große *Datenautobahnen* im Gehirn vermittelt wird, ist die Basis von Persönlichkeitsunterschieden. Je nach genetischen Veranlagungen und Lebensumständen entwickeln also alle Menschen Präferenzen für eines der oben beschriebenen Systeme. Führungskräfte im Vertrieb müssen diese grundlegenden Persönlichkeitstypen erkennen, richtig einsetzen und motivieren.

4 Persönlichkeitssysteme und Kompetenzen im Vertrieb

Kaum jemand bezweifelt, dass Menschen unterschiedlich sind. Trotzdem werden keineswegs immer die aus dieser Binsenweisheit notwendigen Schlussfolgerungen gezogen. Bezogen auf die Motivation von Vertriebsmitarbeitern bedeuten die allgegenwärtigen Unterschiede zwischen Menschen, dass es nicht ein allgemeingültiges Rezept der Mitarbeitermotivation geben kann. Es gilt, immer auch die individuellen Besonderheiten zu berücksichtigen.

Wichtig ist eine wertfreie Herangehensweise an individuelle Unterschiede. Nicht *ein* Motivationstyp ist „optimal" oder gar „moralisch wertvoller". Eine solche Wertung widerspricht im Kern einer differentiellen Perspektive, die darauf aufbaut, dass individuelle Unterschiede funktional sind, also einer Anpassungsleistung in der menschlichen Evolution gedient haben und noch immer dienen. In diesem Sinne gibt es keinen optimalen Persönlichkeitstyp, sondern nur einen an die Anforderungen optimal angepassten. Und da es bekanntlich im Vertrieb sehr unterschiedliche Anforderungen gibt, werden auch alle vier Persönlichkeitssysteme benötigt und sollten entsprechend „maßgeschneidert" gefördert werden. Einer muss dabei den Überblick behalten – die Führungskraft. Die moderne Eignungsdiagnostik kann dabei ein wertvolles Instrumentarium darstellen.

4.1 Messen der Persönlichkeitssysteme durch den ViQ

In diesem Abschnitt wollen wir mit dem ViQ ein wissenschaftliches Messsystem vorstellen, das die oben beschriebenen Persönlichkeitseigenschaften so differenziert misst, dass dadurch auch die in der Vertriebsführung notwendigen Kompetenzen erfasst werden können. Diese Kompetenzen werden übrigens nicht direkt erfragt, weil Führungskräfte aufgrund sozialer Erwünschtheit und mangelnder introspektiver Einsichten nicht immer valide über den jeweiligen Ausprägungsgrad Auskunft geben können. Stattdessen werden sie indirekt erschlossen, was zu einer deutlich höheren Validität führt.

In den meisten Unternehmen werden bei der Identifikation und Auswahl von Führungskräften verschiedenste eignungsdiagnostische Methoden eingesetzt. Neben den klassischen Interviews, die bei entsprechender Fachausbildung der Interviewer einen strukturierten Charakter haben können, setzen viele Unternehmen auch heute noch auf das Assessment Center zur Identifikation der Spitzenkräfte und Talente. Die Verbindung von Interviewsituation, Aufgabenlösungskompetenz, Kooperation und Teamgeist, unter anderem mit der persönlichen Begegnung mit den Kandidaten und Bewerbern, bietet einige Vorteile, birgt aber auch Risiken. Insbesondere haben Metaanalysen ergeben, dass angesichts des hohen Aufwands die Validität von Assessment Centern häufig nicht voll zufriedenstellend ausfällt. Eine gute Alternative zu einem aufwendigen Assessment Center ist daher die Nutzung von wissenschaftlich validen Potenzialanalysen. Ein solches objektives persönlichkeitsdiagnostisches Verfahren ist das auf der Basis von Kuhls PSI-Theorie entwickelte ViQ-Verfahren.

ViQ steht für Visual Questionnaire, das heißt die Führungskräfte werden nicht direkt zu ihren Kompetenzen befragt, sondern müssen sich mit optischen Täuschungen auseinandersetzen, Muster erkennen, Form- und Farbpräferenzen angeben, die in keinem ersichtlichen Zusammenhang mit den oben beschriebenen kognitiven Systemen zu stehen

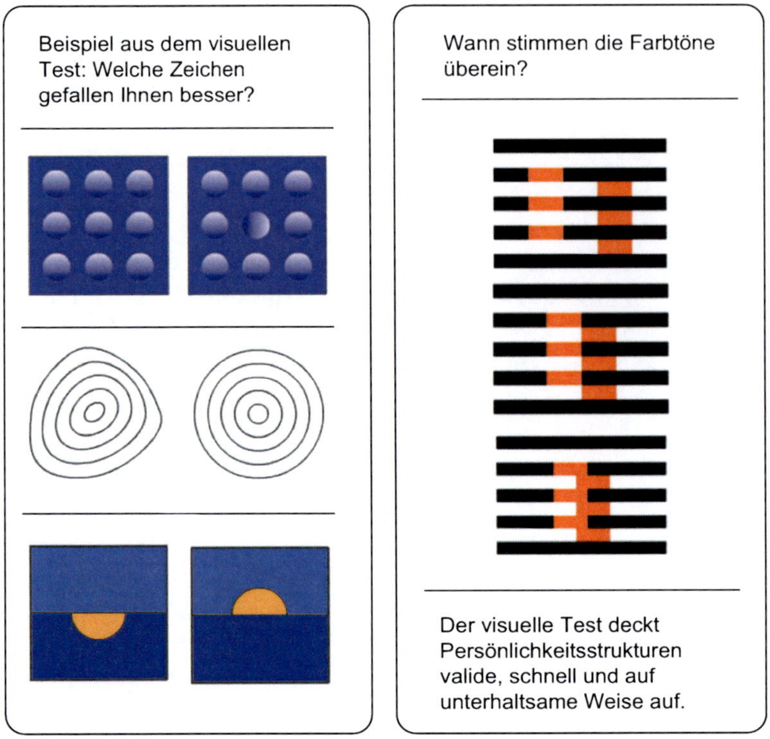

Abb. 2 Beispiele aus dem ViQ

scheinen. Abbildung 2 zeigt einige der Items aus dem ViQ, der insgesamt nur ca. fünf Minuten dauert, aber dennoch die psychometrischen Gütekriterien der internen Konsistenz, Zeitstabilität, Faktorreinheit und Validität erfüllt.

Durch die hoch präzise, valide Messung und den geringen zeitlichen und logistischen Aufwand liefert der ViQ eine effiziente und zugleich kostensparende Hilfe für Auswahlverfahren, Arbeitsplatz- und Aufgabenanalysen sowie Mitarbeiter- und Führungskräfteentwicklungsprozesse. Durch gezielte, auf die individuellen Erfordernisse abgestimmte Trainings und Coachings ist es möglich, Personalentwicklungsmaßnahmen wesentlich kompakter, einfacher und zielgerichteter zu gestalten.

Mit dem ViQ können neben den oben beschriebenen kognitiven Systemen zusätzlich die Extraversion einer Person sowie deren Entschlusskraft (in Anlehnung an die Typologie von Jung als *Judging* bezeichnet) gemessen werden. Insbesondere die Extraversion ist ein sehr wichtiger Prädiktor für den Vertriebserfolg, was in Validierungsstudien mit dem ViQ auch nachgewiesen werden konnte. So konnte beispielsweise eine hohe Korrelation zwischen dem Umsatz von Vertriebskräften und der mit dem ViQ gemessenen Extraversion festgestellt werden – nicht jedoch mit einer Extraversionsskala eines Fragebogens zur Selbsteinschätzung (vgl. Schrippnick 2013). Dies verdeutlicht noch einmal die Bedeutung

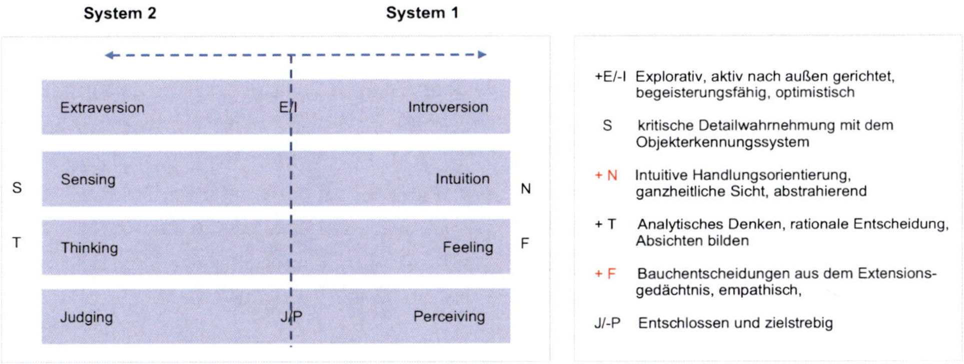

Abb. 3 Die Dimensionen des ViQ

einer Messung, die frei von sozialer Erwünschtheit ist. Eine hohe Ausprägung bei Judging ist besonders bei den sogenannten *Huntern* im Vertrieb wichtig (mehr dazu in Abschn. 4.2).

Abbildung 3 zeigt die sechs unabhängigen Skalen, die durch den ViQ gemessen werden. Die Skalen Extraversion/Introversion und Judging/Perceiving sind dabei bipolar, das heißt, es handelt sich jeweils um eine Skala. Die Skalen in der Mitte werden unabhängig voneinander gemessen, es sind also vier Skalen. Diese entsprechen den oben beschriebenen kognitiven Systemen der PSI-Theorie, die auf der Theorie von Jung aufbaut.

Aus den Ausprägungen der Dimensionen bzw. Skalen des ViQ lassen sich die erfolgskritischen berufsrelevanten Schlüsselqualifikationen einer Führungskraft (aber auch anderer Berufsgruppen) ableiten. Das ViQ-Verfahren ermöglicht eine fundierte Vorhersage über den Berufserfolg, zukünftige Entwicklungschancen, über Stärken und brachliegende Potenziale. Die grundlegende Einteilung von Kahneman nach System 1 und 2 wird mit dem ViQ ebenfalls erfasst. Auf der vom Betrachter aus gesehenen linken Seite messen die Skalen die Tendenz, System 2 zu aktivieren. Auf der rechten Seite liegen die Skalen, die System 1 repräsentieren.

Wenn Unternehmen und Organisationen entlang ihrer Unternehmensziele, ihrer Vision und ihrer Unternehmenskultur die persönlichen Kompetenzen ihrer Mitarbeiter kategorisieren und systematisieren wollen, bietet sich als Grundlage ein Kompetenzmodell bzw. Anforderungsprofil für die entsprechende Position an.

Durch Kompetenzmodelle werden die Persönlichkeitsmerkmale zum einen „anfassbar" und „erlebbar", zum anderen können damit den jeweiligen Aufgaben und Herausforderungen die entsprechenden Kompetenzen zugeordnet werden. Wie in der Einleitung beschrieben, stellen die Systeme 1 und 2 eine wissenschaftlich fundierte Grundlage von Persönlichkeit und Kompetenzen dar. Die Umsetzung in der Praxis soll nun abschließend am Beispiel der Firma Pentax geschildert werden.

4.2 Case Study bei Pentax

Der ViQ wird bei der Firma Pentax seit 2009 europaweit im Rahmen des Recruitings und der Personalentwicklung eingesetzt. Die Pentax Europe GmbH ist die europäische Sales- und Serviceorganisation im Bereich Medizintechnik, mit dem Hauptsitz in Hamburg. Nach einem Marktführer mit einem Marktanteil von etwa 60 Prozent war man die Nummer 2. Um schneller als der Markt zu wachsen, wurde die Vertriebsstrategie mit dem Ziel geändert, aggressiv Marktanteile vom Marktführer zu gewinnen. Schnell war klar, dass man zusätzliche Führungskräfte und Mitarbeiter im Vertrieb einstellen musste, die stark in der Neukundengewinnung waren, sogenannte *Hunter*.

Um ein genaues Profil von den neuen Vertriebskräften zu bekommen, wurden folgende Analysen durchgeführt:

1. Von allen Vertriebsmitarbeitern wurden mithilfe des ViQ die Persönlichkeitsprofile erstellt. Vorab benannten die nationalen Verkaufsleiter diejenigen aus dem Team, die in der Praxis nahe am neuen Typus lagen.
2. In einem Meeting definierten die nationalen Verkaufsleiter die Eigenschaften des neuen Verkäufertyps.
3. Mithilfe eines automatisierten Jobprofilers erstellte die Personalabteilung mit den nationalen Verkaufsleitern jeweils ein Anforderungsprofil.

Auf Grundlage dieser Informationen erarbeitete die Personalabteilung zusammen mit den Beratern und den Verkaufsleitern das Sollprofil. Dabei kristallisierte sich heraus, dass darin – wie theoretisch erwartet – sowohl die mit System 1 als auch die mit System 2 assoziierten Eigenschaften gefordert wurden. Tatsächlich wird in Abb. 4 deutlich, dass die vom Betrachter aus gesehenen Amplituden auf der rechten Seite des Anforderungsprofils sogar etwas stärker zu sein scheinen (System 1: hohe Werte bei N, F und P) als auf der linken Seite (System 2: hohe Werte bei E und T). Abbildung 4 stellt ein Anforderungsprofil an eine Führungskraft im Vertrieb dar.

Dieses Sollprofil war die Grundlage für die Rekrutierung und Entwicklung der neuen Vertriebsmitarbeiter und -führungskräfte inklusive des Personalmarketings. Bei der Rekrutierung wurde die Vorauswahl mithilfe des ViQ durchgeführt. Danach erst folgten Interviews. Diese Vorgehensweise war über viele Jahre äußerst erfolgreich.

Die allgemeine Beschreibung des ENTP-Sollprofils zeigte, dass sowohl auf die Organisation als auch auf die Führungskräfte neue Herausforderungen zukommen würden, weil viele Eigenschaften von System 1 „schwierig" sind. Der neue Typus wurde folgendermaßen beschrieben:

- tritt grell und lebendig auf,
- trifft schnell, manchmal vorschnell Entscheidungen,
- das Handeln ist auf den kurzfristigen Erfolg ausgerichtet,
- sieht sich als Zentrum der Teams und Organisation,

+E/-I Explorativ, aktiv nach außen gerichtet, begeisterungsfähig, optimistisch

S kritische Detailwahrnehmung mit dem Objekterkennungssystem

+ N Intuitive Handlungsorientierung, ganzheitliche Sicht, abstrahierend

+ T Analytisches Denken, rationale Entscheidung, Absichten bilden

+ F Bauchentscheidungen aus dem Extensionsgedächtnis, empathisch,

J/-P Entschlossen und zielstrebig

Abb. 4 Anforderungsprofil an Führungskräfte im Vertrieb („Hunter")

- nimmt Kollegen emotional und persönlich mit, ist beliebt,
- folgt ungern Regeln,
- zeigt sich offen und flexibel, manchmal impulsiv,
- schafft es schnell, eine starke Bindung zum Kunden aufzubauen und „Fremde" im Gespräch auszugrenzen,
- baut strategische Netzwerke auf und nutzt „Informanten",
- konfrontiert mit einem Lächeln im Gesicht,
- kann schnell komplexe Zusammenhänge auf das Wesentliche reduzieren, manchmal zu sehr (arbeitet mit Stereotypen),
- hat keine Angst vor Hierarchien, lehnt sie mitunter ab,
- findet es einfach, eine Menge neuer Ideen zu produzieren,
- traut den eigenen Ideen, auch wenn sie nicht immer realistisch sind,
- wird durch Schwierigkeiten stimuliert,
- nutzt die analytischen Fähigkeiten, um Bedürfnisse, Motive und Prioritäten zu erkennen und zu verstehen,
- nutzt das Wissen, um bewusst das Ziel zu erreichen und
- zieht sich schnell aus Beziehungen mit einem geringen emotionalen Einsatz zurück.

Um die neuen Mitarbeiter mit ihrer Erfolg versprechenden, aber auch konfliktträchtigen Mischung aus System 1 und System 2 ins Unternehmen zu integrieren, waren einige Maßnahmen notwendig, insbesondere für die Führungskräfte. Wie in der Einleitung beschrieben, halten wir es für die Kernherausforderung in der Führung von Vertriebsmitarbeitern, das intuitive und mitunter impulsive System 1 zu bändigen, ohne es durch zu viel Controlling „abzuwürgen".

Da der Fokus der neuen Vertriebskräfte nicht in der Administration lag, war es notwendig, dass sich der Vertriebsinnendienst und der gesamte Innendienst auf diesen neuen Typus einstellte und ihn unterstützte. Bei allgemeinen administrativen Aufgaben, beispielsweise der Abrechnung von Reisekosten oder dem Einhalten von betrieblichen Vorgaben, musste die Administration häufig und mit einer höheren Vorlaufzeit die rechtzeitige Erfüllung einfordern. Das Sales-Backoffice musste in der Koordination von Terminen, Preiseangeboten oder Vertragsentwürfen stark organisatorisch unterstützen und erweiterte administrative Prozesse für den Vertriebsbereich installieren.

Die bevorzugte Behandlung und schnelle Lösung der Wünsche und Anforderungen veranlasste den Administrationsbereich, auch hier neue Prozesse aufzusetzen, damit allen Beteiligten klar war, wie, wann und mit welcher Priorität unterstützt werden konnte. Dies förderte die verständnisvolle Zusammenarbeit zwischen Innen- und Außendienst. Auch war allen klar, dass kein Bereich abweichend von den festgelegten Regeln bevorzugt wurde, obwohl es häufig Wünsche in dieser Richtung gab.

Zusätzlich zu den neuen Vertriebsmitarbeitern wurde eine neue Ebene im Vertrieb eingezogen, die regionalen Vertriebsleitungen. Diese sollten zukünftig die Teams noch enger und direkter führen und die Vertriebsaktivitäten koordinieren, ohne dabei System 1 zu unterdrücken. Dafür wurde ein Sollprofil erstellt, das bei System 2 etwas stärkere Ausprägungen aufwies, jedoch ebenfalls eine starke Amplitude bei System 1 (rechte Seite in Abb. 4). Besonders die regionalen Vertriebsleiter mussten signifikante Stärken in den Bereichen Entscheidungsschnelligkeit, Führungsstärke und Zahlenaffinität mitbringen. Sie mussten immer den Spagat zwischen Freiheit ihrer Mitarbeiter und dem Abliefern von genauen Zahlen bewerkstelligen.

Dabei erwarteten besonders die neuen Vertriebsmitarbeiter schnelle Entscheidungen und Lösungen von ihren Vorgesetzten. Unerklärliche Verzögerungen führten rasch zu Unmut, der offen kundgetan wurde. Somit war es notwendig, schnelle, direkte Kommunikationswege und Eskalationsmechanismen zu etablierten.

Für den neuen Typus war es wichtig, sich eindeutig auf klare Vorgaben zu verständigen und eng die Einhaltung zu überprüfen. Bei den regelmäßigen Telefonkonferenzen und langfristig festgelegten Vertriebsmeetings war es entscheidend, dass Ergebnisse und Erklärungen für den Erfolg oder Misserfolg genau und standardisiert nachgehalten wurden. Besonders diese Regelmäßigkeit und Standardisierung haben den neuen Vertriebsmitarbeitern geholfen, die geforderten Informationen rechtzeitig und im vollen Umfang abzuliefern. Das kompromisslose Einfordern und Überprüfen der Sales Pipeline und der Statusreports war demnach ein wichtiger Bestandteil in der Führung.

Die Eindeutigkeit der Zielvorgaben war besonders notwendig, da sich sonst schnell die Ziele verselbstständigten. Es wurden dann eher Kunden ausgewählt, bei denen die Mitarbeiter schnell Erfolge erwarteten oder bei denen sie besondere Projekte gewinnen konnten, um in der Organisation ihre Stärken zu zeigen. So konnten vorgegebene strategische Ziele in den Hintergrund geraten.

Enthusiastisch waren die von System 1 gesteuerten Mitarbeiter bei dem Start von neuen Projekten. Zum einen bestand jedoch die Gefahr, dass zu viele Projekte begonnen wurden, zum anderen nahm die Euphorie bei zunehmender Länge ab. Dies bedeutete, dass die Führungskräfte im ersten Fall bei der Priorisierung der Projekte unterstützen und im zweiten den Vertrieb häufiger anstoßen mussten, an den Projekten „dranzubleiben", damit der Erfolg auch hier langfristig gesichert war.

Um neue Kunden zu gewinnen, gingen diese intuitiven Verkäufer schnell an die festgelegten Grenzen der Preisgestaltung und Serviceunterstützung, was zur Folge hatte, dass die regionalen Vertriebsleiter mit ihnen zusammen Lösungen finden mussten, um die Vorgaben nicht aufzuweichen. Erfolge hefteten sich die Mitarbeiter schnell an. Bei Misserfolg fand wenig Selbstreflexion statt, und die Vorgesetzten mussten dort sehr rasch unterstützen. Denn die Schuld lag aus Sicht der Verkäufer normalerweise nicht bei ihnen, sondern daran, dass die Rahmenbedingungen schlecht, die Preise zu hoch und die Qualität der Produkte nicht ausreichend war.

Da die Mitarbeiter vom Quartalserfolg getrieben waren, war das Thema der variablen Vergütung und das Erhalten von zusätzlichen „Auszeichnungen" von großer Bedeutung. So waren die neuesten Automodelle, die Laptops der neuesten Generation und die aktuellsten Smartphones und Tablet-PCs als zusätzliche Zeichen der Wertschätzung wichtig. Besonderes Augenmerk mussten die Führungskräfte auf die regelmäßigen Meetings legen, da die Vertriebsmitarbeiter nur dann keine Kundentermine hatten, wenn sie in den Meetings persönlichen Vorteil sahen. Somit waren meist Einladungen notwendig, die ein persönliches Erscheinen unumgänglich machten.

Vertriebsmitarbeiter mit einer Dominanz von System 1 sind also nicht gerade einfach. Sobald sich die Führung und die Organisation darauf eingestellt hatten und es zur Normalität wurde, waren diese Mitarbeiter jedoch äußerst erfolgreich. Die eingangs beschriebene Hypothese, dass für den Erfolg im Vertrieb, insbesondere bei sogenannten *Huntern*, ein durch System 2 „gebändigtes" System 1 entscheidend ist, hat sich also bestätigt.

5 Diskussion und Fazit

Erfolgreiche Führungskräfte brauchen neben einer starken Extraversion weitere Eigenschaften, die zum Teil aus dem von Kahneman beschriebenen System 1 stammen. System 1 ist intuitiv, emotional und teilweise auch impulsiv. Die Herausforderung für die Führung liegt dann darin, dieses „irrationale" System durch planvolles Controlling zu steuern, jedoch nicht einzuschränken. Hier ist eine dynamische Balance gefordert, bei der die Führungskräfte selbst über Intuition und Einfühlungsvermögen verfügen müssen. Aus der PSI-Theorie lassen sich diese geforderten Eigenschaften zu einem Sollprofil zusammenfassen, welches dann in der Selektion durch den ViQ gemessen werden kann.

Auch wenn in der PSI-Theorie nach Kuhl und der obigen „einfachen" Zuordnung der präferierten Systeme alles logisch und klar erscheint, sind die menschlichen Handlungsmuster selbstverständlich sehr viel komplexer und weniger standardisiert. Jeder Mensch hat eine genetische und sozialisierte Präferenz für die Aktivierung und Nutzung dieser Persönlichkeitssysteme. Trotzdem kommt es häufig vor, dass man Menschen ihre Präferenz nicht anmerkt und sie dennoch exzellent auch jene Aufgaben meistern, für die sie eigentlich gar nicht prädestiniert erscheinen. Sie müssen dafür jedoch deutlich mehr Energie aufwenden.

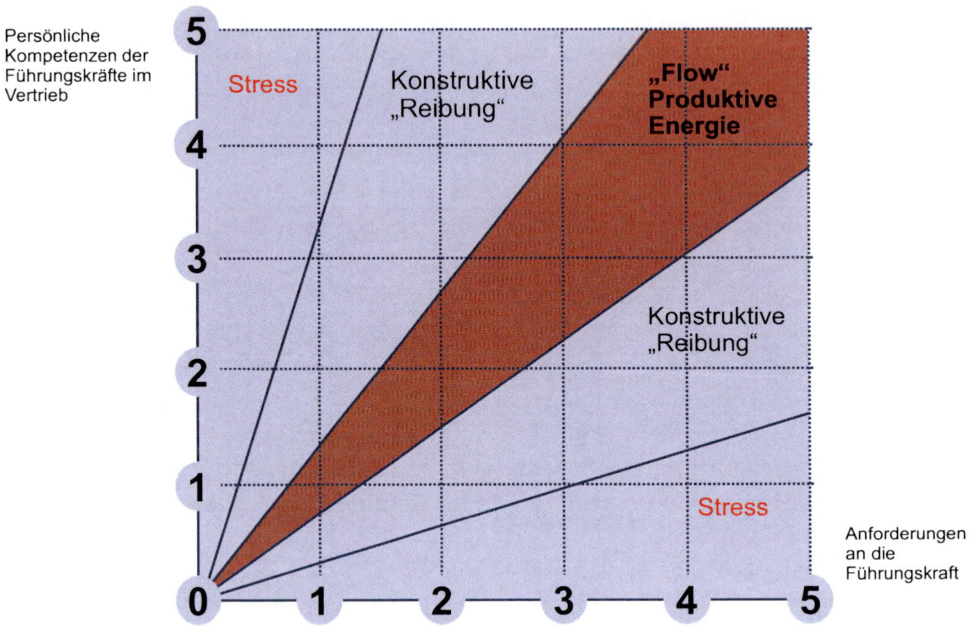

Abb. 5 Passung zwischen den Anforderungen an Führungskräfte im Vertrieb und den persönlichen Kompetenzen (Kuhl et al. 2010)

Eine solche konstante Überforderung kann auf Dauer nachhaltige Folgen mit sich führen. Da aber für jede zu bewältigende Aufgabe oder Zielsetzung die Aktivierung der Systeme notwendig ist und dabei Energie benötigt wird, sollte sich das moderne Personalmanagement mit folgenden Fragen auseinandersetzen:

- „Wo liegen die Potenziale meiner Mitarbeiter?“
- „Wo können sie ohne großen Kraftaufwand ihre Leistung voll entfalten?“
- „Wo müssen sie hingegen zusätzliche Energie aufwenden, um genauso gut zu sein wie andere, denen die Aufgaben mit Leichtigkeit von der Hand gehen?“

Gerade vor dem Hintergrund des demografischen Wandels und damit einhergehender knapper werdender Human Ressources erscheint eine optimale Person-Job-Passung wichtiger denn je. Die ganzheitlich erfasste Persönlichkeit der Führungskraft sollte optimal zu den Anforderungen der Position passen. Diese einfache, jedoch in ihrer Bedeutung kaum zu überschätzende Idee soll Abb. 5 illustriert werden.

Für Führungskräfte im Vertrieb besteht die Anforderung mehr als in anderen Führungsfunktionen darin, eine kluge Balance zwischen System 1 (intuitiv handeln und fühlen) und System 2 (kontrollieren und planen) für sich selbst und die Mitarbeiter zu finden. Führungskräfte im Vertrieb müssen daher eine Persönlichkeitsstruktur aufweisen, bei der beide Systeme ausreichend ausgeprägt sind, und sie müssen über die Disposition verfügen, zwischen diesen beiden Systemen situationsangemessen wechseln zu können. Hier liegt aus unserer Sicht die Kernanforderung an Führungskräfte im Vertrieb. Nur wenn sie in ihrer Persönlichkeit das Potenzial für diese komplementären Kompetenzen aufweisen, werden sie in ihrer Funktion auf Dauer motiviert sein, Erfolg haben und *Flow* erleben (vgl. Csikszentmihalyi 1975).

Bei der Messung der beschriebenen Persönlichkeitsstrukturen und Dispositionen können eignungsdiagnostische Verfahren wie der ViQ (vgl. Scheffer und Loerwald 2008), aber auch Kompetenzmodelle (vgl. Scheffer und Sarges 2007) objektiv unterstützen und zukünftig dazu beitragen, dass Fehleinschätzungen hinsichtlich der Mitarbeiterpotenziale vermieden werden durch valide Ergebnisse zur Identifizierung von Leistungsträgern und Entwicklungsbedarfen. Wohl in keinem Bereich ist die Herausforderung, die komplementären Systeme 1 und 2 in eine dynamische Balance zu bringen, größer als im Vertrieb. Wie die Case Study bei Pentax gezeigt hat, zahlt sich der Aufwand jedoch durch mehr Vertriebserfolg aus.

Literatur

Bargh, J. A., & Chartrand, T. L. (1999). The unbearable automaticity of being. *American Psychologist, 54*(7), 462–79.

Csikszentmihalyi, M. (1975). *Beyond Boredom and Anxiety.* San Francisco.

Damasio, A. R. (1994). *Descartes' Error: Emotion, Reason, and the Human Brain.* New York.

Epstein, S., Pacini, R., Denes-Raj, V., & Heier, H. (1996). Individual differences in intuitive-experiential and analytical-rational thinking styles. *Journal of Personality and Social Psychology, 71*(2), 390–405.

Jung, C. G. (1923/1971). *Theory of the Types.* New York.

Kahneman, D. (2011). *Thinking, Fast and Slow.* New York.

Kuhl, J. (2000). A functional-design approach to motivation and volition: The dynamics of personality systems interactions. In M. Boekaerts, P. R. Pintrich, & M. Zeidner (Hrsg.), *Self-regulation: Directions and challenges for future research* (S. 111–169). New York.

Kuhl, J. (2001). *Motivation und Persönlichkeit: Interaktion psychischer Systeme.* Göttingen.

Kuhl, J., Scheffer, D., Mikoleit, B., & Strehlau, A. (2010). *Persönlichkeit und Motivation in Unternehmen.* Stuttgart.

McClelland, D. C., Koestner, R., & Weinberger, J. (1989). How do self-attributed and implicit motives differ? *Psychological Review, 96*(4), 690–702.

Scheffer, D., & Kuhl, J. (2006). *Erfolgreich Motivieren.* Göttingen.

Scheffer, D., & Loerwald, D. (2008). Messung von Persönlichkeitseigenschaften mit dem Visual Questionnaire (ViQ) – Attraktivität als Nebengütekriterium. In W. Sarges, & D. Scheffer (Hrsg.), *Innovative Ansätze für die Eignungsdiagnostik* (S. 51–63). Göttingen.

Scheffer, D., & Sarges, W. (2007). Das Kompetenzentwicklungsmodell: Lebendige Kompetenzmodelle auf der Basis des Entwicklungsquadrates. In J. Erpenbeck, & L.v. Rosenstiel (Hrsg.), *Handbuch*

Kompetenzmessung: Erkennen, verstehen und bewerten von Kompetenzen in der betrieblichen, pädagogischen und psychologischen Praxis (2. Aufl. S. 309–316). Stuttgart.

Scheffer, D., Schmitz, H., & Sarges, W. (2007). Kompetenzmodelle auf Basis des Wertequadrates als Motor von Veränderungen in Unternehmen. In F. Westermann (Hrsg.), *Entwicklungsquadrat: theoretische Fundierung und praktische Anwendungen* (S. 223–244). Göttingen.

Schrippnick, J. (2013). Persönlichkeitstests als eignungsdiagnostische Verfahren zur strategischen Personalauswahl im Agenturpartnervertrieb. *Bachelorarbeit* an der Nordakademie.

von Schulz Thun, F. (1989). *Miteinander reden 2: Stile, Werte und Persönlichkeitsentwicklung – Differentielle Psychologie der Kommunikation*. Reinbek.

Zaltman, G. (2003). *How Customers Think*. Boston.

Vertriebsmanagement für Industriegüter

Michael Budt und Kai Lügger

Inhaltsverzeichnis

1 Einleitung

Austauschprozesse zwischen Anbieter und Nachfrager sind auf Industriegütermärkten in der Regel komplexer und rationaler als bei Konsumgütern (vgl. Belz und Reinhold 2012). Ursächlich hierfür ist, dass beide Marktpartner Unternehmen oder Organisationen sind,

Michael Budt ✉
Institut für Anlagen und Systemtechnologien, Westfälische Wilhelms-Universität Münster, Königsstr. 47, 48143 Münster, Deutschland
e-mail: michael.budt@uni-muenster.de
Kai Lügger
Institut für Anlagen und Systemtechnologien, Westfälische Wilhelms-Universität Münster, Königsstr. 47, 48143 Münster, Deutschland
e-mail: kai.luegger@uni-muenster.de

L. Binckebanck et al. (Hrsg.), *Führung von Vertriebsorganisationen*,
DOI 10.1007/978-3-658-01830-6_4, © Springer Fachmedien Wiesbaden 2013

die jeweils durch einen oder mehrere Mitarbeiter in einem reglementierten Rahmen interagieren. Zudem weisen die gehandelten Leistungen in der Regel vielschichtige technische Spezifikationen auf und gehen mit einem nicht unerheblichen Investitionsvolumen einher. Dadurch sind industrielle Transaktionen (Business-to-Business) mit einer – im Vergleich zu Konsumgütermärkten (Business-to-Consumer) – höheren Unsicherheit sowie einem höheren Informationsbedarf behaftet (vgl. Kuhlmann 2001). Dem Vertrieb kommt daher eine besonders große Bedeutung zu, da auf Kundenseite die Interaktion mit dem Anbieter wesentlich zur Risikoreduktion beiträgt. Als „Speerspitze des Marketing" (Witt 1996, S. 1) muss der Vertrieb die richtigen Informationen und Argumente transportieren, um den Kunden vom Leistungsangebot des Anbieters zu überzeugen. Ziel ist es, Transaktionen herbeizuführen und/oder Geschäftsbeziehungen aufzubauen und sich vom Wettbewerb zu differenzieren. Dazu sollten die Vertriebsaktivitäten in hohem Maße an den Bedürfnissen der Nachfrager und den Charakteristika der Produkte ausgerichtet werden. Diese kundenorientierte Gestaltung und Steuerung der Vertriebsstrukturen, -prozesse und -kanäle wird im vorliegenden Beitrag als Vertriebsmanagement bezeichnet (vgl. Fließ 2006).

Aufgrund der Vielzahl an unterschiedlichen Leistungen, die im Business-to-Business-Bereich zwischen Unternehmen gehandelt werden, gibt es jedoch keine allgemein gültigen Handlungsempfehlungen für das Vertriebsmanagement von Industriegütern. Maßnahmen für eine effektive und effiziente Marktbearbeitung können zwischen den verschiedenartigen Transaktionen variieren. So erfordert der Verkauf einer Industrieanlage andere Vertriebsaktivitäten als der Handel mit standardisierten Ersatzteilen. Folglich ist eine übergreifende Betrachtung vertriebsseitiger Herausforderungen im Industriegüterbereich nicht zielführend. Vielmehr ist es zunächst notwendig, die vielfältigen industriellen Austauschprozesse zu homogenen Gruppen mit ähnlichen Marketingproblemen zusammenzufassen. Hierzu wird im vorliegenden Beitrag auf den Geschäftstypenansatz von Backhaus (2003) zurückgegriffen. Dieser gruppiert industrielle Transaktionen in vier Geschäftstypen, die jeweils durch gleichartige Vertriebsherausforderungen charakterisiert sind.

Ziel des Beitrags ist es, auf Ebene der Geschäftstypen spezielle Anforderungen an den Vertrieb und praktische Empfehlungen für dessen Ausgestaltung abzuleiten. Dabei wird unter anderem das oben beschriebene Konzept der Nachfragerunsicherheit aufgegriffen sowie auf die unterschiedlichen Herausforderungen einer transaktions- und einer geschäftsbeziehungsorientierten Vertriebsausrichtung eingegangen.

2 Vertriebsherausforderungen im Industriegütermarketing

2.1 Besonderheiten des Industriegütermarketings

Die Vermarktung von Produkten und Dienstleistungen zwischen Unternehmen oder Organisationen ist Gegenstand des Industriegütermarketings (vgl. Backhaus und Voeth 2010). Die zentralen Unterschiede zwischen Industriegüter- und Konsumgütermarketing sind in Tab. 1 dargestellt. Industriegüter werden von Nachfragern (planmäßig) beschafft, um wei-

Tab. 1 Unterschiede zwischen Industriegüter- und Konsumgütermarketing (Quelle: In Anlehnung an Backhaus und Voeth 2004)

Kriterium	Industriegütermarketing	Konsumgütermarketing
Art der Nachfrage	Derivative Nachfrage	Originäre Nachfrage
Rechtspersönlichkeit der Entscheider	Organisationen	Natürliche Person
Anzahl der Entscheider	Mehrere Personen	Eine Person
Formalisierungsgrad der Nachfrage	Formalisiert	Nicht formalisiert

tere Güter zu erstellen oder um sie unverändert an andere Organisationen zu veräußern. Die Leistungsbeschaffung erfolgt daher nicht zur Befriedigung privater Bedürfnisse, sondern um den aus Unternehmenszielen abgeleiteten Bedarf an (Vor-)Produkten zu decken. Der Beschaffungsprozess orientiert sich folglich zumeist an organisationalen Regeln und läuft vergleichsweise strukturiert sowie formalisiert ab. Zudem sind an der Entscheidungsfindung vor dem Kauf aufgrund der höheren Komplexität von Industriegütern häufig mehrere Personen beteiligt, die gemeinsam ein sogenanntes Buying Center bilden (vgl. Engelhardt und Günter 1981; Webster und Wind 1972).

Die genaue Ausgestaltung des Einkaufsprozesses und -gremiums auf Kundenseite variiert jedoch auch innerhalb des Industriegütermarketings stark und wird dabei vor allem von den Eigenschaften der gehandelten industriellen Leistung beeinflusst. Diese können sich nach Plinke (1997) im Hinblick auf ihre Spezifität und das damit verbundene Risiko sowie die Kaufhäufigkeit deutlich unterscheiden. Entsprechend weisen Austauschprozesse auf Industriegütermärkten hinsichtlich des Kaufverhaltens ein hohes Maß an Heterogenität auf (vgl. Backhaus et al. 2013). Für die Ausrichtung des Vertriebs ist dies von besonderer Bedeutung, da gerade solche kaufverhaltensspezifischen Unterschiede bei der Gestaltung berücksichtigt werden müssen. Daher ist es zunächst notwendig, die Transaktionstypen in Gruppen einzuteilen, die innerhalb einer Gruppe relativ homogene Austauschprozesse aufweisen und gleichzeitig untereinander möglichst heterogen sind (vgl. Hofbauer und Hellwig 2012).

2.2 Typologisierung industrieller Transaktionen

In der Literatur existiert eine Vielzahl an Typologien zur Strukturierung von Industriegütermärkten (vgl. z. B. Backhaus und Voeth 2010; Engelhardt et al. 1993; Kaas 1995; Kleinaltenkamp 1995; Plinke 1997; Richter 2001; Weiber und Adler 1995), die zumeist auf zwei zentrale Differenzierungsmerkmale zurückgreifen:

- **Spezifität bzw. Individualität der Leistungen**: Industrielle Produkte bzw. Leistungen sind äußerst vielfältig und weisen daher ein breites Spektrum an Spezifität auf. Einzelanfertigungen, die individuell auf die Bedürfnisse des einzelnen Kunden zugeschnitten

sind, werden ebenso zwischen Unternehmen gehandelt wie standardisierte Produkte (z. B. Normteile). Dabei sind spezifisch entwickelte Leistungen zumeist aufgrund ihrer Komplexität und Neuartigkeit fehleranfälliger als standardisierte Produkte. So steigt die Gefahr, dass ein Produkt qualitative Mängel aufweist und nur bedingt betriebsbereit ist. Zusätzlich bestimmt die Individualität der Leistung auch den Kundenfokus bzw. die Breite der Marktbearbeitung. Kundenindividuelle Leistungen weisen einen ausgeprägten Einzelkundenbezug auf, wohingegen sich standardisierte Produkte an einen mehr oder weniger stark ausgeprägten anonymen Markt richten (vgl. Backhaus und Voeth 2010).
- **Art bzw. Intensität der Geschäftsbeziehung**: Bei der Vermarktung von Industriegütern ist zwischen Einzeltransaktionen und Transaktionen, die eine innere Verbindung zueinander aufweisen, zu unterscheiden. Bei Letztgenannten führt der Kauf einer Leistung unweigerlich zu Wieder- und Folgekäufen. Durch einen solchen Kaufverbund entstehen in der Regel Abhängigkeiten zwischen den Transaktionspartnern, die sowohl den Beginn einer (langfristigen) Geschäftsbeziehung darstellen als auch Verhaltensrisiken hervorrufen können (vgl. Nooteboom et al. 1997). Mit zunehmender Intensität der Geschäftsbeziehung steigt daher die Gefahr opportunistischen Verhaltens durch den Anbieter, der bei Kaufverbünden die Abhängigkeit des Nachfragers ausnutzen kann, um beispielsweise überzogene Forderungen bei Systemergänzungen zu stellen (vgl. Backhaus et al. 2013).

Anhand der beiden Dimensionen können die Transaktionsprozesse in Anlehnung an die Typologie von Backhaus (2003) in vier Geschäftstypen eingeteilt werden (vgl. Abb. 1). Dabei wird zwischen Produkt-, Anlagen-, Zuliefer- und Systemgeschäft unterschieden. Im Produktgeschäft werden Standardleistungen vermarktet, die aufgrund des niedrigen Individualisierungsgrads an beliebig viele Kunden gleichzeitig veräußert werden können (vgl. Eckardt 2010). Im Anlagengeschäft liegt der Fokus hingegen auf dem einzelnen Kunden. Hier werden kundenindividuelle Leistungen vermarktet, die oftmals gemeinsam mit dem Nachfrager entwickelt werden. Auch im Zuliefergeschäft wird eine Leistung speziell für einen Einzelkunden erstellt, sodass der Vermarktungs- dem Fertigungsprozess vorausgeht. Jedoch gehen Zulieferer und Hersteller in der Regel eine längerfristige Bindung ein, wodurch Wiederkäufe durch vertragliche Regelungen oder spezifische Investitionen festgelegt sind (vgl. Backhaus und Voeth 2010). Ein Kaufverbund existiert auch im Systemgeschäft, da die Einstiegsinvestition maßgeblich die Folgeinvestitionen determiniert. Zwar werden in diesem Geschäftstyp zumeist standardisierte Module vertrieben, die jedoch nach Systemeinstieg meist nur noch von einem Anbieter bezogen werden können (vgl. Hofbauer und Hellwig 2012).

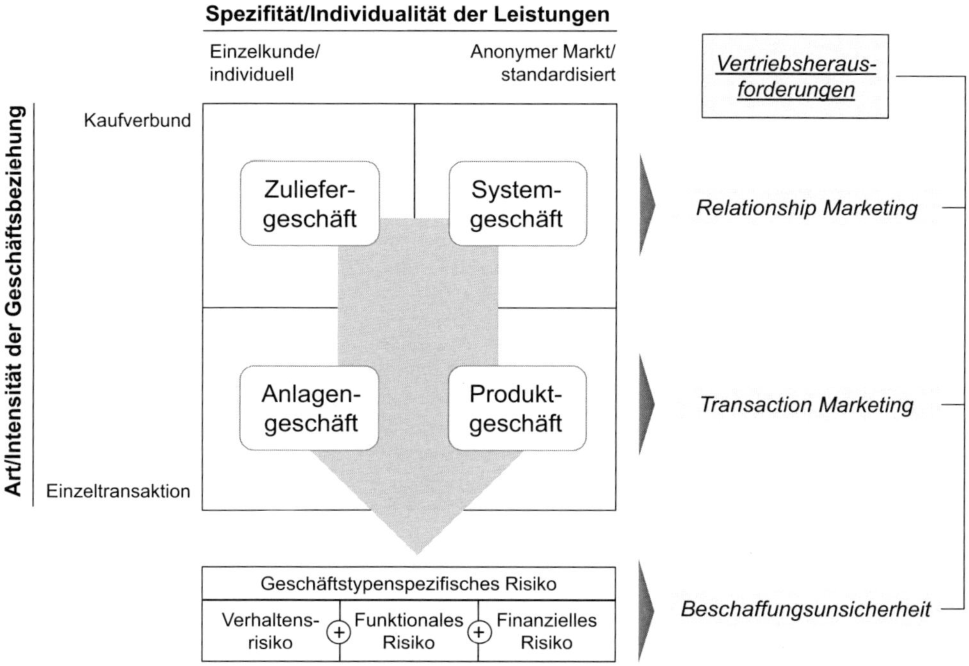

Abb. 1 Zusammenspiel zwischen Geschäftstypologie und Vertriebsherausforderungen auf Industriegütermärkten (Quelle: In Anlehnung an Backhaus und Voeth 2010)

2.3 Schwerpunkte der Vertriebsarbeit

Die bisherigen Ausführungen machen deutlich, dass die unterschiedliche Ausgestaltung der beiden Achsendimensionen die Anforderungen an den Vertrieb beeinflussen. Dabei bestimmt das Vorliegen eines Kaufverbunds oder einer Einzeltransaktion, wo transaktionsspezifische Schwerpunkte in der Vertriebsarbeit zu legen sind. Je nach Geschäftstyp variieren zudem das Ausmaß und die Art der Unsicherheit, die es bei der Vertriebskonzeption zu berücksichtigen gilt.

2.3.1 Unsicherheitsreduktion als Vertriebsherausforderung

Bei Transaktionen von industriellen Leistungen entsteht Unsicherheit sowohl auf der Anbieter- als auch auf der Nachfragerseite (vgl. Backhaus und Voeth 2010). Da der Gestaltungsbereich des Vertriebs jedoch vor allem die Beziehung zum Kunden umfasst, liegt die zentrale Vertriebsherausforderung darin, die Unsicherheit auf Nachfragerseite so weit zu reduzieren, dass sie der anvisierten Transaktion nicht mehr im Wege steht. Zur Ableitung des konkreten Handlungsbedarfs ist es dabei hilfreich zu unterscheiden, welche Art von Risiko die Unsicherheit beim Kunden auslöst:

- *Funktionales Risiko* beschreibt die Gefahr von qualitativen Mängeln bzw. Nachteile, die durch die bedingte Funktionsfähigkeit der Leistung entstehen (vgl. Meffert et al. 2012). Diese Risikoart ist in der Regel am geringsten im Produktgeschäft ausgeprägt, da hier standardisierte und markterprobte Produkte gehandelt werden. Steigt der Individualisierungsgrad der Leistung (entlang der horizontalen Achse), nimmt auch das funktionale Risiko tendenziell zu. Es kann jedoch auch bei sehr langfristigen Systemgeschäften stark ausgeprägt sein, da hier vor allem Unsicherheit über die zukünftige Funktionsfähigkeit besteht. Zur Risikoreduktion kann der Vertrieb unter anderem auf Referenzen und Garantien zurückgreifen (vgl. Backhaus und Voeth 2010).
- *Verhaltensrisiko*, also die Gefahr opportunistischen Verhaltens durch den Anbieter, liegt insbesondere bei Geschäftstypen mit Kaufverbund vor und nimmt entsprechend entlang der vertikalen Achse zu. In den betroffenen Geschäftstypen sollte der Vertrieb daher dem Nachfrager signalisieren, dass er auf faires Anbieterverhalten vertrauen kann. In den meisten Fällen kann ein niedriges Verhaltensrisiko schon mit der Bereitstellung von relevanten Informationen vermindert werden, wohingegen bei einem hohen Verhaltensrisiko vor allem die persönliche Interaktion in Form von Verkaufsgesprächen den Vertragsabschluss positiv beeinflusst (vgl. Vickery et al. 2004).
- Das Ausmaß des jeweiligen Risikos hängt dabei zusätzlich von der Gefahr finanzieller Einbußen (*finanzielles Risiko*) ab (vgl. Meffert et al. 2012). Ein hohes Wertvolumen oder eine hohe Wahrscheinlichkeit des Verlustes der finanziellen Mittel bei einer Transaktion führt zu einer höheren Risikobewertung durch den Kunden als der umgekehrte Fall. Die potenziell nachteiligen Folgen des Kaufs werden somit durch das finanzielle Risiko verstärkt, können aber auch vermindert werden. So kann ein objektiv hohes Verhaltensrisiko bzw. funktionales Risiko durch den Kunden (subjektiv) als gering wahrgenommen werden, wenn die Investitionen, die durch die Transaktion möglicherweise aufs Spiel gesetzt werden, nur von untergeordneter Bedeutung für ihn sind.

Je nach Zusammenspiel der drei Risikoarten kann demnach die Nachfragerunsicherheit auch innerhalb eines Geschäftstyps variieren. In der Regel nimmt das Kaufrisiko jedoch, ausgehend vom Produktgeschäft, das aufgrund seiner Charakteristika (unverbundene, standardisierte Transaktionen) mit vergleichsweise wenig Unsicherheit behaftet ist, entlang der Achsen zu.

2.3.2 Transaktionsspezifische Schwerpunkte der Vertriebsarbeit

Für die Geschäftstypen, die auf Einzeltransaktionen ausgerichtet sind (Anlagen- und Produktgeschäft), liegt die zentrale Herausforderung vordergründig in der Geschäftsanbahnung. Da Folge- oder Wiederkäufe hier nicht zwangsläufig aus dem Erstkauf entstehen, muss vor jeder Transaktion durch Auswahl geeigneter Kanäle und Inhalte die Aufmerksamkeit und Präferenz für die angebotene Leistung geschaffen werden. Dabei sollte gleichzeitig die langfristige Wirkung der Vertriebsmaßnahmen beachtet werden, da je nach Beschaffungshäufigkeit die bisherigen Erfahrungen der Kunden mit dem Anbieter bei der Wiederkaufentscheidung noch präsent sein können. Kurzfristige Verkaufsförderung, die

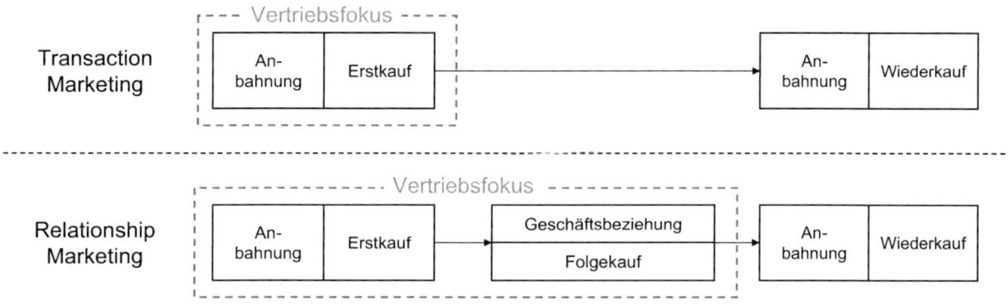

Abb. 2 Vertriebsfokus im Transaction und Relationship Marketing

zulasten der langfristigen Kundenzufriedenheit geht, sollte in diesem Fall unterlassen werden. Der Vertriebsfokus im Anlagen- und Produktgeschäft liegt somit auf einzelnen (jedoch lose verknüpften) Transaktionen und wird nach Plinke (1997) unter dem Begriff Transaction Marketing subsummiert. Dagegen werden die Geschäftstypen, die durch einen Kaufverbund geprägt sind (Zuliefer- und Systemgeschäft), nach Plinke (1997) dem Relationship Marketing zugeordnet. Hier muss zunächst durch entsprechende Maßnahmen eine Geschäftsbeziehung initiiert werden. Deren Pflege und Ausbau bilden anschließend den Fokus der Vertriebsaktivitäten, da die Gestaltung der Geschäftsbeziehung einen unmittelbaren Einfluss auf die Wiederkaufentscheidung hat. Damit bestehen die primären Ziele des Vertriebs im Zuliefer- und Systemgeschäft im Aufbau von Verbundenheit und Vertrauen in den Anbieter durch persönliche Interaktion und kundenorientiertes Handeln. Die Unterschiede im Vertriebsfokus von Transaction und Relationship Marketing sind in Abb. 2 grafisch dargestellt.

3 Geschäftstypenspezifisches Vertriebsmanagement

3.1 Anlagengeschäft – Geschäftsanbahnung durch Kundenkontaktpunktmanagement

Der Fokus des Anlagengeschäfts liegt auf der einmaligen Transaktion einer kundenindividuellen Leistung. Diese wird häufig gemeinsam vom Anbieter und Nachfrager entwickelt (Customer Integration) und individuell für den entsprechenden Kunden in Einzel- oder Kleinserienfertigung hergestellt (vgl. Kleinaltenkamp et al. 1996). Die Leistung existiert somit in der Regel bei der Vermarktung noch nicht, weshalb der Kunde deren Qualität im Voraus nicht einwandfrei feststellen kann. Es handelt sich somit um Erfahrungs- oder Vertrauensgüter (vgl. Backhaus und Voeth 2010). Zur Reduktion der kundenseitigen Qualitätsunsicherheit durch Kommunikation der Leistungsfähigkeit des Anbieters bedarf es daher intensiver Beratungs- und Vertriebsaktivitäten. Da zudem kein zeitlicher Kaufverbund zwischen den im Anlagengeschäft vermarkteten Leistungen besteht, ist der Nachfrager nicht nachhaltig an den Leistungsersteller gebunden. Zwar können nach Erwerb der Leistung zusätzlich noch produktbegleitende Dienstleistungen oder Erweiterungsinvestitionen vom selben Anbieter bezogen werden. Der Kunde muss diese jedoch nicht in Anspruch nehmen und befindet sich daher nicht in einer Lock-in-Situation. Es handelt sich bei der originären Leistung um ein abgeschlossenes Projekt, das weitere Kaufprozesse auf Nachfragerseite nur bedingt beeinflusst (vgl. Eckardt 2010). Cova et al. (2002) bezeichnen das Anlagengeschäft daher auch als „Project Marketing".

Es gibt eine Vielzahl an Leistungen, die einen solchen Projektcharakter besitzen und folglich im Anlagengeschäft vermarktet werden. Allerdings weisen die Projekte bei ihren inhärenten Merkmalen, beispielsweise Komplexität, Aufwand, Wertvolumen, Risiko oder Internationalität, ein hohes Maß an Heterogenität auf und unterscheiden sich zum Teil stark. So geht der Bau von Infrastruktureinrichtungen oder industriellen Anlagen, wie etwa Raffinerien oder Walzwerken, teilweise mit einem hohen Risiko, Wertvolumen und internationalem Tätigkeitsfeld einher. Diese und ähnliche Projekte können vereinfachend als Großprojekte bezeichnet werden. Kleinprojekte hingegen sind weitaus weniger komplex, kostenintensiv und risikoreich. Sie verfügen entsprechend über niedrige Merkmalsausprägungen, obwohl sie ebenfalls dem Anlagengeschäft zuzuordnen sind. Beispiele hierfür sind die Durchführung von kundenindividuellen Handwerksleistungen oder die Erbringung von Werbeagenturleistungen (vgl. Backhaus und Voeth 2010).

Anbieter im Anlagengeschäft sollten daher zunächst bestimmen, ob es sich bei der zu vermarktenden Leistung um ein Groß- oder ein Kleinprojekt handelt. Dies hat weitreichende Implikationen für die Vertriebsstrategie. Nicht nur, dass bei Großprojekten die technische Expertise der Vertriebsmitarbeiter von größerer Bedeutung ist als bei Kleinprojekten, auch die Marktstruktur ist zwischen den Projekttypen unterschiedlich. So sind nur wenige Anbieter in der Lage, ein Großprojekt wie ein Kraftwerk zu realisieren, und auch nur wenige Nachfrager verfügen über ausreichend Kapital für dessen Finanzierung. Die Markttransparenz bei Großprojekten ist demnach hoch und – nicht zuletzt durch die zumeist praktizierte Vergabeform der öffentlichen Ausschreibung – der Kundenkreis weitestgehend bekannt (vgl. Kuhlmann 2001). Daher liegt die zentrale Herausforderung für den Vertrieb darin, die Qualität des Kundenkontakts zu optimieren, um frühzeitig von Bedarfsfällen zu erfahren und die Chancen im Ausschreibungswettbewerb zu verbessern (vgl. Backhaus und Voeth 2010). Bei Kleinprojekten ist die Markttransparenz dagegen in der Regel eher gering, da aufgrund des kleineren Bedarfs an Know-how und finanziellen Mitteln viele Anbieter auf viele Nachfrager treffen. Der Vertrieb ist hier daher besonders dazu angehalten, die Anbieterbekanntheit und die Quantität an Kundenkontakten zu steigern, um möglichst viele Anfragen zu generieren.

Im Rahmen der Geschäftsanbahnung stehen somit die Qualität und Quantität der Kundenkontakte im Fokus der Vertriebsanstrengungen im Anlagengeschäft. Jeder Kontakt zwischen Anbieter und (potenziellem) Nachfrager, auch Customer Touchpoint (vgl. Spengler und Müller 2008) genannt, fungiert als Quelle von Surrogatinformationen, das heißt als Schlüsselinformation für die Leistungsfähigkeit bzw. das Image des Anbieters. Touchpoints sollten dabei so gestaltet sein, dass sie den Verkauf der Leistung fördern und die Wettbewerbsfähigkeit stärken (vgl. Möhringer 1998).

Entlang der Wirkungskette gibt es jedoch vielzählige Kundenkontaktpunkte, die unterschiedlich stark die Kundenwahrnehmung beeinflussen. Anstatt diese systematisch zu evaluieren und sich auf die für die jeweilige Kundengruppe oder Vermarktungssituation (Groß- vs. Kleinprojekte) relevanten Touchpoints zu konzentrieren, neigen Anbieter dazu, möglichst viele Kanäle einzusetzen (vgl. Kracklauer et al. 2009). Dies bindet nicht nur hohe Budgets, sondern kann darüber hinaus eine negative Wirkung auf den Kunden haben. So zeigt eine Befragung von mehr als 1200 Business-to-Business-Einkäufern, dass 35 Prozent eine zu häufige Kontaktaufnahme als schädlich für den Verkaufserfolg des Anbieters empfinden (vgl. Boaz et al. 2010). Das Gießkannenprinzip ist daher weder effektiv noch effizient, weshalb der Auswahl der richtigen Kontaktpunkte und deren Koordination eine besondere Relevanz zukommt.

Die Optimierung der Kundenkontaktpunkte erfolgt dabei durch ein systematisches Customer Touchpoint Management (vgl. Schüller 2012). Ziel ist es, die (potenziellen) Nachfrager „zeitnah, relevant und kostengünstig" zu erreichen, indem der bestehende Marktbearbeitungsmix an den Kundenanforderungen im jeweiligen Projekttyp ausgerichtet wird (Spengler et al. 2010, S. 18). Hierzu sind mindestens drei Schritte notwendig (vgl. Spengler et al. 2010):

1. **Bestandsaufnahme der bestehenden Touchpoints**
   Zunächst werden alle Kontakte von (potenziellen) Nachfragern mit dem Anbieter entlang der Wertschöpfungskette erfasst. Hierzu wird in der Regel ein typischer Interaktionsprozess aus Sicht des Nachfragers durchlaufen und alle Touchpoints der Vorkauf-, Kauf- und Nachkaufphase identifiziert (vgl. Foscht und Swoboda 2007). Kontaktpunkte der ersten Phase sind beispielsweise die Internetseite des Anbieters, Werbung, Sponsoring und Broschüren. Sofern sich das Interesse des Nachfragers konkretisiert, kommt er in der anschließenden Kaufphase unter anderem mit den Verkaufsunterlagen sowie den Vertriebsmitarbeitern persönlich und/oder telefonisch in Kontakt. Nach dem Kauf stellen die Service- und Loyalitätsangebote des Anbieters und natürlich die erworbene Leistung selbst die Touchpoints dar. Im Anlagengeschäft sind aufgrund des fehlenden Kaufverbunds vor allem die ersten beiden Phasen für die Geschäftsanbahnung von besonderer Bedeutung.
2. **Bewertung der Breiten- und Tiefenwirkung**
   Zur Wirkungsbeurteilung der erfassten Touchpoints kann auf Beobachtungen sowie auf Befragungen der (potenziellen) Nachfrager zurückgegriffen werden (vgl. Meffert et al. 2012). Beobachtungen sind insbesondere zur Feststellung der Breitenwirkung hilfreich, da beispielsweise anhand der Aufrufe der Internetseite oder der Auflage von Fachzeitschriften die Reichweite der jeweiligen Kontaktpunkte abgeschätzt werden kann. Die Tiefenwirkung hingegen bezieht sich auf die kognitive, affektive und konative Wirkung einzelner Touchpoints (vgl. Bruhn 2010). Spengler und Brenner (2008) bezeichnen diese drei Ebenen auch als Informationswert, Attraktivitätswert und Transaktionswert.

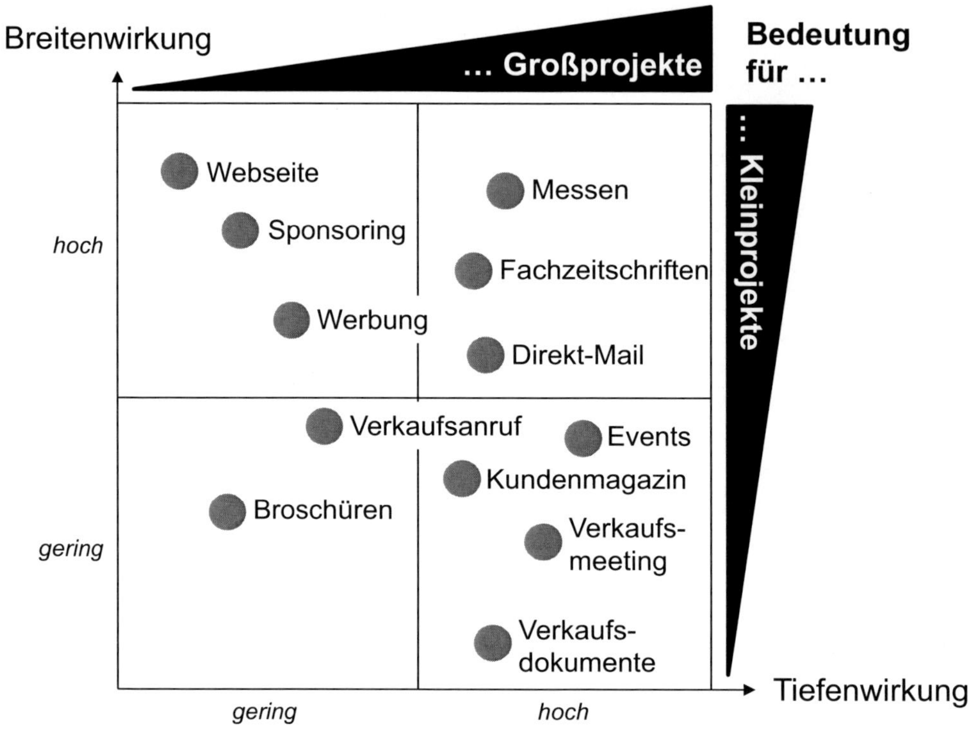

Abb. 3 Beispielhafte Customer-Touchpoint-Matrix

Erstgenannter gibt an, wie gut ein Kontaktpunkt die relevanten Informationen transportiert. Die affektive Komponente eines Touchpoints wird mit dem Attraktivitätswert gemessen, der beschreibt, wie attraktiv die Informationsübermittlung empfunden wird. Schließlich soll der Transaktionswert den Einfluss des jeweiligen Kontaktpunkts auf das Kaufverhalten erfassen. Durch Verdichtung der drei Dimensionen erhält man eine Kennzahl für die Tiefenwirkung eines Kontaktpunkts, die auch als Touchpoint Value bezeichnet wird (vgl. Spengler et al. 2010).

3. **Selektion der relevanten Touchpoints**
   Ausgehend von der vorgenommenen Bewertung aller Touchpoints hinsichtlich ihrer Tiefen- und Breitenwirkung kann die Vertriebsstrategie des Anbieters anschließend optimiert werden, indem die besonders relevanten Kontaktpunkte identifiziert und gestärkt werden. Als Ergebnis der ersten zwei Schritte kann hierzu anhand der beiden Wirkungsdimensionen eine Bewertungsmatrix aufgestellt werden. Die Touchpoints lassen sich entsprechend ihrer Positionierung in der Matrix in vier Gruppen einteilen (beispielhaft in Abb. 3 dargestellt).

Kontaktpunkte, die sowohl eine hohe Tiefen- als auch eine hohe Breitenwirkung aufweisen, sind im rechten oberen Quadranten zu finden und stellen bei Groß- und Kleinprojekten die Kerninstrumente des Vertriebs dar. Dabei unterstützen sie vor allem die Imagebildung des Anbieters und können zur Stimulierung von Bedarf bei den Nachfragern beitragen (vgl. Backhaus und Voeth 2010). Für eine erfolgreiche Akquisitionsstrategie sollte der Vertrieb von Großprojekten zusätzlich auf Kontaktpunkte mit hoher Tiefenwirkung und geringer Breitenwirkung zurückgreifen, da bei diesen die Kommunikation der Leistungsfähigkeit und die technische Expertise besonders gut möglich sind. Kleinprojekte hingegen benötigen vor allem Touchpoints mit einer hohen Breitenwirkung, um eine hohe Bekanntheit bei den Nachfragern zu erreichen und die Anfragenquantität zu steigern. Je nach Markt- und Kundenstruktur kann so der richtige Marktbearbeitungsmix identifiziert und bei der Budgetverteilung entsprechend berücksichtigt werden. Einsparpotenzial bieten in diesem Zusammenhang vor allem die Kontaktpunkte im linken unteren Quadranten, die nur wenig Mehrwert für den Vertrieb im Anlagengeschäft schaffen.

3.2 Systemgeschäft – Vertrauensbildender Vertrieb

Unter Systemtechnologien sind allgemein Kombinationen von serien- und einzelgefertigten Produkten zu verstehen, die über eine Systemarchitektur in einen Nutzenverbund treten (vgl. Weiber 1997). Anbieter im Systemgeschäft vermarkten ihre Produkte demnach in verschiedenen Modulen und zu unterschiedlichen Zeitpunkten (vgl. Backhaus und Voeth 2010; Belz und Reinhold 2012). Systemprodukte werden für einen breiten und anonymen Markt entwickelt, sind daher hoch standardisiert und nur geringfügig bis gar nicht an individuelle Kundenwünsche anpassbar. Käufe im Systemgeschäft lassen sich in einen sogenannten Erst- bzw. Initialkauf und einen oder mehrere Folgekäufe einteilen, sodass eine Beschaffungsschrittfolge entsteht (vgl. Backhaus und Voeth 2010). Die zeitlich nachgelagerten Folgekäufe beziehen sich dabei stets auf die vorgelagerten Erst- und Folgekäufe, was den Systemcharakter des gesamten Produkts begründet. Gängige Beispiele aus der Unternehmenspraxis sind die Softwareprodukte von SAP© und Oracle© (sogenannte Middleware). Für zahlreiche Anbieter ergeben sich durch Systemprodukte zusätzliche Umsätze aus Folgekäufen sowie eine Möglichkeit, dem Preis- und Wettbewerbsdruck in Märkten für reine Singulärprodukte entgehen zu können (vgl. Kühlborn 2004).

Durch die dargestellte Beschaffungsschrittfolge aus Erst- und Folgekäufen entsteht ein Kaufverbund, der einen bedeutenden Nutzenvorteil für den Nachfrager generieren kann. Da der Leitgedanke in Systemmärkten darin besteht, dass der Nutzen aus dem Gesamtsystem denjenigen aus der Summe der einzelnen Produkt- bzw. Systembestandteile übersteigt (vgl. Kühlborn 2004; Belz 1988), handelt es sich um integrierte Leistungsangebote, die für den Nachfrager einen Mehrwert generieren. Andererseits entsteht auf Nachfragerseite ein zentraler Nutzenverlust, der aus der oftmals zwangsweisen Bindung an den Anbieter resultiert – auch als Systembindung bezeichnet (vgl. Reinkemeier 1998). Da Folgekäufe weiterer Systembestandteile stets auf das gesamte System abgestimmt sein müssen, ist der Nachfrager in der Anbieterauswahl bei Folgekäufen stark eingeschränkt (vgl. Backhaus und Voeth 2010). In vielen Fällen kommt aufgrund der proprietären Systemarchitektur ausschließlich der Anbieter aus dem Erstkauf für Folgekäufe infrage. Dieser Nutzenverlust erzeugt für potenzielle Kunden eine hohe Unsicherheit, die sich in eine verhaltensbezogene und eine nutzungsbezogene Komponente aufteilen lässt (vgl. Backhaus und Voeth 2010).

Die verhaltensbezogene Nachfragerunsicherheit entsteht aufgrund der Abhängigkeit vom Anbieter und dem draus resultierenden Lock-in-Effekt (vgl. Kattan 1993; Tellis et al. 2009). Durch die Systembindung ist der Nachfrager nicht nur in der Auswahl der Anbieter bei Folgekäufen eingeschränkt, sondern er sieht sich zusätzlich der Gefahr opportunistischen Verhaltens durch den Anbieter ausgesetzt, die in der Literatur auch als „Hold-up-Gefahr" bezeichnet wird (vgl. Dietl und Royer 2003). Im Rahmen dessen kann der Anbieter die Lock-in-Situation beispielsweise durch Preiserhöhungen bei Folgekäufen zum Nachteil der Nachfrager ausnutzen. Der Nachfrager hat zwar die Möglichkeit, bei für ihn nachteiligem Verhalten des Anbieters das System zu wechseln. Dann entstehen jedoch hohe Wechselkosten für den Nachfrager, da er bereits erworbene Systemkomponenten nach einem Wechsel aufgrund der systemübergreifenden Inkompatibilität meist nicht mehr nutzen kann. Darüber hinaus spielen nicht monetäre Wechselkosten eine Rolle, wenn im Zusammenhang mit dem alten System spezifisches Know-how angeeignet wurde, das für das neue System nicht mehr anwendbar ist (vgl. Farrell und Klemperer 2007). Die nutzungsbezogene Nachfragerunsicherheit bezieht sich hingegen auf die Funktionalität des gesamten Systems. So kann der Nachfrager beispielsweise im Rahmen der Erstkaufentscheidung nur schwer bis gar nicht antizipieren, ob der Anbieter auch zukünftig kompatible Systemkomponenten anbieten wird, die die Leistungsfähigkeit des Systems gewährleisten können. Zudem ist die generelle Leistungsfähigkeit des gesamten Systems aufgrund der modularen Produktstruktur ex ante nur schwer beurteilbar (vgl. Backhaus und Voeth 2010).

Die Beschaffungsschrittfolge und die damit verbundene zeitliche Verteilung der einzelnen Käufe führen dazu, dass die Nachfragerunsicherheit im Systemgeschäft die zentrale Herausforderung für den Anbieter darstellt. Ihr kommt im Rahmen der Vertriebsarbeit folglich eine große Bedeutung zu. Aufgrund des dargestellten Kaufverbunds sollten Vertriebsmaßnahmen daher vordergründig eine Geschäftsbeziehungsorientierung (Relationship Marketing) aufweisen, um bisherige Kunden langfristig an das aktuelle sowie an mögliche Folgesysteme zu binden und den Aufbau einer Geschäftsbeziehung zu fördern. In diesem Zusammenhang stellt auch Servatius (1996) fest, dass vor allem erfolgreiche Systemanbieter ein professionelles Beziehungsmanagement betreiben. Gleichzeitig sind Maßnahmen zu ergreifen, die den Kunden signalisieren, dass der Anbieter auf einer Vertrauensbasis agieren und nicht opportunistisch handeln wird (vgl. Belz und Reinhold 2012). Infolgedessen kann der Anbieter vermeiden, dass es zu einer nachfragerseitigen Zurückhaltung oder Verzögerung bei Folgekäufen oder gar zu einer Kundenabwanderung bzw. einem Systemausstieg und damit zu einem Wechsel zur Konkurrenz kommt (vgl. Backhaus und Voeth 2010). Vertriebsmaßnahmen zur Unterstützung der aufgezeigten Ziele sind sowohl im Initialkauf als auch bei zukünftigen Folgekäufen durchzuführen.

3.2.1 Vertriebsmaßnahmen beim Initialkauf

Vertriebsaktivitäten im Rahmen des Initialkaufs werden vorrangig durch die Architektur des Systems bestimmt. Systemarchitekturen können anhand ihrer Determiniertheit, Ausgewogenheit, Latenz und Geschlossenheit charakterisiert werden (vgl. Backhaus und Voeth 2010). Die Vertriebsarbeit wird dabei größtenteils durch die Geschlossenheit bzw. Offenheit des Systems beeinflusst. Während ein geschlossenes System eine proprietäre Architektur aufweist und damit eine Begrenzung des Wettbewerbs bei Folgekäufen entsteht, sind offene Systeme durch eine (größtenteils) kompatible Architektur zu Konkurrenzsystemen gekennzeichnet (vgl. Backhaus und Voeth 2010; Ehrhardt 2004). Der Vertrieb von offenen Systemen ist mit verhältnismäßig geringeren Herausforderungen verbunden. Für den Nachfrager entstehen durch ein offenes System zahlreiche Vorteile, beispielsweise ein Diffusions- oder ein Know-how-Vorteil, die im Rahmen der Vertriebsaktivitäten durch gezielte Kommunikationsmaßnahmen hervorgehoben werden können.

Im Gegensatz dazu wird der Vertrieb von geschlossenen Systemen vor größere Herausforderungen gestellt. Durch den Lock-in-Zustand des Nachfragers im Fall eines Systemeinstiegs entsteht eine Einschränkung in der Auswahl der Anbieter bei Folgekäufen, da eine systemübergreifende Kompatibilität bei proprietären Systemen nicht gegeben ist. Folglich gilt es in erster Linie, die nachfragerseitige Unsicherheit zu reduzieren und dem wahrgenommenen funktionalen Risiko entgegenzuwirken, indem die Leistungsfähigkeit des gesamten Systems in den Vordergrund der Vertriebsarbeit gestellt wird. Um potenzielle Nachfrager zu einem Systemeinstieg bewegen zu können, sind eine hohe Funktionalität und die dadurch entstehenden Nutzenvorteile zu verdeutlichen. Diese resultieren aus der systeminternen Kompatibilität, wodurch eine reibungslose Kommunikation zwischen den einzelnen Systembestandteilen und dadurch eine hohe Leistungsfähigkeit des gesamten Systems entstehen. Im Rahmen dessen können Vertriebsmitarbeiter Referenzkunden heranziehen, um die Vorteilhaftigkeit und Leistungsfähigkeit des Systems demonstrieren zu können (vgl. Belz und Reinhold 2012).

Um in einem breiten und größtenteils anonymen Marktumfeld Neukunden für einen Einstieg in das eigene System gewinnen zu können, ist besonders der persönliche Verkauf, beispielsweise durch eigene Vertriebsaußendienstmitarbeiter, geeignet. Obwohl es sich im Systemgeschäft um weitestgehend standardisierte Produktlösungen handelt, können aus der Systemarchitektur entstehende Verbundvorteile für den Nachfrager am besten in persönlichen Verkaufsgesprächen verdeutlicht werden. Gleichzeitig bietet sich die Möglichkeit, eine Vertrauensbasis zur Nachfragerseite aufbauen und das Interesse an einer partnerschaftlichen Geschäftsbeziehung demonstrieren zu können (vgl. Böcker 1995). Somit können Vorbehalte potenzieller Kunden gegenüber der langfristigen Bindung an ein geschlossenes System überwunden werden (vgl. Belz und Reinhold 2012). Vertriebsmitarbeiter sollten potenziellen Kunden direkt vor dem Systemeinstieg signalisieren, dass der Anbieter trotz der geschlossenen Systemarchitektur zu einem späteren Zeitpunkt nicht opportunistisch handeln wird. Im Rahmen dessen können beispielsweise Funktions- oder

Erfüllungsgarantien ausgesprochen werden, die auch in Zukunft die Leistungsfähigkeit des Systems gewährleisten (vgl. Backhaus und Voeth 2010).

Eine weitere Grundvoraussetzung in der Vertriebsarbeit ist eine entsprechende Glaubwürdigkeit des Anbieters, die sich in der täglichen Vertriebsarbeit widerspiegeln sollte. Nur wenn potenzielle Nachfrager die Aussagen der Vertriebsmitarbeiter als glaubwürdig wahrnehmen, werden sie sich für einen Einstieg in das System entscheiden. Damit kann das aus Nachfragersicht wahrgenommene Verhaltensrisiko reduziert werden. Folglich ergeben sich Vorteile für einen persönlichen Vertrieb, was sich auch in der Literatur zur Absatzkanalentscheidung für Systeme widerspiegelt (vgl. Belz 1991; Böcker 1995). Hier wird innerhalb des persönlichen Verkaufs insbesondere dem direkten Vertrieb eine überlegene Funktionserfüllung gegenüber indirekten Vertriebskanälen zugesprochen (vgl. Böcker 1995; Engelsleben 1999).

3.2.2 Vertriebsmaßnahmen bei Folgekäufen

Hat der Anbieter es geschafft, Kunden für sein System zu gewinnen, stellt sich in einem nächsten Schritt die Frage nach der Vertriebsarbeit bei Folgeinvestitionen. Aufgrund der modularen Struktur von Systemprodukten sind zukünftige Folgegeschäfte zeitlich verschoben und daher aus Anbietersicht in erster Linie unsicher. Der Anbieter kann zwar antizipieren, dass bestimmte Kunden auch in Zukunft weitere Systemkomponenten kaufen werden, da sie beispielsweise im Rahmen des Initialkaufs komplexitäts- oder ökonomisch bedingt nur eine Mindestausstattung des Systems gekauft haben und eine Erweiterung des Systems notwendig wird (vgl. Backhaus und Voeth 2010). Allerdings wird es zunehmend schwieriger zu prognostizieren, wann und in welchem Umfang Kunden zukünftig Folgeinvestitionen tätigen werden, wenn diese bereits ein umfangreiches System etabliert haben. Einerseits sind diese Kunden in höherem Maße locked-in, sodass die Wechselkosten für den Fall eines Anbieterwechsels sehr hoch wären und es höchst wahrscheinlich ist, dass im Fall einer Systemerweiterung auf den bisherigen Anbieter zurückgegriffen wird. Andererseits kann es zu einer Kaufverzögerung oder -zurückhaltung bei diesen Kunden kommen (vgl. Backhaus und Voeth 2010), wenn weitere Elemente des Systems aufgrund einer ausreichenden Systeminfrastruktur nicht mehr hinzugekauft werden müssen.

Folglich ist die Vertriebsarbeit bei Folgekäufen darauf auszurichten, dass aktiv weiterer Bedarf auf Kundenseite stimuliert wird. Dies kann durch geeignete Kommunikationsmaßnahmen erreicht werden, im Rahmen derer eine Systemerweiterung glaubwürdig signalisiert und begründet werden kann. Hier eignen sich potenziell mehrere Vertriebsformen, ein persönlicher Verkauf ist nicht unbedingt notwendig. Für den Anbieter ist es darüber hinaus wichtig, Innovationen im Bereich der Systemkomponenten bzw. Folgekäufe zu entwickeln, um Bestandskunden für Systemerweiterungen begeistern zu können. Da es sich in diesem Fall um technologische Innovationen handelt, kann ein persönlicher Verkauf vorteilhaft sein. Hierbei ist besonders darauf zu achten, dass Modulinnovationen zum bisherigen System kompatibel sind, solange sich das gesamte System hinsichtlich seiner Marktposition nicht am Ende des Systemlebenszyklus befindet. Ist dies der Fall, stellt sich für den Anbieter die Entscheidung bezüglich der Kompatibilität für Folgesysteme. Gestaltet er das neue System so, dass es nicht kompatibel zu Vorgängersystemen ist, ergeben sich Vermarktungsprobleme bei Bestandskunden. Wird das neue System so konzipiert, dass es abwärtskompatibel ist, können Bestandskunden meist problemlos in das neue System überführt werden.

3.3 Zuliefergeschäft – Gebundenheit in Verbundenheit überführen

Im Zuliefergeschäft werden keine standardisierten industriellen Leistungen vermarktet, sondern einzelkundenspezifische (Vor-)Produkte, die speziell für den Einbau oder die Verwendung in (End-)Produkten der einzelnen Herstellerunternehmen konzipiert werden (vgl. Backhaus et al. 2013). Hierzu richtet das Zulieferunternehmen seine Entwicklung und Produktion an den Vorgaben des Kunden aus und investiert somit spezifisch in die Geschäftsbeziehung. Im Gegenzug kann sich der Zulieferer der Abnahme bestimmter (Mindest-)Mengen durch den Hersteller sicher sein, da dieser die notwendigen Teile aufgrund der Leistungsindividualisierung nicht ohne Weiteres bei anderen Anbietern beziehen kann. Stattdessen schränkt der Hersteller seine Beschaffungsmöglichkeiten auf die ausgewählten Zulieferer (die sogenannten In-Supplier) ein und bezieht die Vorprodukte dann in identischer Ausführung und großer Stückzahl. So entsteht ein Kaufverbund zwischen den Einzeltransaktionen, da der Nutzen aus dem Wiederholungskauf für den Hersteller größer ist als der Aufwand bzw. das Risiko, bei weiteren Zulieferern das notwendige Know-how zur Fertigung aufzubauen. Folglich binden sich sowohl der Anbieter als auch der Nachfrager partnerspezifisch aneinander und bringen Aktiva in die Lieferbeziehung mit ein, die genau auf den jeweiligen Transaktionspartner zugeschnitten sind (vgl. Williamson 1975, 1985). Diese spezifischen Investitionen können Sach- bzw. Humankapital betreffen, beispielsweise durch die Harmonisierung spezieller Arbeitsabläufe oder IT-Strukturen, und würden bei Abbruch der Beziehung wertlos werden (vgl. Hofbauer und Hellwig 2012). Mit Eintritt in die Zulieferbeziehungen begeben sich die beiden Parteien somit in ein gegenseitiges Abhängigkeitsverhältnis und beginnen eine Geschäftsbeziehung, die sich im Idealfall über den gesamten Lebenszyklus des Endprodukts erstreckt (vgl. Backhaus und Voeth 2010).

Eine Bindung, die wie hier beschrieben nur durch den Aufbau von Kundenabhängigkeit erreicht wird, wird als *Gebundenheit* bezeichnet (vgl. Hofbauer und Hellwig 2012). Das Ausmaß der *Gebundenheit* bestimmt sich durch die Höhe der Wechselkosten in Form spezifischer Investitionen oder durch vertragliche Vereinbarungen (bis hin zu Konventionalstrafen). Sie schützen den Zulieferer vor konkurrierenden Anbietern (sogenannten Out-Suppliern) und minimieren deren Chancen, eine bestehende Geschäftsbeziehung aufzubrechen und selbst In-Supplier zu werden (vgl. Kleinaltenkamp 1992). Mit dem Ende des Lebenszyklus des Kundenprodukts, beispielsweise in Form eines Modellwechsels, reduziert sich die *Gebundenheit* der Transaktionspartner jedoch deutlich. Die Wechselkosten sinken auf ein niedriges Niveau oder bei einem radikalen Modellwechsel sogar auf null. Somit ist der Hersteller kaum noch an den derzeitigen In-Supplier gebunden und er *muss* nicht mehr mit diesem zusammenarbeiten, um seine spezifischen Investitionen zu schützen. Für das neu zu produzierende Modell kann er vielmehr zwischen einer Vielzahl potenzieller Zulieferunternehmen wählen, sodass sich für die Out-Supplier ein strategisches Einstiegsfenster öffnet (vgl. Luthardt 2003). Je nach Wechselneigung und -bereitschaft des Herstellers steht die bisherige Geschäftsbeziehung zum In-Supplier dann auf dem Prüfstand bzw. zur Disposition (vgl. Backhaus et al. 2013). Um seine Position zu verteidigen, sollte der In-Supplier den Kunden daher frühzeitig überzeugen, weiterhin mit ihm zusammenarbeiten zu *wollen*. Eine solche freiwillige Bindung wird als *Verbundenheit* bezeichnet (vgl. Bliemel und Eggert 1998) und beruht auf gewachsenem Vertrauen sowie Zufriedenheit durch die positive Bewertung der bisherigen Transaktionen (vgl. Meyer und Oevermann 1995; Weiber und Beinlich 1994). Als psychologische Bindung ist sie nicht an spezifische Investitionen gekoppelt, sondern verfügt im Gegensatz zur *Gebundenheit* über eine geschäftsbeziehungsübergreifende Wirkung. Der In-Supplier sollte daher bestrebt sein, die anfängliche *Gebundenheit* der Transaktionspartner durch geeignete Maßnahmen in eine längerfristige *Verbundenheit* zu überführen – vorausgesetzt, es handelt sich um einen für den In-Supplier tatsächlich attraktiven Kunden (zur entsprechenden Differenzierung von Kunden vgl. z. B. Adler 2003). Out-Supplier müssen dagegen zunächst Bekanntheit beim Nachfrager aufbauen, um überhaupt als Transaktionspartner ausgewählt zu werden. Die zentralen Vertriebsherausforderungen zwischen In- und Out-Supplier variieren entsprechend und werden im Folgenden erläutert.

3.3.1 Herausforderungen der Out-Supplier

Die Initiierung einer Geschäftsbeziehung mit dem Hersteller ist für Out-Supplier besonders herausfordernd, da im Zuliefergeschäft die Leistungsangebote kaum Sucheigenschaften besitzen. Aufgrund der kundenspezifischen Fertigung können Hersteller die Qualität der Vorprodukte oftmals erst nach der Leistungserbringung überprüfen. Bei der Zulieferauswahl werden daher zum Vergleich der Leistungsangebote größtenteils Erfahrungs- und Vertrauenseigenschaften herangezogen (vgl. Backhaus und Voeth 2010), bei denen die bisherigen In-Supplier bei erfolgreichem Aufbau von *Verbundenheit* im Vorteil sind. Der Vertrieb eines Out-Suppliers muss daher strategische Einstiegsfenster frühzeitig erkennen und seine Anstrengungen darauf ausrichten, durch aktive Ansprache potenzieller Kunden in das *Consideration Set* des Herstellers aufgenommen zu werden (vgl. Luthardt 2003). Erst wenn der Zulieferer als potenzieller In-Supplier wahrgenommen wird, kann dieser in den Wettbewerb um die Teilnahme an der Geschäftsbeziehung einsteigen (vgl. Backhaus und Voeth 2010). Um anschließend auch als Zulieferer ausgewählt zu werden, müssen sowohl das potenzielle funktionale Risiko als auch das Verhaltensrisiko erfolgreich reduziert werden. Da im Zuliefergeschäft in der Regel hohe Vertragssummen verhandelt werden und hohe Folgekosten bei fehlerhaften Lieferungen entstehen, ist zudem das finanzielle Risiko häufig stark ausgeprägt. Die Unsicherheit auf Nachfragerseite ist entsprechend hoch und es bedarf gezielter Maßnahmen zur Reduktion des empfundenen Risikos im Hinblick auf die Kosten-Nutzen-Bestimmung bzw. auf eine potenzielle Fehlentscheidung bei der Zulieferauswahl (vgl. Backhaus et al. 2013). Dazu sollten die Vertriebsaktivitäten vor allem nicht opportunistische Verhaltensabsichten sowie die Leistungsfähigkeit des Zulieferers betonen (vgl. Pepels 2009). Zum einen kann hierfür die persönliche Kontaktaufnahme, beispielsweise durch Verkaufsgespräche, genutzt werden, um die Vorzüge der Zulieferleistung in den Dimensionen Qualität, Preis und Lieferung herauszustellen. Zum anderen kann der Vertrieb indirekte Signale durch den Aufbau eines entsprechenden Unternehmensimages in der Mediawerbung, auf Messen oder in Fachzeitschriften senden (vgl. Kuhlmann 2001).

3.3.2 Herausforderungen der In-Supplier

Für In-Supplier besteht das vorrangige Ziel darin, durch erfolgreiche Leistungserbringung in der Vergangenheit und eine kundenorientierte Gestaltung der Geschäftsbeziehung Zufriedenheit und Vertrauen beim Kunden aufzubauen. Dies schafft eine psychologische Bindung an den jeweiligen In-Supplier. Da Zufriedenheit durch die (Über-)Erfüllung von Kundenerwartungen entsteht (vgl. Homburg und Stock-Homburg 2008), muss der Zulieferer zunächst erfassen, welches Leistungsniveau der Hersteller überhaupt voraussetzt. Dazu können unter anderem qualitative Kundeninterviews eingesetzt werden, die über die Präferenzen der Kunden Auskunft geben. Ergebnis solcher Befragungen kann beispielsweise sein, dass einige Kunden primär Wert auf angemessene Preise und Konditionen legen, wohingegen andere Kunden insbesondere die Beratungs- und Interaktionsleistung honorieren. Daraus ergeben sich konkrete Hinweise auf die Schwerpunkte der Vertriebsarbeit, um die Erwartungen bei jedem Kunden übertreffen zu können (vgl. Backhaus und Voeth 2010; Hofbauer und Hellwig 2012; Homburg et al. 2006).

Bei den oben genannten preissensiblen Nachfragern sollte der Vertrieb vor allem bei den Vertragsverhandlungen auf eine direkte oder indirekte (z. B. durch Rabatte und Boni) kundenorientierte Preisgestaltung achten. Zudem kann durch die Vereinbarung von Verlustbeteiligung oder erfolgsabhängigen Vergütungen die Leistungsbereitschaft des Zulieferers signalisiert und ein Anreiz zu beziehungskonformen Verhaltensweisen gegeben werden. Wenn Kunden eine hohe Beratungs- und Interaktionsqualität erwarten, sind der Aufbau positiver persönlicher Beziehungen und eine einvernehmliche Atmosphäre der Zusammenarbeit zwischen den Transaktionspartnern von besonderer Bedeutung. Kundenorientierte Organisationsformen des Vertriebs, beispielsweise Key Account Management, bei dem die individuellen Anforderungen und Wünsche der Hersteller im Vordergrund stehen, unterstützen dieses Bestreben (vgl. Gawlik et al. 2002). Dazu zählen auch schnelle Reaktionszeiten durch kurze Kommunikationswege und ein effektives Beschwerdemanagement (vgl. Stauss und Seidel 2002). Zusätzlich kann durch „individuelles Partnerschaftsmarketing" (Biesel 2007, S. 18) wie etwa Kundenzeitschriften/-clubs, Einladungen zu Events, Geschenke oder durch einen nach außen sichtbaren besonderen Kundenstatus eine psychologische Bindung aufgebaut werden.

Die Vorteile einer *Verbundenheitsstrategie* liegen nach Homburg und Jensen (2004) in einem zeitlichen, mengenbezogenen und preislichen Commitment. Erstgenanntes bezieht sich auf eine erhöhte Wiederkaufneigung des Herstellers beim selben Zulieferer. Zusätzlich kann der Aufbau von *Verbundenheit* beim Hersteller auch Erweiterungskäufe auslösen. Dieses mengenbezogene Commitment kann zum einen zu Mehrumsatz mit dem Kunden

(Share of Costumer) in einer Produktkategorie führen, beispielsweise durch Erhöhung der Bestellmengen oder der Nachfrage nach produktbegleitenden Dienstleistungen. Zum anderen ist hiermit auch die Verbreiterung der Geschäftsbeziehung in andere Produktkategorien (Cross Selling) gemeint. Dazu zählt beispielsweise, wenn ein Automobilhersteller bei einem Zulieferer von Scheinwerfern nicht nur die Leuchteinheit für ein Modell, sondern aufgrund der bisherigen positiven Erfahrungen die Scheinwerfer für mehrere Modelltypen bezieht. Darüber hinaus tolerieren *verbundene* Kunden durch ihr preisliches Commitment (Preiserhöhungsakzeptanz) auch eher bestimmte Preisänderungen des Zulieferers. Da gleichzeitig davon auszugehen ist, dass die notwendigen Investitionen zum Aufbau von *Verbundenheit* geringer ausfallen als die Investitionen, die erforderlich sind, um neue Kunden zu gewinnen, steigt oftmals die ökonomische Attraktivität bzw. Vorteilhaftigkeit dieser Kundenbeziehungen (vgl. Diller 1996; Kotler 2005).

3.4 Produktgeschäft – Auswahl des Vertriebskanals in Abhängigkeit von der Produktkomplexität

Produkte, die für einen breiten anonymen Markt entwickelt werden und keinen Kaufverbund zu anderen Transaktionen bedingen, sind in das Produktgeschäft einzuordnen (vgl. Belz und Reinhold 2012). Die Leistungen sind weitestgehend standardisiert und weisen daher keine einzelkundenspezifischen Merkmale auf, sodass sie für ein Marktsegment oder einen Gesamtmarkt konzipiert werden (vgl. Backhaus und Voeth 2010). Allenfalls werden Varianten des Produkts angeboten, die jedoch in sich ebenfalls hoch standardisiert sind. Darüber hinaus handelt es sich im Produktgeschäft um einzelne Transaktionen, die keinen Verbund zu vergangenen oder zukünftigen Transaktionen aufweisen. Aufgrund der dargestellten Eigenschaften von Leistungen im Produktgeschäft ist das Vertriebsmanagement in diesem Geschäftstyp durch eine hohe Transaktionsorientierung (Transaction Marketing) gekennzeichnet. Das Ziel einer solchen Kundenbeziehungsstrategie besteht in dem reinen Verkauf des Produkts (vgl. Backhaus et al. 2011). Klassische Vermarktungsansätze sind daher eng an Marketingansätze aus dem Konsumgüterbereich angelehnt.

Die hohe Produktstandardisierung einerseits und der Einzeltransaktionscharakter andererseits führen dazu, dass das aus Nachfragersicht wahrgenommene Risiko im Produktgeschäft im Vergleich zu den anderen drei Geschäftstypen am geringsten ist. Nicht nur das funktionale Risiko ist weniger stark ausgeprägt, sondern auch das Verhaltensrisiko, da es zu keinem Kaufverbund kommt und infolgedessen weniger Möglichkeiten für den Anbieter existieren, opportunistisch handeln zu können.

Allerdings können Leistungen, die im Produktgeschäft vermarktet werden, hinsichtlich ihrer Komplexität sehr unterschiedlich sein. Produkte können einerseits eine geringe Komplexität aufweisen, sodass die Erklärungsbedürftigkeit tendenziell gering ist. Andererseits steigt die Erklärungsbedürftigkeit bei komplexeren Produkten, obwohl diese dennoch als standardisiert bezeichnet werden können. Die große Heterogenität von Produkten im Produktgeschäft führt dazu, dass auch die Anforderungen an den Vertrieb und die dar-

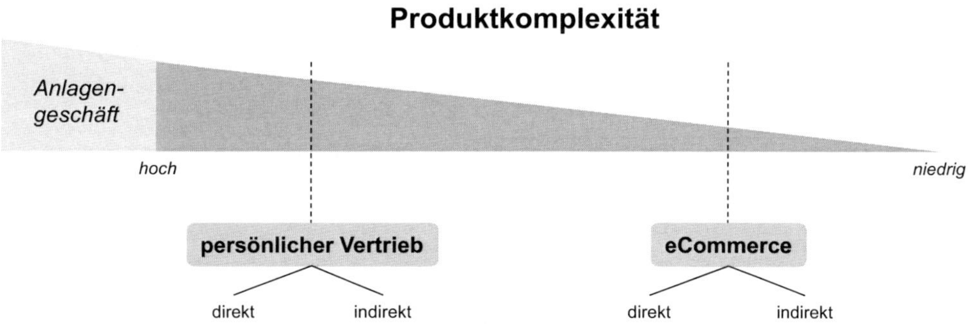

Abb. 4 Vertrieb in Abhängigkeit von der Produktkomplexität

aus abgeleiteten Vertriebsmaßnahmen sehr unterschiedlich sein können. Daher muss der Anbieter in Abhängigkeit der Produktkomplexität einen passenden Vertriebskanal auswählen, der den Anforderungen des Produkts und denen der Kunden gerecht wird (vgl. hierzu Abb. 4). Die Produktkomplexität determiniert in einem ersten Schritt die Kanalwahl dahingehend, ob der Vertrieb persönlich oder unpersönlich durchgeführt werden soll. Anschließend ist dann für beide Fälle zu entscheiden, ob der Vertrieb in großen Teilen an unternehmensexterne Absatzmittler ausgelagert (indirekt) oder über unternehmenseigene Kanäle (direkt) durchgeführt werden soll (vgl. Backhaus et al. 2012).

Die Produktkomplexität im Produktgeschäft ist jedoch im Vergleich mit den anderen Geschäftstypen grundsätzlich niedriger und hat eine insgesamt geringere Ausprägung. Steigen die Komplexität und damit einhergehend die Erklärungsbedürftigkeit der zu vermarktenden Leistung so stark an, dass aus einer einmaligen Beratung für ein Produkt ein interaktiver Abstimmungsprozess zwischen Anbieter und Nachfrager entsteht und es somit zu einer tendenziell kundenspezifischeren Anpassung des Produkts kommt, nähert man sich automatisch dem Anlagengeschäft.

Bei Leistungen, die durch eine geringe Komplexität gekennzeichnet sind, bieten sich vorrangig unpersönliche Verkaufskanäle an. Ziel des Anbieters muss sein, einen breiten anonymen Markt möglichst effizient zu erreichen und zu bedienen. Da das zu vermarktende Produkt keiner ausführlichen Erklärung bedarf, können klassische unpersönliche Business-to-Business-Verkaufskanäle, beispielsweise Vertrieb über Katalog oder Telefon, eingesetzt werden. Insbesondere eignet sich hier auch der Vertrieb über das Internet (E-Commerce), im Rahmen dessen auch auf soziale Online-Netzwerke wie Facebook zurückgegriffen werden kann. Ein wesentlicher Vorteil beim E-Commerce besteht darin, dass große Teile des Such- und Informationsbeschaffungsprozesses an den Kunden ausgelagert werden können. Generell kann der Vertrieb über Online-Kanäle entweder direkt oder indirekt erfolgen. So können Leistungen über eigene Online-Kanäle, etwa Webshops auf der eigenen Homepage, vertrieben werden. Insbesondere im Ersatzteilgeschäft sind Online-Shops üblich, da es sich um einen routinierten Beschaffungsprozess und meist geringe Beschaffungswerte handelt (vgl. Backhaus und Voeth 2010; Specht und Fritz 2005). Denkbar ist aber auch, dass Produkte über Online-Kanäle von Vertriebspartnern, zum Beispiel Webshops von Großhandelspartnern, indirekt vertrieben werden. Beide E-Commerce-Vertriebsarten, direkt und indirekt, eigenen sich, um eine hohe Verkaufseffizienz erreichen zu können. Es ergeben sich jedoch auch Nachteile für beide Ausgestaltungsformen. Beispielsweise können Internetauftritte und Online-Shops von externen Vertriebspartnern schlechter gesteuert werden, wodurch die Präsentation und damit das Image des eigenen Produkts negativ beeinflusst werden können. Werden Produkte über einen Online-Kanal zusätzlich zu anderen Vertriebskanälen vertrieben, sind Maßnahmen zur Reduzierung einer Kannibalisierungsgefahr zu ergreifen, um die Profitabilität der einzelnen Kanäle gewährleisten zu können (vgl. Backhaus et al. 2011).

Die Komplexität der zu vertreibenden Leistung kann jedoch so weit ansteigen, dass ein Mindestniveau an Beratung notwendig wird. In diesem Fall eignen sich tendenziell persönliche Verkaufskanäle besser, um das Produkt erfolgreich vermarkten zu können. Der Vertrieb über das Internet als unpersönlicher Verkaufskanal ist bei Produkten mit einem höheren Beschaffungswert und einer höheren Komplexität sowie strategischen Bedeutung schlechter geeignet (vgl. Hinderer et al. 2002). In persönlichen Gesprächen mit dem Kunden kann die Vorteilhaftigkeit des eigenen Produkts gegenüber Konkurrenzprodukten effektiver hervorgehoben werden. Tendenziell ist der direkte Vertrieb hinsichtlich der Beratung dem indirekten Vertrieb vorzuziehen, da eigene Vertriebsmitarbeiter in der Regel besser geschult sind und die Vor- und Nachteile des Produkts besser kennen. Indirekte Vertriebsformen, beispielsweise Handelsvertreter, können hingegen auf ein größeres Netzwerk an Kunden zurückgreifen, da sie häufig weitere Produkte verkaufen, die komplementären Charakter aufweisen und kein direktes Substitut zum eigenen Produkt darstellen.

4 Fazit

Zu vermarktende Leistungen im Industriegütermarketing weisen eine große Heterogenität auf, wodurch eine Unterteilung möglicher Transaktionen in unterschiedliche Geschäftstypen notwendig wird. Infolgedessen entstehen auch heterogene Anforderungen an das Vertriebsmanagement in den jeweiligen Geschäftstypen. Vertriebsmaßnahmen im Industriegüterbereich müssen ferner zu einer Reduzierung der verschiedenen Risikoarten im Rahmen des Verkaufsprozesses beitragen, sodass die Wahrscheinlichkeit eines Kauf- bzw. Vertragsabschlusses sowohl für einmalige als auch wiederkehrende Transaktionen erhöht werden kann.

Für das Anlagengeschäft kommt der Vertriebsfunktion eine wesentliche Aufgabe im Bereich des Kundenkontaktmanagements zu. Um potenzielle Kunden schnell und kostengünstig erreichen und die Leistungsfähigkeit und das Image des Anbieters demonstrieren zu können, gilt es in diesem Zusammenhang zuerst bestehende Kundenkontaktpunkte zu identifizieren. Nachdem diese hinsichtlich ihrer Tiefen- und Breitenwirkung bewertet wurden, sind die besonders relevanten Kontaktpunkte auszuwählen und entsprechend der Vertriebsstrategie auszubauen. Während das Anlagengeschäft durch umfangreiche Interaktionsprozesse auf Einzelprojektbasis gekennzeichnet ist, entsteht im Systemgeschäft durch die Beschaffungsschrittfolge aus Initial- und Folgekauf ein Kaufverbund auf Nachfragerseite. Vertriebsmaßnahmen in diesem Geschäftstyp sind daher vordergründig darauf auszurichten, das nachfragerseitig empfundene Risiko zu reduzieren, indem auf Basis einer partnerschaftlich orientierten Kundenbeziehungsstrategie dem Nachfrager die Leistungsfähigkeit des Systems sowie die Vertrauenswürdigkeit des Anbieters durch die Vertriebsmitarbeiter demonstriert wird.

Im Zuliefergeschäft besteht aufgrund der hohen Leistungsspezifität eine gegenseitige Abhängigkeit, bei der sich sowohl die Nachfrager- als auch die Anbieterseite mit bestimmten Risiken konfrontiert sehen. Vertriebsmaßnahmen sind im Zuliefergeschäft vordergründig danach auszurichten, ob der Anbieter bereits in eine Zuliefergeschäftsbeziehung integriert ist (In-Supplier) oder ob er in eine Geschäftsbeziehung eintreten möchte (Out-Supplier). Während Out-Supplier im Rahmen des Vertriebsmanagements strategische Einstiegsfenster in eine potenzielle Geschäftsbeziehung frühzeitig identifizieren müssen, besteht das Vertriebsziel für In-Supplier im Auf- und Ausbau von Zufriedenheit und Vertrauen auf Kundenseite. Schließlich wurden für das Produktgeschäft gezielte Vertriebsmaßnahmen aufgezeigt, die von der Produktkomplexität der angebotenen Leistung abhängig sind.

Für alle dargestellten Anforderungen an den Vertrieb in Abhängigkeit vom jeweiligen Geschäftstyp ist jedoch grundsätzlich zu berücksichtigen, dass selbst innerhalb der Geschäftstypen teilweise sehr heterogene Produkteigenschaften eine besondere Vertriebsstrategie bedingen. Daher sind in der Unternehmenspraxis – auch aufgrund der oftmals fließenden Übergänge zwischen den einzelnen Geschäftstypen – die hier diskutierten Ansätze für ein effektives Vertriebsmanagement stets für den konkreten Einzelfall zu beurteilen.

Literatur

Adler, J. (2003). *Anbieter- und Vertragstypenwechsel: Eine nachfragerorientierte Analyse auf der Basis der Neuen Institutionenökonomik.* Wiesbaden.

Backhaus, K. (2003). *Industriegütermarketing* (7. Aufl.). München.

Backhaus, K., Budt, M., & Lügger, K. (2012). Direkter oder indirekter Vertrieb? Vertriebsstrukturelle Entscheidungen in Auslandsmärkten. In L. Binckebanck (Hrsg.), *Internationaler Vertrieb – Grundlagen, Konzepte und Best Practices für Erfolg im globalen Geschäft* (S. 439–468). Wiesbaden: Belz, C.

Backhaus, K., Budt, M., & Neun, H. (2011). Strategisches Vertriebsmanagement. In C. Homburg, & J. Wieseke (Hrsg.), *Handbuch Vertriebsmanagement – Strategie, Führung, Informationsmanagement* (S. 35–55). Wiesbaden.

Backhaus, K., Koch, M., Mühlfeld, K., & Witt, S. (2013). Kundenbindung im Industriegütermarketing. In M. Bruhn, & C. Homburg (Hrsg.), *Handbuch Kundenbindungsmanagement – Strategien und Instrumente für ein erfolgreiches CRM* (4. Aufl. S. 242–280). Wiesbaden.

(2004). Besonderheiten des Industriegütermarketing. In K. Backhaus, & M. Voeth (Hrsg.), *Handbuch Industriegütermarketing* (S. 3–22). Wiesbaden.

Backhaus, K., & Voeth, M. (2010). *Industriegütermarketing* (9. Aufl.). München.

Belz, C. (1988). Leistungssysteme zur Profilierung auswechselbarer Produkte im Wettbewerb. *Der Markt, 27*(105), 60–68.

Belz, C. (1991). *Erfolgreiche Leistungssysteme – Anleitungen und Beispiele*. Stuttgart.

Belz, C., & Reinhold, M. (2012). Internationaler Industrievertrieb. In L. Binckebanck, & C. Belz (Hrsg.), *Internationaler Vertrieb – Grundlagen, Konzepte und Best Practices für Erfolg im globalen Geschäft* (S. 3–223). Wiesbaden.

Biesel, H. (2007). *Key Account Management erfolgreich planen und umsetzen*. Wiesbaden.

Bliemel, F., & Eggert, A. (1998). Kundenbindung – die neue Sollstrategie? *Marketing ZFP, 1*, 37–46.

Boaz, N., Mumane, J., & Nuffer, K. (2010). The basics of business-to-business sales success, http://www.mckinsey.com/insights/marketing_sales/the_basics_of_business-to-business_sales_success (Abruf am 9.9.2013).

Böcker, J. (1995). *Marketing für Leistungssysteme*. Wiesbaden.

Bruhn, M. (2010). *Marketing – Grundlagen für Studium und Praxis* (10. Aufl.). Wiesbaden.

Cova, B., Ghauri, P. N., & Salle, R. (2002). *Project Marketing: Beyond Competitive Bidding*. New York.

Dietl, H., & Royer, S. (2003). Indirekte Netzwerkeffekte und Wertschöpfungsorganisation. *Zeitschrift für Betriebswirtschaft, 73*(4), 407–428.

Diller, H. (1996). Kundenbindung als Marketingziel. *Marketing ZFP, 18*(2), 81–94.

Eckardt, G. (2010). *Business-to-Business Marketing*. Stuttgart.

Ehrhardt, M. (2004). Network Effects, Standardisation and Competitive Strategy: How Companies Influence The Emergence of Dominant Designs. *International Journal of Technology Management, 27*(2–3), 272–294.

Engelhardt, W. H., & Günter, B. (1981). *Investitionsgütermarkting*. Stuttgart.

Engelhardt, W. H., Kleinaltenkamp, M., & Reckenfelderbäumer, M. (1993). Leistungsbündel als Absatzobjekte: Ein Ansatz zur Überwindung der Dichotomie von Sach- und Dienstleistungen. *Zeitschrift für betriebswirtschaftliche Forschung, 45*(5), 395–426.

Engelsleben, T. (1999). *Marketing für Systemanbieter: Ansätze zu einem Relationship Marketing-Konzept für das logistische Kontraktgeschäft*. Wiesbaden.

Farrell, J., & Klemperer, P. (2007). Coordination and Lock-In: Competition with Switching Costs and Network Effects. In M. Armstrong, & R. Porter (Hrsg.), *Handbook of Industrial Organization* (S. 1967–2072). Amsterdam.

Fließ, S. (2006). Vertriebsmanagement. In M. Kleinaltenkamp, W. Plinke, F. Jacob, & A. Söllner (Hrsg.), *Markt- und Produktmanagement* (2. Aufl. S. 369–496). Wiesbaden.

Foscht, T., & Swoboda, B. (2007). *Käuferverhalten. Grundlagen – Perspektiven – Anwendungen* (3. Aufl.). Wiesbaden.

Gawlik, T., Kellner, J., & Seifert, D. (2002). *Effiziente Kundenbindung mit CRM: Wie Procter & Gamble, Henkel und Kraft mit ihren Marken Kundenbeziehungen gestalten* (1. Aufl.). Bonn.

Hinderer, H., Kirchhof, A., & Fleckstein, T. (2002). Trendanalyse: Elektronische Marktplätze. In H.-J. Bullinger, & S. Ott (Hrsg.), *Fraunhofer-Institut für Arbeitswirtschaft und Organisation IAO und TNS emnid*. Stuttgart.

Hofbauer, G., & Hellwig, C. (2012). *Professionelles Vertriebsmanagement – Der prozessorientierte Ansatz aus Anbieter- und Beschaffersicht* (3. Aufl.). Erlangen.

Homburg, C., & Jensen, O. (2004). Kundenbindung im Industriegütergeschäft. In *Handbuch Industriegütermarketing* (S. 481–519). Wiesbaden.

Homburg, C., Schäfer, H., & Schneider, J. (2006). *Sales Excellence – Vertriebsmanagement mit System* (4. Aufl.). Wiesbaden.

Homburg, C., & Stock-Homburg, R. (2008). Theoretische Perspektiven zur Kundenzufriedenheit. In C. Homburg (Hrsg.), *Kundenzufriedenheit: Konzepte – Methoden – Erfahrungen* (7. Aufl. S. 17–52). Wiesbaden.

Kaas, K. P. (1995). *Zeitschrift für betriebswirtschaftliche Forschung*, *35*(Sonderheft), 2–17.

Kattan, J. (1993). Market Power in the Presence of an Installed Base. *Antitrust Law Journal*, *62*(1), 1–22.

Kleinaltenkamp, M. (1992). Investitionsgüter-Marketing aus informationsökonomischer Sicht. *Zeitschrift für betriebswirtschaftliche Forschung*, *44*(9), 809–829.

Kleinaltenkamp, M. (1995). Einführung in das Business-to-Business Marketing. In M. Kleinaltenkamp, & W. Plinke (Hrsg.), *Technischer Vertrieb* (S. 135–192). Berlin.

Kleinaltenkamp, M., Fließ, S., & Jacob, F. (1996). *Customer Integration: Von der Kundenorientierung zur Kundenintegration*. Wiesbaden.

Kotler, P. (2005). *Marketing Management* (12. Aufl.). New Jersey.

Kracklauer, A. H., Gutsmann, M., & Karas, C. (2009). *Customer Touchpoint Management – Wie können im Rahmen des CRM die erfolgsrelevanten Kundenkontaktpunkte persönlicher gestaltet werden?, HNU Working Paper Nr. 8, Neu*. Ulm.

Kühlborn, S. (2004). *Systemanbieterstrategien im Industriegütermarketing – Eine Erfolgsfaktorenanalyse*. Mannheim.

Kuhlmann, E. (2001). *Industrielles Vertriebsmanagement*. München.

Luthardt, S. (2003). *Supplier versus Out-Supplier: Determinanten des Wechselverhaltens industrieller Nachfrager*. Wiesbaden.

Meffert, M., Burmann, C., & Kirchgeorg, M. (2012). *Marketing – Grundlagen marktorientierter Unternehmensführung* (11. Aufl.). Wiesbaden.

Meyer, A., & Oevermann, D. (1995). Kundenbindung. In R. Köhler, B. Tietz, & J. Zentes (Hrsg.), *Handwörterbuch des Marketing* (2. Aufl. S. 1340–1351). Stuttgart.

Möhringer, S. (1998). *Kompetenzkommunikation im Anlagengeschäft*. Aachen.

Nooteboom, B., Berger, H., & Noorderhaven, N. G. (1997). Effects of Trust and Governance on Relational Risk. *Academy of Management Journal*, *40*(2), 308–338.

Pepels, W. (2009). Zuliefer-Geschäft. In W. Pepels (Hrsg.), *B2B-Handbuch Operations Management – Industriegüter erfolgreich vermarkten* (2. Aufl. S. 103–123). Düsseldorf.

Plinke, W. (1997). Grundlagen des Geschäftsbeziehungsmanagement. In M. Kleinaltenkamp, & W. Plinke (Hrsg.), *Geschäftsbeziehungsmanagement* (S. 1–62). Berlin et al.

Reinkemeier, C. (1998). *Systembindungseffekte bei der Beschaffung von Informationstechnologien – Der Markt für PPS-Systeme*. Wiesbaden.

Richter, H. P. (2001). *Investitionsgütermarketing: Business-to-Business Marketing von Industrieunternehmen*. München et al.

Schüller, A. M. (2012). *Touchpoints – Auf Tuchfühlung mit dem Kunden von heute*. Offenbach.

Servatius, H.-G. (1996). Verschmelzung von Kunden- und Anbieterprozessen durch Systemführerschaft. In M. Kleinaltenkamp, S. Fließ, & F. Jacob (Hrsg.), *Customer Integration: Von der Kundenorientierung zur Kundenintegration* (S. 149–162). Wiesbaden.

Specht, G., & Fritz, W. (2005). *Distributionsmanagement* (4. Aufl.). Stuttgart.

Spengler, C., & Brenner, M.-S. (2008). Mehr Effizienz im Marken- und Marktmanagement. *Marketing*, *7*(6), 19–21.

Spengler, C., & Müller, J. (2008). Marktkommunikation im Wandel: Welcher Marken-Touchpoint zählt?. In H. Kaul, & C. Steinmann (Hrsg.), *Community Marketing – Wie Unternehmen in sozialen Netzwerken Werte schaffen* (S. 217–233). Stuttgart.

Spengler, C., Wirth, W., & Sigrist, R. (2010). 360-Grad-Touchpoint Management – Muss unsere Marke jetzt twittern. *Marketing Review St. Gallen*, *2*, 14–20.

Stauss, B., & Seidel, W. (2002). *Beschwerdemanagement* (3. Aufl.). München et al.

Tellis, G. J., Yin, E., & Niraj, R. (2009). Does Quality Win? Network Effects Versus Quality in High-Tech Markets. *Journal of Marketing Research*, *46*(2), 135–149.

Vickery, S. K., Droge, C., Stank, T. P., Goldsby, T. J., & Markland, R. E. (2004). The Performance Implications of Media Richness in a Business-to-Business Service Environment: Direct versus Indirect Effects. *Management Science*, *50*(8), 1106–1119.

Webster, F. E., & Wind, Y. (1972). *Organizational Buying Behavior*. Englewood Cliffs, N. J.

Weiber, R. (1997). Das Management von Geschäftsbeziehungen im Systemgeschäft. In M. Kleinaltenkamp, & W. Plinke (Hrsg.), *Geschäftsbeziehungsmanagement* (S. 277–349). Berlin et al.

Weiber, R., & Adler, J. (1995). Informationsökonomisch begründete Typologisierung von Kaufprozessen. *Zeitschrift für betriebswirtschaftliche Forschung*, *1*, 43–65.

Weiber, R., & Beinlich, G. (1994). Die Bedeutung der Geschäftsbeziehung im Systemgeschäft. *Marktforschung und Management*, *36*(31), 120–127.

Williamson, O. E. (1975). *Markets and Hierarchies: Analysis and Antitrust Implications*. New York.

Williamson, O. E. (1985). *The Economic Institutions of Capitalism, Firms, Markets, Relational Contracting*. New York.

Witt, J. (1996). *Prozessorientiertes Verkaufsmanagement*. Wiesbaden.

Komplexitätsmanagement als Führungsaufgabe im Vertrieb

Lars Binckebanck und Jessica Lange

Inhaltsverzeichnis

1 Einleitung

Das Geschäft insbesondere auf den Industriegütermärkten des beginnenden 21. Jahrhunderts ist von wachsender Komplexität und rasanter Dynamik geprägt. Die Unternehmen haben seit den 1990er Jahren weitgehend alle Rationalisierungspotenziale ausgeschöpft. Zunehmend austauschbare Angebote führen zu einem stetig steigenden Preisdruck. Die-

Lars Binckebanck ✉
Nordakademie – Hochschule der Wirtschaft, Köllner Chaussee 11, 25337 Elmshorn, Deutschland
e-mail: lars.binckebanck@nordakademie.de
Jessica Lange
Nordakademie – Hochschule der Wirtschaft, Köllner Chaussee 11, 25337 Elmshorn, Deutschland
e-mail: jessica.lange@nordakademie.de

L. Binckebanck et al. (Hrsg.), *Führung von Vertriebsorganisationen*,
DOI 10.1007/978-3-658-01830-6_5, © Springer Fachmedien Wiesbaden 2013

ser Spirale nach unten kann sich auf Dauer nur entziehen, wer sich wirkungsvoll vom Wettbewerb abheben kann. Der Vertrieb kann hierbei ein ergiebiger Ansatzpunkt für die Schaffung strategischer Wettbewerbsvorteile sein: „The turbulent business environment dictates that the sales function become a dynamic source of value creation and innovation within a firm" (Ingram 2004, S. 18).

Die Komplexität beginnt bereits mit dem Begriff Vertrieb, der in der Wissenschaft äußerst heterogen verwendet wird und vielschichtige Praxisphänomene umfasst. Vertrieb ist die Summe derjenigen Maßnahmen innerhalb der Distributionspolitik, die ein Anbieter ergreift, um seine Leistungen den Nachfragern rechtskräftig zu verkaufen (funktionale Sicht). Bei diesen Maßnahmen handelt es sich in erster Linie um die Gewinnung von Informationen über (potentielle) Kunden, die Erlangung von Aufträgen, die Kundenberatung und die ansprechende Präsentation der Produkte. Als Vertrieb kann aber auch die organisatorische „Einheit in einem Unternehmen bezeichnet werden (institutionelle Sicht), die sich aus internen Mitarbeitern und unter Umständen auch Absatzhelfern (z. B. Handelsvertretern, Kommissionären) zusammensetzt und die Aufgaben des Vertriebs im funktionalen Sinne wahrnimmt" (Olbrich 2006, S. 218 f.).

Dabei ist der Verkauf die „Grundfunktion des Vertriebs" (Winkelmann 2012, S. 22) und soll hier verstanden werden als „the phenomenon of human-driven interaction between and within individuals/organizations in order to bring about economic exchange within a value-creation context" (Dixon und Tanner Jr. 2012, S. 10). Damit hat die aktive Verkaufszeit, während der die Vertriebsmitarbeiter und die Kunden interagieren, eine signifikante Hebelwirkung auf die Ergebnisse des gesamten Unternehmens.

In der Praxis jedoch ist die verkäuferische Effizienz häufig gering und der Leistungsdruck hoch. Eine Vielzahl von Zielen, Funktionen und Prozessen konkurriert um die zur Verfügung stehende Zeit der Verkäufer:

- Verkäufer erhalten beispielsweise mehrere nicht immer widerspruchsfreie monetäre und nicht monetäre Zielsetzungen als Vorgabe. Gleichzeitig ist ihr Entlohnungssystem meist auf kurzfristige quantitative und nicht auf langfristige strategische Ziele (z. B. Kundenpflege) ausgerichtet.
- Der Kunde, oft selbst unter Druck und von der Vielfalt der Angebote überflutet, verlangt zusätzliche Leistungen. Der moderne Verkäufer muss also verstärkt auch als Infobroker, Marktmanager, Berater, Betreuer und Teamplayer agieren (vgl. Dannenberg 1997). Gleichzeitig schrecken ihn in regelmäßigen Abständen auftretende Wellen der vertrieblichen Reorganisation (z. B. Hybridmarketing, Cyber Selling, Clienting) von der Notwendigkeit der Weiterentwicklung ab.
- Da der Einkauf technisch aufrüstet und etwa E-Procurement und Supply Chain Management betreibt, werden im Verkauf Prozesse mit betriebswirtschaftlicher Standardsoftware, mit integrierten Datenbanken, Kundenbetreuungssoftware (CRM/CAS) und mit E-Business-Tools auf der Basis von Social und Mobile Media optimiert. Gleichzeitig fehlt hierbei oft die Abstimmung mit anderen internen Prozessen.

Zudem leiden Verkäufer etwa unter ungeeigneten Gebietszuschnitten, Schnittstellen- und Verständnisproblemen mit Innen- und Kundendienst, administrativen Tätigkeiten für ausufernde Berichtssysteme sowie Informationsüberflutung durch Statistik- und Marketingdaten.

Der Verkauf wird zum Kulminationspunkt verschiedenster Interessen und Aufgaben und agiert dabei in einem Spannungsfeld von Kundennähe, Komplexität und Effizienz. Er ist als Bindeglied zwischen externer Komplexität des Unternehmensumfelds und interner Komplexität des Unternehmens Bezugspunkt des Komplexitätsmanagements in Vertriebsorganisationen (vgl. Belz und Schmitz 2011).

Das Ergebnis der vielfältigen Vor- und Aufgaben lautet „Verkaufskomplexität" (vgl. Buob 2010): ein „Zustand des organisationsinternen und organisationsexternen Arbeitsumfeldes des Verkaufsaußendienstmitarbeiters, der aus dessen subjektiver Wahrnehmung durch eine hohe Anzahl neuer, intransparenter und heterogener Anforderungen, interdependenter Einflüsse, dynamischer Veränderungen sowie Zeit- und Ressourcenbeschränkungen charakterisiert ist" (Belz und Schmitz 2011, S. 185). Dieses Phänomen beeinflusst die Effizienz der einzelnen Verkaufsmitarbeiter durch ein subjektives Gefühl der Überforderung und muss somit im Interesse des Betriebsergebnisses durch die Führungskraft im Vertrieb aktiv optimiert werden.

Hierzu soll dieser Beitrag Hilfestellung leisten. Zunächst wird Komplexität als Herausforderung für das persönliche Verkaufen charakterisiert. Dafür wird zunächst das Phänomen der Komplexität eingeführt und dann im verkäuferischen Kontext beleuchtet. Die Analyse der internen und externen Komplexitätstreiber steht im Mittelpunkt. Im zweiten Teil des Beitrags werden Ansätze des Managements von Verkaufskomplexität diskutiert. Diese lässt sich mit geeigneten Instrumenten nämlich vermeiden, reduzieren und/oder beherrschen. Abschließend werden Implikationen für Führungskräfte und Mitarbeiter im Verkauf abgeleitet.

2 Komplexität als Herausforderung im persönlichen Verkauf

2.1 Grundlagen zum Komplexitätsbegriff

Der im Alltagsgebrauch oft unreflektiert genutzte Begriff „Komplexität" stammt vom lateinischen Nomen „complexio" ab und bedeutet „zusammenhängend, vielschichtig, ineinander gefügt". Komplexität bezeichnet die Vielschichtigkeit von Systemen. Unternehmen können aufgrund ihrer vielfachen internen und externen Beziehungen als Systeme in diesem Sinne betrachtet werden. Zu unterscheiden ist die objektiv vorherrschende Komplexität und das subjektive Komplexitätsempfinden der Akteure. Beide stimmen nur selten überein. Dennoch sollte das subjektive Komplexitätsempfinden der handelnden Personen ernst genommen werden und in das Komplexitätsmanagement mit einfließen (vgl. Denk und Pfneissl 2009; für eine soziologische Perspektive vgl. Luhmann 1984).

In der Betriebswirtschaftslehre wird der Begriff zumeist in Zusammenhang mit Produktions- und Variantenmanagement gebraucht (vgl. z. B. Wildemann 2013). Unternehmen reagieren demnach auf die erhöhte Marktdynamik häufig mit kundenindividuellen Problemlösungen und damit einer erhöhten Varianten- und Teilezahl. Der damit ansteigende Koordinationsbedarf induziert einen quantitativen und qualitativen Ausbau der Steuerungs-, Informations- und Managementkapazitäten. Unternehmensinterne Komplexität ist demnach auch als notwendige Reaktion auf externe Komplexität zu verstehen (vgl. Grössler et al. 2006). Dies ist kompatibel mit dem klassischen Postulat von Ashby, wonach man zur Kontrolle eines Systems mindestens so viel Varietät bzw. Komplexität benötigt, wie dieses selbst beinhaltet. Komplexitätsmanagement hat zum Ziel, das notwendige Maß an Komplexität zur Steuerung der Unternehmensumwelt zu optimieren: „Only variety can destroy variety" (Ashby 1956, S. 207).

Demnach ist Komplexität per se nicht „schlecht", sondern wird benötigt, um strategische Wettbewerbsvorteile zu generieren. Problematisch wird diese „gute", wertschaffende Komplexität erst dann, wenn das Unternehmen sie in der Interaktion mit anspruchsvollen Kunden und dynamischen Marktbedingungen nicht beherrschen kann und den Blick für Profitabilität verliert (vgl. Buob 2010). Wertvernichtende Komplexität (z. B. unnötige, nicht zielführende Prozesse, überbordende Bürokratie) ist nicht notwendig zur Zielerreichung bzw. steht dieser sogar entgegen und sollte durch entsprechende Maßnahmen abgebaut werden. Komplexität wird ansonsten zur gefährlichen Kehrseite der Kundenorientierung: „Complexity becomes unnecessary and value draining when companies fail to address the trade-off between customization and complexity – between the costs associated with customization, the value derived from it, and the price that should be charged for it" (Anderson et al. 2006, S. 19).

Die aus Kundenindividualisierungsmaßnahmen resultierenden Kostensteigerungen können also die aufgrund der höheren Variantenzahl wachsenden Erlöse übertreffen. Trotz Umsatzwachstum geraten Unternehmen dann in eine „Komplexitätsfalle", das heißt, ihre Gewinnsituation verschlechtert sich (vgl. Adam und Johannwille 1998). Demnach sind Komplexitätskosten, die sich strukturell aus der Vielschichtigkeit der Aufbau- und Ablauforganisation sowie den Marktbeziehungen ergeben, zu identifizieren und der auf individuellen Nutzenfunktionen basierenden Zahlungsbereitschaft der Kunden gegenüberzustellen.

In der Praxis sind jedoch häufig weder Kosten noch Nutzen der Komplexität bekannt, und so wird diese von den Beteiligten aufgrund der begrenzten Steuerungsmöglichkeiten häufig als Intransparenz und Überforderung wahrgenommen. Entsprechend diagnostiziert Vester (2012) eine „Angst vor Komplexität" und eine Flucht in zu kurz greifende lineare Denkmuster und Zentralreduktion, das heißt isolierte Symptombekämpfung.

Aufgrund der hohen Interdependenzen zwischen den Teilaspekten eines komplexen Systems greifen aber Forderungen nach pauschaler Vereinfachung interner Prozesse (vgl. Brandes 2010) ebenso zu kurz wie die kontraproduktive Reaktion mit noch mehr Komplexität. Tatsächlich ist Komplexität im Unternehmen notwendiges Ergebnis der Arbeitsteilung und der permanenten Anpassung an Anforderungen der Umwelt. Das Problem

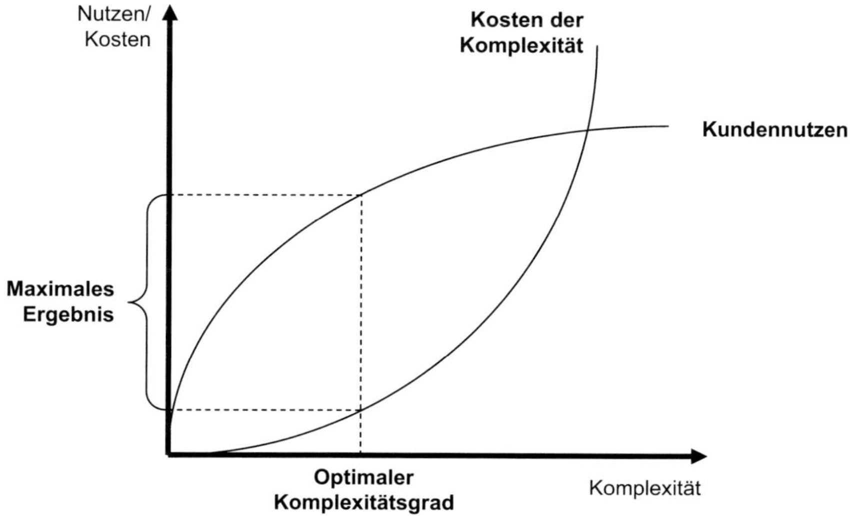

Abb. 1 Optimaler Komplexitätsgrad

besteht in der Wahl des optimalen Komplexitätsgrades. Dieser repräsentiert ein Gleichgewicht zwischen Komplexitätsbedarf und Komplexitätsangebot (vgl. Dalhöfer und Prieß 2012). „Es kommt darauf an, zu erkennen, welche Komplexitätsdimensionen für ein Unternehmen besondere Erfolgswirkungen zeigen, um den erreichten Komplexitätsgrad bei diesen Dimensionen kritisch zu hinterfragen" (Adam und Johannwille 1998, S. 7). Abbildung 1 verdeutlicht diese Überlegungen.

Im Folgenden sollen gängige Konzepte zum Umgang mit Komplexität aus dem Produktions- und Variantenmanagement (vgl. Buchbach 2011; Denk und Pfneissl 2009; Reiss 2011; Wildemann 2013) auf den Verkauf angewendet werden.

2.2 Komplexität im Verkauf

Gerade im Verkauf erzeugt die duale Herausforderung, gleichzeitig Mehrwert für das Anbieterunternehmen und die Kunden zu generieren, ein subjektiv wahrgenommenes Gefühl der Komplexität (vgl. Cross et al. 2007). Die Komplexität im Verkauf lässt sich aber auch objektiv als Folge einer Komplexität im Gesamtunternehmen interpretieren und auf drei Komplexitätsschichten verdichten (vgl. Adam und Johannwille 1998):

- **Zielkomplexität**: Als Ausgangspunkt des Komplexitätsproblems ist der Wandel zu engen Käufermärkten zu sehen. Da dieser tendenziell zu einer verstärkten Individualisierung der Leistungen (Customization) führt, treten neben traditionelle Ziele strategische Erfolgsfaktoren, die sich auf eher „weiche" Qualitätsdimensionen, wie etwa Service,

Image oder Beziehungspflege, beziehen. Weil diese zu „harten“ Zielen, wie Produktivität oder Umsatzwachstum, oftmals konträr sind, existiert in vielen Verkaufsorganisationen ein Zielbündel mit Zieldefekten. Weiterhin steigen mit der Zahl der Ziele der Schwierigkeitsgrad der Planung und der Umfang an erforderlicher Koordination.
- **Kundenkomplexität**: In den meisten Unternehmen wird der Markt in Segmente eingeteilt, die dann unterschiedlich bearbeitet werden. Auf der Schicht der Kundenkomplexität geht es entsprechend um einen wachsenden Bedarf an Vermarktungskapazitäten und eine Differenzierung der Vertriebswege infolge der Bildung von (meist recht kleinen) Kundengruppen mit homogenen Bedürfnissen.
- **Variantenkomplexität**: Die erhöhte Kundenkomplexität führt zu umfangreicheren Produktionsprogrammen mit vielen kundenindividuellen Varianten.

Alle drei Schichten der Komplexität auf Gesamtunternehmensebene führen zur *Koordinationskomplexität*, da sie die zielorientierte Koordination der inner- und zwischenbetrieblichen Abläufe stark erschweren. „Der Versuch, die Komplexität durch erhöhte Informations- und Managementkapazitäten zu beherrschen, führt (…) zu weiteren Komplexitätskosten“ (Adam und Johannwille 1998, S. 9).

Auf den Verkauf bezogen wird dessen Aufgabe als Transmissionsriemen der Unternehmensstrategie an der Schnittstelle zum Kunden durch drei verschiedene Konfliktebenen beeinträchtigt:

- Auf der Ebene der **Zielkonflikte** kommt es infolge der Zielkomplexität zu Widersprüchen im vertrieblichen Zielsystem. Typischerweise ist etwa das Verhältnis von Neukundengewinnung zu Bestandskundenpflege ebenso vage definiert wie das von harten (monetären) zu weichen (nicht monetären) bzw. kurzfristigen zu langfristigen Zielen. Expansive Umsatzziele müssen dann beispielsweise mit dem Erhalt einer Premiumpositionierung in Einklang gebracht werden. Die meisten Verkaufsmitarbeiter folgen vollkommen rational in diesem Fall den Prioritäten, die das Steuerungs- bzw. Entlohnungssystem ihnen vorgibt oder – schlimmer noch – ihren eigenen Vorlieben. In beiden Fällen ist eine Deckung mit den ursprünglich intendierten Unternehmenszielen unwahrscheinlich. In der Folge wird dem Verkauf regelmäßig vorgeworfen, er setze die Strategie nicht richtig um, während die Verkaufsmitarbeiter sich über die „unrealistischen Vorgaben aus dem Elfenbeinturm“ mokieren. Zielkonflikte betreffen die *Richtung* der Verkaufsaktivitäten.
- Auf der Ebene der **Ressourcenkonflikte** kommt es infolge der Kunden- und Variantenkomplexität zu interner Konkurrenz zwischen Abteilungen, Vertriebskanälen und Gebieten. Da jeder für seinen Kunden das Beste erreichen will, beginnt das berüchtigte „interne Verkaufen“, nämlich von Sonderwünschen und Eilaufträgen an die Produktion, von der eigenen Wichtigkeit gegenüber dem Innendienst oder auch von kundenbezogenen Zuständigkeiten an die „Kollegen in der Zentrale“. Umgekehrt ist auch die Ressource Verkauf umkämpft. Denn hier sollen nicht nur Ziele umgesetzt werden, sondern auch Marktforschung betrieben, Zusatzfunktionen in Projektteams oder bei internen Prozes-

sen wahrgenommen oder Qualifizierungsmaßnahmen durchlaufen werden. Statt sich auf die Marktbearbeitung zu konzentrieren, werden wertvolle Ressourcen in internen Grabenkämpfen vergeudet. Ressourcenkonflikte betreffen somit primär die *Effektivität* der Verkaufsaktivitäten.

- Auf der Ebene der **Prozesskonflikte** kommt es infolge der Koordinationskomplexität zu Reibungsverlusten entlang der Verkaufsprozesse. Zunächst sind diese Prozesse in den Unternehmen häufig nicht ausreichend transparent bzw. verbindlich definiert. In der Konsequenz bilden sich zwischen, aber auch innerhalb von Abteilungen über die Zeit unterschiedliche Arbeitsweisen heraus, die über herkömmliche Schnittstellen nur unzureichend integriert werden können. Hier wird regelmäßig durch das Implementieren einer gemeinsamen IT-Plattform versucht, die Schnittstellen zu optimieren. Die hohe Zahl gescheiterter CRM-Projekte in diesem Kontext weist jedoch darauf hin, dass isolierte Maßnahmen ohne Integration und Abstimmung der Aufbau- und Ablauforganisation nicht sinnvoll sind. Die Bewältigung dieser Schnittstellenprobleme spielt bei der Verwirklichung von Kundenorientierung und ganzheitlicher Kundenbearbeitung in Unternehmen eine Schlüsselrolle. Weiterhin sind Verkaufsprozesse bei Überlegungen zu Kosteneinsparungen und/oder Produktivitätssteigerungen im Vertrieb in letzter Zeit von wachsender Bedeutung. Es stellt sich die Frage, inwieweit man das Verkaufen als psychosozialen Prozess mithilfe herkömmlicher Reengineering-Methoden sinnvoll nach Effizienzkriterien ausrichten kann. Gleichwohl bleibt festzuhalten: Prozesskonflikte betreffen primär die *Effizienz* der Verkaufsaktivitäten.

Aus diesen Überlegungen lassen sich zwei Effekte auf das Verhalten der Verkäufer ableiten. Zunächst ist ein *direkter* negativer Effekt erhöhter Komplexität auf die aktive Verkaufszeit der Verkaufsmannschaft zu nennen: Je höher die Komplexität im Verkauf, desto mehr Zeit der Verkäufer wird gebunden durch das Management interner Ziel-, Ressourcen- und Prozesskonflikte. Die Opportunitätskosten der entgangenen verkäuferischen Aktivitäten steigen.

Der zweite Effekt ist eher *indirekter* Natur, hat aber eine ebenso negative Richtung: Je höher die Komplexität im Verkauf, desto eher werden Verkäufer angesichts der internen Ziel-, Ressourcen- und Prozesskonflikte ihre Freiheitsgrade nutzen und eigene Schwerpunkte in der Marktbearbeitung setzen. Diese aber werden mit hoher Wahrscheinlichkeit das Konsistenzprinzip verletzen, die individuelle Marktbearbeitung läuft dann also nur noch zufällig parallel zu strategischen Vorgaben und Zielsystemen.

Abbildung 2 fasst die Überlegungen zu Komplexität und ihren Wirkungen auf den Verkauf zusammen. Will man nun Gestaltungsempfehlungen ableiten, erscheint es sinnvoll, zunächst die Ursachen von Komplexität im Verkauf näher zu untersuchen. Diese stellen sodann für die Führungskraft im Vertrieb die Stellschrauben für entsprechende Managementmaßnahmen dar.

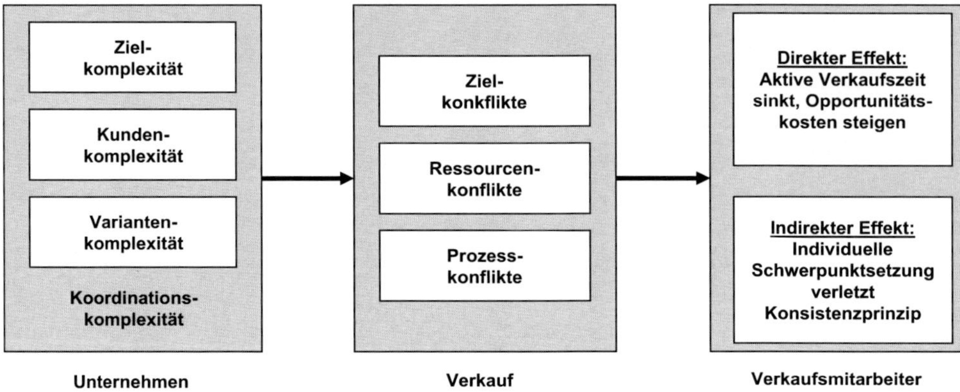

Abb. 2 Komplexität im Verkauf

2.3 Ursachen der Verkaufskomplexität

Die Wahl des optimalen Verkaufskomplexitätsgrades ist ein mehrdimensionales Entscheidungsproblem (vgl. Adam und Johannwille 1998), das die Kenntnis der relevanten Komplexitätstreiber voraussetzt. Wildemann (2013) nennt beispielhaft die steigende Vielfalt der

- **Lieferanten** (komplexe Beschaffungsprozesse, die den Absatz beispielsweise durch lange Bestellzeiträume behindern),
- **zusätzlichen Dienstleistungen** (Beratung, Wartung),
- **Distributionskanäle** (Gefahr des uneinheitlichen Unternehmensauftritts, Koordinationsaufwand),
- **Kunden** (Individualisierung, Kundenorientierung, Fragmentierung der Märkte),
- **Veränderungen** (Globalisierung, Digitalisierung, sozialer Wandel),
- **Prozesse** (Prozesskosten, Koordinationsaufwand) und
- **Schnittstellen** (Weitergabe von Information, Unternehmenskultur).

Ingram (2004) identifiziert vier Entwicklungen, die im Vertrieb zu erhöhter Komplexität führen und dadurch Handlungsbedarf induzieren:

- Inflation von **Kundenerwartungen** durch den Wandel zum Käufermarkt, stagnierende Absatzpotenziale und zunehmenden Wettbewerb,
- zunehmende **Veränderungsdynamik** durch Innovationsdruck, verkürzte Lebenszyklen und technologischen Fortschritt,
- steigende **Interaktionskomplexität** mit Kunden in multipersonalen und multiorganisationalen Beschaffungsprozessen, und
- wachsende **Diversität** zwischen Kunden und ihren Anforderungen auf lokaler, nationaler und internationaler Ebene bei gleichzeitigem **Globalisierungsdruck**.

Natürlich ist die Frage nach den konkreten Ursachen von Komplexität im Verkauf nur unternehmensspezifisch zu beantworten; dennoch sollen die in der Praxis häufigsten Treiber hier systematisiert dargestellt werden. Dabei wird auf die von Wildemann (1998, 1999) entwickelte Klassifizierung zurückgegriffen. Denk und Pfneissl (2009) wählen dafür die Begriffe Außen- und Binnenkomplexität und weisen auf relevante Wechselwirkungen zwischen unternehmensinternen und -externen Komplexitätstreibern hin. Belz und Schmitz (2011) wiederum sprechen von absatzmarktbezogenen und organisationsbezogenen Komplexitätstreiber. Buob (2010) schließlich unterscheidet zwischen Unternehmens- und Branchenkomplexität. In diesem Beitrag soll bewusst eine eigenständige und praxisorientierte Darstellung vorgenommen werden. Denn unabhängig von der jeweiligen Semantik beeinflussen die nachfolgend skizzierten Komplexitätstreiber die Ziel-, Ressourcen- und Prozesskonflikte, in denen sich Verkaufskomplexität nach dem oben dargelegten Verständnis manifestiert.

2.3.1 Unternehmensexterne Komplexitätstreiber

Unternehmensexterne Komplexitätstreiber können vom Unternehmen selbst meist nicht direkt beeinflusst werden. Sie wirken von außen einerseits unmittelbar auf die Vertriebsorganisation und den Verkauf, andererseits mittelbar über ihren Einfluss auf das Gesamtunternehmen. Eher *unmittelbar* auf den Verkauf und die dort benötigten Kapazitäten wirkt typischerweise die Größe des zu bedienenden Markts und die damit verbundene Anzahl der Kunden. Entscheidend für die verkäuferische Arbeit ist auch das Anspruchsniveau der Kunden: Differenzierte und erklärungsbedürftige Produkte stellen andere Anforderungen an die Verkaufskompetenz als Commodities. Hinzu kommt der Zwang zur Differenzierung gegenüber dem Wettbewerb über Zusatz- und Mehrwertleistungen. Gleichzeitig konzentriert und professionalisiert sich die Einkaufsseite zunehmend, sodass zu den ohnehin hohen Anforderungen an Verkaufstechnik und Fachkompetenz immer mehr IT-Kenntnisse notwendig sind, um den Trends zu E-Procurement und Supply Chain Management folgen zu können. Die Wettbewerbsaktivitäten betreffen einerseits natürlich die Verkaufsmitarbeiter direkt vor Ort auf der Kundenebene, sollten aber auch auf der übergeordneten Ebene durch das Management in der Strategie und durch das Marketing im Marketingmix berücksichtigt werden.

Eher *mittelbar* auf den Verkauf wirken allgemeine Marktentwicklungen sowie länderspezifische gesetzliche und gesellschaftliche Rahmenbedingungen. Hier sind direkt meistens die Forschungs- und Entwicklungs-, Rechts- und Marketingabteilung betroffen. Gleichwohl muss sich auch der Verkauf darüber bewusst sein, dass bei Nichtbeachtung rechtlicher und moralischer Normen die Reputation des Unternehmens zur Disposition steht. Bedingt durch die notwendige gesellschaftliche Legitimation ist Vertrauen für ein Unternehmen zum Absatz seiner Produkte wichtig. Ein Teilphänomen von Vertrauen ist Glaubwürdigkeit. Die Glaubwürdigkeit der Geschäftstätigkeit eines Unternehmens ist nahezu ausschließlich vom Verhalten seiner Mitglieder abhängig (vgl. Bentele und Nothhaft 2011). Vor diesem Hintergrund entpuppen sich gewisse vertriebliche Praktiken, wie etwa manipulative Verkaufstechniken, Datenschutzverstöße oder Bestechung von Entscheidungsträgern, nicht als Kavaliersdelikt, sondern als Existenzrisiko. Die Reaktion auf die Korruptionsvorwürfe bei Siemens zwischen 2006 und 2008 verdeutlicht das eindrücklich.

2.3.2 Unternehmensinterne Komplexitätstreiber

Unternehmensinterne Treiber der Verkaufskomplexität sind vom Unternehmen beeinflussbar und entstehen meist aufgrund der vermehrten Arbeits- und Aufgabenteilung in Organisationen. Sie können sich entweder direkt auf die Vertriebsorganisation oder indirekt auf das organisationale Umfeld beziehen. *Unternehmensinterne, nicht vertriebsbezogene Komplexitätstreiber* ergeben sich zunächst aus den Schnittstellen der Vertriebs- mit der Restorganisation. Der unternehmensweite Koordinationsaufwand steigt hierbei mit der Anzahl der internen Einheiten, der Anzahl der Aktionen und Beziehungen zwischen den Einheiten sowie der Variabilität der Aktionen und Beziehungen.

Eine aus Verkaufssicht wünschenswerte kundenorientierte Koordination der internen Funktionen wird zusätzlich durch Ressortegoismen und mangelnde Marktnähe vertriebsferner Funktionen erschwert. Je nach Unternehmenskultur führen diese Faktoren zu unterschiedlichen Stellenwerten des Vertriebs in internen Prozessen. Steht bei einigen Unternehmen die Absatzfunktion klar im Mittelpunkt der Aktivitäten, haben Verkäufer in anderen mit dem negativ besetzten Image des ausführenden „Klinkenputzers“ zu kämpfen, während sich alles beispielsweise um die Produktion oder die Entwicklungsabteilung dreht. Entsprechend unterschiedlich sind die Gestaltungsmöglichkeiten der Mitarbeiter im Vertrieb ausgeprägt.

Von der Art der Vertriebskultur wird es dann ebenfalls abhängen, wie stark der Ergebnisdruck auf den Vertrieb möglicherweise zulasten strategischer Marktbearbeitungsziele weitergegeben wird. Auch die Ausrichtung der Personal- und Qualifizierungspolitik unter zunehmendem Rationalisierungsdruck wird vom internen Stellenwert des Vertriebs abhängen.

Entscheidend schließlich für den Erfolg der Verkaufsorganisation ist das Zusammenspiel mit dem Marketing. Hier werden typischerweise Entscheidungen über Kunden- und Produktgruppen, Strategien und Initiativen sowie Ziele und Unterstützungsmaßnahmen getroffen. Die Vielfalt an Vor- und Aufgaben für den Verkauf äußert sich in vielen und differenzierten Zielen, breiten Sortimenten, hohen Zahlen betreuter Kunden und ausgedehnten internen Beanspruchungen (durch IT-Projekte, Feedback vom Markt, Bestellabläufe, interne Aufträge und Rückfragen, interne Projekte/Sitzungen/Workshops usw.). Bei unzureichender Koordination besteht die Gefahr, dass im Marketing ein Aufgabenbündel definiert wird, das der Verkauf anschließend nicht realisieren kann.

Unternehmensinterne, vertriebsbezogene Komplexitätstreiber lassen sich in drei Kategorien unterteilen, die zudem Interdependenzen aufweisen:

- **Strukturelle verkaufsbezogene Komplexitätstreiber** ergeben sich primär aus der Aufbau- und Ablauforganisation der Vertriebsfunktion. Zu den wichtigsten Determinanten der Verkaufskonzeption gehört zunächst das Ziel- und Entlohnungssystem. Es hängt typischerweise eng mit der vorherrschenden Managementphilosophie zu-

sammen, die von streng hierarchischen Vorgaben bis hin zum Führen durch Zielvereinbarungen reichen kann. In der Praxis manifestiert sich eine unzureichende Vertriebskonzeption immer wieder in der fehlenden Vereinigung von Aufgabe, Kompetenz und Verantwortung. In Kombination mit ungeeigneten Gebietszuschnitten und mangelhafter Kooperation des Verkaufs mit anderen Vertriebsfunktionen (z. B. Innendienst, Kundenservice oder Callcenter) ergeben sich schnell ein Festhalten an überkommenen Strukturen, „Doppel- und Mehrfachaktivitäten, ein Übermaß an Kontrollvorgängen, lange Berichtswege sowie ein Verzögern von relevanten Entscheidungen" (Wildemann 1998, S. 50). Die angesichts dieser Situation in regelmäßigen Abständen auftretenden Reorganisationsbemühungen treffen immer häufiger auf änderungsresistente Verkäufer, die hinter den neuesten Beraterkonzepten nur noch Versuche des Managements sehen, sie zum „gläsernen Verkäufer" zu machen.
- **Informations- und kommunikationsbezogene Komplexitätstreiber** sind nicht wertschöpfende administrative Aktivitäten (z. B. Rückfrage, Suchaktivität, Delegation, Prüfung, Sortieren, Verteilen, Informationstransport). Sie ergeben sich aus einer zu hohen Schnittstellendichte und dem daraus resultierenden Kooperationsbedarf sowie aus einer Informationsasymmetrie zwischen Funktionen. Insbesondere das Horten und Nichtweitergeben von Information kann sehr schnell zu Innendienstfehlern beim Beschwerdemanagement oder bei der Auftragsabwicklung führen, was dann Verkäufern gerne als Argument dient, doch lieber alles selbst zu machen. Fehler können sich weiterhin aus einer unzureichenden Integration der Vertriebskanäle ergeben. Ein noch immer relativ neuer Trend ist die Implementierung teilweise höchst anspruchsvoller IT-Systeme (CRM, CAS, ERP, Smartphones, Mobile Media, Social Media etc.) im Verkauf. Werden diese eingeführt, ohne die Prozesse innerhalb und außerhalb der Vertriebsorganisation entsprechend anzupassen, das Ausmaß an eingeforderter Dokumentation in Grenzen zu halten und die Mitarbeiter einzubinden und zu qualifizieren, ist ein Scheitern erfahrungsgemäß sehr wahrscheinlich. Insbesondere die Hoheit über die Kundeninformation wird von vielen Verkaufsmitarbeitern noch immer als ihr persönliches Privileg angesehen, das sie nicht ohne Weiteres abtreten dürften. Für Unmut und manuellen Mehraufwand sorgen auf der anderen Seite aber auch Medienbrüche, das heißt das Vorhalten von Informationen in einer Vielzahl von miteinander nicht vernetzten analogen und digitalen Quellen (z. B. Kundenakten, Excel-Spreadsheets, Access-Datenbanken und CRM-Systeme). Weit verbreitete Komplexitätstreiber sind schließlich ein ausuferndes Berichtswesen auf der einen (Input-)Seite und eine exzessive Statistik- und Datenflut auf der anderen (Output-)Seite.
- **Individuelle vertriebsbezogene Komplexitätstreiber** sind nicht eindeutig mess- und nachweisbar (vgl. Wildemann 1998). Sie ergeben sich zunächst aus einer im Verkauf weit verbreiteten Einzelkämpfermentalität, die die Schnittstellenproblematik um eine emotionale Komponente verschärft. Hinzu kommt häufig auch eine Nehmerhaltung, nach der die anderen Funktionen wie Innendienst, Produktion und Marketing als in Vorleistung zu tretende Zuarbeiter für die Bearbeitung der eigenen Kunden gesehen werden und nicht als gleichberechtigte Teammitglieder. Negative Marktreaktionen führen leicht

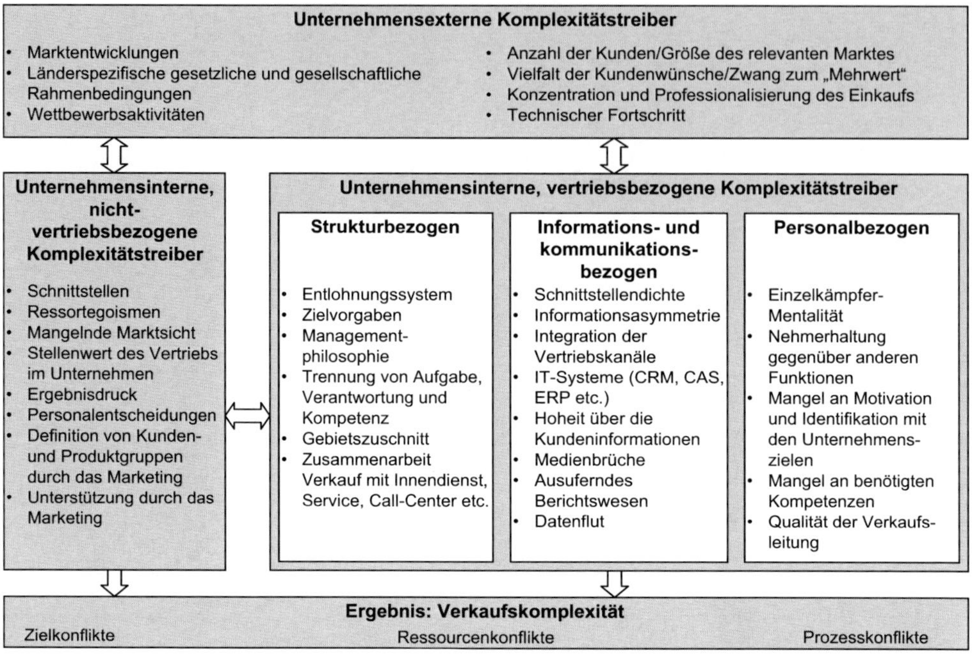

Abb. 3 Verkaufsrelevante Komplexitätstreiber

zu Motivationsdefiziten, während andererseits die persönlichen Freiheitsgrade bei der Marktbearbeitung infolge der weit verbreiteten relativen Intransparenz der Verkaufsaktivitäten in eine unzureichende Identifikation mit den Unternehmenszielen münden können. Schließlich sind in diesem Zusammenhang mangelnde Kompetenzen sowohl bei den Verkäufern als auch beim Verkaufsmanagement zu nennen.

2.3.3 Zusammenfassender Überblick

Abbildung 3 fasst die dargestellten Komplexitätstreiber im Verkauf grafisch zusammen.

Es sei abschließend darauf hingewiesen, dass es sich hierbei um eine modellhafte Betrachtung handelt, die auf praxisgeleiteten Erfahrungen und Plausibilitätsüberlegungen beruht. Ziel der Ausführungen war ein brauchbares Modell, nicht das einzig wahre (Balderjahn 1988). Für eine empirisch umfassende Untersuchung sei auf Buob (2010) verwiesen, der ein Instrument zur Messung der Verkaufskomplexität aus 23 Indikatoren entwickelt hat, die zu sieben Faktoren verdichtet und sodann zu den zwei zentralen Dimensionen Unternehmenskomplexität und Branchenkomplexität zusammengefasst werden. In der Analyse der Wirkung auf den Vertriebserfolg hat sich dabei ein interessantes Ergebnis gezeigt: Während die Branchenkomplexität wie erwartet einen negativen Einfluss auf den Verkaufserfolg ausübt, hat die Unternehmenskomplexität einen *positiven* Effekt auf den Verkaufserfolg. Demnach lassen sich intern geschaffene Strukturen (z. B. Organisation, Führung, IT-Systemlandschaft etc.) als Versuch interpretieren, dem Verkäufer den Umgang mit der externen Komplexität zu erleichtern, was wiederum auf die Steigerung des individuellen Verkaufserfolgs im Einzelfall einen positiven Effekt haben kann – sofern der optimale Komplexitätsgrad hierbei nicht überschritten wird.

Als weiteres Ergebnis der Studie zeigt sich, dass der Zusammenhang zwischen Komplexität und Verkaufserfolg von der Erfahrung der Verkaufsmitarbeiter abhängt (Buob 2010): Mitarbeiter, die sich persönlich als erfahren einstufen, sind demnach nicht auf unternehmensinterne Unterstützungsstrukturen angewiesen. Der positive Effekt der Unternehmenskomplexität verpufft an der Selbstständigkeit der Verkaufsmitarbeiter, für die interne Strukturen sich sogar als hinderlich erweisen können. Aber auch der negative Effekt der externen Komplexität entfällt, weil erfahrene Verkaufsmitarbeiter offenbar besser mit einer komplexen Umwelt umgehen können.

Nachdem in diesem Kapitel die Stellschrauben zur Erreichung des optimalen Komplexitätsgrades diskutiert und klassifiziert worden sind, sollen im Folgenden mögliche Strategien zum Umgang mit Verkaufskomplexität erörtert werden.

3 Management von Verkaufskomplexität

Das Management von Verkaufskomplexität ist notwendig, um die Leistungsfähigkeit der Absatzfunktion im Unternehmen zu verbessern (vgl. Belz und Schmitz 2011). Im Umgang mit Verkaufskomplexität gibt es drei grundsätzliche Strategien (vgl. Wildemann 2013). Die einfachste Möglichkeit besteht darin, unnötige Komplexität gar nicht erst entstehen zu lassen (*Komplexitätsvermeidung*). „Ein gutes Komplexitätsmanagement antizipiert bzw. vermeidet Komplexitätskosten und versucht nicht nachträglich, die nicht erwarteten Kosten wieder in den Griff zu bekommen“ (Adam und Johannwille 1998, S. 23). Typischerweise geht es hierbei darum, Rahmenbedingungen zu schaffen, die Komplexität strukturell vermeiden.

Meist jedoch bildet sich ein Bewusstsein für die Komplexitätsproblematik erst dann, wenn bereits Komplexitätskosten in wahrnehmbarer Höhe entstanden sind. Dann zielt die Strategie der *Komplexitätsbeherrschung* auf die Erhaltung von und den optimierten Umgang mit Komplexität bei gleichzeitiger Vermeidung zusätzlicher Komplexitätstreiber ab. Diese Strategie setzt typischerweise Transparenz über Komplexitätstreiber und -kosten sowie über die dadurch erzielten Deckungsbeiträge voraus und erfordert damit ein Komplexitätscontrolling.

Am aufwendigsten ist die Strategie der *Komplexitätsreduzierung*. Um diese bei einem gegebenen Komplexitätsgrad umzusetzen, bedarf es in der Regel umfangreicher Reorganisationsmaßnahmen und Eingriffe in Besitztümer im Unternehmen. Daher sind beträchtliche organisationale Widerstände zu erwarten. Hier ist es wichtig, Optimierungsentscheidungen auf der Grundlage geeigneter Analyseinstrumente zu treffen. Um die Nachhaltigkeit der Maßnahmen sicherzustellen, sind die organisationalen Rahmenbedingungen entsprechend zu gestalten. Die somit initiierte zukunftsgerichtete Vermeidung von Komplexität bedeutet einen Übergang in die erste Strategie des Komplexitätsmanagements. Damit ent-

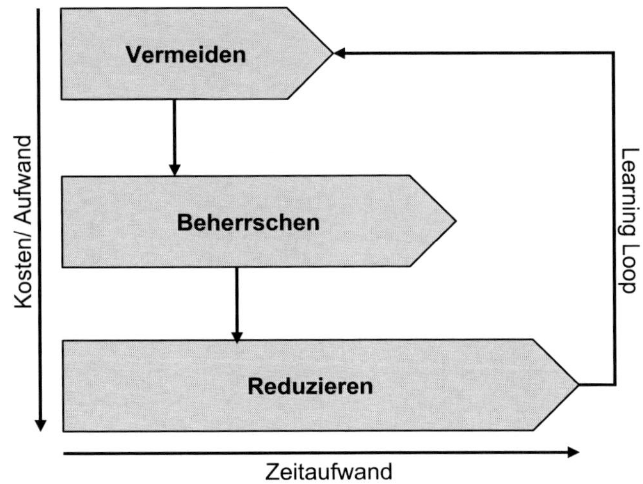

Abb. 4 Grundsätzliche Strategien im Umgang mit Verkaufskomplexität

steht ein interaktiver Lernprozess (Learning Loop), der lernende Organisationen auszeichnet. Abbildung 4 fasst diese Überlegungen zusammen.

In der Praxis wird ein Unternehmen unter Berücksichtigung der jeweiligen Ursachen der Verkaufskomplexität einen individuellen Mix aus den drei generischen Strategien anwenden. Dabei sollte zwischen der Funktionalsicht der Verkaufsmitarbeiter und der Bedeutung für den Geschäftserfolg im Rahmen einer Bewertungsmatrix zur Komplexität im Vertrieb unterschieden werden (vgl. Belz und Schmitz 2011):

- **Komplexitätserhöhende Treiber mit hoher Erfolgsbedeutung** müssen im Rahmen einer detaillierten Problemanalyse nach Ansatzpunkten zur Komplexitätsreduktion durchsucht werden.
- **Komplexitätserhöhende Treiber mit geringer Erfolgsbedeutung** müssen rigoros reduziert und vereinfacht werden.
- **Komplexitätsverringernde Treiber mit hoher Erfolgsbedeutung** sollten verstärkt werden und geben wichtige Informationen für die Strategieentwicklung.
- **Komplexitätsverringernde Treiber mit geringer Erfolgsbedeutung** sollten situativ behandelt werden, wenn hierbei Einsparungen möglich erscheinen.

Im Folgenden sollen ausgewählte Methoden dargestellt werden, die bei diesen Strategien Verwendung finden können. Zur Systematisierung wird zurückgegriffen auf die Unterscheidung der Verkaufskomplexität in Ziel-, Ressourcen- und Prozesskonflikte.

3.1 Vermeidungsstrategie

Ziel der Vermeidungsstrategie ist es, der Neuentstehung von Komplexität frühzeitig entgegen zu wirken (vgl. Wildemann 2013). Zur Vermeidung von *Zielkonflikten* ist das Zielsystem nach dem Konsistenzprinzip aus der übergeordneten Unternehmensstrategie abzuleiten. Statt pauschaler Zielvorgaben sollte es präzise, realistische und differenzierte Ergebnis-, Erfolgsquoten-, Aktivitäten- und/oder Meilensteinziele enthalten. In diesem Zusammenhang ist bei allen Steuerungsaspekten zu beachten, dass Ziele auch eine Motivationsfunktion haben sollten. Sie sollten die Eigenverantwortung der Mitarbeiter für die Umsetzung nicht übermäßig einschränken. Das setzt eine Kultur des Grundvertrauens in die Mitarbeiter beim Management voraus. Ohne Vertrauen sind komplexe und kostenintensive Kontroll- und Koordinationsmechanismen notwendig: Vertrauen ist eine wesentliche Voraussetzung für Einfachheit (vgl. Weiß et al. 2009).

Zur Vermeidung von *Ressourcenkonflikten* ist insbesondere das Entlohnungssystem anzupassen. Dabei spielt der integrative Aspekt eine entscheidende Rolle. Anstatt Verkäufer durch den Wegfall von Provisionen dafür zu bestrafen, wenn etwa ein Kunde Routinekäufe über das Internet oder Callcenter abwickelt, sollten im Gegenteil Anreize für Kooperation über unterschiedliche Vertriebskanäle und -funktionen hinweg (Team Selling) geschaffen werden. Flankiert werden kann diese Absicht mit der Modularisierung des Unternehmens. Dabei werden auf Basis integrierter, kundenorientierter Prozesse kleine, überschaubare Einheiten (Module) gebildet und an Wertschöpfungsketten ausgerichtet. Innerhalb der Module ist dann die Zusammenführung von Aufgabe, Kompetenz und Verantwortung gegeben. Die Wertschöpfungsprozesse beginnen und enden somit stets bei internen oder externen Kunden und sind intern durch homogenes und übergreifendes Denken
geprägt.

Zur Vermeidung von *Prozesskonflikten* ist zunächst der Prozessgedanke grundsätzlich im Unternehmen zu verankern. Vernetzte Prozesse können in einer Workflow-Organisation die Abteilungen durchdringen und verbinden, ohne jedoch deren Strukturen wie bei der Modularisierung grundsätzlich aufzulösen. Ist dieser Ansatz bei produktionsbezogenen Wertschöpfungsprozessen mittlerweile selbstverständlich, sind klar definierte und optimierte Vertriebsprozesse noch eher selten. Es geht hierbei nicht etwa um eine „Mechanisierung der Vertriebsaktivitäten", sondern vielmehr um die Identifikation und optimierte Ausgestaltung von Schnittstellen im Verkauf. So werden Reibungsverluste a priori vermieden und die Effizienz der Aktivitäten steigt.

Insgesamt setzt die Vermeidungsstrategie voraus, dass organisatorische Rahmenbedingungen geschaffen werden, in denen Entscheidungen aus unternehmerischer Gesamtsicht getroffen werden und die zu funktionsübergreifendem, vernetztem Denken zwingen (vgl. Adam und Johannwille 1998).

3.2 Beherrschungsstrategie

Ziel der Beherrschungsstrategie ist die effiziente Handhabung von Zielen, Prozessen und Ressourcen. Die bestehende Organisation muss optimiert werden, wobei deren Komplexität als gegeben hingenommen wird. Es wird versucht, diese zu kontrollieren und transparent zu machen (vgl. Wildemann 2013).

Zur Beherrschung von *Zielkonflikten* ist zunächst eine Vernetzungsanalyse innerhalb des bestehenden Zielsystems durchzuführen. Dabei werden alle erkannten Wirkungsbeziehungen systematisch ausgewertet und in einer Einflussmatrix dokumentiert, aus der sich ein Handlungsportfolio ergibt. Dieses ist dann in das Führungsinstrumentarium zu übersetzen. Ein hoch effektives und bewährtes Konzept hierfür ist das Führen durch Zielvereinbarungen („Management by Objectives", vgl. Drucker 1998). Dieser Ansatz geht von der Annahme aus, dass Mitarbeiter grundsätzlich freiwillig Leistung bringen und dabei auch mit gestalten wollen. Die Mitarbeiterziele werden unter Berücksichtigung der Leistungsfähigkeit einzelner Mitarbeiter aus den Unternehmenszielen abgeleitet, regelmäßig überprüft, angepasst und zur Leistungsbeurteilung herangezogen.

Ein weiteres, weit verbreitetes Führungs- und Controllinginstrument ist die „Balanced Scorecard" (BSC, vgl. Kaplan und Norton 1997). Bei diesem Konzept werden Kennzahlen aus finanzieller, Kunden-, interner sowie Innovations- und Entwicklungsperspektive zusammengefasst, um ein umfassendes und ausgeglichenes Bild der Leistung zu erhalten. Auch die BSC kann bis auf einzelne Mitarbeiter heruntergebrochen werden, jeweils abgeleitet aus den Rahmenbedingungen der vorgelagerten Scorecards. In beide Instrumente sollten Komplexitätsaspekte (z. B. Differenzierungskosten von Customization) einfließen. Dies setzt Transparenz über die Ursachen und Wirkungen der Komplexität voraus und bedingt daher die Berücksichtigung von Komplexität im herkömmlichen Controlling („Komplexitätscontrolling"). Nur so kann die Tendenz des Verkaufs, auf möglichst alle Kundenwünsche einzugehen und immer neue Varianten zu generieren, monetär bewertet werden und den zu erwartenden Deckungsbeiträgen gegenübergestellt werden. Dafür wiederum muss der Kundennutzen bekannt sein. Hier reichen die Ansätze von klassischen Preiselastizitäten über Preissensibilitätsanalysen bis hin zu multivariaten Analysemethoden wie der Conjoint-Analyse.

Zur Beherrschung von *Ressourcenkonflikten* ist eine Integration der Vertriebskanäle bzw. -funktionen anzustreben. Aus der Perspektive des Verkaufs steht dabei die aktive Verkaufszeit im Mittelpunkt. Denn sie ist die zentrale wertschöpfende Ressource, um die eine Vielzahl mehr oder weniger notwendiger Aufgaben konkurriert. Entsprechend sind im Rahmen einer Aufgaben- und Aktivitätenanalyse „Zeitfresser" im Verkauf zu identifizieren bzw. zu eliminieren, kundenbezogene Aktivitäten zu optimieren und die Möglichkeit zur Delegation nicht kundenbezogener Aktivitäten zu prüfen (vgl. Zupancic 2004). Insbesondere für eine effektive Delegation innerhalb von funktionsübergreifenden Verkaufsteams ist ein zweckmäßiges Informationssystem notwendig, wenn zeitraubende Rückfragen, Missverständnisse und Doppelarbeiten ausgeschlossen werden sollen. Hierfür gibt es eine Vielzahl von IT-basierten Lösungen, deren Eignung jedoch unternehmensspezifisch zu prüfen ist.

Um *Prozesskonflikte* zu beherrschen ist Transparenz über die Schnittstellenproblematik zu schaffen. Dabei sind insbesondere die Koordinationskosten zu analysieren und im Rahmen eines kontinuierlichen internen und externen Prozessbenchmarks unter Kontrolle zu bringen. Darüber hinaus sollte bei den Mitarbeitern für mehr Sensibilität gegenüber Prozesskonflikten geworben werden. Die Analyse von Prozessen erzeugt schnell Ängste vor dem „gläsernen Mitarbeiter". Dem muss entsprechend begegnet werden. Eine erfolgreiche Beherrschung von Prozesskonflikten braucht Marketing nach innen (Stichwort internes Marketing), das dynamisch, projektbezogen, emotional sowie situativ ist und Lösungen bottom-up integriert (vgl. Belz 2002). Zentrale Voraussetzung hierfür ist ein effizientes internes Kommunikationssystem. Auch hier gibt es eine Reihe moderner IT-Lösungen, die jedoch gleichfalls unternehmensindividuell auszugestalten sind.

Insgesamt setzt die Beherrschungsstrategie voraus, dass Transparenz bezüglich der Ursachen und Wirkungen von Verkaufskomplexität auf den verschiedenen Ebenen geschaffen wird. Es gilt in diesem Kontext die alte Managementweisheit, dass nur das gemanagt werden kann, was man auch messen kann.

3.3 Reduzierungsstrategie

Ziel der Reduzierungsstrategie ist eine erfolgswirksame Reduktion bestehender Komplexität (vgl. Wildemann 2013). Zur Reduzierung von *Zielkonflikten* ist das Zielsystem zu optimieren. Dabei ist analog zur obigen Ausführungen auf die Durchgängigkeit der Unternehmensziele zu achten, das heißt die Übereinstimmung der übergeordneten Strategie eines Unternehmens mit den Zielen einzelner Organisationseinheiten und der daraus abgeleiteten Maßnahmen ist sicherzustellen. Zur Vereinfachung des Zielsystems kann beispielsweise eine intelligente Segmentierung des Kundenportfolios beitragen. Mittels deckungsbeitragsorientierter ABC-Analysen kann die Kundenstruktur optimiert werden: Es wird eine Entscheidung getroffen, welche Kunden beizubehalten, welche Kontakte zu intensivieren und welche zu eliminieren bzw. auf andere Vertriebskanäle zu delegieren sind. Daraus ergibt sich in der Praxis meist konsequenterweise die Konzeption eines differenzierten Betreuungskonzeptes. Betreuungsintensitäten, Verantwortung und Konditionen werden dann nicht mehr „aus dem Bauch heraus" festgelegt, sondern folgen objektivierbaren Kriterien, etwa dem Kundenwert.

Um *Ressourcenkonflikte* zu reduzieren ist zunächst das Entlohnungssystem zu optimieren. Wie bereits erwähnt sollte hierbei die Integration verschiedener Vertriebskanäle bzw. -funktionen im Mittelpunkt stehen. Team-Selling-Strukturen sind zu schaffen, in denen sich etwa Marketing und Vertrieb als interne Komplementoren sehen, die vorhandene Synergien systematisch ausschöpfen. Weiterhin ist das Führungsverhalten anzupassen, denn die Führungskräfte sind die Promotoren, um Strategien mithilfe der Strukturen, Instrumente und Prozesse umzusetzen. Schließlich sind auch Produkt- und Leistungsvarianten mittels permanenter deckungsbeitragsorientierter ABC-Analyse zu optimieren, sprich zu vereinfachen. Hinsichtlich Sortimentsgröße und -tiefe sollte kritisch geprüft werden, welche Produkte oder Varianten zu eliminieren, zu substituieren oder noch profitabel zu machen sind. So konnen etwa problematische Produkt-Kunden-Kombinationen auf Basis deckungsbeitragsorientierter Produkt-Kunden-Portfolios ermittelt werden (vgl. Wildemann 1999).

	Vermeiden (Rahmenbedingungen)	Beherrschen (Transparenz)	Reduzieren (Optimierung)
Zielkonflikte (Richtung der Aktivitäten)	• Zielsystem nach dem Konsistenzprinzip gestalten • Vertrauen in die Umsetzungskompetenz der Mitarbeiter im Management schaffen	• Vernetzungsanalyse des Zielsystems • Führung durch MBO/ BSC unterstützen • Komplexitätscontrolling • Analyse Kundennutzen	• Optimierung des Zielsystems • Optimierung der Kundenstruktur • Differenzierte Betreuungskonzepte
Ressourcenkonflikte (Effektivität der Aktivitäten)	• Integratives Entlohnungssystem • Modularisierung der Organisation	• Integration der Vertriebskanäle/ bzw. -funktionen • Analyse der aktiven Verkaufszeit • IT-basiertes Informationssystem	• Optimierung des Entlohnungssystems • Team Selling-Strukturen • Führungsverhalten anpassen • Optimierung Sortiment
Prozesskonflikte (Effizienz der Aktivitäten)	• Workflow-Organisation mit definierten und optimierten Vertriebsprozessen	• Koordinationskosten analysieren • Kontinuierliches Prozessbenchmarking • Internes Marketing • IT-basiertes Kommunikationssystem	• Reorganisation der Verkaufsprozesse • Reduktion von Schnittstellen

Abb. 5 Grundsätzliche Strategien im Umgang mit Verkaufskomplexität

Zur Reduzierung von *Prozesskonflikten* ist im Rahmen einer Reorganisation der Verkaufsprozesse sicherzustellen, dass die gewählte Kundenstruktur mit der festgelegten Sortimentsbreite und -tiefe mit maximaler Effizienz versorgt werden kann, das heißt, dass komplexitätsinduzierte Reibungsverluste minimiert werden. Dazu ist eine Prozessoptimierung mittels der Prozesskostenrechnung notwendig, die insbesondere die Schnittstellen auf das erforderliche Maß reduziert. Dies kann etwa im Sinne der oben skizzierten Workflow-Organisation erreicht werden, indem das Unternehmen den Aufbau eines internen Kunden-Lieferanten-Prinzips durchläuft.

Insgesamt setzt die Reduzierungsstrategie den Einsatz geeigneter Instrumente voraus, um die optimierenden Eingriffe in das Zielsystem sowie die Aufbau- und Ablauforganisation entsprechend zu fundieren. Es ist eine Eigenart der Komplexität, dass ihr mit isolierten Ad-hoc-Maßnahmen nicht beizukommen ist. Schließlich ist bei dieser Strategie zu beachten, dass im Vergleich zu den beiden anderen generischen Vorgehensweisen sowohl die organisationalen Widerstände als auch der Zeitaufwand am größten sein werden.

3.4 Zusammenfassender Überblick

Zusammenfassend ist darauf hinzuweisen, dass erst durch die Kombination der skizzierten unterschiedlichen strategischen und operativen Instrumente die verschiedenen Aspekte der Verkaufskomplexität erfasst und der Umgang mit ihr unternehmensspezifisch optimiert werden können. Abbildung 5 fasst die hier beschriebenen Ansätze für den Umgang mit Verkaufskomplexität zusammen.

3.5 Implikationen für Führungskräfte im Vertrieb

Die dargestellten Strategien zum Komplexitätsmanagement im Verkauf bedürfen in der Praxis einer professionellen Umsetzung durch die Führungskraft im Vertrieb. Diese fungiert als Transmissionsriemen zwischen konzeptionellen Vorgaben und Durchführungsebene und kann Strategien zum Laufen bringen – oder sie wirkungslos verpuffen lassen (vgl. Dannenberg 1997). Allerdings: „Führungskräfte scheinen eher komplexe als einfache Aufgaben zu bevorzugen" (Belz und Schmitz 2011, S. 194). Sie verzetteln sich schnell in ihrem Anspruch, die vielfältigen Unternehmensleistungen für Kunden wirksam zu koordinieren. Aufgrund der unzureichenden Strategieumsetzung wird Kundengeschäft verpasst. „Zahlreiche Ad-hoc-Entscheide und -Eingriffe vermitteln Führungskräften nicht selten das trügerische Gefühl, operativ besonders präsent zu sein und maßgeblich mitzuwirken. Nur verlagert sich damit eine mögliche Dynamik zur Hektik" (Belz und Schmitz 2011, S. 195).

Buob (2010) hat aus einer qualitativen Expertenbefragung Möglichkeiten abgeleitet, wie einerseits gewisse Organisationsstrukturen und andererseits bestimmte Führungsstrategien und -grundsätze die Verkaufsmitarbeiter im Umgang mit der Verkaufskomplexität unterstützen können:

- Die Führungskräfte sollten versuchen, mit ihrem **Führungsstil** nicht noch zusätzliche Komplexität zu schaffen, indem sie klare Zielsetzungen vorgeben und bei Bedarf rasche Entscheidungen für die Verkaufsmitarbeiter treffen. Aufträge sollten klar abgegrenzt und kommuniziert werden. Wichtig ist zudem, dass sie stets ein offenes Ohr für ihre Mitarbeiter haben. Sie sollten als Coach ihre Mitarbeiter für die Thematik der Verkaufskomplexität sensibilisieren und sie im Umgang mit derselben auch operativ unterstützen.
- Führungskräfte im Vertrieb nehmen hinsichtlich der vertrieblichen Informationsprozesse eine **Filterfunktion** wahr. Zur Reduktion unnötiger Komplexität sollten Informationen aus anderen Bereichen der Organisation nur in zusammengefasster Form und nach individueller Relevanz für die Verkaufsmitarbeiter weitergegeben werden.
- Die Führungskräfte übernehmen zusätzlich eine informatorische **Übersetzungsfunktion,** das heißt, Inhalte und insbesondere strategische Vorgaben des Topmanagements sollten im Plenum besprochen und verständlich dargelegt werden.
- Auf der **Konzeptionsebene** sollten vertriebliche Führungskräfte durch einen Verkäuferdialog, interne Support-Prozesse (z. B. Backoffice, punktuelle Unterstützung durch Spezialisten) sowie die Homogenisierung und kontinuierliche Optimierung der Verkaufsprozesse die operativen Verkaufsmitarbeiter darin unterstützen, die Komplexität im Verkaufsalltag besser handhaben zu können.
- Führungskräfte im Vertrieb müssen im Rahmen des **Schnittstellenmanagements** komplementäre Anforderungen an ihre Mitarbeiter moderierend kanalisieren. Denn in der Praxis ist die Perspektive der Verkaufsmitarbeiter in zahlreichen internen Projekten durch Schnittstellenpartner gefragt. Sie befinden sich in einem grundsätzlichen Kon-

flikt: Einerseits möchten sie ein Mitspracherecht, andererseits aber möchten sie für Sitzungen keine Zeit opfern, in der sie eigentlich verkaufen könnten.

Diese Hinweise zeigen, dass Komplexitätsmanagement im Verkauf nicht nur auf einer Instrumentalebene zu betrachten ist. Es handelt sich um ein originäres Managementthema. Hier ist eine verstärkte Sensibilität für das Phänomen der Komplexität wünschenswert als Voraussetzung für eine Professionalisierung der Vertriebsleitung. Gleichwohl ist davor zu warnen, der Komplexität durch technokratische Allmachtsphantasien begegnen zu wollen. An der Verkaufsfront schlägt häufig Flexibilität die Struktur und Pragmatismus das Konzept. „Gute“ und „schlechte“ Komplexität liegen nah beieinander und sind möglicherweise nicht immer überschneidungsfrei abzugrenzen. Daher ist Führungskräften genau wie ihren Mitarbeitern Augenmaß beim Umgang mit der Verkaufskomplexität anzuraten. „Nicht zuletzt ist sowohl seitens der Führungskräfte aber auch seitens der ADM ein gewisses Maß an Mut zur Lücke gefragt“ (Buob 2010, S. 163).

3.6 Implikationen für Verkaufsmitarbeiter

Verkaufsmitarbeiter befinden sich an einem Kulminationspunkt zwischen externer und interner Komplexität. Auf die Überforderung mit einer Vielzahl von Vorgaben und Aufgaben im Vergleich zu ihren verfügbaren Ressourcen reagieren sie mit individuellen Strategien, die nicht unbedingt im Sinne des Unternehmens sind. „Er strengt sich individuell an, entspricht aber nicht mehr den Ansprüchen. Er fühlt sich eher behindert, als im Erfolg unterstützt. Seine Arbeitssituation verschlechtert sich, statt sich zu verbessern“ (Belz und Schmitz 2011, S. 200). Persönliches Commitment, Mitarbeiterzufriedenheit und Einstellung zum Unternehmen verändern sich unter diesen Umständen negativ. Der resultierende Stress erhöht Krankenstand und Mitarbeiterfluktuation im Vertrieb und gefährdet dadurch den Verkaufserfolg.

Typische Symptome für diesen schleichenden vertrieblichen Vergiftungsprozess sind nach Belz und Schmitz (2011):

- Ad-hoc-Ausrichtung des Verkaufs,
- Bevorzugung von sicherem Geschäft und Behinderung von Innovationen,
- Überspielen bzw. Ignoranz eigener Know-how-Lücken sowohl gegenüber Kollegen als auch gegenüber Kunden,
- Rückzug auf tradierte Verkaufsrituale am Markt,
- Vernachlässigung von Vorgaben zugunsten individueller Arbeitsvereinfachung,
- konfliktträchtige Abschottung gegen Zentralen und anderen Unternehmensfunktionen, sowie
- taktische Nutzung von Schwächen in Entlohnungs-, Informations- und Steuerungssystemen.

Das Verhindern dieser kontraproduktiven Effekte der Verkaufskomplexität ist nicht nur Bringschuld der vertrieblichen Führungskräfte, sondern auch Holschuld der operativen Verkaufsmitarbeiter. Dazu bedarf es gewisser Arbeits- und Verkaufstechniken, mit deren Hilfe der Umgang mit Verkaufskomplexität besser zu handhaben ist. Buob (2010) hat die folgenden Techniken identifiziert, durch die Verkaufsmitarbeiter Komplexität als weniger problematisch wahrnehmen und gleichzeitig einen höheren Verkaufserfolg generieren können:

- ständige aktive Informationssuche über Neuerungen im Unternehmen (z. B. über neue Organisationsstrukturen, Verkaufsprozesse, Änderungen im Produktportfolio),
- permanente Weiterbildung in fachlichen Belangen und persönlichen Kompetenzen auch in der Freizeit,
- Nutzung jeder Möglichkeit, angebotene Verkaufstrainings zu besuchen und/oder sich mit anderen Verkaufsmitarbeitern auszutauschen (Best Practice),
- intensive Vorbereitung auf Kundengespräche unter konstruktiver Nutzung der betrieblichen Hilfestellungen (z. B. CRM-System),
- Führung des Verkaufsgesprächs nach einem strukturierten Beratungsansatz und
- Erwirkung von Entscheidungen (mit Nachdruck), die außerhalb des eigenen Kompetenzbereichs liegen.

Darüber hinaus zeigt sich in der Untersuchung von Buob (2010), dass es auch spezifische Persönlichkeits- und Charaktereigenschaften gibt, die Verkaufsmitarbeitern den Umgang mit Komplexität erleichtern. Demnach ist ein „Komplexitätsverkäufer" (Buob 2010, S. 182 f.) eine Person, die

- ein hohes Maß an Empathie aufweist, sehr fleißig ist und eine erhöhte Auffassungsgabe besitzt,
- ausgesprochen extrovertiert, also sehr gesellig, personenorientiert, optimistisch und lebenslustig ist,
- ausgeprägt gewissenhaft und folglich systematisch in ihrem Vorgehen, zuverlässig, diszipliniert, pünktlich, ehrgeizig und ausdauernd ist,
- emotional sehr stabil und damit gelassen, entspannt, unerschrocken und furchtlos ist, und
- sehr offen gegenüber Neuem ist und daher über charakteristische Merkmale wie Neugierde, Originalität und Einfallsreichtum verfügt.

Buob (2010) weist selbst darauf hin, dass die meisten der genannten Persönlichkeitseigenschaften generell für erfolgreiche Verkaufsmitarbeiter charakteristisch sind. Die Erkenntnisse erscheinen im Kontext mit anderen Maßnahmen des Komplexitätsmanagements aber gleichermaßen ergiebig und praktikabel, um Qualifizierungsmaßnahmen im Hinblick auf eine erfolgreiche Bewältigung der Verkaufskomplexität abzuleiten und/oder die Eignungsdiagnostik bei Neueinstellungen entsprechend anzupassen.

4 Fazit

Der persönliche Verkauf arbeitet im Spannungsfeld von Kundenanforderungen, Ergebnisdruck und Effizienzvorgaben. Die vertrieblichen Ressourcen werden in der Praxis häufig systematisch überfordert – Verkaufskomplexität entsteht. Diese hat ohne ein adäquates Komplexitätsmanagement kritische individuelle und organisationale Folgen. Allerdings ist nach Buob (2010) eine Reduktion der Verkaufskomplexität nicht immer möglich (interne vs. externe Komplexität) oder gar wünschenswert (gute vs. schlechte Komplexität). Vielmehr gilt es, einen optimalen Komplexitätsgrad in der Vertriebsorganisation anzustreben.

Hierfür ist das Verständnis von drei Komplexitätsschichten (Ziel-, Kunden- und Variantenkomplexität) und der resultierenden Koordinationskomplexität ein erster wichtiger Schritt. An der Kundenschnittstelle geht es sodann speziell um das Zusammenspiel von drei Konfliktebenen (Ziel-, Ressourcen und Prozesskonflikte). Aus dem Zusammenspiel zwischen Komplexität und Konflikten ergeben sich direkte und indirekte Effekte für Verkaufsmitarbeiter.

Für ein Komplexitätsmanagement sind zwei Dimensionen relevant: Einerseits die Ursachen der Komplexität und andererseits die Instrumente zum systematischen Umgang mit derselben. Die Komplexitätstreiber sind vielfältig und werden in der Literatur sehr unterschiedlich systematisiert. Das Management der Komplexität lässt sich in drei grundsätzliche Strategien gliedern: Vermeiden, beherrschen und reduzieren. Die jeweiligen Instrumente lassen sich spezifisch auf den Umgang mit den vertrieblichen Konfliktebenen ausrichten und ergeben so eine Toolbox, die unternehmensspezifisch anwendbar ist. Bei der Strategieumsetzung ist das Zusammenspiel von Führungskraft und Verkaufsmitarbeiter von zentraler Bedeutung. Für beide lässt sich eine ganze Reihe erfolgskritischer Implikationen ableiten.

Insgesamt zeigt sich: Komplexitätsmanagement ist komplex. In der Praxis wird mit Augenmaß ein gesunder Mix aus unterschiedlichen Maßnahmen abzuleiten sein. Als grundsätzliche Leitlinie sollten Manager den Hebel bei der (beeinflussbaren) internen Komplexität ansetzen und diese auf die (nicht beeinflussbare) externe Komplexität ausrichten. Dabei gilt es, Verkaufskomplexität nicht zu verteufeln, sondern zu verstehen und zur Schaffung von strategischen Wettbewerbsvorteilen systematisch zu nutzen.

Literatur

Adam, D., & Johannwille, U. (1998). Die Komplexitätsfalle. In *Komplexitätsmanagement* (S. 5–28). Wiesbaden.

Anderson, B., Hagen, C., Reifel, J., & Stettler, E. (2006). Complexity: Customization's evil twin. *Strategy & Leadership*, *34*(5), 19–27.

Ashby, W. R. (1956). *An introduction to Cybernetics*. London.

Balderjahn, I. (1988). Die Kreuzvalidierung von Kausalmodellen. *Marketing ZFP*, *10*(1), 61–73.

Belz, C. (2002). *Marketing Update 2005 – Akzente im innovativen Marketing*. St. Gallen.

Belz, C., & Schmitz, C. (2011). Verkaufskomplexität: Leistungsfähigkeit des Unternehmens in die Interaktion mit dem Kunden übertragen. In C. Homburg, & J. Wieseke (Hrsg.), *Handbuch Vertriebsmanagement* (S. 179–206). Wiesbaden.

Bentele, G., & Nothhaft, H. (2011). Vertrauen und Glaubwürdigkeit als Grundlage von Corporate Social Responsibility. In J. Raupp, S. Jarolimek, & F. Schultz (Hrsg.), *Handbuch CSR* (S. 50–57). Wiesbaden.

Brandes, D. (2010). *Einfach managen: Klarheit und Verzicht – der Weg zum Wesentlichen* (3. Aufl.). München.

Buchbach, T. (2011). *Ansätze des Komplexitätsmanagements in der strategischen Planung*. Saarbrücken.

Buob, M. (2010). *Verkaufskomplexität im Außendienst*. Wiesbaden.

Cross, M., Brashear, T., Rigdon, E., & Bellenger, D. (2007). Customer orientation and salesperson performance. *European Journal of Marketing, 41*(7/8), 821–835.

Dalhöfer, J., & Prieß, M. (2012). Führung im Komplexitätsmanagement. *Zeitschrift für wirtschaftlichen Fabrikbetrieb, 107*(1–2), 87–93.

Dannenberg, H. (1997). *Vertriebsmarketing – Wie Strategien laufen lernen* (2. Aufl.). Neuwied.

Denk, R., & Pfneissl, T. (2009). *Komplexitätsmanagement*. Wien.

Dixon, A. L., & Tanner Jr., J. F. (2012). Transforming selling: Why it is time to think differently about sales research. *Journal of Personal Selling & Sales Management, 32*(1), 9–13.

Drucker, P. F. (1998). *Die Praxis des Managements*. Düsseldorf.

Grössler, A., Grübner, A., & Milling, P. M. (2006). Organisational adaption processes to external complexity. *International Journal of Operations & Product Management, 26*(3), 254–281.

Ingram, T. N. (2004). Future themes in sales and sales management: Complexity, collaboration, and accountability. *Journal of Marketing Theory and Practice, 12*(4), 18–28.

Kaplan, R. S., & Norton, D. P. (1997). *Balanced Scorecard – Strategien erfolgreich umsetzen*. Stuttgart.

Luhmann, N. (1984). *Soziale Systeme – Grundriß einer allgemeinen Theorie*. Frankfurt a. M.

Olbrich, R. (2006). *Marketing – Eine Einführung in die marktorientierte Unternehmensführung* (2. Aufl.). Berlin.

Reiss, M. (2011). Komplexitätsmanagement als Grundlage wandlungsfähiger Produktionssysteme. *Zeitschrift Industrie Management, 27*(3), 77–81.

Vester, F. (2012). *Die Kunst vernetzt zu denken – Ideen und Werkzeuge für einen neuen Umgang mit Komplexität* (9. Aufl.). München.

Weiß, E., Koch, A., & Osterloh, J. (2009). Unternehmensführung. In *Praxishandbuch Corporate Compliance* (S. 61–74). Weinheim.

Wildemann, H. (1998). Komplexitätsmanagement durch Prozess- und Produktgestaltung. In D. Adam (Hrsg.), *Komplexitätsmanagement* (S. 47–68). Wiesbaden.

Wildemann, H. (1999). Komplexität: Vermeiden oder beherrschen lernen. *Harvard Business Manager, 6*, 30–42.

Wildemann, H. (2013). *Komplexitätsmanagement* (14. Aufl.). München.

Winkelmann, P. (2012). *Vertriebskonzeption und Vertriebssteuerung – Die Instrumente des integrierten Kundenmanagements – CRM* (5. Aufl.). München.

Zupancic, D. (2004). Verkaufseffizienz in schwierigen Zeiten erhöhen. *Thexis – Fachzeitschrift für Marketing, 21*(2), 44–45.

Best Practice: International Sales Leadership at SCHOTT – Managing local motivation for global success

Thomas Nieraad, Mark Delp und Mohan Joshi

Contents

Thomas Nieraad ✉
SCHOTT AG, Hattenbergstr. 10, 55122 Mainz, Germany
e-mail: thomas.nieraad@schott.com
Mark Delp
615 Hwy 68, 97874 Sweetwater, TN, USA
e-mail: mark.delp@us.schott.com
Mohan Joshi
Schott Glass India, Andheri, Kurla Road, 400059 Andher (East), Mumbai, India
e-mail: mohan.joshi@global-alliances.in

L. Binckebanck et al. (Hrsg.), *Führung von Vertriebsorganisationen*,
DOI 10.1007/978-3-658-01830-6_6, © Springer Fachmedien Wiesbaden 2013

1 Introduction

Powerful motivation is the key to success, especially in sales. There is no one-size-fits-all approach to infuse a global sales organization with motivation. People are different and cultures are different. This article is based on experiences from many years of operational sales management in different geographical areas. To be successful in a global environment, a company needs to combine a clear company direction and group culture with the diversity of local demands. The challenge increases with the diversity of cultures that are an integral part of the company. In this article, we look at the basic steering approach from the headquarters of the SCHOTT AG in Germany and elaborate on the different views and values of motivational factors from two regions with very different cultures: the United States and India. We notice that fixed and variable salaries have a different value in different cultures. We notice that the perception of what is a hard factor for motivation and what is a soft factor for motivation differs substantially. On the other hand, we notice that genuine leadership and intensive presence is the key to understand, develop and motivate sales people and drive them towards success – independent of the local culture.

SCHOTT AG is an international technology group with more than 125 years of experience in the areas of specialty glasses, materials and advanced technologies. It is headquartered in Mainz, Germany, and organized in seven business units. Group sales in the fiscal year 2011 amounted to € 2.88 bn. SCHOTT AG employs approximately 17.000 people. The company operates production sites and sales offices in 40 countries. 79 per cent of sales are generated outside Germany. 53 per cent of sales are generated in Europe, 24 per cent in Asia, 19 per cent in North America and 4 per cent in South America. The competitive environment is characterized by a broad variety of global as well as strong local competitors. The international business structure and the world-wide distribution of sales and production units already highlight the challenge: to match our German company culture, a clear action direction and the steering approach from the headquarters with the local motivational characteristics. This is especially valid for the company's spearhead in the market, its sales force.

The following contribution is based on the three authors' long-time sales management experiences in the global headquarters in Germany, as well as in the United States and India. We have chosen these markets to illustrate the diversity of the factors that influence motivation, the intrinsic differences and the resulting demands coming from different cultures. The article shall illustrate how the headquarters' steering approach has to allow for local flexibility in order to account for different cultural demands and motivational „drivers". In the considered businesses this approach has contributed to the very dominant market positions which have been built up over the years.

2 The Headquarters' Perspective: The Challenge of Global Sales Leadership in a Diverse and Changing Global Environment

One of SCHOTT AG's basic steering instruments is the annual target agreement. It is obligatory for all sales people. It determines the main action topics and sets the basis for the variable compensation pay-out at the end of the fiscal year. It is utilised throughout the entire company and consists of three elements:

- overall targets of SCHOTT AG,
- overall targets of business unit and
- individual targets: Focus here is to enable the employees to act as their „own" entrepreneur.

With this target agreement approach we combine the following five aspects which are of course interconnected and which we think are decisive for the motivation and success of our sales force.

2.1 Salary and Remuneration are Vital but don't Make the Ultimate Difference

Salary and remuneration package are of course an important driver of motivation but do not have the highest motivational effect overall. Conditions must be fair in the local context. In order to make the employee feel comfortable in his position and as a member of the company positive sentiments must not be negatively influenced either by the remuneration package itself or by status symbols such as company cars, mobile phones, laptops, etc. An enhancement of the remuneration package does not necessarily lead to top performance. We therefore deem the financial package more as a baseline factor of motivation. In our target agreement system, sales employees have a minimum share of 20 per cent of variable compensation. This increases with hierarchical level. From discussions with other top market performing companies we have the impression that variable compensation levels higher than 30 per cent may start to become unfavourable for the company because the employee tends to focus more on the own target achievement than the overall result of the company. As outlined below, this perception can differ depending on the country and culture.

2.2 Job and Personal Security Gains Value

Contrary to former opinions we have observed that the sustainability of the company itself together with personal financial and job security is gaining importance vs. pure financial measures – also for top performers and younger employees – especially in the context of the currently more uncertain economic conditions in many markets. We take this into account in our target agreement system. The company targets provide a certain income security also in cases when the employee's own business result is negatively affected, for example for force majeure. On the other hand, the employee has the possibility to overachieve the personal targets and the related part of the variable income. Another positive effect we have experienced in our target agreement structure is the fact that the entire team sells. This is reflected in the business unit goals. Also, a very strong stand-alone sales person will not be successful, if the other success criteria of the company such as back office and order processing, supply reliability, quality, marketing do not perform adequately. A lot of positive motivational effects and loyalty can also be achieved by using the company network for the support of the employee. Examples are personal and family integration of expatriates, selection of schools or child care for the children, spouse support, medical support, company credits and support of professional further education such as MBAs.

2.3 Clear Targets Provide Direction

The employee needs to know his targets in detail and clarity. Genuine targets contain a stretch-component. However, they need to be achievable, otherwise they may become demotivational. To ensure the motivating force of the targets, they are formally agreed together with the employee in the process of the annual target setting. The agreement has to be signed by the employee, the superior and the next-level superior as well. This is certainly a „German approach", which might appear rigid to other cultures but it enables a clear agreement of the goals and it also ensures that the individual goals are synchronized with the overall goals of the company. The employees need to be given enough entrepreneurial freedom and competences to deliver the result. This is also explicitly defined in our target setting process.

2.4 Leadership Is Authenticity

Leadership is one of the most decisive factors of employee motivation and success. The basis of an internationally or globally successful leadership in sales is the genuine, honest interest of the leader in his people and other cultures. Especially in a diverse international or global organisation and business environment, the leader must be present. We therefore expect our sales leaders to be out in the field at least 50 per cent of their time and be present at the sites and at customers, together with our sales people. Personal acquaintance allows the leaders to understand the strengths and improvement potentials of the individual employee, support them at customers where needed and further develop their skill set specific to their improvement potentials. Personal acquaintance also supports the understanding of the motivational drivers of the individual person: Some employees want to be challenged; some employees need a lot of praise and confirmation. There is no one-size-fits-all concept. Additionally, the personal contact increases the mutual understanding and commitment and develops trust. Presence also enables the leader to provide active support rather than only asking for contributions. Clear and specific performance feedback needs to be given in both positive cases and improvement needs. This is ensured at SCHOTT via bi-annual formalized appraisals which are documented and countersigned, again by the employee, the line manager and the next-level superior. They are centrally stored in an employee performance management system.

The upskilling of our sales people is supported by a Sales Qualification Matrix which has been developed in house. It distinguishes between „general attitude", „contact and communication skills", „sales skills", „relationship skills" and „strategic, technical and operational skills". It is a part of the appraisal discussion with the employees and supports the establishment of individual training plans. It is the clear task of the leader to make the employees identify themselves with the company and make them feel an important part of it. Naturally, this starts with the appropriate selection of people that fit the company culture. At the end of the day, working together has to be enjoyed by both parties if it shall lead to sustainable results.

2.5 Involvement and Recognition Produce Pride and Commitment

People need to be properly involved if the company wants them to „go the extra mile". This is valid for the target setting as described above but also for the basic factors which determine the target achievement and influence the action direction of the business unit. Therefore key operational collaborators are continuously involved in key projects from their early phases onwards. Some current examples are the re-design of the sales organisation, the development of new applications and businesses, the implementation of a further developed CRM system or the global transfer of technologies and products for accelerated business development, the development of customer and competitor strategies. Specific teams are established consisting of members from the headquarters and from the local units. In many cases, teams and projects are led by people from local units.

A further advantage of teaming up internationally beyond the borders of headquarters and the local units is the reduction of the „perceived distance". Conflicts of interests are reduced and stronger market-driven teams are formed which results in faster implementation and better results. Our experiences show that people react very positively to this job enrichment and engage themselves intensively. It goes without saying, that this type of job enrichment also supports individual career development. However, it will also be taken as positive by the employee if the leader watches out that „burnout" situations are prevented.

Outstanding achievements should be communicated. At SCHOTT, a regular information cascade is executed top down from the board via management levels to all employees worldwide. In this information cascade the business units report on their actual situation and main developments. This provides the employees with a broad set of information on where the company is going and what the current issues are. Feeling properly informed is basic for a high level of motivation. For the leader it is easy to use this information cascade to report on outstanding achievements by certain employees which makes them proud and loads them with the desire to perform. Other possibilities to recognize outstanding performance which are frequently used are internal media, web-pages and customer communication.

In the following, we take a look at the question of what motivation and successful sales leadership means from the angle of differing cultures, which means the United States and India. We distinguish between hard and soft factors of motivation. In our definition, the hard factors are the primary ones whereas soft factors are characterized as lower priority.

3 The American Perspective: Independence and Proper Resources for Success

Sales leadership to motivate sales people in the United States centres around what the company can do to position sales people for success. In the following, hard and soft factors that are important to properly motivate a sales person in the United States will be detailed.

3.1 Hard Factors of Motivation

3.1.1 Provide Proper Framework for Success

Successful sales people in the United States usually are involved in companies and business situations where the company they represent offers unique USP's or a competitive product, price or promotion within the specified market or business environment. It is imperative that the company provides its sales people a business situation where they can represent the company as offering value and with a competitive advantage in a key area. The best sales people will not be motivated if they cannot communicate a positive differentiation to prospective customers.

SCHOTT provides this fundamental requirement by offering breadth of product line from its local network of production companies, adequate capacity for business growth, and investment in innovation and new products. This allows the sales people to communicate and market USP's that create value for customers, which translates into motivation for SCHOTT's sales personnel.

3.1.2 Corporate Culture Needs to Support Sales Goals

Motivation for sales people is most often determined by the corporate culture. Motivated sales people do care that the company is focused and has a defined culture to achieve the stated goals. This relates for example to operational excellence, to innovation and product development and to customer service. It is imperative that it is obvious to the employees what is most important for success. It is also imperative that the company invests in the people and resources that support its culture.

At SCHOTT the different business units do have specific goals and a culture which is clearly showing everyone the goals and direction for the individual business. This happens of course under the umbrella of the group's corporate culture. The embedding of the specific business orientation into the context of the corporate culture and values allows it to be specific to the very market which supports the direct motivation of the sales team.

3.1.3 Management Needs to Listen and React

Motivated sales people like management to listen. The company needs a system that allows its sales people to offer feedback and suggestions as to what is happening with customers and in the markets that are served. Motivated sales people are the best source for customer and market intelligence. Using this contribution in decision making and preparation of strategies is a strong driver of the person's motivation. All parties involved profit from this closed loop.

3.2 Soft Factors of Motivation

3.2.1 Independence Cultures Motivation

Motivated sales people are for the most part self-motivated, they are self-starters. They do not need to be in an office at a fixed time or have their schedules micro-managed by a sales manager. The highly motivated sales persons can set their own schedule and priorities. They want to be trusted. Micromanagement may rather result in demotivation.

Consequently, SCHOTT allows some sales personal and managers to work from their home base. The company tries to find an optimal mix of freedom to work and presence in corporate or plant offices, where customer issues need to be discussed with the other team members who contribute to the sales success.

3.2.2 Involve the Market Spearhead in Strategy Development

It can be very motivating to be involved in the strategic direction of the company. Sales personnel are the people on the ground and in the field. They have the best view of the market and customers. It is imperative to allow this exposure as input for internal strategies for growth and improvement. On the operational level, this can easily be achieved by allowing the sales personnel to be deeply involved in sales planning. Each planning process begins with sales, and the sales people are encouraged to detail what is needed to achieve their plan. Subsequently, they are requested to offer strategies to achieve and exceed this plan.

3.2.3 Variable Compensation – More Money for Higher Results

A common denominator with highly motivated sales people is a high degree of variable compensation. Motivation is achieved by way of an opportunity to increase income based solely on individual performance. Clearly, the company success is the key ingredient of any successful compensation system. However, the amount of variable pay available to a sales person based solely on the performance of this person will attract and motivate the very best sales people.

It is important to tie any variable compensation to company goals and success. However, to motivate sales people it is necessary to find ways to reward individual effort and success. A sales person's variable element of compensation can go up to 35 to 50 per cent if it is tied to specific goals. The measuring criteria should be as simple as possible, for example sales volume or profitability of sales. The key is for the sales persons to feel they can influence their compensation with above average performance.

4 The Indian Perspective: Local Competence and Respect

In the following some background and explanation on what is seen as hard factors and soft factors of employee motivation from the perspective of the Indian culture and sales force will be given.

4.1 Hard Factors of Motivation

4.1.1 Face to the Customer as Face of the Company

Customers always prefer to have a local contact who can be approached at short notice. SCHOTT's Indian sales managers are comprehensively trained to ensure that they are able to offer good and viable solutions to their customers. It is an important motivating factor when the sales person is respected and trusted as a link between the company and the customer. Quite some multinational companies tend to focus exclusively on managers from headquarters for problem solving proposals thus diluting the role and importance of competencies required at the local level.

4.1.2 Adequate Product Range to Satisfy Local Demands

SCHOTT is a German company with a high reputation and a strong and established brand in B-to-B-business which is an asset also from the Indian perspective. As a global player, SCHOTT enables the local availability of an international range of products required by its target industry in India. This supports Indian customers' export business into the international markets. However, beside the availability of the global brands and products, it has also been ensured that sales with products that are required for the local market are continued. Many times, multinational companies offer the same global products in emerging markets but the real challenge is to actually offer the appropriate range of products for the very market. The local sales team can become strongly demotivated when companies try to cut and paste global products and processes showing lack of sensitivity to local requirements. SCHOTT follows the approach to combine global supplies with local production to meet the full demand of its customers.

4.1.3 Supply Chain for Customer Satisfaction

Sales managers need to work closely with their customers. When there is a delay in the execution of orders or response times, a considerable frustration for customers as well as for the sales employees can develop. SCHOTT acquired local production in 1997 and has expanded operations continuously since. By implementing state-of-the-art supply chain solutions in India, SCHOTT has succeeded in delivering quality products in time, consistently. When the customers are assured of products at acceptable prices with agreed delivery terms, then there is a greater chance that the strong sales performers remain motivated and loyal to the company.

4.2 Soft Factors of Motivation

4.2.1 Strong Performers Want to Be Respected, Develop Further and Add Value

Indian employees tend to follow instructions fully especially when they originate in Western countries. It could be due to the UK's influence over India for over three centuries. However, the new generation of Indians has confidence in its capability. What is really expected is that the headquarters sends experienced managers who team up on the basis of their expertise and are able to respect and consider the advice of local managers, since situations related to operational issues differ from country to country. Many multinational companies disregard this and still send their managers from the headquarters to emerging countries not purely based on required competencies.

SCHOTT has ensured that headquarter managers bring their expertise so that Indian operations can become world class in terms of quality of products and processes. For example, when the manufacturing of our global top brand in pharmaceutical tubing was started in India, the company ensured the smooth transfer of technology within two to three years. This was only possible due to the strong personal interaction between managers in Germany and in India. The same counts for another decisive functional area, controlling. Managers from emerging countries such as India are more reactive in nature and take actions which are sometimes late. In the close operational cooperation over years, managers from Germany ensured that Indian managers further developed to be proactive, anticipate problems and take corrective measures before a problem actually arises. This approach transfers competence and authority to the Indian operations and is of course ongoing over time.

4.2.2 Be Part of the Global Strategy

Turnover from emerging countries is still too small when compared to developed economies. However, future growth is expected from emerging countries. Due to this market shift multinational companies need to redefine their strategies. Since the start of our company in India in 1997, managers from India have always been involved in decision making related to issues affecting their business unit locally as well as globally. This practice takes time and effort but meeting global managers face to face not only creates a platform for networking but is a good way to retain and further develop top quality talent.

As an example, the Indian managers were given full opportunity to explain the different business requirements in India. SCHOTT ensured that operations continued with products required for Indian market. Only when the Indian market was ready, SCHOTT started the production of our global top brand in pharmaceutical tubing. The Head of Sales and Marketing from India has been continuously involved in global strategies related to pricing, branding and marketing activities.

4.2.3 Financial Rewards Shall Provide Basic Comfort Level, Individualised Approaches Make the Difference

A salary at the market level is a must to retain talent but it is important to understand one major difference: While managers from the West are assured of a good standard of living with strong healthcare and retirement support, Indian managers are often still far away from basic comforts. Indian managers look at the assured yearly income from a job rather than fluctuating annual bonuses. Considering the shortage of and battle for talent, sales managers who have experience of working with foreign companies are in demand. In order to motivate and retain talent, companies must develop innovative personalized approaches. It can be selected out of many options like flexible work timing, housing or educational loan or a good car. Instead of just giving an additional cash component in the salary, benefits that are visible and which will create emotional bonds with the family are effective in supporting motivation and helping retention.

5 Conclusion

As it is commonly known, motivation is the personal fuel. It is energy, power, creativity and the will to succeed. Therefore no top performance is likely without top motivation. This is certainly true for a company's sales organisation as well, its spearhead in the market and in the battle for shares and profit. The more companies are engaged in international or global operations, the more challenging and complex the demands become on how to motivate the people. There is no one-size-fits-all recipe. People are different. Personal situations are different. Cultures are different. Economic situations are different. The role of the headquarters is to determine a clear action direction and clear targets for its people which have to be synchronized throughout the different functions of the company. This takes place under the umbrella of the company's general culture. It also has to provide the framework and resources for success in terms of adequate staffing, appropriate products for the very market, positive differentiation from competition, supply chain security, product innovation, investment in people, etc. At the same time the company has to allow for enough flexibility to account for the local specifics which are required to generate a top motivated sales team. Remuneration is important, but it is not everything. The perception of hard and soft motivational factors differs as per the culture the people are operating in. A decisive role lies in an authentic leadership which demands a lot of presence of the leaders in the markets and with their sales people. This is the only way for the leaders to really understand the impact of cultural differences, the expectations of the individual towards the organisation as well as the person's strengths and weaknesses. This forms the basis to support or further develop the employee and their motivation accordingly. Personal presence and contact not only generates a trustful working relationship but can also charge the employee with the energy and will to succeed. This will become even more important in the future, considering the ongoing changes which will influence peoples' behaviour: globalisation, change of economic powers, change of age structures, influence of IT-supported tools and social networks, etc. Extensive personal presence in a global activity is hard work but it is definitely worth the effort, since the enrichment by cultural diversity and joint successes will fuel the team with the necessary motivation in a sustainable way.

Teil II
Koordinationsbezogene Perspektive der Vertriebsführung

Grundlagen zur Koordination im Vertrieb

Ann-Kristin Hölter

Inhaltsverzeichnis

1 Einleitung

Seit Beginn des 21. Jahrhunderts hat sich die Vertriebsabteilung einem kontinuierlichen Wandel unterzogen. Diese Transformation bezieht sich insbesondere auf den zunehmend strategischen Charakter der Funktion (vgl. Storbacka et al. 2009). Während Vertriebsaktivitäten früher eher als operative Probleme begriffen wurden, sind vertriebsbezogene

Ann-Kristin Hölter ✉
Nordakademie – Hochschule der Wirtschaft, Köllner Chaussee 11, 25337 Elmshorn, Deutschland

L. Binckebanck et al. (Hrsg.), *Führung von Vertriebsorganisationen*,
DOI 10.1007/978-3-658-01830-6_7, © Springer Fachmedien Wiesbaden 2013

Entscheidungen in Zeiten volatiler Kundenansprüche und zunehmender Vertriebskanalkomplexität von strategischer Bedeutung (vgl. Backhaus et al. 2011). Der stetig zunehmende globale Innovations- und Wettbewerbsdruck verstärkt diese Entwicklung zusätzlich (vgl. Homburg und Wieseke 2011). Mit dem beschriebenen Wandel verändern sich auch die Ansprüche an die Vertriebsmitarbeiter. Während früher der reine Verkaufsabschluss im Vordergrund stand, muss sich der Vertriebsmitarbeiter heute insbesondere für die bedeutsamen Kunden als ganzheitlicher Dienstleister verstehen, ihre Probleme antizipieren, rechtzeitig die richtigen Lösungen vorschlagen und am besten rund um die Uhr erreichbar sein. Die Aufgabe des Vertriebsmanagements besteht in diesem Zusammenhang darin, die Kunden zu priorisieren und hinsichtlich ihrer strategischen Bedeutung die Betreuungsintensität durch die Vertriebsmitarbeiter festzulegen (vgl. Backhaus et al. 2011). Kunden, bei denen sich aufgrund geringer Beiträge zur Zielerreichung hohe Betreuungsintensitäten nicht rechtfertigen lassen, sollten durch effizientere Vertriebskanäle bearbeitet werden (vgl. Backhaus et al. 2011). Sowohl die Kundenpriorisierung als auch die Vertriebskanalwahl sind durch das Vertriebsmanagement zu koordinieren und ggf. dynamisch anzupassen.

Verändert hat sich auch der Umgang mit Informationen, die der Vertriebsmitarbeiter im Feld sammelt. Längst ist ein strukturiertes Customer-Relationship-Management-System (CRM-System) aus den meisten Business-to-Business-Unternehmen nicht mehr wegzudenken. Hierfür ist häufig die Pflege aufwendiger Datenbanken nötig, die nach dem eigentlichen Arbeitstag erfolgen muss. Auch der persönliche Austausch mit anderen Funktionsbereichen wird immer stärker forciert. Da nicht alle Vertriebsmitarbeiter gerne und jederzeit bereit sind, ihr Wissen mit anderen Unternehmensmitgliedern zu teilen oder Datenbanken intensiv zu pflegen, ergibt sich für das Vertriebsmanagement die Aufgabe, den Wissenstransfer zwischen den Abteilungen zu steuern und die abteilungsübergreifende Zusammenarbeit zu fördern sowie zu koordinieren. Dies ist von zentraler Bedeutung, da der Vertrieb mit seinen spezifischen Kunden- und Marktkenntnissen über erfolgskritische Ressourcen für den Strategieentwicklungsprozess sowie die Arbeit anderer Funktionsbereiche verfügt (vgl. Piercy und Lane 2009).

Die vorangegangenen Ausführungen zeigen, dass es erheblicher Koordinationsaktivitäten bedarf, um den Anforderungen der heutigen Vertriebsarbeit gerecht zu werden. In diesem Beitrag sollen daher die zentralen Koordinationsaufgaben für das Vertriebsmanagement aufgezeigt werden. Im zweiten Kapitel wird dafür zunächst die Bedeutung des wertorientierten Kundenmanagements diskutiert, bevor Implikationen für die Betreuungsintensität sowie die Vertriebskanalwahl abgeleitet werden. Das dritte Kapitel befasst sich mit der Koordination von Marktinformationen, die durch den Vertrieb gesammelt werden. Insbesondere wird dabei auch auf CRM-Systeme eingegangen. Im vierten Kapitel werden die Schnittstellen des Vertriebs zu anderen Funktionsbereichen – insbesondere zum Marketing – beleuchtet und Konfliktpotenziale sowie mögliche Lösungsansätze erörtert. Im Fazit werden die wesentlichen Ergebnisse noch einmal zusammengefasst.

2 Wertorientiertes Channel Management – Den „passenden" Weg zum Kunden identifizieren und koordinieren

2.1 Wertorientierte Kundensegmentierung

2.1.1 Bedeutung der wertorientierten Kundensegmentierung

Es ist unumstritten, dass Unternehmen durch ein gezieltes Kundenmanagement dauerhafte Wettbewerbsvorteile erlangen können (vgl. Ivens und Eggert 2011). Insbesondere die Ausrichtung der Vertriebs- und Marketingaktivitäten an kundenspezifischen Erfolgs- und Steuergrößen wie dem Kundenwert hat in den letzten Jahren an Bedeutung gewonnen (vgl. Holm et al. 2012) und stellt eine wesentliche Koordinationsaufgabe des Vertriebsmanagements dar. Auf Basis einer Segmentierung und anschließenden Priorisierung werden sowohl die Art und Weise der Kundenbeziehung festgelegt als auch die passenden Vertriebskanäle identifiziert (vgl. Backhaus et al. 2011).

Die Kundensegmentierung dient als Instrument, gleichartige Kundengruppen zu identifizieren, diese anschließend zu Segmenten zusammenzufassen und Kunden innerhalb eines Segments mit gleichen Maßnahmen gezielt zu bearbeiten (vgl. Krafft und Albers 2000). Segmentierungen nach dem Bindungspotenzial von Kunden oder nach psychologischen Kriterien (z. B. nach dem Zufriedenheitsgrad von Kunden) sind besonders geläufig (vgl. Bruhn 2001). Während diese Segmentierungsansätze häufig direkt vom Unternehmen beeinflusst werden können, gibt es daneben auch Ansätze, die eine Segmentierung nach exogenen Kriterien vornehmen, die in der Regel nicht beeinflussbar sind (z. B. Segmentierung nach demografischen oder sozioökonomischen Kriterien). Vor dem Hintergrund eines effizient einzusetzenden und begrenzten Marketing- und Vertriebsbudgets ist jedoch eine Segmentierung nach der ökonomischen Wertigkeit von Kunden sinnvoll (vgl. Krafft und Albers 2000). In der Literatur werden Ansätze zur Bewertung von Kunden unter dem Begriff der „wertorientierten Kundensegmentierung" behandelt (vgl. Krafft 2007). Auf der Basis der Kundenbewertung ist das Vertriebsmanagement in der Lage, die Bedeutung eines Kunden zur Erreichung der Vertriebs- und Unternehmensziele einzuschätzen und entsprechend eine sinnvolle Betreuungsintensität durch den Verkaufsaußendienst oder alternative Maßnahmen (z. B. Direktmarketingaktivitäten; vgl. hierzu auch den Beitrag von Fredebeul-Krein und Krafft in diesem Buch) festzulegen. Häufig zeigt sich im Rahmen der Kundenwertberechnung auf Business-to-Business-Märkten, dass im gesamten Kundenstamm eines Unternehmens eine kleine Gruppe Kunden eine zentrale Bedeutung für den Unternehmenserfolg aufweist (vgl. Ivens und Eggert 2011). Diese Kunden werden auch als Schlüsselkunden bezeichnet und in der Regel durch das Key Account Management bearbeitet (vgl. Bradford et al. 2012). Aufwendige Betreuung, hohe Rabatte und Sonderaktionen sind diesen Kunden in der Regel garantiert. Das Management der kleineren Kunden ist hingegen je nach ermitteltem Kundenwert individueller zu gestalten (vgl. hierzu auch den Beitrag von Schmitz, Ahlers und Belz in diesem Buch). Empirische Untersuchungen zeigen, dass Unternehmen, die ihre Kunden je nach Bedeutung erfolgreich unterschiedlich bearbeiten, sowohl auf Business-to-Business- als auch auf Business-to-Consumer-Märkten eine

Zuordnung / Bewertung	Individuelle Darstellung	Aggregierte Darstellung
Eindimensional	**Qualitative Segmentierung** (subjektive Einteilung von Kunden in Gruppen) **Kundendeckungsbeitrags-rechnung** (Analyse der Deckungsbeiträge einzelner Kunden) **Customer Lifetime Value** (dynamischer Ansatz zur Berechnung des Kundenkapitalwertes über die gesamte Dauer der Geschäftsbeziehung)	**Qualitatives Ranking aller Kunden** (subjektive Einschätzung aller Kunden) **ABC-Analyse** (quantitative Segmentierung in A-, B-, C-Kunden anhand des Umsatzes) 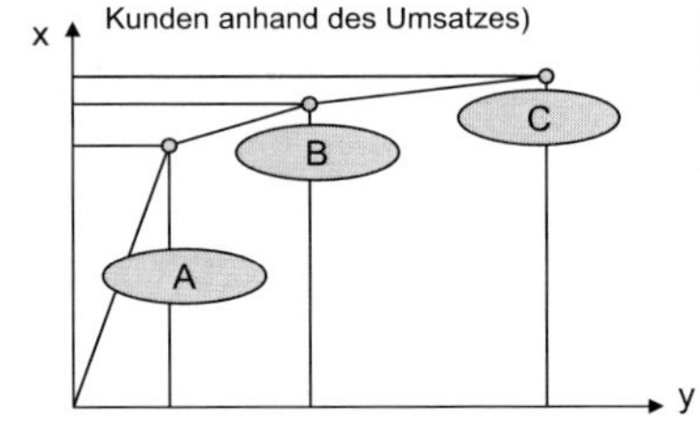
Mehrdimensional	Berücksichtigung zahlreicher Kriterien und anschließende Gewichtung für jeden Kunden **Scoring-Ansätze** (z.B. RFM) **Radarchart** (je Kunde) **„moderne" Customer-Lifetime-Value-Ansätze**	**Scoring-Portfolios** (Darstellung aller Kunden in einem Portfoliomodell) **Klassisches Kundenportfolio** (zur Visualisierung der Kundenstruktur)

x: kumulierter Umsatzanteil ; y: kumulierter Anteil am Kundenbestand

Abb. 1 Systematisierung von Kundenbewertungsmethoden (Quelle: In Anlehnung an Krafft 2007)

höhere Profitabilität aufweisen, als Unternehmen, die allen Kunden ähnliche Aufmerksamkeit zukommen lassen (vgl. z. B. Homburg et al. 2008a).

2.1.2 Ansätze der wertorientierten Kundensegmentierung

Zur Bewertung von Kunden existieren in der Literatur zahlreiche Ansätze. Um einen Überblick über die Methoden zu erhalten, wird im Folgenden die Systematisierung von Krafft (2007) herangezogen. Danach lassen sich Kundenwertmodelle zunächst nach der Art und Anzahl der zugrunde gelegten Dimensionen unterscheiden (ein-/mehrdimensional). Weiterhin lassen sich die Ansätze danach differenzieren, ob sie eine Einzelbewertung von Kunden ermöglichen (individuell) oder Kunden nur im Vergleich zum restlichen Kundenstamm eines Unternehmens bewertet werden (aggregiert). Eine Übersicht über die von Krafft (2007) vorgenommene Einordnung von Kundenbewertungsansätzen lässt sich Abb. 1 entnehmen.

2.1.2.1 Eindimensionale Ansätze zur Kundenbewertung

Zu den quantitativen, eindimensionalen Verfahren auf individueller Ebene gehören insbesondere die Kundendeckungsbeitragsrechnung und der Customer-Lifetime-Value-Ansatz (CLV-Ansatz). Bei der Kundendeckungsbeitragsrechnung werden für jeden Kunden die durch ihn verursachten Kosten und Umsätze gegenübergestellt (vgl. Haag 1992). Die Kostenermittlung für einen individuellen Kunden ist jedoch mit Problemen verbunden, da nicht alle anfallenden Kosten direkt zurechenbar sind (vgl. Bruhn und Georgi 2000). Abhilfe könnte die – bisher in der Praxis wenig verbreitete – Anwendung einer kundenbezogenen Prozesskostenrechnung schaffen, die durch eine Vollkostenbetrachtung alle relevanten Kosten abzubilden versucht (vgl. Krafft und Albers 2000).

Der CLV-Ansatz ist ein dynamisches Konzept zur kundenbezogenen Erfolgsermittlung über die Totalperiode der Geschäftsbeziehung, das die erwarteten Ein- und Auszahlungen eines Kunden während der gesamten Geschäftsbeziehung gegenüberstellt und auf den Betrachtungszeitpunkt gemäß der dynamischen Investitionsrechnung diskontiert (vgl. Krafft 2007). Mit der Begründung, dass nur reine Finanzflüsse als einziges Kriterium zur Kundenbewertung berücksichtigt werden, lässt sich der CLV-Ansatz ursprünglich bei den eindimensionalen Ansätzen einordnen, hat sich jedoch in den letzten Jahren zu einem mehrdimensionalen Konstrukt entwickelt. Aktuelle Ansätze berücksichtigen auch nicht monetäre Größen, beispielsweise das Weiterempfehlungspotenzial eines Kunden, sein Cross- und Up-Selling-Potenzial oder sein Informationspotenzial (vgl. z. B. Bolton et al. 2004; Rust et al. 2004; Schulze et al. 2012).

Ein häufig angewendetes, quantitatives Instrument zum Vergleich der Umsatzzahlen verschiedener Kunden ist die ABC-Analyse, die zu den eindimensionalen, kumulierten Ansätzen zählt (vgl. Krafft 2007). Die ABC-Analyse zielt darauf ab, die Kunden in Abhängigkeit von ihrem Umsatz in eine Reihenfolge zu bringen. In einem zweidimensionalen Diagramm wird auf der Abszisse der kumulierte Anteil am Kundenbestand und auf der Ordinate der kumulierte Umsatzanteil jeweils in Prozent abgetragen. Anhand der entstehenden Kurve können die Kunden in A-, B- und C-Kunden eingeteilt werden. Die A-Kunden stellen die umsatzstärksten Kunden dar, in die daher am meisten investiert werden sollte. Hier wird oft die 20:80-Regel deutlich, die besagt, dass 20 Prozent der Kunden 80 Prozent des Umsatzes ausmachen (vgl. Homburg und Daum 1997).

Während die eindimensionalen Ansätze zwar leicht anzuwenden sind, ist jedoch die Annahme problematisch, dass sie in der Lage seien, die Komplexität der Profitabilität von Geschäftsbeziehungen auf der Basis nur eines Kriteriums abzubilden. Die mehrdimensionalen Ansätze berücksichtigen hingegen verschiedene Kriterien und sind besser geeignet, dieser Komplexität zu begegnen.

2.1.2.2 Mehrdimensionale Ansätze zur Kundenbewertung

Scoring-Modelle zielen darauf ab, den Wert eines Kunden systematisch zu bestimmen, indem verschiedene quantitative und qualitative Kriterien gewichtet, mit Punkten bewertet und anschließend zu einer Summe addiert werden. In Radarcharts werden die Daten hingegen nicht verdichtet, sondern alle Kriterien als eine eigene Dimension abgetragen. Dies kann jedoch schnell unübersichtlich werden, sodass die Verwendung eines Scoring-Modells häufig sinnvoller ist (vgl. Krafft und Albers 2000).

Eine auf Vergangenheitsdaten basierende Scoring-Methode, die sich insbesondere in Direktmarketingbranchen durchgesetzt hat, ist das RFM-Verfahren. Das RFM-Verfahren ermöglicht eine kundenindividuelle Bewertung und steht für „Recency of last purchase", „Frequency of purchase" und „Monetary value". Insbesondere im Versandhandelsbereich konnte empirisch ermittelt werden, dass ein Zusammenhang zwischen diesen Größen und dem Kaufverhalten der Kunden liegt: Je näher die letzte Bestellung zurückliegt (Recency), je häufiger ein Kunde in einem festgelegten Zeitraum geordert hat (Frequency) und je mehr Umsatz in der gesamten Geschäftsbeziehung mit dem Kunden erwirtschaftet wurde (Monetary value), desto häufiger wird bestellt und desto höher ist auch der Bestellwert. Entsprechend werden je nach Ausprägung der jeweiligen Größe Punktwerte für die Attraktivität des Kunden für das Unternehmen vergeben (vgl. Krafft 2007).

Die Portfolioanalysen dienen der Einteilung von Kunden in bestimmte Gruppen und sind den mehrdimensionalen, aggregierten Kundenbewertungsansätzen zuzuordnen. Gegenüber den klassischen CLV-Ansätzen sowie der häufig eingesetzten ABC-Analyse besteht bei diesem Ansatz der Vorteil darin, dass neben quantitativen auch qualitative Kundenmerkmale herangezogen werden (vgl. Backhaus et al. 2011). Bekannt ist die Kundenportfolioanalyse von Piercy und Lane (2009), die anhand der Dimensionen Service- und Beziehungsanforderungen des Kunden sowie Kundenumsätze und -potenziale die Kunden in vier Gruppen einteilen, die jeweils verschieden zu betreuen sind. Problematisch an diesen Ansätzen ist jedoch, dass die Gruppen mitunter nicht ganz überschneidungsfrei sein und fatale Fehler in der Betreuungsintensität begangen werden können.

2.1.3 Kritische Würdigung der wertorientierten Kundensegmentierungsansätze

Für alle vorgestellten Kundenbewertungsmethoden gilt gleichermaßen, dass sie dazu beitragen, unterschiedliche Kundensegmente zu identifizieren, um auf dieser Basis differenzierte Kundenstrategien anwenden zu können. Den eindimensionalen Ansätzen ist jedoch die Steuerungsfähigkeit in Hinblick auf die optimale Ressourcenallokation für unterschiedlich profitable Kunden abzusprechen, da eine Steuerung anhand nur eines Kriteriums unzureichend ist. Bei den mehrdimensionalen Ansätzen sind stets die Gewichtung und die Auswahl der Kriterien als kritisch zu betrachten, insbesondere da sie häufig subjektiv erfolgen (vgl. Krafft und Albers 2000). Eine falsche Auswahl der Kriterien sowie eine falsche Gewichtung der Kriterien untereinander können ebenfalls zu einer suboptimalen Allokation der Betreuungsintensität und Marketingmaßnahmen führen. Ziel der Kundenwertberechnung muss es sein, profitable und damit gewinnbringende zukünftige und bestehende Kundenbeziehungen zu identifizieren, zu selektieren und zu fördern (vgl. Bruhn 1998). Wichtig ist jedoch, dass der gewählte Ansatz der Kundenwertberechnung praktisch umsetzbar sein muss. So finden sich zwar in der Wissenschaft zahlreiche Modelle, die zwar eine allumfassende Berechnung des Kundenwerts und sogar eine darauf zugeschnittene Allokation des Marketing- oder Vertriebsbudgets ermöglichen würden, jedoch ist die hierzu erforderliche Informationsbasis häufig einfach nicht vorhanden. Beispielhaft sei auf den Ansatz von Venkatesan und Kumar (2004) verwiesen, deren CLV-Berechnung eine optimale Ressourcenallokation auf verschiedene Marketingkanäle gewährleisten soll. Die Autoren unterscheiden zwischen drei verschiedenen Kommunikationskanälen, die jeweils mit unterschiedlichen

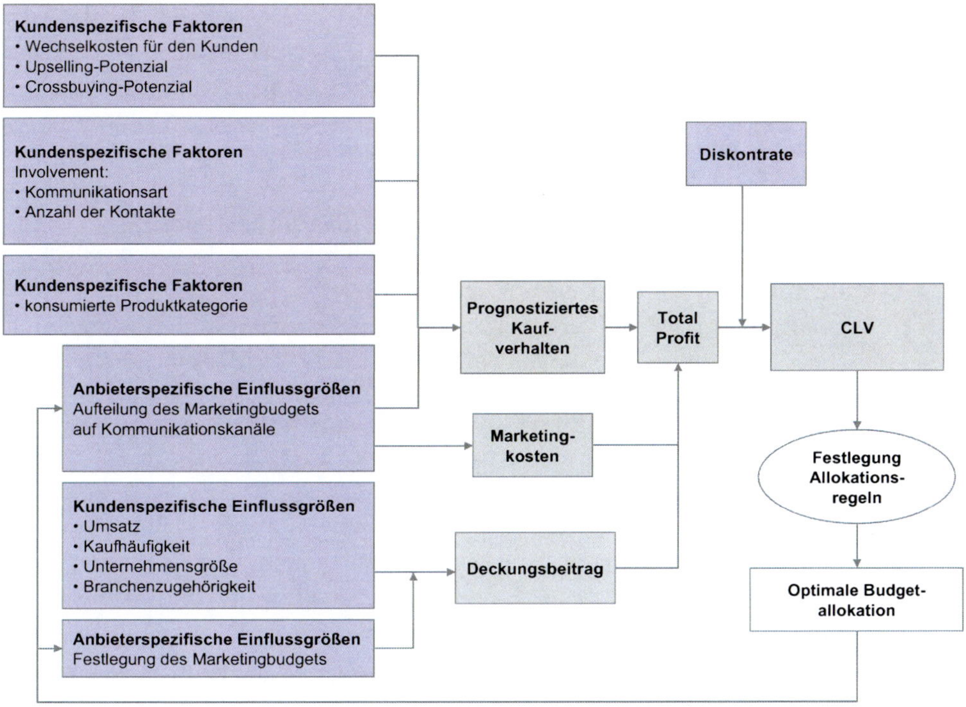

Abb. 2 Aufbau des Customer Lifetime Value-Modells von Venkatesan und Kumar (2004) (Quelle: In Anlehnung an Venkatesan und Kumar 2004)

Kosten verbunden sind. Um bestimmen zu können, wie die Ressourcenallokation auf Kunden und Kommunikationskanäle optimal ist, wird die zur Berechnung des CLV aufgestellte Gleichung als Zielfunktion genutzt. Da der Kundenkontakt vom Unternehmen selbst gesteuert werden kann, stellen die Ausgaben für die verschiedenen Kommunikationskanäle die zu variierenden Größen dar. An der Stelle, an der die CLV-Funktion ihr Maximum annimmt, liegt eine optimale Ressourcenallokation auf die Kommunikationskanäle vor. Zur Berechnung des CLV ziehen die Autoren zahlreiche Einflussfaktoren heran (vgl. Abb. 2).

Während sich der Ansatz in der Wissenschaft großer Beliebtheit erfreut, ist er fern von praktischer Umsetzbarkeit. Insbesondere müssen in der Realität Übersegmentierungen vermieden werden, indem die Kosten der Segmentierung den Nutzen nicht übersteigen (vgl. Homburg et al. 2010). Die Entscheidung über das Detailniveau der wertorientierten Segmentierung müssen Marketing und Vertrieb gemeinsam treffen, da die Segmentierung in der Regel im Marketing aufgehängt ist, während die hierzu erforderliche Informationsbasis insbesondere im Business-to-Business-Bereich durch den Vertrieb bereitgestellt werden muss. Auch der dynamische Aspekt der Segmentierung darf nicht vernachlässigt werden, denn derzeit unattraktive Kunden können sich im Zeitablauf durchaus als hoch profitabel entpuppen – und umgekehrt.

Die sich an die Kundensegmentierung anschließende Priorisierung von Kunden und die Auswahl und Koordination einer adäquaten Bearbeitungsstrategie über die richtigen Kanäle stellen eine zentrale Koordinationsaufgabe des Vertriebsmanagements dar und sind Gegenstand des folgenden Abschnitts.

2.2 Die Wahl von Vertriebskanal und Kommunikationsstrategie

2.2.1 Intensität der Kommunikationsaktivitäten

Durch die Auswahl der richtigen Vertriebskanäle, deren professionelle Bearbeitung und ergebnisoptimierte Koordination können Unternehmen ihre Vertriebsorganisation und somit die Kundenbetreuung optimieren. Die heutige Vielfalt an Vertriebskanälen bietet Unternehmen einerseits die Chance, Absatzwege zu optimieren und eine zielgerichtete Kundenansprache vorzunehmen. Andererseits gehen damit aber große Herausforderungen einher, die eine systematische Vertriebsplanung erfordern. In diesem Rahmen muss das Management nämlich nicht nur festlegen, welche Kanäle zu welchem Zeitpunkt zur Betreuung bestimmter Kundengruppen eingesetzt werden, sondern es muss auch über die Intensität der Kommunikation entschieden werden (vgl. Fredebeul-Krein 2012). Hierbei bestimmt der Wert des Kunden maßgeblich die Wahl von Vertriebskanal und Kommunikationsstrategie: So ist es aus Anbieterperspektive in der Regel nicht sinnvoll, wenig profitable Kunden über betreuungsintensive Kanäle mit eigenem Vertriebsaußendienst zu bedienen (vgl. Backhaus et al. 2011). Ein zentrales und mit der Wahl des Vertriebskanals eng verzahntes Entscheidungsfeld stellt daher die Gestaltung der Kommunikationsaktivitäten dar. Hier geht es insbesondere darum, wie der Kontakt mit dem Kunden zu optimieren ist. Grundsätzlich lassen sich drei Formen des Kundenkontakts unterscheiden (vgl. Homburg 2012):

- Der *persönliche direkte Kontakt* dient dazu, Kunden oder Aufträge durch unmittelbare Einwirkung auf die Entscheidungsträger zu gewinnen. Dies erfolgt in der Regel in persönlichen Gesprächen zwischen Vertriebsmitarbeitern und (potenziellen) Kunden. Der persönliche Verkauf stellt insbesondere im Business-to-Business-Bereich die wichtigste und zugleich kostenintensivste Vermarktungsform dar.
- Der *persönliche mediale Kontakt* umfasst hingegen verschiedene Direktmarketingmaßnahmen, die zwar die direkte Kundenansprache ermöglichen, aber keinen persönlichen Besuch nach sich ziehen. Beispiele hierfür können Telefonanrufe, personalisierte Mailings oder Faxe sein.
- Die letzte Form des Vertriebskontakts stellt der *unpersönliche mediale Kontakt* dar, der zwar im Vergleich zu den erstgenannten Kontaktarten deutlich weniger effektiv, dafür jedoch wesentlich kostengünstiger ist. In bestimmten Branchen (insbesondere im Business-to-Consumer-Bereich) ist häufig eine persönliche direkte oder mediale Kundenansprache aus Effizienzaspekten nicht darstellbar. Das E-Commerce spielt in diesem Zusammenhang eine immer wichtigere Rolle im Rahmen der Vertriebsstrategie. So nut-

zen bereits viele Konsumgüterunternehmen soziale Plattformen zur Kundenansprache. Doch auch Industriegüterunternehmen gehen verstärkt dazu über, internetbasierte Vertriebskanäle als Ergänzung zum persönlichen Verkauf einzusetzen.

Bei der Auswahl der Kommunikationsaktivitäten gilt es, sowohl die Effizienz (Kosten pro Kundenkontakt) als auch die Effektivität (Umsatz pro Kundenkontakt) der einzelnen Instrumente zu berücksichtigen (vgl. Fredebeul-Krein 2012). Zwar stellt der persönliche Verkauf unumstritten das effektivste Kommunikations- und Verkaufsinstrument dar, jedoch erfordern die hohen Kosten von Außendienstbesuchen mitunter den Einsatz kostengünstiger Alternativen (vgl. Albers et al. 2010). Eine zentrale Herausforderung besteht dabei darin, wenig profitable Kunden, die sich dennoch eine intensive Betreuung wünschen, zufriedenzustellen, ohne dabei die Kosten zur Bearbeitung dieser Kunden zu sprengen (vgl. Backhaus et al. 2011). In Abhängigkeit von der gewählten Vertriebsform erübrigen sich zudem bestimmte Möglichkeiten der Kundenansprache (z. B. persönlicher Verkauf bei indirektem Vertrieb).

2.2.2 Direkter vs. indirekter Vertrieb

Im Rahmen der Vertriebskanalstrategie ist zunächst die grundsätzliche Entscheidung zwischen direktem und indirektem Vertrieb zu treffen. Indirekter Vertrieb liegt vor, wenn ein Hersteller unternehmensexterne Vertriebspartner einsetzt (vgl. Homburg 2012). Der Hersteller verhandelt auf den Vorstufen persönlich oder unpersönlich mit seinen Vertriebspartnern und die Vertriebspartner wiederum mit den Endkunden (vgl. Winkelmann 2012). Es sind folglich ein oder mehrere Absatzorgane zwischengeschaltet, die rechtlich und wirtschaftlich selbstständig im Markt agieren (vgl. Backhaus et al. 2011). Beim direkten Vertrieb vollzieht sich der Distributionsprozess hingegen allein zwischen dem Hersteller und dem Kunden (vgl. Kleinaltenkamp 2006). Dies setzt voraus, dass der jeweilige Anbieter über unternehmenseigene Vertriebsorgane verfügt (vgl. Backhaus et al. 2011). Einen Überblick über prinzipiell mögliche Vertriebsorgane liefert Abb. 3.

Im Bereich der unternehmensinternen Vertriebsorgane ist zu unterscheiden zwischen organisatorischen Einheiten und einzelnen Personen, die Vertriebsaufgaben übernehmen (vgl. Homburg 2012). In der Regel sind die einzelnen Personen wiederum den organisatorischen Einheiten zugeordnet. Grundsätzlich können Vertriebsorganisationen aus Außen- und Innendienstmitarbeitern bestehen, die durch den Kundendienst unterstützt werden (vgl. Winkelmann 2012). Hinsichtlich der externen Vertriebsorgane lassen sich abhängige (gebundene) und unabhängige Vertriebsorgane unterscheiden. Zu den unternehmensgebundenen Vertriebsorganen gehören insbesondere Vertragshändler und Franchisesystempartner. Vertragshändler sind rechtlich selbstständig, jedoch in die Vertriebsstrategie des Herstellers eingebunden (vgl. Homburg 2012). Diese Konstellation findet sich häufig in der Automobilindustrie. Bei der Kooperation mit Franchisesystempartnern erfolgt eine noch stärkere Bindung zwischen den Vertriebspartnern – dem Franchisegeber und dem Franchisenehmer –, wenngleich der Franchisenehmer ebenfalls rechtlich selbstständig agiert (vgl. Homburg 2012). Jedoch ist er in vielen Belangen an die Vorgaben des Franchisege-

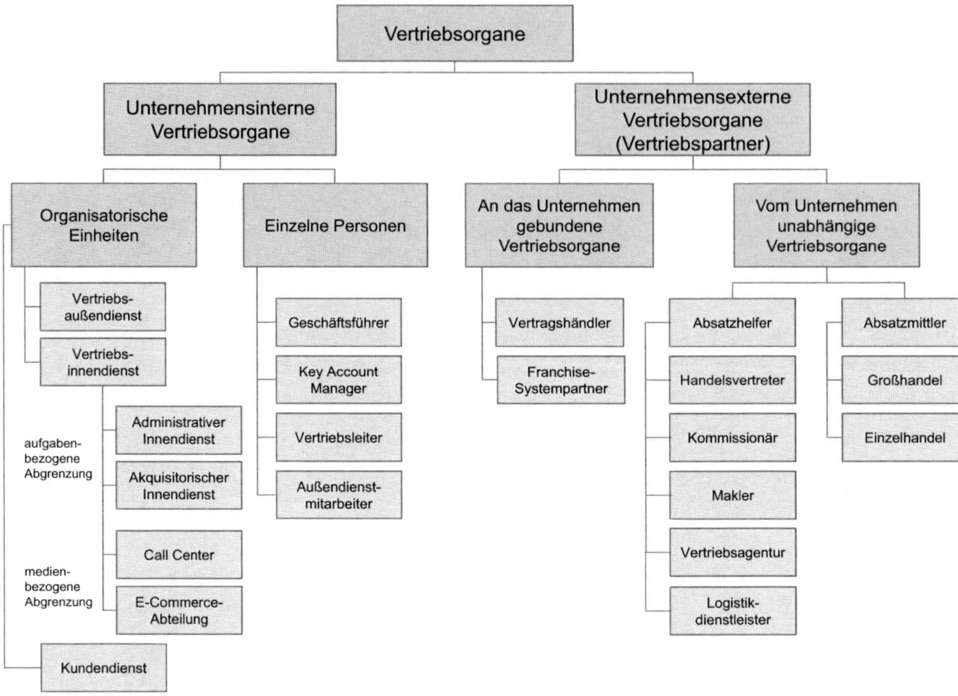

Abb. 3 Vertriebsorgane im Überblick (Quelle: Homburg 2012)

bers gebunden (z. B. Ladeneinrichtung, Warenbezugsquellen, Mitarbeiterauftritt). Bei den vom Anbieter unabhängigen Vertriebsorganen lassen sich Absatzmittler und Absatzhelfer differenzieren. Während beide Organe rechtlich selbstständig agieren, übernehmen Absatzmittler Eigentum an der Ware und handeln somit in eigenem Namen und auf eigene Rechnung (vgl. Winkelmann 2002).

Die Entscheidung zwischen direktem und indirektem Vertrieb hängt stark von Effektivitätsüberlegungen ab (vgl. Homburg 2012). Generell ist nicht jede Vertriebsform für jedes Produkt und jeden Markt geeignet. Während beim indirekten Vertrieb Transaktionskosten reduziert werden, weist der direkte Vertrieb andere zentrale Vorteile auf: Es können engere Beziehungen zum Kunden aufgebaut werden, die sich in erhöhter Kundenloyalität niederschlagen, die Vertriebsaktivitäten sind stärker kontrollierbar und kundenbezogene Informationen können eher gewonnen und verarbeitet werden (vgl. Homburg 2012). Aufgrund großer Konsumentenzahlen, der geringen Erklärungsbedürftigkeit von Konsumprodukten und der Erfordernis, im Handel gebündelt Sortimente anzubieten, bestehen jedoch beispielsweise auf Konsumgütermärkten traditionsreiche Arbeitsteilungen zwischen Herstellern und Lebensmittelgroß- und -einzelhandel (vgl. Winkelmann 2012). So ist es zum Beispiel für Haribo sicherlich günstiger, nicht über das ganze Land verteilt Läden mit Gummibären und Lakritzen einzurichten, sondern auf ein umfassendes Netz

Tab. 1 Zentrale Vertriebssysteme (Quelle: In Anlehnung an Winkelmann 2002)

	Direkter Vertrieb	Indirekter Vertrieb
Business-to-Consumer	Versandhandel, E-Commerce	Verkauf über Groß- und Einzelhandel
Business-to-Business	Vertrieb über Niederlassungen und eigenen Außendienst	Verkauf über Zwischenhändler an Geschäftskunden

vorhandener Händler zurückzugreifen und somit eine flächendeckende Distribution zu erreichen (vgl. Kotler et al. 2007). Generell ist der klassische Direktvertrieb auf Business-to-Business-Märkten daher deutlich häufiger vorzufinden (vgl. Winkelmann 2012). Nicht zu vernachlässigen ist der heute enorm bedeutsame Verkauf von Gütern über das Internet an Privatkunden, der ebenfalls als Direktvertriebsform einzuordnen, aber nur schwer mit dem traditionellen Direktvertrieb vergleichbar ist (zum digitalen Vertrieb vgl. auch den Beitrag von Niehaus und Emrich in diesem Buch). Tabelle 1 hebt die wichtigsten Vertriebssysteme für die Beziehungen mit Endverbrauchern und Geschäftskunden hervor.

2.2.3 Multi Channel Management

Da die skizzierten Vertriebskanäle in der Praxis normalerweise in Kombination auftreten, beinhalten Vertriebskanalentscheidungen auch die Festlegung der Anzahl der Vertriebskanäle (vgl. Pepels 1998). Die Bestimmung der optimalen Anzahl an Vertriebskanälen ist dabei eng an die Chancen (Absatzsteigerung) und Risiken (Kannibalisierung, Komplexitätsanstieg und erhöhter Koordinationsaufwand) des Einsatzes zusätzlicher Vertriebskanäle gekoppelt (vgl. Fürst und Leimbach 2011). Konkurrierende Vertriebskanäle wirken sich zudem auch auf den Umsatz auf, da die Preissetzung über verschiedene Kanäle hinweg häufig variiert (vgl. Ingram et al. 2009). So können sich etwa die Preise bei Online-Verkäufen deutlich von den Preisen des Direktverkaufs über die eigene Außendienstmannschaft unterscheiden, was einen erhöhten Steuerungsaufwand für das Vertriebsmanagement nach sich zieht (vgl. Backhaus et al. 2011). Häufig wird sogar die Einschaltung eines Multi-Channel-Managers gefordert, der sich mit der Koordination der Vertriebskanäle beschäftigt (vgl. Wirtz 2007). Trotz des erhöhten Koordinationsaufwands und der Risiken versuchen Unternehmen immer häufiger, den Kunden über Multi-Channel-Systeme anzusprechen, was sich auch auf aktuelle Entwicklungen der Informations- und Kommunikationstechnologien zurückführen lässt (vgl. Fürst und Leimbach 2011). Neue Technologien ermöglichen den Einsatz innovativer Vertriebskanäle, die bereits bestehende Vertriebskanäle erweitern können (vgl. Schögel 1997). Exemplarisch sei hier die Entwicklung des Mobile Marketing zum Mobile Commerce genannt, das in der Ära der Smartphones nicht mehr lediglich auf Kommunikation und Information ausgerichtet ist, sondern zunehmend für die Erzielung von Kaufabschlüssen eingesetzt wird (vgl. Fürst und Leimbach 2011). Unternehmen, denen ein erfolgreiches Management ihrer Multikanalsysteme gelingt, erzielen häufig Umsatzrenditen im zweistelligen Bereich und wachsen deutlich stärker als der Markt (vgl. Heinemann 2009).

3 Informationsmanagement – Wissen generieren und koordinieren

3.1 Bedeutung des Informationsmanagements im Vertrieb

Unternehmen des 21. Jahrhunderts agieren in einem zunehmend turbulenten Marktumfeld mit sich ständig ändernden Marktgegebenheiten, Kundenbeziehungen und -wünschen (vgl. Geiger 2011). Umso wichtiger ist es, dass alle Unternehmensmitglieder die Notwendigkeit eines kontinuierlichen Lernprozesses begreifen, der die Reaktion auf Veränderungen im Markt und sich wandelnde Kundenbedürfnisse beinhaltet. Insbesondere die Verkaufsaußendienstmitarbeiter nehmen in diesem Zusammenhang eine zentrale Rolle ein, da diese durch ihre Markt- und Kundennähe häufig vor allen anderen neue Gegebenheiten am Markt erkennen können. Für den Erfolg eines Unternehmens ist es daher von zentraler Bedeutung, dass Vertriebsmitarbeiter Transparenz über ihre aktuell verfügbare Wissensbasis herstellen und andere Unternehmensmitglieder daran teilhabenlassen. Hierzu gehören auch eine systematische Aufbereitung des generierten Wissens und eine gezielte Versorgung der adäquaten Informationsempfänger.

Das sogenannte „Knowledge-sharing Behavior" der Vertriebsmitarbeiter, definiert als *Ausmaß der Verbreitung von markt-, kunden- und wettbewerbskritischen Informationen in einer Form, dass es von anderen Unternehmensmitgliedern absorbiert und weiterverarbeitet werden kann,* bildet eine wichtige Grundlage für eine erfolgreiche abteilungsübergreifende Zusammenarbeit (vgl. Menguc et al. 2011). So sind insbesondere Marketing- und Forschungs- und Entwicklungsfunktionen vom Wissen der Vertriebsmitarbeiter abhängig, um Produkte entsprechend der Kundenwünsche weiterentwickeln zu können. Während das Schnittstellenmanagement Gegenstand des vierten Abschnitts dieses Beitrags sein wird, werden im Folgenden zunächst die Koordination von Informationen im Allgemeinen sowie die Bedeutung von CRM-Systemen im Speziellen aufgezeigt, da diese Ansätze eine entscheidende Grundlage für die erfolgreiche abteilungsübergreifende Koordination darstellen.

3.2 Akzeptanzbarrieren überwinden

In verschiedenen empirischen Studien konnte bereits ein positiver Zusammenhang zwischen einem systematischen Informationsmanagement und dem Unternehmenserfolg nachgewiesen werden (vgl. z. B. Homburg und Fargel 2006). Die für die Aktualität der Informationen notwendige Datenpflege wird jedoch leider häufig von den Außendienstmitarbeitern als lästig empfunden (vgl. Homburg et al. 2010). Aufgabe des Managements ist es daher, geeignete Koordinationsmechanismen zur Verfügung zu stellen, damit die Vertriebsmitarbeiter – sowohl im Innen- wie auch im Außendienst – ihnen zugängliche erfolgskritische Informationen unmittelbar im Unternehmen verbreiten. Nach Homburg et al. (2010) existieren hierfür drei zentrale Ansatzpunkte:

- *Information und Kommunikation*: Informations- und Kommunikationsmaßnahmen sind von zentraler Bedeutung, um die Vertriebsmitarbeiter von der Notwendigkeit der Datenerfassung, -pflege und -verbreitung zu überzeugen. Auch ein regelmäßiger, abteilungsübergreifender Erfahrungsaustausch der Mitarbeiter zu Informationsbedarfen und dem Aufwand der Erfassung sollte institutionalisiert werden. Nur so kann sichergestellt werden, dass einerseits die Informationslieferanten (also die Vertriebsmitarbeiter) den Sinn der Datenerfassung und -aufbereitung verstehen und andererseits die Informationsempfänger dafür sensibilisiert werden, dass bestimmte Datenerfassungen sehr zeitaufwendig sind und nur erfolgen sollten, wenn die Daten tatsächlich verwendet werden. Überflüssige Informationssysteme können sonst schnell zu Unzufriedenheit führen.
- *Training*: Sofern die erforderlichen Daten in einem umfangreichen Informationssystem gesammelt werden sollen, ist es dringend erforderlich, Schulungsmaßnahmen einzusetzen, um den Vertriebsmitarbeitern den Umgang mit dem System zu erläutern und sie auf die effektive Nutzung bei der täglichen Arbeit vorzubereiten.
- *Motivation*: Wie auch sonst im Rahmen der Vertriebsarbeit sollten in Hinblick auf die Informationssammlung, -aufbereitung und -verbreitung Anreizmechanismen zur Motivation eingesetzt werden. Hier lassen sich immaterielle (z. B. Anerkennung durch Vorgesetzte) und materielle (z. B. Prämien für Verbesserungen oder pünktliche Datenlieferung) Anreize unterscheiden.

Abschließend sei erwähnt, dass der Unternehmenserfolg nicht nur entscheidend davon abhängt, wie gut die Vertriebsmitarbeiter Informationen erfassen und verbreiten, sondern auch davon, dass die gewonnenen Informationen über das Marktumfeld, den Kunden und den Wettbewerber systematisch genutzt werden. In diesem Zusammenhang wird das Customer Relationship Management diskutiert, welches Gegenstand des folgenden Abschnitts ist.

3.3 Customer Relationship Management

In der Vertriebs- und Marketingwelt beherrscht der Begriff des Customer Relationship Management (CRM) seit Jahren die Szene und steht für den Trend zum methoden-, computergestützten und integrierten Kundenmanagement (vgl. Winkelmann 2012). Das CRM ist eng verzahnt mit den eingangs beschriebenen Erläuterungen zur Kundensegmentierung und -priorisierung, da es in der Lage ist, die hierfür erforderlichen Daten bereitzustellen. Auch für ein erfolgreiches Multi-Channel Management kann es eine entscheidende Rolle spielen: So ist es wichtig, alle Kontaktwege zum Kunden aufeinander abzustimmen und „mit einer Stimme" zum Kunden zu sprechen. Dies kann nur erfolgreich praktiziert werden, wenn sämtliche Kommunikation mit einem Kunden in einer Datenbank gespeichert wird. Die informationstechnische Seite des CRM lässt sich nach Winkelmann (2012) in drei zentrale Kompetenzbereiche untergliedern:

- Das *operative CRM* umfasst alle Anwendungen, die im direkten Kontakt mit dem Kunden stehen und bezieht sich im Wesentlichen auf die klassische Vertriebssteuerung mittels Computer Aided Selling (CAS). CAS-Systeme sind integrierte Informationssysteme, die den Vertriebsmitarbeiter in allen Phasen des Verkaufsprozesses unterstützen sollen, wobei auf verschiedene Softwaremodule und eine bestimmte Hardwarearchitektur zurückgegriffen wird (vgl. Homburg et al. 2010). CAS-Systeme bieten den Vertriebsmitarbeitern Zugang zu verschiedensten Informationen (z. B. Preise oder Produktdetails) und sind ihrerseits wiederum in der Lage, kundenbezogene Informationen in andere betriebliche Informationssysteme einzuspeisen (vgl. Link 1999).
- Das *kommunikative CRM* bezieht sich auf die Koordination aller Vertriebskanäle zum Kunden und somit auf die Harmonisierung der Zusammenarbeit zwischen sämtlichen Vertriebspartnern.
- Das *analytische CRM* dient der Umwandlung von Kundendaten in Kundenwissen. Diese Funktion ist häufig im Marketing (Marktforschung) oder Vertriebscontrolling angesiedelt und umfasst alle Analysen des Kundenverhaltens. Grundlage bildet eine integrierte Kundendatenbank, das Data Warehouse. Ziel des analytischen CRM ist die Individualisierung der Kundenansprache auf der Basis von Kundenwert, Kundenverhalten und Kundenbedürfnissen.

Ziel des CRM ist die Herstellung, Aufrechterhaltung und Nutzung erfolgreicher Beziehungen zum Kunden (vgl. Link und Tiedke 2001). Es besteht somit eine Kopplung zwischen dem Gedanken der Kundenbindung und den Chancen, die sich aus kundenorientierten Informationssystemen ergeben (vgl. Link et al. 2011). Unbestritten ist, dass ausgereifte CRM-Systeme die Profitabilität eines Unternehmens deutlich steigern können, da sie eine wertorientierte und individuelle Kundenansprache ermöglichen. In der expliziten Ungleichbehandlung der Kunden liegt das Erfolgsgeheimnis des CRM (vgl. Link et al. 2011). Die Ergebnisse des analytischen CRM ermöglichen es, die Investitionswürdigkeit von Kunden in einigen Branchen präzise zu ermitteln und entsprechende Maßnahmen zur Kundenbindung abzuleiten. Diese Verbindung zwischen strategischem Kundenbeziehungsmanagement und Software ist besonders hervorzuheben, denn CRM ist eben nicht – wie häufig fälschlicherweise angenommen – auf Informationstechnologien zu reduzieren. Vielmehr kann es als ganzheitlicher Ansatz der Unternehmensführung verstanden werden, der ausgehend von einem definierten Kundenleitbild alle Ressorts und Mitarbeiter in eine kundenorientierte Marktbearbeitungsstrategie einbindet (vgl. Winkelmann 2012). Die Bedingungen zur Umsetzung dieser Strategie werden durch die IT (Softwarebereitstellung) und den Vertrieb (Datenerfassung) geschaffen. Gelingt es, die beteiligten Mitarbeiter aus den Bereichen Marketing, Vertrieb, strategische Planung, Forschung und Entwicklung und Kundendienst erfolgreich miteinander zu verzahnen, kann die Wettbewerbsfähigkeit eines Unternehmens durch CRM erfolgreich gesteigert werden (vgl. Kotler et al. 2007).

4 Internes Schnittstellenmanagement – Abteilungsübergreifende Zusammenarbeit koordinieren

Die empirische Erfolgsfaktorenforschung hat in verschiedenen Untersuchungen gezeigt, dass der Koordination von Schnittstellen zwischen Abteilungen eine wichtige Rolle zukommt. Die Koordination zwischen der Vertriebsabteilung und benachbarten Funktionen hat dabei eine ganz besondere Bedeutung, da der Vertrieb aufgrund seiner zunehmend strategischen Bedeutung und seines exklusiven Zugangs zu Kunden-, Markt- und Wettbewerbsinformationen eine ausschlaggebende Rolle in vielen betrieblichen Entscheidungsprozessen einnimmt (vgl. Menguc et al. 2011). Gerade der Vertrieb ist damit ein sehr schnittstellenintensiver Bereich (vgl. Homburg et al. 2010). Umso verwunderlicher ist es, dass sich die Wissenschaft in den letzten Jahren nur selten mit der Schnittstelle zwischen dem Vertrieb und anderen Funktionsbereichen beschäftigt hat, sondern den Fokus auf die Schnittstelle zwischen Marketing und benachbarten Abteilungen gelegt hat. Häufig wurde dabei die Vertriebs- unter die Marketingfunktion subsummiert, was in der Realität jedoch in den wenigsten Unternehmen vorzufinden ist. Zudem ist die Schnittstelle zwischen Marketing und Vertrieb besonders brisant und gleichzeitig von zentraler Bedeutung für die Markenbekanntheit, die Verbesserung der Kundenzufriedenheit und damit auch für Marktanteils- und Umsatzsteigerungen (vgl. Haase und Krafft 2005). Erst jüngere Untersuchungen unterscheiden explizit zwischen Marketing und Vertrieb und setzen sich intensiv mit der Koordination dieser zentralen Schnittstelle (vgl. z. B. Homburg et al. 2008b; Homburg und Jensen 2007) oder der in technologischen Branchen ähnlich bedeutsamen Schnittstelle zwischen Vertrieb und Forschung und Entwicklung (vgl. z. B. Ernst et al. 2010) auseinander. Beide Schnittstellen werden im Folgenden näher erläutert.

4.1 Abgrenzung der Aufgaben von Marketing und Vertrieb

In der Literatur existieren zahlreiche Ansätze zur Kategorisierung von Marketing- und Vertriebsaufgaben. Homburg und Krohmer (2003) betrachten als Aufgaben der Marketingfunktion beispielsweise die Marktforschung, das Management von Marketinginformationssystemen, das Marketingcontrolling, die Mediawerbung, die Planung von Messen und Events, das Direktmarketing sowie die Produktplanung. Als Kompetenzbereiche des Vertriebs werden die Vertriebslogistik, die Verkaufsförderung, der technische Kundendienst, der Verkaufsaußendienst, der Vertriebsinnendienst, das Ordermanagement sowie die Callcenterbetreuung genannt. Damit konzentriert sich der Vertrieb auf distributionspolitische Fragestellungen und die Kundenbetreuung. Eine ähnliche Abgrenzung der Aufgabenbereiche findet sich bei Nieschlag et al. (2002).

Eine abweichende Strukturierung der Marketing- und Vertriebsaufgaben nimmt Cespedes (1995) vor. Er unterteilt die generellen Kompetenzbereiche von Marketing und Vertrieb in das Produktmanagement, das Sales Management und den Kundenservice. Das Produktmanagement und die damit verbundenen Aufgaben der Wettbewerbsbeobachtung, der

Marktforschung sowie der Produkt- und Kommunikationspolitik fallen traditionellerweise in den Zuständigkeitsbereich der Marketingabteilung. Das Sales Management kann dem Vertrieb zugeordnet werden, der durch den Kundenservice unterstützt wird. Als vertriebsspezifische Aufgaben nennt Cespedes (1995) in diesem Zusammenhang beispielsweise das Absatzkanalmanagement, die Verkaufsförderung, die Preispolitik, die Auswahl und Betreuung der Kunden, den Außendienst, die physische Distribution und den Kundendienst.

Es wird deutlich, dass die aufgeführten Zuordnungen nur Ansätze darstellen, die Zuständigkeitsbereiche von Marketing und Vertrieb theoretisch abzugrenzen. Welche Aufgaben und Kompetenzen dem Marketing- bzw. Vertriebsbereich letztlich zugeordnet werden, ist das Ergebnis der individuell festgelegten Organisationsstruktur (vgl. Homburg und Krohmer 2003). Gleichwohl lassen sich bestimmte Charakteristika der beiden Funktionen identifizieren, die unternehmensübergreifend und häufig sogar branchenübergreifend zutreffen.

Obwohl sich sowohl Marketing als auch Vertrieb mit absatzgerichteten Aufgaben befassen und daher häufig Überschneidungen ihrer Zuständigkeitsbereiche vorliegen, unterscheiden sich die Zielsetzungen beider Bereiche jedoch mitunter erheblich. Während die Marketingfunktion vorrangig langfristig orientierte markenpolitische Ziele verfolgt, agiert der Vertrieb umsatzgetrieben und häufig kurzfristig orientiert. Auch unterliegen die Bereiche verschiedenen „Denkwelten", die ihr gesamtes Verhalten prägen. So steht im Zentrum allen Handelns der Marketingfunktion in der Regel das Produkt, der Vertrieb zentriert seine Aktivitäten hingegen um den Kunden (vgl. Cespedes 1995; Homburg und Jensen 2007). Weiterhin sind auch die Kompetenzen von Marketing- und Vertriebsmitarbeitern unterschiedlich ausgeprägt. Der Vertrieb verfügt durch seine Nähe zum Kunden in der Regel über detaillierte Kenntnisse über das Marktumfeld, den Kunden sowie aktuelle und potenzielle Wettbewerber. Der Marketingmitarbeiter kennt sich hingegen exakt mit sämtlichen Produktspezifika und internen Prozessen aus. Auch bestehen unterschiedliche Anforderungen hinsichtlich Soft Skills und Ausbildung von Marketing- und Vertriebsmitarbeitern. So muss der Vertriebsmitarbeiter äußerst kommunikationsfreudig sein und eine offene Persönlichkeit aufweisen. Die Kriterien an eine spezifische Ausbildung greifen zudem weniger hart als im Marketing. So sind in bestimmten Branchen auch Quereinsteiger gerne gesehen; ein Studium wurde lange Zeit nicht unbedingt vorausgesetzt. Dies wurde erst in jüngster Zeit durch den zunehmend strategischen Charakter der Funktion immer wichtiger. Eine Marketingkarriere hingegen fußt in der Regel auf einem Studium. Analytische Fähigkeiten gewinnen an Bedeutung, damit auf Basis der komplexen CRM-Systeme die richtigen langfristigen Entscheidungen für das Kunden- und Produktmanagement abgeleitet werden können.

Diese Unterschiede zwischen Marketing und Vertrieb legen nahe, dass es an der Schnittstelle mitunter zu gegenseitigem Unverständnis kommen kann. Aus Vertriebssicht ist das Marketing häufig so realitätsfremd aufgestellt, dass es an Verständnis für die Arbeit an der Kundenfront fehlt (vgl. Baumgarth und Binckebanck 2011). Wichtige Impulse aus dem Verkauf werden nicht kurzfristig genug umgesetzt, weil das Marketing wieder zu lange benötigt, um sämtliche Auswirkungen zu analysieren. Andererseits wirft das Marketing dem

Vertrieb vor, die langfristigen Auswirkungen seines Handelns nicht abschätzen (z. B. Gewährung kurzfristiger Preisnachlässe) und Produktvermarktungsstrategien nicht adäquat umsetzen zu können.

4.2 Management der Schnittstelle zwischen Marketing und Vertrieb

Wenngleich die unterschiedlichen Denkwelten von Marketing und Vertrieb durchaus zu Konflikten führen können, hat sich in empirischen Untersuchungen gezeigt, dass Unternehmen auch davon profitieren können. So zeigen Homburg und Jensen (2007), dass Entscheidungen durch die Betonung unterschiedlicher Perspektiven (kurz- vs. langfristig und produkt- vs. kundenorientiert) verbessert werden können, was sich wiederum positiv auf den Markterfolg auswirkt. Negativ schlagen hingegen Unterschiede in den Kompetenzen der Mitarbeiter beider Bereiche nieder. Um dem entgegenzuwirken, gibt es in der Praxis bereits verschiedene Mechanismen. So gibt es kaum ein namhaftes Konsumgüterunternehmen, bei dem ein Marketingmanager nicht für eine bestimmte Zeit im Vertrieb gearbeitet haben muss, um ein besseres Verständnis für den Kunden aufzubauen. Beim weltweit agierenden Konsum- und Medizintechnikkonzern Johnson & Johnson werden beispielsweise auch Spitzenpositionen nie mit Mitarbeitern ohne Vertriebserfahrung besetzt. Insbesondere wird durch die Einbeziehung von Vertriebsmitarbeitern in strategische Entscheidungen zunehmend versucht, auch den Verkauf für die Notwendigkeit langfristiger Planungen zu sensibilisieren.

Da der Markterfolg entscheidend von der Koordination der Schnittstelle zwischen Marketing und Vertrieb abhängig ist, muss eine abteilungsübergreifende Zusammenarbeit gezielt gefördert werden. In Anlehnung an Hughes et al. (2012) lassen sich insgesamt Stellschrauben identifizieren:

- *Vision*: Eine gemeinsame und auch unternehmensweit gelebte Vision motiviert sämtliche Unternehmensmitglieder, sich an denselben Zielen zu orientieren. Dies ist besonders für die doch recht verschiedenartigen Mitarbeiter aus Marketing und Vertrieb bedeutsam. Wichtig ist jedoch, dass die Vision nicht nur auf dem Papier festgehalten wird, sondern auch durch bestimmte Aktivitäten (z. B. Workshops) gefestigt wird.
- *Kultur*: In engem Zusammenhang mit der Unternehmensvision steht die Kultur eines Unternehmens. Daraus können sich sogenannte Subkulturen entwickeln, die sich über Regionen und Abteilungen hinweg unterscheiden können. So gibt es in vielen Unternehmen eigene Marketing- und Vertriebskulturen, die durch die unterschiedlichen Orientierungen der beiden Funktionen geprägt sein können. Hier bedarf es einer übergeordneten Unternehmenskultur, die Werte und Normen hinsichtlich der Offenheit im Informationsaustausch institutionalisiert hat sowie die abteilungsübergreifende Kooperation fördert. Nur in „offenen" Kulturen arbeiten Abteilungen „Hand in Hand", um umfassende Problemlösungen für den Kunden zu entwickeln.

- *Information*: Wie bereits mehrfach erläutert ist der gegenseitige Informationsaustausch zwischen Marketing und Vertrieb von zentraler Bedeutung für ein erfolgreiches Kundenmanagement. Die teilweise sehr detaillierten Informationen, die Verkaufsaußendienstmitarbeiter beim Kunden sammeln, sind dringend dem Marketing mitzuteilen. Regelmäßige Treffen zwischen Marketing und Vertrieb müssen institutionalisiert und von Marketing- und Vertriebsleitung gefördert werden.
- *Gegenseitiges Lernen*: Während das Marketing auf Informationen aus dem Feld angewiesen ist, ist es andersherum wichtig, dass das Marketing den Vertrieb mit sämtlichem Know-how versorgt, das es im Rahmen von Marktforschungsstudien und Analysen generiert. Gut vorbereitete und geschulte Vertriebsmitarbeiter erzielen mit deutlich größerer Wahrscheinlichkeit einen Verkaufsabschluss.
- *Gemeinsame Entscheidungen*: Um eine bestmögliche Entscheidung hinsichtlich zukünftiger Produktsortimente treffen zu können, ist es unabdingbar, den Vertrieb in die Produktplanung einzubeziehen. Auch das Marketing muss die immer stärker werdende strategische Bedeutung der Vertriebsfunktion anerkennen und die Stimme des Vertriebs in Entscheidungen berücksichtigen. Nur ein überzeugter Vertriebsmitarbeiter kann Produkte erfolgreich beim Kunden platzieren.
- *Miteinander arbeiten*: Funktionale Silos sind abzubauen und wenn es einmal hakt, muss einander geholfen werden. Insbesondere vor dem Launch neuer Produkte ist darauf zu achten, dass sowohl Marketing- als auch Vertriebsfunktion darauf vorbereitet sind. So muss der Vertrieb die neuen Produkte kompetent im Kundengespräch vorstellen können. Hierzu muss das Marketing die nötigen Produktinformationen und -proben bereitstellen. Der Vertrieb muss hingegen mit der Produktvorstellung so lange warten, bis das Produkt tatsächlich erhältlich ist, um Kundenunzufriedenheiten vorzubeugen.
- *Ressourceneinsatz optimieren*: Da insbesondere personelle Ressourcen begrenzt sind, ist eine optimale und zielführende Allokation sicherzustellen. Sind die Vertriebsmitarbeiter beispielsweise dazu „verdonnert", jeden Abend zwei Stunden lang Daten in das CRM-System einzugeben, von denen nur ein Viertel für Analysen verwendet wird, führt das zu Missstimmung. In diesem Fall muss von Marketing- und Vertriebsleitung gemeinsam entschieden werden, ob nicht verwendete Daten doch analysiert werden oder ob auf die Erfassung verzichtet wird.
- *Prozesse*: Bevor bestimmte Strategien implementiert werden, ist die Festlegung der zugehörigen Prozesse vorzunehmen. Eine klare Rollenzuweisung verhindert, dass Aufgaben aufgrund mangelnder Verantwortungsübernahme nicht erledigt werden. Ein effektives Beschwerdemanagement setzt zum Beispiel voraus, dass Beschwerden nicht nur dokumentiert und weitergeleitet werden. Es muss klar sein, bei welcher Beschwerde welcher Mitarbeiter aus welchem Bereich reagieren muss.

Unternehmen, denen es gelingt, diese Stellhebel erfolgreich zu bedienen, können erfolgreicher am Markt agieren. Sie sind in der Lage, die Einheitlichkeit der Marktbearbeitung sicherzustellen und auf wichtige Veränderungen im Markt adäquat zu reagieren. Die Bewegung der Stellhebel setzt den Einsatz konkreter Koordinationsinstrumente voraus, die sich prinzipiell in vier Typen einteilen lassen (vgl. Homburg et al. 2010):

- *Strukturbezogene Instrumente*: Durch die Einrichtung von Koordinationsgremien lässt sich der Informationsaustausch zwischen Abteilungen fördern. In diesen Gremien können anstehende Projekte diskutiert und mögliche Schnittstellen identifiziert werden. Nicht zu unterschätzen ist auch die Schaffung räumlicher Nähe. Räumliche Nähe fördert den informellen Wissensaustausch in nachhaltiger Weise. Viele Probleme des täglichen Geschäfts können schon durch einfache Flurgespräche geklärt werden. Ein zunehmend wichtiges strukturelles Instrument stellt zudem die Bildung funktionsübergreifender Teams dar. Der Einsatz von Teams kann sinnvoll sein, wenn die Kundenbedürfnisse nur durch abteilungsübergreifende Zusammenarbeit befriedigt werden können. Insbesondere im Business-to-Business-Bereich geht der Kundenkontakt heute oft über den reinen Verkauf hinaus (vgl. hierzu auch den Beitrag von Frenzen in diesem Buch).
- *Prozessbezogene Instrumente*: Die Definition von Standards, eine klare Aufgaben- und Kompetenzzuweisung sowie eine sachliche und ressourcenbezogene Entkopplung von Abteilungen verringern den Koordinationsaufwand zwischen Abteilungen und damit auch Schnittstellenprobleme. Zu beachten ist jedoch, dass diese Mechanismen nicht gleichzeitig den so zentralen Informationsaustausch unterbinden.
- *Personalführungsbezogene Instrumente*: Es sind Anreizsysteme zu schaffen, die eine bereichsübergreifende Verknüpfung von Zielen fördern. Ein Ziel, das nur durch abteilungsübergreifende Zusammenarbeit erreicht werden kann und auch nur dann monetär belohnt wird, fördert ungemein die Kooperation zwischen Abteilungen. Weiterhin stellt das Instrument der Job Rotation eine wichtige personalbezogene Maßnahme dar. Nur wenn Mitarbeiter auch einmal den Arbeitsalltag aus einer benachbarten Abteilung kennengelernt haben, können sie wirklich deren Herausforderungen verstehen. Auch bereichsübergreifende Schulungen stellen eine Maßnahme dar, die Kommunikation zwischen Abteilungen zu verbessern.
- *Kulturbezogene Instrumente*: Wie bereits erläutert ist den internen Subkulturen eine hohe Bedeutung im Rahmen der funktionsübergreifenden Zusammenarbeit beizumessen. Die Marketingkultur lässt sich eher als analytisch-konzeptionell („Denker") charakterisieren, während der Vertrieb eher als handlungsorientiert („Macher") einzuordnen ist. Um einen offenen Austausch zwischen diesen kulturell unterschiedlichen Abteilungen zu fördern, können Zonen für informelle Kontakte (z. B. Kaffee-Ecken) eingerichtet, ein professionelles Konfliktmanagement etabliert sowie Zufriedenheitsumfragen durchgeführt werden. Befragungen nach der Zufriedenheit zur Zusammenarbeit zwischen Abteilungen fördern die Wahrnehmung der Kollegen aus benachbarten Bereichen als „interne Kunden" und erhöhen die Motivation, nicht nur für externe Kunden gute Leistungen zu erbringen.

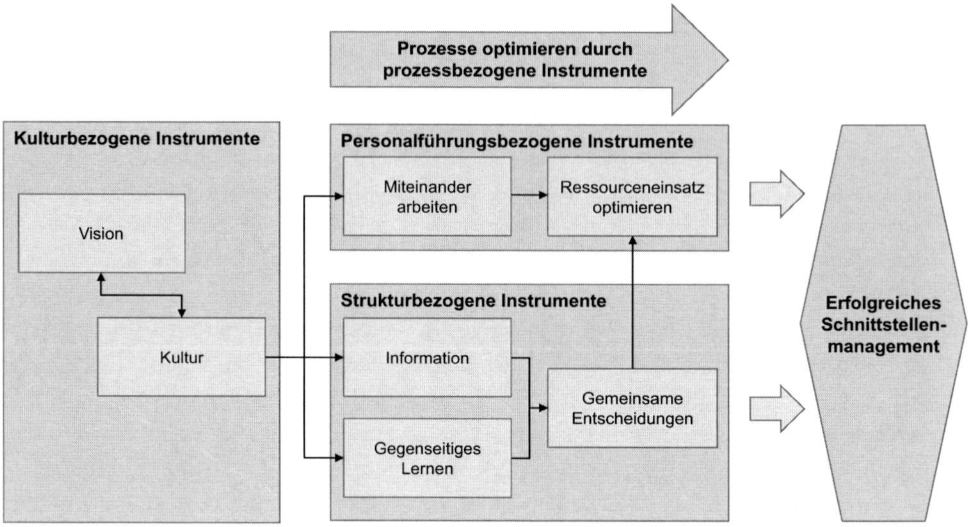

Abb. 4 Stellhebel und Instrumente des Schnittstellenmanagements

Insgesamt können die aufgeführten Instrumente dazu beitragen, unvermeidbaren Koordinationsbedarf zu bewältigen (vgl. Homburg et al. 2010). Der Zusammenhang zwischen Stellhebeln und konkreten Instrumenten ist in Abb. 4 dargestellt.

4.3 Die Schnittstelle zwischen Vertrieb, Marketing und Forschungs- und Entwicklungsabteilung

Wenngleich sich die beschriebenen Stellhebel und Koordinationsinstrumente auch auf die Schnittstelle zwischen Vertrieb und Forschungs- und Entwicklungsabteilung übertragen lassen, soll diese Schnittstelle separat Beachtung finden. Viele Forschungsarbeiten haben sich mit der Schnittstelle zwischen Marketing sowie Forschung und Entwicklung beschäftigt und dabei die Vertriebsfunktion als Teil des Marketing betrachtet. Die zentralen Erkenntnisse werden im Folgenden zusammengefasst, da sie auch zum Teil die Wirksamkeit der oben aufgeführten Koordinationsmechanismen für das Schnittstellenmanagement bestätigen.

Griffin und Hauser (1996) untersuchen die Beziehung zwischen Marketing und Forschung und Entwicklung und schlussfolgern aus einer ausführlichen Analyse der einschlägigen Literatur, dass ein erhöhtes Ausmaß an Kooperation und Kommunikation zwischen Marketing und Forschung und Entwicklung den Erfolg bei der Neuproduktentwicklung erhöht. Die funktionsübergreifende Zusammenarbeit wird jedoch durch verschiedene Barrieren behindert, die sich beispielsweise auf kulturelle Unterschiede oder die physische Trennung der Abteilungen zurückführen lassen. Durch integrationsfördernde Maßnahmen sollen diese Hindernisse überwunden und eine erfolgreiche funktionsübergreifende Neuproduktentwicklung gesichert werden. Die Studie von Griffin und Hauser (1996) gibt jedoch lediglich einen Überblick über die Erkenntnisse bisheriger Studien; eine eigene empirische Untersuchung führen die Autoren nicht durch. Es lässt sich allerdings festhalten, dass die im vorangegangenen Abschnitt aufgeführten Koordinationsinstrumente auch für die Schnittstelle zwischen Marketing und Forschungs- und Entwicklungsabteilung Anwendung finden sollten.

Eine der häufigsten zitierten empirischen Arbeiten zur Interaktion des Marketings mit anderen Funktionsbereichen findet sich bei Ruekert und Walker (1987). Sie analysieren das Interaktionsverhalten zwischen den Funktionen Marketing, Forschung und Entwicklung, Produktion und Rechnungswesen dreier Divisionen eines amerikanischen Großunternehmens aus dem produzierenden Gewerbe. In Abhängigkeit situativer Variablen werden das Transaktionsverhalten, die Kommunikationsflüsse zwischen den Abteilungen und die Koordinationsmuster bei der Arbeitsteilung (z. B. Konfliktverhalten) untersucht und zu den Ergebnisdimensionen Zielerreichung und Effektivität der Beziehung ins Verhältnis gesetzt. Die Autoren zeigen, dass, je größer die Abhängigkeit einer Funktion von den Ressourcen eines anderen Bereichs ist, desto größer die Interaktion der Mitglieder der beiden Bereiche ist. Die Beziehung ist dabei von der Art und Richtung der ausgetauschten Ressourcen abhängig. So stellen die Autoren eine positive Korrelation zwischen Konflikthäufigkeit und Effektivität der Beziehung zwischen Marketing und Rechnungswesen fest. Dies wird mit der einseitigen Abhängigkeit der Marketingfunktion vom Rechnungswesen begründet: Während das Marketing stark von den Entscheidungen des Rechnungswesens bezüglich der Budgetallokation beeinflusst wird, benötigt das Rechnungswesen kaum Ressourcen aus der Marketingabteilung. Um eine größere Budgetzuteilung zu erhalten, werden in dieser einseitigen Abhängigkeitsbeziehung „harte" Verhandlungstaktiken von der Marketingfunktion als erfolgreicher eingeschätzt. Die daraus resultierenden Konflikte werden in Kauf genommen. Anders ist dies bei der Ressourceninterdependenz zwischen den Funktionen Marketing und Forschung und Entwicklung. Beide Funktionen sind insbesondere bei der Neuproduktentwicklung oder Produktverbesserung auf einen regelmäßigen Informationsaustausch angewiesen, sodass sich Konflikte in diesem Fall negativ auf den Erfolg der Zusammenarbeit auswirken würden. Konflikte werden daher eher umgangen.

Fisher et al. (1997) untersuchen in zwei Studien den moderierenden Effekt der Identifikation eines Mitarbeiters mit seinem Funktionsbereich (im Vergleich zu seiner Identifikation mit dem gesamten Unternehmen) auf den Zusammenhang zwischen kommunikationsfördernden Maßnahmen und dem Kommunikationsverhalten zwischen der Marketing- und Technikfunktion. Eines der Ergebnisse im Rahmen der empirischen Analyse besagt, dass funktionsübergreifende Ziele in Unternehmen, in denen sich viele Mitarbeiter relativ stark mit ihrem Funktionsbereich identifizieren, zu einer verbesserten Kommunikation zwischen Marketing- und Technikfunktion führen. Das kann damit begründet werden, dass diese Mitarbeiter anderenfalls nur den Erfolg der eigenen Funktion in den Vordergrund stellen. Beschäftigt ein Unternehmen viele dieser Mitarbeiter, kann die Kommunikation durch die Entwicklung von Normen gefördert werden, die den bereichsübergreifenden

Informationsaustausch zusätzlich akzentuieren. Dieses Ergebnis verdeutlicht die Notwendigkeit der Formulierung funktionsübergreifender Ziele als Koordinationsinstrument für das Schnittstellenmanagement.

Maltz und Kohli (2000) analysieren die Interaktion zwischen den Funktionsbereichen Marketing, Produktion, Finanzierung und Forschung und Entwicklung. Sie fokussieren sich dabei auf die Analyse des Konfliktverhaltens und untersuchen die Wirksamkeit von sechs Instrumenten zur Verringerung dieser Konflikte. Im Rahmen einer Umfrage bei 788 Managern in 265 Organisationen der Technologiebranche kommen die Autoren zu dem Ergebnis, dass die Bildung funktionsübergreifender Projektteams zur Konfliktverringerung zwischen dem Marketing und allen anderen drei Funktionen beiträgt, was sich wiederum positiv auf den Unternehmenserfolg auswirkt.

Eine neuere Studie zum Zusammenspiel von Marketing und Forschung und Entwicklung findet sich bei Troy et al. (2008). Im Rahmen einer Metaanalyse überprüfen die Autoren studienübergreifend den Zusammenhang zwischen der Integration von verschiedenen Funktionsbereichen in den Produktentwicklungsprozess und dem Neuprodukterfolg. Die Autoren zeigen, dass insbesondere eine kooperative Zusammenarbeit zwischen Marketing und Forschung und Entwicklung den Neuprodukterfolg verbessern, die Einbeziehung weiterer Bereiche jedoch zu Ineffektivität führen kann. Es sollte zudem nicht immer pauschal mit der gesamten Abteilung gemeinsam an neuen Produkten gearbeitet werden, sondern Mitarbeiter sollten projektbezogene, wechselnde Teams für die Neuproduktentwicklung bilden. So können auch immer wieder neue Aspekte in den Entwicklungsprozess eingebracht werden, ohne dabei in eine „Haben wir doch schon immer so gemacht"-Haltung zu verfallen. Zentral für den Neuprodukterfolg ist jedoch ein gesicherter, regelmäßiger Informationsaustausch. Insbesondere zeigt sich, dass der Austausch kundenbezogener Informationen einen entscheidenden Erfolgsfaktor für den Neuprodukterfolg darstellt. Da in der Regel der Vertrieb diese Informationen bereitstellt, ist es umso erstaunlicher, dass keine der in der Metaanalyse herangezogenen Studien explizit die Vertriebsfunktion berücksichtigt. Diese Forschungslücke greifen Ernst et al. (2010) auf und untersuchen die Zusammenarbeit der Funktionen Marketing, Vertrieb und Forschung und Entwicklung im Rahmen des Neuproduktentwicklungsprozesses. Anhand einer branchenübergreifenden Analyse (Automobil, Konsumgüter, Software, Medizintechnik und Maschinenbau) zeigen die Autoren, dass je nach Phase des Neuproduktentwicklungsprozesses Marketing bzw. Vertrieb eng mit der Forschungs- und Entwicklungsabteilung zusammenarbeiten sollten. So ist der Vertrieb in die frühen Phasen (Konzeptentwicklung), das Marketing in die letzte Phase (Implementierung) einzubeziehen. In der mittleren Phase (Produktentwicklung) ist das Know-how beider Abteilungen gefragt. Der Neuprodukterfolg hängt somit entscheidend davon ab, die richtige Funktion in der richtigen Phase zu integrieren. In bestimmten Phasen ist das spezifische Wissen einer bestimmten Funktion gefragt, während in anderen Phasen darauf verzichtet werden kann. Denn wie sich bereits bei Troy et al. (2010) gezeigt hat, kann die Einbeziehung zu vieler Funktionsbereiche auch ineffizient sein, da sich der Koordinationsaufwand erhöht, ohne einen Nutzengewinn zu stiften. Dieses Ergebnis zeigt aber auch, dass die Schnittstelle zwischen Forschung und Entwicklung und Vertrieb viel zu lange vernachlässigt wurde, während die Schnittstelle zwischen Marketing und Forschung und Entwicklung zumindest für frühe Phasen der Neuproduktentwicklung überschätzt wurde. Generell bestätigen sich damit außerdem erneut die Ergebnisse von Homburg und Jensen (2007) in einer weiteren Facette: Die unterschiedlichen Orientierungen von Marketing und Vertrieb können einen positiven Einfluss auf bestimmte Erfolgsvariablen haben, wenn sie effizient eingesetzt werden.

5 Fazit

Die Vertriebsabteilung ist in den letzten Jahren zunehmend in den Fokus wissenschaftlicher Arbeiten gerückt. Wurden lange Zeit Marketing und Vertrieb entweder als eine gemeinsame Funktion untersucht oder der Vertrieb als rein operative Funktion angesehen, hat sich die Rolle des Vertriebs stark verändert. Eine erfolgreiche Vertriebsführung im 21. Jahrhundert bedarf sowohl einer zukunftsorientierten strategischen Ausrichtung als auch einer operativen Umsetzung dieser Ziele mithilfe konkreter Koordinationsmechanismen.

Insbesondere vor dem Hintergrund steigender Kundenanforderungen wird das kundenspezifische Know-how des Vertriebs immer wichtiger. So bildet es die Grundlage der inzwischen überall präsenten CRM-Systeme, auf deren Basis die heute unabdingbaren Kundensegmentierungen und -priorisierungen vorgenommen werden können. Daraus können wiederum die entsprechenden Vertriebskanäle abgeleitet und die Intensität der Kommunikationsstrategie festgelegt werden. Zudem stellen die dem Vertrieb zugänglichen Markt-, Kunden- und Wettbewerbsinformationen in Zeiten höchster Kundenansprüche eine derart wichtige strategische Ressource dar, dass auf dieses Wissen auch im Rahmen strategischer Planungen zurückgegriffen werden muss. Ebenso sind benachbarte Funktionsbereiche wie das Marketing oder die Forschungs- und Entwicklungsabteilung entscheidend von den beschriebenen Informationen abhängig. Das Management muss daher sicherstellen, dass das im Vertrieb vorhandene Wissen im Unternehmen adäquat distribuiert wird. Andersherum ist es jedoch auch wichtig, gerade dem oft „anders tickenden" Marketing klar zu machen, dass der Vertrieb nicht nur als Wissensgenerator, sondern auch als strategischer Berater in Produktentwicklungsprozesse einzubeziehen ist. Damit die Zusammenarbeit zwischen beiden Bereichen reibungslos funktioniert, sind geeignete Koordinationsinstrumente wie gemeinsame Zielsetzungen, funktionsübergreifende Teams, Maßnahmen zur Überbrückung kultureller Differenzen oder die Konkretisierung von Prozessen einzusetzen. Damit kann der Vertrieb auf allen Ebenen der Organisation entscheidend zum Unternehmenserfolg beitragen.

Literatur

Albers, S., Mantrala, M. K., & Sridhar, S. (2010). Personal Selling Elasticities: A Meta-Analysis. *Journal of Marketing Research, 47*(5), 840–853.

Backhaus, K., Budt, M., & Neun, H. (2011). Strategisches Vertriebsmanagement. In C. Homburg, & J. Wieseke (Hrsg.), *Handbuch Vertriebsmanagement: Strategie – Führung – Informationsmanagement – CRM* (S. 35–55). Wiesbaden.

Baumgarth, C., & Binckebanck, L. (2011). Zusammenarbeit von Verkauf und Marketing – reloaded. In *Verkaufen nach der Krise* (S. 43–60). Wiesbaden.

Bolton, R. N., Lemon, K. N., & Verhoef, P. C. (2004). The Theoretical Underpinnings of Customer Asset Management: A Framework and Propositions for Future Research. *Journal of the Academy of Marketing Science, 32*(3), 271–291.

Bradford, K. D., Challagalla, G. N., Hunter, G. K., & Moncrief, W. C. (2012). Strategic Account Management: Conceptualizing, Integrating, and Extending the Domain from Fluid to Dedicated Accounts. *Journal of Personal Selling & Sales Management, 32*(1), 41–56.

Bruhn, M. (2001). *Relationship Marketing: Das Management von Kundenbeziehungen*. München.

Bruhn, M. (1998). Balanced Scorecard: Ein ganzheitliches Konzept der Wertorientierten Unternehmensführung?. In M. Bruhn, M. Lusti, W. R. Müller, H. Schierenbeck, & T. Studer (Hrsg.), *Wertorientierte Unternehmensführung – Perspektiven und Handlungsfelder für die Wertsteigerung von Unternehmen* (S. 145–167). Wiesbaden.

Bruhn, M., & Georgi, D. (2000). Wirtschaftlichkeit des Kundenmanagements. In M. Bruhn, & C. Homburg (Hrsg.), *Handbuch Kundenbindungsmanagement* (3. Aufl. S. 529–557). Wiesbaden.

Cespedes, F. V. (1995). *Concurrent Marketing – Integrating Product, Sales, and Service*. Boston.

Ernst, H., Hoyer, W. D., & Rübsaamen, C. (2010). Sales, Marketing, and Research-and-Development Cooperation Across New Product Development Stages: Implications for Success. *Journal of Marketing, 74*(5), 80–92.

Fisher, R. J., Maltz, E., & Jaworski, B. J. (1997). Enhancing Communication Between Marketing and Engineering: The Moderating Role of Relative Functional Identification. *Journal of Marketing, 61*(3), 54–70.

Fredebeul-Krein, T. (2012). *Koordinierter Einsatz von Direktmarketing und Verkaufsaußendienst im B2B-Kontext*. Wiesbaden.

Fürst, A., & Leimbach, M. (2011). Multi-Channel Strategien: Eine Betrachtung zentraler Einflussfaktoren und Entscheidungsfelder. In C. Homburg, & J. Wieseke (Hrsg.), *Handbuch Vertriebsmanagement: Strategie – Führung – Informationsmanagement – CRM* (S. 81–104). Wiesbaden.

Geiger, S. (2011). Salespeople's self-management: Knowledge, emotions and behaviors. In P. Guenzi, & S. Geiger (Hrsg.), *Sales Management – A multinational perspective* (S. 435–462). Basingstoke.

Griffin, A., & Hauser, J. R. (1996). Integrating R&D and Marketing: A Review and Analysis of the Literature. *Journal of Product Innovation Management, 13*(3), 191–215.

Haag, J. (1992). Kundendeckungsbeitragsrechnungen: Ein Prüfstein des Key-Account-Managements. *Die Betriebswirtschaft, 52*(1), 25–39.

Haase, K., & Krafft, M. (2005). Integration von Marketing und Vertrieb. In D. Ahlert, B. Becker, H. Evanschitzky, J. Hesse, & A. Salfeld (Hrsg.), *Exzellenz in Markenmanagement und Vertrieb* (2. Aufl. S. 77–87). Wiesbaden.

Heinemann, G. (2009). Verkauf auf allen Kanälen – Multi-Channel-Systeme erfolgsorientiert ausrichten. *Marketing Review St. Gallen, 26*(2), 46–51.

Holm, M., Kumar, V., & Rohde, C. (2012). Measuring customer profitability in complex environments: An interdisciplinary contingency framework. *Journal of the Academy of Marketing Science, 40*(3), 387–401.

Homburg, C. (2012). *Grundlagen des Marketingmanagements – Einführung in Strategie, Instrumente, Umsetzung und Unternehmensführung* (3. Aufl.). Wiesbaden.

Homburg, C., & Daum, D. (1997). *Marktorientiertes Kostenmanagement: Kosteneffizienz und Kundennähe verbinden.* Frankfurt am Main.

Homburg, C., & Fargel, T. (2006). Neue Kunden systematisch gewinnen. *Harvard Business Manager, 10*, 94–110.

Homburg, C., & Jensen, O. (2007). The Thought Worlds of Marketing and Sales: Which Differences Make a Difference? *Journal of Marketing, 71*(3), 124–142.

Homburg, C., & Krohmer, H. (2003). *Marketingmanagement – Strategie – Instrumente – Umsetzung – Unternehmensführung*. Wiesbaden.

Homburg, C., & Wieseke, J. (2011). Professionelles Vertriebsmanagement – Der Status Quo in Forschung und Praxis. In C. Homburg, & J. Wieseke (Hrsg.), *Handbuch Vertriebsmanagement: Strategie – Führung – Informationsmanagement – CRM* (S. 3–31). Wiesbaden.

Homburg, C., Droll, M., & Totzek, D. (2008a). Customer Prioritization: Does It Pay Off and How Should It Be Implemented. *Journal of Marketing, 72*(5), 110–130.

Homburg, C., Jensen, O., & Krohmer, H. (2008b). Configurations of Marketing and Sales: A Taxonomy. *Journal of Marketing, 72*(2), 133–154.

Homburg, C., Schäfer, H., & Schneider, J. (2010). *Sales Excellence – Vertriebsmanagement mit System* (6. Aufl.). Wiesbaden.

Hughes, D. E., Le Bon, J., & Malshe, A. (2012). The Marketing-Sales Interface at the Interface: Creating Market-Based Capabilities through Organizational Synergy. *Journal of Personal Selling & Sales Management, 32*(1), 57–72.

Ingram, T. N., LaForge, R. W., Avila, R. A., Schwepker, C. H., & Williams, M. R. (2009). *Sales Management: Analysis and Decision Making* (7. Aufl.). New York.

Ivens, B., & Eggert, A. (2011). Key Account Management. In C. Homburg, & J. Wieseke (Hrsg.), *Handbuch Vertriebsmanagement: Strategie – Führung – Informationsmanagement – CRM* (S. 481–497). Wiesbaden.

Kleinaltenkamp, M. (2006). Auswahl von Vertriebswegen. In M. Kleinaltenkamp, W. Plinke, F. Jacob, & A. Söllner (Hrsg.), *Markt- und Produktmanagement* (2. Aufl. S. 321–367). Wiesbaden.

Krafft, M. (2007). *Kundenbindung und Kundenwert* (2. Aufl.). Heidelberg.

Kotler, P., Keller, K. L., & Bliemel, F. (2007). *Marketing-Management: Strategien für wertschaffendes Handeln.* München et al.

Krafft, M., & Albers, S. (2000). Ansätze zur Segmentierung von Kunden – Wie geeignet sind herkömmliche Konzepte? *Zeitschrift für betriebswirtschaftliche Forschung, 52*(9), 515–536.

Link, J. (1999). Verkaufssupport mit CAS. In S. Albers, V. Hassmann, & T. Tomczak (Hrsg.), *Verkauf: Kundenmanagement, Vertriebssteuerung, E-Commerce* (S. 1–29). Wiesbaden.

Link, J., Münster, J., & Gary, A. (2011). Systemgestütztes Kundenmanagement (CRM). In C. Homburg, & J. Wieseke (Hrsg.), *Handbuch Vertriebsmanagement: Strategie – Führung – Informationsmanagement – CRM* (S. 337–364). Wiesbaden.

Link, J., & Tiedtke, D. (2001). Von der Corporate Site zum Databased Online Marketing. Grundlagen und Entwicklungsperspektiven. In J. Link, & D. Tiedtke (Hrsg.), *Erfolgreiche Praxisbeispiele im Online-Marketing. Strategien und Erfahrungen aus mehreren Bereichen* (2. Aufl. S. 1–25). Berlin.

Maltz, E., & Kohli, A. K. (2000). Reducing Marketing's Conflict With Other Functions: The Differential Effects of Integrating Mechanisms. *Journal of the Academy of Marketing Science, 28*(4), 479–492.

Menguc, B., Auh, S., & Kim, Y. C. (2011). Salespeople's Knowledge-Sharing Behaviors with Coworkers Outside the Sales Unit. *Journal of Personal Selling & Sales Management, 31*(2), 103–122.

Nieschlag, R., Dichtl, E., & Hörschgen, H. (2002). *Marketing* (19. Aufl.). Berlin.

Pepels, W. (1998). *Absatzpolitik: Die Instrumente des Verkaufsmarketing.* München: Vahlen.

Pepels, W. (2002). Stellenwert des Vertriebs in Literatur und Praxis. In W. Pepels (Hrsg.), *Handbuch Vertrieb* (S. 3–10). München/Wien.

Piercy, N. F., & Lane, N. (2009). *Strategic Customer Management: Strategizing the Sales Organization.* Oxford.

Ruekert, R. W., & Walker, O. C. (1987). Marketing's Interaction with Other Functional Units: A Conceptual Framework and Empirical Evidence. *Journal of Marketing, 51*(1), 1–19.

Rust, R. T., Lemon, K. N., & Zeithaml, V. A. (2004). Return on Marketing: Using Customer Equity to Focus Marketing Strategy. *Journal of Marketing, 68*(1), 109–127.

Schögel, M. (1997). *Mehrkanalsysteme in der Distribution.* Wiesbaden.

Schulze, C., Skiera, B., & Wiesel, T. (2012). Linking Customer and Financial Metrics to Shareholder Value: The Leverage Effect in Customer-Based Valuation. *Journal of Marketing, 76*(2), 17–32.

Storbacka, K., Ryals, L., Davis, I. A., & Nenonen, S. (2009). The Changing Role of Sales: Viewing Sales as a Strategic, Cross-Functional Process. *European Journal of Marketing, 43*(7/8), 890–906.

Troy, L. C., Hirunyawipada, T., & Paswan, A. K. (2008). Cross-Functional Integration and New Product Success: An Empirical Investigation of the Findings. *Journal of Marketing, 72*(6), 132–146.

Venkatesan, R., & Kumar, V. (2004). A Customer Lifetime Value Framework for Customer Selection and Resource Allocation Strategy. *Journal of Marketing, 68*(4), 106–125.

Winkelmann, P. (2002). *Marketing und Vertrieb: Fundamente für die marktorientierte Unternehmensführung* (3. Aufl.). München/Wien.

Winkelmann, P. (2012). *Vertriebskonzeption und Vertriebssteuerung: Die Instrumente des integrierten Kundenmanagements – CRM* (5. Aufl.). München.

Wirtz, B. W. (2007). *Multi Channel Marketing. Grundlagen – Instrumente – Prozesse.* Wiesbaden.

Team Selling

Heiko Frenzen

Inhaltsverzeichnis

1 Bedeutung und Formen des Team Selling

Seit einigen Jahren gewinnt Teamarbeit in der Unternehmenspraxis an Bedeutung. Viele Unternehmen sind einem erhöhten internationalen Konkurrenzdruck ausgesetzt, der ein schnelles und innovatives Agieren erforderlich macht, um damit eine stärkere Orientierung und eine flexiblere Anpassung an ihr Marktumfeld zu erzielen. Effiziente Strukturen und Strategien sind zu entwickeln, die zur Optimierung von Geschäftsprozessen beitragen. Hierbei ist auffällig, dass im Zuge betrieblicher Reorganisationsmaßnahmen Teamkonzepte eine zentrale Stellung einnehmen.

Diese Entwicklungstendenzen gelten insbesondere für den Vertriebsbereich von Unternehmen, der als Nahtstelle zum Absatzmarkt durch gestiegene Ansprüche auf Kundenseite und eine zunehmende Dynamik des Marktgeschehens gekennzeichnet ist. Kundenorientierung, Schnelligkeit und Flexibilität werden somit zu immer wichtigeren Kriterien für den Markterfolg. Vor allem in Branchen, in denen die Basistechnologien austauschbar geworden sind – und folglich überlegene Technologien und Produktqualitäten keine

Heiko Frenzen ✉
Aston Business School, Aston Triangle, B47ET Birmingham, Großbritannien
e-mail: heiko.frenzen@aston.ac.uk

L. Binckebanck et al. (Hrsg.), *Führung von Vertriebsorganisationen*,
DOI 10.1007/978-3-658-01830-6_8, © Springer Fachmedien Wiesbaden 2013

entscheidenden Quellen von Wettbewerbsvorteilen mehr darstellen –, entwickelt sich die Ausgestaltung der gemeinsamen Wertschöpfungsprozesse mit dem Kunden zum strategischen Differenzierungsmerkmal. Daher sind in Marketing und Vertrieb Fähigkeiten und Organisationsstrukturen gefordert, die eine flexible Anpassung an die Bedürfnisstruktur der Kunden ermöglichen. Einzelne Verkäufer sind allerdings oftmals überfordert, wenn es darum geht, den komplexer gewordenen Betreuungsansprüchen der Kunden gerecht zu werden.

Die hohe Komplexität und Vielfalt der Aufgaben, die im Rahmen der Kundenbearbeitung anfallen, macht es auf Seiten des Anbieterunternehmens somit oft erforderlich, einen breiten Fundus unterschiedlicher Kompetenzen und Qualifikationen zu bündeln. Dies wiederum ist am ehesten gewährleistet, wenn sich mehrere Personen der Pflege von Geschäftsbeziehungen zu einem Kunden widmen. Daher gewinnen Teams an Bedeutung, die sich aus Vertriebsmitarbeitern sowie eventuell auch Mitarbeitern anderer Abteilungen wie Marketing, Controlling, Finanzierung oder Entwicklung zusammensetzen (vgl. Wilkinson 2010). Vor allem im Investitionsgütersektor wird schon seit Längerem vorwiegend mit bereichsübergreifenden Teams gearbeitet, um den komplexen Anforderungen der Großkunden gerecht zu werden (vgl. Krafft 1996; Wilkinson 2010). Diese haben in den vergangenen Jahren oftmals die Anzahl der Lieferanten, mit denen sie kooperieren, reduziert oder sind sogar zum sogenannten „Single Sourcing" übergegangen (vgl. Bussmann 2006). Die dadurch intensiver werdenden Kunden-Lieferanten-Beziehungen erfordern eine engere Kooperation beider Seiten, die wiederum häufig nur durch den Einsatz von Vertriebsteams bewerkstelligt werden kann.

In allgemeiner Form kann der **Begriff „Vertriebsteam"** dabei wie folgt definiert und verstanden werden (vgl. Frenzen 2009):

- Eine begrenzte Mehrzahl von Personen,
- die eingegliedert in eine Organisation
- über eine gewisse Zeitspanne hin
- in direkter Interaktion
- gemeinsame Aufgaben erledigt,
- die sich auf Aktivitäten der Vermarktung und Kundenbetreuung beziehen.

Dabei kennzeichnen die ersten fünf Kriterien organisationale Teams im Allgemeinen, während das sechste Merkmal den Aufgabenbereich von Teams im Vertriebsbereich beschreibt. Die hier gewählte Formulierung schließt neben rein kundenbezogenen Aktivitäten auch andere Vermarktungsaufgaben, etwa die Angebotserstellung, das Weiterleiten von Serviceinformationen an Außendienstmitarbeiter oder die Erstellung von Verkaufsunterlagen für Außendienstmitarbeiter, mit ein. Diese erweiterte Definition des Aufgabenspektrums erscheint insofern zweckmäßig, als in der betrieblichen Praxis häufig auch Mitarbeiter ohne direkten Kundenkontakt in Vertriebsteams mitwirken (vgl. Frenzen 2009; Wilkinson 2010). Im Rahmen des vorliegenden Beitrags wird auch der insbesondere in der praxisnahen Literatur gebräuchliche Begriff des „**Team Selling**" Verwendung finden.

Darunter werden oftmals gemeinsam durchgeführte Kundenbesuche durch Vertreter eines Anbieterunternehmens subsummiert. Dieser engen Begriffsauslegung von Vertriebsteams als rein verkaufende Teams wird hier jedoch nicht gefolgt. Vielmehr wird „Team Selling" allgemeiner verstanden als Einsatz und Arbeit von Vertriebsteams. Insofern muss „Team Selling" nicht zwingend bedeuten, dass gemeinsame Kundenbesuche stattfinden oder dass alle Mitglieder des Vertriebsteams in direktem Kundenkontakt stehen (vgl. El-Ansary et al. 1993).

In der Literatur finden sich immer wieder Hinweise darauf, dass sich besonders erfolgreiche Vertriebsorganisationen durch ein hohes Maß an Teamorientierung auszeichnen (vgl. Workman et al. 2003). Andersherum ist empirisch belegt, dass eine mangelnde Teamorientierung von Außendienstmitarbeitern („lone wolf tendencies") den Erfolg von Vertriebsorganisationen nachhaltig gefährden kann (vgl. Mulki et al. 2007).

Vor diesem Hintergrund hat sich in der Unternehmenspraxis – insbesondere während der 1990er Jahre – eine regelrechte Euphorie bei der Einführung von Teamkonzepten herausgebildet. Jüngere Schätzungen gehen sogar davon aus, dass inzwischen bereits ca. 75 Prozent aller Vertriebsorganisationen mithilfe von Teams verkaufen (vgl. Cummings 2007). Wie Tab. 1 zeigt, sind dabei vielfältige Ausprägungsformen der Teamarbeit in der Vertriebspraxis zu beobachten.

Gerade angesichts der weiten Verbreitung von Teamarbeit in der Vertriebspraxis und der häufigen Darstellung als Patentrezept ist jedoch zu bedenken, dass sich nur unter bestimmten Bedingungen die intendierten erfolgsfördernden Effekte einstellen. Zahlreiche Fallstudien aus der Unternehmenspraxis (vgl. Hackman 1990; Robbins und Finley 2011) zeigen, dass der erfolgreichen Einführung von Teams oftmals eine Reihe von Widerständen entgegensteht.

2 Stand der Forschung zu den Erfolgsfaktoren im Team Selling

Vor dem Hintergrund der vorherigen Ausführungen ist zu fragen, inwieweit in der Literatur Erkenntnisse zum erfolgreichen Management von Vertriebsteams vorliegen. Betrachtet man zunächst die Verkaufsmanagementforschung, so stößt man auf eine Vielzahl von Arbeiten, die sich mit der Identifikation erfolgsrelevanter Merkmale und Praktiken im Vertrieb auseinandersetzen. Die übergreifenden Ergebnisse von Hunderten solcher Arbeiten sind bereits in mehreren Metaanalysen dokumentiert worden (vgl. z. B. Albers et al. 2010; Churchill et al. 1985; Verbeke et al. 2011; Zablah et al. 2012). Dabei wird allerdings auch deutlich, dass die untersuchten Erfolgsfaktoren zumeist auf einzelne Verkäufer als Einheit der Analyse ausgerichtet sind. Die intraorganisationale Interaktion zwischen unterschiedlichen Personen im Vertrieb wird damit in diesen Beiträgen weitgehend ignoriert. Zudem werden meist nur Außendienstmitarbeiter betrachtet, was der Tatsache nicht gerecht wird, dass sehr oft Mitarbeiter aus unterschiedlichen Funktionsbereichen des Anbieterunternehmens in Aktivitäten der Vermarktung und Kundenbetreuung eingebunden sind.

Tab. 1 Ausprägungsformen von Vertriebsteams in der Praxis (Quelle: Bussmann und Rutschke 2000)

Element	Ausprägung	Beispiele
Zeitliche Dauer	Befristete bis zeitlich unbefristete Teams	*Befristet*: Produkteinführungsteam *Unbefristet*: Tandem Innen-/Außendienst
Organisationsgrad	Organisatorisch verankert und klar strukturiert bis informell	*Fest verankert*: Kundenbetreuungsteams *Informell*: Außendienst kooperiert mit einem Innendienst- und einem Kundendienstmitarbeiter aufgrund guter Erfahrungen bzw. Sympathie
Grad der Interaktion der Teammitglieder	Sehr intensiv bis eher gering	*Intensiv*: Projektgruppe zur Produkteinführung *Eher gering*: Innendienst und Außendienst teilen sich die Kundenbearbeitung nach A-, B- und C-Kunden
Organisatorische Ausrichtung		
Kundenorientiert	Einzelner Verkaufsakt bei einem bestimmten Kunden	Projektgeschäft: Verkauf einer schlüsselfertigen Anlage an Kunde XY
	Dauerhafte Betreuung einer Kundengruppe	Verkaufsteam spezialisiert sich z. B. auf Brauereien
	Dauerhafte Betreuung einzelner Kunden	Verkaufsteam betreut z. B. REWE
Produktorientiert	Gemeinsame Forcierung einer bestimmten Produktgruppe	Team mit Produktspezialisten
Regional orientiert	Gemeinsame Betreuung einer Verkaufsregion	Außendienst übernimmt in einer bestimmten Region die Kundenbetreuung, der Innendienst die Abwicklung oder Außendienst betreut A-Kunden persönlich („vor Ort"), Innendienst C-Kunden per Telefon
Intensität des Kundenkontakts	Hoch Gering	Verkaufsteam, z. B. Projektgeschäft Team bereitet Messebeteiligung vor
Zusammen-setzung	Horizontal	Mitarbeiter einer Hierarchieebene bilden ein Team
	Vertikal	Führungskräfte und Sachbearbeiter bilden ein Team
	Homogen	Mitarbeiter einer Abteilung bilden ein Team
	Funktionsübergreifend/ bereichsübergreifend	Mitarbeiter verschiedener Funktionen oder Abteilungen, z. B. Verkäufer, Produktmanager, Kundendiensttechniker, Controller und Entwickler, bilden ein Team
	Intern/extern	*Intern*: Team aus firmeninternen Mitarbeitern *Extern*: Team unter Beteiligung von Kunden und/oder Lieferanten

Im Gegensatz zur Vertriebsforschung kann die wissenschaftliche Auseinandersetzung mit Teams in anderen betrieblichen Bereichen bereits einen äußerst reichen und vielfältigen Kanon an konzeptionellen und empirischen Arbeiten vorweisen. So liefern beispielsweise Cohen und Bailey (1997) sowie Stock (2004) jeweils umfassende Bestandsaufnahmen der empirischen Teamforschung aus verschiedenen Unternehmensbereichen wie Produktion, Marketing, Produktentwicklung und Topmanagement. Es ist jedoch zu hinterfragen, inwieweit die Ergebnisse dieser Untersuchungen auf Vertriebsteams übertragen werden können. Vertriebsteams zeichnen sich in der Praxis nämlich durch eine Reihe von Besonderheiten aus: Sie sind, anders als beispielsweise Teams in der Produktion, häufig funktionsübergreifend zusammengesetzt und befassen sich über operative Routineaufgaben hinaus zusätzlich auch mit dispositiven Aufgaben (vgl. Helfert 1998). Des Weiteren weisen Vertriebsteams aufgrund der räumlichen Trennung von Außendienstmitarbeitern und ihrem Betrieb und der daraus resultierenden geografischen Verteilung der Teammitglieder einen höheren Grad an Virtualität auf als traditionelle, im Unternehmen angesiedelte Face-to-Face-Teams (vgl. Rapp et al. 2010). Dies kann in besonderem Maße zu Schwierigkeiten in der Leistungsbeurteilung und Teamsteuerung führen (vgl. Kirkman et al. 2004; Krafft 1995). Zudem sind Vertriebsteams an der Nahtstelle zwischen dem eigenen Unternehmen und dem Kundenunternehmen angesiedelt und somit als „Boundary Spanning Teams" anderen, häufig schwierigeren und konfliktträchtigeren Bedingungen ausgesetzt als Teams, die ausschließlich organisationsinterne Aufgaben zu verrichten haben (vgl. Helfert 1998; Stock 2003). Diese grundlegenden Unterschiede machen es erforderlich, theoretische Aussagen und empirische Befunde der allgemeinen Teamliteratur hinsichtlich ihrer Übertragbarkeit auf den speziellen Kontext von Vertriebsteams kritisch zu hinterfragen. Die genannten Besonderheiten sind bei der Untersuchung von Vertriebsteams hinreichend zu berücksichtigen.

Bei der Sichtung der einschlägigen Literatur, die sich mit Vertriebsteams im Speziellen auseinandersetzt, stellt man schnell fest, dass sich die hohe Bedeutung des Team Selling für die Vertriebspraxis bereits in einer wahren Flut von fallstudienartigen Schilderungen und Beiträgen in eher praktikerorientierten Publikationen manifestiert (vgl. z. B. Cespedes et al. 1989; Wilkinson 2010). Lenkt man dagegen das Augenmerk auf empirische Beiträge, so lassen sich nur relativ wenige Studien finden, die sich dem Untersuchungsgegenstand „Vertriebsteam" genähert haben. Da eine ausführliche Bestandsaufnahme solcher Untersuchungen nicht Gegenstand dieses Beitrags sein soll, sei an dieser Stelle lediglich darauf hingewiesen, dass die wissenschaftliche Auseinandersetzung mit Vertriebsteams durch einen hochgradig fragmentarischen Charakter gekennzeichnet ist. Während in konzeptionellen Forschungsarbeiten durchaus einige integrative Untersuchungs- bzw. Erfolgsfaktorenmodelle vorgestellt werden (vgl. z. B. Jones et al. 2005; Perry et al. 1999), sind die wenigen empirischen Untersuchungen zu Vertriebsteams im Hinblick auf die betrachteten Konstrukte typischerweise recht speziell bzw. selektiv ausgerichtet. So beleuchten empirische Beiträge aus der jüngeren Vergangenheit beispielsweise die Rolle der Virtualität von Sales Teams (vgl. Rapp et al. 2010), die Rolle von Konsens zwischen den Teammitgliedern (vgl. Ahearne et al. 2010) oder den Einfluss der Nutzung unterschiedlicher Informationsquellen auf die Auftragsgewinnung von Beratungsteams (vgl. Haas und Hansen 2005). Integrative Untersuchungsansätze, in denen ein breiteres Spektrum an Erfolgsfaktoren für Vertriebsteams abgedeckt wird, liegen nur vereinzelt vor (vgl. Stock 2003). Diese Untersuchungen umfassen neben Vertriebsteams teilweise auch Teams aus anderen Funktionsbereichen, sind im Hinblick auf die untersuchten Konstrukte recht generisch angelegt und können somit den oben beschriebenen Besonderheiten des Vertriebskontextes nicht ausreichend Rechnung tragen.

Hinzu kommt, dass bestimmte Erfolgsfaktoren, denen gerade für die Motivierung und den Erfolg von Mitarbeitern im Vertrieb eine hohe Bedeutung zukommt, bislang kaum auf empirischer Basis im Team-Selling-Kontext untersucht worden sind. Eine herausragende Bedeutung kommt in diesem Zusammenhang der Gestaltung eines geeigneten Anreizsystems für Vertriebsteams zu (vgl. Brown et al. 2005; Zoltners et al. 2006). Viele Manager stehen vor der Herausforderung, ein Anreizsystem für ihre Teams zu finden, das sowohl den Teamgeist als auch den individuellen Leistungswillen der Mitarbeiter fördert. Wie Dumaine (1994) hervorhebt, handelt es sich hierbei in der Praxis um eine schwierige Entscheidung mit potenziell ambivalenten Auswirkungen: „When it comes to paying teams, managers still throw up their hand-held computers in despair. Pay the team as a group? Then won't your star performers feel slighted? Pay for individual performance? What does that do to encourage teamwork?“ (Dumaine 1994, S. 87). Obwohl die herausragende Bedeutung teamorientierter Vergütungssysteme sowohl in der Teamforschung als auch in der Literatur zum Vertriebsmanagement allgemein anerkannt ist und immer wieder betont wird, ist auch hier ein erheblicher Mangel an – auf empirischer Basis – gesicherten wissenschaftlichen Erkenntnissen zu konstatieren.

Insgesamt ist festzustellen, dass bisherige Arbeiten Vertriebsführungskräften erst relativ wenige konkrete Hilfestellungen dafür liefern, wie man gut funktionierende Vertriebsteams gestaltet und führt. Trotz aufkeimender Aufmerksamkeit, die sich in den letzten Jahren in Form mehrerer empirischer Publikationen zum Team Selling manifestiert, hinkt die akademische Forschung den Anforderungen aus der Praxis immer noch hinterher: „The increased use of selling teams has not been matched by an increased understanding of how to foster enhanced selling team effectiveness.“ (Perry et al. 1999, S. 35). Somit verwundert es kaum, dass von Seiten der Marketingwissenschaft auch in jüngerer Vergangenheit immer wieder dazu aufgefordert wurde, die Erfolgsvoraussetzungen der Teamarbeit im Vertrieb intensiver zu beleuchten (vgl. Ahearne et al. 2010; Arnett et al. 2005; Jones et al. 2005; Rapp et al. 2010).

Im folgenden Abschnitt soll zunächst ein vergleichsweise umfassendes konzeptionelles Modell zur Erklärung des Teamerfolgs vorgestellt werden, das den aufgezeigten Erkenntnisdefiziten Rechnung trägt und in hohem Maße auf den Vertriebskontext zugeschnitten ist. Im Anschluss daran werden einige wesentliche Ergebnisse einer empirischen Überprüfung dieses Modells in sehr kompakter Form skizziert, um daraus abschließend Implikationen für das Vertriebsmanagement abzuleiten. Eine umfassende Darstellung dieser Untersuchungsschritte findet sich bei Frenzen (2009).

3 Konzeptionelles Modell des Erfolgs von Vertriebsteams

Der Darstellung des konzeptionellen Modells sind einige grundsätzliche Bemerkungen vorauszuschicken. Das in diesem Abschnitt dargestellte Modell basiert in hohem Maße auf den allgemeinen theoretischen Modellen und empirischen Befunden der organisationalen Teamforschung. Wie jedoch bereits dargelegt wurde, zeichnen sich Vertriebsteams durch eine Reihe von Besonderheiten aus, die im Rahmen der Modellkonzeptualisierung zu berücksichtigen sind. Die Konzentration eines auf die Vertriebsperspektive adaptierten Bezugsrahmens ist auch deshalb zielführend, da die Validität bisher in der Teamforschung untersuchter Erfolgsfaktoren im Regelfall stark von der spezifischen Aufgabe des Teams sowie dem situativen Kontext abhängt (vgl. Hackman 1987). Aus diesem Grund wurde die Auswahl der untersuchten Konstrukte sowie deren Operationalisierung auf den speziellen Kontext von Vertriebsteams abgestimmt. In Experteninterviews mit Vertretern aus Wissenschaft und Vertriebspraxis wurden die Struktur des Bezugsrahmens und die inhaltliche Relevanz der einzelnen Konstrukte eingehend erörtert.

Weiterhin sei ausdrücklich darauf hingewiesen, dass im vorliegenden Modell nicht alle denkbaren Erklärungsvariablen berücksichtigt wurden, von denen potenziell eine Wirkung auf den Teamerfolg ausgehen könnte. Die Untersuchung ist auf die Erfolgswirkungen bestimmter Gestaltungsvariablen des organisationalen Teamkontextes fokussiert, die speziell für Teams im Vertrieb von besonderer Bedeutung sind und in bisherigen empirischen Untersuchungen eher vernachlässigt wurden. Dagegen wurden insbesondere die in der Teamforschung bisher schon relativ häufig untersuchten Variablen der Teamzusammensetzung (z. B. Größe und Heterogenität des Teams) oder personenbezogene Merkmale (z. B. Fach- und Sozialkompetenzen der Teammitglieder) nicht untersucht. In diesem Sinne handelt es sich um ein **Partialmodell**, das hinsichtlich seiner Vollständigkeit sehr weit von einem Totalmodell zur Erklärung des Teamerfolgs entfernt ist. Der vor diesem Hintergrund entwickelte Bezugsrahmen ist in Abb. 1 dargestellt. In seiner Grobstruktur folgt der Bezugsrahmen den in der Teameffektivitätsforschung etablierten zweistufigen Input-Prozess-Output-Modellen (vgl. z. B. Bailey 2000; Hackman 1987; McGrath 1964).

Wie bereits angedeutet wurde die Auswahl der **Input-Variablen** sehr nachhaltig von der Überlegung geleitet, eine Fokussierung auf solche Größen vorzunehmen, die

1. vom Management gestaltbar sind und damit Entscheidungsvariablen darstellen, für die Handlungsempfehlungen abgeleitet werden können,
2. speziell für Teams im Vertriebsbereich eine hohe Relevanz besitzen und auch hinsichtlich ihrer Operationalisierung an diesen Untersuchungskontext adaptiert sind sowie
3. in der bisherigen empirischen Forschung zur Effektivität von Vertriebsteams noch nicht bzw. nicht hinreichend untersucht worden sind, um diesbezüglich verlässliche Aussagen zu Erfolgswirkungen treffen zu können.

Eine ausführliche Begründung für die Auswahl der einzelnen Variablen sowie ihre Konzeptualisierung und die Ableitung entsprechender Wirkungshypothesen findet sich

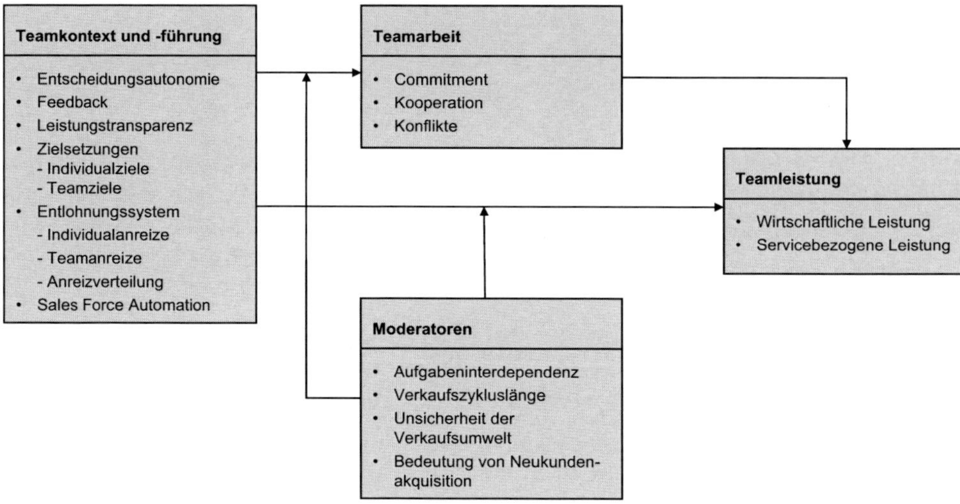

Abb. 1 Konzeptioneller Bezugsrahmen zum Erfolg von Vertriebsteams (Quelle: Frenzen 2009)

bei Frenzen (2009). An dieser Stelle soll lediglich exemplarisch deutlich gemacht werden, dass die im Modell enthaltenen Input-Größen den oben genannten Auswahlkriterien in hohem Maße genügen. Wie bereits ausgeführt kommt der Gestaltung von Entlohnungssystemen im Vertriebsbereich eine herausragende Bedeutung für die Mitarbeitersteuerung und deren Motivierung zu. Im Kontext des Team Selling wird die Entscheidung über die Ausgestaltung des Vergütungssystems dadurch erschwert, dass neben Individualanreizen auch Teamanreize zum Einsatz kommen können. Zudem ist festzulegen, ob die Allokation von Entlohnungsanreizen innerhalb des Teams eher differenziert bzw. leistungsbezogen oder paritätisch erfolgen soll. Eine vollkommen paritätische Anreizallokation könnte beispielsweise dadurch erzielt werden, dass die variable Vergütung allein an der Leistung des gesamten Teams bemessen wird und eine entsprechende Teamprämie anschließend gleichmäßig, also „nach Köpfen", unter den Teammitgliedern aufgeteilt wird. Es ist zu vermuten, dass von jeder Ausgestaltung dieser Entlohnungsmerkmale (Individualanreize, Teamanreize, Allokation der Entlohnungsanreize) unterschiedliche Wirkungen auf die Zusammenarbeit der Teammitglieder, ihren Arbeitseinsatz und die Teamleistung ausgehen. Das Design eines Teamentlohnungssystems stellt also ein gleichermaßen bedeutendes wie komplexes Entscheidungsproblem dar, das zudem in der empirischen Vertriebsforschung bisher fast vollständig vernachlässigt worden ist. Die eigene empirische Untersuchung durch den Autor sollte dazu beitragen, diese Forschungslücke zu schließen.

Der Logik von Input-Prozess-Output-Modellen entsprechend nehmen **Teamprozesse** eine zentrale Stellung zwischen Input- und Output-Größen ein. In Anlehnung an die theoretischen Modelle und empirischen Untersuchungen zur Teameffektivität wurden das teambezogene Commitment der Teammitglieder, das Ausmaß der Kooperation zwischen den Teammitgliedern sowie das Ausmaß teaminterner Konflikte als zentrale Teamprozessmerkmale auch in den Bezugsrahmen der vorliegenden Arbeit integriert. Anschaulich ausgedrückt, können diese drei Größen als Indikatoren für das übergeordnete Konstrukt „Qualität der Teamarbeit“ aufgefasst werden. Wie der Bezugsrahmen zeigt, gehen wir auf der einen Seite davon aus, dass von den Teamprozessvariablen Wirkungen auf die Teamleistung ausgehen. Auf der anderen Seite werden die Teamprozesse ihrerseits von Input-Größen des Teamkontextes beeinflusst. Insofern stellen sie vorgelagerte endogene Erfolgsgrößen dar.

Obwohl die Qualität der Teamarbeit eine zentrale Bedeutung für die Beurteilung der Teameffektivität einnimmt, sind aus der Managementperspektive letztendlich vor allem die Leistungsergebnisse eines Teams entscheidend: „Most managers do not define output in terms of teamwork but instead describe positive results with a vocabulary including higher productivity, better quality, increased profits, and lower costs“ (Weisbord 1988, S. 38 f.). Dieser managementorientierten Sichtweise wurde in der Untersuchung gefolgt, indem verschiedene Indikatoren der **Teamleistung** einbezogen wurden, die sich sowohl auf wirtschaftliche als auch auf servicebezogene Leistungsergebnisse erstrecken und somit auf den speziellen Kontext von Teams im Vertriebsbereich abgestimmt sind. Konkret wurde die wirtschaftliche Leistung der Teams über das Erreichen von Umsatz- und Rentabilitätszielen und die servicebezogene Leistung über die Informationsbereitstellung für Kunden, die Geschwindigkeit der Auftragsabwicklung sowie die Bearbeitungszeit von Reklamationen erfasst.

Neben den bis hierhin erläuterten Input-, Prozess- und Output-Größen wurde schließlich auch eine Reihe von **Moderatoren** in das Untersuchungsmodell integriert. Die Berücksichtigung von Moderatorvariablen basiert auf der in der Organisations- und Teamforschung fest verwurzelten Erkenntnis, dass die Wirkungszusammenhänge zwischen Input-, Prozess- und Output-Größen von aufgaben- und umweltbezogenen Merkmalen beeinflusst werden (vgl. z. B. Ahearne et al. 2010; Gladstein 1984; Haas und Hansen 2005; Hackman 1987; Jones et al. 2005; Kirkman et al. 2004; Rapp et al. 2010; Stock 2004). Das Ziel der Untersuchung bestand allerdings nicht darin, alle denkbaren Input-Prozess-Output-Beziehungen auf moderierte Effekte hin zu überprüfen. Vielmehr wurde auf Basis theoretischer Überlegungen untersucht, inwieweit die Erfolgswirkungen von Gestaltungsvariablen des Entlohnungssystems sowie der Entscheidungsautonomie von spezifischen Aufgaben- und Umweltmerkmalen abhängig sind, denen sich ein Vertriebsteam gegenübersieht. Als aufgaben- und umweltbezogene Moderatoren dienen hier im Speziellen die Verkaufszykluslänge, die Aufgabeninterdependenz zwischen den Teammitgliedern, die Unsicherheit der Verkaufsumwelt sowie die Bedeutung der Neukundenakquisition. Damit spiegelt auch die Auswahl der moderierenden Faktoren das in der Studie verfolgte Anliegen wider, kein generisches, sondern ein konkret auf die Vertriebsperspektive abgestimmtes Erfolgsfaktorenmodell zu konzeptualisieren und empirisch zu überprüfen.

4 Empirische Ergebnisse zu den Erfolgsfaktoren von Vertriebsteams

Das in Abb. 1 dargestellte Modell der Effektivität von Vertriebsteams wurde einer empirischen Überprüfung unterzogen. Die Basis für diese Analyse bildeten **216 Vertriebsteams** aus den Branchen Maschinenbau, Elektrotechnik, Informations- und Kommunikationstechnologie, Chemie und Pharma. Als Auskunftspersonen dienten Vertriebsmanager, die für die Führung eines oder mehrerer Teams verantwortlich waren. In der Regel handelte es sich dabei um nationale oder regionale Vertriebsleiter. Im Rahmen der Untersuchung stellte das Vertriebsteam die Analyseeinheit dar. Die Auskunftspersonen wurden daher instruiert, alle Fragen für ein einzelnes Team zu beantworten, mit dessen Führung sie betraut waren. Im Fall mehrerer Teams wurden die Befragungsteilnehmer gebeten, zur Beantwortung ein Team auszuwählen, das sie gut kennen und das auch möglichst repräsentativ bzw. typisch für Vertriebsteams in der jeweiligen Geschäftseinheit ist.

Betrachtet man die resultierenden **Befunde in der Zusammenschau**, so sind bestimmte Faktoren hervorzuheben, die den Teamerfolg besonders nachhaltig beeinflussen. Tabelle 2 vermittelt einen Überblick über die wichtigsten Erfolgsfaktoren. In der obersten Reihe befinden sich die fünf endogenen (zu erklärenden) Modellgrößen. Die signifikanten Einflussgrößen auf diese fünf Teamerfolgsvariablen sind jeweils gemäß der Höhe ihrer standardisierten Pfadkoeffizienten in absteigender Reihenfolge aufgeführt. Beispielsweise übt die einem Team gewährte Entscheidungsautonomie den relativ stärksten Einfluss auf die teaminterne Kooperation aus.

Tab. 2 Ranking der signifikanten Erfolgsfaktoren nach ihrer relativen Bedeutung (Quelle: Frenzen 2009)

Abhängige Variable				
Commitment	Kooperation	Konflikte	Wirtschaftliche Leistung	Servicebezogene Leistung
Leistungstransparenz	Entscheidungsautonomie	Leistungstransparenz	Leistungstransparenz	SFA-Nutzung
SFA-Nutzung	Paritätische Anreizverteilung	Paritätische Anreizverteilung	Entscheidungsautonomie	Leistungstransparenz
Feedback	Leistungstransparenz	Feedback	SFA-Nutzung	Paritätische Anreizverteilung
Entscheidungsautonomie	Teamziele		Paritätische Anreizverteilung	Teamanreize
Individualziele	Feedback		Feedback	Nutzung von VIS
Paritätische Anreizverteilung			Individualziele	Entscheidungsautonomie
			Teamanreize	Individualanreize
			Nutzung von VIS	

Es zeigt sich, dass eine hohe Leistungstransparenz innerhalb des Teams sowohl im Hinblick auf eine gut funktionierende Teamarbeit als auch auf das Erreichen von Leistungszielen von herausragender Bedeutung ist. So können beispielsweise Trittbrettfahrereffekte und teaminterne Konflikte am wirksamsten dadurch unterbunden werden, dass die Leistungsbeiträge der einzelnen Teammitglieder hinreichend transparent gemacht werden. Auch die führungsbezogenen Größen „Entscheidungsautonomie" und „Feedback" erweisen sich fast durchgängig als zentrale Erfolgstreiber. Das Entlohnungssystem ist in erster Linie hinsichtlich der Gestaltungsdimension „Paritätische Anreizverteilung" als wesentlicher Erfolgsfaktor zu kennzeichnen. Insbesondere eignet sich eine egalitäre Allokation von Vergütungsanreizen, um kooperatives Verhalten im Team zu fördern und ein harmonisches Miteinander der Teammitglieder zu begünstigen. Schließlich ist auch der technologischen Unterstützung von Vertriebsteams durch Sales Force Automation (SFA) eine hohe Bedeutung beizumessen. In diesem Zusammenhang erscheint es durchaus plausibel, dass vor allem die servicebezogene Leistung (Informationsbereitstellung für Kunden, Geschwindigkeit der Auftragsabwicklung, Bearbeitung von Reklamationen) durch den Einsatz von SFA-Tools gesteigert wird.

Um die Frage nach der **kontextspezifischen Wirkung** bestimmter Erfolgsfaktoren zu beantworten, wurde anschließend auf der Basis einer Reihe von kausalanalytischen Subgruppenanalysen untersucht, wie die Erfolgswirkungen der Entscheidungsautonomie sowie der Gestaltungsvariablen des Entlohnungssystems durch umwelt-, unternehmens- und aufgabenbezogene Rahmenbedingungen moderiert werden. Hierbei ließen sich folgende Ergebnisse feststellen, die sämtlich in Einklang mit den theoretisch-konzeptionell hergeleiteten Hypothesen zu Moderatoreffekten stehen:

- Mit zunehmender *Länge von Verkaufszyklen*, also einer zunehmenden mittleren Dauer vom ersten Kundenkontakt bis zum Verkaufsabschluss, verstärken sich positive Effekte der Entscheidungsautonomie auf den Teamerfolg.
- Mit zunehmender *Unsicherheit der Verkaufsumwelt* verringern sich positive bzw. verstärken sich negative Erfolgswirkungen von Individual- und Teamanreizen.
- Mit zunehmender *Bedeutung der Neukundenakquisition* (gegenüber der Stammkundenbetreuung) verringern sich positive bzw. verstärken sich negative Erfolgswirkungen von Individual- und Teamanreizen.
- Mit zunehmender *Aufgabeninterdependenz* verstärken sich positive Erfolgswirkungen einer paritätischen Anreizverteilung und von Teamanreizen.

5 Schlussfolgerungen für die Vertriebspraxis

Für das Vertriebsmanagement ergeben sich aus den empirischen Befunden in mehrfacher Hinsicht wertvolle Hinweise. Da es sich bei den untersuchten Erfolgsfaktoren des organisationalen Teamkontextes um Entscheidungsgrößen handelt, die in hohem Maße durch das Vertriebsmanagement gestaltbar sind, lassen sich hieraus direkt umsetzbare Handlungsempfehlungen ableiten. Im Folgenden werden bezüglich derjenigen Faktoren, die nach Maßgabe der empirischen Befunde den Erfolg von Vertriebsteams besonders nachhaltig fördern, einige Implikationen für das Management aufgezeigt.

Vertriebsverantwortliche sollten sicherstellen, dass die **Leistungsbeiträge** der einzelnen Mitglieder des Teams hinreichend **transparent** gemacht werden. Konkrete Ansatzpunkte hierfür sind ein umfassendes Berichtswesen (Reporting) seitens der Teammitglieder sowie regelmäßige Teammeetings, in denen individuelle Zuständigkeiten bzw. Aufgaben fixiert und ihre Erfüllung kontrolliert werden. Ansonsten besteht die Gefahr, dass der Begriff „Team" allzu oft als Akronym für „**T**oll, **e**in **a**nderer **m**acht's!" missverstanden wird, wie in der einschlägigen Literatur zum Trittbrettfahrerverhalten bzw. Social Loafing („soziales Faulenzen") in Teams gelegentlich scherzhaft angeführt wird.

Der Teamleiter sollte den Mitgliedern des Teams **regelmäßiges und zeitnahes Feedback** zu ihrer Arbeit geben. Dieses sollte dabei möglichst konkret (d. h. bezogen auf bestimmte Handlungsweisen) sein, um nachhaltige Lerneffekte bei den Teammitgliedern auszulösen. Schließlich sollte das Feedback in einer konstruktiven sowie sachbezogenen Weise geäußert und nicht für Schuldzuweisungen missbraucht werden.

Teams, denen im Hinblick auf einige zentrale Aufgabenbereiche (wie der Festlegung kundenbezogener Strategien oder der teaminternen Aufgabenverteilung) ein **hohes Maß an Entscheidungsautonomie** eingeräumt wird, sind erfolgreicher als solche Teams, die sich diesbezüglich teamexternen Vorgaben beugen müssen. Vertriebsverantwortliche, die bisher entsprechende Entscheidungskompetenzen weitgehend zentralisiert haben, sollten daher vermehrt dazu übergehen, ihren Teams diese Kompetenzen zu übertragen, um das häufig überlegene markt- und kundennahe Wissen der Mitarbeiter des Vertriebsteams im Sinne besserer Entscheidungen zu nutzen. Denn wer – wenn nicht die Mitglieder des Vertriebsteams selbst, die tagtäglich mit der Verrichtung der Vermarktungsaufgaben betraut sind – weiß am besten darüber Bescheid, auf welche Weise die genannten Aufgaben am sinnvollsten zu bewerkstelligen sind? Insbesondere bei komplexen Verkaufsprozessen, die durch lange Verkaufszyklen gekennzeichnet sind und eine flexible Abstimmung zwischen dem Vertriebsteam auf Anbieterseite und dem Einkaufspersonal auf Abnehmerseite erfordern, kann der Teamerfolg sehr positiv durch die Gewährung von Handlungs- und Entscheidungsspielräumen beeinflusst werden. Entsprechend konnte auch in einer weiteren aktuellen Studie gezeigt werden, dass es insbesondere in dynamischen Marktumfeldern vorteilhaft für den Unternehmenserfolg ist, Verkäufern ein hohes Maß an Preisfestsetzungskompetenz bei Verhandlungen mit Kunden einzuräumen (vgl. Frenzen et al. 2010).

Die Vertriebsleitung sollte weiterhin sicherstellen, dass die Teams in ausreichendem Maße mit **informationstechnologischen Medien** ausgestattet werden und dass diese Tools im Rahmen des Vertriebsprozesses auch tatsächlich intensiv genutzt werden. Dies ergibt sich aus dem Befund, dass von der Sales-Force-Automation-Nutzung positive Effekte auf das Erreichen ökonomischer Teamziele, vor allem aber auf die servicebezogene Teamleistung ausgehen. Für eine reibungslose Auftragsabwicklung, eine maßgeschneiderte Informationsbereitstellung an Kunden und eine zuverlässige Bearbeitung von Reklamationen stellt die Nutzung von Sales Force Automation den bedeutendsten Erfolgsfaktor dar. Die positiven Effekte des Einsatzes informationstechnologischer Medien im Rahmen des Verkaufsprozesses sind in den vergangenen Jahren immer wieder durch empirische Studien belegt worden (vgl. z. B. Ahearne et al. 2007; Ahearne et al. 2008). Allerdings sind immer auch die Kosten derartiger Systeme gegenüber ihren unbestrittenen Nutzenpotenzialen abzuwägen.

Hinsichtlich der **Ausgestaltung des Entlohnungssystems** liefern die hier ermittelten Befunde Vertriebsmanagern Hinweise darauf, dass **teamorientierte Komponenten** in ausreichendem Maße berücksichtigt werden sollten. Bemerkenswerterweise stellt sich in der vorliegenden Studie ein an der Gleichheitsnorm orientiertes Anreizsystem durchgängig als förderlich für den Teamerfolg heraus. Konkret kann ein solches teamorientiertes Vergütungssystem mit einer paritätischen Anreizverteilung dadurch erreicht werden, dass variable Entlohnung nicht an das Erreichen individueller Verkaufsziele, sondern an die Leistung des gesamten Teams gekoppelt wird und der gemeinsam erzielte Pool an Provisionen und/oder Prämien gleichmäßig, das heißt nach Köpfen unter den Teammitgliedern aufgeteilt wird. Insbesondere wenn ein hohes Maß an Kollaboration zwischen unterschiedlichen Abteilungen erforderlich ist, um erfolgreich zu verkaufen, kann es sinnvoll sein, neben verkaufsaktiven Mitarbeitern auch Mitarbeiter aus unterstützenden Bereichen in die monetäre Incentivierung mit einzubeziehen. Konkrete Konzepte und Fallbeispiele zur Gestaltung von teamorientierten Vergütungssystemen in der Vertriebspraxis finden sich unter anderem bei Geber (1995), Hansen (1997), Krafft et al. (2002) sowie Zoltners et al. (2006).

Beim Einsatz individueller und teambasierter Entlohnungsanreize sollte das Vertriebsmanagement darauf achten, unter welchen **umwelt-, unternehmens- und aufgabenbezogenen Rahmenbedingungen** ein Team agiert. Sieht sich ein Unternehmen beispielsweise einem hochgradig volatilen Marktumfeld gegenüber (z. B. aufgrund häufiger Neuprodukteinführungen, sonstiger Wettbewerbsaktivitäten oder eines stark schwankenden Geschäftsklimas), so sollte den Teammitgliedern durch die Gewährung von hohen fixen Vergütungsanteilen eine gewisse Sicherheit geboten werden, anstatt sie mit substanziellen Individual- und/oder Teamanreizen dem Risiko stark schwankender Verkaufsergebnisse auszusetzen. In einem unsicheren Marktumfeld gehen von individuellen und teambezogenen Entlohnungsanreizen nämlich nicht die gewünschten motivations- und leistungssteigernden Effekte aus. Weiterhin sollte sich die Vertriebsleitung sehr genau darüber im Klaren sein, welche Ziele im Rahmen des Verkaufs angestrebt werden, und das Anreizsystem entsprechend darauf ausrichten. Kommt beispielsweise der Neukundengewinnung eine strategisch hohe Bedeutung zu, so sollte dieses Ziel entweder direkt im Rahmen der leistungsbezogenen Vergütung verankert werden (z. B. über eine Prämie pro akquiriertem Neukunden) oder von vornherein in stärkerem Maße auf Festgehälter zurückgegriffen werden; denn hiermit kann ein Anreiz geschaffen werden, auch Aktivitäten wie die Neukundengewinnung zu verfolgen, die erst auf längere Sicht zu Erträgen führt. Schließlich sind bei der Gestaltung des Entlohnungssystems auch Komplementaritäten mit der Art der Teamaufgabe zu berücksichtigen. Dies kann aus dem Ergebnis abgeleitet werden, dass ein teamorientiertes Anreizsystem, sprich eine paritätische Anreizallokation im Team sowie die nachhaltige Gewährung von Teamanreizen, vor allem bei hoher Aufgabeninterdependenz der Teammitglieder die gewünschten erfolgsförderlichen Effekte aufweist.

Insgesamt betrachtet lassen die hier ermittelten Ergebnisse die Schlussfolgerung zu, dass Vertriebsmanager gut beraten sind, bei der Ausgestaltung der Steuerungssysteme für ihre Teams stets die spezifischen Rahmenbedingungen im Blick zu haben, unter denen diese Teams agieren. Ist das Steuerungs- bzw. Entlohnungssystem nicht adäquat auf das Marktumfeld, die Spezifika des Verkaufsprozesses, die Art der zu verrichtenden Aufgaben und die Ziele der Vertriebssteuerung abgestimmt, leidet die Zusammenarbeit im Team und letztlich auch die Teamleistung.

Literatur

Ahearne, M., Hughes, D. E., & Schillewaert, N. (2007). Why Sales Reps Should Welcome Information Technology: Measuring the Impact of CRM-based IT on Sales Effectiveness. *International Journal of Research in Marketing*, *24*(4), 336–349.

Ahearne, M., Jones, E., Rapp, A., & Mathieu, J. (2008). High Touch through High Tech: The Impact of Salesperson Technology Usage on Customer Satisfaction and Sales Performance. *Management Science*, *54*(4), 671–685.

Ahearne, M., MacKenzie, S., Podsakoff, P., Mathieu, J., & Lam, S. (2010). The Role of Consensus in Sales Team Performance. *Journal of Marketing Research*, *47*(3), 458–469.

Albers, S., Mantrala, M. K., & Sridhar, S. (2010). Personal Selling Elasticities: A Meta-Analysis. *Journal of Marketing Research*, *47*(5), 840–853.

Arnett, D. B., Macy, B. A., & Wilcox, J. B. (2005). The Role of Core Selling Teams in Supplier-Buyer Relationships. *Journal of Personal Selling & Sales Management*, *25*(1), 27–42.

Bailey, D. E. (2000). Modeling Work Group Effectiveness in High-Technology Manufacturing Environments. *IIE Transactions*, *32*(4), 361–368.

Brown, S. P., Evans, K. R., Mantrala, M. K., & Challagalla, G. (2005). Adapting Motivation, Control, and Compensation Research to a New Environment. *Journal of Personal Selling & Sales Management*, *25*(2), 155–167.

Bussmann, W. (2006). Team Selling, in: Verkauf: Kundenmanagement, Vertriebssteuerung, E-Commerce (Digitale Fachbibliothek auf CD-ROM), Hrsg.: Albers, S.; Hassmann, V.; Tomczak, T., Düsseldorf, S. 1–32.

Bussmann, W., & Rutschke, K. (2000). Mit Team Selling in das neue Jahrtausend. *Thexis*, *17*(4), 2–7.

Churchill Jr., G. A., Ford, N. M., Hartley, S. W., & Walker Jr., O. C. (1985). The Determinants of Salesperson Performance: A Meta-Analysis. *Journal of Marketing Research*, *22*(2), 103–118.

Cespedes, F. V., Doyle, S. X., & Freedman, R. J. (1989). Teamwork for Today's Selling. *Harvard Business Review*, *67*(2), 44–56.

Cohen, S. G., & Bailey, D. E. (1997). What Makes Teams Work: Group Effectiveness Research from the Shop Floor to the Executive Suite. *Journal of Management*, *23*(3), 239–290.

Cummings, B. (2007). Group Dynamics. *Sales & Marketing Management*, *159*(1), 8.

Dumaine, B. (1994). The Trouble with Teams. *Fortune*, *130*(5), 86–92.

El-Ansary, A. I., Zabriskie, N. B., & Browning, J. M. (1993). Sales Teamwork: A Dominant Strategy for Improving Salesforce Effectiveness. *Journal of Business & Industrial Marketing*, *8*(3), 65–72.

Frenzen, H. (2009). *Teams im Vertrieb: Gestaltung und Erfolgswirkungen*. Wiesbaden.

Frenzen, H., Hansen, A.-K., Krafft, M., Mantrala, M. K., & Schmidt, S. (2010). Delegation of Pricing Authority to the Sales Force: An Agency-Theoretic Perspective of Its Determinants and Impact on Performance. *International Journal of Research in Marketing (IJRM)*, *27*(1), 58–68.

Geber, B. (1995). The Bugaboo of Team Pay. *Training*, *32*(8), 25–34.

Gladstein, D. L. (1984). Groups in Context: A Model of Task Group Effectiveness. *Administrative Science Quarterly*, *29*(4), 499–517.

Haas, M. R., & Hansen, M. T. (2005). When Using Knowledge Can Hurt Performance: The Value of Organizational Capabilities in a Management Consulting Company. *Strategic Management Journal*, *26*(1), 1–24.

Hackman, J. R. (1987). The Design of Work Teams. In J. W. Lorsch (Hrsg.), *Handbook of Organizational Behavior* (S. 315–342). Englewood Cliffs.

Hackman, J. R. (1990). *Groups That Work (and Those That Don't): Creating Conditions for Effective Teamwork*. San Francisco.

Hansen, D. G. (1997). Worker Performance and Group Incentives: A Case Study. *Industrial and Labor Relations Review*, *51*(1), 37–49.

Helfert, G. (1998). *Teams im Relationship Marketing: Design effektiver Kundenbeziehungsteams*. Wiesbaden.

Jones, E., Dixon, A. L., Chonko, L. B., & Cannon, J. P. (2005). Key Accounts and Team Selling: A Review, Framework, and Research Agenda. *Journal of Personal Selling & Sales Management*, *25*(2), 181–198.

Kirkman, B. L., Rosen, B., Tesluk, P. E., & Gibson, C. B. (2004). The Impact of Team Empowerment on Virtual Team Performance: The Moderating Role of Face-to-Face Interaction. *Academy of Management Journal*, *47*(2), 175–192.

Krafft, M. (1995). *Außendienstentlohnung im Licht der Neuen Institutionenlehre*. Wiesbaden.

Krafft, M. (1996). Trends im Vertrieb 2000 (Teil 2): Ist das Vertriebsmanagement wirklich effektiv? *Absatzwirtschaft*, *39*(10), 44–46.

Krafft, M., Frenzen, H., & Jeck, M. S. (2002). Anreizsysteme: Wie Vertriebsteams entlohnt werden. *Absatzwirtschaft*, *45*(9), 40–44.

McGrath, J. E. (1964). *Social Psychology: A Brief Introduction*. New York et al.

Mulki, J. P., Jaramillo, F., & Marshall, G. W. (2007). Lone Wolf Tendencies and Salesperson Performance. *Journal of Personal Selling & Sales Management*, *27*(1), 25–38.

Perry, M. L., Pearce, C. L., & Sims Jr., H. P. (1999). Empowered Selling Teams: How Shared Leadership Can Contribute to Selling Team Outcomes. *Journal of Personal Selling & Sales Management*, *19*(3), 35–51.

Rapp, A., Ahearne, M., Mathieu, J., & Rapp, T. (2010). Managing Sales Teams in a Virtual Environment. *International Journal of Research in Marketing*, *27*(2), 108–118.

Robbins, H., & Finley, M. (2011). *The New Why Teams Don't Work: What Went Wrong and How to Make It Right*. Sydney.

Stock, R. (2003). *Teams an der Schnittstelle zwischen Anbieter- und Kunden-Unternehmen: Eine integrative Betrachtung*. Wiesbaden.

Stock, R. (2004). Drivers of Team Performance: What Do We Know and What Have We Still to Learn? *Schmalenbach Business Review, 56*(3), 274–306.

Verbeke, W., Dietz, B., & Verwaal, E. (2011). Drivers of Sales Performance: A Contemporary Meta-Analysis. Have Salespeople Become Knowledge Brokers? *Journal of the Academy of Marketing Science, 39*(3), 407–428.

Weisbord, M. R. (1988). Team Work: Building Productive Relationships. In W. B. Reddy, & K. Jamison (Hrsg.), *Team Building: Blueprint for Productivity and Satisfaction* (S. 35–44). San Diego.

Wilkinson, J. W. (2010). Cross-functional Selling Teams – The Loss of Control of the Selling Function. *Marketing Review St. Gallen, 27*(1), 20–24.

Workman Jr., J. P., Homburg, C., & Jensen, O. (2003). Intraorganizational Determinants of Key Account Management Effectiveness. *Journal of the Academy of Marketing Science, 31*(1), 3–21.

Zablah, A. R., Franke, G. R., Brown, T. J., & Bartholomew, D. E. (2012). How and When Does Customer Orientation Influence Frontline Employee Job Outcomes? A Meta-Analytic Evaluation. *Journal of Marketing, 76*(3), 21–40.

Zoltners, A. A., Sinha, P., & Lorimer, S. E. (2006). *The Complete Guide to Sales Force Incentive Compensation: How to Design and Implement Plans That Work.* New York et al.

Stellhebel im Kleinkundenmanagement

Christian Schmitz, Michael Ahlers und Christian Belz

Inhaltsverzeichnis

1 Der Kleinkunde – Störenfried oder Umsatzbringer?

In vielen Unternehmen gehören Kleinkunden zu den vernachlässigten Mauerblümchen. Ihre Betreuung scheint nicht lohnend. Zu teuer, zu wenig Umsatz, heißt es häufig pauschal. Viele Firmen wissen nicht einmal, wie viele Kleinkunden sie haben und in welchem Verhältnis Umsatz, Margen und Kosten zueinander stehen. Also fokussiert sich die Vertriebsmannschaft auf die Schlüsselkunden, die sogenannten Key Accounts eines Unternehmens.

Michael Ahlers
SUXXEED GmbH, Nordostpark 82, 90411 Nürnberg, Deutschland
e-mail: michael.ahlers@suxxeed.de
Christian Schmitz ✉, Christian Belz
Universität St. Gallen, Dufourstrasse 40a, 9000 St. Gallen, Schweiz
e-mail: christian.schmitz@unisg.ch, christian.belz@unisg.ch

L. Binckebanck et al. (Hrsg.), *Führung von Vertriebsorganisationen*,
DOI 10.1007/978-3-658-01830-6_9, © Springer Fachmedien Wiesbaden 2013

Schließlich lässt sich mit ihnen ein Großteil des Umsatzes generieren. Doch der Markt ist hart umkämpft und Marktanteile auszubauen ist nicht einfach. Es entsteht ein zäher Verdrängungswettbewerb mit sinkenden Margen (vgl. Ahlers 2012a).

In diesem Wettbewerb wird die effiziente Betreuung von kleinen Kunden attraktiv, doch tun sich Unternehmen mit den Massenkunden schwer. Ein prägnantes Beispiel dafür ist die Deutsche Bank. Im Jahr 1999 schob sie ohne Vorwarnung und plausible Begründung fast sieben Millionen Kunden zu ihrer Unternehmenstochter „Deutsche Bank 24" ab. Die Kunden besaßen in den Augen des Mutterhauses nicht genügend Barvermögen (vgl. Belz et al. 2008). Ihre Bankleitzahl änderte sich und in ihren Stammfilialen wurden sie häufig nicht mehr bedient. Nur die Private-Banking-Kunden mit einem höheren Vermögen verblieben bei der Deutschen Bank. Die Vorgehensweise der Bank sorgte in der Öffentlichkeit für Aufruhr. Von einer „Zwei-Klassen-Gesellschaft", einer „Arme-Leute-Bank", ja sogar von „Apartheid-Banking" war die Rede. Die Folge war ein großer Imageschaden, der auch wirtschaftliche Konsequenzen für das Unternehmen hatte. Allerdings hat die Deutsche Bank ihre Lektion gelernt. Unter der Leitung von Josef Ackermann wurde das Privatkundengeschäft 2002 wieder zum strategischen Schwerpunkt ausgebaut.

Wenn ein Unternehmen für große Kunden große Leistungen erbringt und für kleine Kunden kleine, wird damit das Verhältnis von Aufwand zu Geschäftsmöglichkeiten optimiert? Die Diagnose zeigt ein differenzierteres Bild:

- Die großen Kunden bringen für viele Anbieter das Volumen, während sich mit mittleren und kleinen Kunden bessere Margen erzielen lassen.
- Fallen Großkunden weg oder entwickeln sie sich schlecht, sind die Wirkungen für den Anbieter verheerend – die Abhängigkeit ist groß. Mittlere und kleine Kunden streuen die Risiken und entwickeln sich insgesamt stabiler. Besonders in Rezessionsphasen ist dieser Effekt wertvoll.
- Mit ihrem Fokus auf Großkunden ohne klare Betreuungsunterschiede scheitern manche Anbieter, weil die Ressourcen von Vertrieb und Technik laufend durch mittlere und kleine Kunden beansprucht werden. Ein Kunde verlangt seine nötige Betreuung, unabhängig von einer Kategorisierung durch den Anbieter.
- Absichten der Anbieter und Kunden widersprechen sich häufig. Der Anbieter sucht für große Kunden die umfassende Zusammenarbeit und Beziehungspflege, während der Kunde selbst mit den Lieferanten gezielt und meistens schlank kooperieren will. Für kleine Kunden wiederum sucht der Anbieter eine schlanke Zusammenarbeit, während der Kunde selbst kaum über Spezialisten verfügt und gerade deshalb eine umfassende Unterstützung braucht.

Kleinkunden haben differenzierte Bedürfnisse, der Aufwand für ihre Bearbeitung ist aber im Verhältnis zum erzielbaren Geschäft kritisch. Deshalb sind die Anforderungen an ein Kleinkundenmanagement besonders hoch. C-Kunden brauchen A-Lösungen und A-Verantwortliche und sind nicht einfach eine Restgröße. Die Aktivierung der zahlreichen kleinen Geschäftskunden kann durchaus lohnenswert sein, denn sie werden weniger umworben als die Schlüsselkunden. Das macht den Ausbau des Marktanteils in diesem Segment einfacher. Auch sind in der Regel Listenpreise durchsetzbar, was den Bereich lukrativer macht als häufig angenommen. Ein weiterer Vorteil: Die Kundentreue ist bei Kleinkunden deutlich größer als bei Key Accounts.

Es gibt eine Reihe von Stellhebeln, die im Kleinkundenmanagement zur Umsatz- und Potenzialsteigerung angesetzt werden können. Zu diesem Ergebnis kommt die Studie „Management des Kleinkundensegments 2012". Die Erkenntnisse werden in diesem Buchbeitrag erstmals veröffentlicht.

Dabei zeigen wir auf, wie Unternehmen die einzelnen Stellhebel im Kleinkundenmanagement einsetzen und welche Maßnahmen in der Praxis Erfolg versprechend sind.

2 Methodische Grundlagen und Struktur der Stichprobe

Die Studie „Management des Kleinkundensegments 2012" ist ein Gemeinschaftsprojekt des Instituts für Marketing der Universität St. Gallen und der SUXXEED Sales for your Success GmbH. Die Studie untersucht den Status quo sowie Trends und Strategien im Kleinkundensegment. Weiterhin werden Ansätze für ein professionelles Kleinkundenmanagement identifiziert und weiterentwickelt. Die Aussagen basieren auf einer Erhebung, die im Mai und Juni 2012 in Deutschland, Österreich und der Schweiz durchgeführt wurde.

An der Studie nahmen Führungskräfte aus 236 Unternehmen teil. Über 41 Prozent der Befragten sind als Vertriebsleiter tätig, knapp 20 Prozent als Geschäftsführer. Die Industriegüterhersteller machen mit über 44 Prozent den größten Anteil der Unternehmen aus. Weitere Schwergewichte sind Dienstleistungsunternehmen mit 23,2 Prozent, gefolgt von Konsumgüterherstellern mit 15,5 Prozent. Medizintechnik (1,3 Prozent) und Handwerksbetriebe (0,4 Prozent) bilden das Schlusslicht. Der durchschnittliche Umsatz der Unternehmen lag im Geschäftsjahr 2011 bei etwas über 1,5 Milliarden Euro pro Jahr. In über 50 Prozent der untersuchten Firmen sind weniger als 500 Mitarbeiter beschäftigt.

Knapp 74 Prozent der Befragten schätzen sich besser ein als den wichtigsten Wettbewerber: Sie sind der Meinung, dass die eigene Vertriebsprofessionalität höher ist (65,7 Prozent), mehr Wachstum (60,9 Prozent) sowie ein höherer Gewinn (59,1 Prozent) und mehr Umsatz (54,1 Prozent) erzielt werden. 510.619 – das ist die durchschnittliche Anzahl der Kunden, die in den befragten Unternehmen betreut werden. Allerdings ist das die Anzahl der Gesamtkunden. Aktiv sind davon aber nur 270.054 Kunden, also lediglich etwas mehr als die Hälfte. Diese aktiven Kunden sind sowohl große, mittlere, aber auch kleine Kunden. Den Anteil an Kleinkunden kennen über 77 Prozent der Befragten, während 22,6 Prozent diesbezüglich im Dunkeln tappen. Frappierend ist, dass über 50 Prozent der Unternehmenskunden insgesamt Kleinkunden sind. Über eine Kundenklassifikation verfügen über 90 Prozent der Stichprobe. Bei den Faktoren zur Klassifikation liegt der Umsatz mit knapp 82 Prozent klar auf Platz 1, gefolgt von der Einstufung des Kundenpotenzials (71,4 Prozent). Weitaus weniger populär ist die Einstufung nach dem Deckungsbeitrag. Lediglich etwas über ein Drittel der Befragten legt diesen Faktor zugrunde. 21,9 Prozent der Firmen klassifizieren ihre Kunden nach Wachstum. Kaum eine Rolle spielt hingegen die strategische Marktstellung eines Kunden (1,4 Prozent).

3 Stellhebel im Kleinkundenmanagement

Das Kleinkundenmanagement bezieht sich längst nicht nur auf den reinen Verkaufsprozess. Die Stellhebel, mit denen sich die Kundenbeziehungen in diesem Segment beeinflussen lassen, sind vielfältig und wirken an vielen Kundenkontaktpunkten. Unternehmen, die diese Stellhebel kennen und gezielt einsetzen, können ihr Kleinkundenmanagement auf eine profitable, stabile Basis aufsetzen. Die Studie „Management des Kleinkundensegments 2012" identifiziert insgesamt **acht Stellhebel** (vgl. Belz und Schmitz 2008):

- Kundenanzahl und -struktur,
- Leistungskonfiguration,
- Konditionen,
- Effizienz der Marktbearbeitung,
- Distributionskanäle,
- Informatik,
- Struktur und Management,
- Kooperation.

Neben den Stellhebeln werden in den folgenden Abschnitten weitere Erkenntnisse aus der Studie vorgestellt.

3.1 Kundenanzahl und -struktur

Vielen Anbietern fällt es schwer, überzeugende Lösungen für die Betreuung ihres Kleinkundensegments zu finden (vgl. Belz et al. 2008). Vor allem gelingt es ihnen nicht, sich auf die spezifischen Bedürfnisse ihrer Kunden einzustellen. Denn Kleinkunden haben nicht die gleichen Wünsche und Vorstellungen, die Anbieter von Großkunden kennen. Sie stellen zwar im Grunde die gleichen Anforderungen an Produktqualität, Liefertreue und -schnelligkeit wie A- und B-Kunden, allerdings benötigen sie in vielen Bereichen einen völlig anderen Service und maßgeschneiderte Lösungen. Wenn der Anbieter das nicht leisten kann und C-Kunden nur halbherzig betreut, vernichtet er Umsatzpotenzial und verursacht unnötige Kosten.

Eine strategische Vorgehensweise ist unumgänglich, wenn Kleinkunden effizient betreut werden sollen. Dazu gilt es, relevante Kleinkunden zu identifizieren und ihr Potenzial zu ermitteln.

3.1.1 Identifizierung von Kleinkunden

Welche Kunden zählen zu den Key Accounts, die den größten Umsatz generieren oder das größte Potenzial besitzen? Welche Kunden generieren vergleichsweise geringere Umsätze und Potenziale? Auf Basis der Vertriebskosten lässt sich eine Umsatzschwelle definieren, anhand derer eine klare Trennung zwischen Groß- und Kleinkunden erfolgen kann. Dabei hängt die Berechnung der Umsatzgrenze natürlich stark von der Branche und den jeweiligen Produkten und Dienstleistungen ab, die ein Unternehmen anbietet.

Beispiel: Eine einfache „Faustformel" zur Berechnung der Umsatzschwelle

Ein Außendienstmitarbeiter kostet inklusive Reisespesen 117.000 Euro im Jahr. Abzüglich Urlaub und Krankheit steht der Mitarbeiter dem Unternehmen im Schnitt 17,5 Tage im Monat zur Verfügung. Pro Tag entstehen bei 12 Monaten à 17,5 Tagen im Jahr Kosten von 560 Euro für einen Vertriebsmitarbeiter. Bei acht Kundenbesuchen pro Woche verursacht der Vertriebler Kosten von 350 Euro pro Kundenbesuch. Unterstellt man jetzt vier Besuche pro Jahr als optimale Betreuung im Außendienst, kostet der Kunde jedes Jahr 1400 Euro. Bei angestrebten Vertriebskosten von nicht mehr als 10 Prozent muss der Sollumsatz bei 14.000 Euro pro Jahr liegen. Das bedeutet: Alle Kunden, mit denen das Unternehmen weniger als 14.000 Euro Umsatz pro Jahr generiert, zählen zu den Kleinkunden. Selbstverständlich lassen sich analog auch andere Bearbeitungskosten einsetzen.

$$4 \textit{ Besuche eines Außendienstmitarbeiters pro Jahr} \cdot \textit{Kosten pro Besuch, z. B. 350 Euro}$$
$$= 1400 \textit{ Euro Vertriebskosten pro Kunde im Jahr}.$$

3.1.2 Potenzial von Kleinkunden

Nach der Identifizierung der Kleinkunden soll das Umsatzpotenzial des Kleinkunden mithilfe einer Potenzialanalyse festgestellt werden. Dabei ist der Umsatzanteil in dieser Kundengruppe mit dem Gesamtmarktanteil eines Unternehmens zu vergleichen. Ob und wie viel Potenzial eines Kleinkunden ausgeschöpft wird, ist im Wesentlichen von der Intensität und der Art der Betreuung abhängig. Es ist durchaus möglich, in einem vertrieblich intensiv betreuten Kleinkundensegment mindestens den gleichen wie, wahrscheinlich aber sogar einen höheren Marktanteil als im Gesamtmarkt zu erzielen.

Das Umsatzpotenzial eines Kleinkunden variiert in jeder Branche. Folgende exemplarische Näherungswerte haben sich bewährt:

- Elektriker-Branche: Materialeinsatz pro Mitarbeiter pro Jahr = 9000 Euro
- Gastronomiebranche: Anzahl Essen pro Tag und Wareneinsatz pro Essen
- Dentallaborbranche: 3000 Euro (Verbrauchsmaterialien ohne Edelmetalle) pro Zahntechniker pro Jahr

Ein konkretes Beispiel findet sich in Abb. 1.

3.1.3 Unsere Studienergebnisse

Wie unsere Studie zeigt, sind über 50 Prozent der Kunden in den befragten Unternehmen Kleinkunden. Also lohnt sich die Betrachtung der Kundenbasis des eigenen Unternehmens und eine Klassifizierung nach Kundengruppen. Wichtig ist, einen Überblick über das Verhältnis von Kleinkunden zu Key-Account-Kunden zu erhalten. Doch wann zählt ein Kunde zum Kleinkundensegment (Umsatzschwelle)? Wie kann man das Umsatzpotenzial einzelner Kunden berechnen? Eine Möglichkeit der Kundenzuordnung ist die Return-On-Investment-Berechnung (ROI) über die Vertriebskosten eines Außendienstmitarbeiters pro Jahr (vgl. Abb. 2).

Die konsequente Auseinandersetzung mit Kundenstruktur und Umsatzpotenzial in Verbindung mit einer zielgerichteten Gestaltung der Vertriebsaktivitäten zahlt sich aus. Gerade im Kleinkundenmanagement ist es wichtig, Umsatzpotenziale freizulegen und eigene Ressourcen in Verkaufs- und Betreuungsprozessen effizient und fokussiert einzusetzen. Dann können Kleinkunden zum profitablen Wachstumsmotor eines Unternehmens avancieren.

3.2 Leistungskonfiguration

Neben der potenzialgerechten Betreuung von Kleinkunden ist entscheidend, mit welchen Produkten, Leistungen und Services sich ein Unternehmen an seine Kleinkunden wendet. Eventuell ist eine Erweiterung der Leistungspalette nötig, um service- und wartungsarme Produkte platzieren zu können (vgl. Belz et al. 2008). Dazu gehören zum Beispiel schlanke Formen der Zusammenarbeit wie Online-Shops und verkaufsaktive Customer Care Center. Mehr als 20 Prozent der befragten Unternehmen halten ein bedarfsgerechtes Angebot von Produkten und Dienstleistungen für einen wichtigen Erfolgsfaktor in der profitablen Kleinkundenbetreuung. So können Unternehmen beispielsweise spezielle Kataloge nur für Kleinkunden herausbringen, ihnen kleinere Verpackungsgrößen oder maßgeschneiderte

Umsatzpotenzial Elektriker-Kleinkunden
- Potenzial Kleinkunden pro Jahr und Mitarbeiter: 9.000 Euro
- Angenommene Anzahl der Kleinkunden in Ihrer Datenbank: 4.000
- Ihr Marktanteil im Gesamtmarkt: 15%
- Ihr „Share of wallet" im Kleinkundensegment heute: 8%
- Ø Mitarbeiter pro Elektriker-Unternehmen: 3

4.000 x 9.000 Euro x 3 =	108,00 Mio. Euro
Ihr Umsatz in diesem Segment (8%):	8,64 Mio. Euro
Umsatzziel 15%, gem. Gesamtmarktanteil:	16,20 Mio. Euro
Ihr Umsatzpotenzial:	**7,56 Mio. Euro**

Abb. 1 Praxisbeispiel (Quelle: Suxxeed GmbH)

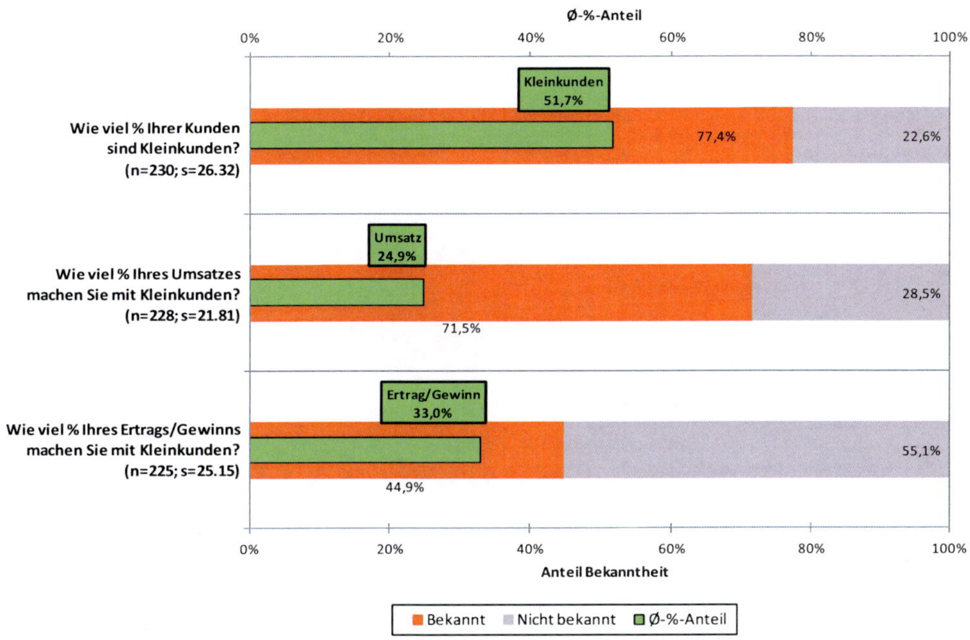

Abb. 2 Umsatz und Gewinnkennzahlen zu Kleinkunden (Quelle: Schmitz 2012)

Kleinmengenlogistik anbieten. Die Delegation von Leistungen an die Kunden ist eine der bekanntesten Maßnahmen, die längst akzeptiert ist und oft sogar bevorzugt wird – sei es beim Online-Banking oder beim automatischen Check-in am Flughafen.

Hinsichtlich der Leistungskonfiguration geben über 45 Prozent der befragten Unternehmen an, mit Cross Selling das Potenzial ihrer Kleinkunden auszuschöpfen. Zudem schneiden fast 38 Prozent die Sortimentsschwerpunkte auf unterschiedliche Marketingkanäle zu, um auch Kleinkunden profitabel zu bedienen. Über 31 Prozent der Unternehmen nutzen Up-Selling, indem sie zusätzliche Mengen und höherwertige Varianten verkaufen (vgl. Abb. 3).

Grundsätzlich sind standardisierte Produkte sinnvoll, Nebenleistungen sollten konsequent in Rechnung gestellt werden. Betrachten Sie die Bearbeitungsprozesse: Gibt es Möglichkeiten, einzelne Bestellungen zusammenzufassen und hierdurch höhere Bearbeitungseffizienz zu erreichen? So geben zum Beispiel über 14 Prozent der Studienteilnehmer die Prozessoptimierung und -automatisierung, insbesondere im Backoffice, als Erfolgsfaktor für die Kleinkundenbetreuung an. Fast ein Drittel der Befragten findet, dass die Kosten-Nutzen-Optimierung bei der Kundenbetreuung und Prozessen wichtig ist.

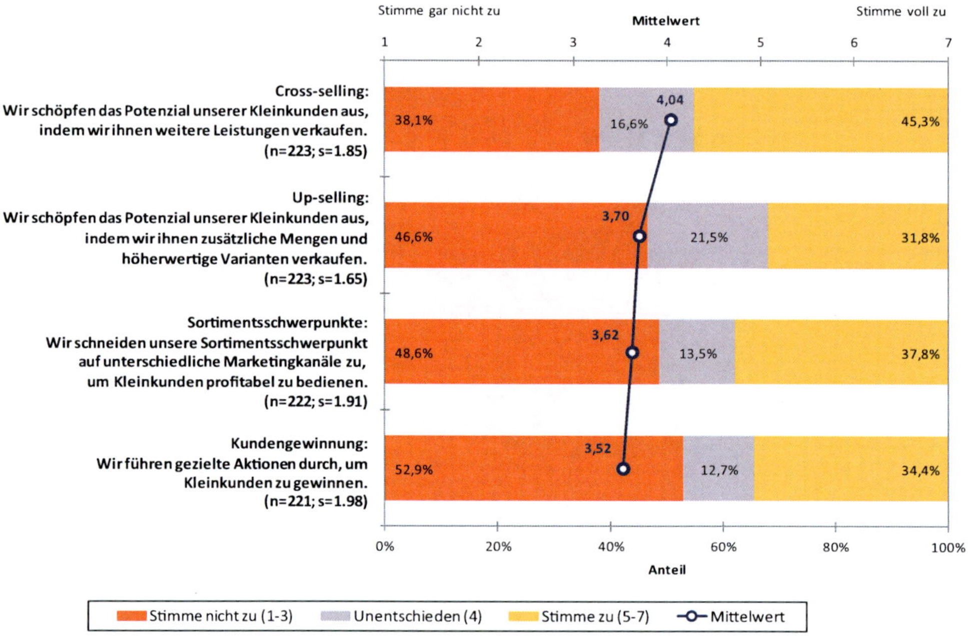

Abb. 3 Statements zur Leistungskonfiguration (Quelle: Schmitz 2012)

3.3 Konditionen

Die Ausgestaltung der Konditionen kann optimiert werden, indem man im Kleinkundengeschäft konsequent mit Listenpreisen arbeitet und auf individuelle Angebotserstellung verzichtet. Über 54 Prozent der Studienteilnehmer geben an, bei Kleinkunden Listenpreise durchsetzen zu können. Preiserhöhungen können beispielsweise durch eine Heraufsetzung der Mindestbestellmenge erfolgen. Auch Mindermengenzuschläge bei geringen Bestellmengen sind eine Option – so handhaben es knapp 42 Prozent der befragten Firmen. Die Entbündelung von Services ist in der Praxis ebenfalls ein Thema (29 Prozent). Durch das zusätzliche Angebot von Leistungen, die nicht im Grundpreis enthalten sind, können zusätzliche Einnahmen bei Kleinkunden generiert werden. Das können beispielsweise individuelle Logistiklösungen oder die Begleitung auf Messen oder Schulungen sein. Auch Transaktionspreise und Gebühren sollten in Rechnung gestellt werden, zum Beispiel als Bearbeitungsgebühren oder Versandpauschale unter einem Mindestbestellwert. Kostenpflichtige Hotlines hingegen sind weniger populär. Lediglich 4,5 Prozent der Unternehmen setzen dieses Tool im Kleinkundenmanagement ein (vgl. Abb. 4).

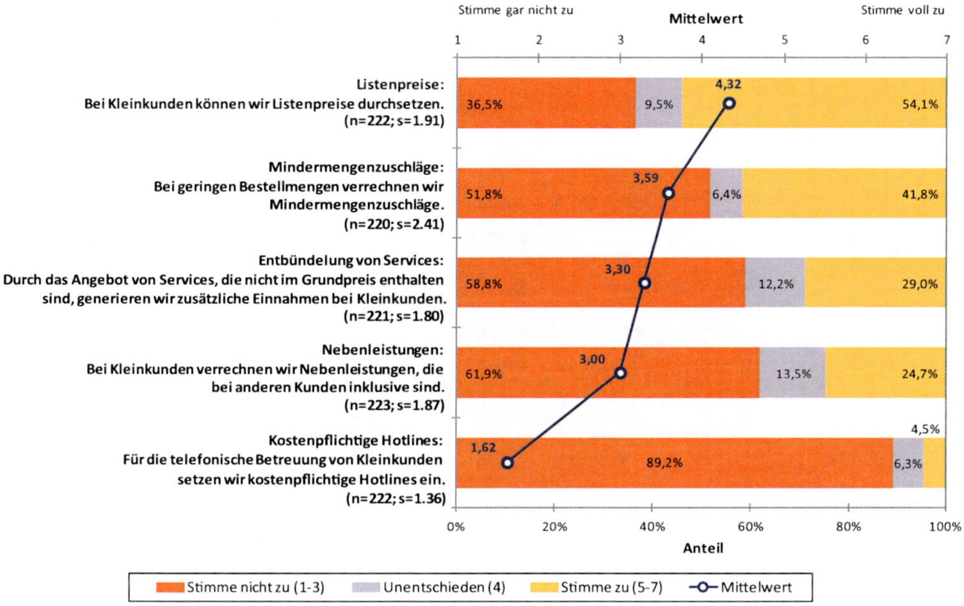

Abb. 4 Statements zur Konditionengestaltung (Quelle: Schmitz 2012)

3.4 Effizienz der Marktbearbeitung

Es gibt verschiedene Ansätze zur Erhöhung der Effizienz im Kleinkundenmanagement. Einer davon ist das Bündeln von Energien im Marketing, indem beispielsweise Veranstaltungen für Kundengruppen etabliert werden (vgl. Ahlers 2012b). Hierzu bieten sich neben Messen und Events auch Schulungen an, die Kunden zu mehr Selbstständigkeit und Autonomie in der zukünftigen Arbeit mit den Produkten des Anbieters verhelfen. Ein weiterer Vorteil von Produktschulungen ist, dass der Kleinkunde sich ernstgenommen und wertgeschätzt fühlt, was die Kundenbindung erhöht. Diese Vermittlung von Wertschätzung geben 12,8 Prozent der befragten Studienteilnehmer als wichtigen Erfolgsfaktor für das Kleinkundenmanagement an.

Bei der Kleinkundenbearbeitung sind verschiedene Konstellationen der Marktbearbeitung zur Steigerung der Effizienz denkbar. Ein grundsätzlich wichtiger Erfolgsfaktor für die erfolgreiche Bearbeitung ist die bedürfnisgerechte Kundenbetreuung und Präsenz. Diese Auffassung vertreten 28,2 Prozent der Studienteilnehmer. Eine Möglichkeit ist die Betreuung durch die bestehende Außendienstorganisation. 36,8 Prozent der Studienteilnehmer gehen so vor. Wir empfehlen allerdings, persönliche Verkaufsprozesse wie Außendienstbesuche auf eine Bearbeitung durch einen verkaufsaktiven Innendienst zu verlagern und die Kundeninitiative zu fördern. So handhaben es 36,8 Prozent der Studienteilnehmer. Andere Unternehmen wiederum setzen auf Kooperationen, etwa durch Handelspartner (30,5 Prozent) (vgl. Abb. 5).

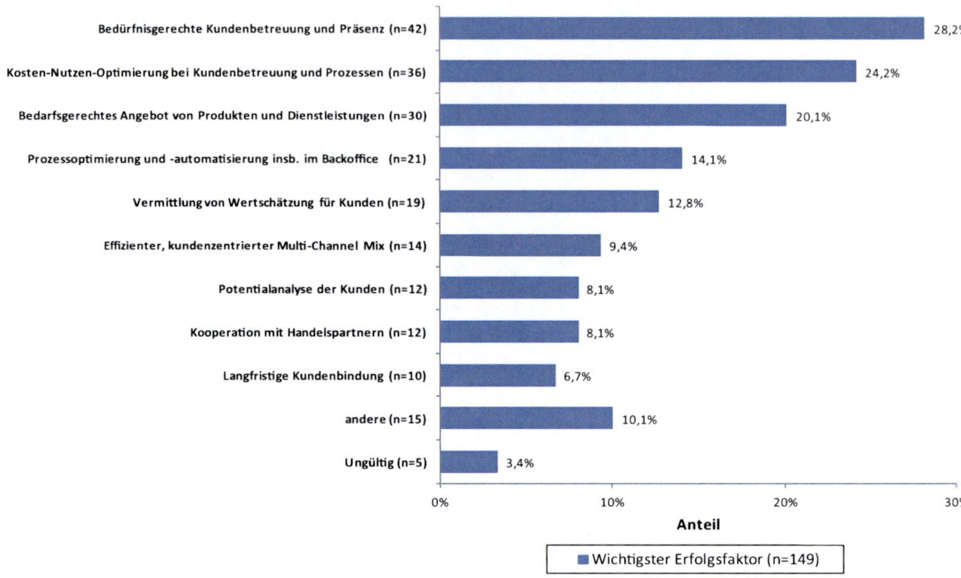

Abb. 5 Wichtigste Erfolgsfaktoren für die effiziente Marktbearbeitung im Kleinkundensegment (Quelle: Schmitz 2012)

Ob Kleinkunden im direkten oder indirekten Vertriebsmodell betreut werden sollen, lässt sich nicht pauschal beantworten. Folgende Kernfragen sollten sich Anbieter stellen:

- Welche Kunden nutzen und kombinieren welche Kanäle?
- Was ist dem Kunden bei der Kanalwahl wichtig?
- Welchen Wert generieren einzelne Teile des „Mehrkanalsystems" des Anbieters für den Kunden?
- Wie kann der Hersteller die Kanalwahl des Kunden beeinflussen?

Folgende Vorteile ergeben sich bei einer Abgabe des Kleinkunden an den Handel:

- Das Inkasso entfällt.
- Kleinteilige Logistik entfällt.
- Gute Flächenabdeckung.
- Vordergründig entstehen mehr Vertriebsressourcen/Multiplikatoren.

Dem stehen aber auch Nachteile gegenüber:

- Kundenkontakt und Information über den Kunden gehen verloren.
- Die Marge sinkt.
- Der Kunde ist verärgert, weil der Hersteller ihn abgibt und sich nicht mehr kümmert.

- Der Handel legt keinen Fokus auf das Produkt eines einzelnen Anbieters.
- Der Handel ist passiv – er verkauft, was der Kunde nachfragt.

Die Lösungsmöglichkeiten sind in der Praxis je nach Brache verschieden. Ein Ansatz ist, den Kleinkunden weiter selbst zu betreuen, wenn Inkasso und Logistik etablierte Prozesse sind. Gibt man den Kunden an den Handel ab, sollte ein paralleler Inside-Sales-Betreuungsprozess eingeführt werden (Pull-Effekt). Der Handel sollte darüber hinaus zu einem Reporting der Umsätze und Produkte auf Kundenbasis verpflichtet werden. Auch empfiehlt sich eine Vereinbarung mit dem Handel, Teile der Handelsmarge bzw. des Werbekostenzuschusses in die betriebliche Betreuung der Kleinkunden zurückfließen zu lassen.

3.5 Distributionskanäle

Grundsätzlich ist die Einführung von Verkaufskanälen, die geringe Transaktionskosten verursachen, sinnvoll (vgl. Ahlers 2012b). Für die Praxis bedeutet dies: Der Katalog-, Telefon- und Online-Verkauf sollte aktiv etabliert werden. Die damit verbundenen Verkaufsprozesse sollten für den Kunden möglichst einfach und attraktiv sein, etwa durch Sonderkonditionen und Rabatte in kostengünstigen Kanälen. Ziel muss es sein, den kostengünstigsten Vertriebskanal für den Kunden so attraktiv wie möglich zu machen.

Von den befragten Studienteilnehmern geben über 40 Prozent an, über spezielle Vertriebskanäle für Kleinkunden zu verfügen. Fast die Hälfte der Unternehmen ist außerdem der Meinung, dass die Verantwortlichkeiten für Kleinkunden klar geregelt sein müssen. Eine deutliche Mehrheit von über 92 Prozent sieht die Verantwortung beim Vertrieb. Lediglich 22,2 Prozent sehen die Marketingabteilung in der Pflicht. Über 50 Prozent favorisieren die vertikale Bearbeitung über den Handel (vgl. Abb. 6).

3.6 Informatik

Die Informatik ist häufig ein ungeliebtes Thema der Marktverantwortlichen – als Stellhebel für ein erfolgreiches Kleinkundenmanagement aber enorm wichtig. So setzen fast 70 Prozent der befragten Unternehmen CRM-Tools ein. 33 Prozent nutzen ERP, eine Software speziell für kleine und mittlere Unternehmen. Über 22 Prozent verwalten ihre Kleinkunden in Excel, während 11,3 Prozent selbstentwickelte Lösungen einsetzen (vgl. Abb. 7). Fast alle Unternehmen (94,5 Prozent) erfassen ihre Kunden mit einer Kundennummer im System. Wir sind der Meinung, dass ohne CRM-Datenbank keine Kleinkundenbetreuung möglich ist! Für diese Aussage gibt es mehrere Gründe:

1. Die Anzahl der Kleinkunden in den Unternehmen ist hoch. Ein Reporting ist umso wichtiger.

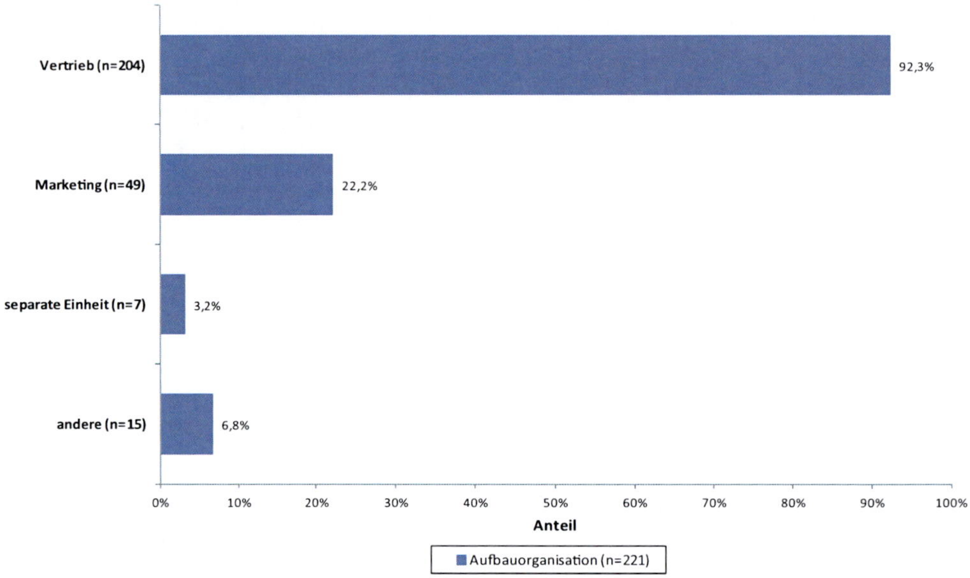

Abb. 6 Verantwortlichkeit für Kleinkunden (Quelle: Schmitz 2012)

2. Die Betreuungsfrequenz und Vorlagensystematik machen eine effiziente Betreuung überhaupt erst möglich.
3. Eine Potenzialeinschätzung und die daraus folgende Kundenklassifizierung ist nur mit Unterstützung einer Datenbank machbar.
4. Das Reporting ist auf Knopfdruck möglich.
5. Der Kleinkunde benötigt wie der Schlüsselkunde einen Account-Plan bzw. eine Zielkundenplanung.
6. Die Transparenz im Kleinkundensegment ist noch entscheidender als im Großkundengeschäft.

Zudem braucht es eine Erfolgskontrolle für Aktionen wie Mailings und Sonderangebote, um schrittweise erfolgreiche Ansätze verstärken zu können.

In der Praxis sind CRM-Prozesse häufig nicht vertriebsorientiert angelegt. Der Zugang zum System ist beispielsweise nicht ohne Weiteres möglich oder die Nutzerführung ist zu umständlich. Zudem wird der Vertrieb oft nicht auf den „Mehrwert" des Systems geschult. Auch die Datenqualität lässt häufig zu wünschen übrig, sei es durch „Datenleichen", Dubletten oder unzureichend eingepflegte Kundendaten. Die Verwendung eines passenden Systems ist insgesamt gesehen erfolgskritisch. Übersysteme, ausgerichtet auf Großkunden, sind oft nicht angemessen.

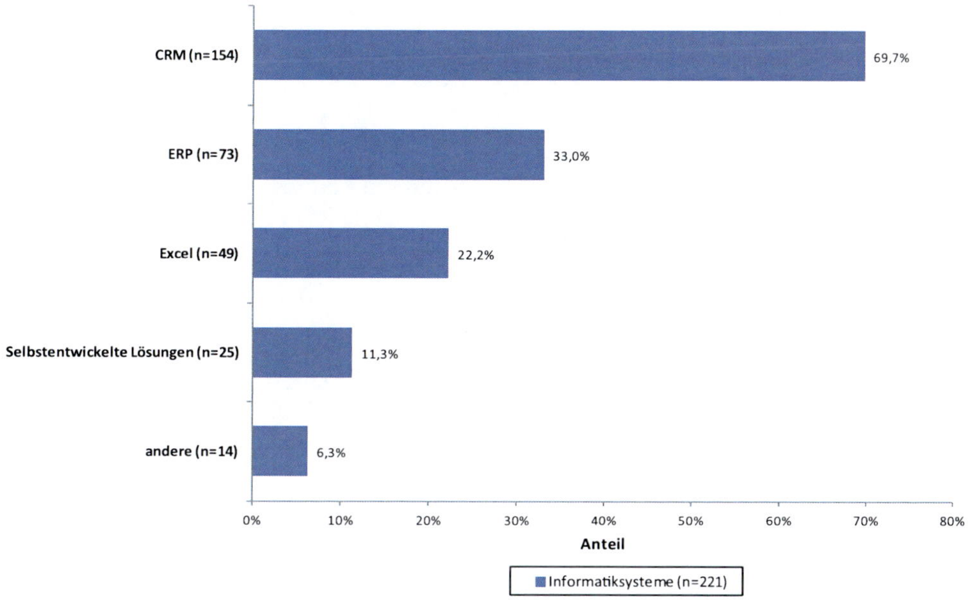

Abb. 7 IT-Systeme für das Kleinkundenmanagement (Quelle: Schmitz 2012)

3.7 Struktur und Management

Ziel ist es, das Kleinkundenmanagement so effizient wie möglich zu gestalten, zum Beispiel durch die stärkere Verzahnung von Innen- und Außendienst (vgl. Ahlers 2012a). Bei unseren Studienteilnehmern halten knapp 10 Prozent eine spezialisierte Abteilung für das Kleinkundenmanagement vor. So lassen sich Arbeitsabläufe rationell gestalten. Allerdings sollten Unternehmen den Kleinkundenabteilungen die gleiche Wertigkeit wie dem Key Account Management zugestehen.

Eine andere Möglichkeit ist die Kombination von Flächenvertrieb und Inside Sales. Zunächst findet eine Basisanalyse der Kunden statt, zum Beispiel hinsichtlich Wettbewerb, Größe und Einkaufsquellen. Nichtkunden werden durch eine sogenannte Misserfolgsanalyse herausgefiltert. Nach der Analyse folgt das Kundenprofiling, also eine Gruppenbildung unter anderem nach Größe und Tätigkeit. Je nach Profil wird dann das passende Betreuungskonzept entwickelt. Die Arten der Betreuung variieren: Entweder kümmert sich der Außendienst um den Kunden, oder es wird eine Kombination von Außendienst und Inside Sales eingeführt. Andere Möglichkeiten sind die 100-prozentige Abwicklung über einen verkaufsaktiven Innendienst oder die passive Betreuung des Kleinkunden. Auch die Intensität des Kundenmanagements sowie Ansprachemuster werden festgelegt: Welche Aktionen sollen mit dem Kunden umgesetzt werden? Welche Rolle spielen Innovationen? Aus dem Betreuungskonzept leitet sich dann die Betreuungsintensität ab. Das hat entsprechende Auswirkungen auf die Kapazitätsplanung, die Zielkundenplanung sowie den

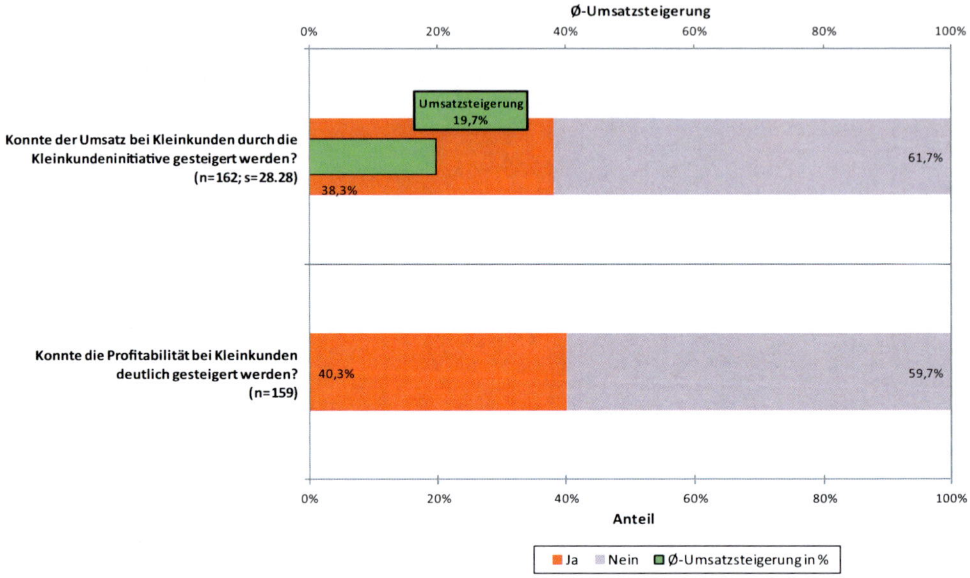

Abb. 8 Umsatz- und Profitabilitätssteigerung (Quelle: Schmitz 2012)

Kundenentwicklungsplan. Der nächste Schritt ist die Terminsteuerung. Abgeleitet aus der Betreuungsintensität kann die Woche genau geplant werden:

1. Wie viele Kontakte sind pro Mitarbeiter zu generieren?
2. Welche Aktionen stehen an?
3. Was muss erledigt werden?
4. Sind Angebote zu erstellen?

Dass sich Aktionen im Kleinkundenmanagement lohnen, belegt die Praxis. Über die Hälfte der befragten Unternehmen gibt an, gezielte Initiativen zum Kleinkundenmanagement zu starten. Fast 80 Prozent der Firmen – ein sehr hoher Prozentsatz – profitierten im Schnitt 8,4 Monate nach der Initiative von den durchgeführten Aktionen. 38,3 Prozent verzeichneten eine Umsatzsteigerung von durchschnittlich 19,7 Prozent. Über 40 Prozent konnten ihre Profitabilität durch Kleinkundeninitiativen steigern (vgl. Abb. 8).

Folglich steht als letzter Schritt in der Prozesskette die Ergebniskontrolle. Analysiert werden Verkaufserfolge, die Auftragslage sowie Umsatzsteigerungen. Je nach Ergebnis werden Anpassungen in den Zielgruppen, der Betreuungsart sowie Betreuungsinhalten vorgenommen.

3.8 Kooperationen

Das Ziel von Kooperationen ist es, Kosten zu senken und Synergien zu schaffen. Hierzu bieten sich zum Beispiel Anbieter komplementärer Produkte oder Lieferanten sowie Servicedienstleister an. Verschiedene Hersteller von Büroausstattung (UHU, Tesa usw.) könnten beispielsweise Kundenzugänge zusammenfassen. Möglicherweise lassen sich Vertriebskanäle bündeln oder es findet sich eine gemeinsame Verkaufsplattform.

Auch Vertriebsallianzen haben den Praxistest bestanden. Wie dies konkret aussehen kann, zeigt folgendes Beispiel: Im Juli 2009 ging die SUXXEED Sales for your Success GmbH eine Vertriebsallianz mit einem Kunden aus dem Bereich der Dentaltechnik ein. Diese Allianz wurde in drei Phasen strukturiert.

- **Phase 1: Kundenqualifizierung und Start Inside Sales**
  Die Ziele der ersten Phase lauteten: aktive Unterstützung des Außendienstes durch Kampagnenangebote, Kundenqualifizierung entsprechend ihres Potenzials sowie die Realisierung erster Umsätze.
  Dauer der Phase: Juli 2009 bis September 2009
- **Phase 2: Vertriebsstrukturierung und proaktives CRM**
  Ausgewählte Kunden wurden vom Außendienst in die vertriebliche Innendienstbetreuung durch SUXXEED (Inside-Sales-Mitarbeiter) überführt. Insgesamt zielte die zweite Phase auf den Ausbau der Potenziale ab. Hierzu wurden verschiedene Maßnahmen ergriffen: Beziehungen zwischen Kunden und Inside-Sales-Mitarbeitern wurden aktiv aufgebaut. Die Kunden wurden individuell und entsprechend ihrer tatsächlichen Bedürfnisse betreut. Eine CRM-Datenbank leistete sinnvolle Unterstützung. Kunden wurden zudem kontinuierlich mit Informationen versorgt, wodurch die Markenbindung erhöht wurde. Ein wichtiger Erfolgsfaktor zum Erreichen der Ziele war die eindeutige Zuordnung der Kunden zu einem Inside-Sales-Mitarbeiter. Um eine Bindung des Kunden an seinen persönlichen Ansprechpartner im Vertrieb aufzubauen, wurde eine hohe Kontaktzahl initiiert.
  Folgende Abläufe wurden etabliert:
  - Erstkontaktaufnahme, die neben der Vorstellung des Mitarbeiters auch ein erstes Profiling des Kunden beinhaltete.
  - Versand eines personalisierten Anschreibens, das Bild und Kontaktdaten des Mitarbeiters enthielt.
  - Zeitnahe dritte Kontaktaufnahme mit der Vermittlung von Mehrwertinformationen, zum Beispiel Produkt- und Marketinginformationen sowie Hinweise auf Aktionen.
  - Erneute Kontaktaufnahme auf Basis der Mehrwertinformationen, um Kundenfeedback einzuholen.

  Dauer der Phase: September 2009 bis Ende Dezember 2010
- **Phase 3: Kontinuierliche Identifizierung und Ausschöpfung der Umsatzpotenziale**
  Seit Januar 2011 werden kontinuierlich weitere wertige Kundengruppen vom Außendienst in die Betreuung durch den verkaufsaktiven Innendienst überführt. Potenziel-

le Kunden sowie Kunden, die entsprechende Umsatzzuwächse aufweisen, werden auf jährlicher Basis zurück an den Außendienst übergeben. Identifiziert der Inside-Sales-Mitarbeiter eine Verkaufschance für hochwertige Investitionsgüter, so erfolgt die weitere Betreuung durch den Außendienst. Im Falle eines Verkaufs profitieren dann beide Vertriebsmitarbeiter von einem gemeinsamen Abschluss.

Folgende Ergebnisse wurden im Zeitraum von drei Jahren erzielt:

- Die Effizienz der Vertriebsstruktur konnte erheblich gesteigert werden. Das Umsatzwachstum liegt bei durchschnittlich 40 Prozent jährlich. Zehn Inside-Sales-Mitarbeiter betreuen heute aktiv ca. 5000 Kunden.
- Kleinkunden werden nur auf Anforderung, zum Beispiel zum Verkauf eines Investitionsguts, durch den Außendienst angefahren.
- Ein Inside-Sales-Mitarbeiter betreut drei bis vier Reisegebiete und somit drei bis vier Außendienstmitarbeiter.
- Das Gesamtvolumen des aktuell betreuten Umsatzes liegt bei ca. 7 Mio. Euro im Jahr.
- Bestellverhalten und Einkaufszyklen der Kunden sind bekannt.
- Die Zusammenarbeit in den 31 Reisegebieten des Auftraggebers funktioniert reibungslos.

Das Praxisbeispiel zeigt: Die konsequente Auseinandersetzung mit der Kundenstruktur und Umsatzpotenzialen in Verbindung mit einer zielgerichteten Gestaltung der Vertriebsaktivitäten zahlt sich aus. Gerade im Kleinkundenmanagement ist es wichtig, Umsatzpotenziale freizulegen und eigene Ressourcen in Verkaufs- und Betreuungsprozessen effizient und fokussiert einzusetzen. Dann können Kleinkunden zum profitablen Wachstumsmotor eines Unternehmens avancieren (vgl. Ahlers 2012b).

Ein Beispiel für die Kooperation von Kleinkundenbearbeitungen findet sich in Abb. 9.

4 Schlussbetrachtung

Betrachtet man die Aussagen der Studienteilnehmer, so stellt der Kleinkunde eine durchaus attraktive Zielgruppe für Unternehmen dar. „Werde nie zu groß für kleine Kunden", dieser Meinung sind über 62 Prozent der Befragten. Mehr als die Hälfte der Unternehmen sind der Ansicht, dass Kleinkunden treue Kunden sind, und für über 46 Prozent sind kleine Kunden sehr profitabel. „Unser Umgang mit Kleinkunden prägt unser Image am Markt" ist eine Aussage, die von mehr als der Hälfte der Firmen getätigt wird. Beachtliche 79 Prozent der befragten Firmen profitieren nach gezielten Kleinkundenintiativen nach durchschnittlich 8,4 Monaten von der durchgeführten Maßnahme. Diese Zahlen legen nahe, dass Kleinkundenmanagement zu einem Wachstumsmotor im Vertrieb werden kann. Das belegt auch das Praxisbeispiel der Vertriebsallianz zwischen SUXXEED und einem Dentaltechnikkunden. Ein Umsatzwachstum von 40 Prozent jährlich ist beachtlich und zeigt, wie lohnend der Fokus auf das Kleinkundensegment sein kann.

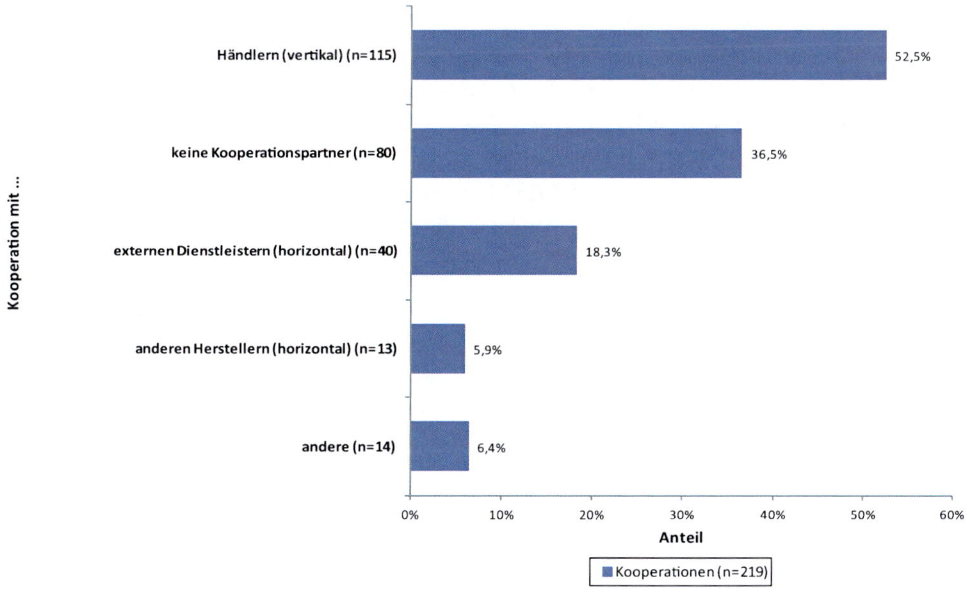

Abb. 9 Kooperationen für Kleinkundenbearbeitung (Quelle: Schmitz 2012)

Die Studienergebnisse zeigen zudem, dass sich eine konsequente Auseinandersetzung mit der Kundenstruktur, dem Umsatzpotenzial sowie einer zielgerichteten Gestaltung der Vertriebsaktivitäten auszahlt. Über 40 Prozent der Studienteilnehmer geben zum Beispiel an, durch Kleinkundeninitiativen ihre Profitabilität zu steigern. Allerdings müssen dafür auch die Ressourcen bereitgestellt und klare Verantwortlichkeiten geschaffen werden. Denn das Kleinkundengeschäft „mal eben mitnehmen" genügt nicht. Vorsicht ist auch geboten, wenn man sich von Kleinkunden trennen will. Am Beispiel der Deutschen Bank wird deutlich, dass sich eine enttäuschte Masse negativ auf das Image und die Wirtschaftlichkeit eines Unternehmens auswirken kann. Doch es gibt es Fälle, in denen sich die Weiterbetreuung eines Kleinkunden nicht lohnt (vgl. Belz et al. 2008). Das kann verschiedene Gründe haben: Die Leistungen des Unternehmens passen nicht besonders gut zum Kunden oder der Kundenwert ist zu gering, um Profit zu erzielen. Da kann nur die Einzelkunden und segmentbezogene Kostenbetrachtung Abhilfe schaffen. So lassen sich potenziell rentable Teilsegmente erkennen.

Um die Vorteile einer effizienten Kleinkundenbetreuung ausschöpfen zu können, ist es wichtig, dass sich jedes Unternehmen einen Überblick über seine individuelle Ausgangslage in diesem Sektor verschafft. Mehr als 50 Prozent unserer Stichprobe etwa ist der Anteil von Kleinkunden am Gewinn unbekannt. Und über 20 Prozent wissen nicht, wie hoch der Kleinkundenanteil gemessen an der Gesamtkundenanzahl ist. Zudem kann ein Großteil der Befragten keine Auskunft über die Prozesskosten für Kleinkunden geben. Das Segment kann also nur mit einer genauen Analyse sinnvoll gestaltet werden. Diese Analyse lohnt sich allein deshalb, weil das Kleinkundensegment von der breiten Masse häufig vernachlässigt wird. Wer hier Ressourcen investiert, kann einen deutlichen Wettbewerbsvorteil erzielen.

Grundsätzlich sollten Firmen den eigenen Gestaltungsspielraum sowie ihre Kundenstruktur kennen. Mit einer positiven Einstellung zum Kleinkundenmanagement ist es möglich, im Verdrängungswettbewerb Boden gut zu machen und Marktanteile hinzu zu gewinnen. Mit einer Kundengruppe, die durch geeignete Betreuungsprozesse zusätzlichen Umsatz ermöglicht und die Anstrengungen nachhaltig mit Profitabilität und Treue belohnt.

Literatur

Ahlers, M. (2012a). Wachstumspotenzial Kleinkunde. *Acquisa, 10*(9), 58–59.

Ahlers, M. (2012b). Entdecken Sie das Potenzial Ihrer Kleinkunden, in: Vertriebszeitung.de, im Erscheinen.

Belz, C., & Schmitz, C. (2008). *Erfolg mit den kleinen Geschäften im Business-to-Business Marketing*. St. Gallen.

Belz, C., Schmitz, C., & Zupancic, D. (2008). So managen Sie Kleinkunden. *Harvard Business Manager, 30*(7), 70–79.

Schmitz, C. (2012). *Management des Kleinkundensegments*. Studie der Universität St. Gallen. St. Gallen.

Koordinierter Einsatz von Direktmarketing und Verkaufsaußendienst im Business-to- Business-Kontext

Tobias Fredebeul-Krein und Manfred Krafft

Inhaltsverzeichnis

1 Bedeutung des koordinierten Einsatzes von Direktmarketing und Verkaufsaußendienst im Business-to-Business-Kontext

Der persönliche Verkauf durch den Außendienst (AD) eines Unternehmens ist im Business-to-Business-Bereich immer noch die wichtigste und zugleich kostenintensivste Vermarktungsform (vgl. Frenzen und Krafft 2004; Krafft et al. 2004; Mantrala et al. 2010; Smith et al. 2004). Dabei ist der große Stellenwert des AD insbesondere auf die zahlreichen Besonderheiten von Business-to-Business-Märkten zurückzuführen (vgl. Backhaus und Voeth 2010). Vor dem Hintergrund sich verändernder Marktbedingungen und steigender Kosten eines AD-Besuches gewinnen jedoch andere Kommunikationsinstrumente

Tobias Fredebeul-Krein ✉
Maybachstraße 108, 50670 Köln, Deutschland
e-mail: t.fredebeul-krein@uni-muenster.de
Manfred Krafft
Marketing Centrum Münster (MCM), Institut für Marketing, Westfälische Wilhelms-Universität, Am Stadtgraben 13-15, 48143 Münster, Deutschland
e-mail: mkrafft@uni-muenster.de

L. Binckebanck et al. (Hrsg.), *Führung von Vertriebsorganisationen*,
DOI 10.1007/978-3-658-01830-6_10, © Springer Fachmedien Wiesbaden 2013

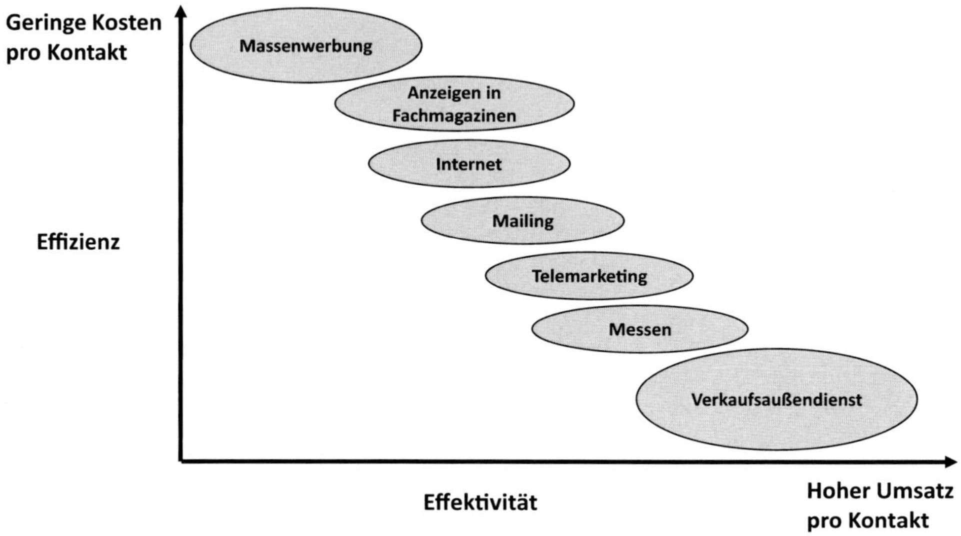

Abb. 1 Effektivität und Effizienz verschiedener Kommunikationskanäle (Quelle: In Anlehnung an Zoltners et al. 2001)

an Bedeutung (vgl. Coe 2004; Frenzen et al. 2007). Als Komplement oder Substitut eines AD-Besuches bietet sich dabei der Einsatz von Instrumenten des Direktmarketings (DIMA) an. Aufgrund geringerer Kontaktkosten im Vergleich zum klassischen Kundenbesuch des Außendienstmitarbeiters und der Möglichkeit, die Kunden trotzdem direkt anzusprechen, erscheint diese Vermarktungsform besonders geeignet, um den Herausforderungen im oft komplexen Umfeld des Business-to-Business-Vertriebs gerecht zu werden.

Die Vielfalt der Aufgaben, die im Rahmen der Kundenbetreuung anfallen, macht es auf Seiten des Anbieterunternehmens erforderlich, Kommunikationsinstrumente gezielt einzusetzen. Bei der Ausgestaltung des Kommunikationsmix gilt es, sowohl die Effizienz (Kosten je Kundenkontakt) als auch die Effektivität (Umsatz pro Kundenkontakt) der einzelnen Instrumente zu berücksichtigen. Zwar gilt der klassische AD-Besuch als effektiver in Relation zu allen anderen Instrumenten der Kommunikation (vgl. Albers et al. 2010; Mantrala et al. 2010), allerdings auch als weniger effizient im Vergleich zu beispielsweise Direktmarketingmaßnahmen (vgl. Abb. 1). Zudem stellt der klassische AD-Besuch nicht für jede Aufgabe des Vertriebs das beste Mittel dar. Vor allem neue Instrumente und Technologien, wie soziale Medien, eröffnen vielfältige Möglichkeiten der Kundenbetreuung und Kommunikation und verändern dadurch zudem die Rolle des Verkaufsaußendienstes (VAD) (vgl. Mantrala et al. 2010; MSI 2010).

Die wachsende Anzahl an Kommunikationskanälen bietet den Unternehmen einerseits die Chance, den Kundeninteraktionsprozess zu optimieren und eine individuelle Kundenansprache vorzunehmen, andererseits gehen damit aber große Herausforderungen einher, die eine systematische Marketingplanung erfordern (vgl. Bruhn 2005, 2006; Strauß 2008).

In diesem Rahmen muss das Management nämlich nicht nur festlegen, welche Instrumente zu welchem Zeitpunkt zur Betreuung bestimmter Kundengruppen oder zur Bewerbung ausgewählter Produkte eingesetzt werden, sondern es muss darüber hinaus auch über die Intensität der Kommunikation und den Personalisierungsgrad der jeweiligen Maßnahmen entscheiden. Dabei erhöht sich besonders durch das Auftreten neuer Medien- und Dialogformen die Komplexität der Koordination, und die Ansprüche an die Entscheidungsträger im Marketing, eine konsistente und aufeinander abgestimmte Kommunikation zu gewährleisten, steigen (vgl. Bruhn 2005, 2006; Valos et al. 2010). Eine Abstimmung der Aktivitäten ist jedoch zwingend erforderlich, da die Kommunikation als Bestandteil des Marketingmix an Bedeutung gewinnt (vgl. zum Stellenwert der Kommunikation im Marketingmix z. B. Bruhn 2005; Garber und Dotson 2002; Shannon 1996) und Wettbewerbsvorteile erzielt werden können, sofern man es schafft, die Instrumente zielgerecht einzusetzen und so zu kombinieren, dass ihre gemeinsame Wirkung im Vergleich zu deren isolierten Einsatz verstärkt wird (vgl. Bauer et al. 2010; Kroeber-Riel und Esch 2004; Shannon 1996). Umgekehrt besteht die Gefahr, dass unerwünschte und wenig zielführende Wirkungen erzielt werden, sofern eine Koordination der Instrumente unterbleibt (vgl. Kotler und Bliemel 2001). Aufgrund der Interdependenz verschiedener Kommunikationsformen ist es von zentraler Bedeutung, auch den Einsatz von DIMA und VAD nicht isoliert voneinander zu betrachten, sondern diese Instrumentarien ebenfalls gezielt und koordiniert einzusetzen, das heißt insbesondere inhaltlich und zeitlich aufeinander abzustimmen. Dabei sollte eine möglichst hohe Koordinationsqualität von DIMA und VAD angestrebt werden, die zur Erreichung der jeweiligen Unternehmensziele beiträgt.

2 Ergebnisse einer explorativen Studie

Im Folgenden sollen ausgewählte Ergebnisse einer explorativen Studie zum koordinierten Einsatz von DIMA und VAD im Business-to-Business-Kontext vorgestellt werden (vgl. hierzu und im Folgenden Fredebeul-Krein 2012). Im Rahmen der Studie wurden von Oktober 2008 bis Januar 2011 44 Experteninterviews mit Marketing- und Vertriebsführungskräften aus Unternehmen der drei Branchen Healthcare, Bürobedarf sowie IT und Telekommunikation geführt. Ziel der Studie war es, Determinanten, Ziele und potenzielle Erfolgsfaktoren des koordinierten Einsatzes von DIMA und VAD zu identifizieren, zu systematisieren und die Gestaltung des Instrumenteneinsatzes vor dem Hintergrund dieser Bestimmungsgrößen zu beleuchten.

2.1 Determinanten

Die zentrale Frage lautete: **Welche Größen determinieren inwiefern den Einsatz von DIMA und VAD?** Aus der explorativen Analyse können zahlreiche Determinanten abgeleitet werden, die insbesondere die Kommunikationsintensität bzw. den Kommunikationsmix beeinflussen, genauer gesagt die absolute bzw. relative Einsatzintensität von DIMA und VAD. Als absolute Einsatzintensität von DIMA und VAD kann in diesem Zusammenhang die Anzahl der Kundenkontakte durch DIMA-Instrumente bzw. die Anzahl der Kundenkontakte durch die Verkaufsaußendienstmitarbeiter (VADM) verstanden werden. Als Synonym wird in diesem Kontext der Begriff der „Kommunikationsintensität" verwendet. Die jeweilige relative Einsatzintensität von DIMA oder VAD setzt die Anzahl der Kontakte durch DIMA-Instrumente und VADM in Bezug zueinander, wodurch gleichzeitig per Definition der DIMA-VAD-Kommunikationsmix bestimmt ist. Aufgrund der Expertenaussagen in den Interviews und sachlogischer Überlegungen kann davon ausgegangen werden, dass mit einer erhöhten Anzahl an Kundenkontakten auch die jeweils dahinterstehenden Budgets ansteigen. Manche Experten verweisen in ihren Antworten auch explizit auf steigende oder sinkende Budgets. Die Einflussgrößen lassen sich in **kundenbezogene**, **produktbezogene** und **externe** Determinanten unterteilen. Die in der Studie identifizierten Determinanten sowie ihr Einfluss auf die Kommunikationsintensität und den Kommunikationsmix von DIMA und VAD sind überblickartig in Tab. 1 dargestellt. Anzumerken ist, dass es substanzielle Unterschiede hinsichtlich der Bedeutung der identifizierten Einsatzkriterien zwischen den Unternehmen gibt. Beispielsweise berücksichtigt fast jedes Unternehmen kunden- oder produktbezogene Determinanten für die Planung und Steuerung des Kommunikationsmix, während die externen Größen eine eher untergeordnete Rolle spielen.

2.2 Ziele

Für den Erfolg eines Unternehmens ist es wichtig, dass die Instrumente des DIMA und der VAD koordiniert eingesetzt werden, das heißt, dass eine Abstimmung der Kommunikationsaktivitäten sowohl auf der strategischen Ebene der Programmplanung als auch auf der operativ-taktischen Ebene der Kampagnenplanung erfolgt (vgl. Reid et al. 2005; Strauß 2008). Im verwandten Forschungsfeld der integrierten Kommunikation wird die Bedeutung einer formalen, inhaltlichen und zeitlichen Abstimmung des Instrumenteneinsatzes hervorgehoben (vgl. Bruhn 2005; Fuchs 2003; Stumpf 2005). Auch die explorative Analyse unserer Studie zeigt, dass die Abstimmung der Kommunikationsaktivitäten von sehr großer Bedeutung ist. Allerdings wurde in den Interviews insbesondere auf die Notwendigkeit einer inhaltlichen und zeitlichen Abstimmung des Einsatzes von DIMA und VAD verwiesen. Dabei kann angenommen werden, dass speziell die Anforderungen an die Koordination auf der Kampagnenebene vergleichsweise hoch sind. Im Vergleich zur Programmplanung, in deren Rahmen auf einer strategischen Ebene darüber entschieden wird, wann welche Instrumente zur Bearbeitung von bestimmten Kundengruppen oder zur Vermarktung ausgewählter Produkte eingesetzt werden, ist der Verlauf einer Kampagne mit mehr Unsicherheiten behaftet. Beispielsweise können Kundenreaktionen – auf deren Basis oft über weitere Kommunikationsmaßnahmen im Rahmen einer Kampagne entschieden wird – im Vorhinein nicht vorausgesehen werden. Dies erschwert wiederum eine zeit-

Tab. 1 Determinanten und Gestaltung des koordinierten Einsatzes von Direktmarketing und Verkaufsaußendienst

Kundenbezogene Determinanten	
Kundenwert	Die Kommunikationsintensität korreliert positiv mit dem Kundenwert. Je höher der Kundenwert, desto stärker ist die relative Einsatzintensität des VAD; je niedriger der Kundenwert, desto stärker ist die relative Einsatzintensität von DIMA.
Verkaufs-zyklus	Die Kommunikationsintensität ist in der mittleren Phase des Verkaufszyklus (Verhandlung und Verkauf) am größten; außerdem wird hier verstärkt der VAD eingesetzt. Die relative Einsatzintensität von DIMA ist zu Beginn des Verkaufszyklus, im Rahmen der Leadgenerierung und -qualifizierung, am größten. In der letzten Phase des Verkaufszyklus (Nachkauf) ist die Kommunikationsintensität geringer, die relativen Einsatzintensitäten von DIMA und VAD sind ausgeglichen.
Kunden-lebenszyklus	Die Kommunikationsintensität ist in der ersten Phase des Kundenlebenszyklus (Gewinnung und Sozialisation) am größten; außerdem wird hier verstärkt der VAD eingesetzt. In der zweiten Phase des Kundenlebenszyklus (Kundenbindung) ist die Kommunikationsintensität geringer, die relativen Einsatzintensitäten von DIMA und VAD sind ausgeglichen. In der letzten Phase (Degeneration und Rückgewinnung) steigt lediglich die relative Einsatzintensität des VAD wieder an.
Interaktions-präferenz	Intensität und Mix der Kommunikation werden nach den Kundenwünschen ausgerichtet.
Hierarchie Ansprech-partner	Ansprechpartner auf höheren Hierarchieebenen im Unternehmen oder Entscheider im Buying Center werden insgesamt öfter sowie verstärkt durch den VAD angesprochen.
Kunden-komplexität	Die relative Einsatzintensität des VAD steigt, je komplexer der Kunde ist.
Produktbezogene Determinanten	
Produkt-lebenszyklus	Die Kommunikationsintensität ist in der ersten Phase des Produktlebenszyklus (Neuprodukteinführung) am größten; das Einsatzverhältnis von DIMA und VAD ist ausgeglichen. In der zweiten Phase des Produklebenszyklus (Wachstum und Reife) ist die Kommunikationsintensität insgesamt geringer, die relative Einsatzintensität des VAD steigt jedoch an. In der letzten Phase des Produktlebenszyklus (Sättigung und Degeneration) sinkt die Kommunikationsintensität weiter, die relative Einsatzintensität von DIMA ist jetzt am größten.
Produkt-bedeutung	Die absolute und relative Einsatzintensität des VAD steigt, je größer die Produktbedeutung; bei weniger bedeutenden Produkten ist es umgekehrt und es wird verstärkt DIMA eingesetzt.
Produkt-komplexität	Je größer die Produktkomplexität ist, desto größer ist die Kommunikationsintensität insgesamt sowie die relative Einsatzintensität des VAD.

Tab. 1 (Fortsetzung)

Externe Determinanten	
Wettbewerbs-situation	Je höher die Wettbewerbsintensität ist, desto größer ist die Kommunikationsintensität.
Wirtschaftliche Rahmenbedingungen	Je besser die wirtschaftlichen Rahmenbedingungen sind, desto höher ist die Kommunikationsintensität sowie die relative Einsatzintensität von DIMA.

liche und inhaltliche Abstimmung des Instrumenteneinsatzes von DIMA und VAD. Im Rahmen einer Kampagne können verschiedene Kommunikationsmaßnahmen, sogenannte Taktiken, eingesetzt werden, die nach Maßgabe der Interviews sowohl hinsichtlich ihrer inhaltlichen Ausgestaltung als auch in zeitlicher Sequenz miteinander verbunden werden sollten (vgl. z. B. Strauß 2008). Vor dem Hintergrund, dass es für die Unternehmen von enormer Wichtigkeit ist, die Instrumente des DIMA und den VAD koordiniert einzusetzen, sind wir in unserer Studie der Frage nachgegangen, welche Ziele sich die Experten von einem optimierten Zusammenspiel von DIMA und VAD erhoffen. Im Rahmen der Analyse können fünf übergeordnete Ziele des koordinierten Einsatzes von DIMA und VAD identifiziert werden, die im Folgenden vorgestellt und erläutert werden.

Ein wichtiges Ziel des koordinierten Einsatzes von DIMA und VAD liegt nach Maßgabe der Interviews in der **Steigerung der Vertriebseffektivität**. Durch einen abgestimmten Instrumenteneinsatz soll allen voran der durchschnittliche Umsatz pro Kundenkontakt erhöht werden, ohne Kostensteigerungen in Kauf nehmen zu müssen (vgl. Abb. 1). Dabei kann der Kunde entweder durch Instrumente des DIMA oder einen VADM angesprochen werden und in der Folge einen Verkaufsabschluss tätigen. Die Motivation des Einsatzes von DIMA-Instrumenten liegt für viele Unternehmen darin begründet, ihre VADM im Verlauf eines Verkaufsprozesses bei der Kundengewinnung und -betreuung zu unterstützen. Beispielsweise soll der VADM von zeitintensiven und erfolgsunsicheren Aufgaben wie der Lead-Generierung und -Qualifizierung oder Serviceaufgaben in der Nachkaufphase entlastet werden und sich stattdessen darauf konzentrieren, Verhandlungen mit Kunden zu führen und Verkaufsabschlüsse zu tätigen. Letztendlich wird dadurch die Absicht verfolgt, die Effektivität des VAD zu steigern, also beispielsweise den Umsatz pro Kundenkontakt durch den VADM zu erhöhen. Die Effektivität des Vertriebs kann außerdem über das Erschließen von Cross- und Up-Selling-Potenzialen bei Bestandskunden gesteigert werden. Ob diese Aufgabe eher dem DIMA, dem VAD oder beiden Instrumentarien zufällt, hängt dabei nach Auskunft der Experten wiederum von den jeweils berücksichtigten Determinanten des koordinierten Einsatzes von DIMA und VAD ab. Verschiedene Experten weisen jedoch darauf hin, dass durch einen gezielten Einsatz von DIMA und VAD Cross- und Up-Selling-Potenziale erschlossen werden können und sollen. Schließlich versprechen sich die Unternehmen, durch ein optimiertes Zusammenspiel von DIMA und VAD Synergieeffekte auf der Umsatzseite zu erzielen und so die Vertriebseffektivität zu steigern.

Als zweites wichtiges Ziel eines koordinierten Einsatzes von DIMA und VAD kann die **Steigerung der Vertriebseffizienz** identifiziert werden. Im Gegensatz zur Steigerung der Vertriebseffektivität liegt der Fokus hier darauf, durch einen optimierten Instrumenteneinsatz die durchschnittlichen Kosten eines Kundenkontakts im Vertrieb zu senken, ohne dass damit ein Umsatzrückgang verbunden ist (vgl. ebenfalls Abb. 1). Verschiedene Experten verweisen in den Interviews zunächst auf das generelle Kostensenkungspotenzial, das sich aus einem koordinierten Einsatz von DIMA und VAD ergibt. Andere Experten betonen explizit die Notwendigkeit eines gezielten Einsatzes von VADM und DIMA zur Sicherstellung einer effizienten Kundenbetreuung oder ziehen – teilweise auch in diesem Zusammenhang – explizit eine Außendienstsubstitution in Erwägung. Dabei ist nach den meisten Äußerungen der Experten sicherzustellen, dass Kunden, bei denen das Umsatzpotenzial ausgeschöpft ist, möglichst rentabel bearbeitet werden. Alle Aussagen der Interviewpartner können dahingehend interpretiert werden, dass sie zum Ziel haben, die durchschnittlichen Kosten eines Kundenkontakts durch die Integration von kostengünstigen DIMA-Instrumenten in den Kommunikationsmix zu senken.

Auch wenn die meisten Experten der Steigerung von Effizienz und Effektivität des Vertriebs oberste Priorität einräumen, können überdies noch andere Motive eines koordinierten Einsatzes von DIMA und VAD aufgedeckt werden. So gehen viele Experten auf Aspekte des Beziehungsmanagements ein, in dessen Kontext das Ziel der **Erhöhung der Kundenzufriedenheit** identifiziert werden konnte. Einige Interviewpartner betonen die Bedeutung des Aufbaus einer persönlichen Kundenbeziehung durch den VADM, was durch geeignete personifizierte DIMA-Maßnahmen unterstützt werden kann, beispielsweise durch ein Geburtstagsmailing. Ferner weisen viele Experten darauf hin, dass ein auf den VAD-Besuch abgestimmter und additiver DIMA-Einsatz den Kunden einen Zusatznutzen bieten und somit die Kundenservicequalität verbessern kann. Schließlich sollen durch einen koordinierten Instrumenteneinsatz auch die Kundenerwartungen hinsichtlich der Informationsversorgung und Betreuung bestmöglich erfüllt werden. Alle Interviewaussagen können dahingehend interpretiert werden, dass durch einen koordinierten Instrumenteneinsatz die Kundenzufriedenheit erhöht werden soll. Zahlreiche von uns befragte Experten weisen zudem unmittelbar auf das Ziel hin, die **Kundenbindung zu erhöhen**. Zu beobachten ist allerdings, dass die Experten die beiden Begriffe Kundenzufriedenheit und Kundenbindung zuweilen synonym verwenden. Aufgrund ihrer konzeptionell eindeutig unterschiedlichen Definitionen (vgl. Krafft 2007; Krafft und Götz 2011) werden die zwei Begriffe an dieser Stelle jedoch als separate Ziele aufgeführt.

Als letztes Ziel eines koordinierten Instrumenteneinsatzes von DIMA und VAD kann die Steigerung der **Markenbekanntheit** identifiziert werden. Beispielsweise soll eine verbesserte Abstimmung der Kommunikationsmaßnahmen entlang des Produklebenszyklus dazu beitragen, die Bekanntheit einer Produktmarke zu steigern. Verschiedene Experten betonen sogar, dass durch einen kombinierten Instrumenteneinsatz die Produkt- bzw. Markenbekanntheit nachweislich erhöht werden kann. Einzelne Experten weisen ferner darauf hin, dass weniger die Produkt- als vielmehr die Unternehmensbekanntheit im Fokus steht. Außerdem wird zuweilen angestrebt, durch einen koordinierten Einsatz von DIMA und

VAD den Image- und Markenaufbau zu fördern, was wiederum als Voraussetzung dafür angesehen werden kann, die Markenbekanntheit eines Produkts oder Unternehmens erhöhen zu können.

Zusammenfassend konnten auf Basis der explorativen Analyse verschiedene Ziele des koordinierten Einsatzes von DIMA und VAD identifiziert und systematisiert werden, die sachlogisch potenzielle Erfolgswirkungen darstellen. Als Voraussetzung für einen möglichst hohen Zielerreichungsgrad kann nach Maßgabe der durchgeführten Untersuchung eine hohe Koordinationsqualität des Einsatzes von DIMA und VAD unterstellt werden, weshalb sich der folgende Abschnitt den Erfolgsfaktoren dieser Koordination widmet.

2.3 Erfolgsfaktoren

Wie oben bereits ausgeführt, verfolgen die Unternehmen mit dem koordinierten Einsatz von DIMA und VAD verschiedene Ziele, die nach Auswertung der Interviews umso besser erreicht werden können, wenn es gelingt, den Instrumenteneinsatz inhaltlich und zeitlich aufeinander abzustimmen. Eine zentrale Frage unserer explorativen Untersuchung lautete daher, welche Einflussgrößen dazu beitragen, dass die Kommunikation via DIMA und VAD sowohl auf der strategischen Ebene der Programmplanung als auch auf der operativtaktischen Ebene der Kampagnenplanung inhaltlich und zeitlich abgestimmt werden kann. Durch die explorative Analyse konnten zahlreiche Einflussgrößen identifiziert werden, die einen potenziellen, substanziell positiven Einfluss auf die **Koordinationsqualität von DIMA und VAD**, und insbesondere auf die Qualität der inhaltlichen und zeitlichen Abstimmung des Instrumenteneinsatzes, haben. Diese Einflussgrößen können als Erfolgsfaktoren bezeichnet werden, da eine hohe Koordinationsqualität von DIMA und VAD eine vorgelagerte Ziel- bzw. Erfolgsgröße darstellt. Die identifizierten Erfolgsfaktoren lassen sich als Koordinationsmechanismen, Größen des Informations- und Datenmanagements sowie Formen oder Aspekte der bereichsübergreifenden Zusammenarbeit beschreiben und sollen im Folgenden vorgestellt werden.

2.3.1 Koordinationsmechanismen

Ein wichtiger Koordinationsmechanismus ist eine **kooperative Unternehmenskultur**. Dieser Mechanismus stellt weniger ein Instrument als vielmehr eine soziale Norm innerhalb des Unternehmens dar, die kurzfristig nicht verändert werden kann (vgl. Dal Bó 2007; Kotter und Heskett 1992). Gleichwohl kann die Unternehmensleitung durch den Einsatz entsprechender Maßnahmen versuchen, eine offene und kooperative Unternehmenskultur zu fördern oder herbeizuführen, und so einen indirekten Einfluss geltend machen (vgl. Haase 2006). Vor diesem Hintergrund wird der identifizierte Erfolgsfaktor der Oberkategorie der Koordinationsmechanismen zugeordnet. Die interviewten Experten thematisieren die Problematik kultureller Gegensätze von Marketing- und Vertriebsbereichen in Unternehmen und verweisen darauf, dass dadurch die inhaltliche und zeitliche Abstimmung der Kommunikationsaktivitäten oftmals erschwert wird. Die Äußerungen der Interviewpartner können dahingehend interpretiert werden, dass kulturelle Unterschiede abgebaut werden sollten, beispielsweise durch Job Rotation, um eine kooperative Unternehmenskultur sicherzustellen. Außerdem verweisen die Experten unmittelbar auf die Notwendigkeit, gegenüber dem jeweils anderen Organisationsbereich offen und verständnisvoll zu sein, sofern eine bessere Abstimmung im Hinblick auf den Instrumenteneinsatz von DIMA und VAD angestrebt wird. In diesem Kontext betonen manche Experten, dass die jeweiligen Funktionsbereiche insbesondere für neue Ideen und Vorschläge hinsichtlich der inhaltlichen und zeitlichen Ausgestaltung des Instrumenteneinsatzes aufgeschlossen sein sollten.

Ein weiterer Koordinationsmechanismus, der laut den Experten dabei helfen kann, die Abstimmung des Kommunikationsmix von DIMA und VAD zu verbessern, ist in **organisatorischen Koordinationsstellen** zu sehen. Bei den Koordinationsstellen geht es entweder darum, organisatorische Einheiten zu schaffen, die für die Abstimmung der Kommunikationsaktivitäten verantwortlich sind, oder vorhandene Schnittstellenbereiche mit Befugnissen und Handlungsrechten für die Abstimmung des Einsatzes von DIMA und VAD auszustatten. Dabei können die Koordinationsstellen auch die Aufgabe haben, die Akteure aus den Funktionsbereichen Marketing und Vertrieb zusammenzubringen und Aktionen zu initiieren. Aus der explorativen Analyse geht ferner hervor, dass die Koordinationsstellen je nach Unternehmensorganisation auf verschiedenen Hierarchieebenen verankert und unterschiedliche Kompetenzen zugewiesen bekommen können. Koordinationsstellen, die dem Zweck der Abstimmung von DIMA und VAD dienen, sofern sie mit entsprechenden Befugnissen ausgestattet sind, können beispielsweise eigens eingerichtete Unternehmensfunktionen wie das Kanalmanagement oder das Trade Marketing, aber auch untergeordnete Einheiten wie der Vertriebsinnendienst sein.

Neben den organisatorischen Koordinationsstellen kommt dem Einsatz von **abteilungsübergreifenden Teams** eine entscheidende Bedeutung für die Abstimmung von DIMA und VAD zu. Beide Mechanismen sind der Gruppe der sogenannten strukturbezogenen Koordinationsinstrumente zuzuordnen (vgl. Haase 2006; Haase und Krafft 2004). Durch den Einsatz von Teamstrukturen versprechen sich viele Unternehmen einerseits eine optimierte projektbezogene Kundenbetreuung und andererseits eine verbesserte operativ-taktische Abstimmung an der Schnittstelle DIMA und VAD. Beispielsweise setzen die befragten Unternehmen feste Teams für bestimmte Zeiträume, Regionen, Kundensegmente oder Produktgruppen ein. Hierbei werden funktionsübergreifende Task Forces gebildet und Innendienstmitarbeiter bestimmten Außendienstlern zugeordnet. Vor allem Innen- und Außendienstmitarbeiter fungieren oft als Tandem und sind auch über längere Zeiträume einander fest zugeordnet. Daher kann das Ausmaß, in dem Teams zur Kundenbetreuung eingesetzt werden, als möglicher Erfolgsfaktor interpretiert werden.

Ein weiterer wichtiger Erfolgsfaktor für die Abstimmung des Einsatzes von DIMA und VAD sind **harmonisierte Ziel- und Entlohnungssysteme**, die zu den sogenannten systembezogenen Koordinationsmechanismen zu zählen sind (vgl. Haase 2006; Haase und Krafft 2004). In diesem Kontext ist den Interviews zufolge wichtig, die Ziele von Marketing und Vertrieb aufeinander abzustimmen, das Entlohnungssystem der Verantwortlichen zu harmonisieren sowie die Entlohnung den formulierten Zielsetzungen anzupassen. Bei den abgestimmten Zielvereinbarungen geht es laut den Experten darum, die Marketingziele mit den Vertriebszielen in Einklang zu bringen und insbesondere darauf zu achten, dass konkrete (abgestimmte) Ziele für den Einsatz von DIMA und VAD formuliert werden. Neben der Zielabstimmung sollte eine zielkonforme Entlohnung gewährleistet werden. Wenn beispielsweise ein Unternehmen als primäres Ziel ausgibt, durch den koordinierten Einsatz von DIMA und VAD den Abverkauf von Neuprodukten zu steigern, es für den VADM aufgrund seiner Incentivierung aber lukrativer ist, bestehende Produkte zu verkaufen, ergibt sich ein Konflikt zwischen den Zielvorgaben und dem Entlohnungssystem. Durch die Sicherstellung einer zielkonformen Entlohnung können solche Konflikte vermieden werden. Allerdings liegt darin auch eine zentrale Herausforderung für die Unternehmen, da die Vergütung von Mitarbeitern in der Regel nicht derart flexibel verändert bzw. angepasst werden kann wie bestimmte Zielvorgaben eines Funktionsbereichs. Dies ist nicht zuletzt auch auf unflexible betriebliche Regelungen, gesetzliche Beschränkungen oder tarifvertragliche Grenzen zurückzuführen (vgl. Biedrawa 2008; Weber 2009). Schließlich sollte eine harmonisierte Entlohnung zwischen den Abteilungen angestrebt werden. Verschiedene Experten weisen in diesem Kontext insbesondere darauf hin, dass die variable Vergütung der DIMA- und VAD-Verantwortlichen zu einem gewissen Grad die Zielerreichung des jeweils anderen Bereichs berücksichtigen sollte.

Durch die Ausführungen wird deutlich, dass kultur-, struktur- und systembezogene Koordinationsmechanismen dazu beitragen können, die Qualität der Abstimmung von DIMA und VAD zu erhöhen. In Anlehnung an eine alternative Systematisierung von Backhaus et al. (2010) können die identifizierten Mechanismen auch als strukturelle Regelungen bezeichnet werden, die helfen, den unternehmensinternen Koordinationsbedarf hinsichtlich des Einsatzes von DIMA und VAD zu decken.

2.3.2 Informations- und Datenmanagement

Neben den organisatorischen Koordinationsmechanismen konnten durch die explorative Analyse Größen des Informations- und Datenmanagements als Erfolgsfaktoren für die Abstimmung des Einsatzes von DIMA und VAD identifiziert werden. Eine große Bedeutung kommt dabei der **Qualität der IT-Infrastruktur** zu. Insbesondere scheinen das Vorhandensein und die Leistungsfähigkeit von CRM-Systemen eine wichtige Voraussetzung für die Steuerung und damit für die Koordination des Instrumenteneinsatzes zu sein. Verschiedene Experten verweisen in diesem Zusammenhang darauf, dass kundenbezogene Daten und erfolgte Kommunikationsmaßnahmen durch ein leistungsfähiges CRM-System leichter erfasst bzw. dokumentiert und besser ausgewertet werden können. Zudem können Kommunikationsprozesse stärker automatisiert werden, was wiederum eine bessere inhaltliche und zeitliche Abstimmung des Instrumenteneinsatzes garantiert. Entscheidend ist außerdem die mobile Anbindung des VAD an das CRM-System, in den Interviews oft als „Sales Force Automation" bezeichnet, damit sich der VADM zu jeder Zeit über erfolgte DIMA-Aktionen (die bestenfalls im CRM-System abgebildet sind) und das damit einhergehende Kundenverhalten (das ebenso bestenfalls im CRM-System dokumentiert ist) informieren kann. Schließlich ist es wichtig, im Rahmen der IT-Integration verschiedene vorhandene Datenbanken und Systeme, wie beispielsweise das Vertriebssteuerungssystem und die Warenwirtschaft, miteinander zu verbinden, sodass die für den Einsatz von DIMA und VAD verantwortlichen Personen aus den Bereichen Marketing und Vertrieb auf dieselben Informationen zugreifen können.

Als weiterer, dem Informations- und Datenmanagement zugehöriger Erfolgsfaktor ist die **Qualität der Datenbasis** zu nennen. In den Interviews wird deutlich, dass auf dem Weg zu einer hohen Datenqualität zunächst zu definieren ist, welche Kunden- und Marktinformationen benötigt werden und zu erfassen sind. Obwohl dies auf den ersten Blick selbstverständlich erscheinen mag, betonen verschiedene Experten die Problematik, dass Informationsbedarfe oft nicht genau definiert sind, was wiederum zur Folge hat, dass Daten erfasst und weitergeleitet werden, die speziell für den koordinierten Einsatz von DIMA und VAD von keinerlei Relevanz sind. Ferner ist nach Maßgabe der Experten eine vollständige Dokumentation der Kundenhistorie, insbesondere die Erfassung der einzelnen Kundenkontaktpunkte in den verschiedenen Kommunikations- und Distributionskanälen, der Koordination des Instrumenteneinsatzes zuträglich. Die meisten Experten verweisen in diesem Kontext auf die oben bereits thematisierte Eignung eines CRM-Systems als technische Grundlage. Des Weiteren heben die Interviewpartner die Bedeutung der Datenaktualität der zur Verfügung stehenden Kunden- und Marktinformationen für die Abstimmung des Einsatzes von DIMA und VAD hervor. Schließlich sollte eine Kooperation mit potenziellen Vertriebspartnern erfolgen, um die Qualität der Datenbasis zu erhöhen. Dies ist hauptsächlich für die Unternehmen relevant, die ihre Produkte über indirekte Vertriebskanäle an Endkunden vertreiben, diese Kunden gleichzeitig aber auch direkt über DIMA oder VAD ansprechen. In dem Fall bietet es sich an, bezüglich der Kundendaten miteinander zu kooperieren und diese zum Zweck der Verbesserung der eigenen Kundenansprache via DIMA und VAD auszutauschen.

Als separater, zu den Größen des Informations- und Datenmanagements gehörender Erfolgsfaktor kann die **Kooperation der VADM bei der Datenerfassung und -pflege** herausgestellt werden. Die Außendienstkooperation hinsichtlich der Erfassung und Pflege von Daten durch den einzelnen VADM wird als kritischer Erfolgsfaktor für die Abstimmung des Einsatzes von DIMA und VAD angesehen. Die diesbezüglichen in den Interviews getätigten Expertenaussagen beziehen sich alle auf den einzelnen VADM und beinhalten Hinweise darauf, warum die Erfassung und Pflege von Kundendaten durch den VADM ein kritischer Faktor ist oder was dazu beitragen kann, damit die Außendienstmitarbeiter kooperieren. Insbesondere die Motivation der VADM zur Datenerfassung und -pflege scheint eine größere Problematik in den Unternehmen darzustellen. Oft sind es jedoch gerade die VADM, die über spezifisches Markt- und Kundenwissen verfügen, das für die Unternehmen von großer Bedeutung ist, um Wettbewerbsvorteile – in diesem Fall hinsichtlich der Gestaltung ihrer Kommunikationsaktivitäten – zu erzielen (vgl. z. B. Rapp et al. 2011). Einige Experten verweisen in diesem Zusammenhang auf die Notwendigkeit der Incentivierung und Sanktionierung, das heißt darauf, dass es geboten ist, den VADM Anreize zu setzen oder Vorgaben bezüglich der Datenerfassung zu machen, deren Nichteinhaltung ggf. sanktioniert wird. Dabei ist es die Intention der Unternehmen, vor allem die extrinsische Motivation der VADM zu steigern, Kundendaten ordnungsgemäß zu erfassen und zu pflegen. Überdies wird in den Interviews betont, dass der Zeitaufwand zur Datenerfassung und -pflege so gering wie möglich gehalten werden sollte, um eine hohe Kooperationsbereitschaft der VADM zu gewährleisten, da VADM nicht zu viel wertvolle und potenziell produktive Zeit mit internen Aufgaben ausfüllen wollen, die weniger produktiv sind. Dies kann auch nicht im Interesse des Unternehmens sein, weshalb beispielsweise auf eine gute Erfassungsfunktionalität zu achten ist. Außerdem ist der VADM nur dann zur Erfassung und Pflege von Kundendaten bereit, wenn er darin einen persönlichen Nutzen erkennt, indem er beispielsweise feststellt, dass seine Verkaufseffektivität durch gezielte DIMA-Aktionen, die auf der Grundlage von ihm eingegebener Kundeninformationen geplant wurden, gesteigert werden kann. In diesem Kontext spielt auch die bewusste, der vorherigen Argumentation konträr entgegenstehende Informationszurückhaltung der VADM zum eigenen Nutzen eine Rolle. Laut den Experten haben viele VADM kein Interesse daran, ihr vollständiges Wissen preiszugeben, da sie ihren eigenen Wert für das Unternehmen durch den Besitz von Kundeninformationen steigern und folglich nicht ohne Weiteres ersetzt werden können. Diesem Verhalten kann jedoch gegengewirkt werden, indem den VADM der persönliche Nutzen explizit aufgezeigt wird, den sie durch die Preisgabe ihres Wissens bzw. durch die Eingabe der Kundeninformationen in die entsprechenden Datenbanken erfahren. Schließlich ist auch die Außendienstkompetenz für die Datenerfassung und -pflege von entscheidender Bedeutung. Einerseits müssen die VADM wissen, wie man an bestimmte Kundeninformationen kommt, und andererseits, wie man diese in der Datenbank festhält. Vor dem Hintergrund der Interviewauswertungen kann geschlussfolgert werden, dass eine verstärkte Kooperation der VADM bei der Datenerfassung und -pflege die Abstimmung des Einsatzes von DIMA und VAD erleichtert und damit die Koordinationsqualität erhöht.

Die **Qualität der Datenanalyse** stellt den vierten und letzten Erfolgsfaktor im Kontext des Informations- und Datenmanagements dar und ist ebenfalls von entscheidender Bedeutung, damit die Instrumente des DIMA und VAD gezielt und abgestimmt eingesetzt werden können. So wird in zahlreichen Experteninterviews die Bedeutung der Kundensegmentierung für eine zielgenaue Kundenansprache via DIMA und VAD herausgestellt. Dabei ist die Segmentierung der Kundenbasis eine Voraussetzung für einen gezielten Instrumenteneinsatz, weil dadurch die Wirksamkeit der eingesetzten Medien und VAD-Besuche erhöht werden kann. Teilweise erwähnen die Experten in diesem Kontext wiederum die Bedeutung von CRM-Systemen als technische Grundlage. Darüber hinaus sind automatisierte Prozesse der Datenauswertung, in deren Folge der Einsatz von DIMA und VAD optimiert wird, von großer Relevanz. Beispielsweise können kundenbezogene Aktivitäten auf den Webseiten von Unternehmen ausgewertet und infolgedessen eine automatisierte DIMA-Aktion gestartet werden, über die der für den Kunden zuständige VADM zeitgleich informiert wird. Außer der Kundensegmentierung und den automatisierten Prozessen sind die vorhandenen personellen Ressourcen für die Qualität der systematischen Datenanalyse von enormem Wert. Vereinzelte Interviewpartner verweisen in diesem Kontext explizit auf den Stellenwert von dezidierten Business Intelligence Units, die sich mit der systematischen Auswertung von Daten beschäftigen. Für andere Unternehmensvertreter kommt es letztendlich auch darauf an, dass Auswertungen durch den Außendienst vorgenommen werden, das heißt, dass der einzelne VADM vorhandene Informationen nutzt und eigene Daten auswertet bzw. auswerten kann, die ebenfalls eine Grundlage für die weitere Kundenbetreuung darstellen.

Die Ausführungen zeigen, dass diverse Rahmenbedingungen und Maßnahmen des Informations- und Datenmanagements die inhaltliche und zeitliche Abstimmung des Instrumenteneinsatzes auf organisationaler Ebene verbessern. Auf Basis der explorativen Analyse können somit die vier Erfolgsfaktoren Qualität der IT-Infrastruktur, Qualität der Datenbasis, Kooperation des VAD bei der Datenerfassung und -pflege sowie Qualität der Datenanalyse herausgestellt werden.

2.3.3 Bereichsübergreifende Zusammenarbeit

Die letzte Gruppe der identifizierten Erfolgsfaktoren weist unmittelbar auf die bereichsübergreifende Zusammenarbeit der für den Einsatz von DIMA und VAD verantwortlichen Akteure im Unternehmen hin. Im Unterschied zum Einsatz von abteilungsübergreifenden Teams als Koordinationsmechanismus stellt die bereichsübergreifende Zusammenarbeit jedoch keine direkte strategische Steuerungsgröße des Topmanagements dar. Vielmehr ist davon auszugehen, dass die in diesem Kontext behandelten Erfolgsfaktoren durch Koordinationsmechanismen, etwa dem Einsatz von abteilungsübergreifenden Teams, beeinflusst werden. Die Interviewanalyse zeigt, dass mehrere unterschiedliche Formen und Aspekte der bereichsübergreifenden Zusammenarbeit für eine erfolgreiche Abstimmung des Instrumenteneinsatzes von DIMA und VAD entscheidend sind. Darauf soll im Folgenden kurz eingegangen werden.

Als ein Erfolgsfaktor des koordinierten Instrumenteneinsatzes kann die **Kooperation bei der Kommunikationsplanung** im Vorfeld der Aktivitäten identifiziert werden. Zunächst ist es laut den Experten wichtig, dass sich die für den Einsatz von DIMA und VAD verantwortlichen Akteure nicht nur abstimmen oder gegenseitig informieren, sondern eine gemeinsame Programmplanung ihrer Kommunikationsmaßnahmen auf der strategischen Ebene vornehmen, um einerseits eine inhaltliche Konsistenz der via DIMA und VAD ausgesendeten Botschaften zu garantieren und andererseits eine – in Abhängigkeit von der jeweiligen Zielsetzung – optimierte zeitliche Sequenz der Aktivitäten sicherzustellen. Dabei versprechen sich die Experten durch einen gemeinsamen Planungsprozess insbesondere, dass sich beide Bereiche für die Einhaltung der besprochenen Maßnahmen verantwortlich fühlen. Ferner können Anregungen und Wünsche des jeweils anderen Bereichs besser berücksichtigt und potenzielle Abstimmungsprobleme im Kommunikationsprozess bereits im Vorfeld antizipiert werden. Außerdem kann durch eine gemeinsame Kommunikationsplanung aus Sicht der Marketingverantwortlichen darauf hingewirkt werden, dass der VAD bei der Kundenbetreuung auch besprochene strategische Überlegungen ins Kalkül zieht und nicht ausschließlich operativ-taktisch agiert. Neben der strategischen Zusammenarbeit hinsichtlich der gemeinsamen Programmerstellung sollte eine Abstimmung von

Kampagnen auf der operativ-taktischen Ebene erfolgen. Insbesondere sollten die einzelnen DIMA-Kampagnen mit Vertriebsverantwortlichen abgestimmt werden, sodass VADM bereits in der Konzeptionsphase auf mögliche operative Probleme hinweisen können. Letztendlich geht es bei der Abstimmung von Kampagnen jedoch weniger um Zusammenarbeit in dem Sinne, dass gemeinschaftlich etwas erarbeitet werden soll, sondern vielmehr darum, Anregungen aus dem Vertrieb für die Kampagnenoptimierung zu bekommen oder den einzelnen VADM über geplante DIMA-Aktionen im Vorfeld zu unterrichten, sodass dieser ggf. noch Einfluss auf die Umsetzung ausüben kann. Zur Vermeidung von Zielkonflikten sollten nach Maßgabe der explorativen Untersuchung im Rahmen der Kommunikationsplanung außerdem die Verantwortlichkeiten klar definiert werden. Zum einen sollten Personen aus den jeweiligen Organisationseinheiten die Verantwortung für die Abstimmung des Einsatzes von DIMA und VAD tragen oder zugewiesen bekommen. Dabei ist es notwendig, die verantwortlichen Akteure mit entsprechenden Befugnissen hinsichtlich der Kommunikationsplanung auszustatten. Zum anderen sollten auf der operativ-taktischen Ebene Zuständigkeiten bestimmt werden. Beispielsweise raten die Experten, genau festzulegen, zu welchem Zeitpunkt oder ab welcher Kundengröße ein durch DIMA-Aktivitäten generierter Kundenkontakt als Lead an den VAD übergeben werden muss.

Ein weiterer Erfolgsfaktor, der zur Erhöhung der Koordinationsqualität von DIMA und VAD beitragen kann, ist die **Intensität des Informationsaustausches** zwischen den Mitarbeitern und Organisationseinheiten, die für den Instrumenteneinsatz verantwortlich sind. Dass diesem Konstrukt eine direkte Erfolgswirkung unterstellt werden kann, ist darauf zurückzuführen, dass die oben beschriebene Kooperation bei der Kommunikationsplanung im Vorfeld der Aktivitäten nicht ausreichend ist, um eine qualitativ hochwertige Abstimmung des Instrumenteneinsatzes zu gewährleisten. Vielmehr sollte laut den Experten eine permanente intensive Interaktion der für den Einsatz von DIMA und VAD verantwortlichen Akteure und Organisationseinheiten erfolgen, um den jeweils anderen Bereich über den aktuellen Status quo der eigenen Aktivitäten zu informieren. Der Status quo wird dabei von internen und externen Faktoren beeinflusst. Beispielsweise sind die Kundenreaktionen auf die geplanten Kommunikationsmaßnahmen im Vorhinein nicht hinreichend genau prognostizierbar oder es gibt Zeitverzögerungen beim Instrumenteneinsatz, die im Vorfeld, beispielsweise bei der Kommunikationsplanung, nicht abzusehen waren. Die Intensität des Informationsaustausches wird den Interviews zufolge einerseits durch die formelle Kommunikation und andererseits durch die informelle Kommunikation bestimmt. Die formelle Kommunikation findet zum Beispiel in institutionalisierten und regelmäßig stattfindenden Meetings oder Tagungen statt. Außerdem wird versucht, den formellen Kommunikationsfluss unter Zuhilfenahme medialer Kommunikationsinstrumente zu fördern. So werden Telefon- und Webkonferenzen organisiert, offizielle Reports via E-Mail verschickt oder der gegenseitige Informationsaustausch erfolgt auf Plattformen wie dem Intranet. Die informelle Kommunikation erfolgt im Wesentlichen persönlich, telefonisch oder per E-Mail. An dieser Stelle sei jedoch angemerkt, dass laut den Interviewanalysen die informelle Ad-hoc-Kommunikation von Mitarbeitern aus den verschiedenen Organisationseinheiten durch räumliche Nähe stark begünstigt wird.

Als letzter Erfolgsfaktor für den koordinierten Einsatz von DIMA und VAD kann auf Basis der Interviews die **Flexibilität hinsichtlich des Instrumenteneinsatzes** identifiziert werden. Dieser Erfolgsfaktor beschreibt das Ausmaß, in dem die verantwortlichen Akteure in den entsprechenden Organisationseinheiten der Unternehmen in der Lage oder bereit sind, Anpassungen hinsichtlich des Instrumenteneinsatzes vorzunehmen, sofern dies notwendig ist. Einzelne Experten stellen in diesem Kontext explizit die Erfordernis eines flexiblen DIMA-Einsatzes in den Vordergrund, um auf Anregungen von VADM oder nach Maßgabe lokaler Bedürfnisse im Markt reagieren zu können. Beides erscheint insbesondere dann schwierig, wenn es strikte zentrale Managementvorgaben hinsichtlich der zeitlichen und inhaltlichen Ausgestaltung von DIMA-Kampagnen gibt. Außerdem verweisen die Experten auf die generelle Notwendigkeit, auf Veränderungen im Markt zu reagieren und ggf. die Kundenkommunikation entgegen der ursprünglichen Planung anzupassen. Beispielsweise kann es erforderlich sein, dass ursprünglich konzipierte Kampagnen aufgrund von Produktinnovationen verworfen oder geplante Besuchsrhythmen von VADM abgeändert werden, weil Kunden oder Produkte komplexer geworden sind und daher ein VAD-Besuch mehr Zeit erfordert als ursprünglich eingeplant. in einem solchen Falle ist es jedoch wichtig, dass nicht nur einseitige inhaltliche oder zeitliche Änderungen erfolgen, sondern Anpassungen sowohl beim Einsatz von DIMA als auch des VAD vorgenommen werden, damit eine konsistente Kommunikation aufrechterhalten werden kann. So kann beispielsweise verhindert werden, dass durch eine ursprünglich geplante DIMA-Kampagne Produkte beworben werden, die ein VADM aufgrund veränderter lokaler Kundenbedürfnisse oder neuer Produktinnovationen längst nicht mehr verkauft. Zusammengefasst ist eine fehlende Flexibilität laut den Experten nachteilig für die inhaltliche und zeitliche Abstimmung der DIMA- und VAD-Kommunikation.

Auf Grundlage unserer explorativen Analyse können somit insgesamt elf Faktoren identifiziert werden, die zu einer verbesserten inhaltlichen und zeitlichen Abstimmung des Einsatzes von DIMA und VAD beitragen können. Die Erfolgsfaktoren lassen sich wie dargestellt als Koordinationsmechanismen, Rahmenbedingungen des Informations- und Datenmanagements sowie Größen der bereichsübergreifenden Zusammenarbeit systematisieren. Abbildung 2 stellt die Wirkungsbeziehungen der Erfolgsfaktoren noch einmal im Überblick dar.

3 Resümee und Implikationen

Durch die explorative Analyse konnten erstmalig zentrale Determinanten, Ziele und Erfolgsfaktoren des koordinierten Einsatzes von DIMA und VAD identifiziert und systematisiert werden. Neben bereits bekannten Größen konnten auch in der Literatur wenig oder gar nicht beachtete Determinanten, Ziele oder Erfolgsfaktoren aufgedeckt werden, die aus Anbietersicht für die Thematik des Zusammenspiels von DIMA und VAD von besonderer Bedeutung sind. Die skizzierten kundenbezogenen, produktbezogenen und externen Bestimmungsgrößen des Einsatzes von DIMA und VAD machen deutlich, dass

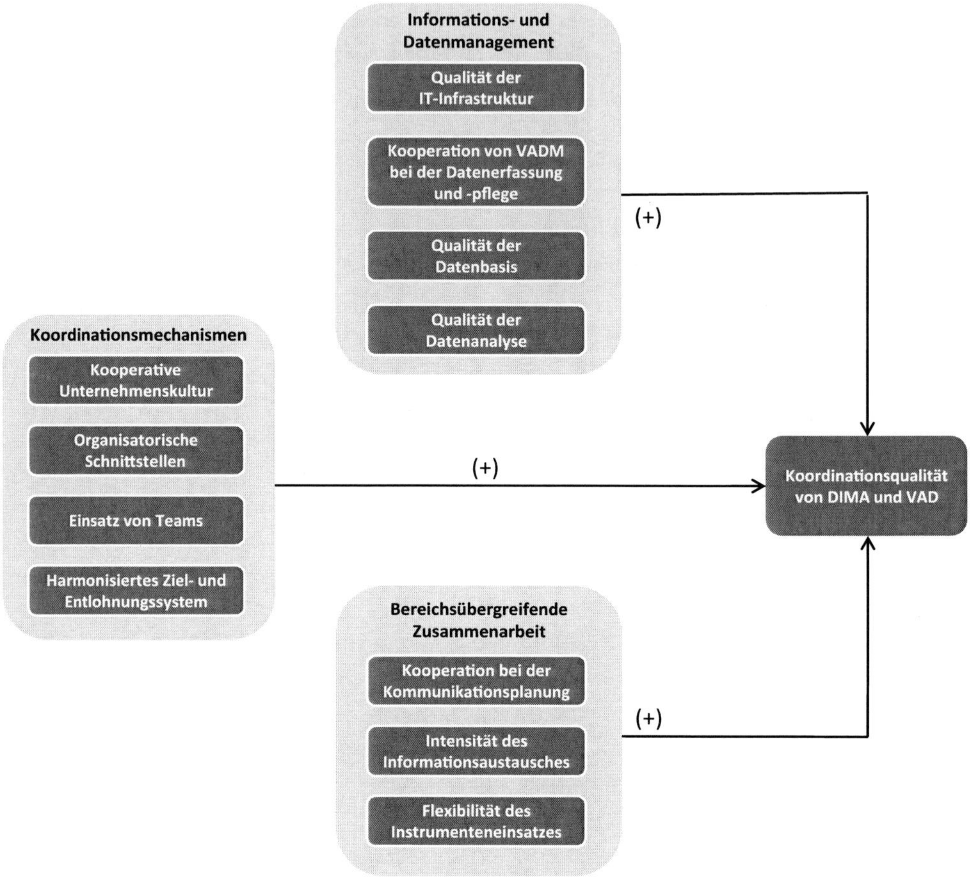

Abb. 2 Erfolgsfaktoren des koordinierten Einsatzes von Direktmarketing und Verkaufsaußendienst und deren erwartete Wirkungen

es für Unternehmen eine Vielzahl an Gestaltungsoptionen gibt. Führungskräfte im Vertrieb oder Marketing müssen zunächst über den Einbezug bestimmter Determinanten und in Abhängigkeit davon über die absoluten und relativen Einsatzintensitäten von DIMA und VAD entscheiden. Überdies stehen dem Management zahlreiche Medien des DIMA zur Verfügung, und es muss festlegen, welche Instrumente überhaupt eingesetzt werden sollen. Diese Vielschichtigkeit der Entscheidungen führt zu einem hohen Koordinationsbedarf, der wiederum die Notwendigkeit einer hohen Koordinationsqualität von DIMA und VAD unterstreicht, um die in den vorangegangenen Ausführungen skizzierten Ziele erreichen zu können. Die durch unsere explorative Analyse aufgedeckten potenziellen Erfolgsfaktoren geben vorläufige Antworten auf die Frage, wie die inhaltliche und zeitliche Abstimmungsqualität des Einsatzes von DIMA und VAD verbessert werden kann. Bei allen in dieser Arbeit identifizierten Erfolgsfaktoren der Koordination handelt es sich um

Tab. 2 Erfolgsfaktoren des koordinierten Einsatzes von Direktmarketing und Verkaufsaußendienst und Implikationen für die Unternehmenspraxis

Erfolgsfaktoren	Implikationen
Koordinations-mechanismen	Kooperative Unternehmenskultur fördern (bereichsübergreifende Ziele und Wertvorstellungen) Abteilungsübergreifende und feste Teams für bestimmte Kundengruppen Zuweisung von Verantwortlichkeiten und Kompetenzen zu organisatorischen Koordinationsstellen Harmonisierung des Ziel- und Entlohnungssystems von DIMA-Verantwortlichen und VADM
Informations- und Datenmanagement	Investitionen in die IT-Infrastruktur: CRM-System implementieren, vorhandene Datenbanken im Unternehmen integrieren und den VAD mit computergestützten mobilen Informationssystemen ausstatten VAD zur Kooperation bei der Datenerfassung und -pflege motivieren: Nutzen von DIMA-Kampagnen aufzeigen, Schulungen und Weiterbildung für die Arbeit mit Datenbanken, Systeme möglichst einfach und übersichtlich gestalten, um zeitlichen Aufwand zu minimieren Investition in personelle Ressourcen, d. h. in qualifizierte Mitarbeiter, die auf der Basis der zur Verfügung stehenden Daten konkrete Empfehlungen für den Einsatz von DIMA und VAD ableiten können
Bereichsübergreifende Zusammenarbeit	Kooperation bei der Kommunikationsplanung forcieren: Verantwortlichkeiten klar definieren, Akteure der unterschiedlichen Bereiche dazu anhalten, Kampagnen gemeinsam zu entwickeln Bereichsübergreifenden Kommunikationsaustausch fördern: Schaffung von räumlicher Nähe und Einsatz von neuen Technologien (Intranet, Sharepoints, Videokonferenzen) Flexibilität hinsichtlich des Instrumenteneinsatzes sicherstellen: Mitarbeitern Entscheidungsspielräume zugestehen, keine einseitigen und unabänderlichen Vorgaben machen

Größen, die durch das Management gestaltbar sind. Daher lassen sich auch direkt umzusetzende Handlungsempfehlungen im Hinblick auf die Koordinationsmechanismen, das Informations- und Datenmanagement sowie die bereichsübergreifende Zusammenarbeit ableiten. Tabelle 2 zeigt die aus unserer explorativen Analyse abgeleiteten Implikationen für die Unternehmenspraxis im Überblick.

Zusammenfassend ist Führungskräften zu empfehlen, diverse Koordinationsmechanismen zu implementieren, in das Informations- und Datenmanagement zu investieren sowie die bereichsübergreifende Zusammenarbeit durch verschiedene Maßnahmen zu fördern, um eine hohe Abstimmungsqualität von DIMA und VAD zu garantieren. Die Ausführungen zu den Erfolgsfaktoren in diesem Beitrag enthalten dabei konkrete Hinweise, wie der Einsatz von DIMA und VAD in Unternehmen systematischer gestaltet und koordiniert werden kann.

Literatur

Albers, S., Mantrala, M. K., & Sridhar, S. (2010). Personal Selling Elasticities: A Meta-Analysis. *Journal of Marketing Research*, *47*(5), 840–853.

Backhaus, K., & Voeth, M. (2010). *Industriegütermarketing* (9. Aufl.). München.

Bauer, H. H., Donnevert, T., Wetzel, H., & Merkel, J. (2010). Integration als Garant erfolgreicher Markenkommunikation – Eine empirische Untersuchung im B-to-B-Markt. In C. Baumgarth (Hrsg.), *B-to-B-Markenführung: Grundlagen – Konzepte – Best Practice* (S. 613–634). Wiesbaden.

Biedrawa, T. (2008). *Zielvereinbarungen im Arbeitsverhältnis im Hinblick auf variable Vergütungsbestandteile. Eine arbeitsrechtliche Bestandsaufnahme des Gestaltungsrahmens und seiner Umsetzung*. Hamburg.

Bruhn, M. (2005). *Unternehmens- und Marketingkommunikation – Handbuch für ein integriertes Kommunikationsmanagement*. München.

Bruhn, M. (2006). *Integrierte Kommunikation in den deutschsprachigen Ländern*. Wiesbaden.

Coe, J. M. (2004). The Integration of Direct Marketing and Field Sales to Form a New B2B Sales Coverage Model. *Journal of Interactive Marketing*, *18*(2), 62–74.

Dal Bó, P. (2007). Social Norms, Cooperation and Inequality. *Economic Theory*, *30*(1), 89–105.

Fredebeul-Krein, T. (2012). *Koordinierter Einsatz von Direktmarketing und Verkaufsaußendienst im B2B-Kontext*. Wiesbaden.

Frenzen, H., & Krafft, M. (2004). Vertriebssteuerung. In K. Backhaus, & M. Voeth (Hrsg.), *Handbuch Industriegütermarketing* (S. 863–890). Wiesbaden.

Frenzen, H., Krafft, M., & Peters, K. (2007). Direktmarketing auf Industriegütermärkten: Bestandsaufnahme, Forschungsfelder und methodische Anforderungen. In J. Büschken, M. Voeth, & R. Weiber (Hrsg.), *Innovationen für das Industriegütermarketing: Festschrift für Prof. Dr. Dr. h.c. Klaus Backhaus zum 60. Geburtstag* (S. 381–404). Stuttgart.

Fuchs, W. (2003). *Management der Business-to-Business Kommunikation*. Wiesbaden.

Garber, L. L., & Dotson, M. J. (2002). A Method for the Selection of Appropriate Business-to-Business Integrated Marketing Communications Mixes. *Journal of Marketing Communications*, *8*(1), 1–17.

Haase, K. (2006). Koordination von Marketing und Vertrieb, Dissertation, Wiesbaden.

Haase, K., & Krafft, M. (2004). Integration von Marketing und Vertrieb. In D. Ahlert, H. Evanschitzky, J. Hesse, & A. Salfeld (Hrsg.), *Exzellenz in Markenmanagement und Vertrieb* (S. 89–101). Wiesbaden.

Kotler, P., & Bliemel, F. (2001). *Marketing-Management* (10. Aufl.). Stuttgart.

Kotter, J. P., & Heskett, J. L. (1992). *Corporate Culture and Performance*. New York.

Krafft, M. (2007). *Kundenbindung und Kundenwert* (2. Aufl.). Heidelberg.

Krafft, M., Albers, S., & Lal, R. (2004). Relative Explanatory Power of Agency Theory and Transaction Cost Analysis in German Salesforces. *International Journal of Research in Marketing*, *21*(3), 265–283.

Krafft, M., & Götz, O. (2011). Der Zusammenhang zwischen Kundennähe, Kundenzufriedenheit und Kundenbindung sowie deren Erfolgswirkungen. In H. Hippner, & K. D. Wilde (Hrsg.), *Grundlagen des CRM – Konzepte und Gestaltung* (3. Aufl. S. 325–356). Wiesbaden.

Kroeber-Riel, W., & Esch, F. R. (2004). *Strategie und Technik der Werbung*. Stuttgart.

Mantrala, M. K., Albers, S., Caldierao, F., Jensen, O., Joseph, K., Krafft, M., Narasimhan, C., Gopalakrishna, S., Zoltners, A., Lal, R., & Lodish, L. (2010). Sales Force Modeling: State of the Field and Research Agenda. *Marketing Letters, 21*(3), 255–272.

MSI (2010). Research Priorities 2010–2012. http://www.msi.org/pdf/MSI_RP08-10.pdf. Zugegriffen: 31.08.2012.

Rapp, A., Agnihotri, R., & Baker, T. S. (2011). Conceptualizing Salesperson Competitive Intelligence: An Individual-Level Perspective. *Journal of Personal Selling & Sales Management, 31*(2), 141–156.

Reid, M., Luxton, S., & Mavondo, F. (2005). The Relationship between Integrated Marketing Communication, Market Orientation, and Brand Orientation. *Journal of Advertising, 34*(4), 11–23.

Shannon, R. J. (1996). The New Promotions Mix: A Proposed Paradigm, Process, and Application. *Journal of Marketing Theory & Practice, 4*(1), 56–68.

Smith, T. M., Gopalakrishna, S., & Smith, P. M. (2004). The Complementary Effect of Trade Shows on Personal Selling. *International Journal of Research in Marketing, 21*(1), 61–76.

Strauß, R. E. (2008). *Marketingplanung mit Plan – Strategien für ergebnisorientiertes Marketing*. Stuttgart.

Stumpf, M. (2005). *Erfolgskontrolle der integrierten Kommunikation*. Wiesbaden.

Valos, M. J., Polonsky, M., Geursen, G., & Zutshi, A. (2010). Marketers Perceptions of the Implementation Difficulties of Multichannel Marketing. *Journal of Strategic Marketing, 18*(5), 417–434.

Weber, K. M. (2009). *Zielvereinbarungen und Zielvorgaben im Individualarbeitsrecht: Probleme und Lösungen im bestehenden und entgeltrelevanten System „Führen durch Ziele"*. Frankfurt am Main.

Zoltners, A. A., Sinha, P., & Zoltners, G. A. (2001). *The Complete Guide to Accelerating Sales Force Performance*. New York u. a.

Schnittstellenmanagement zwischen Vertrieb und Marketing durch interaktive Markenführung

Lars Binckebanck

Inhaltsverzeichnis

1 Vertrieb vs. Marketing: Herausforderung Schnittstellenmanagement

Die Zusammenarbeit zwischen Vertrieb und Marketing ist für die koordinationsbezogene Perspektive der Vertriebsführung von zentraler Bedeutung. In den Lehrbüchern ist die Welt diesbezüglich typischerweise in Ordnung: Beide Funktionen seien Teil der Absatzwirtschaft eines Unternehmens und arbeiteten eng zusammen, im Interesse der Kundenzu-

Lars Binckebanck ✉
Nordakademie Hochschule der Wirtschaft, Kollner Chaussee 11, 25337 Elmshorn, Deutschland
e-mail: lars.binckebanck@nordakademie.de

L. Binckebanck et al. (Hrsg.), *Führung von Vertriebsorganisationen*,
DOI 10.1007/978-3-658-01830-6_11, © Springer Fachmedien Wiesbaden 2013

friedenheit und der Wirtschaftlichkeit. In der Praxis jedoch gibt es in Unternehmen kaum eine Schnittstelle, die ähnlich konfliktgeladen ist.

In diesem Beitrag soll zunächst deutlich gemacht werden, warum die Realisierung von Synergien zwischen Vertrieb und Marketing strategisch erfolgskritisch ist. Anschließend werden die Gründe für die operativen Probleme an dieser Schnittstelle analysiert. Sodann werden die herkömmlichen Lösungsansätze für die typischen Schnittstellenkonflikte konzeptionell dargestellt und anhand eines Praxisbeispiels hinsichtlich ihrer Anwendung vertieft diskutiert. Die herkömmlichen Lösungsansätze haben den Charakter einer Toolbox, sind aber gerade aus einer Effektivitätsperspektive in einen ganzheitlichen Rahmen zu stellen. Im zweiten Teil des Beitrags wird daher der Ansatz der interaktiven Markenführung als Integrationsmechanismus vorgeschlagen und umfassend dargestellt. Dabei hat der Beitrag insgesamt das Ziel, aktuelle und fundierte wissenschaftliche Literatur als Basis der Diskussion zu verwenden.

1.1 Funktionenübergreifende Marktorientierung als strategischer Wettbewerbsvorteil

Die Dynamik der globalisierten Märkte zu Beginn des 21. Jahrhunderts erfordert von Entscheidungsträgern in Unternehmen die Fähigkeit, Entwicklungen im Markt- und Wettbewerbsumfeld frühzeitig zu identifizieren und umgehend sowie adäquat zu reagieren (vgl. Kumar et al. 2011). Die Unfähigkeit zum konzertierten Wandel hat Unternehmen wie Schlecker, Quelle oder auch Märklin in den Konkurs getrieben. Nach dem „resource-based View" (vgl. Wernerfelt 1984) liegt der Schlüssel zu nachhaltigen Wettbewerbsvorteilen in der Fähigkeit von Unternehmen, interne Ressourcen zur Schaffung von im Wettbewerb überlegenen Kundennutzen einzusetzen. Diese Ressourcen sind firmenspezifisch auf einzigartige sowie innovative Weise langfristig miteinander zum Vorteil der Kunden zu kombinieren. „A firm's competencies reflect the collection of resources it possesses along with its capabilities in exploiting them" (Hughes et al. 2012, S. 59). Nach Hamel und Prahalad (1997) umfassen Kernkompetenzen ein integriertes Bündel von strategisch relevanten Fähigkeiten eines Unternehmens, die auf Lernprozessen und Know-how basieren, wesentlich zum Kundenutzen beitragen, das Unternehmen gegenüber der Konkurrenz differenzieren und die nicht oder nur langfristig nachahmbar sind.

Die effiziente Nutzung von Ressourcen und die Entwicklung von Fähigkeiten in diesem Sinne erfordern Synergien über die Unternehmensfunktionen hinweg (vgl. Hughes et al. 2012). Organisationale Synergie ist „an open, integrated process that fosters collaboration and encourages participants to expand connections beyond typical boundaries and achieve innovative outcomes" (Salmons und Wilson 2008, S. 34). Das Vorhandensein von Synergien im Rahmen funktionenübergreifender Zusammenarbeit, Kommunikation und Prozesse führt zu strategischen Wettbewerbsvorteilen durch verbesserte Fähigkeiten, effektivere Strategieumsetzung und erhöhte Marktorientierung (vgl. Hughes et al. 2012).

Besonders der Zusammenhang von Marktorientierung (vgl. Kohli und Jaworski 1990) und Unternehmenserfolg ist intensiv empirisch untersucht und wiederholt bestätigt worden (vgl. z. B. Gebhardt et al. 2006; Kirca et al. 2005; Kumar et al. 2011). Marktorientierung erfordert kundenutzenorientierte Analysen von Markt (Kundenorientierung) und Wettbewerb (Konkurrenzorientierung) sowie den funktionenübergreifenden Prozess der dafür notwendigen Informationssammlung und -verteilung (funktionenübergreifende Koordination) (vgl. Slater und Narver 1994). Erforderlich sind „investments in capabilities, such as active information acquisition through multiple channels (e.g., sales force, channel partners, suppliers), incorporation of the customer's voice into every aspect of the firm's activities, and rapid sharing and dissemination of knowledge of the firm's customers and competition" (Kumar et al. 2011, S. 17). Vertrieb und Marketing kommt hierbei eine zentrale Verantwortung im Sinne einer „shared responsibility" (Hughes et al. 2012, S. 57) zu.

Hughes et al. (2012) identifizieren fünf erfolgskritische marktorientierte Fähigkeiten, die allesamt auf der Fähigkeit von Vertrieb und Marketing beruhen, Synergieeffekte über Schnittstellen hinweg zu realisieren:

- **Market-sensing Capability**: Auf der Basis eines funktionenübergreifenden und interdisziplinären Informationsflusses können Unternehmen von Kunden, Wettbewerbern und Vertriebspartnern lernen und so strategisch überlegen auf Märkten agieren und auf Trends reagieren (vgl. Day 1994). Unterschiedliche Perspektiven, Konflikte und Informationsboykotte zwischen Vertrieb und Marketing gefährden diese Fähigkeit (vgl. Kotler et al. 2006; Malshe 2009).
- **New Product Capability**: Die Entwicklung und erfolgreiche Markteinführung von Leistungsinnovationen sichern im Rahmen eines Business Development die zukünftige Überlebensfähigkeit des Unternehmens und differenzieren es im Wettbewerb. Voraussetzung hierfür sind jedoch eine einheitliches Kundenverständnis, aufeinander abgestimmte Aktivitäten und Prozesse sowie intensiver Informationsaustausch über Abteilungsgrenzen hinweg (vgl. Ramaswami et al. 2009).
- **Supply Chain Management**: Interpretiert man die Wertschöpfungskette als Netzwerk mit wertschöpfenden Partnern auf jeder Stufe, so kommt dem integrierten und konfliktfreien Management der Vertriebskanäle eine zentrale Bedeutung zu. Unterschiedliche Erwartungen und eingeschränkter Informationsfluss zwischen Vertrieb und Marketing können Effizienz und Effektivität der Absatzmittler beeinträchtigen (vgl. Lusch et al. 2010).
- **Customer Relationship Management**: Ein effektives Kundenbeziehungsmanagement erfordert eine ganzheitliche und IT-gestützte Perspektive auf den Kundenstamm, sodass kundenbezogene Aktivitäten präziser gesteuert werden können und sich Wettbewerbsvorteile einstellen (vgl. Krasnikov et al. 2009). Entsprechende Initiativen kommen häufig aus dem Marketing, prallen aber in der Praxis auf Vertriebsmitarbeiter, die Kundendaten als persönlichen Besitzstand und die Datenbankpflege als bürokratische Schikane betrachten (vgl. Ahearne et al. 2007).

- **Marketing Planning and Implementation**: Die effektive Umsetzung von Marketingstrategien durch zielgerichtete Planungsprozesse gilt als wesentlicher Erfolgsfaktor (vgl. Raps 2004). Unterschiedliche Ziele, Entlohnungssysteme und Besitzstände können die Implementierung substantiell be- oder gar verhindern.

Funktionieren zusammenfassend betrachtet die Rollenteilung und die Zusammenarbeit, so können Marktorientierung, Wertversprechen und Kundenzufriedenheit zu schwer imitierbaren Wettbewerbsvorteilen führen (vgl. Guenzi und Troilo 2007). Dieser Beitrag beschäftigt sich mit Ansätzen zur Realisierung der Synergien an der Schnittstelle zwischen Vertrieb und Marketing.

1.2 Zusammenarbeit zwischen Vertrieb und Marketing als operativer Konfliktherd

Trotz der offenkundigen Vorteile einer reibungslosen Zusammenarbeit zwischen Vertrieb und Marketing ist diese Schnittstelle in der Praxis häufig eher problematisch (vgl. Baumgarth und Binckebanck 2011a). „Under-communication, underperformance, and over-complaining have been shown to characterize this interface" (Malshe 2009, S. 273). Bereits früh haben Marketingforscher auf fundamentale Unterschiede zwischen Vertrieb und Marketing hingewiesen (vgl. Kotler und Levy 1969). Demnach fokussiert sich der Vertrieb im Unterschied zum Marketing auf Umsatz statt Profitabilität, setzt kurzfristige Ziele und geht eher intuitiv als systematisch vor (vgl. Kotler 1977). Hinzu kommen kulturelle Inkompatibilität, Funktionenkonflikte, unterschiedliche Denkweisen sowie jeweils andere Perspektiven auf die Absatzmärkte (vgl. Beverland et al. 2006; Dawes und Massey 2005; Homburg und Jensen 2007; Piercy 2006). Schließlich: „Lack of cooperation and communication, turf battles, differences in goal orientation, lack of role clarity, misalignment of strategic objectives, and poor coordination may hamper development of cordial rapport between sales and marketing" (Malshe 2009, S. 273).

Malshe (2009) hat typische Ausprägungen von Eigen- und Fremdbild seitens Vertrieb und Marketing empirisch gestützt analysiert. Demnach sieht sich das Marketing gerade angesichts eines sich dynamisch ändernden Umfelds als Strategiezentrum des Unternehmens. Daher reklamieren die Marketingmanager Entscheidungsbefugnisse für sich und verteidigen diese gegenüber dem Vertrieb. Das Marketing ist sich darüber bewusst, dass der Vertrieb von der Unterstützung durch das Marketing abhängig ist und bemüht sich, alle notwendigen verkaufsfördernden Materialien zur Verfügung zu stellen. Allerdings wollen Marketingmanager weder „Oberverkäufer" noch reiner Sales Support sein.

Aus Vertriebssicht ist das Marketing allerdings häufig so weit von der Realität abgehoben, dass nicht selten das Verständnis für die Arbeit an der Kundenfront fehlt. Statt die strategische Vorherrschaft des Marketings anzuerkennen, erwarten Vertriebsmitarbeiter vom Marketing primär einen erstklassigen Sales Support. Das beinhaltet durchaus auch ein Engagement im taktischen Bereich und im unmittelbaren Kundenkontakt.

Das Selbstbild des Vertriebs steht im Widerspruch zur Erwartungshaltung des Marketings. Vertriebsmitarbeiter sehen sich zunehmend nicht als Umsetzer von Strategien, sondern reklamieren nun auch die Strategieführerschaft aufgrund der unmittelbaren Marktnähe für sich. Zwar wird die aktive Forderung nach unmittelbarer strategischer Entscheidungskompetenz recht selten erhoben, da die meisten Vertriebsmitarbeiter ihren Schwerpunkt auch weiterhin im taktischen Bereich sehen. Vielmehr warnen Vertriebsmitarbeiter davor, ihren potenziellen Beitrag bei strategischen Entscheidungsprozessen zu ignorieren. Entsprechend frustriert reagieren sie, wenn das Marketing sie nicht einbindet.

Aus Marketingsicht liegt die Hauptaufgabe des Vertriebs in der Strategieimplementierung, wobei diesbezüglich häufig Unzufriedenheit herrscht, da die Umsetzung nicht so systematisch erfolgt, wie es sich das Marketing wünschen würde. Daher erwarten Marketingmanager von Vertriebsmitarbeitern, dass diese sich mit den großen strategischen Themen des Unternehmens beschäftigen und lernen, ihre taktischen Aktivitäten mit dem übergeordneten Strategieprozess abzustimmen. Schließlich wird vom Verkauf gefordert, dass dieser sich kooperativ verhält und keine Schwierigkeiten macht, wenn das Marketing an Kunden herantreten möchte, um Marktdaten zu sammeln.

Dannenberg (1997, S. 66) identifiziert darüber hinaus weitere Unterschiede zwischen Verkauf und Marketing, die erfahrungsgemäß zu mentalen Barrieren führen können:

- **Alt gegen jung**: Beim Durchschnittsalter liegen häufig fast zwei Generationen zwischen beiden Funktionen. Wertvorstellungen und Sprache unterscheiden sich bisweilen signifikant voneinander.
- **Erfahrung gegen Dynamik**: Marketingpositionen sind häufig nur ein Karrieresprungbrett (zwei bis drei Jahre Verweildauer), während Vertriebsmitarbeiter zumeist deutlich weniger Karriereperspektiven haben (zehn Jahre und mehr Verweildauer).
- **Kontaktstärke und persönliches Auftreten vs. Konzeption und Analytik**: Die jeweiligen Arbeitsgrundlagen unterscheiden sich erheblich.
- **Praxis gegen Bildung**: Vertriebsmitarbeiter kommen häufig über Umwege in den Verkauf und haben eher bodenständige Berufsausbildungen. Produktmanager dagegen haben fast ausnahmslos eine Hochschulausbildung und kaum praktische Erfahrungen in anderen Berufen.
- **Umsatzverantwortung gegen Budgethoheit**: Die einen müssen vor Ort den Kopf hinhalten, die anderen bestimmen über die Wahl der Waffen.
- **Draußen gegen drinnen**: Auch die räumliche Entfernung distanziert. Häufig kennt man sich untereinander kaum.

Auch wenn die skizzierten Gegensätze hier stark zugespitzt formuliert wurden und im Einzelfall andere Unterschiede dominieren mögen, lassen sich die aufgeführten Spannungsfelder gleichwohl zu zwei Hauptkategorien zusammenfassen: Kulturelle Unterschiede und Unterschiede beim Aufgabengebiet bzw. bei konkretem Verhalten. Abbildung 1 fasst die Unterschiede zwischen Verkauf und Marketing zusammen.

	Marketing	Vertrieb
Kulturelle Unterschiede („Weltbild")	• Produkt- und Markenorientierung • Langfristperspektive • Kein direkter Kundenkontakt • Analytik und Systematik („Denker")	• Kundenorientierung und Kundennähe • Kurzfristperspektive • Täglicher Kundenkontakt • Intuition und Flexibilität („Macher")
Aufgabengebiets- und Verhaltensunterschiede	• Strategische Planung • Marketing-Mix (vor allem mediale Kommunikation) • Klassische Marktforschung	• Verkauf und Abschlüsse • Kennzahlenorientierung (Führung des Verkaufs und Basis der Entlohnung) • Verkaufsberichte/CRM-Systeme

Abb. 1 Unterschiede zwischen Vertrieb und Marketing (Quelle: Baumgarth und Binckebanck 2011a)

Diese Unterschiede zwischen Vertrieb und Marketing beeinflussen sowohl die Effizienz als auch die Effektivität der Marktbearbeitung. Die *Effizienz* der Marktbearbeitung, das heißt der notwendige zeitliche und finanzielle Input, um ein bestimmtes Niveau der Marktbearbeitung zu erreichen, wird negativ durch Schnittstellenprobleme beeinflusst. Unproduktive Konflikte, Machtkampf, Mitarbeiterunzufriedenheit und innere bzw. tatsächliche Kündigungen sind nur einige negative Effekte dieses Spannungsfelds. Der Einfluss der Unterschiede auf die *Effektivität*, das heißt auf das Niveau der Marktbearbeitung, ist hingegen weniger eindeutig. In jedem Fall führt das Spannungsfeld dazu, dass sich die beiden Abteilungen in der Markt- und Kundenbearbeitung widersprechen und damit die Effektivität reduzieren.

Exemplarisch lässt sich dies im Rahmen der Markenführung verdeutlichen. Während das Marketing – alleine oder in Abstimmung mit anderen internen Unternehmensfunktionen und externen Dienstleistern (z. B. Werbeagenturen) – die Positionierung einer Marke festlegt, das Branding (Name, Slogan, Produktdesign) bestimmt und die mediale Kommunikation (Anzeigen, Messestände, Internet) gestaltet, kommuniziert und interagiert der Vertrieb persönlich mit dem Kunden. Eine starke Marke resultiert daraus, dass die Erwartungen, die das Marketing durch entsprechende Maßnahmen maßgeblich beeinflusst, durch die tatsächlichen Erfahrungen, die stark von der persönlichen Kommunikation mit dem Vertrieb abhängen, erfüllt werden. Durch den Kunden wahrgenommene Widersprüche führen zur Schwächung der Marke (vgl. Baumgarth und Schmidt 2008). Das Marketing muss demnach den Vertrieb als Instrument der Markenführung anerkennen und strategisch einbinden. Dieser Ansatz wird im zweiten Teil dieses Beitrags diskutiert.

Auf der anderen Seite führen kulturelle und wissensbasierte Unterschiede auch zu einer vergrößerten Wissensbasis, erhöhter Kreativität und besseren Entscheidungen. Diese positiven Wirkungen der Unterschiede zwischen Verkauf und Marketing auf den Markterfolg konnten Homburg und Jensen (2007) empirisch nachweisen.

Darüber hinaus befinden sich in vielen Unternehmen Vertrieb *und* Marketing, das heißt die gesamte Marktfunktion, in einer Identitätskrise. Trotz der (Lippen-)Bekenntnisse zum

Konzept der Markt- und Kundenorientierung auf der Ebene des Topmanagements hat die Bedeutung speziell des Marketings innerhalb des Unternehmens deutlich abgenommen. Ambler (2003) beziffert den Zeitanteil für Marketingthemen in Topmanagementmeetings auf rund 10 Prozent. Nach einer Studie von Booz Allen Hamilton besitzen nur rund 50 Prozent der „Fortune 1000 Unternehmen" einen Marketingverantwortlichen im Topmanagement, 80 Prozent hingegen einen Finanzmanager (vgl. Hyde et al. 2004; Nath und Mahajan 2008). Neben diesem geringen und seit einigen Jahren weiter schwindenden Einfluss des Marketings innerhalb des Unternehmens besitzen Vertrieb und Marketing auch ein zunehmendes Image- und Glaubwürdigkeitsproblem bei Konsumenten und Wirtschaftsstudenten (vgl. Sheth und Sisodia 2005).

Vor dem Hintergrund der Effizienznachteile, der zweischneidigen Effektivitätseffekte sowie der Identitätskrise der Marktfunktion ist es wenig überraschend, dass es eine Vielzahl von Vorschlägen zur Optimierung der Schnittstelle zwischen Vertrieb und Marketing gibt, so etwa die Angleichung strategischer Fähigkeiten, die Optimierung funktionenübergreifender Koordination, Kooperation und die gemeinsame Teilnahme an strategischen Aktivitäten (vgl. Cespedes 1993; Guenzi und Troilo 2006; Ingram 2004; Le Meunier-FitzHugh und Piercy 2007; Matthyssens und Johnston 2006). Häufig lässt sich die Forderung auf den folgenden Punkt bringen: Der Vertrieb muss strategischer arbeiten, während das Marketing verkaufsorientierter denken und handeln soll. Der emotionale und kulturelle Fit zwischen beiden Funktionen ist essenziell für eine gemeinsame Ausrichtung am Markt (vgl. Klumpp 2000) und eine stärkere Relevanz der Marktfunktion innerhalb des Unternehmens. Die resultierenden Synergieeffekte an der Schnittstelle zwischen Vertrieb und Marketing haben das Potenzial zur simultanen Optimierung von Effektivität und Effizienz der ganzheitlichen Marktbearbeitung.

1.3 Ausgewählte Ansätze für das Schnittstellenmanagement zwischen Vertrieb und Marketing

In der Literatur finden sich unterschiedliche Ansätze zur Einteilung der Konfliktpotenziale zwischen Vertrieb und Marketing. So unterscheidet etwa Homburg (2012) strukturbezogene, personalbezogene und kulturbezogene Konfliktpotenziale. Aufgrund von Praxiserfahrungen (vgl. Abschn. 1.4) erscheint allerdings die Unterteilung in organisationsbezogene, personenbezogene und informationsbezogene Schnittstellenprobleme zielführender, wobei jedoch eine strikte Eingruppierung der Konflikte oftmals nicht möglich ist, da sich diese gegenseitig beeinflussen. Für jeden Bereich lassen sich sodann geeignete Lösungsansätze identifizieren (vgl. Haase 2006). Diese fließen in einer effizienzorientierten Konfiguration der Schnittstelle zwischen Vertrieb und Marketing zusammen. Für ein ganzheitliches Schnittstellenmanagement sind darüber hinaus gegenseitige Lernfelder und Synergiehebel zu identifizieren, welche die Synergiepotenziale effektivitätsorientiert ausschöpfen.

1.3.1 Effizienzorientierte Konfiguration der Zusammenarbeit

1.3.1.1 Organisationsbezogene Lösungsansätze

Zu den organisatorischen Konfliktpotenzialen zählen die sich aus der Aufbau- und der Ablauforganisation ergebenden Konflikte. Hier handelt es sich um eine horizontale Schnittstelle, die sich zwischen aufbauorganisatorisch gleichrangigen Einheiten befindet, die meist nicht hierarchisch voneinander abhängig sind, während gleichzeitig aber die Leistungsprozesse interdependent sind. Um organisatorischen Konfliktpotenzialen entgegenzuwirken, sollte die Ablaufplanung und -organisation auf einem funktionsübergreifenden Prozessdenken basieren (vgl. Diller et al. 2005) und eine möglichst flache Hierarchiestruktur geschaffen werden.

Die räumliche Trennung der Tätigkeiten in Außen- und Innendienst reduziert die Kommunikationswahrscheinlichkeit und führt dazu, dass sich Marketing- und Außendienstkollegen persönlich häufig kaum kennen. Räumliche Distanzen lassen sich durch die Zusammenlegung von Büros oder Abteilungen reduzieren (vgl. Homburg et al. 2010). Formlose Gespräche auf dem Gang oder in der Kantine können bereits viele Probleme des Tagesgeschäfts klären (vgl. Dannenberg und Zupancic 2008). Da Vertriebsmitarbeiter aber naturgemäß viel reisen, bieten sich darüber hinaus regelmäßige gemeinsame Meetings, Events oder Kundenbesuche an, um die räumlichen Distanzen zu überbrücken.

Weitere Konflikte ergeben sich, wenn Zuständigkeiten zwischen Vertrieb und Marketing nicht klar definiert sind. Schnittstellenprobleme erweisen sich als weniger gravierend, wenn die beiden organisatorischen Einheiten einen gemeinsamen Vorgesetzten haben. Grund hierfür ist die mögliche Koordination von Aktivitäten und eventuell auftretenden Konflikten durch den Vorgesetzten. Darüber hinaus ist eine klar definierte Zuständigkeitsverteilung zwischen Marketing- und Verkaufskollegen erforderlich, um Doppelarbeiten, Überschneidungen und Leerräume zu verhindern.

Konfliktpotenzial bergen auch die Machtverhältnisse zwischen den Abteilungen. Das Industriegütermarketing wird häufig durch den Vertrieb dominiert, was zu allerlei Statusproblemen und Grabenkämpfen führen kann. Daher sind ausgeglichene Machtverhältnisse zwischen den einzelnen Funktionsbereichen im Unternehmen wichtig. So kann auf einer Augenhöhe miteinander kommuniziert bzw. verhandelt werden. Den Mitarbeitern muss dabei deutlich gemacht werden, dass der Erfolg nicht allein von einer Abteilung abhängt, sondern von der Verknüpfung von Planungs- und Umsetzungskompetenz (vgl. Dannenberg 1997).

Darüber hinaus besteht zwischen Vertrieb und Marketing häufig keine gemeinsame Zieldefinition, sodass Zielkonflikte entstehen. Diese Konfliktpotenziale werden durch unterschiedliche Anreizsysteme häufig noch verstärkt. Die Ziele von Vertrieb und Marketing müssen daher harmonisiert werden, sodass sie in wechselseitiger Beziehung zueinander stehen oder sogar gemeinsame Ziele definiert werden (vgl. Dannenberg und Zupancic 2008). So kann sichergestellt werden, dass die Strategien sowohl vom Marketing als auch vom Vertrieb umgesetzt werden. Der gemeinsame Schwerpunkt sollte dabei auf der langfristigen Markt- bzw. Kundenorientierung liegen. Wichtig ist ferner, dass die Ziele auf umsetzbare Handlungsparameter heruntergebrochen werden, die von den einzelnen Bereichen zu erfüllen und für den einzelnen Mitarbeiter transparent sind. Die Zielverfolgung kann durch ein gemeinsames Anreizsystem unterstützt werden, das teamorientiert ist und das gemeinsame Planen und Handeln positiv berücksichtigt (vgl. Bußmann und Rutschke 1998).

Ähnlich gelagert ist das Problem der voneinander oftmals isoliert stattfindenden Planungsprozesse. Der Vertrieb wird häufig *nicht* nach Marktentwicklungen und Kundenpräferenzen gefragt, sondern vielmehr vor vollendete Tatsachen gestellt. Er ist dann unter Umständen verantwortlich für die Umsetzung einer vertriebsfernen Strategie (vgl. Haase und Krafft 2005). Für eine erfolgreiche Strategieplanung und -umsetzung muss jedoch das Potenzial beider Bereiche genutzt werden, indem eine gemeinsame Planung stattfindet. Aus diesem Grund sollten Schlüsselpersonen aus dem Vertrieb früh in die Marketingplanung einbezogen werden. Dadurch werden Akzeptanz und eine stärkere Marktnähe erreicht, und der Vertrieb kann zugleich die Umsetzbarkeit der Konzepte prüfen.

Schließlich können zur Überwindung von Abteilungsgrenzen bereichsübergreifende Teams implementiert werden, die sowohl aus Mitarbeitern aus dem Marketing als auch aus dem Verkauf bestehen (vgl. Jenewein et al. 2008). Gerade im Business-to-Business-Bereich geht die Zusammenarbeit mit Kunden heute oft über den Vertrieb hinaus (vgl. Homburg et al. 2010). Folglich sind bereichsübergreifende Teams notwendig, um den Kunden kompetent gegenübertreten zu können.

1.3.1.2 Personenbezogene Lösungsansätze

Konflikte entwickeln sich nicht allein durch objektive Bedingungen, sondern auch durch subjektive Einflüsse der beteiligten Personen. Diese werden insbesondere durch die bereits aufgezeigten unterschiedlichen Denk- und Verhaltensmuster geprägt, die jeweils für Vertrieb und Marketing charakteristisch sind. Je stärker die Ausprägung der jeweiligen Subkulturen ist, desto größer ist auch das Konfliktpotenzial zwischen den Mitarbeitern. Personenbezogene Lösungsansätze beziehen sich auf die Personalführung und Personalentwicklung. Ziel ist es, die divergierenden soziokulturellen Einstellungen der Marketing- und Vertriebsmitarbeiter miteinander zu harmonisieren (vgl. Klumpp 2000).

Eine Grundvoraussetzung hierfür ist die Entwicklung einer koordinations- und integrationsfördernden Unternehmenskultur, die einzelne Subkulturen verhindert und durch einheitliche Werte, Normen, Pläne und Programme die Kooperation verstärkt (vgl. Krafft und Haase 2004). Kommunikation ist ein weiterer wichtiger Schlüssel, um Konflikte zu beseitigen oder gar nicht erst entstehen zu lassen. Probleme und Konflikte sollten daher offen angesprochen und diskutiert werden. Dies kann beispielsweise in Workshops oder durch regelmäßige Teamarbeit erfolgen. Die Denkhaltung der jeweils anderen Seite kann so besser kennengelernt und auch verstanden werden (vgl. Dannenberg und Zupancic 2008). Dabei ist eine geregelte Moderation vorteilhaft, die durch ihre Neutralität schlichtend wirkt (vgl. Weber et al. 2004). Neben den formalen Foren können auch gemeinsame Pausen und Events erfahrungsgemäß sehr hilfreich sein und sollten daher gefordert werden (vgl. Dannenberg und Zupancic 2008).

Ein Instrument zur Angleichung der funktional sehr unterschiedlich ausgeprägten Fähigkeiten ist eine gemeinsame Rekrutierungspolitik. Ziel ist es, Personal mit gemeinsam definierten Kernkompetenzen einzustellen, um über Mitarbeiter mit bereichsübergreifenden Fähigkeiten zu verfügen (vgl. Haase und Krafft 2005). Darüber hinaus sollten funktionsübergreifende Karrierepfade ein Einstellungskriterium sein, wodurch sichergestellt wird, dass insbesondere Führungskräfte die jeweils andere Funktion kennen (vgl. Klumpp 2000).

Im Bereich der Personalentwicklung können Job-Rotation-Programme dazu beitragen, dass funktionenübergreifende Erfahrungen gesammelt werden (vgl. Homburg et al. 2010). Auch gemeinsame Trainingsprogramme, Workshops oder Schulungen, bei denen Team- und Diskussionsfähigkeiten gefördert werden, führen zu mehr gegenseitigem Verständnis (vgl. Jenewein et al. 2008).

Marketingverantwortliche sollten vertriebsorientiert handeln und die Nähe zum Kunden suchen (vgl. Malshe 2009). Insofern sollten Karrierepfade im Marketing auch konkrete Vertriebserfahrung vorsehen. Darüber hinaus führen regelmäßige Kundenbesuche mit den Vertriebsmitarbeitern zu einer besseren Kundenkenntnis. Gleichzeitig wird dabei das Verhältnis der Marketing- und Vertriebsmitarbeiter durch den persönlichen Kontakt verbessert (vgl. Dannenberg 1997).

Schließlich ist eine professionelle Führung von großer Bedeutung für die Integration von Vertrieb und Marketing. Dies umfasst das Commitment des Topmanagements ebenso wie der Marketing- und Vertriebsleitung (vgl. Haase und Krafft 2005). Vorgesetzte sollten dabei insbesondere hinsichtlich ihrer ganzheitlichen Sichtweise als Vorbild agieren.

1.3.1.3 Informationsbezogene Lösungsansätze

Zu den informationsbezogenen Konfliktpotenzialen zählen der Informationsaustausch und die Kommunikation zwischen Marketing- und Vertriebsmitarbeitern sowie Probleme mit Hard- und Softwarelösungen. Denn die Koordination von Vertrieb und Marketing ist in hohem Maß auch ein informations- und kommunikationstechnisches Problem. Kommunikationsmissverständnisse sowie die Zurückhaltung von Fachwissen tragen wesentlich zur Entstehung von Konflikten bei.

Um den Informationsaustausch verbessern zu können, ist zunächst eine gemeinsame Definition des Informationsbedarfs beider Bereiche notwendig. Hierdurch sollen die Mitarbeiter für die entsprechenden Informationen sensibilisiert werden (vgl. Dannenberg 1997). Ein einheitlicher Wissensstand führt außerdem zu einer Beschleunigung der Prozesse und zur Verringerung von Missverständnissen. Um den Informationsaustausch zwischen Vertrieb und Marketing zu steigern, können zudem Koordinationsgremien errichtet werden, in denen die Mitarbeiter erfahren, welche Projekte aktuell bearbeitet werden oder für die Zukunft geplant sind. Mögliche Schnittstellenprobleme können so bereits im Voraus aufgedeckt werden (vgl. Homburg et al. 2010). Ferner wird durch gemeinsame Meetings der persönliche Informationsaustausch zwischen beiden Bereichen ermöglicht. Allerdings sind viele Informationen sind für den jeweils anderen Bereich nicht relevant, weshalb nicht alle Meetings gemeinsam durchgeführt werden sollten (vgl. Jenewein et al. 2008).

Ein Informationsfluss im Einzelfall bringt allerdings wenig. Die kontinuierliche Erhebung und Weitergabe von Daten ist von essenzieller Bedeutung (vgl. Dannenberg 1997). Dies kann beispielsweise durch Feedback-Bögen erreicht werden, mit deren Hilfe der Verkauf dem Marketing regelmäßig über Kundenreaktionen berichtet, die dann in die strategische Planung mit einfließen. Zusätzlich ist die Datentransparenz innerhalb des Unternehmens von hoher Bedeutung. Hierzu zählt auch die Begründung von bestimmten Entscheidungen, um auf ein größeres Verständnis zu treffen (vgl. Klumpp 2000). So kann Vertrauen gewonnen werden, und die Bereitschaft des Vertriebs, Informationen weiterzugeben, wird erhöht, da er den Sinn hierfür versteht.

Um an die Informationen zu gelangen, die das Marketing für die Entwicklung und Umsetzung von Konzepten benötigt, sollte eine gemeinsame Ausarbeitung des Berichtswesens stattfinden (vgl. Dannenberg 1997). Um Informationsüberflutungen zu vermeiden, müssen die benötigten Informationen und Auswertungen auf eine geringe, aber aussagekräftige Menge reduziert werden.

Einen weiteren Lösungsansatz für einen reibungslosen Austausch zwischen Vertrieb und Marketing stellt ein aktuelles gemeinsames Informationssystem (vgl. Diller et al. 2005) dar, in dem kunden- und marktspezifische Daten von beiden Seiten hinterlegt werden (vgl. Jenewein et al. 2008). Hierbei muss darauf geachtet werden, dass das System nicht mit zu vielen und veralteten Daten ausgestattet ist. Eine gezielte Weiterleitung wichtiger Informationen muss mühelos möglich sein, und es sollte eine Informationsaufbereitung stattfinden, die eine gezielte Nutzung von Informationen für die jeweils andere Abteilung ermöglicht. Aus Gründen der Überschaubarkeit sollte die Vielfalt von IT-Systemen eingeschränkt werden. Darüber hinaus sollten das Intranet und die Sharepoints von Marketing und Verkauf für die jeweils andere Seite freigeschaltet werden, um den Informationsaustausch zu erleichtern und unnötige E-Mails zu verhindern.

1.3.2 Steigerung der Effektivität durch Synergiepotenziale

1.3.2.1 Gegenseitiges Lernen

Es ist von zentraler Bedeutung, dass Vertrieb und Marketing sich nicht als getrennte und oft verfeindete Abteilungen interpretieren, sondern erkennen, dass sie voneinander lernen und so die Effektivität der gemeinsamen Marktbearbeitung erhöhen können. Das notwendige organisationale Lernen kann dabei die Übernahme von Werten, Einstellungen und Weltanschauungen der anderen Abteilung („Kulturlernen") oder konkretes Wissen und Fähigkeiten in Bezug auf bestimmte Maßnahmen oder Tools („Verhaltenslernen") umfassen. Beide Ebenen sind, wie die bisherigen Ausführungen gezeigt haben, notwendig. Darüber hinaus lassen sich mehrere konkrete Gegenstandsfelder des gegenseitigen Lernens identifizieren. Zur kurzen Verdeutlichung werden hier lediglich vier Felder exemplarisch skizziert (vgl. Baumgarth und Binckebanck 2011a):

- **Beziehungsmanagement**: Der Vertrieb denkt und handelt in Verkaufsabschlüssen. Diese Denkweise in einzelnen Transaktionen kann aber zu Problemen führen, da empirisch immer wieder nachgewiesen wurde, dass die langfristige Bindung von Kunden den ökonomisch sinnvolleren Ansatz darstellt (vgl. Reichheld und Sasser 1990). Im Marketing wird seit einigen Jahren daher über einem Paradigmenwechsel vom Transaktions- hin zum Beziehungsmarketing diskutiert (vgl. Grönroos 1994). Beziehungsmarketing zeichnet sich im Kern dadurch aus, dass nicht kurzfristig die einzelne Transaktion im Mittelpunkt steht, sondern langfristig die innere Verbindung von Transaktionen eines Kunden über den gesamten Kundenlebenszyklus den Fokus bildet (vgl. z. B. Bruhn 2013). Nicht die Optimierung des nächsten Abschlusses, sondern die Maximierung des Werts der gesamten Kundenbeziehung bildet den Imperativ. Im Rahmen des Beziehungsmarketings sind neben dieser grundsätzlichen Philosophie eine Reihe von Strategien und Konzepten für die verschiedenen Phasen der Kundenbeziehung (Neukundenakquisition, Kundenpflege, Kundenrückgewinnung, Beziehungsauflösung) sowie konkrete Instrumente und Kennzahlen (z. B. Customer Lifetime Value, Customer Equity) entwickelt worden. Der Verkauf kann vom Marketing zum einen diese Philosophie und deren Instrumente lernen. Zum anderen ermöglicht eine Beziehungsorientierung auch die Verbesserung der Zusammenarbeit zwischen Marketing und Verkauf, wie unter anderem die Konzepte Lead-Generierung und Kampagnenmanagement belegen (vgl. Diller et al. 2005; Smith et al. 2006).
- **Messbarkeit des Markterfolgs**: Der Vertrieb ist seit jeher zahlenorientiert. Neben der Führung der Mitarbeiter durch Zahlenvorgaben, wie Besuchshäufigkeiten, Umsatz- und Absatzziele, Kundenwerte etc., basiert typischerweise das Entlohnungssystem für Verkäufer, viel stärker als dies bei Marketingmitarbeitern üblich ist, auf der Erfüllung von quantifizierten Marktzielen. Ein Hauptgrund für die geringe Bedeutung der Marktfunktion innerhalb des Unternehmens ist die fehlende Zahlenorientierung und der damit fehlende quantitative Nachweis über den Beitrag des gesamten Marketings oder einzelner Marketingmaßnahmen zum Unternehmenserfolg. Seit Langem wird in der Marketingwissenschaft und -praxis daher eine verstärkte Messbarkeit des Marketings gefordert (vgl. Doyle 2008; Farris et al. 2009; Srivastava et al. 1998). Allerdings zeigen immer wieder Studien, dass das Marketing in der Praxis im Bereich der Marketing Metrics oder des Marketingcontrollings noch Schwachstellen aufweist. In diesem Feld kann das Marketing sowohl die „zahlenorientierte“ Kultur als auch die Konstruktion und Nutzung von konkreten Kennzahlen vom Vertrieb lernen.
- **Customer Insights**: Zwar bezeichnet sich auch das Marketing als kundenorientierte Funktion oder Abteilung, allerdings werden immer wieder der fehlende Kundenkontakt und das dadurch fehlende tiefere Verständnis für Kunden des Marketings beklagt. Standardisierte und mit Durchschnitten arbeitende Marktforschungsstudien sind nur ein schwacher Ersatz für tatsächliche Kontakte mit leibhaftigen Kunden. Der Vertrieb hingegen zeichnet sich gerade durch diese tatsächlichen und häufigen Kundenkontakte und die extreme Kundenorientierung aus. Persönliche Kundengespräche, langfristige Beziehungen, die häufig über das eigentliche Geschäft hinausgehen, spontane Anpas-

sung an die Wünsche des Kunden (z. B. Adaptive Selling) sind nur einige Schlagworte, die dieses tiefe Kundenverständnis charakterisieren. Infolgedessen ist es notwendig, dass der Vertrieb dem Marketing sein Wissen über den einzelnen Kunden lehrt. Dieser Lernprozess mit dem Ergebnis „Kundenkenntnis" bildet die Basis für die Generierung von echten Customer Insights (vgl. Föll 2007) und darauf aufbauend für die Entwicklung von echten Innovationen, stärkt die Position der Marktfunktion als „Anwalt des Kunden" innerhalb des Unternehmens und erhöht die Relevanz des Sales Support des Marketings durch die stärkere Berücksichtigung der Kundenbedürfnisse. Eine Erhöhung der Innovationsintensität und der differenzierten Kundenansprache steigert nach einer Studie von Nath und Mahajan (2008) auch den Stellenwert der Marktfunktion innerhalb des Unternehmens.

- **Marke**: Markenführung ist ein typisches Feld der Marketingabteilung. Zunehmend erkennt das Marketing aber, dass eine starke Marke an der Schnittstelle zwischen Unternehmen und Kunde entsteht und nicht auf schwarzen Pappen in klimatisierten Agenturräumen. Diese Erkenntnis spiegelt sich wider in der verstärkten Beschäftigung der Wissenschaft und der Unternehmenspraxis mit Konzepten der internen Markenführung (vgl. Baumgarth und Schmidt 2010; Burmann et al. 2009; Tomczak et al. 2012). In diesem Kontext ist es insbesondere notwendig, den Vertrieb als Hauptzielgruppe der internen Markenführung zu integrieren. Neben dem Verdeutlichen der Markenrelevanz für den Erfolg in konkreten Verhandlungen mit dem Kunden müssen solche Maßnahmen dem Vertrieb auch aufzeigen, was die Marke ausmacht, welche Rolle der einzelne Vertriebsmitarbeiter für die Marke spielt und wie sich der einzelne Vertriebsmitarbeiter in der Kundeninteraktion zu verhalten hat. Da die Marke als Integrationsmechanismus für die vorliegende Schnittstellenproblematik besonders ergiebig scheint, wird dieser Aspekt in Abschn. 2 vertieft.

1.3.2.2 Synergiehebel

Synergieeffekte an der Schnittstelle zwischen Vertrieb und Marketing sind für die Steigerung der Effektivität der Marktbearbeitung erfolgskritisch. Sie entstehen nicht nur durch gegenseitiges Lernen direkt an der Schnittstelle, sondern lassen sich durch die synergieorientierte Ausgestaltung übergeordneter Rahmenbedingungen zusätzlich und ganzheitlich fördern. Hughes et al. (2012) identifizieren auf der Basis qualitativer Tiefeninterviews mit betroffenen Entscheidungsträgern im Unternehmen insgesamt acht Synergiehebel, die auf die Schnittstelle zwischen Vertrieb und Marketing positiv synergetisch einwirken können.

- **Vision**: Die Vision als Ausdruck eines anzustrebenden Zustands in der Zukunft kann als gemeinsame Zielbestimmung unternehmensinterne Kooperation fördern, die Allokation von Ressourcen optimieren helfen und die Anpassungsfähigkeit an Umweltveränderungen erhöhen. Sie erleichtert die interne Kommunikation und dient als Bezugsrahmen für absatzmarktbezogene Aktivitäten (vgl. Guenzi und Troilo 2006; Krohmer et al. 2002).

- **Alignment**: Die Vision ist in komplementäre Ziele und Strategien zu übersetzen, die wiederum zur erfolgreichen Implementierung eine passende organisationale Struktur erfordern („Structure follows Strategy", vgl. Chandler 1962). Dies bedeutet eine umfassende vertikale und horizontale Koordination, im Rahmen derer funktionales Abteilungsdenken überwunden werden kann und Einzelinteressen dem gemeinsamem Ziel untergeordnet werden (vgl. Malshe und Sohi 2009).
- **Processes**: Prozesse bestehen aus Aktivitäten, die idealerweise systematisch zur Zielerreichung führen. Definierte Prozesse bestimmen die Art und Weise der funktionenübergreifenden Zusammenarbeit und legen Verantwortlichkeiten sowie organisationale Routinen fest. Transparente Prozesse verbessern die Zusammenarbeit auch dadurch, dass offene Kommunikationsmuster und gegenseitiges Verständnis an den Schnittstellen gefördert werden (vgl. Krohmer et al. 2002).
- **Information**: Informationen stellen den Gegenstand der Kommunikation und funktionenübergreifenden Interaktion dar und erleichtern Koordination und Kooperation (vgl. Le Meunier-FitzHugh und Piercy 2009).
- **Knowledge**: Wissen ist die Voraussetzung für fundierte Urteile und Handlungen und fördert gegenseitiges Verständnis an Schnittstellen (vgl. Krohmer et al. 2002). „Market orientation demands the transfer of knowledge across functions"(Hughes et al. 2012, S. 61).
- **Decision**: Optimale Entscheidungsfindung im Sinne einer rationalen Wahl unter verschiedenen Handlungsalternativen erfordert die Berücksichtigung gemeinsamer Ziele, das Vorhandensein korrekter Informationen und Verständnis für das Unternehmensumfeld. Partizipative Entscheidungsprozesse unterstützen die erfolgreiche Strategieumsetzung (vgl. Krohmer et al. 2002; Malshe und Sohi 2009).
- **Resources**: Finanzielle, physische und personelle Ressourcen können zu Wettbewerbsvorteilen führen (vgl. Crook et al. 2008). Hier muss allerdings durch einen funktionenübergreifende Perspektive sichergestellt werden, dass die Allokation der knappen Ressourcen im Sinne des Gesamtunternehmens optimiert wird (vgl. Krohmer et al. 2002; Massey und Dawes 2007).
- **Culture**: Die Organisationskultur als „a complex set of values, beliefs, assumptions, and symbols that define the way in which a firm conducts its business" (Barney 1986, S. 657) kann an der Schnittstelle zwischen Vertrieb und Marketing zu Friktionen führen (vgl. Beverland et al. 2006). Hier kann die eingangs skizzierte Marktorientierung im Sinne einer gemeinsamen Perspektive als übergreifendes Paradigma integrativ wirken (vgl. Homburg und Pflessner 2000).

1.4 Praxisbeispiel zur Optimierung der Zusammenarbeit zwischen Vertrieb und Marketing

Im vorangegangenen Abschnitt wurde eine Vielzahl von Lösungsansätzen für eine optimierte Zusammenarbeit zwischen Vertrieb und Marketing literaturgestützt dargestellt.

Für die Praxis ergibt sich daraus eine umfangreiche Toolbox. Gleichwohl stellen Entscheidungsträger in Unternehmen immer wieder fest, dass die Implementierung der Instrumente in den Alltag der organisationalen Zusammenarbeit nicht trivial ist. Daher soll exemplarisch am Beispiel der Deutschen Castrol Vertriebsgesellschaft (nachfolgend „Castrol") aufgezeigt werden, wie eine zielführende Vorgehensweise aussehen kann (vgl. Binckebanck und Kämmerer 2013).

Unter der Marke Castrol vertreibt die BP Group Schmierstoffe über ein breites Tankstellennetz, Autohäuser und Werkstätten sowie über Einzel- und Fahrzeugteilehändler. Castrol muss sich dabei auf einem stark umkämpften Markt mit Premiumprodukten beweisen, wobei die Schnittstelle zwischen Vertrieb und Marketing von hoher Bedeutung ist. Allerdings bestand Optimierungsbedarf bei der gezielten Koordination beider Funktionen, um drohende Parallelwelten zu vermeiden. Daher wurde ein Projekt zur Optimierung der Zusammenarbeit zwischen Vertrieb und Marketing initiiert, um hier Erfolgspotenziale zu identifizieren und auszuschöpfen.

Fokus des Optimierungsprojekts war das Markenwerkstattgeschäft im Automobilbereich in Deutschland. Kennzeichnend für dieses Business-to-Business-Geschäft ist die enge Zusammenarbeit mit der Automobilindustrie, indem Castrol Partnerschaften mit den Herstellern eingeht, somit bei einigen der wichtigsten deutschen Automobilhersteller die Erstbefüllung von Neuwagen vornimmt und namentlich zur Verwendung im Service empfohlen wird.

Das Projekt zur Optimierung der Schnittstellen zwischen Vertrieb und Marketing bei Castrol wurde im Rahmen einer wissenschaftlichen Arbeit an der Nordakademie in Elmshorn konzipiert. Daher wurde besonderer Wert auf einen theoriegeleiteten Modellansatz und eine fundierte Analyse gelegt. Insgesamt umfasste das in Abb. 2 dargestellte Projekt fünf Phasen: Theorie, Empirie, Konzeption, Umsetzung und Kontrolle.

Das Projekt wird im Folgenden skizziert. Der Schwerpunkt der Darstellung liegt aus Gründen der Vertraulichkeit auf den ersten beiden Phasen. Eine besondere Herausforderung war, dass es sich bei Castrol um ein international tätiges Unternehmen handelt, bei dem viele Vorgaben, die vom Mutterkonzern kommen, durchgesetzt werden müssen. Diese Beschränkungen der Handlungsfreiheit mussten bei der Herausarbeitung von Lösungsansätzen berücksichtigt werden.

Zunächst wurden auf der Basis verfügbarer wissenschaftlicher Literatur Konfliktpotenziale systematisiert und relevante Lösungsansätze im Sinne einer theoriegeleiteten Toolbox abgeleitet. So ließ sich die nachfolgende Analysephase strukturiert ausrichten und gleichzeitig die Lösungskonzeption auf fundierte Handlungsoptionen stützen. Mit Blick auf Castrol und die Effizienzorientierung der Aufgabenstellung erschien dabei die bereits dargestellte Unterteilung von Haase (2006) in organisationsbezogene, personenbezogene und informationsbezogene Schnittstellenprobleme zielführend.

Im zweiten Schritt erfolgte die empirische Analyse der Istsituation bei Castrol. Aufgrund der Komplexität der Materie insgesamt und angesichts der strukturellen Unterschiede in den drei Bereichen des Schnittstellenmanagements zwischen Vertrieb und Marketing wur-

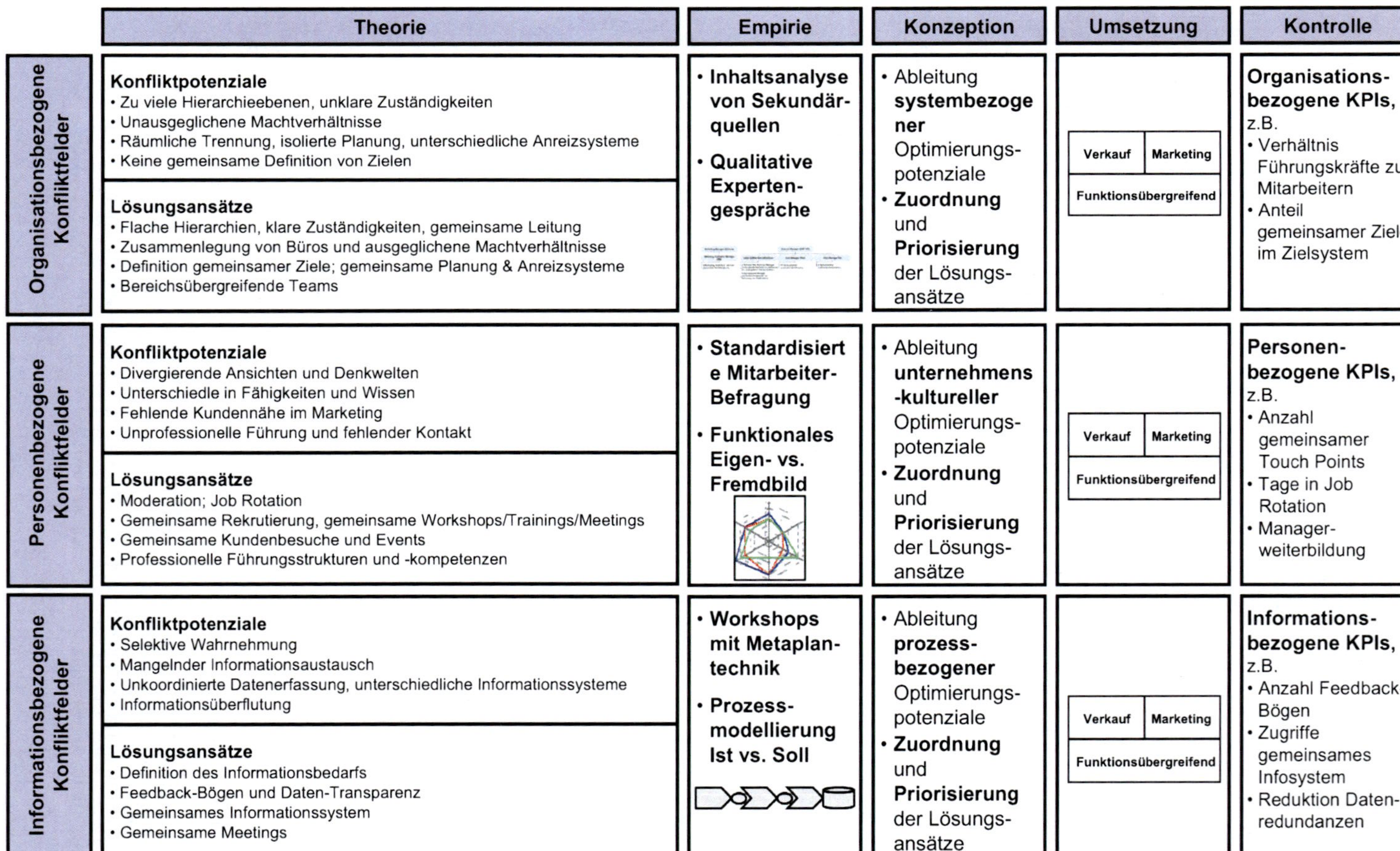

Abb. 2 Projektskizze zur Optimierung der Schnittstelle zwischen Vertrieb und Marketing (Quelle: Binckebanck und Kämmerer 2013)

de die Analysephase bei Castrol bereichsspezifisch durchgeführt. Es wurde also ein Mixed-Methods-Analyseansatz (vgl. Auer-Srnka 2009) gewählt, der nachfolgend skizziert wird:

- **Organisationsbezogene Konfliktfelder**: Zur Analyse der Aufbau- und Ablauforganisation wurden einerseits im Rahmen einer klassischen Inhaltsanalyse vorliegende Dokumente mit Blick auf die literaturgestützt abgeleiteten Konfliktpotenziale und Lösungsmechanismen ausgewertet, insbesondere Organigramme, Prozesshandbücher, Stellenbeschreibungen sowie das Anreiz- und Vergütungssystem. Andererseits wurden im Anschluss insgesamt acht qualitative Expertengespräche mit ausgewählten Mitarbeitern, darunter der Geschäftsführer, der Sales Director, der Marketing Manager, ein Key Account Manager (KAM) und ein Verkaufsleiter, durchgeführt. So sollten die beim Desk Research gefundenen Ergebnisse verifiziert, reflektiert und vertieft werden. Als problematisch stellten sich beispielsweise die räumliche Trennung von Vertrieb und Marketing sowie teilweise divergierende Ziele, resultierend aus unterschiedlichen Anreizsystemen, heraus. Aber auch positive Aspekte, wie zum Beispiel die klare Abgrenzung von Zuständigkeiten, wurden deutlich. Insgesamt ergaben sich zahlreiche Anhaltspunkte für systembezogene Optimierungspotenziale.
- **Personenbezogene Konfliktfelder**: Zur empirischen Messung differierender Perspektiven wurde auf der Basis der Literaturarbeit ein standardisierter Fragebogen mit den für Vertrieb und Marketing relevanten Erfolgsfaktoren erarbeitet und an alle Marketing- und Vertriebsmitarbeiter online zur anonymen Beantwortung verteilt. Dabei wurden jeweils das Selbstbild der eigenen Funktion und das Fremdbild der entsprechend anderen Funktion abgefragt. So ließen sich die Differenzen zwischen dem Eigen- und Fremdbild für Vertrieb und Marketing je als Netzdiagramm visualisieren und interpretieren. Auffallend war, dass Vertrieb und Marketing bei Castrol die eigene Funktion ausnahmslos besser bewerteten als die jeweils andere. Es wurde allerdings auch deutlich, dass beide Bereiche übereinstimmend die Stärke des Marketings bei den Produkt-, Strategie- und Marktkenntnissen und die des Verkaufs bei der Kundenorientiertheit sahen. Die verschiedenen Denkwelten und Ansichten beider Bereiche wurden durch Unterschiede bei Betriebszugehörigkeiten und Altersdurchschnitt verstärkt. Die Marketingmitarbeiter waren deutlich jünger und kürzer im Betrieb als die Verkaufsmitarbeiter. Durch die Ermittlung der Einschätzung von Selbst- und Fremdbild ergaben sich wertvolle Hinweise für notwendige Veränderungsprozesse im unternehmenskulturellen Bereich.
- **Informationsbezogene Konfliktfelder**: Zur Analyse von Problemen in den Bereichen Informationsaustausch und Kommunikation zwischen Vertrieb und Marketing wurde ein Workshop mit ausgewählten Mitarbeitern beider Bereiche unter Anwendung der Metaplantechnik durchgeführt. Dabei sollten funktionenübergreifende Standardinformationsprozesse zunächst idealtypisch modelliert und dann dem Status quo gegenübergestellt werden. Außerdem wurden Verantwortlichkeiten definiert und notwendige Support-Maßnahmen identifiziert. Es wurde deutlich, dass sowohl ein zu geringer Informationsaustausch als auch eine Informationsüberflutung vermieden werden müssen.

Aus der Analyse der Workshop-Ergebnisse ließen sich ergiebige Ansatzpunkte für Prozessoptimierungen ableiten.

Die Analyse hat im Fall von Castrol neben einer Reihe positiver Befunde gleichwohl ein signifikantes Verbesserungspotenzial bei der Zusammenarbeit zwischen Vertrieb und Marketing aufgezeigt. Es wurde allerdings auch deutlich, dass einige Konflikte, beispielsweise die räumliche Trennung aufgrund der nötigen Außendiensttätigkeit des Vertriebs, nicht direkt lösbar sind und daher durch andere Lösungsansätze abgemildert werden müssen. Auf der Basis der Analyseergebnisse ließen sich die praktischen Probleme in den drei Konfliktfeldern konkretisieren und hinsichtlich ihrer Verbesserungswürdigkeit priorisieren.

Es wurde hierbei zunächst nach schnell umsetzbaren Lösungsansätzen gesucht, die mehrere bestehende Konflikte zugleich lösen. Bereits durch gut selektierte Ansätze, etwa gemeinsame Meetings, konnten zugleich personenbezogene (fehlender persönlicher Kontakt) und informationsbezogene (kein bedarfsgerechter Informationsaustausch) Konflikte gelöst werden. Viele Lösungsansätze waren zudem nicht besonders zeit- und kostenintensiv (z. B. gemeinsame Kundenbesuche, Definition des Informationsbedarfs). Gleichzeitig konnten die Analyseergebnisse systematisch den Lösungsansätzen aus der literaturgestützt hergeleiteten Toolbox zugeordnet werden. Das so entstandene Optimierungskonzept wurde bei Castrol systematisch und transparent umgesetzt. Dabei wurden die Maßnahmen danach unterschieden, ob sie isoliert im Marketing, isoliert im Vertrieb oder funktionenübergreifend zu implementieren waren. Daraus ergaben sich gleichzeitig klare individuelle Verantwortlichkeiten und ein gemeinsames Commitment für eine verbesserte Zusammenarbeit.

Im letzten Projektschritt wurde ein klassisches Controlling mithilfe von Erfolgskennziffern bzw. Key Performance Indicators (KPI) aufgesetzt. Dabei wurden je Konfliktfeld drei KPIs mit konkreten und zeitlich terminierten Zielvorgeben definiert, die kontinuierlich zu messen waren. Die Verantwortung für die Überwachung und ggf. notwendige Korrekturmaßnahmen oblag dabei unmittelbar der Geschäftsführung. Auf diese Art und Weise sollten die positiven Projektergebnisse verstetigt und ein Rückfall in alte Verhaltensmuster vermieden werden.

1.5 Zwischenfazit: Schnittstellenmanagement zwischen Effizienz und Effektivität

Wie das zuvor skizzierte Praxisbeispiel zeigt, ist die Optimierung der Zusammenarbeit von Vertrieb und Marketing grundsätzlich komplex und anspruchsvoll. Bei Castrol hat man die real vorhandenen Schnittstellenprobleme aber nicht als qua Naturgesetz gegeben akzeptiert, sondern gehandelt. Dafür mussten in einem systematischen Veränderungsprozess „alte Zöpfe abgeschnitten" und neue geflochten werden. Insgesamt wurden bei Castrol neun Lösungsansätze zur effizienzorientierten Optimierung der Zusammenarbeit zwischen Marketing und Verkauf ausgewählt – jeweils drei aus den verschiedenen Konfliktbereichen. Die Zusammenarbeit konnte beispielsweise durch bereichsübergreifende Teams sowie monatliche Schnittstellenmeetings schnell intensiviert und ausgebaut werden.

Es wurde auch deutlich, dass bereits die Thematisierung der Schnittstellenproblematik und der Austausch sowie das Loswerden von Frust gegenüber dem anderen Bereich zur Verbesserung der Zusammenarbeit geführt haben. Es entstand eine positive und optimistische Grundeinstellung der Mitarbeiter, mit der Bereitschaft, auch an sich selbst zu arbeiten. Um dieser Stimmung gerecht zu werden, wurden schnell, präzise und systematisch die von beiden Absatzfunktionen bestimmten Ansätze eingeführt. Dazu gehörten unter anderem ein gemeinsames Anreizsystem oder die Intensivierung der gemeinsamen Rekrutierungspolitik. Auf diese Weise konnte Castrol die Effizienz der Marktbearbeitung erheblich steigern.

Allerdings wurden die zur Effektivitätssteigerung notwendigen Synergiepotenziale zwischen Vertrieb und Marketing in diesem Projekt nur peripher berücksichtigt. Dies geschieht in der Praxis häufig, da sich die Effizienzgewinne relativ schnell realisieren und messen lassen. Die Steigerung der Effektivität durch die Ausschöpfung von Synergiepotenzialen ist dagegen vergleichsweise komplex und intransparent. Lernprozesse und die Beeinflussung der dargestellten Synergiehebel sind zeitaufwendige soziale Vorgänge, die sich nicht direkt mit einfachen Maßnahmen steuern lassen. Es erscheint daher sinnvoll, für diesen Bereich des Schnittstellenmanagements einen eigenen konzeptionellen Ansatz zu entwickeln.

2 Effektivitätsorientiertes Schnittstellenmanagement durch interaktive Markenführung

Das Schnittstellenmanagement zwischen Vertrieb und Marketing ist komplex, und die Lösungsansätze in Theorie und Praxis sind vielfältig. Es dürfte zu kurz greifen, die Lösung des Problems auf einer instrumentellen Ebene zu suchen, da sich diese zu einseitig auf Effizienzvorteile im Tagesgeschäft bezieht. Vielmehr sind einzelne Instrumente systematisch in ein umfassendes und integratives Konzept einzubinden, das auch „weiche" Aspekte wie kulturelle Unterschiede berücksichtigt und die Effektivitätssteigerung in den Mittelpunkt stellt. Im vorangegangenen Abschnitt wurde immer wieder auf das Konzept der Marke verwiesen, das sowohl für den Vertrieb als auch für das Marketing relevant ist. Vor diesem Hintergrund lohnt es sich, die Potenziale der Markenführung als Integrationsmechanismus in der Zusammenarbeit zwischen Vertrieb und Marketing näher zu betrachten. Dies soll im Folgenden unter besonderer Berücksichtigung der Charakteristika von Business-to-Business-Märkten erfolgen (vgl. Binckebanck 2012).

„Business-to-Business-Marken haben Füße" – dieses Statement aus der Praxis illustriert den Einfluss des persönlichen Verkaufs und damit des Vertriebs auf die Business-to-Business-Markenführung. „Verkauf als wirtschaftssozialer Prozess umfasst alle beziehungsgestaltenden Maßnahmen, bei welchen Verkaufspersonen (Verkäufer) durch persönliche Kontakte Absatzpartner (Käufer) direkt oder indirekt zum Kaufabschluss bewegen wollen" (Weinhold-Stünzi 1991, S. 256).

Durch global einheitliche Standards, neue Wettbewerber insbesondere aus den Schwellenländern (z. B. BRIC-Staaten), deren Markterschließungsstrategie auf Imitation setzt, sowie durch Downsizing-Aktivitäten der nordamerikanischen, japanischen und europäischen Anbieter werden sich die physischen Produkte immer ähnlicher (vgl. Kotler und Pfoertsch 2006). Vor diesem Hintergrund bildet die Qualität der Interaktion zwischen den Repräsentanten des Lieferanten (Selling Center) und des Abnehmers (Buying Center) einen signifikanten Differenzierungsansatz auf vielen Märkten des 21. Jahrhunderts. Es ist daher anzunehmen, dass die Stärke von Business-to-Business-Marken stark von der Qualität persönlicher Kommunikation und daraus resultierender zwischenmenschlicher Interaktion abhängt (vgl. Baumgarth und Binckebanck 2011b).

Es ist heute unstrittig, dass Markenführung auch für das Business-to-Business-Marketing ein relevanter Aspekt ist (vgl. Baumgarth 2010), wenngleich der Stellenwert branchen- und situationsabhängig variiert (vgl. Mudambi 2002). Business-to-Business-Marken haben eine Anbahnungs- und Vermittlungsfunktion und erleichtern so die Identifizierung und Differenzierung von Anbietern (vgl. Anderson und Narus 2004). Weitere positive Effekte sind der Spielraum für ein Preispremium sowie erhöhte Kundenloyalität im Rahmen stabilerer Geschäftsbeziehungen (vgl. Lynch und de Chernatony 2004). Eine starke Marke sichert die Berücksichtigung bei Ausschreibungen und kann bei weitgehend vergleichbaren Angeboten ausschlaggebend für den Zuschlag sein (vgl. Wise und Zednickova 2009). Daher muss das Management systematisch Markenwerte entwickeln und kommunizieren, die aus Kundensicht im Wettbewerbsumfeld differenzieren und überlegenen Kundennutzen schaffen (vgl. Davies et al. 2008).

2.1 Marke aus Vertriebssicht

Der Wert von Marken, auch im Business-to-Business-Kontext, ist das aggregierte Ergebnis der relevanten Kundenwahrnehmungen (vgl. Michell et al. 2001). Nach der „service-dominated logic" (vgl. Vargo und Lusch 2004) des Business-to-Business-Marketings wird das Markenimage dynamisch durch soziale Interaktionen konstruiert. Daraus folgt: „A brand is created in continuously developing brand relationships where the customer forms a differentiating image of a physical good, a service or a solution including goods, services, information and other elements, based on all kinds of brand contacts that the customer is exposed to" (Grönroos 2007, S. 290).

Vor diesem Hintergrund und trotz der zunehmenden Zahl an Alternativen im Marketingmix ist und bleibt der Vertrieb mit seiner Dominanz in persönlicher Interaktion ein zentraler Kommunikationskanal der Markenwerte (vgl. Bingham et al. 2005). Dies liegt insbesondere an der einzigartigen Fähigkeit des persönlichen Verkaufs, im Verkaufsgespräch auf die individuelle Kundensituation und auf die jeweiligen Bedürfnisse der Gesprächspartner flexibel einzugehen (vgl. Lynch und de Chernatony 2007; Spiro und Weitz 1990). Dass

Kunden von Industriegütern bei ihrer Kaufentscheidung von persönlichen Bedürfnissen beeinflusst werden, wurde lange bestritten (vgl. Rosenbröijer 2001). Es wurde stattdessen unterstellt, dass „Hard Facts" die Grundlage streng rationaler Entscheidungen bilden. Diese Vorstellung kritisieren Kotler und Pfoertsch wie folgt: „Is this true? Does anybody really believe that people can turn themselves into unemotional and utterly rational machines when at work? We don't think so" (2007, S. 357).

Lynch und de Chernatony definieren Marken allgemein als „clusters of functional and emotional values that promise a unique and welcome experience between a buyer and a seller" (2004, S. 404). Die Relevanz dieser Auffassung für Industriegütermarken wird gestützt durch eine Reihe früher Studien (vgl. Gordon et al. 1991; Lehmann und O'Shaughnessy 1974; Mudambi et al. 1997; Saunders und Watt 1979). Während also funktionale Argumente manche Kaufentscheidung im Business-to-Business-Geschäft dominieren, lassen sich individuelle Mitglieder des Buying Centers durchaus von Emotionen, wie z. B. Vertrauen, Sicherheit oder Sympathie, beeinflussen (vgl. Gilliland und Johnston 1997; Schmitz 1995). Lynch und de Chernatony (2004, S. 409) sprechen in diesem Zusammenhang vom „Fear Factor" und meinen damit das mit substanziellen Kaufentscheidungen verbundene wahrgenommene Risiko, das sich neben finanziellen und organisationalen Aspekten vor allem auch auf die persönliche Karriere beziehen lässt. Aaker und Jacobson (2001) haben in einer Studie der Markenrelevanz für Technologiemärkte neben der zentralen Bedeutung des Produkts für die Markenbildung auch die Wichtigkeit peripherer Eindrücke nachgewiesen, also beispielsweise Bilder, die äußere Erscheinung des Verkäufers oder auch die Art und Weise der Präsentation von Fakten. Unter Umständen können emotionale Aspekte sogar eine wichtigere Rolle spielen als funktionale Argumente (vgl. Bennett et al. 2005).

Insofern kann die Berücksichtigung emotionaler Mehrwerte auf Märkten, die, wie etwa im Falle von Commodities, typischerweise durch funktionale Verkaufsargumente geprägt sind, zu nachhaltigen und schwer imitierbaren Wettbewerbsvorteilen führen (vgl. de Chernatony und McDonald 2003). Gleichzeitig werden herkömmliche funktionale Verkaufsargumente, etwa Zuverlässigkeit oder Qualität, zu Hygienekriterien (vgl. Humphreys und Williams 1996). Vor diesem Hintergrund bedarf es einer holistischen Perspektive auf das Zusammenspiel von Marke und Vertrieb. „To succeed, B-to-B brands should accommodate the perspectives and needs of all buying centre members and this necessitates acknowledging that buyers are influenced by both rational and emotional motivations" (Lynch und de Chernatony 2007, S. 125).

2.2 Vertrieb aus Markensicht

Der persönliche Verkauf impliziert die Interaktion, die Analyse von Gedanken und Gefühlen, den Austausch von Informationen sowie die Entwicklung neuer Positionen und Beziehungen (vgl. Bonoma et al. 1978). Die Vertriebsmitarbeiter auf Industriegütermärkten spielen eine zentrale Rolle in der Business to Business-Markenkommunikation und personifizieren häufig als Markenbotschafter die Werte des Unternehmens (vgl. Mudambi

2002). Ihr Verhalten dient Interessenten und Kunden als Indikator für den Umgang des Anbieters mit Kunden und ihren Interessen sowie für den Stellenwert des Kundenbeziehungsmanagements (vgl. Humphreys und Williams 1996). Vertriebsmitarbeiter müssen nicht nur funktionale Vertriebsziele erreichen, sondern sie sollten sich auch als integraler Teil einer langfristigen und nachhaltigen Markenführung begreifen (vgl. Binckebanck 2006). Verkäuferischer Interaktionsstil und kundenorientierte Überzeugungsarbeit erzeugen Vertrauen und Commitment in Geschäftsbeziehungen (vgl. Wren und Simpson 1996) und haben so einen signifikanten Einfluss auf Markenwahrnehmung und -wert (vgl. Ahearne et al. 2007). Dies haben auch Brexendorf et al. (2010) in einer aktuelleren Studie zeigen können. Demnach kann der Vertriebsmitarbeiter als Repräsentant der Marke im Rahmen der persönlichen Interaktion den Kunden an eine Marke binden. Positive Erfahrungen aus dem Verkaufsgespräch werden auf die Marke übertragen und erhöhen so die Markenloyalität.

Lynch und de Chernatony (2004) weisen darauf hin, dass es für eine effektive externe Kommunikation der Markenwerte notwendig ist, diese zunächst nach innen zu vermitteln. Markenwerte sind zentrales Element der Markenführung, denn sie sind Haupttreiber von Einstellungen und Verhaltensweisen (vgl. de Chernatony 2002; Rohan 2000). Die Markenwerte werden im Business-to-Business-Geschäft über drei Kanäle entwickelt und intern verankert (vgl. Lynch und de Chernatony 2004): Die Unternehmenskultur, interne Kommunikationsmedien und, insbesondere für den Vertrieb, Qualifizierungs- und Trainingsmaßnahmen. Internes Markenverständnis und -commitment haben nachweislich einen positiven Einfluss auf den Geschäftserfolg (vgl. Thomson et al. 1999). Bergstrom et al. (2002) identifizieren drei Kernelemente der internen Markenführung:

- effektive Markenkommunikation an alle Mitarbeiter,
- Überzeugung der Mitarbeiter bezüglich des Werts und der Relevanz der Marke,
- Verknüpfung aller Funktionsbereiche im Unternehmen mit der Verantwortung für die Umsetzung der Markenwerte.

Die vorliegenden Forschungsarbeiten belegen in der Summe klar einen Zusammenhang zwischen Vertriebsaktivitäten und Business-to-Business-Markenführung. Zur strategischen Nutzung dieser Zusammenhänge sollten Industriegütermarken sowohl rationale als auch emotionale Werte beinhalten, die intern zu verankern und sodann extern zu kommunizieren sind. Der Vertrieb ist hierbei das zentrale Instrument. Durch die kundenindividuelle Verknüpfung von funktionalen und relationalen Vorgehensweisen (vgl. Homburg et al. 2011) kann er im Wettbewerb den Unterschied machen, die Erfolgswahrscheinlichkeit erhöhen und die Marke stärken, was wiederum zu positiven und selbstverstärkenden Rückkopplungseffekten auf den Verkaufserfolg führen kann.

2.3 Der Ansatz der interaktiven Markenführung

Eine enge Zusammenarbeit zwischen dem Marketing bzw. Markenmanagement und der Vertriebsorganisation nach innen und außen kann über gesteigerte Zufriedenheit der Kunden mit der Interaktion mit der Anbieterorganisation den Markenwert positiv beeinflussen (vgl. Brexendorf et al. 2010). Der Business-to-Business-Vertrieb kann und muss also mehr als „nur" verkaufen: Er kommuniziert darüber hinaus die Markenwerte und schafft eine differenzierende Positionierung in den Köpfen der Kunden. Gleichzeitig bietet sich die Markenführung zur Koordinierung der dezentralen Vertriebsaktivitäten als Steuerungsmechanismus im Sinne eines „Management by Values" an (vgl. Baumgarth und Binckebanck 2011b).

Dafür muss das komplette Vertriebssystem jedoch als Instrument der Business-to-Business-Markenführung systematisch in ein Gesamtkonzept integriert werden. Das Konzept der interaktiven Markenführung liefert Ansatzpunkte, um die vertrieblichen Leistungspotenziale im Business-to-Business-Geschäft im Rahmen einer Wettbewerbsstrategie der „Beziehungsführerschaft", das heißt des Angebots der „besten" Geschäftsbeziehungen, systematisch zu erschließen. Interaktive Markenführung lässt sich definieren als der Managementprozess der Planung, Implementierung und Kontrolle beziehungsgestaltender Interaktionsprozesse mit aktuellen und potenziellen Kunden eines Business-to-Business-Unternehmens durch seine Vertriebsorganisation. Ziel ist es dabei, ein identitätskonformes Vorstellungsbild in den Köpfen der relevanten Buying-Center-Mitglieder zu verankern (vgl. Binckebanck 2006).

Für nationale Vertriebsorganisationen ist dieser Ansatz der interaktiven Markenführung als zweistufiger Prozess umzusetzen. In einem ersten Schritt sind die Markenwerte intern zu definieren und zu verankern. In einem weiteren Schritt ist diese Markendefinition extern durch adäquate Kommunikationsmedien umzusetzen, wobei der Vertrieb eine zentrale und aktive Rolle spielen sollte. Durch den beschriebenen Prozess entsteht der Rahmen für ein ganzheitliches Schnittstellenmanagement, das Effizienz und Effektivität gleichermaßen zu optimieren vermag. Im Folgenden werden die beiden grundsätzlichen Schritte jeweils eingehend erläutert.

2.3.1 Interne Markenführung im Vertrieb

„Successful external brand communication is highly dependent on employees understanding and committing to brand values"(Lynch und de Chernatony 2004, S. 411). Vor diesem Hintergrund bieten sich als Ausgangspunkt für die interaktive Markenführung insbesondere identitätsbasierte Markenansätze an (vgl. de Chernatony 2009; Hatch und Schultz 2001; Meffert et al. 2005), da diese die Außensicht (Image) mit der Innensicht (Identität) verknüpfen und damit Marken ganzheitlich betrachten (vgl. Baumgarth und Binckebanck 2011c). Für eine systematische interne Markenverankerung sind vor diesem Hintergrund Ziele, Strukturen und Prozesse erforderlich (vgl. Binckebanck 2006). Diese drei Aspekte werden im Folgenden skizziert.

2.3.1.1 Entwicklung einer vertriebsorientierten Zielmarkenidentität

Das grundsätzliche Ziel der Markenführung ist nach dem identitätsorientierten Verständnis eine Sollmarkenidentität, welche die essenziellen und charakteristischen Merkmale der Marke determiniert. Für die interaktive Markenführung ist das Konzept des Identitätsansatzes auf die vertriebsdominierte Interaktionsebene eines Unternehmens im Business-to-Business-Geschäft zu übertragen. Es gilt, eine mit der übergeordneten Gesamtmarkenstrategie kompatible Identität, das heißt ein gemeinsam getragenes Selbstverständnis und konstruktives Wir-Gefühl in der Vertriebsorganisation aufzubauen. Nur Vertriebsmitarbeiter, die sich im Sinne der Gesamtunternehmensstrategie verhalten, können gleichzeitig individuell erfolgreich sein, übergreifende Kundenprogramme (z. B. Customer Relationship Management oder Key Account Management) umsetzen und die Wertschöpfung des Gesamtunternehmens steigern. Sie identifizieren sich mit ihrem Arbeitgeber und positionieren sich selbst als Mehrwertleistung, die im Einklang mit dem Markenversprechen des Lieferanten steht.

Homburg et al. (2011) weisen darauf hin, dass der Kontext der Vertriebsaktivitäten ein wichtiger Treiber für die Effektivität von Vertriebsmitarbeitern ist. So bietet sich ein funktionaler Verkaufsstil mit einer starken Betonung rationaler Werte in einem Markt an, der von aufgabenorientierten Einkäufern, High-Involvement-Produkten und schwachen Marken geprägt ist. Dagegen ist ein relationaler Verkaufsstil mit einer stärkeren Betonung emotionaler Werte in Situationen mit interaktionsorientierten Einkäufern, starken Marken und individualisierten Produkten adäquat. Demnach ist die Vertriebsorganisation so zu konfigurieren, dass die jeweiligen Marktanforderungen in dem Verhältnis zwischen funktionalem und relationalem Verkaufen optimal berücksichtigt werden (vgl. Anderson und Onyemah 2006).

Für Unternehmen, die auf mehreren Märkten simultan aktiv sind, bedeutet dies, dass es nicht „die eine" Markenidentität geben kann. Vielmehr gilt: „[P]ractitioners are advised to develop specific interaction models, depending on the characteristics of the customers and products in a specific market" (Homburg et al. 2011, S. 808). So hat etwa BASF sechs verschiedene „Customer Interaction Models" entwickelt, wobei jedes „follows a different relationship rationale from none to low intensity (trader/transactional supplier) to a highly interdependent one (customized solutions provider/value chain integrator)" (Deiser 2009, S. 109).

In einer Untersuchung von 200 Geschäftsbeziehungen auf Business-to-Business-Märkten konnten mittels multivariater Analyseverfahren drei grundlegend unterschiedliche Formen von Geschäftsbeziehungen identifiziert werden, die jeweils deutliche Konsequenzen für die Markenführung haben (vgl. Binckebanck 2006):

- In **unternehmensorientierten Geschäftsbeziehungen** spielen weder Verkäufer noch das Win-win-Prinzip eine entscheidende Rolle. Solche Geschäftsbeziehungen sind eher durch einen sachlichen Umgang miteinander geprägt. Zwar wird die Verfolgung einer langfristigen Zusammenarbeit durch den Lieferanten aus der Perspektive des beschaffenden Unternehmens durchaus geschätzt, jedoch nur unter Beachtung formaler Regeln. Dazu gehört ein ausgeprägtes Monitoring der gegenseitigen Rechte und Pflichten ebenso wie eine langfristige Planung mit der daraus resultierenden Berechenbarkeit. Die persönliche Interaktion der Unternehmensrepräsentanten ist eher sekundär. Interessant ist nun, dass eine solche Haltung zur Geschäftsbeziehung offenbar mit einer niedrigen Markenstärke des Lieferanten aus Kundensicht einhergeht. Vor dem Hintergrund der in der Studie gefundenen starken Einstellungs- und Verhaltenswirkung von Marken bedeutet dies, dass solche Geschäftsbeziehungen tendenziell instabil sind. Demnach kommt der Markenführung die Aufgabe zu, für emotionale Differenzierung zu sorgen. Es ergeben sich damit interessante Perspektiven für die interaktive Markenführung, denn das Differenzierungspotenzial des Vertriebs stellt in solchen Geschäftsbeziehungen häufig „Neuland“ dar. Jedoch wird es auch Fälle geben, in denen das beschaffende Unternehmen solche Ansätze bewusst ablehnt. Relationale Ansätze wären ineffektiv und möglicherweise sogar negativ für die Kundenbeziehung (vgl. Homburg et al. 2011). Der Einfluss der Markenführung ist dann beschränkt und es gilt, die Geschäftsbeziehung im Rahmen des bestehenden Leistungssystems abzusichern.

- In **beziehungsorientierten Geschäftsbeziehungen** steht das Win-win-Prinzip stark im Mittelpunkt. Zur gegenseitigen Unterstützung auch in problematischen Phasen gehört unter Umständen durchaus, dass Informationen offen ausgetauscht werden und die künftige Entwicklung der Geschäftsbeziehung systematisch geplant angegangen wird. Dagegen spielen Machtfragen und unpersönliche Marktbearbeitung eine eher schwache Rolle. Die eigentliche Leistung scheint in solchen Fällen eher Hygienefaktor zu sein. Man kann sagen, dass das Kundenunternehmen eine positive Einstellung sowohl zum Lieferantenunternehmen als auch zu dessen Repräsentanten hat, ohne jedoch den Verkäufer zu sehr im Fokus zu haben. Das Ergebnis ist in diesen Fällen eine insgesamt mittlere Markenstärke. Demnach ist eine konsistente Win-win-Orientierung beider Elemente, also des Lieferanten und seiner Verkäufer, markentreibend. Für die Markenführung bedeutet dies, eine strategische Konsistenz zwischen den verschiedenen Unternehmensfunktionen sicherzustellen und insbesondere den Vertrieb hierbei zu integrieren.
- In **verkäuferorientierten Geschäftsbeziehungen** steht die Verkäuferpersönlichkeit mit ihren Persönlichkeitsmerkmalen, Sozial- und Fachkompetenzen (vgl. Homburg et al. 2010) im Mittelpunkt. Dabei ist jedoch entscheidend, dass der Verkäufer auch die Bedürfnisse seiner Kunden optimal erfüllt, sich flexibel veränderten Rahmenbedingungen anpasst und Konflikte früh und systematisch entschärft. Insofern geht es hierbei nicht um „Verkäufergurus“, denen die Kunden vor Begeisterung blind folgen, sondern um solche Verkäufer, die ihre Qualitäten konsequent im Sinne des Kunden einsetzen. Dieser Prozess läuft jedoch offenkundig auf einer persönlich und emotional verbindlichen Basis ab. Das Ergebnis ist eine hohe Markenstärke. Der Verkäufer erweist sich in dieser Art von Geschäftsbeziehungen als stärkster Markentreiber. Demnach ist es die Aufgabe der Markenführung, den Erfolgsfaktor Vertrieb systematisch in die Markenstrategie einzubinden.

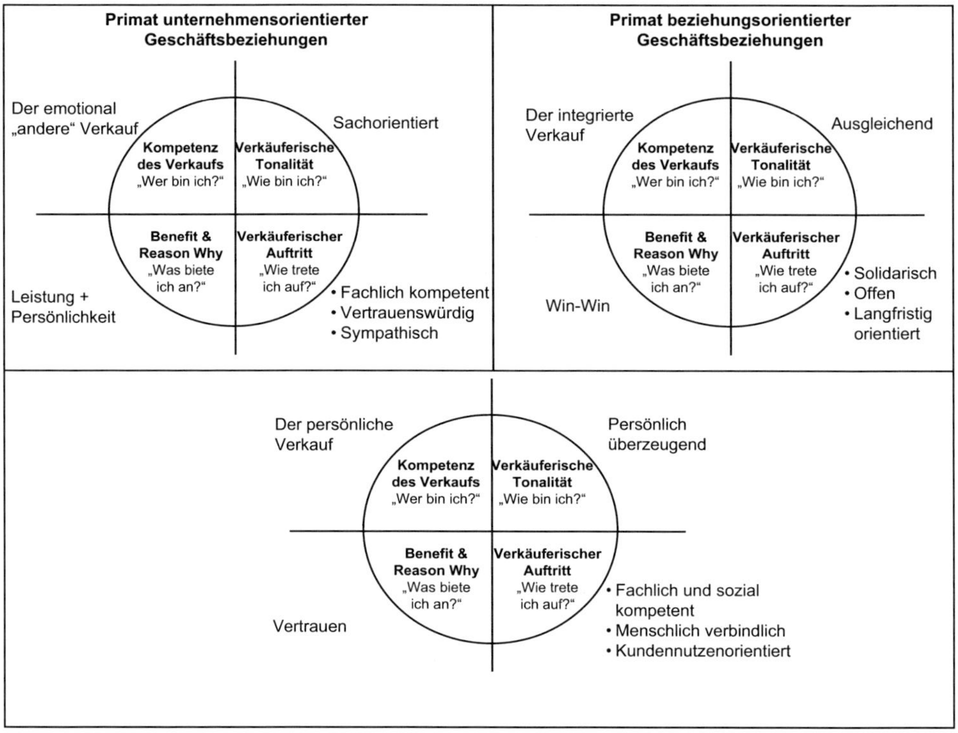

Abb. 3 Beispielhafte generische Vertriebssteuerräder (Quelle: Binckebanck 2006)

Insgesamt wird deutlich, dass Markenstärke und Geschäftsbeziehungstypus zusammenhängen. Letzterer wiederum wird im Business-to-Business-Geschäft determiniert durch den Stellenwert, der dem persönlichen Verkauf (Vertrieb) zugemessen wird: Je wichtiger (und besser) der Verkäufer, desto höher die Markenstärke. Umgekehrt haben Homburg et al. (2011, S. 805) gezeigt, dass „brand strength enhances the effectiveness of relational customer orientation, whereas it reduces the effectiveness of functional customer orientation".

In Anlehnung an das Markensteuerrad als Identitätsansatz (vgl. Esch 2012) muss die Vertriebsorganisation marktspezifisch definieren, für welche Kernkompetenz sie steht, welcher Kundennutzen hieraus entsteht, welchen Stellenwert die emotionalen Aspekte von Geschäftsbeziehungen haben sollen und wie der verkäuferische Auftritt gestaltet werden soll. Bei aller notwendigen Individualität und situativen Flexibilität im täglichen Verkauf entsteht so nach innen ein Leitbild, das die Mitglieder einer Vertriebsorganisation für einen spezifischen Markt auf gemeinsame Ziele, Werte und Normen festlegt. Ohne eine solche Vertriebsidentität entsteht die Markenwahrnehmung aus einem Nebeneinander individuell determinierter und zufälliger Interaktionen im Markt. Mit der Ausrichtung an einem „Vertriebssteuerrad" ergibt sich dagegen durch einen integrierten Marktauftritt die Chan-

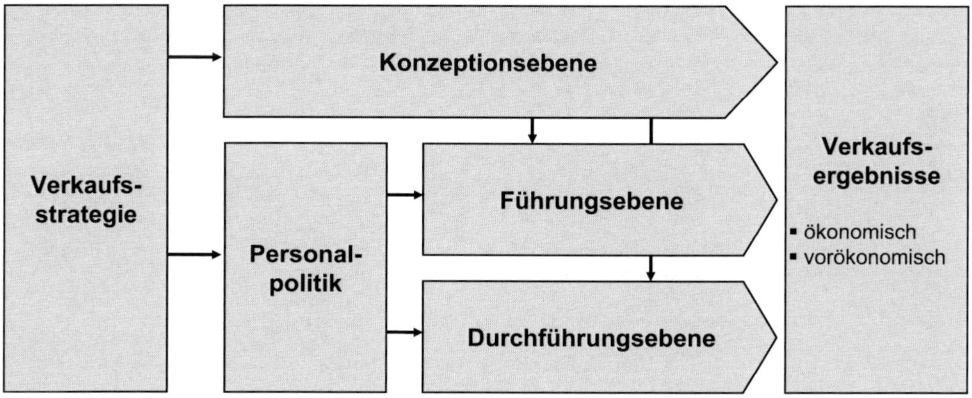

Abb. 4 Strukturmodell eines markenbasierten Verkaufssystems (Quelle: Binckebanck 2006)

ce, positive Markeneffekte zu realisieren. Nach innen stiftet die Vertriebsidentität darüber hinaus Orientierung für die Handelnden, die sich auch positiv auf Mitarbeiterzufriedenheit und -loyalität auswirkt.

Insgesamt kann die Erarbeitung eines Zielvertriebssteuerrads als Ausgangspunkt der interaktiven Markenführung angesehen werden. Selbstverständlich ist dieser Prozess unternehmensindividuell auf der Basis einer umfassenden Analyse der Marktsituation zu konkretisieren. Zur Illustration und als Leitbild für die Praxis sind in Abb. 3 Beispiele auf der Basis der drei beschriebenen Geschäftsbeziehungscluster dargestellt.

2.3.1.2 Strukturmodell eines markenbasierten Vertriebssystems

Zur systematischen Darstellung der Markenspezifika eines markenbasierten Vertriebssystems bedarf es eines Strukturmodells. Dannenberg (1997) hat ein Modell zur Strategieumsetzung im Vertrieb entwickelt, das praxisorientiert Ansatzpunkte aufzeigt, die zur systematischen Strategieumsetzung entsprechend konfiguriert werden müssen. Ausgehend von einer auf Marktinformationen basierenden Vertriebsstrategie lassen sich Konzeptions-, Durchführungs- und persönliche Führungsebene unterscheiden. Dabei bezieht sich die Vertriebskonzeption auf die Rahmenbedingungen der Vertriebsarbeit, die Durchführungsebene auf die tagtägliche Vertriebsarbeit und die Führungsebene auf die Rolle der Führungskräfte bei der Strategieumsetzung.

Für die Belange der interaktiven Markenführung wird das Modell von Dannenberg, wie in Abb. 4 dargestellt, modifiziert. Die einzelnen Komponenten des Strukturmodells werden bei Binckebanck (2006) mit Blick auf entsprechende Markenspezifika dargestellt. Insgesamt ist demnach die Konzeptionsebene als notwendige, aber nicht hinreichende Bedingung für die interaktive Markenführung zu charakterisieren. Eine adäquate Vertriebskonzeption der Aufbau- und Ablauforganisation ist die Voraussetzung für die Umsetzung der Markenspezifika in der Personalpolitik sowie auf der Durchführungs- und Führungsebene. Wird sie nicht strategiekonform konfiguriert, so ist die interaktive Markenführung zum Scheitern verurteilt.

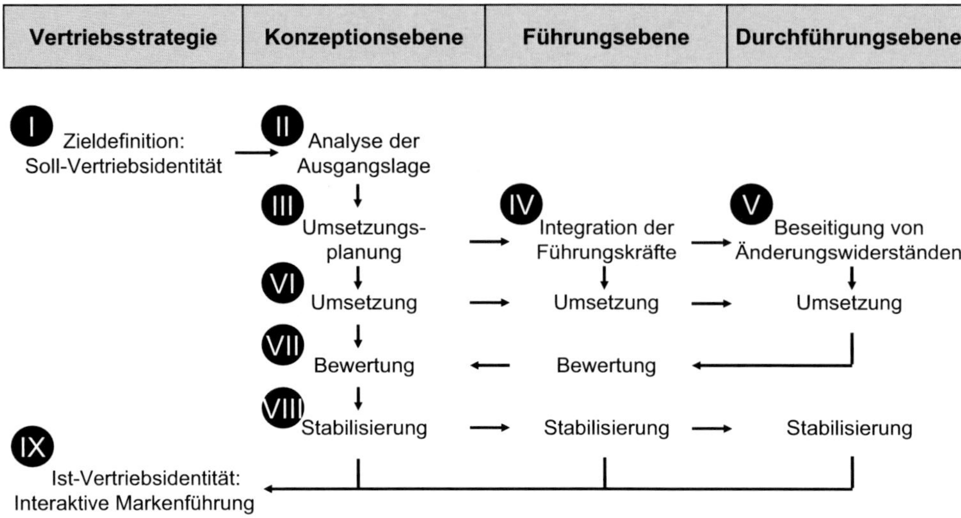

Abb. 5 Prozessmodell zur Implementierung der interaktiven Markenführung (Quelle: Binckebanck 2006)

2.3.1.3 Prozessmodell zur Implementierung der interaktiven Markenführung

Wittke-Kothe (2001) hat ein verhaltensorientiertes Phasenmodell der internen Markenführung vorgelegt, das als Grundlage insbesondere für die Implementierung auf der Durchführungsebene geeignet ist. Daneben ist aber gemäß dem Strukturmodell auch die Konzeptions- und Führungsebene zu berücksichtigen und zudem eine Verknüpfung zur Vertriebsstrategie sicherzustellen. Abbildung 5 zeigt diese Ebenen und die folgenden Prozessphasen.

Der Prozess beginnt mit einer Zieldefinition. Sie findet im Rahmen vertriebsstrategischer Überlegungen statt und beinhaltet vor allem eine kodifizierte Sollvertriebsidentität (Phase I). Diese wiederum gilt es im Verlauf des Implementierungsprozesses in eine Istvertriebsidentität zu übersetzen. Dazu findet zunächst eine Analyse der Ausgangslage statt (Phase II), die in eine Umsetzungsplanung mündet (Phase III). Da hierbei die normativen Vorgaben für die Führungs- und Durchführungsebene entwickelt werden, lassen sich diese beiden Prozessschritte der Konzeptionsebene zurechnen. Im nächsten Schritt sind die Führungskräfte als Multiplikatoren (vgl. Esch und Vallaster 2005) aktiv in den Implementierungsprozess einzubinden (Phase IV). So ist die Führungsebene etwa bereits im nächsten Prozessschritt gefordert, zur Beseitigung von Änderungswiderständen unter den Vertriebsmitarbeitern beizutragen (Phase V). Erst dann geht es an die Umsetzung, und zwar simultan auf allen drei Ebenen (Phase VI). Zur Motivation der Mitarbeiter auf der Durchführungsebene ist dabei grundsätzlich top-down vorzugehen, das heißt, interne Rahmenbedingungen und Vorbildfunktion der Führungskräfte sollten den Mitarbeitern beweisen, dass sie nicht einseitig mit Veränderungen belastet werden und die Implementierung der interaktiven Markenführung von entsprechender Bedeutung ist. Die Bewertung des Umsetzungserfolgs (Phase VII) sollte dagegen bottom-up erfolgen, die Analyse beginnt also beim Individuum, wird auf der Führungsebene aggregiert und schließlich auf der Konzeptionsebene mit dem Plan verglichen. Im Falle einer positiven Bewertung setzt schließlich eine systematische Stabilisierung ein (Phase VIII), die von der Konzeptionsebene ausgehend über die Führungskräfte und das Verhalten der Mitarbeiter auf der Durchführungsebene die interaktive Markenführung als Istvertriebsidentität (Phase IX) langfristig absichern soll.

2.3.1.4 Spannungsfeld: Standardisierung vs. Individualisierung im Vertrieb

Es ist zu erwarten, dass bei der Implementierung der interaktiven Markenführung Widerstände zutage treten. In der Praxis werden Individualität und weitgehende Unabhängigkeit im Vertrieb regelmäßig mit allen Mitteln verteidigt. Viele Vertriebssysteme erweisen sich als außerordentlich veränderungsresistent. Erwartungsgemäß werden sich viele Vertriebsmitarbeiter bei Vorgaben hinsichtlich ihres Auftretens darauf berufen, dass ihre Persönlichkeit und Individualität „den Unterschied ausmachen". Ein Ersatz von Individualität durch Konformität wird daher mit hoher Wahrscheinlichkeit (und zu Recht) Proteste auslösen.

Bei genauer Betrachtung sind Individualität und Konformität im Vertrieb nur scheinbar Gegensätze. Empirische Studienergebnisse (vgl. Binckebanck 2006) belegen, welchen entscheidenden Beitrag die Individualität des Vertriebsmitarbeiters zum Markenwert und zur Qualität der Geschäftsbeziehung leistet. Individualität ist daher ein Wert, den es zu erhalten gilt, jedoch nicht uneingeschränkt. Ebenso wahr ist nämlich, dass jeder Vertriebsmitarbeiter Angestellter seines Unternehmens und damit zur Strategieumsetzung verpflichtet ist. Im Falle der interaktiven Markenführung ist ein möglichst einheitlicher Marktauftritt des Vertriebssystems zentraler Bestandteil der Strategie. Diese Einheitlichkeit braucht jedoch situative Flexibilität, die durch die Individualität des Vertriebsmitarbeiters gewährleistet wird. Erfahrene Vertriebsmitarbeiter haben in aller Regel persönliche Standards für ihr Verhalten in bestimmten, wiederkehrenden Situationen entwickelt, die je nach situativen Rahmenbedingungen modifiziert werden. Es ist sicherzustellen, dass diese individuellen Standards kompatibel mit der Markenstrategie sind.

In der Literatur wird in diesem Kontext häufig auf das Konzept des „Adaptive Selling" verwiesen (vgl. Lynch und de Chernatony 2007), das heißt, „the altering of sales behaviours during a customer interaction or across customer interactions based on perceived information about the nature of the selling situation" (Weitz et al. 1986, S. 176). Allerdings darf die flexible Anpassung der verkäuferischen Botschaft nicht beliebig erfolgen, denn wahrgenommene Anbiederung oder gar vermutete Manipulationsabsichten können negative Auswirkungen auf die Kundenbeziehung haben (vgl. Homburg et al. 2011). Eine Marke sollte den Vertriebsmitarbeitern rationale und emotionale Argumente liefern, die situationsabhängig verwendet werden können. Gleichwohl sollte die verkäuferische Vorgehensweise stets auf den Werten der Marke basieren. „Adaptive Selling" benötigt Markenwerte als Regulativ.

Insofern bedeutet interaktive Markenführung nicht etwa die Einführung von „Verkaufsrobotern". Sie verlangt jedoch die reflektierte Einordnung persönlicher Interessen in einen strategischen Kontext. Zielvorgaben für die Einstellungs- und Verhaltenswirkung der Vertriebsaktivitäten können somit Leitplanken für die tägliche Arbeit darstellen, innerhalb derer die individuelle Souveränität unangetastet und „Adaptive Selling" möglich bleiben. Diese Vorgaben stellen sicher, dass der einzelne Vertriebsmitarbeiter, ebenso wie das gesamte Vertriebssystem, sich in die gewünschte Richtung entwickelt.

Diese Einsicht ist notwendige Voraussetzung dafür, dass der einzelne Vertriebsmitarbeiter seine eigenen Glaubenssätze verlässt und sich an der gemeinsam entwickelten und getragenen Vertriebsidentität orientiert. Der scheinbare Interessenkonflikt zwischen Individualität und Konformität ist daher von Anfang an explizit zu thematisieren und im Verlaufe des Implementierungsprozesses möglichst vollständig aufzulösen. Es muss deutlich werden: „Das, was nach motivierenden Freiräumen und Flexibilität vor Ort aussieht, führt letztlich nur zu einem dramatischen Profilverlust im Markt" (Dannenberg 1997, S. 93).

2.3.2 Externe Markenführung durch den Vertrieb

Nachdem die Markenwerte im ersten Schritt im Vertrieb verankert wurden, rückt die Rolle des Vertriebs bei der externen Kommunikation der Markenwerte in den Mittelpunkt. Damit verbunden ist eine der zentralen Fragen der Marketingwissenschaft, nämlich welchen relativen Erfolgsbeitrag die einzelnen Elemente des Marketingmix liefern (vgl. Aaker 1991; Ailawadi et al. 2003; Ataman et al. 2010; Yoo et al. 2000). Bisherige Forschungsarbeiten legen nahe, dass die Bedeutung des Vertriebs im Vergleich zu Kommunikation, Produkt und Preis größer ist als häufig angenommen. So beschäftigt sich etwa die Marketingliteratur sehr viel intensiver mit den Erfolgswirkungen von Werbemaßnahmen und Preisaktionen als mit Distributionsentscheidungen (vgl. Ataman et al. 2010).

Im Konsumgüterbereich konnten Ataman et al. (2010) zeigen, dass Produkt und Distribution einen signifikant höheren Einfluss auf den Abverkauf von Marken haben als Werbung und Preisnachlässe. Hughes und Ahearne (2010) haben für den indirekten Vertrieb von Konsumgütern herausgefunden, dass die vertrieblichen Aktivitäten des Verkaufspersonals von Absatzmittlern stark davon abhängen, wie stark sich diese mit den jeweiligen Marken in ihrem Sortiment identifizieren. Homburg et al. (2011, S. 805) stellen für den Business-to-Business-Bereich fest, „that customer communication styles as well as product characteristics have a substantial influence on the effectiveness of customer oriented behaviors".

Nach dem Elaboration Likelihood Model (ELM) (vgl. Gilliland und Johnston 1997; Schmitz 1995) verarbeiten Individuen Informationen in Abhängigkeit von ihren kognitiven Fähigkeiten und ihrem Involvement auf unterschiedlichen Wegen. Das „Buy-task Involvement" (BTI) bedingt die wahrgenommene persönliche Relevanz einer Kaufentscheidung. „Buyers possessing a high BTI will be persuaded by rational, functional messages while others with a lower BTI will process information peripherally and may be influenced by the emotive elements of a brand message" (Lynch und de Chernatony 2007, S. 130). Insofern ist die Wirkung einzelner Kommunikationsinstrumente von einer Vielzahl möglicher Moderatoren abhängig. Obgleich damit Generalisierungen problematisch sind, lassen sich aus verschiedenen empirischen Studien Hinweise darauf ableiten, dass der Vertrieb im Business-to-Business-Geschäft ein wesentlicher Kommunikationskanal der Markenführung ist.

2.3.2.1 Vertrieb als Treiber von Business-to-Business-Marken

Zur Analyse des vertrieblichen Einflusses auf den Business-to-Business-Markenerfolg haben Baumgarth und Binckebanck (2011d) eine Befragung von 200 Business-to-Business-Unternehmen ausgewertet. Entscheidungsträger dieser Unternehmen wurden nach ihrer Einschätzung zu ihren Lieferanten befragt. Dabei wurde zwischen Markentreibern und Markeneffekten unterschieden.

- **Persönliche Markentreiber**: Zu unterscheiden ist zunächst zwischen Verkäuferpersönlichkeit und Beziehungsverhalten. Die *Verkäuferpersönlichkeit* lässt sich wiederum in die Dimensionen Persönlichkeitsmerkmale, Sozial- und Fachkompetenz aufspalten und operationalisieren (vgl. Homburg et al. 2010). Das *Beziehungsverhalten* wird dagegen auf der Basis der Theorie relationaler Verträge operationalisiert (Macneil 1980). Die grundlegende Annahme dabei ist, dass schriftliche Verträge nur einen Teil der Grundlage für die Regelung langfristiger Geschäftsbeziehungen ausmachen. Daneben entwickeln die Geschäftspartner implizit und informell, aber nicht rechtsverbindlich gemeinsame Werte und Einigkeit hinsichtlich verschiedener „relevanter Fragen", die als relationale Normen bezeichnet werden. Hierbei spielen vergangene, gegenwärtige und zukünftige persönliche Beziehungen eine zentrale Rolle. Diese Faktoren lassen sich überwiegend dem Vertrieb zuordnen.
- **Unpersönliche Markentreiber**: Trotz der zentralen Rolle des Vertriebs im Business-to-Business-Geschäft existieren Grundvoraussetzungen für erfolgreiche Geschäftsbeziehungen, die jenseits der Vertriebspolitik anzusiedeln sind. So ist die Bekanntheit der Marke durch Maßnahmen der *unpersönlichen Kommunikation*, beispielsweise Anzeigen, Öffentlichkeitsarbeit und Imagewerbung, häufig der erste notwendige Schritt im Kaufentscheidungsprozess. Ebenso kann auch eine wettbewerbsfähige *Produktqualität* als notwendige Voraussetzung für verkäuferischen Erfolg und Folgekäufe angesehen werden. Daher werden Produktqualität und unpersönliche Kommunikation, die im Sinne von Instrumentalbereichen durch das Marketing dominiert werden, ebenfalls als Einflussfaktoren berücksichtigt.
- **Markeneffekte**: Grundsätzlich ergibt sich der Wert einer Marke aus den unterschiedlichen Reaktionen (z. B. Preisbereitschaft) der Kunden auf Basis des markenspezifischen Wissens im Vergleich zu einer unmarkierten Leistung (vgl. Keller 1993). Dieser Differenzierungseffekt lässt sich auf der Ebene individuellen Verhaltens (z. B. Markenloyalität) ebenso messen wie durch aggregierte monetäre Größen (z. B. monetärer Markenwert). Während sich klassische Modelle (vgl. z. B. Aaker 1991) auf unterschiedliche und weitgehend voneinander unabhängige Dimensionen fokussieren, unterstellen „Trichter- bzw. Brand-Funnel"-Ansätze (vgl. Kotler et al. 2006) eine hierarchische Abfolge einzelner Phasen von Werteffekten. Unter Rückgriff auf das „Eisberg-Modell" (vgl. Musiol

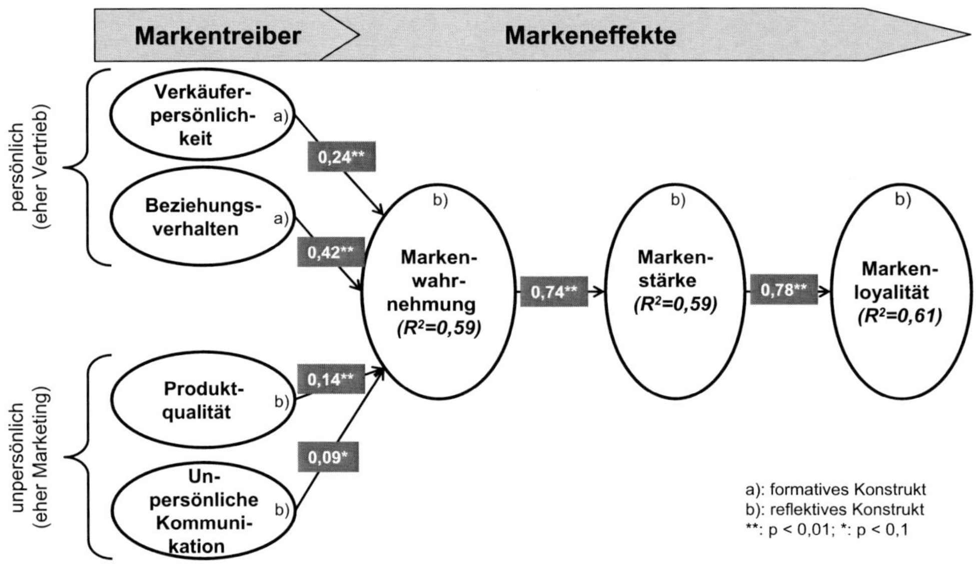

Abb. 6 Quantifiziertes Kausalmodell der Business-to-Business-Markentreiber und -effekte (Quelle: Baumgarth und Binckebanck 2011d)

et al. 2004) wurden für die vorliegende Studie drei Phasen modelliert. Die erste Phase wird als *Markenwahrnehmung* bezeichnet, ist kurzfristig, relativ flexibel und daher durch Maßnahmen gut beeinflussbar. Ein beispielhaftes Konstrukt zur Operationalisierung dieser Phase ist das innere Markenbild. Die zweite Phase ist die resultierende *Markenstärke*. Sie ist langfristiger Natur, relativ stabil und nur noch indirekt durch Marketingmaßnahmen steuerbar. Relevante Konstrukte sind Vertrauen oder auch Sympathie. In der letzten Phase der *Markenloyalität* beeinflussen die gespeicherten, aggregierten Haltungen zur Marke das Verhalten. Dieser letztlich entscheidende Effekt lässt sich durch tatsächliches Entscheidungsverhalten oder auch durch Verhaltensabsichten der Kunden messen.

Das Ergebnis dieser Überlegungen ist ein Kausalmodell, das mithilfe des Partial-Least-Squares-Ansatzes getestet wurde. Das Modell sowie die zentralen Ergebnisse fasst Abb. 6 zusammen.

Das quantifizierte Kausalmodell zeigt, dass alle vier Markentreiber im Business-to-Business-Kontext einen stark signifikanten bzw. tendenziellen und positiven Einfluss auf Markenwahrnehmung, -stärke und schließlich -loyalität aufweisen. Jedoch erklären die beiden vertriebsdominierten Markentreiber, Verkäuferpersönlichkeit (0,24) und Beziehungsverhalten (0,42), gemeinsam rund drei Viertel der Markenwahrnehmung (0,66/0,89), wobei sich insbesondere Letzteres als stärkster Markentreiber herausstellt. Dagegen erklären die beiden marketingdominierten Variablen Produktqualität (0,14) und unpersönliche Kommunikation (0,09) lediglich rund ein Viertel der Markenwahrnehmung.

Das Modell belegt darüber hinaus die Relevanz der Business-to-Business-Marke, denn die unmittelbar beeinflussbare Markenwahrnehmung determiniert deutlich die Markenstärke, die wiederum im Rahmen der Markenloyalität auf das konkrete Entscheidungsverhalten der Kunden einwirkt.

Diese Ergebnisse legen als Schlussfolgerung nahe, dass der Vertrieb als zentrales Instrument der Business-to-Business-Markenführung zu berücksichtigen ist. Dabei muss das Markenmanagement sowohl die Verkäuferpersönlichkeit als auch das Beziehungsverhalten der Vertriebsmitarbeiter berücksichtigen und ggf. gestalten (z. B. durch Personalauswahl und -entwicklung oder interne Markenführung (vgl. Baumgarth und Schmidt 2010)). Insbesondere das relationale Beziehungsverhalten verdient dabei im Vergleich zu herkömmlichen, im Business-to-Business-Geschäft eher funktionalen Markendimensionen eine besondere Aufmerksamkeit.

2.3.2.2 Spannungsfeld: Persönliche vs. unpersönliche Kommunikation

Nach einer Studie von Belz und Bussmann (2002) werden durchschnittlich 46 Prozent des Marketingaufwands und 13 Prozent des Umsatzes im Verkauf eingesetzt. Über alle Branchen hinweg steht der Verkauf innerhalb von 19 Marketingbudgetpositionen an erster Stelle (vgl. Belz 2007). Damit gilt der persönliche Verkauf traditionell als das teuerste Marketinginstrument (vgl. Reinecke und Eberharter 2010). Darüber hinaus ist er mit besonderen Risiken verbunden (vgl. Homburg et al. 2011):

- Erfolgreiche Vertriebsmitarbeiter erzeugen eine Bindung der Kunden an ihre Person (vgl. Jones et al. 2008), was das Risiko des Kundenverlusts im Fall der Personalfluktuation impliziert (vgl. Palmatier et al. 2007).
- Erfolgreiche Geschäftsbeziehungen erhöhen das Commitment der Vertriebsmitarbeiter gegenüber den Kunden (vgl. Siders et al. 2001), was zu unerwünschten Nebeneffekten, beispielsweise Nachlässigkeit bei Preisverhandlungen, führen kann.
- Zu enge persönliche Geschäftsbeziehungen zwischen Ein- und Verkäufer können aus Kundensicht als Interessenkonflikt gewertet werden (vgl. Handfield und Baumer 2006), sodass das Anbieterunternehmen von zukünftigen Auftragsvergaben ausgeschlossen wird.

Zusätzlich zu diesen Risiken entzieht sich der persönliche Verkauf aufgrund seiner besonderen Charakteristika herkömmlichen Managementansätzen und kann als „Black Box" (vgl. Belz und Bussmann 2002, S. 31) bezeichnet werden. Insofern ist es nicht verwunderlich, dass Führungskräfte in vielen Business-to-Business-Unternehmen verstärkt andere Marketinginstrumente ausprobieren, die eine deutlich bessere Kosten-Nutzen-Relation versprechen. Ruhten die Hoffnungen früher auf dem Direktmarketing, wird gegenwärtig intensiv über Online-Marketing und insbesondere Social Media diskutiert (vgl. Agnihotri et al. 2012; Andzulis et al. 2012; Marshall et al. 2012; Rodriguez et al. 2012). Hohe Kosten für persönliche Kommunikation bei gleichzeitig erschwerter Kontrolle lassen die unpersönliche Kommunikation attraktiv erscheinen.

Gleichwohl belegen Studien aus anderen Branchen die Notwendigkeit der Integration des Vertriebs bzw. der persönlichen Kommunikation in eine Markenkonzeption (vgl. Anismova und Mavondo 2010; Yaniv und Frakas 2005). Eine fehlende Abstimmung der unpersönlichen Kommunikation mit den persönlichen Werten der Vertriebsmitarbeiter führt zu Unzufriedenheit und geringer Bindung der Vertriebsmitarbeiter sowie zu geringeren Abschlussquoten und niedrigeren Betriebsergebnissen. Insofern ist eine enge Abstimmung zwischen der Vertriebsorganisation und dem restlichen Marketingmix, der typischerweise durch die Marketingabteilung verantwortet wird, von zentraler Bedeutung für den Erfolg der externen Markenkommunikation.

3 Zusammenfassung und Fazit

Dynamische Veränderungen im Unternehmensumfeld lassen die Marktorientierung eines Unternehmens zum zentralen Erfolgsfaktor werden. Das erfordert eine synergetische Zusammenarbeit von Vertrieb und Marketing innerhalb einer integrierten Absatzfunktion. Aus vielerlei Gründen ist jedoch gerade diese Schnittstelle in der Praxis sehr häufig konfliktgeladen, was Effizienz und Effektivität der Marktbearbeitung einschränkt. In der wissenschaftlichen Literatur findet sich eine Reihe von Ansätzen, die in erster Linie geeignet sind, die Zusammenarbeit zwischen Vertrieb und Marketing effizienzorientiert zu konfigurieren. Zur Steigerung der Effektivität ist jedoch die Ausschöpfung von Synergiepotenzialen angezeigt. Die Instrumente hierfür wirken in einem Spannungsfeld aus sozialer Komplexität, Langfristigkeit und Intransparenz von Ursache-Wirkungs-Relationen. Notwendig für ein ganzheitliches Schnittstellenmanagement erscheint daher ein konzeptioneller Rahmen für die optimierte Zusammenarbeit zwischen Vertrieb und Marketing.

Im Business-to-Business-Geschäft lassen sich Vertriebsmanagement und Markenführung nicht voneinander trennen. Der Vertrieb prägt die Industriegütermarke stärker als jedes andere Marketinginstrument. Umgekehrt profitiert der Vertrieb in vielfacher Hinsicht von einer professionell geführten, starken Marke. Der Ansatz der interaktiven Markenführung zeigt konzeptionell, wie Vertrieb und Marketing gemeinsam die Marke als Integrationsmechanismus verwenden können, um eine Strategie der Beziehungsführerschaft umzusetzen und strategische Wettbewerbsvorteile zu generieren.

Das Konzept impliziert Anforderungen an den einzelnen Vertriebsmitarbeiter wie auch an die gesamte Vertriebsorganisation. Herkömmliche Sichtweisen und Organisationsstrukturen werden damit schnell überfordert. Für eine nachhaltige interne Markenimplementierung ebenso wie für eine integrierte externe Markenkommunikation ist es daher sinnvoll, die Rolle des Vertriebs und dessen Verhältnis zum Marketing neu zu überdenken. Interaktive Markenführung impliziert eine Transformation der Vertriebsorganisation hin zum strategischen Vertrieb (vgl. Lane und Piercy 2009). Dieses veränderte Selbstverständnis wiederum erfordert eine Transformation der Schnittstelle zwischen Vertrieb und Marketing.

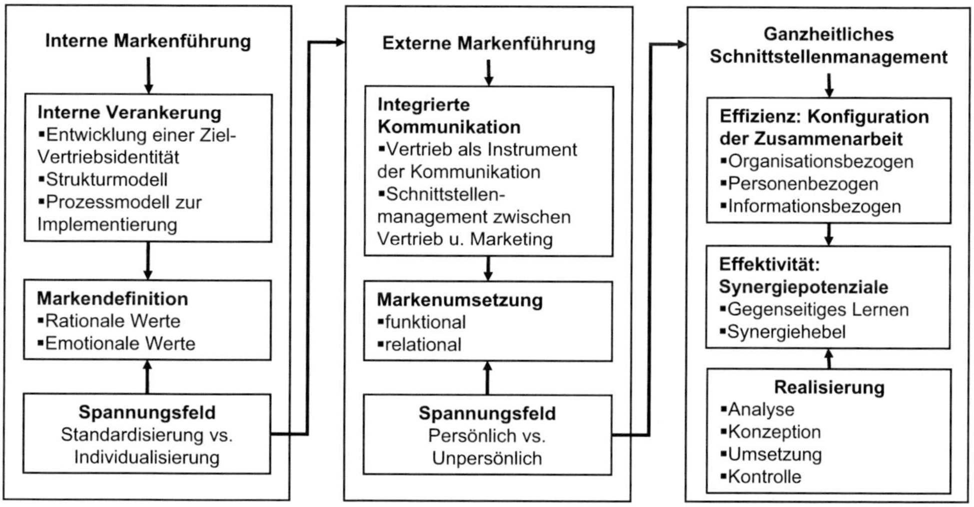

Abb. 7 Schnittstellenmanagement zwischen Vertrieb und Marketing auf der Basis interaktiver Markenführung (Quelle: In Anlehnung an Binckebanck 2012)

In einem ersten Schritt ist die Markenidentität hinsichtlich ihrer rationalen und emotionalen Werte im Vertrieb zu verankern. Dabei ist es zielführend, drei Elemente zu berücksichtigen, nämlich die Entwicklung einer anzustrebenden Vertriebsidentität, ein geeignetes Strukturmodell und ein Prozessmodell zur internen Implementierung. Dies beinhaltet die Standardisierung vertrieblicher Prozesse sowie verkäuferischer Routinen und provoziert damit mit hoher Wahrscheinlichkeit Änderungswiderstände, die im Gesamtkonzept zu berücksichtigen und aufzulösen sind.

In einem zweiten Schritt müssen die Markenwerte effektiv extern kommuniziert werden. Dies kann persönlich und unpersönlich erfolgen. Im Business-to-Business-Geschäft ist der persönliche Verkauf im Rahmen einer funktionalen wie auch relationalen Umsetzung wesentlicher Kommunikationskanal und damit Markentreiber. Daher muss eine Integration des Vertriebs in den Marketingmix und damit eine Abstimmung mit unpersönlichen Kommunikationsinstrumenten vorgenommen werden. Dies führt in der Praxis häufig zu Schnittstellenproblemen zwischen Vertrieb und Marketing, die durch ein ganzheitliches Schnittstellenmanagement überwunden werden können.

Diese beiden Schritte erschaffen den Rahmen für eine Optimierung der Zusammenarbeit im Hinblick auf Effizienz und Effektivität. Die Zusammenarbeit ist zunächst einmal effizienzorientiert zu konfigurieren. Hierfür bietet sich eine Systematisierung in organisationsbezogene, personenbezogene und informationsbezogene Instrumente an. Für die Steigerung der Effektivität der gemeinsamen Marktbearbeitung ist die Ausschöpfung von Synergiepotenzialen durch gegenseitiges Lernen und Synergiehebel angezeigt. Das Schnittstellenmanagement muss professionell realisiert werden. Hierfür bietet sich ein Prozess

Blueprint an, wie er in diesem Beitrag anhand von Castrol skizziert wurde. Abbildung 7 fasst die hier skizzierten Überlegungen grafisch zusammen.

Die Marke kann und muss dabei Integrationsmechanismus für die beiden betrieblichen Marktfunktionen sein. Vertrieb und Marketing müssen sich also ändern, müssen voneinander lernen und sich gegenseitig unterstützen. Der Vertrieb muss strategischer denken und handeln. Das Marketing muss raus aus dem Elfenbeinturm und als Sales Support messbare Ergebnisse für die eigene Daseinsberechtigung erzielen. So können Unternehmen die Effizienz und die Effektivität ihrer Marktbearbeitung erheblich steigern – und zugleich die Grundlage für Markterfolg im 21. Jahrhundert legen.

Literatur

Aaker, D. A. (1991). *Managing Brand Equity*. New York.

Aaker, D. A., & Jacobson, R. (2001). The value relevance of brand attitude in high-technology markets. *Journal of Marketing Research, 38*(4), 485–493.

Agnihotri, R., Kothandaraman, P., Kashyap, R., & Singh, R. (2012). Bringing „social" into sales: The impact of salespeople's social media use on service behaviors and value creation. *Journal of Personal Selling & Sales Management, 32*(3), 333–348.

Ahearne, M., Jelinek, R., & Jones, E. (2007). Examining the effect of salesperson service behavior in a competitive context. *Journal of the Academy of Marketing Science, 35*(4), 603–616.

Ailawadi, K. L., Lehmann, D. R., & Neslin, S. A. (2003). Revenue premium as an outcome measure of brand equity. *Journal of Marketing, 67*(4), 1–17.

Ambler, T. (2003). *Marketing and the Bottom Line* (2. Aufl.). Edinburgh.

Anderson, E., & Onyemah, V. (2006). How right should the customer be? *Harvard Business Review, 84*(7/8), 59–67.

Anderson, J. C., & Narus, J. A. (2004). *Business Market Management*. Singapore.

Andzulis, J. M., Panagopoulos, N. G., & Rapp, A. (2012). A review of social media and implications for the sales process. *Journal of Personal Selling & Sales Management, 32*(3), 305–316.

Anismova, T., & Mavondo, F. T. (2010). The performance implications of company-salesperson corporate brand misalignment. *European Journal of Marketing, 44*(6), 771–795.

Ataman, M. B., van Heerde, H. J., & Mela, C. F. (2010). The long-term effect of marketing strategy on brand sales. *Journal of Marketing Research, 47*(5), 866–882.

Auer-Srnka, K. J. (2009). Mixed Methods. In C. Baumgarth, M. Eisend, & H. Evanschitzky (Hrsg.), *Empirische Mastertechniken* (S. 457–490). Wiesbaden.

Barney, J. B. (1986). Organizational culture: Can it be a source of sustained competitive advantage? *Academy of Management Review, 11*(3), 656–665.

Baumgarth, C. (2010). Status quo und Besonderheiten der Business-to-Business-Markenführung. In C. Baumgarth (Hrsg.), *Business-to-Business-Markenführung* (S. 37–62). Wiesbaden.

Baumgarth, C., & Binckebanck, L. (2011a). Zusammenarbeit von Verkauf und Marketing – reloaded. In L. Binckebanck (Hrsg.), *Verkaufen nach der Krise* (S. 43–60). Wiesbaden.

Baumgarth, C., & Binckebanck, L. (2011b). Nachhaltige Markenimplementierung im Business-to-Business-Geschäft. *Business + Innovation – Steinbeis Executive Magazin, 2*(2), 20–26.

Baumgarth, C., & Binckebanck, L. (2011c). CSR-Markenmanagement in der mittelständischen Bau- und Immobilienwirtschaft. In J.-A. Meyer, & S. Lohmar (Hrsg.), *Nachhaltigkeit in kleinen und mittleren Unternehmen* (S. 337–366).

Baumgarth, C., & Binckebanck, L. (2011d). Sales force impact on b-to-b brand equity: Conceptual framework and empirical test. *Journal of Product and Brand Management*, *20*(6), 487–498.

Baumgarth, C., & Schmidt, M. (2008). Persönliche Kommunikation und Marke. In A. Hermanns, T. Ringle, & P. C.van Overloop (Hrsg.), *Handbuch Markenkommunikation* (S. 247–263). München.

Baumgarth, C., & Schmidt, M. (2010). Markenorientierung und Interne Markenstärke als Erfolgstreiber von Business-to-Business-Marken. In *Business-to-Business-Markenführung* (S. 333–356). Wiesbaden.

Belz, C. (2007). Übersicht: Akzente im innovativen Marketing. In C. Belz, M. Schögel, & T. Tomczak (Hrsg.), *Innovation driven Marketing* (S. 109–158). Wiesbaden.

Belz, C., & Bussmann, W. F. (2002). *Performance Selling*. München.

Bennett, R., Härtel, C. E., & McColl-Kennedy, J. R. (2005). Experience as a moderator of involvement and satisfaction on brand loyalty in a business-to-business setting. *Industrial Marketing Management*, *34*(1), 97–107.

Bergstrom, A., Blumenthal, D., & Crothers, S. (2002). Why internal branding matters: The case of Saab. *Corporate Reputation Review*, *5*(2/3), 133–142.

Beverland, M., Steel, M., & Dapiran, G. P. (2006). Cultural frames that drive sales and marketing apart. *Journal of Business*, *21*(6), 386–394.

Binckebanck, L. (2006). *Interaktive Markenführung – Der persönliche Verkauf als Instrument des Markenmanagements im B2B-Geschäft*. Wiesbaden.

Binckebanck, L. (2012). Die Rolle des internationalen Vertriebs bei der Umsetzung der Business-to-Business-Markenpolitik. In L. Binckebanck, & C. Belz (Hrsg.), *Internationaler Vertrieb* (S. 531–561). Wiesbaden.

Binckebanck, L., & Kämmerer, P. (2013). Schnittstellenmanagement zwischen Marketing und Verkauf im Business-to-Business-Geschäft bei Castrol. *Marketing Review St. Gallen*, *30*(2), 70–79.

Bingham, F. G. Jr., Gomes, R., & Knowles, P. A. (2005). *Business Marketing* (3. Aufl.). Boston.

Bonoma, T. V., Bagozzi, R., & Zaltman, G. (1978). The dyadic paradigm with specific application toward industrial marketing. In T. V. Bonoma, & G. Zaltman (Hrsg.), *Organizational Buying Behavior* (S. 49–66). Chicago.

Brexendorf, T. O., Mühlmeier, S., Tomczak, T., & Eisend, M. (2010). The impact of sales encounters on brand loyalty. *Journal of Business Research*, *63*(11), 11481–1155.

Bruhn, M. (2013). *Relationship Marketing* (3. Aufl.). München.

Burmann, C., Zeplin, S., & Riley, N. (2009). Key determinants of internal brand management success. *Journal of Brand Management*, *16*(4), 264–284.

Bußmann, W. F., & Rutschke, K. (1998). *Team Selling* (2. Aufl.). Landsberg/Lech.

Cespedes, F. V. (1993). Coordinating sales and marketing in consumer goods firm. *Journal of Consumer Marketing*, *10*(2), 37–55.

Chandler, A. D. (1962). *Strategy and structure*. Cambridge, MA.

Crook, R., Ketchen Jr., D. J., Combs, J. G., & Todd, S. Y. (2008). Strategic resources and performance: A meta-analysis. *Strategic Management Journal*, *29*(11), 1141–1154.

Dannenberg, H. (1997). *Vertriebsmarketing* (2. Aufl.). Neuwied.

Dannenberg, H., & Zupancic, D. (2008). *Spitzenleistungen im Vertrieb*. Wiesbaden.

Davies, D. F., Golicic, S., & Marquardt, A. J. (2008). Branding a B2B service: Does a brand differentiate a logistics service provider? *Industrial Marketing Management*, *37*(2), 218–227.

Dawes, P. L., & Massey, G. R. (2005). Antecedents of conflict in marketing's cross-functional relationship with sales. *European Journal of Marketing*, *39*(11/12), 1327–1344.

Day, G. S. (1994). The capabilities of market-driven organizations. *Journal of Marketing*, *58*(4), 37–53.

de Chernatony, L. (2002). Would a brand smell any sweeter by a corporate name? *Corporate Reputation Review*, *5*(2/3), 114–132.

de Chernatony, L. (2009). *From brand vision to brand evaluation* (3. Aufl.). Amsterdam et al.

de Chernatony, L., & McDonald, M. (2003). *Creating powerful brands in consumer, service and industrial markets* (3. Aufl.). Oxford.

Deiser, R. (2009). *Designing the smart organization: How breakthrough corporate learning initiatives drive strategic change and innovation*. San Francisco.

Diller, H., Haas, A., & Ivens, B. (2005). *Verkauf und Kundenmanagement*. Stuttgart.

Doyle, P. (2008). *Value-Based Marketing* (2. Aufl.). Chichester.

Esch, F.-R. (2012). *Strategie und Technik der Markenführung* (7. Aufl.). München.

Esch, F.-R., & Vallaster, C. (2005). Mitarbeiter zu Markenbotschaftern machen: Die Rolle der Führungskräfte. In F.-R. Esch (Hrsg.), *Moderne Markenführung* (4. Aufl. S. 1009–1020). Wiesbaden.

Farris, P. W., Bendle, N. T., Pfeifer, P. E., & Reibstein, D. J. (2009). *Key Marketing Metrics*. Harlow.

Föll, K. (2007). *Consumer Insight*. Wiesbaden.

Gebhardt, G. F., Carpenter, G. S., & Sherry Jr., J. F. (2006). Creating a market orientation: A longitudinal, multifirm, grounded analysis of cultural transformation. *Journal of Marketing*, *70*(4), 37–55.

Gilliland, D. I., & Johnston, W. J. (1997). Toward a model of business-to-business marketing communications effects. *Industrial Marketing Management*, *26*(1), 15–29.

Gordon, G. L., Calantone, R. J., & di Benedetto, A. (1991). How electrical contractors choose distributors. *Industrial Marketing Management*, *20*(1), 20–42.

Guenzi, P., & Troilo, G. (2006). Developing marketing capabilities for customer value creation through marketing-sales integration. *Industrial Marketing Management*, *35*(8), 974–988.

Guenzi, P., & Troilo, G. (2007). The joint contribution of marketing and sales to the creation of superior customer value. *Journal of Business Research*, *60*(2), 98–107.

Grönroos, C. (1994). From marketing mix to relationship marketing. *Management Decision*, *32*(2), 4–20.

Grönroos, C. (2007). *Search of a New Logic for Marketing: Foundations of contemporary theory*. Chichester.

Haase, K. (2006). *Koordination von Vertrieb und Marketing*. Wiesbaden.

Haase, K., & Krafft, M. (2005). Integration von Vertrieb und Marketing. In D. Ahlert, B. Becker, H. Evanschitzky, J. Hesse, & A. Salfeld (Hrsg.), *Exzellenz in Markenmanagement und Vertrieb* (2. Aufl. S. 77–87). Wiesbaden.

Hamel, G., & Prahalad, C. K. (1997). *Wettlauf um die Zukunft* (2. Aufl.). Wien.

Handfield, R. B., & Baumer, D. L. (2006). Managing conflict of interest issues in purchasing. *Journal of Supply Chain Management*, *42*(3), 41–50.

Hatch, M. J., & Schultz, M. (2001). Are the strategic stars aligned for your corporate brand? *Harvard Business Review, 79*(2), 128–134.

Homburg, C. (2012). *Marketingmanagement* (4. Aufl.). Wiesbaden.

Homburg, C., & Jensen, O. (2007). The thought worlds of marketing and sales. *Journal of Marketing, 71*(3), 124–142.

Homburg, C., Müller, M., & Klarmann, M. (2011). When does salespeople's customer orientation lead to customer loyalty? The differential effects of relational and functional customer orientation. *Journal of the Academy of Marketing Sciences, 39*(6), 795–812.

Homburg, C., & Pflessner, C. (2000). A multiple-layer model of market-oriented organizational culture: Measurement issues and performance outcomes. *Journal of Marketing Research, 37*(4), 449–462.

Homburg, C., Schäfer, H., & Schneider, J. (2010). *Sales Excellence* (6. Aufl.). Wiesbaden.

Hughes, D. E., & Ahearne, M. (2010). Energizing the reseller's sales force: The power of brand identification. *Journal of Marketing, 74*(4), 81–96.

Hughes, D. E., Le Bon, J., & Malshe, A. (2012). The marketing-sales interface at the interface: Creating market-based capabilities through organizational synergy. *Journal of Personal Selling & Sales Management, 32*(1), 57–72.

Humphreys, M. A., & Williams, M. R. (1996). Exploring the relative effects of salesperson interpersonal process attributes and technical product attributes on customer satisfaction. *Journal of Personal Selling & Sales Managemen, 16*(3), 47–57.

Hyde, P., Landry, E., & Tipping, A. (2004). Making the perfect marketer. *Strategy & Business, 37*(4), 390–400.

Ingram, T. N. (2004). Future themes in sales and sales management. *Journal of Marketing Theory & Practice, 12*(4), 559–567.

Jenewein, W., Malms, O., & Schmitz, C. (2008). Komplexität in Marketing und Verkauf: Gemeinsame Aufgaben, kritische Schnittstellen und Mind-set Differenzen. *Marke, 41*(5), 10–16.

Jones, T., Taylor, S. F., & Bansal, H. S. (2008). Commitment to a friend, a service provider, or a service company – are they distinctions worth making? *Journal of the Academy of Marketing Science, 36*(4), 473–487.

Keller, K. L. (1993). Conceptualizing, measuring, and managing customer-based brand equity. *Journal of Marketing, 57*(1), 1–22.

Kirca, A. H., Jayachandran, S., & Bearden, W. O. (2005). Market orientation: A meta-analytic review and assessment of its antecedents and impact on performance. *Journal of Marketing, 69*(2), 24–41.

Klumpp, T. (2000). *Zusammenarbeit von Marketing und Verkauf: Implementierung eines integrierten Marketing in Industriegüterunternehmen*. St. Gallen.

Kohli, A. K., & Jaworski, B. J. (1990). *Journal of Marketing, 54*(2), 1–18.

Kotler, P. (1977). From sales obsession to marketing effectiveness. *Harvard Business Review, 55*(6), 67–76.

Kotler, P., & Levy, S. (1969). Broadening the concept of marketing. *Journal of Marketing, 33*(1), 10–15.

Kotler, P., & Pfoertsch, W. (2006). *B2B Brand Management*. Berlin et al.

Kotler, P., & Pfoertsch, W. (2007). Being known or being one of many: The need for brand management for business-to-business (B2B) companies. *Journal of Business & Industrial Marketing, 22*(6), 357–362.

Kotler, P., Rackham, N., & Krishnaswamy, S. (2006). Ending the war between sales and marketing. *Harvard Business Review*, *84*, 68–78.

Krafft, M., & Haase, K. (2004). Integration von Vertrieb und Marketing. *Thexis*, *21*(1), 13–18.

Krasnikov, A., Jayachandran, S., & Kumar, V. (2009). The impact of customer relationship management implementation on cost and profit efficiencies: Evidence from the U.S. commercial banking industry. *Journal of Marketing*, *73*(6), 61–76.

Krohmer, H., Homburg, C., & Workman, J. P. (2002). Should marketing be cross-functional? Conceptual development and international empirical evidence. *Journal of Business Research*, *55*(6), 451–465.

Kumar, V., Jones, E., Venkatesan, R., & Leone, R. P. (2011). Is market orientation a source of sustainable competitive advantage or simply the cost of competing? *Journal of Marketing*, *75*(1), 16–30.

Lane, N., & Piercy, N. (2009). Strategizing the sales organization. *Journal of Strategic Marketing*, *17*(3/4), 307–322.

Le Meunier-FitzHugh, K., & Piercy, N. F. (2007). Does collaboration between sales and marketing affect business performance? *Journal of Personal Selling & Sales Management*, *27*(3), 207–220.

Le Meunier-FitzHugh, K., & Piercy, N. F. (2009). Drivers of sales and marketing collaboration in business-to-business selling organizations. *Journal of Marketing Managemen*, *25*(5–6), 611–633.

Lehmann, D. R., & O'Shaughnessy, J. (1974). Difference in attribute importance for different industrial products. *Journal of Marketing*, *38*(1), 36–42.

Lusch, R., Vargo, S., & Tanniru, M. (2010). Service, value networks and learning. *Journal of the Academy of Marketing Science*, *38*(1), 19–31.

Lynch, J., & de Chernatony, L. (2004). The power of emotion: Brand communication in business-to-business markets. *Brand Management*, *11*(5), 403–419.

Lynch, J., & de Chernatony, L. (2007). Winning hearts and minds: Business-to-Business branding and the role of the salesperson. *Journal of Marketing Management*, *23*(1–2), 123–135.

Macneil, I. R. (1980). *The new social contract. An inquiry into modern contractual relations*. New Haven.

Malshe, A. (2009). Strategic sales organizations: transformation challenges and facilitators within the sales–marketing interface. *Journal of Strategic Marketing*, *17*(3/4), 271–289.

Malshe, A., & Sohi, R. S. (2009). What makes strategy making across the sales-marketing interface more successful? *Journal of the Academy of Marketing Science*, *37*(4), 400–421.

Marshall, G. W., Moncrief, W. C., Rudd, J. M., & Lee, N. (2012). Revolution in sales: The impact of social media and related technology on the selling environment. *Journal of Personal Selling & Sales Management*, *32*(3), 349–363.

Massey, G. R., & Dawes, P. L. (2007). The antecedents and consequences of functional and dysfunctional conflict between marketing managers and sales managers. *Industrial Marketing Management*, *36*(8), 1118–1129.

Matthyssens, P., & Johnston, W. J. (2006). Marketing and sales: Optimization of a neglected relationship. *Journal of Business & Industrial Marketing*, *21*(6), 338–345.

Meffert, H., Burmann, C., & Koers, M. (2005). *Markenmanagement* (2. Aufl.). Wiesbaden.

Michell, P., King, J., & Reast, J. (2001). Brand values related to industrial products. *Industrial Marketing Management*, *30*(5), 415–425.

Mudambi, S. (2002). Branding importance in business-to-business markets: Three buyer clusters. *Industrial Marketing Management*, *31*(6), 525–533.

Mudambi, S., Doyle, P., & Wong, J. (1997). An exploration of branding in industrial markets. *Industrial Marketing Management, 26*(5), 433–446.

Musiol, K.-G., Berens, H., Spannagl, J., & Biesalski, A. (2004). Icon Brand Navigator und Brand Rating für eine holistische Markenführung. In A. Schimansky (Hrsg.), *Wert der Marke* (S. 370–399). München.

Nath, P., & Mahajan, V. (2008). Chief Marketing Officers. *Journal of Marketing, 72*(1), 65–81.

Palmatier, R. W., Scheer, L. K., & Steenkamp, J.-B. E. M. (2007). Customer loyalty to whom? Managing the benefits and risks of salesperson-owned loyalty. *Journal of Marketing Research, 44*(2), 185–199.

Piercy, N. F. (2006). The strategic sales organization. *Marketing Review, 6*(1), 3–28.

Ramaswami, S. N., Srivastava, R. K., & Bhargava, M. (2009). Market-based capabilities and financial performance of firms: Insights into marketing's contribution to firm value. *Journal of the Academy of Marketing Science, 37*(2), 97–116.

Raps, A. (2004). Implementing strategy. *Strategic Finance, 85*(12), 48–53.

Reichheld, F. F., & Sasser, W. (1990). Zero defections. *Harvard Business Review, 68*(5), 105–111.

Reinecke, S., & Eberharter, J. (2010). Marketingcontrolling 2010: Einsatz von Methoden und Verfahren des Marketingcontrollings in der Praxis. *Controlling – Zeitschrift für die erfolgsorientierte Unternehmenssteuerung, 22*(8/9), 438–447.

Rodriguez, M., Peterson, R. M., & Krishnan, V. (2012). Social media's influence on business-to-business sales performance. *Journal of Personal Selling & Sales Management, 32*(3), 365–378.

Rohan, M. J. (2000). A rose by any name? The values construct. *Personality and Social Psychology Review, 4*(3), 255–277.

Rosenbröijer, C.-J. (2001). Industrial brand management: A distributor's perspective in the UK fine-paper industry. *Journal of Product & Brand Management, 10*(1), 7–24.

Salmons, J., & Wilson, L. (2008). *Handbook of Research on Electronic Collaboration and Organizational Synergy*. Hershey, PA.

Saunders, J. A., & Watt, F. A. W. (1979). Do brand names differentiate identical industrial products? *Industrial Marketing Management, 8*(2), 114–123.

Schmitz, J. M. (1995). Understanding the persuasion process between industrial buyers and sellers. *Industrial Marketing Management, 24*(2), 83–90.

Sheth, J. N., & Sisodia, R. S. (2005). Does marketing need reform? *Journal of Marketing, 69*(4), 10–12.

Siders, M. A., George, G., & Dharwadkar, R. (2001). The relationship of internal and external commitment foci to objective job performance measures. *Academy of management Journal, 44*(3), 570–579.

Slater, S. F., & Narver, J. C. (1994). Market orientation, customer value, and superior performance. *Business Horizons, 37*(2), 22–28.

Smith, T. M., Goipalakrishna, S., & Chatterjee, R. (2006). A three-stage model of integrated marketing communications at the marketing-sales interface. *Journal of Marketing Research, 43*(4), 564–579.

Spiro, R. L., & Weitz, B. A. (1990). Adaptive selling: Conceptualisation, measurement and nomological validity. *Journal of Marketing Research, 27*(1), 61–69.

Srivastava, R. K., Shervani, T. A., & Fahey, L. (1998). Market-based assets and shareholder value. *Journal of Marketing, 62*(1), 2–18.

Thomson, K., de Chernatony, L., Arganbright, L., & Khan, S. (1999). The buy-in benchmark: How staff understanding and commitment impact brand and business performance. *Journal of Marketing Management, 15*(8), 819–835.

Tomczak, T., Esch, F.-R., Kernstock, J., & Herrmann, A. (2012). *Behavioral Branding* (3. Aufl.). Wiesbaden.

Vargo, S. L., & Lusch, R. F. (2004). Evolving to a new dominant logic for marketing. *Journal of Marketing, 68*(1), 1–17.

Weber, J., Hirsch, B., Matthes, A., & Meyer, M. (2004). *Kooperationscontrolling: Beziehungsqualität als Erfolgsfaktor unternehmensübergreifender Zusammenarbeit*. Schriftenreihe Advanced Controlling Bd. 39. Weinheim.

Weinhold-Stünzi, H. (1991). *Marketing in 20 Lektionen* (21. Aufl.). St. Gallen.

Weitz, B. A., Sujan, H., & Sujan, M. (1986). Knowledge, motivation and adaptive behavior: A framework for improving selling effectiveness. *Journal of Marketing Research, 50*(4), 174–191.

Wernerfelt, B. (1984). A resource-based view of the firm. *Strategic Management Journal, 5*(1), 171–180.

Wise, R., & Zednickova, J. (2009). The rise and rise of the B2B brand. *Journal of Business Strategy, 30*(1), 4–13.

Wittke-Kothe, C. (2001). *Interne Markenführung: Verankerung der Markenidentität im Mitarbeiterverhalten*. Wiesbaden.

Wren, B. T., & Simpson, J. T. (1996). A dyadic model of relationships in organizational buying: A synthesis of research results. *Journal of Business & Industrial Marketing, 11*, 63–79.

Yaniv, E., & Frakas, F. (2005). The impact of person-organization fit on the corporate brand perception of employees and of customers. *Journal of Change Management, 5*(4), 447–461.

Yoo, B., Donthu, N., & Lee, S. (2000). An examination of selected marketing mix elements and brand equity. *Journal of the Academy of Marketing Sciences, 28*(2), 195–211.

Organisationsstrukturen im traditionellen und digitalen Vertrieb

Antje Niehaus und Katrin Emrich

Inhaltsverzeichnis

1 Generelle Prinzipien für das Organisationsdesign im Vertrieb

Ein erfolgreicher Vertrieb ist in der Wertschöpfungskette eines Unternehmens einer der wichtigsten Eckpfeiler für den Unternehmenserfolg. Daher stehen viele Unternehmen vor der Frage, wie sie ihren Vertrieb nachhaltig und zukunftsorientiert aufstellen können, um den Anforderungen steigenden Wettbewerbs, rückläufiger „Offline"-Verkäufe und eines sich ändernden Geschäftsumfelds langfristig gewachsen zu sein.

Neben den bedeutsamen Schnittstellen zum Marketing und zum Kundenservice ist der Vertrieb einer der wichtigsten Kontaktpunkte zum Kunden. Daher sollte immer der Kunde mit seinen spezifischen Kundenbedürfnissen im Mittelpunkt einer Vertriebsorganisati-

Antje Niehaus ✉
Capgemini Deutschland GmbH, Potsdamer Platz 5, 10785 Berlin, Deutschland
e-mail: antje.niehaus@capgemini.com
Katrin Emrich
Capgemeini Consulting GmbH, Loeffelstraße 44–46, 70597 Stuttgart, Deutschland
e-mail: katrin.emrich@capgemini.com

L. Binckebanck et al. (Hrsg.), *Führung von Vertriebsorganisationen*,
DOI 10.1007/978-3-658-01830-6_12, © Springer Fachmedien Wiesbaden 2013

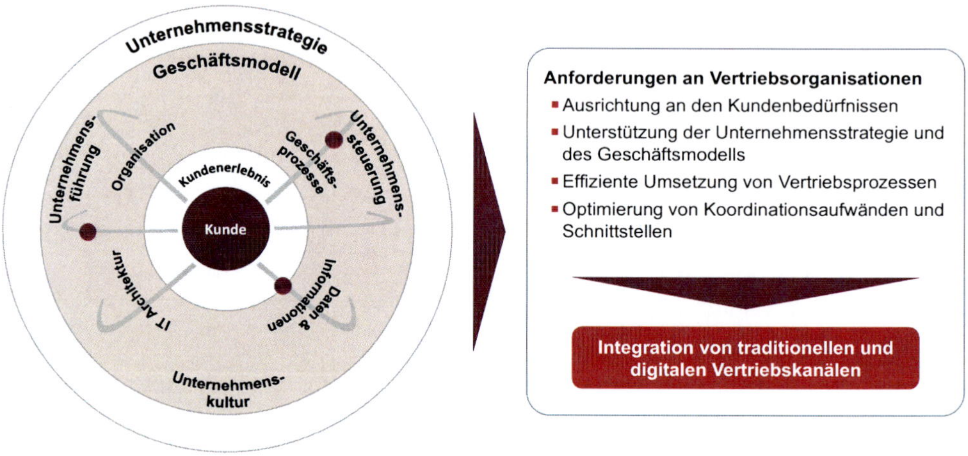

Abb. 1 Generelle Prinzipien für das Organisationsdesign im Vertrieb (Quelle: Capgemini Consulting)

on stehen. Wichtig ist es, ein einheitliches Kundenerlebnis über alle Vertriebskanäle und Organisationseinheiten hinweg zu schaffen. Ein besonderes Augenmerk sollte auf der Integration von traditionellen und digitalen Vertriebskanälen liegen, da der Vertrieb über Webshops, E-Commerce-Plattformen und soziale Netzwerke (insbesondere Facebook) für viele Branchen, insbesondere in Business-to-Consumer-Märkten, eine immer größere Bedeutung gewinnt (vgl. Abb. 1).

Neben der Ausrichtung an den Kundenbedürfnissen, die im Mittelpunkt des Organisationsdesigns stehen sollten, muss die Vertriebsorganisation auch die Unternehmensstrategie und somit das Geschäftsmodell widerspiegeln. Des Weiteren sollten die Vertriebsprozesse mit der Organisation im Einklang stehen, sodass eine nahtlose und effiziente Umsetzung der Vertriebsprozesse gewährleistet ist. Die Komplexität der Vertriebsorganisation sollte minimiert werden, um zusätzliche Aufwände zur Koordination verschiedener Funktionsbereiche zu vermeiden und die Anzahl der Schnittstellen so gering wie möglich zu halten.

2 Allgemeine Organisationsmodelle im Vertrieb

Die Auswahl der für ein Unternehmen passenden Vertriebsorganisation hängt von verschiedenen Parametern ab. Die individuellen Kundenbedürfnisse, die Unternehmensstrategie, die Komplexität des Produktportfolios und die Erklärungsbedürftigkeit der Produkte sind wesentliche Organisationsprinzipien, die es zu berücksichtigen gilt. Generell kann man die Vertriebsorganisation geografisch, funktional, marktorientiert (d. h. nach Kundenzielgruppen in den Märkten oder nach Kundensegmenten) oder produktorientiert aufstellen. Weit verbreitet sind auch die kombinierte Organisation nach Markt und

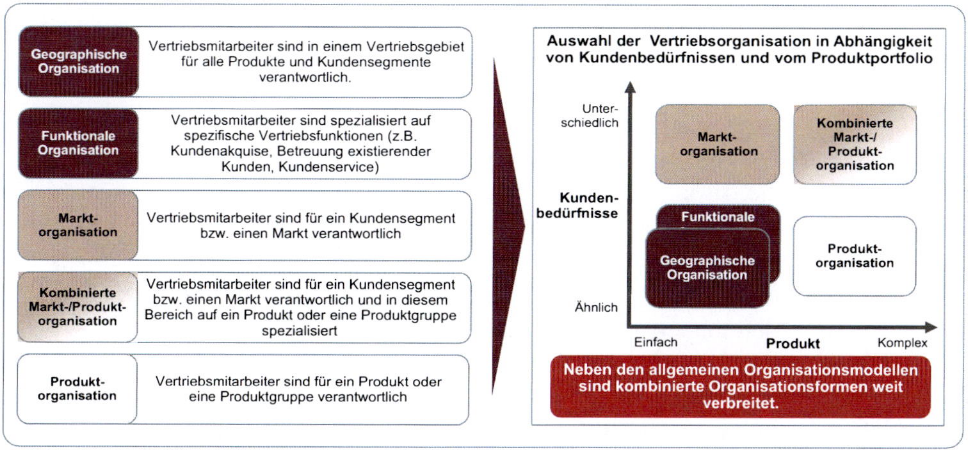

Abb. 2 Allgemeine Organisationsmodelle im Vertrieb – Übersicht (Quelle: Capgemini Consulting)

Produkt oder weitere Mischformen der genannten grundsätzlichen Organisationsmodelle. So sind beispielsweise Vertriebsorganisationen, die in der ersten Ebene produktorientiert und in der zweiten Ebene geografisch organisiert sind, sehr häufig anzutreffen (vgl. Abb. 2). Oft findet man abhängig vom Vertriebskanal auch unterschiedliche Vertriebsorganisationsformen in einem Unternehmen. Der Vertriebsaußendienst kann zum Beispiel primär geografisch und sekundär nach Markt und Produkt organisiert sein, während die Organisationsstruktur des Telefonvertriebs rein am Markt und Produkt orientiert ist. In den meisten Unternehmen ist der digitale Vertrieb, etwa E-Commerce, nicht nach einem der allgemeinen Vertriebsmodelle aufgestellt, sondern in einer separaten Abteilung zu finden. Eine Ausnahme ist die Aufstellung nach Marktsegmenten, wenn es mehrere Online-Vertriebsplattformen für unterschiedliche Marktsegmente gibt.

Die geografische Organisation ist ein weitverbreitetes, traditionelles Vertriebsmodell. Hierbei spielt es keine Rolle, ob die Produkte direkt durch den Hersteller oder über einen Partner vertrieben werden. Der Vertriebsmitarbeiter ist in einem geografisch klar abgegrenzten Gebiet einziger Ansprechpartner für die ihm zugeordneten Kunden. Er vertreibt in der Regel das gesamte Produktportfolio oder eine Produktgruppe. Die Vertriebsorganisationen der meisten Branchen, beispielsweise in der Pharmaindustrie, in der Automobilindustrie, bei Versicherungen, im Handel oder in der Energiewirtschaft, sind primär geografisch strukturiert.

Bei der funktionalen Organisationsstruktur fokussieren sich die Vertriebsmitarbeiter auf klare Aufgaben und Verantwortungsbereiche, wie Auftragsakquisition, Betreuung von Bestandskunden, Kundenservice, Versand und Transport. Die Vertriebsmitarbeiter sind sehr spezialisiert, was zu einem hohen Koordinations- und Steuerungsbedarf führt und die Zusammenarbeit zwischen Abteilungen und Funktionsbereichen erschwert. Um auf die Bedürfnisse und Anforderungen der Kunden besser reagieren zu können, hat zum Beispiel

Papyrus, ein schwedisches, international tätiges Papierunternehmen, 2013 die bis dahin regionale Organisation in eine funktionale Organisation mit kurzen Entscheidungs- und Kommunikationswegen umgewandelt.

Bei der Marktorganisation sind die Vertriebsmitarbeiter für einen Markt oder ein Kundensegment verantwortlich. Beispiele für eine Marktorganisation gibt es in der Telekommunikationsbranche, der Energiewirtschaft und bei Banken mit den Segmenten Geschäftskunden und Privatkunden. Dabei kann es vorkommen, dass der Kunde unabhängig und unkoordiniert von verschiedenen Vertriebsmitarbeitern des gleichen Unternehmens angesprochen wird. Dies ist beispielsweise auch in der Automobilbranche der Fall, wo es für den Privatkunden- und den Flottenbereich unterschiedliche Vertriebsmitarbeiter gibt, die beide das gleiche Autohaus betreuen. Da es sich häufig im Autohaus um verschiedene Ansprechpartner handelt, findet auch nur selten eine Abstimmung zwischen den verschiedenen Vertriebsmitarbeitern statt. Dies kann im Extremfall dazu führen, dass wichtige generelle Kundeninformationen intern nicht weitergegeben und zusätzliche Vertriebspotenziale nicht genutzt werden können.

Die kombinierte Markt-Produkt-Organisation ist eine weitverbreitete Mischform und wird gewählt, wenn das Unternehmen komplexe Produkte mit unterschiedlichen Kundenbedürfnissen vertreibt. Sie findet sich in sehr vielen unterschiedlichen Branchen, zum Beispiel im Maschinenbau und im Technologiebereich. Eine häufig vorkommende Vertriebsorganisation ist die Produktorganisation. Die Vertriebsmitarbeiter solcher Unternehmen sind für ein spezifisches Produkt oder eine Produktgruppe verantwortlich. Dies ist sinnvoll, wenn es sich um erklärungsbedürftige, komplexe Produkte handelt. Die Produktorganisation ermöglicht wie die geografische und die Marktorganisation eine starke Fokussierung der Vertriebsmitarbeiter.

Jede Vertriebsorganisationsform hat ihre spezifischen Vor- und Nachteile bezüglich Kundenbetreuung und -ansprache, Koordinationsaufwand, Mitarbeiterausbildung und Vertriebskosten (vgl. Abb. 3). Abhängig von den Kundenbedürfnissen, der Unternehmensstrategie und der Komplexität des Produktportfolios bzw. der Erklärungsbedürftigkeit der Produkte muss jedes Unternehmen abwägen, welche Vertriebsorganisationsform am besten zum Unternehmenserfolg beitragen und die gewählte Vertriebsstrategie bzw. Vertriebskanäle optimal unterstützen kann.

3 Herausforderungen für Vertriebsorganisationen

Durch das sich wandelnde Umfeld, zum Beispiel verkürzte Produktlebenszyklen und geänderte Bedürfnisse bzw. Anforderungen der Kunden, haben sich die Rahmenbedingungen für den Vertrieb in den letzten Jahren stark verändert.

Produktinnovationen oder -variationen drängen immer schneller auf den Markt. Dies gilt insbesondere für die Elektronik-, Telekommunikations- und Technologiebranche. So wurde früher von den Deutschen der Fernseher alle zehn bis zwölf Jahre ersetzt. Heutzutage liegt die mittlere Haltedauer nur noch bei ca. vier bis sechs Jahren. Bei Handy und

Organisationsform	Vorteile	Nachteile
Geographisch	▪ Klare Kundenverantwortlichkeit mit einem Ansprechpartner pro Kunde ▪ Geringe Kosten durch Minimierung von Reisezeiten und -kosten	▪ Ausbildung von Produktexpertise für verschiedene Produkte erfordert größere Aufwände in der Mitarbeiterausbildung ▪ Spezialisierung auf verschiedene Kundensegmente notwendig
Funktional	▪ Hohe Effizienz der Vertriebsaktivitäten durch Spezialisierung auf spezifische Vertriebsfunktionen	▪ Höherer Koordinations-und Steuerungsaufwand ▪ Größerer Kommunikations- und Abstimmungsbedarf ▪ Geographische Duplikationen ▪ Mehrere Kundenansprechpartner
Markt	▪ Gutes Marktverständnis ▪ Optimierte Ansprache von Kundensegmenten unter Berücksichtigung von Kundenbedürfnissen	▪ Hohe Kosten ▪ Geographische Duplikationen ▪ Arbeiten in Silos – geringerer Austausch über Marktgrenzen hinweg
Produkt	▪ Hohe Produktexpertise ▪ Einfachere Schnittstelle zur Produktentwicklung ▪ Bessere zentrale Steuerung	▪ Hohe Kosten ▪ Geographische Duplikationen ▪ Mehrere Kundenansprechpartner ▪ Schwierige Umsetzung von produktübergreifenden Vertriebspotenzialen (z.B. „Cross Selling")

Abb. 3 Allgemeine Organisationsmodelle im Vertrieb – Vor- und Nachteile (Quelle: Capgemini Consulting)

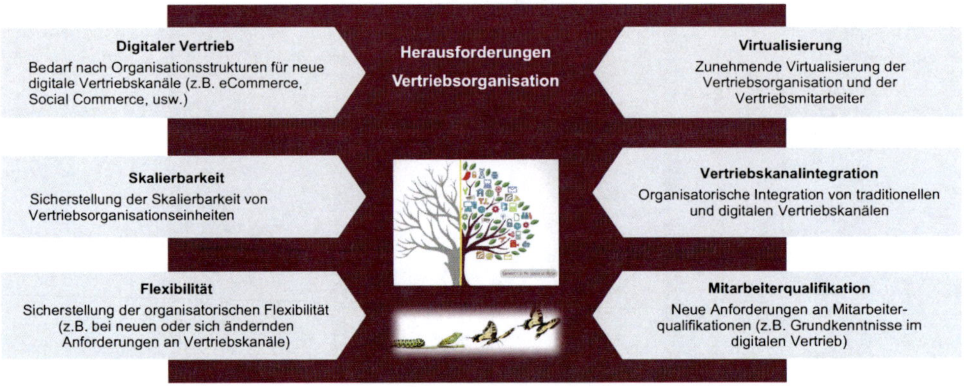

Abb. 4 Herausforderungen für Vertriebsorganisationen (Quelle: Capgemini Consulting)

Computer ist der Produktlebenszyklus noch sehr viel kürzer. Apple brachte im Jahr 2011 bereits zehn Monate nach der Einführung der initialen Version das neue iPad 2.0 auf den Markt.

Die verstärkte Nutzung von sozialen Medien und des Internets hat einen großen Einfluss auf das Kundenverhalten und die Kundenbedürfnisse. Der Kunde ist im Vergleich zu früher „erwachsener“ und selbstbewusster geworden. Er ist bestens informiert und vernetzt, will selbst auf Produkte Einfluss nehmen und diese mitgestalten. Des Weiteren hat er hohe Erwartungen an die Produktqualität und an die mit dem Produkt verbundenen Serviceleistungen. Er sieht es als selbstverständlich an, vom Produktanbieter als gleichwertiger Partner behandelt zu werden. Diese veränderten Kundenbedürfnissen und -anforderungen stellen eine moderne Vertriebsorganisation vor neue Herausforderungen. Im Mittelpunkt stehen dabei Faktoren wie digitaler Vertrieb, Flexibilität, Vertriebskanalintegration, Mitarbeiterqualifikation, Skalierbarkeit und Virtualisierung (vgl. Abb. 4).

4 Digitaler Vertrieb

Die Wichtigkeit von digitalen Vertriebskanälen zeigt sich in nahezu allen Branchen, so auch in der Automobilindustrie. Heutzutage nutzen bereits 94 Prozent der Kunden das Internet als bevorzugte Informationsquelle vor dem Automobilkauf. Als nächster Entwicklungsschritt ist denkbar, dass Fahrzeuge zu einem großen Teil über das Internet gekauft werden. Immerhin geben bereits heute 46 Prozent der Neuwageninteressenten an, dass sie ein Auto über das Internet kaufen würden. Dieser Anteil liegt in Entwicklungsmärkten wie Brasilien (67 Prozent), Indien (53 Prozent) und China (57 Prozent) noch höher (vgl. Capgemini 2011).

Insbesondere bei Unternehmen mit kleinen, traditionellen Vertriebsorganisationen kann der digitale Vertrieb schnell und mit geringem Personalaufwand zu einer Reichweitenerhöhung und einer Erhöhung des Umsatzes beitragen. Häufig ergänzen sich traditionelle und digitale Vertriebskanäle, da sie Kundensegmente mit unterschiedlichen Kanalpräferenzen ansprechen. In neu gegründeten Unternehmen findet man mittlerweile oft nur noch digitale Vertriebskanäle, zum Beispiel bei Westwing, einem im April 2011 gegründeten europäischen Online-Portal für hochwertige Wohnaccessoires und Möbel.

Auch für Pharmaunternehmen werden digitale Kanäle und somit der digitale Vertrieb immer wichtiger. Dies zeigt sich etwa beim Pharmaunternehmen Pfizer, dessen neue Strategie „Think Digital First" auch Implikationen auf die Vertriebsorganisation hat. So befähigt Pfizer gesundheitspolitische Vertreter in Europa, mit den Vertriebsmitarbeitern über virtuelle Kanäle zu kommunizieren. Auch der Vertriebsmitarbeiter besucht die Ärzte nicht mehr persönlich, sondern versorgt sie über digitale Kanäle mit Informationen. Viele Ärzte geben an, dass sie den digitalen Vertriebskanal, mit Funktionen zum Herunterladen von Informationen und der Möglichkeit zur Online-Kommunikation mit Vertriebsmitarbeitern, dem persönlichen Besuch eines Pharmareferenten vorziehen. Gründe dafür sind, dass der Arzt den Zeitpunkt der Kommunikation mit dem Vertriebsmitarbeiter selbst bestimmen und auch außerhalb seiner Praxissprechzeiten detaillierte Informationen zu Medikamenten bekommen kann. Das Eingehen auf das Kundenbedürfnis der Online-Kommunikation wirkt sich auch auf die Kommunikationsintensität aus. Die fachliche Online-Kommunikationsdauer ist im Mittel circa drei- bis viermal länger als bei einem klassischen Besuch des Pharmaaußendienstmitarbeiters beim Arzt. So können durch die Digitalisierung der Kommunikation mit Ärzten sowohl die Vertriebskosten optimiert als auch die Kundenzufriedenheit erhöht werden (vgl. Capgemini Consulting 2012).

Um im digitalen Vertrieb erfolgreich zu sein, ist es für Unternehmen wichtig, ihre Kunden und deren Kaufverhalten genau zu kennen. Ein relevanter Aspekt ist dabei der Grad der Kundendigitalität. In einer aktuellen Studie wurden zu diesem Thema 16.000 Käufer aus 16 Nationen zu ihrem Online-Kaufverhalten befragt (vgl. Capgemini 2012). Der Produktfokus lag hierbei in den Kategorien Konsumgüter (Nahrungsmittel, Gesundheit und Mode), Heimwerker- und Elektronikprodukte. Als Hauptergebnis der Studie konnten je nach Nutzungsintensität digitaler Kanäle sechs verschiedene Kundensegmente charakterisiert werden können (vgl. Abb. 5).

Das Internet (z. B. Internetseiten, Internetshops und Online-Vergleichsportale) ist weiterhin der primäre Kanal für die meisten digitalaffinen Kunden. Die vermehrte Nutzung von sozialen Medien und mobilen Endgeräten ist jedoch ein klarer Trend für die Zukunft. Regional gesehen sind in Bezug auf die Nutzung von sozialen Medien und mobilen Endgeräten die Käufer in den Staaten Osteuropas führend. Die am häufigsten gekauften Online-Produktkategorien sind Elektronik und Mode. Die Studie verdeutlicht, dass nahezu 60 Prozent der Konsumenten ein integriertes Kundenerlebnis über digitale und traditionelle Vertriebskanäle hinweg erwarten, dieses aber oft noch nicht von den Konsumgüterunternehmen geboten bekommen. Zudem sollten Unternehmen bei der Aufstellung ihrer Vertriebskanäle und der damit assoziierten Vertriebsorganisation berücksichtigen, dass es innerhalb der digitalaffinen Kunden verschiedene Kundensegmente gibt und daher auch der digitale Vertrieb differenzierter betrachtet werden muss.

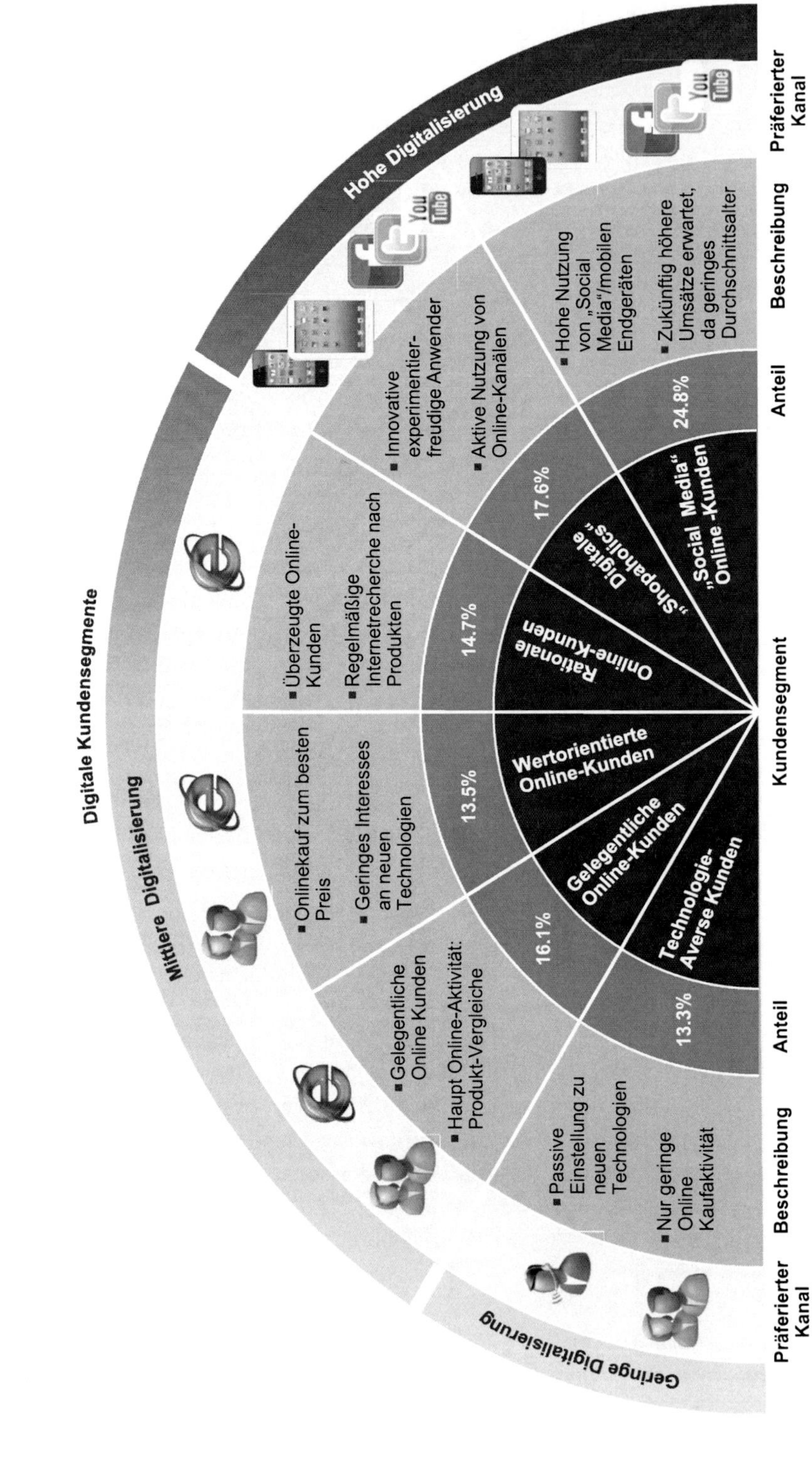

Abb. 5 Digitalisierung von Kundensegmenten (Quelle: Capgemini 2012)

Unternehmen sehen sich weiteren Herausforderungen gegenüber:

- **Flexibilität**
  Ein verändertes Konsumentenverhalten führt auch zu einer sich schnell verändernden Bedeutung von Vertriebskanälen. Dies erfordert von Unternehmen einen hohen Grad an Anpassungsfähigkeit der Vertriebsstruktur und organisatorische Flexibilität, um weiterhin bedarfsgerecht auf die Kundenbedürfnisse eingehen zu können. Größe und Komplexität der Vertriebsorganisation haben einen erheblichen Einfluss auf die Flexibilität. So können sich weniger komplexe Vertriebsorganisationen schneller und leichter neuen Kundenbedürfnissen anpassen. Beispielsweise hat Shell zu Beginn des Jahres 2012 seine deutsche Großkundenvertriebsorganisation regional kundennäher aufgestellt. Durch eine neue Verzahnung von Business Development und Vertrieb können die Produktideen aus dem Business Development besser Kunden zugänglich machen (vgl. Lohmann 2012).
- **Vertriebskanalintegration**
  Die strukturelle Integration von Vertriebskanälen, beispielsweise von digitalem und traditionellem Vertrieb, stellt die Unternehmen vor eine weitere Herausforderung. Bedingt durch soziale Medien und Internethandel sind die Unternehmen heutzutage gezwungen, ihre Vertriebskanäle zu integrieren und strukturell anzupassen. Insbesondere bei Unternehmensbranchen mit wenig erklärungsbedürftigen Produkten, zum Beispiel bei Autoversicherungen, Verlagsmedien wie Tageszeitungen, Zeitungsmagazinen und Büchern, spielt der Vertriebskanal Internet eine immer größere Rolle. Der Stellenwert des Filialgeschäfts rückt hier in den Hintergrund. Dennoch hat der traditionelle Vertriebskanal nach wie vor seine Berechtigung. Im Fokus der Vertriebsintegration stehen die Sicherstellung bzw. Ausweitung der Marktposition und die Erhöhung der Kundenzufriedenheit. Marktanalysen zeigen, dass „drei Viertel der Verbraucher beim Wechsel vom stationären zum Online-Handel bereits einmal den Händler gewechselt haben" (SMP 2012). Dies spricht dafür, dass die Vertriebskanäle heutzutage noch nicht genügend integriert sind und die Kunden leicht von einem Anbieter zum anderen wechseln.
- **Mitarbeiterqualifikation**
  Eine Neuausrichtung der Vertriebsorganisation von traditionellen hin zu digitalen Vertriebsstrukturen erfordert auch von den Mitarbeitern zusätzliche Qualifikationen. Die Mitarbeiter sollten frühzeitig in geplante Veränderungsprozesse einbezogen werden und, sofern sie nicht mit der Nutzung digitaler Medien vertraut sind, zumindest ein generelles Grundwissen (z. B. technische Nutzung und Online-Kommunikation) ebenso wie rechtliche Grundlagen beim Umgang mit Online-Medien vermittelt bekommen. Neben der Entwicklung von digitalen Fähigkeiten ist es auch wichtig, ein Bewusstsein für die Veränderung im Vertrieb zu schaffen. Ebenso muss bei Neueinstellungen von Vertriebsmitarbeitern die Generation der „Digital Natives" in bestehende, traditionelle Vertriebsstrukturen integriert werden.

- **Skalierbarkeit**
  Die Sicherstellung der Skalierbarkeit von Vertriebsorganisationen ist eine weitere Herausforderung, der sich Unternehmen stellen müssen. Wirtschaftliche Veränderungen verlangen oft nach einer raschen Größenanpassung, das heißt je nach Wirtschaftslage Vergrößerung oder Verkleinerung der Vertriebsorganisation. Insbesondere forschende Pharmaunternehmen passen ihre Vertriebsstrukturen häufig dem Produktlebenszyklus der vertriebenen Medikamente an. Bei Produkteinführungen wird die Außendienststärke hochgefahren, wohingegen sie beim Patentauslauf reduziert wird. Hierbei stehen die bestmögliche Ausschöpfung von Verkaufspotenzialen und der optimale Einsatz von Ressourcen im Vordergrund. Oft werden im Falle einer großen Produkteinführung Außendienstmitarbeiter flexibel von externen Dienstleistern zur eigenen Außendienstorganisation hinzugekauft.
- **Virtualisierung**
  Der Einsatz von mobilen Endgeräten ist nicht mehr aus dem Außendienst und somit aus Vertriebsorganisationen wegzudenken. Heutzutage werden interaktive und multimediale Schulungen und Weiterbildungen der Mitarbeiter eingesetzt. Unternehmen setzen verstärkt auf E-Learning und Virtual Trainings, um Trainingskosten zu minimieren und die Nutzungsflexibilität zu maximieren. Je nach Unternehmensgröße und -kultur verfügen die Vertriebsmitarbeiter über Smartphones oder Tablet PCs. Die Automobilbranche mit ihren verschiedenen Connectivity-Lösungen (die Vernetzung von Handy/Smartphones im Auto) arbeitet mit Hochdruck daran, das Auto zu einem mobilen Arbeitsplatz werden zu lassen. Die Vertriebsorganisation erhofft sich dadurch eine höhere Effizienz durch ständige Erreichbarkeit und schnelle Reaktionsgeschwindigkeit. Sogenannte virtuelle Teams, die es häufig im IT-Bereich gibt, sind auch ein mögliches Modell für die Vertriebsorganisation. Über Ländergrenzen hinweg kann beispielsweise der Außendienst oder das Callcenter kostenoptimiert gesteuert werden. Es gilt hierbei, die sprachlichen und landesspezifischen Unterschiede im Umgang miteinander zu berücksichtigen und zu integrieren, um erfolgreich zu sein.

5 Digitale Organisationsmodelle im Vertrieb

Grundsätzlich lassen sich vier verschiedene Organisationsmodelle für den digitalen Vertrieb unterscheiden (vgl. Abb. 6).

Im „Vertriebsmodell" ist der digitale Vertrieb, inklusive Vertriebsstrategie und operativer Umsetzung, in die Vertriebsorganisation integriert. Insbesondere kleinere Unternehmen, deren digitaler Vertrieb aus ein bis drei Mitarbeitern besteht, organisieren sich nach diesem Modell, zum Beispiel ein führender Verlag im deutschsprachigen Bildungswesen.

Das „Marketingmodell" ist oft historisch gewachsen, da in vielen Unternehmen digitale Kanäle zunächst für das Marketing genutzt wurden. Mit der Erweiterung der Digitalisierung auf den Vertrieb verbleibt die organisatorische Verantwortlichkeit für die digitale Marketing- und Vertriebsstrategie in der Marketingorganisation. Die operative Umsetzung

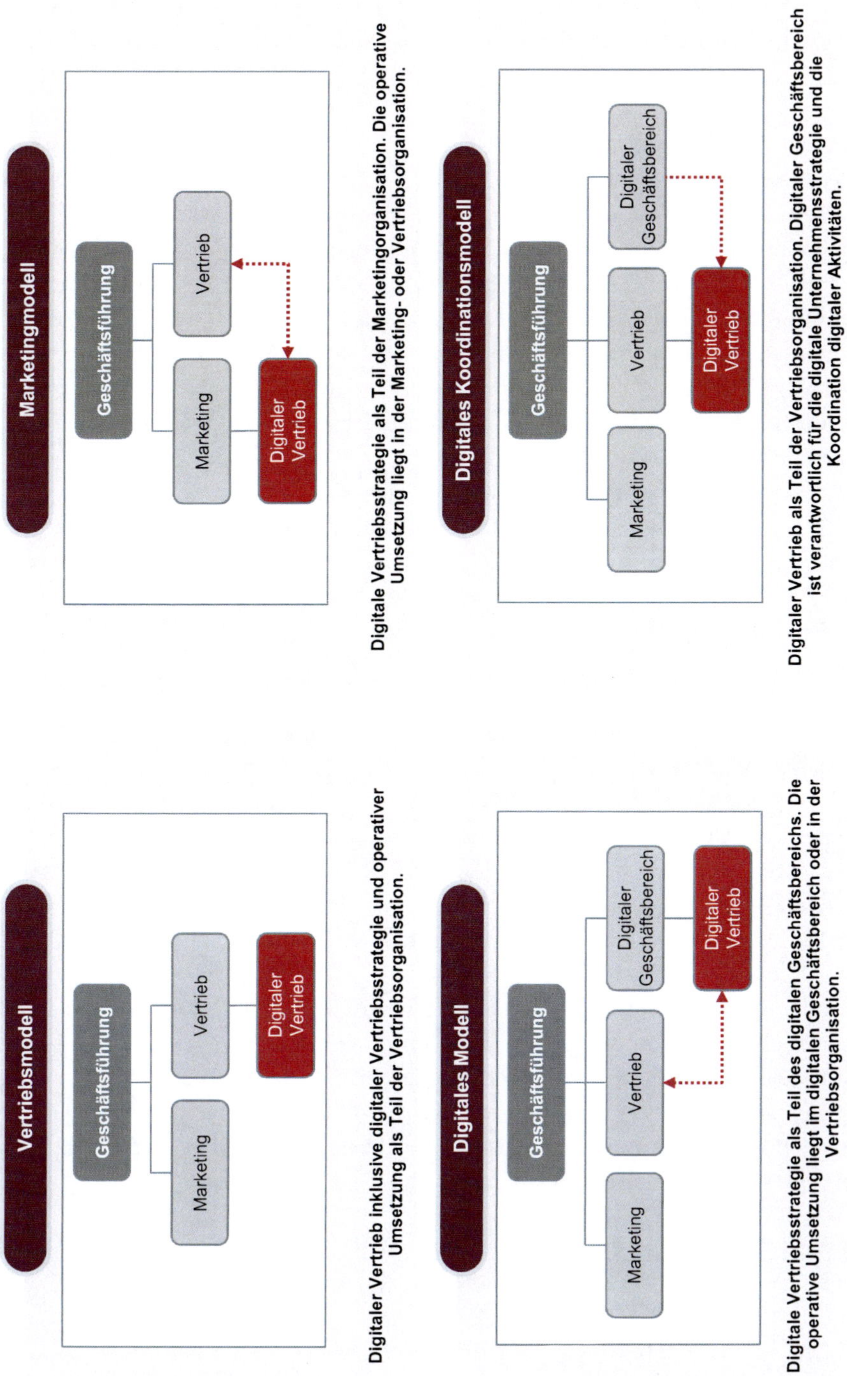

Abb. 6 Digitale Organisationsmodelle im Vertrieb (Quelle: Capgemini Consulting)

der digitalen Vertriebsstrategie mit den dazugehörigen Vertriebsstrukturen kann entweder in der Marketing- oder der Vertriebsorganisation erfolgen. Das Marketingmodell findet sich etwa in der Automobilindustrie wieder: Die „Online-Strategie" wird im Marketing entwickelt und operativ im Vertrieb umgesetzt.

Im „digitalen Modell" befindet sich in der Unternehmensorganisation ein eigenständiger digitaler Geschäftsbereich, der für alle digitalen Aktivitäten inklusive Vertrieb verantwortlich zeichnet. Die spanische Prisa-Gruppe, das größte iberoamerikanische Medienunternehmen und in 22 Ländern vertreten, hat diese digitale Transformation ihres Organisationsmodells vollzogen. Der CEO leitete eine radikale Veränderung für die im hohen Grade dezentralisierte Organisation ein: Eine zentralisierte digitale Organisationseinheit, um digitale Geschäftseinheiten zu koordinieren und zu unterstützen. Diese Position hat der sogenannte CDO (Chief Digital Officer) inne, der direkt an den CEO der Gruppe berichtet.

Auch im „digitalen Koordinationsmodell" findet sich eine dezidierte Organisation für den digitalen Bereich, die eine koordinierende und beratende Funktion hat. Die Verantwortung für den digitalen Vertrieb, inklusive Vertriebsstrategie und operativer Umsetzung, liegt jedoch in der Vertriebsorganisation. In diese Richtung denkt auch Volvo. Mitarbeiter mit speziellen „digitalen" Fähigkeiten sind dafür verantwortlich, über die verschiedenen Fachbereiche Produktion, Marketing, After Sales und Service hinweg die digitalen Vertriebseinheiten zu koordinieren (vgl. Capgemini Consulting und MIT Center for Digital Business 2012).

6 Ausblick – Vertrieb 3.0

Auch wenn es viele Unternehmen wünschen: Ein Patentrezept für eine idealtypische Aufstellung des Vertriebs gibt es bisher nicht und wird es wohl auch in Zukunft nicht geben. Daher sollte die Vertriebsorganisation regelmäßig im Hinblick auf die Ausrichtung ihrer Kundenbedürfnisse und Effizienz überprüft werden. Die richtige Vertriebsaufstellung von heute muss nicht der von morgen entsprechen.

Insbesondere die Beobachtung der Bedeutung von digitalen Vertriebskanälen erfordert die spezielle Aufmerksamkeit vieler Unternehmen. Viele Capgemini-Consulting-Kunden haben schon heute die Bedeutung digitaler Kanäle für den Vertrieb erkannt. In zahlreichen Projekten arbeiten wir mit unseren Kunden zusammen, um Vertriebsstrategien und -organisationen auf ihre Zukunftsfähigkeit hin zu überprüfen und Strategien für deren kontinuierliche Anpassung zu entwickeln.

Literatur

Capgemini (2011). Changing Dynamics Drive New Development in Technology and Business Models, in: Cars Online 11/12.

Capgemini (2012). Digital Shopper Relevancy. Profiting from Your Customers' Desired All-Channel Experience. www.capgemini.com/DigitalShopperRelevancy. Zugegriffen: 12.02.2012.

Capgemini Consulting (2012). Digital Transformation: making it happen, in: Digital Transformation Review n°3.

Capgemini Consulting, & MIT Center for Digital Business (2012). Governance: A Central Component of Successful Digital Transformation. MIT-CDB and Capgemini Consulting Joint Research Program on Digital Transformation.

Lohman, H. (2012). Markt- und Vertriebsstrategie der Shell in Deutschland, in: energate Gasmarkt, Ausgabe 8/12.

SMP (2012). Mythos Multi-Channel – Wie Marken ihre Kunden in den einzelnen Kanälen wirklich binden.

Best Practice: Zusammenführung von Vertriebsstrukturen im Rahmen einer Firmenfusion am Beispiel der Schäper Sportgerätebau GmbH

Sebastian Arndt und Josef Hesse

Inhaltsverzeichnis

1 Vertrieb in der Praxis

Dieser Praxisbeitrag soll Teil 2 dieses Buchs, die „koordinationsbezogene Perspektive der Vertriebsführung" abrunden. Nach einer kurzen Vorstellung des Unternehmens folgt die Darlegung unseres Verständnisses der Begriffe Vertrieb und Koordination. Anschließend werden die Vorgehensweise bei der Zusammenführung der Vertriebsstrukturen und die

Sebastian Arndt ✉
Schäper Sportgerätebau GmbH, Nottulner Landweg 107, 48161 Münster, Deutschland
e-mail: sarndt@sportschaeper.de
Josef Hesse
Nottulner Landweg 107, 48161 Münster, Deutschland
e-mail: jhesse@sportschaeper.de

L. Binckebanck et al. (Hrsg.), *Führung von Vertriebsorganisationen*,
DOI 10.1007/978-3-658-01830-6_13, © Springer Fachmedien Wiesbaden 2013

dabei erforderlichen Koordinationsinstrumente beschrieben. Den Abschluss bildet ein kurzer Ausblick in die Zukunft.

1.1 Die Schäper Sportgerätebau GmbH

Die Schäper Sportgerätebau GmbH (im Folgenden als Schäper bezeichnet) wurde 1960 als kleiner Tischlereibetrieb mit zwei Mitarbeitern in Münster gegründet (vgl. Hesse 2012). Bereits kurz nach der Gründung fokussierte sich das Unternehmen auf die Produktion von Sportgeräten für den Außenbereich (insbesondere Fußballtore, Stabhochsprunganlagen, Hürden usw.) – zuerst aus Holz, dann aus Aluminium und Stahl. Überwiegend liegen die Produktschwerpunkte heute im Ballsport- und Leichtathletikbereich. So werden mit rund 30 Mitarbeitern jährlich ca. 4000 Tore für verschiedene Ballsportarten, hunderte Hürden, Hindernisse und sonstige Sportgeräte aus Aluminium und Stahl produziert, die – neben anderen Artikeln – weltweit vertrieben werden. Mit seinen Produkten ist Schäper heute einer der Qualitätsführer in Deutschland und deshalb auch im Profisport (z. B. Fußballbundesligen) mit seinen Sportgeräten ein zuverlässiger Partner (für eine detaillierte Darstellung vgl. Ahlert et al. 2008). Obwohl das Unternehmen als „Kleinunternehmen" zu bezeichnen ist, agiert es heute nicht nur in Deutschland, sondern auch im europäischen und weltweiten Raum. Die nationale und internationale Vertriebsstruktur ist entscheidend für den Unternehmenserfolg, der mittlerweile bereits seit 50 Jahren anhält. Im März 2012 übernahm Schäper einen in etwa gleich großen Wettbewerber, die Firma W&H Sport Sportgerätebau GmbH aus Aalen in Süddeutschland, im Folgenden als W&H bezeichnet.

1.2 Vertriebspolitik und Vertrieb

Was genau ist eigentlich Vertrieb? Welche Aufgaben werden vom Vertrieb erfüllt und welche Zielsetzungen werden verfolgt? Eine exakte, einheitliche Begriffsklärung ist nur schwer aufzustellen. Vertrieb ist also immer unternehmensspezifisch zu definieren, sodass praktische Beispiele hier am aufschlussreichsten sein dürften (vgl. Hesse 2012). Festgehalten werden kann jedoch, dass es sich beim Vertrieb um die Schnittstelle zwischen Kunde und Unternehmen handelt, letztendlich mit dem einfachen Ziel, die hergestellten Produkte zu verkaufen (vgl. Hesse und Evanschitzky 2004). Dieses „Verkaufen" kann dabei im Rahmen eines direkten oder indirekten Vertriebs erfolgen. Unternehmen mit einem direkten Vertrieb vertreiben ihre Produkte ohne zwischengestellte Partner oder externe Vertriebsorganisationen. Sie bringen also die Produkte direkt zum Endkunden und betreuen diesen vom Angebot über die Abwicklung, bis hin zum möglichen Reklamationsmanagement. Beim indirekten Vertrieb gibt es eine bestimmte Vertriebsstruktur, die zwischen Unternehmen und Endkunden angesiedelt ist. Dies können beispielsweise Groß- oder Einzelhändler sein. Das Unternehmen arbeitet somit nicht direkt mit dem Kunden zusammen, sondern gibt viele der oben genannten Schnittstellen mit dem Endkunden an die Vertriebspartner weiter. Dies spart Ressourcen, schmälert aber meist auch die Marge (vgl. Hesse 2012). Die Vielschichtigkeit des Vertriebs unterstreicht die Notwendigkeit der Vertriebskoordination. Gerade wenn zwei bestehende Vertriebsstrukturen zusammengeführt werden, kommt der Koordination eine hohe Bedeutung zu.

1.3 Vertrieb von Schäper und W&H vor der Fusion

Die Vertriebsstruktur von Schäper und W&H war vor der Fusion in einigen Bereichen identisch. Beide Unternehmen unterschieden zwischen nationalem und internationalem Vertrieb. Sowohl Schäper als auch W&H setzten im internationalen Vertrieb auf einen engen Kontakt zu Vertriebspartnern, welche die Produkte in eigenem Namen und in eigener Verantwortung eigenständig vermarkten und verkaufen durften, und somit auf eine indirekte Form des Vertriebs. Im nationalen Bereich kombinierte Schäper den direkten mit dem indirekten Vertrieb. So bearbeitete Schäper die Bundesländer Nordrhein-Westfalen, Niedersachsen, Sachsen-Anhalt und Bremen direkt. Die restlichen Bundesgebiete wurden über drei Partner indirekt betreut. In Europa kooperierte Schäper mit 16 Partnern. Unter anderem wurden in der Türkei, in den Niederlanden, Norwegen, Schweden, Schweiz, Österreich oder Polen Schäper-Produkte durch Partnerunternehmen vertrieben. Im außereuropäischen Ausland arbeitete Schäper darüber hinaus mit Agenturen zusammen, die mehrere Länder bearbeiteten, beispielsweise Afrika oder den gesamten südamerikanischen Kontinent. Der Partner konnte die Produkte einkaufen und exklusiv an seine Kunden veräußern. Durch Kooperationsvereinbarungen war es Schäper untersagt, diese Länder direkt zu beliefern: Der Partner genoss indes ein exklusives Verkaufsrecht. Die Vertriebsstrategie von W&H war im Ausland ähnlich aufgestellt. Produkte wurden über Partner verkauft. Auch hier wurde in der Regel auf nur einen Partner je Land zurückgegriffen. Unterschiede in der Vertriebsstruktur beider Unternehmen zeigten sich dagegen insbesondere im nationalen Markt. So bearbeitete W&H den gesamten nationalen Markt direkt. Es wurden also keine Partnerunternehmen eingesetzt. Die Problematik bei der Zusammenführung beider Vertriebsorganisationen – insbesondere im nationalen Bereich – und die daraus resultierenden Anforderungen an die Koordination sollen im Folgenden noch dargestellt werden.

2 Koordination und Organisation

In der Literatur existieren viele unterschiedliche Definitionen zum Begriff der Koordination. Dies ist darauf zurückzuführen, dass der Begriff in mehreren Fachgebieten, etwa der Informatik, Organisationslehre oder Volkswirtschaftslehre, angewendet wird (vgl. Borchardt 2006). Grundsätzlich versteht man unter Koordination die Abstimmung und Ausrichtung der Leistungen arbeitsteiliger Organisationseinheiten im Hinblick auf ein bestimmtes Ziel. Durch die Dezentralisierung der Aufgaben innerhalb arbeitsteiliger Organisationseinheiten entstehen Abstimmungsprobleme, die durch Koordination minimiert werden können. Die dabei eingesetzten Koordinationsinstrumente können in Fremd- und Selbstkoordination eingeteilt werden (vgl. Kieser und Walgenbach 2010).

2.1 Fremdkoordination

Zur Fremdkoordination werden folgende Instrumente gezählt (vgl. Nicolai 2009):

- persönliche Weisungen durch Vorgesetzte,
- Programme und
- Pläne.

Bei der Koordination durch persönliche Weisung erteilt eine übergeordnete Instanz einer unterstellten Organisationseinheit Anordnungen. Diese werden durch Anweisungen an die unteren Einheiten weitergegeben. Die Vorgesetzten selbst haben die Entscheidungsbefugnis. Vorteilhaft ist die klare Abgrenzung der Entscheidungskompetenzen. Des Weiteren ist diese Koordinationsform sehr flexibel, da Entscheidungen ad hoc getroffen werden können. Nachteilig ist, dass die Instanzen durch die persönliche Koordination sehr stark in Anspruch genommen werden. Es besteht die Gefahr der Überlastung der Instanzen (vgl. Nicolai 2009).

Ein weiteres Instrument der Fremdkoordination ist die Koordination durch Programme. „Ein Programm bezeichnet dabei eine generelle organisatorische Regelung, die das Verhalten eines Organisationmitglieds im Vorhinein für bestimmte Situationen festlegt. Arbeitsprozesse werden durch Programme standardisiert" (Jost 2009, S. 342). Durch die immer gleiche Vorgehensweise werden Lerneffekte erzielt. Die Verantwortungsbereiche werden klar abgegrenzt und es findet eine Entlastung der Vorgesetzten statt, die im Regelfall nicht mehr befragt werden müssen (vgl. Jung et al. 2011). Vorteilhaft ist hier die bessere Arbeitseffizienz. Die Aufgaben werden schneller erfüllt. Nachteilig ist die mangelnde Flexibilität. Die Gefahr besteht, dass die Mitarbeiter die Programme routiniert anwenden und bei neuen Anforderungen nicht eigenständig reagieren (vgl. Nicolai 2009).

Ein Plan als Koordinationsinstrument beinhaltet Zielvorgaben, welche die Organisationsmitglieder für eine bestimmte Periode (in der Regel ein Jahr) erhalten. Diese Zielvorgaben sind ein Teil des Gesamtziels eines Unternehmens für eine bestimmte Planperiode. Durch die Aufteilung des Gesamtziels auf Teilziele wird sichergestellt, dass jede Einzelaktivität koordiniert wird. Erfüllt jedes Organisationsmitglied sein Teilziel, wird das Gesamtziel erreicht. Vorteile der Koordination durch Pläne liegen unter anderem in einer hohen Transparenz, da alle Organisationsmitglieder über die Leistungserwartungen informiert sind. Nachteilig ist der hohe zeitliche und finanzielle Aufwand, der durch die regelmäßige Abstimmung der Pläne verursacht wird.

2.2 Selbstkoordination

Zur Selbstkoordination gehören die folgenden Instrumente (vgl. Nicolai 2009):

- Selbstbestimmung,
- interne Märkte,
- Unternehmenskultur und
- Professionalisierung.

Bei der Koordination durch Selbstbestimmung erhalten die unteren Stellen die Entscheidungs- und Weisungsbefugnis. Hier tritt ein Koordinationsmechanismus auf, der die Abstimmung der betreffenden Stellen untereinander auflöst. In der heutigen Zeit wird diese Form insbesondere durch das Telefon, Internet, Videokonferenzen und E-Mails unterstützt. Aufgrund der selbstständigen und eigenverantwortlichen Arbeit sind die Mitarbeiter motivierter. Durch die flache Hierarchie können schnellere Entscheidungen gefasst werden. Nachteilig zu erwähnen ist ein möglicher Machtkampf, der unter den Mitarbeiter entstehen kann (vgl. Nicolai 2009).

Ein weiteres Instrument sind die sogenannten „internen Märkte". Durch den Marktmechanismus werden Angebots- und Nachfragemenge auf realen Märkten gesteuert. Diese Möglichkeit kann sich der Unternehmer zu eigen machen, indem er innerhalb des Unternehmens Verrechnungspreise für gehandelte Güter festsetzt, wenn intern eine Kunden-Lieferanten-Beziehung besteht (vgl. Jung et al. 2011). Von Vorteil hierbei ist, dass die Kosten für alle Beteiligten leicht nachvollziehbar sind. Ineffiziente Abteilungen werden dadurch schnell aufgedeckt. Ein Nachteil ist der hohe Korrekturaufwand, da die Verrechnungspreise regelmäßig überprüft werden müssen, vor allem dann, wenn sich die Preise für Ressourcen stark ändern (vgl. Nicolai 2009).

Auch eine Unternehmenskultur kann zur Koordination herangezogen werden. Aus einer starken Kultur kann sich ein Zusammengehörigkeitsgefühl der Mitarbeiter entwickeln. Durch die Verinnerlichung der gemeinsamen Normen, Werte und Ziele entwickelt sich ein einheitliches Verhaltensmuster unter den Mitarbeitern. Es fällt ihnen leichter, miteinander zu kommunizieren. Gerade nach einer Firmenfusion oder anderen Unternehmenszusammenschlüssen muss eine gemeinsame Unternehmenskultur gebildet werden, damit sich die Mitarbeiter mit den Visionen und Zielen des Unternehmens identifizieren und sich schnellstmöglich für das neue Unternehmen engagieren.

Auch die Koordination durch Professionalisierung zählt zu den Instrumenten der Selbstkoordination. „Mit Professionalisierung wird der Erwerb fundierten Fachwissens bezeichnet" (Jung et al. 2011, S. 408). Hier geht es vor allem um das Fachwissen der Mitarbeiter sowie die fachspezifischen Ausdrücke. Die Professionalisierung wird primär durch die Ausbildung der Mitarbeiter sichergestellt. Das Unternehmen kann davon ausgehen, dass beispielsweise alle Absolventen eines Betriebswirtschaftsstudiums den gleichen Grundstock an Fachsprache vorweisen können. Dadurch wird die Verständigung im Betrieb gefördert und das Arbeiten an gemeinsamen Projekten erleichtert. Die Koordination erfolgt über die Standardisierung der Fähigkeiten und Kenntnisse der Mitarbeiter (vgl. Jung et al. 2011). Ein Vorteil ist, dass die Professionalisierung zu einem großen Teil außerhalb des Unternehmens stattfindet. Die Ausbildung wird von (Hoch-)Schulen übernommen und somit sind die Koordinationskosten für das Unternehmen eher gering. Nachteilig kann der hohe Zeitaufwand für die Professionalisierung der Mitarbeiter sein, wenn ein hohes unternehmensspezifisches Fachwissen notwendig ist (vgl. Nicolai 2009).

3 Vertriebskoordination bei Schäper

3.1 Der Vertrieb nach der Fusion

Nach der Unternehmensfusion musste der Vertrieb von Schäper umstrukturiert werden. Dies war darin begründet, dass sowohl Schäper als auch W&H die nahezu gleichen Märkte mit identischen Produkten bearbeitet haben. Wären beide Unternehmen ohne Veränderungen im Markt geblieben, so wären die Unternehmen respektive Marken in eine Wettbewerbssituation geraten. Nach der Fusion stellt sich die Situation wie in Abb. 1 gezeigt dar. Schäper integrierte die Produktleistungen von W&H vollständig. Das Unternehmen W&H wurde geschlossen, die Marke W&H jedoch erhalten. Im Folgenden wird also von der Marke Schäper und der Marke W&H gesprochen. Das Unternehmen Schäper respektive die Marke Schäper wird auch künftig Nordrhein-Westfalen, Niedersachsen, Sachsen und Sachsen-Anhalt direkt an Endkunden bzw. in den verbleibenden Bundesländern über die etablierten Partner vertrieben. Im internationalen Vertrieb bleibt die bestehende Struktur von Schäper bestehen. Auf der anderen Seite zieht sich W&H respektive die Marke W&H im Inland von der direkten Marktbearbeitung zurück. Der Vertrieb von W&H-Produkten findet nur noch indirekt über den Sportfachhandel statt. Darüber hinaus wurde die Produktpalette einfacher gestaltet und preislich angepasst, um günstige Alternativen (im Vergleich zu den Schäper-Produkten) am Markt zu etablieren. Durch die differenzierte Marktbearbeitung von Schäper und W&H wird eine Kannibalisierung der Produkte vermieden. Sowohl das Unternehmen Schäper als auch die Vertriebspartner der Firma Schäper können als „Händler" günstigere Produkte der Marke W&H in ihr Produktportfolio integrieren. Durch die Neuausrichtung von W&H auf Handelsunternehmen soll zudem ein neuer Markt erschlossen werden. Im internationalen Bereich übernimmt das Unternehmen Schäper die Kunden von W&H und somit die komplette internationale Marktbearbeitung. Internationalen Partnern werden sowohl Schäper-Geräte als auch günstigere W&H-Geräte angeboten.

3.2 Koordination des Vertriebs nach der Fusion

Für die Koordination des gemeinsamen Vertriebs von Schäper und W&H kommen sowohl die Instrumente der Fremdkoordination als auch jene der Selbstkoordination zum Ein-

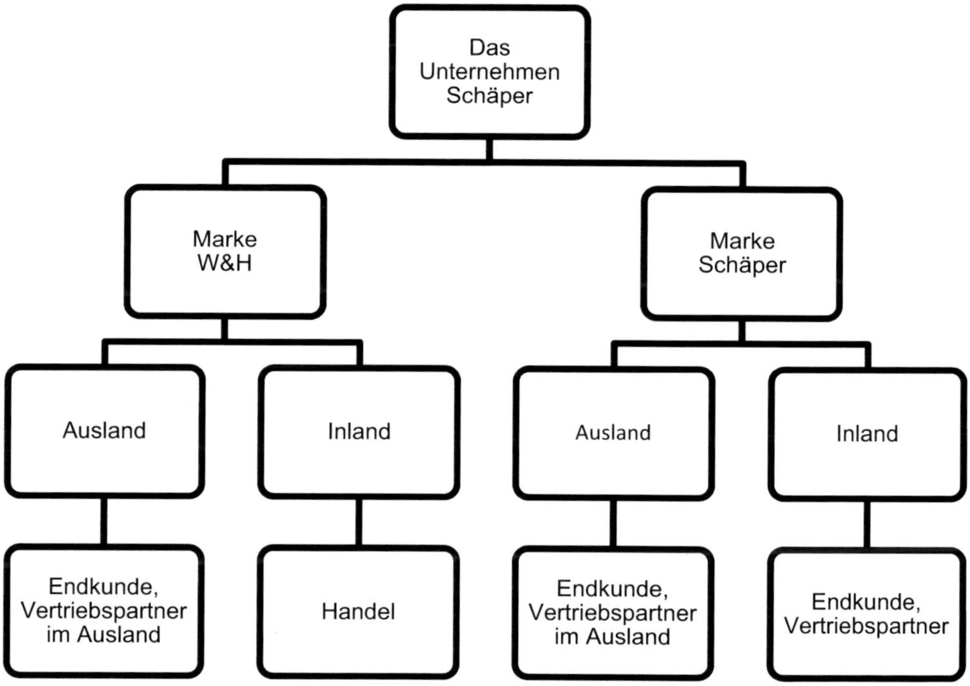

Abb. 1 Die Vertriebsstruktur der Firma Schäper

satz. Bei der Übernahme des Unternehmens W&H bzw. der Neugestaltung des Vertriebs spielte die persönliche Weisung von Vorgesetzten eine große Rolle. So wurden bereits vor der Fusion Mitarbeiter von Schäper auf die Übernahme hin ausgebildet und geschult. Diese Mitarbeiter sind der verlängerte Arm der Geschäftsführung aus Münster und müssen dafür sorgen, dass die Unternehmens- respektive Vertriebsziele entsprechend umgesetzt werden. Um eine Überlastung durch eine erhöhte Koordination zu vermeiden, werden die Instrumente „Programme" und „Pläne" zusätzlich eingesetzt. So werden Vertriebsziele gemeinsam definiert und gemeinsam Programme zur Umsetzung der Ziele entwickelt. Durch die regelmäßige Überprüfung und den Einsatz von Anreizen bei Zielerreichung findet eine fortlaufende Kontrolle und ggf. nötige Anpassung der Pläne und Ziele statt.

Bei der Fremdkoordination wird vor allem auf die Selbstbestimmung zurückgegriffen. Dafür werden den qualifizierten Mitarbeitern von Schäper viele Handlungsspielräume im Rahmen ihrer Zuständigkeiten erteilt. Das eigenverantwortliche und selbstständige Arbeiten wird dadurch gefördert, gleichzeitig kommt eine Entlastung der Vorgesetzten zustande. Die Mitarbeiter sind motivierter und stärker an der Erreichung der Unternehmensziele interessiert. Im Bereich des Controllings wird das Instrument der „internen Märkte" angewendet. Sowohl Schäper als auch W&H treten untereinander als Lieferanten auf. Hier ist es wichtig, eine transparente Verteilung der Kosten zu erzielen. Ineffiziente Prozesse und Abteilungen sollen so schneller aufgedeckt werden.

Der Aufbau einer gemeinsamen Unternehmenskultur spielte eine entscheidende Rolle bei der Koordination der verschiedenen Standorte. Die Geschäftsleitung hat vor allem die Integration der neuen Mitarbeiter schnell vorangetrieben. Mitarbeiter des neuen Standorts wurden nach Münster geholt. So wurde sichergestellt, dass sich die Mitarbeiter für das neue Unternehmen engagieren und sich mit den Visionen und Zielen von Schäper identifizieren. Starke Umsatzeinbrüche konnten so vermieden werden. Die EDV-Systeme mussten darüber hinaus neu strukturiert werden. Gerade im Hinblick auf die Synchronisation der Warenwirtschaftssysteme war ein einheitlicher Server für beide Standorte notwendig. Der Zugriff auf dieselben Daten sollte beiden Standorten möglich gemacht werden. Die Überprüfung sowie Aktualisierung der Daten erfolgt weiterhin zentral aus Münster. Hierdurch konnte der Bedarf an zusätzlichem Personal gesenkt werden. Das Instrument der „Professionalisierung" wurde ebenso eingesetzt. In regelmäßigen Abständen werden Mitarbeiter des neuerworbenen Standorts nach Münster eingeladen, um an firmeninternen Schulungen teilzunehmen. Die Fachkenntnisse sowie Fertigkeiten von Schäper, die durch langjährige Erfahrungen entwickelt worden sind, sollen durch diese Maßnahme übertragen werden. In beiden Betrieben wurden beispielsweise die maschinellen Einrichtungen in der Produktion sowie die Zulieferer angepasst. Letzteres führte unter anderem zu einer Verbesserung der Einkaufskonditionen durch die Bündelung der Bestellmengen. In Bezug auf die Sicherheitsvorkehrungen wurden gemeinsame Arbeitsschutzeinrichtungen sowie Schutzmaßnahmen entwickelt. Ein einheitlicher Standard an beiden Standorten wird so sichergestellt.

4 Ausblick

Neben einer effizienten Logistik ist es vor allem der Vertrieb und die damit verbundenen Koordinationsmaßnahmen, die auch künftig den zentralen Faktor für den Erfolg des Unternehmens Schäper darstellen werden. Durch den Erwerb des zusätzlichen Standorts bzw. der Marke W&H können Synergien unter anderem in den Bereichen Logistik, Produktion und Vertrieb realisiert werden. Durch eine differenzierte Distributionspolitik wird der Konkurrenzkampf zwischen den Marken W&H und Schäper vermieden, und gleichzeitig können neue Marktfelder erschlossen werden. Neben den Chancen birgt eine Fusion aber auch erhebliche Risiken. Die notwendigen Abstimmungsprozesse zur Vermeidung dieser Risiken –abgesehen von den Marktrisiken – bedürfen des Einsatzes verschiedenster Koordinationsinstrumente sowie der Schaffung einer entsprechenden Infrastruktur, die die reibungslose Durchführung der Instrumente ermöglicht. Die nächsten zwei Jahre werden zeigen, ob die Neupositionierung der Marke W&H erfolgreich sein wird und ob diese sich bei den nationalen Händlern etabliert. Zudem wird sich zeigen, wie reibungslos die verschiedenen Koordinationsinstrumente eingesetzt werden können und ob deren Einsatz zur Zielerreichung effizient beitragen kann.

Literatur

Ahlert, D., Hesse, J., Kruse, P., & Kawohl, J. (2008). *„Transolve" – Transformationsprozess vom Produzent zum Solution Seller am Beispiel des KMU „Schäper Sportgerätebau GmbH" – Mögliche Optionen für KMU*. Münster.

Borchardt, A. (2006). *Koordinationsinstrumente in virtuellen Unternehmen – Eine empirische Untersuchung anhand lose gekoppelter Systeme*. Wiesbaden.

Hesse, J. (2012). Best Practice: Die internationale Vertriebsorganisation der Firma Schäper Sportgerätebau GmbH. In L. Binckebanck (Hrsg.), *Internationaler Vertrieb: Grundlagen, Konzepte und Best Practices für Erfolg im globalen Geschäft* (S. 490–495). Wiesbaden: Belz, C.

Hesse, J., & Evanschitzky, H. (2004). Vertrieb in der Konsumgüterindustrie. In D. Ahlert, J. Becker, H. Evanschitzky, J. Hesse, & R. Salfeld (Hrsg.), *Exzellenz in Markenmanagement und Vertrieb, Grundlagen und Erfahrungen* (2. Aufl. S. 75–88). Münster.

Jost, P. (2009). *Organisation und Koordination – Eine ökonomische Einführung* (2. Aufl.). Wiesbaden.

Jung, R. H., Bruck, S., & Quarg, S. (2011). *Allgemeine Managementlehre* (4. Aufl.). Berlin.

Kieser, A., & Walgenbach, P. (2010). *Organisation* (6. Aufl.). Stuttgart.

Nicolai, C. (2009). *Betriebliche Organisation*. Stuttgart.

Teil III
Operative Perspektive der Vertriebsführung

Operatives Vertriebsmanagement

Alexander Tiffert

Inhaltsverzeichnis

L. Binckebanck et al. (Hrsg.), *Führung von Vertriebsorganisationen*,
DOI 10.1007/978-3-658-01830-6_14, © Springer Fachmedien Wiesbaden 2013

1 Einleitung

Der dritte Teil dieses Buchs befasst sich mit der operativen Seite der Vertriebsführung. Wir grenzen das operative Vertriebsmanagement dabei funktional von einer strategischen und auf die Schnittstellen bezogenen Perspektive ab und begreifen das Verhältnis der beiden wie folgt:

Das strategische Vertriebsmanagement definiert einen Handlungsrahmen, in dem operativ die jeweiligen Ressourcen möglichst optimal im Hinblick auf die Unternehmens- bzw. Vertriebsziele koordiniert werden können. Bildlich gesprochen: Die strategische Perspektive des Vertriebsmanagements stellt den Bilderrahmen dar, das operative Vertriebsmanagement füllt diesen mit konkreten Inhalten aus.

Was gehört nun in einen solchen Rahmen, welche Aufgaben gilt es im operativen Vertriebsmanagement zu erfüllen? In der Fachliteratur werden – je nachdem, wie die Autoren strategische und operative Perspektive voneinander abgrenzen (vgl. Wieseke und Rajab 2011) – viele verschiedene Aufgabenbündel vorgeschlagen. Hier ist es schwierig, eine allgemeingültige Antwort zu finden.

Wir wollen uns an dieser Stelle mit einem Blick in die Praxis behelfen und anhand eines praktischen Beispiels überlegen, mit welchen operativen Aufgaben ein Vertriebsmanager konfrontiert sein könnte. Dabei heften wir uns an die Fersen des fiktiven Herrn Bernhard Jäger. In unserem Beispiel arbeitet Herr Jäger für einen schweizerischen Hersteller von Lebensmittelverpackungen. Das Hauptprodukt – eine Frischhaltefolie, die die Haltbarkeit von Lebensmitteln verlängert – hat weltweites Marktführerpotenzial. Herr Jäger war bereits im Heimatmarkt sehr erfolgreich und soll nun ein Vertriebsnetz in Deutschland aufbauen, um neue Kunden in der Lebensmittelindustrie zu gewinnen und sich vor Ort um Bestandskunden zu kümmern, die vorher aus der Schweiz betreut wurden. Von seinem Vorstand wurden ihm die strategischen Vorgaben, die Ziele und das Budget mitgeteilt. Was gibt es nun für Herrn Jäger zu tun?

Aus unserer Erfahrung sind es vor allem die folgenden Aufgaben, die auf Herrn Jäger zukommen (vgl. auch Fließ 2006):

- Ausgestaltung der Vertriebsstruktur in den definierten Zielmärkten,
- Festlegung von Rollen und Formulierung der Aufgabenbeschreibungen,
- Gestaltung und Umsetzung von Ziel- und Vergütungssystemen,
- Personalauswahl, Personalbeurteilung und Personalentwicklung sowie
- Motivation der Mitarbeiter als kontinuierliche Führungsaufgabe.

Im Folgenden wollen wir uns näher mit diesen Aufgaben beschäftigen und auch darauf eingehen, welche Herausforderungen Herr Jäger in jedem Bereich meistern muss. So gewinnen wir einen grundsätzlichen Blick auf das Thema.

Alexander Tiffert ✉
Vertriebsentwicklung mit Kultur, Hemmingstedter Weg 154, 22609 Hamburg, Deutschland
e-mail: at@dr-tiffert.de

Bei unseren Betrachtungen wollen wir aber nicht nur die jeweiligen Herausforderungen benennen, sondern Herrn Jäger auch Ideen mitgeben, wie er sie in der Praxis lösen könnte. Unseren Text verstehen wir dabei als eine Einführung mit dem Ziel, einen fundierten und gleichfalls praxisorientierten Überblick zu gewinnen. Um den Rahmen dieser einführenden Darstellung nicht zu sprengen, werden wir uns dabei an der einen oder anderen Stelle auf ausgewählte Aspekte beschränken müssen und vor allem auf diejenigen eingehen, die sich aus unserer Sicht als unerlässlich herausgestellt haben. Zur Vertiefung der hier angerissenen Ausführungen möchten wir in jedem Fall auf die weiterführenden Beiträge in diesem Buch verweisen.

2 Ausgestaltung der Vertriebsstruktur in den definierten Zielmärkten

2.1 Anmerkungen zum Hintergrund

Herr Jäger steht vor der Aufgabe, auf Grundlage der Strategie des Vorstands und der daraus übersetzten Vertriebsstrategie eine reale Vertriebsstruktur zu schaffen. Alle vorbereitenden strategischen Überlegungen zu Zielmärkten und zur grundsätzlichen Ausrichtung der Vertriebseinheit wurden also bereits angestellt und müssen nun Schritt für Schritt umgesetzt werden. Herrn Jägers erster Meilenstein ist ein klares Konzept, aus dem hervorgeht, mit welcher Anzahl von Vertriebsmitarbeitern er am deutschen Markt aktiv werden will und wie er den Markt in einzelne Vertriebsgebiete aufteilt.

Seine wesentlichen Arbeitsschritte sind also:

- Abschätzung der notwendigen Vertriebsressourcen und
- Festlegung der Verkaufsgebiete.

Zunächst wird sich Herr Jäger überlegen, wie viele Vertriebsmitarbeiter er einstellen sollte. Bei derartigen Schätzungen ist es natürlich wichtig, die Kosten im Blick zu behalten – Herr Jäger muss beachten, welches Budget er zur Verfügung hat. Zudem ist zu berücksichtigen, dass die Ausweitung des Vertriebsteams nur in einem bestimmten Umfang sinnvoll ist (vgl. Fogg und Rokus 1973) und hierbei auch das Gesetz des abnehmenden Grenznutzens gilt. Dieses Prinzip geht davon aus, dass der Nutzen weiterer Außendienstmitarbeiter sukzessive abnimmt, bis irgendwann der „Grenznutzen" erreicht ist und die weitere Aufstockung der Vertriebsmannschaft keinen zusätzlichen Ertrag, sondern nur höhere Kosten bringt (vgl. Wöhe 2010).

In einem zweiten Schritt muss sich Herr Jäger mit den Verkaufsgebieten beschäftigen. Ein Verkaufsgebiet ist ein geografisch abgeschlossener Bereich, in dem ein Vertriebsmitarbeiter, aufbauend auf konkreten Zielvorgaben, eigenverantwortlich die Verkaufsarbeit organisiert (vgl. Goehrmann 1984). Ziel einer optimalen Gebietsplanung ist es, auf der einen Seite die Kosten der Kundenbearbeitung zu minimieren – beispielsweise durch eine Senkung der Reisekosten, indem eine effiziente Routenplanung ermöglicht oder Besuchsüberschneidungen vermieden werden. Auf der anderen Seite ist sicherzustellen, dass bereits bestehende oder potenzielle Kunden ausreichend erreicht werden können. Ein weiteres Ziel besteht zudem darin, Vergleiche in der Kundenbearbeitung zwischen verschiedenen Vertriebsmitarbeitern zu ermöglichen (vgl. Goehrmann 1984).

2.2 Abschätzung der notwendigen Vertriebsressourcen

Um eine sinnvolle Anzahl der Vertriebsmitarbeiter in Erfahrung zu bringen, stehen Herrn Jäger verschiedene Verfahren zur Verfügung, von denen wir hier vier Beispiele vorstellen wollen (vgl. Fließ 2006). In der Reihenfolge der Darstellung nimmt dabei die Komplexität der Berechnung zu, gleichzeitig steigt aber auch die Genauigkeit. Es handelt sich um:

- die Breakdown-Methode,
- die „What can I afford?“-Methode,
- das Arbeitslastverfahren und
- die Grenzwertmethode.

Die Breakdown-Methode ist eine sehr einfache Näherungsrechnung. Es ist zunächst der Umsatz für eine Vertriebsregion zu schätzen und dieser dann durch den geschätzten durchschnittlichen Umsatz eines Vertriebsmitarbeiters zu teilen. Daraus ergibt sich die Anzahl der benötigten Verkäufer. Um hier überhaupt Schätzungen zu ermöglichen, wird häufig auf Zahlen aus anderen Märkten oder auch anderen Branchen als Benchmark zurückgegriffen. Allerdings können so nur sehr ungenaue Ergebnisse ermittelt werden und Produktivitätsunterschiede oder andere Schwankungen werden nicht berücksichtigt. Ebenfalls nicht inbegriffen sind die Kosten für die Außendienstmannschaft – somit lässt sich auch ein möglicher Deckungsbeitrag nicht abschätzen.

Die „What can I afford?“-Methode arbeitet ebenfalls mit Schätzungen, allerdings werden hierbei die zu erwartenden Kosten mit betrachtet. Die Grundidee lautet, zunächst den Gesamtumsatz zu schätzen und dann das zur Verfügung stehende Verkaufsbudget zu ermitteln. Im Anschluss wird das Verkaufsbudget durch die zu erwartenden Fixkosten pro Mitarbeiter geteilt. Hieraus ergibt sich dann die Anzahl der einzustellenden Außendienstmitarbeiter (als Beispiel vgl. Abb. 1). Bei diesem Ansatz geht es also weniger darum, wie viele Mitarbeiter Herr Jäger brauchen könnte, als vielmehr um die Frage, wie viele er sich leisten kann.

Beim Arbeitslastverfahren berechnet sich die Anzahl der notwendigen Außendienstmitarbeiter, indem ein Gesamtwert für den Kundenbetreuungsaufwand ermittelt und dann ins Verhältnis zur verfügbaren Verkaufszeit gesetzt wird. Eine ganz einfache Beispielrechnung (vgl. Fließ 2006):

$$\text{Zahl der ADM} = \frac{\text{Kundenzahl} \cdot \text{Zahl der Besuche pro Kunde im Jahr}}{\text{Reisetage pro ADM im Jahr} \cdot \text{Zahl der Besuche pro ADM pro Tag}}.$$

Wert		Bedeutung
20.000.000 EUR		Erwarteter Umsatz pro Jahr
X 0,06		Umsatzanteil für Gehälter, Provisionen, Reisekosten etc.
1.2000.000 EUR		Verkaufsbudget pro Jahr
X 0,85		Anteil für den Außendienst (15 % für Verkaufsleitung)
1.020.000 EUR		Budget für den Außendienst pro Jahr
1.020.000 EUR		Verfügbares Budget pro Jahr
————	=	————
90.000 EUR		Gehalt (Fixum) und sonstige Ausgaben je Verkäufer pro Jahr
= 11 ADM	=	Zahl der einzustellenden Außendienstmitarbeiter (ADM)

Abb. 1 Beispiel für die „What can I afford?"-Methode (Quelle: In Anlehnung an Fließ 2006)

Grundsätzlich lässt sich die Formel beliebig weiter ausdifferenzieren und beispielsweise die Anzahl der Besuche für verschiedene Kundengruppen unterscheiden (vgl. Fließ 2006). Aus unserer Sicht bietet das Arbeitslastverfahren einen guten Kompromiss zwischen dem Aufwand der Datenerhebung bzw. -schätzung und der Ungenauigkeit, die entsprechende Hochrechnungen mit sich bringen.

Das Verfahren der Grenzwertmethode berücksichtigt explizit das bereits angesprochene Prinzip des abnehmenden Grenznutzens. Dabei werden die Kosten des Einsatzes eines weiteren Vertriebsmitarbeiters zu den dadurch erzielten Ergebnissen ins Verhältnis gesetzt. Solche Berechnungen sind jedoch im Rahmen einer ersten Abschätzung sicherlich zu komplex, und auch die benötigte Datenlage steht zu diesem Zeitpunkt meist noch nicht zur Verfügung.

2.3 Vorgehen bei der Planung von Verkaufsgebieten

Entsprechend der ermittelten Anzahl der Vertriebsmitarbeiter ist Herr Jäger nun gefordert, Verkaufsgebiete festzulegen. Um spätere Konflikte zwischen den Vertriebsmitarbeitern zu reduzieren und möglichst vergleichbare Bedingungen zu schaffen, sollte Herr Jäger bei der Gebietsplanung die Nachfragepotenziale, aber auch die mögliche räumliche Ausdehnung der Gebiete berücksichtigen. Ansonsten kann es dazu kommen, dass einige Vertriebsmitarbeiter später deutlich mehr Reiseaufwand haben als andere. Im Idealfall bedenkt Herr Jäger zudem die Wettbewerbssituation, da diese den Aufwand der Kundenbearbeitung natürlich mit beeinflusst.

Die Gebietsplanung ist grundsätzlich ein sehr komplexer Prozess, der hohe Anforderungen an die Datenlage, aber auch die Datenverarbeitung stellt. Zum Glück gibt es heute eine ganze Reihe verschiedener Softwareprodukte, welche die Planung der Verkaufsgebiete deutlich vereinfachen. Kein Vertriebsmanager wird wie in früheren Zeiten mit farbigen

Stecknadeln vor einer großen Landkarte die Gebiete strukturieren. Vielmehr lassen sich entsprechende Überlegungen digital durchführen und überprüfen. Um die dahinterliegende Logik der Gebietsplanung zu verdeutlichen, wollen wir das Vorgehen aber doch einmal etwas näher betrachten.

Entsprechend den Überlegungen von Goehrmann kann die Gebietsplanung grundsätzlich als sechsstufiges Verfahren begriffen werden (vgl. zum Folgenden Goehrmann 1984):

1. Festlegung von Basisbezirken,
2. Ermittlung des Nachfragepotenzials der Basisbezirke,
3. Aggregation der Basisbezirke zu einer ersten Gebietsstruktur,
4. Durchführung einer Arbeitslastanalyse,
5. Umstrukturierung der Gebiete aufgrund besonderer Arbeitslastunterschiede,
6. Zuordnung des Verkaufsaußendienstes.

Im Rahmen der Festlegung von Basisbezirken gilt es, das gesamte Marktgebiet in sinnvolle kleine, geografisch abgrenzbare Bezirke zu unterteilen. Das können zum Beispiel Bundesländer, einzelne Städte oder auch Postleitzahlengebiete sein. Welche Einteilung hierbei gewählt wird, hängt beispielsweise davon ab, wie differenziert entsprechende Marktdaten vorliegen und wie kleinteilig später entsprechende Gebiete gebildet werden sollen. Je kleiner die Unterteilung der Basisbezirke ist, desto genauer lassen sich auch die Nachfragepotenziale zusammenfassen.

Für die verschiedenen Basisbezirke sind im nächsten Schritt die Nachfragepotenziale zu bestimmen. Entweder können die notwendigen Marktdaten vom Unternehmen selbst ermittelt werden oder sie müssen von einem externen Marktforschungsinstitut erworben werden. In manchen Situationen kann es auch notwendig sein, die Marktpotenziale zu schätzen. Dazu ist beispielsweise zu überlegen, wie viele potenzielle Kunden im Gebiet ansässig sind. Dies wird dann mit dem durchschnittlich angenommenen Kundenumsatz multipliziert. Bei derartigen Schätzungen ist natürlich immer mit großen Abweichungen zu rechnen.

Im dritten Schritt gilt es, die Basisbezirke zu einer ersten Gebietsstruktur zusammenzufassen. Dabei sollten die jeweiligen Basisbezirke geografisch aneinander angrenzen, um später eine sinnvolle Routenoptimierung zu ermöglichen, sodass ein Mitarbeiter nicht durch das Gebiet eines anderen Mitarbeiters reisen muss. Weiterhin sollten in diesem ersten Durchgang die Gebiete so gebildet werden, dass sie alle ein vergleichbares Nachfragepotenzial aufweisen.

Im vierten Schritt ist die neu gebildete Gebietsstruktur einer Arbeitslastanalyse zu unterziehen. Dabei ist zu untersuchen, ob die entsprechenden potenziellen Kunden mit einem vergleichbaren Aufwand zu bearbeiten sind. Hierbei sollten beispielsweise auch die Wettbewerbssituation oder der potenzielle Umsatz pro Kunde sowie mögliche besondere Reise- oder sonstige Kontaktzeiten mit berücksichtigt werden.

Aufbauend auf den Ergebnissen der Arbeitslastanalyse ist zu entscheiden, ob die eingangs gebildete Gebietsstruktur so beibehalten werden kann oder ob entsprechende Um-

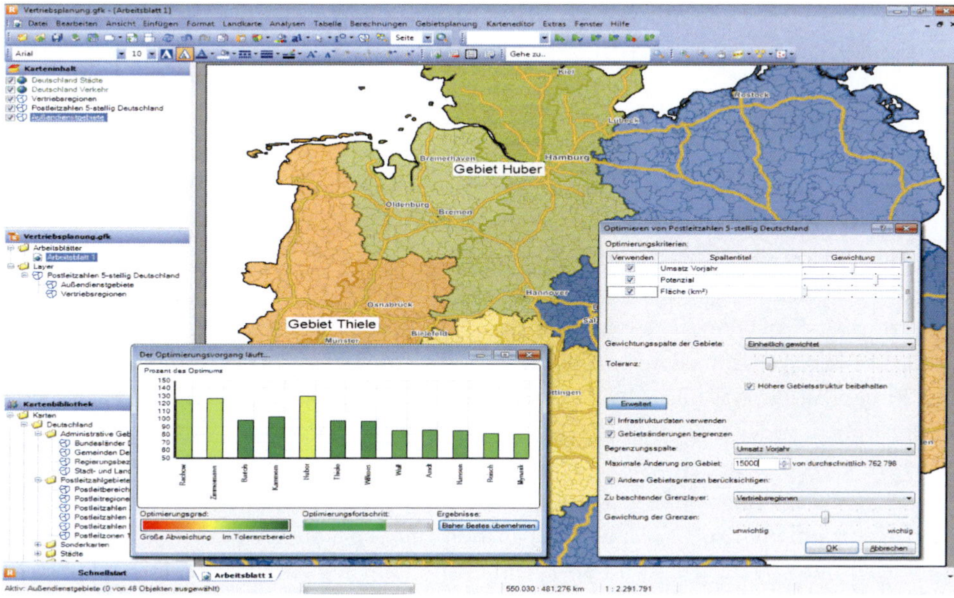

Abb. 2 Beispiel Planungstool: Planung und Optimierung von Verkaufsgebieten (Quelle: GfK Geo-Marketing GmbH[1])

strukturierungen der gebildeten Gebiete notwendig sind. Um eine Vergleichbarkeit der Gebiete zu ermöglichen und damit spätere Konflikte zu vermeiden, sollte darauf geachtet werden, dass sie sich im Hinblick auf die Potenziale, aber auch im Hinblick auf die Arbeitslast entsprechen.

Zum Schluss sind die jeweiligen Verkaufsmitarbeiter den jeweiligen Gebieten zuzuteilen. Sofern keine fachlichen Gründe dagegensprechen, orientiert sich dabei die Zuordnung zur Vermeidung unnötiger Reiseaufwendungen an den Wohnorten.

Wie bereits angeführt, gibt es eine ganze Reihe unterschiedlicher Softwarehilfen. In Abb. 2 ist exemplarisch ein Screenshot eines Planungstools der GfK GeoMarketing GmbH zu sehen.

[1] Dieser Screenshot wurde von der GfK GeoMarketing GmbH zur Verfügung gestellt.

3 Festlegung von Rollen und Formulierung der Aufgabenbeschreibungen

3.1 Anmerkungen zum Hintergrund

Die Vertriebsmitarbeiter müssen so eingesetzt werden, dass sie ihre Aufgaben möglichst effizient erfüllen und auch das Zusammenspiel untereinander sowie innerhalb des Unternehmens reibungslos verläuft. Um das sicherzustellen, sollten im Vorfeld die Rollen und Aufgaben klar definiert werden.

Hierfür hat es sich bewährt, entsprechende Rollenprofile zu definieren und dabei nicht nur die notwendigen Tätigkeiten, sondern auch die geforderten Qualifikationen zu bestimmen. Zudem ist die erforderliche Zusammenarbeit an den Schnittstellen – etwa Außen- und Innendienst oder auch mit anderen Abteilungen und Bereichen – festzulegen.

Bei unseren bisherigen Ausführungen haben wir nur die Außendienstmitarbeiter in den Fokus genommen, aber natürlich sind bei allen Überlegungen auch die Mitarbeiter im Vertriebsinnendienst, im Callcenter oder auch in anderen Abteilungen wie etwa dem Servicebereich miteinzubeziehen. Im Sinne einer funktionellen Aufgabenteilung sollte Herr Jäger daher zunächst grundsätzlich darüber entscheiden, welche Schwerpunktaufgaben durch welche Vertriebsinstanzen übernommen werden sollen (vgl. Becker und Binckebanck 2004).

Die Autoren Huckemann et al. (2000) schlagen vor, sich an der Idee der Prozessstrukturierung – wie etwa im Produktionsumfeld typisch – zu orientieren. Ein Prozess bezeichnet dabei eine Serie von Arbeitsschritten, die nötig sind, um aus einem bestimmten Input einen bestimmten Output zu erzeugen. Das charakteristische Merkmal des Prozessansatzes liegt dabei darin, eine Rollen- und Aufgabenverteilung nicht abteilungsbezogen zu gestalten, sondern den gesamten Ablauf – beispielsweise von der Kundenanfrage bis zum Abschluss – in den Fokus zu nehmen. Dadurch ist es viel leichter möglich – bzw. überhaupt erst möglich –, die gesamte Vertriebsarbeit auch über entsprechende Schnittstellen hinaus sinnvoll und nachhaltig zu gestalten und nicht nur einzelne Teilbereiche zu optimieren.

Im Produktionsumfeld ist ein derartiger Ansatz mittlerweile Standard und gängige Praxis. Im Vertriebsbereich liegt allerdings häufig überhaupt keine differenzierte Strukturierung vor. Der Vertrieb funktioniert in vielen Unternehmen oftmals wie eine „Black Box" (Huckemann et al. 2000, S. 5), deren Mechanismen völlig im Dunkeln bleiben. Das hat einen hohen Preis und führt oftmals zu erheblichen „Reibungsverlusten".

Eine gute Prozessstrukturierung ist zudem eine wichtige Vorbereitung für die weitere Planung von Zielsystemen, da damit überhaupt erst eine gezielte bzw. differenzierte und auf Aktivitäten ausgerichtete Zielsetzung möglich ist. Zudem erlaubt die Arbeit mit Verkaufsprozessen auch die Ermittlung von Kennzahlen, um Leistungsunterschiede oder zumindest Schwierigkeiten „auf dem Weg zum Kunden" rechtzeitig zu erkennen und ihnen gezielt entgegenzusteuern (vgl. auch Dannenberg in diesem Buch; Dannenberg und Zupancic 2008).

Für die Ausgestaltung der Rollen- und Aufgabenbeschreibung ergeben sich typischerweise drei Teilschritte:

1. Ermittlung der relevanten Verkaufsprozesse,
2. Beschreibung der relevanten Verkaufsprozesse und
3. Ableitung der Rollen- und Aufgabenprofile.

Es liegt auf der Hand, dass je nach Zielsetzung der Verkaufsaktivitäten unterschiedliche Arbeitsschritte anfallen und sich daraus auch unterschiedliche Verkaufsprozesse ergeben. So startet eine Neukundengewinnung üblicherweise mit der Selektion potenzieller Interessenten und der Terminvereinbarung für ein erstes Gespräch, während die Sicherung bestehender Kunden oder auch der Kundenausbau durch Cross Selling ganz andere Schritte verlangt. Zunächst ist also zu überlegen, was in der jeweiligen Vertriebssituation die relevanten Verkaufsprozesse sind.

Sobald die relevanten Verkaufsprozesse ausgewählt sind, müssen sie im Detail beschrieben werden. Das ist durchaus mit einigem Aufwand verbunden. Je unterschiedlicher die zu bearbeitenden Marktsegmente oder die Produkte, desto größer ist die Anzahl der möglichen zu definierenden Verkaufsprozesse. Um den Aufwand überschaubar zu halten, sollten sowohl der Detailierungsgrad als auch die Auswahl der Prozesse immer kritisch überprüft werden. Es muss klar sein, welche Detailtiefe tatsächlich einen erklärenden bzw. steuernden Mehrwert erbringt. Die Definition von Verkaufsprozessen ist kein Selbstzweck, es geht vielmehr um eine möglichst optimale Koordination der Aktivitäten der Beteiligten.

3.2 Ermittlung der relevanten Verkaufsprozesse

Um eine sinnvolle Beschreibung und Festlegung der Aktivitäten und Verantwortlichkeiten zu ermöglichen, ist zunächst zu überlegen, welche Prozesse für die jeweilige Vertriebseinheit relevant sind. Während unterschiedlicher Lebensphasen einer Vertriebsorganisation kann sich dies allerdings verändern.

Entsprechend der unterschiedlichen Zielsetzung der Verkaufsaktivitäten lassen sich grundsätzlich fünf verschiedene Arten von Verkaufsprozessen unterscheiden (vgl. zum Folgenden Huckemann et al. 2000, S. 11 ff.):

1. Basisverkaufsprozess „Kundenbetreuung und Kundenbindung",
2. Ausbauverkaufsprozess „Cross Selling",
3. Ausbauverkaufsprozess „Erhöhung des Lieferanteils",
4. Ausbauverkaufsprozess „Erhöhung der Verwendungshäufigkeit" und
5. Ausbauverkaufsprozess „Neukundengewinnung".

Die Zielsetzung des Basisverkaufsprozesses ist es, die bestehenden Kundenbeziehungen zu pflegen und die Kunden zu halten, um so die Position des Anbieters zu stabilisieren.

Huckemann et al. (2000) weisen darauf hin, dass erfahrungsgemäß durchschnittlich 70 bis 80 Prozent der gesamten Vertriebsaktivitäten auf diese Tätigkeiten entfallen, weshalb eine gute Strukturierung hier sehr wichtig ist: „Fehler in diesem Prozess können selbst durch Spitzenleistungen in anderen Verkaufsprozessen nicht mehr ausgeglichen werden" (Huckemann et al. 2000, S. 15).

Die Zielsetzung des Ausbauverkaufsprozesses „Cross Selling" besteht darin, Kunden mit hohem Kaufpotenzial auch zur Verwendung weiterer Produkte aus dem eigenen Portfolio zu bringen. Dazu zählen sowohl bereits bestehende als auch neu eingeführte Produkte.

Der Ausbauverkaufsprozess „Erhöhung des Lieferanteils" zielt auf die Erhöhung des Anteils der gelieferten Produkte und Dienstleistungen im Vergleich zu den Produkten und Dienstleistungen, die der Kunde bei Wettbewerbern kauft. Hier geht es also darum, sich im Wettbewerb stärker zu etablieren und den eigenen Anteil am Markt auszubauen.

Im Rahmen des Ausbauverkaufsprozesses „Erhöhung der Verwendungshäufigkeit" lautet das Ziel, den Kunden dazu zu bewegen, mehr von dem jeweiligen Produkt zu verwenden. Erfahrungsgemäß ist dies gerade im Komponentenvertrieb nicht so einfach, da dort die Verwendungshäufigkeit auch von den jeweiligen Kunden der Kunden abhängt.

Der Ausbauverkaufsprozess „Neukunden" zielt darauf ab, ganz neue Kunden zu gewinnen. Dies ist häufig die schwierigste und aufwendigste Form des Vertriebs und kann im Industriegütervertrieb mehrere Monate bis hin zu mehreren Jahren in Anspruch nehmen. Gerade bei sehr langwierigen Projekten erscheint es auch aus motivationaler Hinsicht hilfreich, diese in einzelne Etappen zu untergliedern.

In unserem Beispiel wird es zunächst stärker um die Gewinnung neuer Kunden gehen, die für Herrn Jäger am Anfang sinnvollerweise im Fokus steht. Mit weiterem Wachstum wird dann aber auch der Ausbau der Kunden wichtiger, und entsprechend wird sich das Aufgabenspektrum verändern.

3.3 Vorgehen zur Definition der Verkaufsprozesse

Sobald die primär relevanten Prozesse festgelegt wurden, gilt es, diese zu beschreiben: In welchen Schritten läuft der Prozess genau ab? Welche Instanzen sind daran beteiligt? Wer hat konkret was zu tun? Herrn Jäger kann also das folgende vierstufige Vorgehen empfohlen werden:

1. Beschreibung der grundsätzlichen Prozessstufen je Verkaufsprozess,
2. Identifikation der relevanten Akteure je Verkaufsprozess,
3. Beschreibung der Aktivitäten der Akteure je Prozessstufe und Verkaufsprozess,
4. Festlegung einer prozessübergreifenden Regelkommunikation.

Die Beschreibung der grundsätzlichen Prozessstufen je Verkaufsprozess meint die Festlegung der jeweiligen Arbeitsschritte bzw. Zwischenziele auf dem Weg zum Verkaufsziel. In der Praxis ist es immer eine Herausforderung, hierbei einen guten Kompromiss zwi-

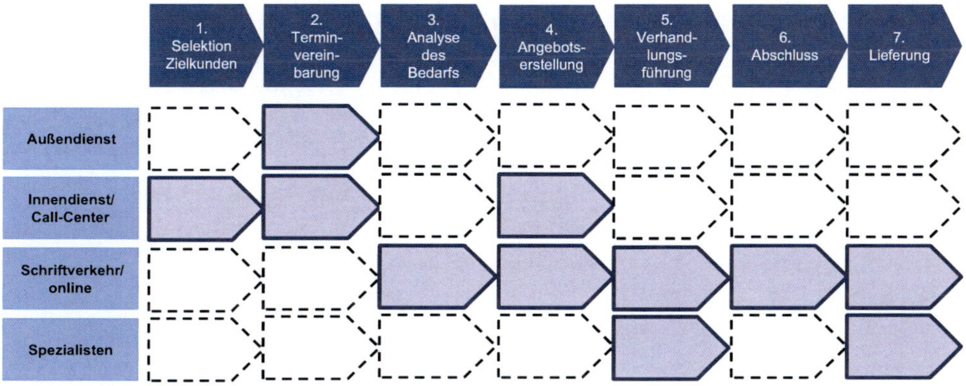

Abb. 3 Zuordnung der Vertriebsinstanzen zu den Prozessschritten (Quelle: In Anlehnung an Huckemann et al. 2000)

schen Grob- und Feinplanung zu finden. Als Leitfrage kann gelten: „Was sind relevante und trennscharfe Zwischenziele für den jeweiligen Verkaufsweg?"

In einem weiteren Schritt sind die relevanten Akteure je Verkaufsprozess zu benennen. In der Regel ist der Außendienstmitarbeiter die teuerste Ressource. Welche Instanzen oder vertriebsnahen Bereiche sollen außerdem mit in die Ausgestaltung des Verkaufsprozesses einbezogen werden? Klassischerweise wird zum Beispiel die Recherche von Kontaktdaten oder auch die Erstellung von Angeboten durch den Innendienst erfolgen.

Sobald der grundsätzliche Ablauf und die relevanten Instanzen für die jeweiligen Verkaufsprozesse festgelegt sind, steht das Grundgerüst für die Beschreibung der Aktivitäten der Akteure. Pro Prozessstufe ist dabei einzeln festzulegen, welche konkreten Aufgaben bzw. Tätigkeiten von wem zu übernehmen sind. Zudem muss entschieden werden, wie welche Informationen weitergegeben und ausgetauscht werden sollen. Insgesamt ist dabei auf einen sinnvollen Detaillierungsgrad zu achten, um es nicht unnötig kompliziert zu machen. Eine Leitfrage kann hierbei sein: Welcher Detaillierungsgrad trägt zu einem erklärenden Mehrwert bei? In jedem Fall sollte noch geregelt werden, wer wofür welche Verantwortung trägt.

In Abb. 3 ist beispielhaft dargestellt, wie verschiedene Akteure unterschiedlichen Prozessschritten zugeordnet sind. Auf der linken Seite sind die jeweiligen Vertriebsinstanzen wiedergegeben. Horizontal sind die einzelnen Prozessschritte vermerkt (in unserem Fall ein Beispielprozess zur Neukundengewinnung). Die dunkel unterlegten Felder zeigen nun an, wer auf welcher Prozessstufe aktiv wird. In der Praxis würden dann auch noch die wesentlichen Tätigkeiten und der Kommunikationsfluss vermerkt werden.

Zum Abschluss ist noch eine prozessübergreifende Regelkommunikation festzulegen. Erfahrungsgemäß ist es sinnvoll zu definieren, in welcher Form und welchem Rhythmus ein prozessübergreifender Austausch erfolgen soll.

3.4 Ableitung der Rollen- und Aufgabenbeschreibung

Auf der Beschreibung der Verkaufsprozesse aufbauend, ist es für Herrn Jäger nun recht einfach, Rollen und Aufgaben der Akteure konkret auszuformulieren. Im Wesentlichen handelt es sich dabei um eine Zusammenfassung der bisherigen Ausarbeitungen.

Dazu wird er die verschiedenen Aufgaben je Vertriebsinstanz zusammenfassen. In der Praxis hat sich dabei bewährt, nicht nur die Kernaufgaben zu definieren, sondern auch Überlegungen zu den geforderten Kompetenzen sowie den Kriterien für eine spätere Leistungsbeurteilung zu ergänzen.

Je nachdem, wie differenziert die Zusammenarbeit mit anderen Bereichen erfolgt, können auch konkrete Schnittstellen benannt werden.

4 Gestaltung und Umsetzung von Ziel- und Vergütungssystemen

4.1 Anmerkungen zum Hintergrund

Mittlerweile nimmt die Vertriebsorganisation von Herrn Jäger Gestalt an: Die Prozesse sind definiert, die wesentlichen Rollen und Aufgaben verteilt, nun geht es an die Gestaltung der Steuerungsinstrumente. Ganz wesentlich ist es dabei, die Ziel- und Vergütungssysteme festzulegen. Damit sind insbesondere die folgenden drei Zielsetzungen verbunden (vgl. zum Folgenden Artz 2011):

- die Aufrechterhaltung der Motivation der Vertriebsmitarbeiter,
- die Ausrichtung der Vertriebsarbeit auf strategische Zielbereiche und
- die Übertragung von Verantwortung bzw. die Reduzierung des Risikos.

Ein bedeutsames Ziel ist es, die Motivation der Vertriebsmitarbeiter aufrechtzuerhalten. Wie wir später noch sehen werden, gibt es einige Aspekte, die beispielsweise bei der Zielsetzung, aber auch bei der Gestaltung der Entlohnung zu berücksichtigen sind, um die Motivation zu erhalten und zu fördern. Dabei sei allerdings schon jetzt angemerkt, dass – der Motivationstheorie von Herzberg eingedenk – Geld alleine nicht motivierend wirkt. Eine gerechte Entlohnung stellt zwar einen wichtigen „Hygienefaktor" dar, um die Motivation zu erhalten (vgl. Nerdinger 2013); um Motivation auszulösen, kommt es jedoch noch auf andere Aspekte an. Wir werden später explizit darauf zu sprechen kommen.

Ein weiteres Ziel ist es, die Vertriebsarbeit auf strategische Zielbereiche zu lenken. Über eine differenzierte Zielsetzung, gekoppelt an materielle oder immaterielle Anreize, soll bewirkt werden, dass die Mitarbeiter ihre Aktivitäten auf spezielle Bereiche ausrichten. Beispielsweise können Vertriebserfolge bei einer bestimmten (Neu-)Kundengruppe prämiert werden, um somit zusätzliche Anreize zu schaffen, sich der schwierigen Aufgabe der Neukundengewinnung zu stellen. Dem Vergütungssystem kommt dabei gerade dort eine wichtige Steuerungsfunktion zu, wo eine direkte Kontrolle durch die Führungskraft nicht möglich ist.

Letztlich lässt sich durch eine leistungsabhängige Vergütung auch das Risiko auf die Verkaufsmitarbeiter übertragen. An einer erfolgreichen Vertriebsentwicklung partizipieren die Verkäufer über Provisionen oder auch Prämien, während bei negativen Vertriebsergebnissen auch die Vergütung sinkt. So werden die Lasten von Umsatzschwierigkeiten verteilt.

In der Unternehmenspraxis ist leider immer noch häufig zu beobachten, dass selten mit differenzierten Vertriebszielen gearbeitet wird und oftmals nur pauschale Umsatzziele vorgegeben werden. Diese sind vielleicht nach Produktgruppen aufgeteilt, allerdings erfolgt kaum eine Differenzierung, beispielsweise in strategische Kundengruppen (vgl. Dannenberg 1997). Folglich sind die Mitarbeiter im Vertrieb natürlich eher versucht, ihren Umsatz bei den bestehenden Kunden auszubauen, mit denen ohnehin schon eine gute Geschäftsbeziehung besteht. Damit bleiben strategisch relevante (Neu-)Kunden oft unbearbeitet und die in der Vertriebsstrategie formulierten Ziele werden nicht erreicht (vgl. Dannenberg 1997).

Konkrete Ideen, um es besser zu machen, beschreibt Holger Dannenberg in seinem anschaulichen Beitrag zu den Grundlagen des Aktivitätsmanagements im Vertrieb (vgl. den Beitrag von Dannenberg in diesem Buch). Dabei befasst er sich auch mit der Frage, wie reine Ergebnisziele in Ziele für Aktivitäten übersetzt werden können (ebenfalls als Überblick sehr empfehlenswert ist Binckebanck 2004).

4.2 Grundsätzliche Arten von Vergütungssystemen

In der Praxis gibt es eine ganze Reihe unterschiedlicher Modelle, um die Entlohnung zu gestalten. In der Regel sind es Mischformen der drei folgenden Grundvarianten (vgl. zum Folgenden Burchard 2004):

- Festgehaltssystem,
- Provisionssystem und
- Prämiensystem.

Charakteristisch für ein Festgehalt ist, dass der jeweilige Mitarbeiter einen vorher klar definierten Betrag als festes Gehalt erhält. Die Gehaltshöhe wird üblicherweise zu Beginn der Anstellung festgelegt und dann jeweils einmal im Jahr entsprechend der erbrachten Leistungen und persönlichen Entwicklung sowie im Abgleich mit der Marktentwicklung und der Unternehmenssituation justiert. Der Vorteil dieses Entlohnungstyps liegt vor allem in der Planbarkeit – sowohl für den Mitarbeiter als auch für den Arbeitgeber –, zudem reduziert sich der innerbetriebliche Verwaltungsaufwand. Als nachteilig kann allerdings gelten, dass Leistungsunterschiede dabei nicht gehaltswirksam sind – dies kann insbesondere bei sehr erfolgreichen Verkäufern zu einem Gefühl von Ungerechtigkeit führen. Oft werden Festgehälter aber auch bewusst in Vertriebssituationen gewählt, in denen mit langen Verkaufsprozessen zu rechnen ist. Zudem empfiehlt sich eine Festgehaltslösung bei hohem Beratungsaufwand sowie beim Team Selling (vgl. auch Bußmann und Rutschke 1998).

In Provisionssystemen erhält der Mitarbeiter einen festen Prozentsatz von einem Umsatz- oder idealerweise von einem Deckungsbeitragsbetrag. Damit sind Ergebnisse und Gehalt direkt gekoppelt. Die Kopplung kann dabei entweder degressiv, linear oder progressiv erfolgen, wodurch sich verschiedene Steuerungswirkungen ergeben. Eine progressive Kopplung wird häufig dort gewählt, wo ein schnelles Wachstum erzielt werden soll, da sich für den Mitarbeiter jede weitere Zielerreichung noch deutlicher im Gehalt ausdrückt. Die Gefahr ist eine Überforderung der Verkäufer. Eine große Schwierigkeit bei Provisionssystemen ist, dass diese häufig den gleichen Provisionssatz aufweisen. Damit stoßen Provisionssysteme an ihre Grenzen, wenn die Vertriebsgebiete erhebliche Unterschiede hinsichtlich der Kundenstruktur, der Gebietspotenziale und/oder der Wettbewerbsstruktur aufweisen: Außendienstmitarbeiter würden dann bei gleicher Leistung „zufallsbedingt" unterschiedlich hohe Einkommen erzielen (Kienbaum 2008).

Die Idee von Prämiensystemen besteht darin, Gehaltsbestandteile an die Erreichung bestimmter Leistungskriterien zu knüpfen. Diese können ebenfalls die Erreichung bestimmter Umsatzklassen, Deckungsbeitragsziele oder auch Aktivitätsziele sowie qualitative Ziele umfassen. Für die Praxis bietet sich die Möglichkeit, ganz unterschiedliche Bereiche mit in die Ausgestaltung der Vergütungsstruktur einzubeziehen. So kann die Entlohnung durch Prämiensysteme sehr differenziert gestaltet werden. Allerdings sollte die Anzahl der Bewertungskriterien nicht zu hoch sein.

In der Praxis sind sehr häufig Mischformen anzutreffen. Dabei können die jeweiligen variablen Bestandteile mit einem fixen Anteil (Sockelbetrag) kombiniert sein, und auch Kombinationen von Provision und Prämie sind denkbar. Dann haben die Mitarbeiter die Möglichkeit, schlechtere Ergebnisse in den Umsatzzahlen durch andere Leistungen auszugleichen.

4.3 Leitfragen zur Gestaltung von Vergütungssystemen

Die konkrete Ausgestaltung des Vergütungssystems in unserem Fallbeispiel verlangt von Herrn Jäger nun einige grundsätzliche Überlegungen. Dabei ergeben sich insbesondere die folgenden drei Leitfragen:

- Welche Mittel stehen überhaupt zur Verfügung?
- Welchen Anteil sollten eine variable und eine fixe Vergütung haben?
- Was sind die relevanten Bemessungskriterien?

Zunächst ist selbstverständlich zu klären, welche Mittel überhaupt zur Verfügung stehen. Neben Geldleistungen sind durchaus auch Sachleistungen übliche Bestandteile eines Vergütungssystems. Zu den Sachleistungen ist alles zu zählen, was aus Sicht des Leistungs-

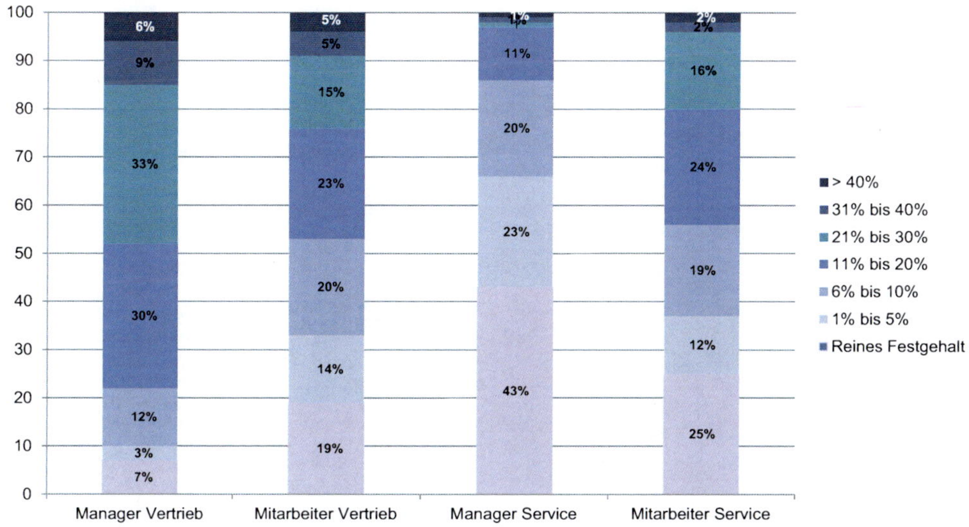

Abb. 4 Anteil der variablen Vergütung an der Gesamtvergütung ($n = 250$) (Quelle: In Anlehnung an Artz 2011)

empfängers einen Nutzen stiftet (daher sind diese häufig auch entsprechend steuerlich anzurechnen): Dienstwagen zur privaten Nutzung, Telefon- und Internetflatrate (auch für das Homeoffice), Bahncard etc. Darüber hinaus können spezielle Weiterbildungsmöglichkeiten etc. als Komponenten einer Vergütung eingesetzt werden.

Sobald Herr Jäger die Frage nach den Mitteln geklärt hat, muss er sich über die grundsätzliche Vergütungsstruktur klar werden und damit über einen variablen und einen fixen Anteil. Das ist ein durchaus schwieriges Unterfangen: Ist der variable Anteil zu gering, bleibt die erwünschte Steuerungswirkung aus. Ist der Anteil zu hoch, können sich mögliche negative Effekte einer variablen Entlohnung verstärken (zu den Risiken variabler Entlohnung vgl. auch Ramaswami 1996). Als „Faustregel" für die Neugestaltung von Vergütungen in Außendienstfunktionen lässt sich eine Fix-Variabel-Relation von 80:20 bis 60:40 Prozent empfehlen (vgl. Kienbaum 2008). Für die Mitarbeiter im Innendienst oder für Supportfunktionen sollte der variable Anteil aufgrund der geringeren direkten Beeinflussbarkeit geringer sein (vgl. Kienbaum 2008).

In der Praxis ist zu beobachten, dass der variable Anteil je nach Vertriebsbereich und Hierarchieebene häufig sehr unterschiedlich ist (vgl. Abb. 4).

Bei variablen Vergütungsanteilen müssen letztlich auch die Bemessungskriterien festgelegt werden. Dabei sollten diese natürlich so zu den definierten Zielen passen und insgesamt folgende Anforderungen erfüllen (vgl. zum Folgenden Artz 2011):

- Werttransparenz,
- Beeinflussbarkeit und
- Wirtschaftlichkeit.

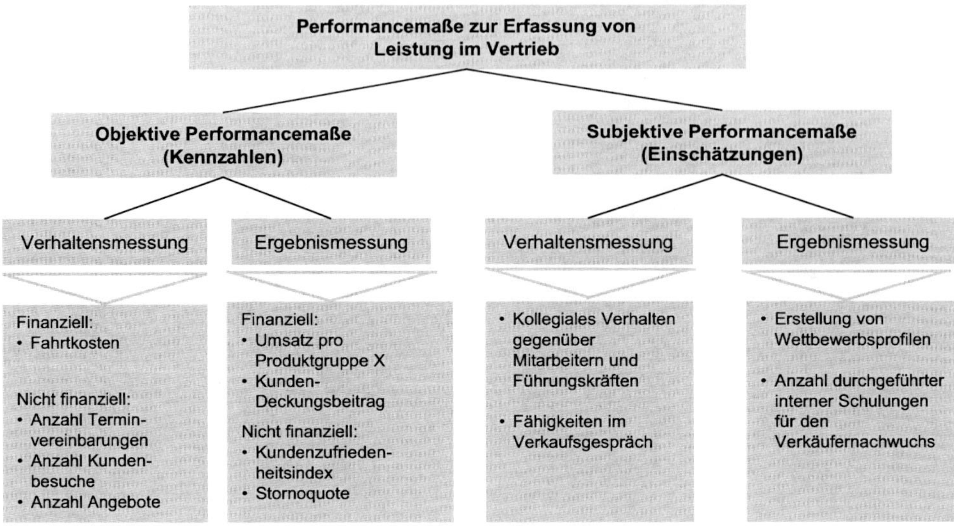

Abb. 5 Unterschiedliche Kriterien für die variablen Entlohnungsbestandteile (Quelle: In Anlehnung an Artz 2011)

Eine Werttransparenz bedeutet dabei, dass es einen eindeutigen, leicht nachvollziehbaren und kommunizierbaren Zusammenhang zwischen der Bemessungsgröße und dem Unternehmensziel geben muss. Eine reine Fokussierung auf den Umsatz bei Verkäufern mit freiem Spielraum der Preisgestaltung würde dieser Forderung unter Umständen widersprechen, da das Ziel eines Unternehmens nicht nur der Umsatz, sondern insbesondere auch der Gewinn ist. Insofern wäre eine Einbeziehung des Deckungsbeitrags als Bemessungsgröße sicher ebenfalls sinnvoll (vgl. auch Binckebanck 2004).

Dass die jeweiligen Bemessungsgrößen auch beeinflussbar sein sollten, liegt auf der Hand. Nur dann wird sich eine motivierende Wirkung erzielen lassen. In diesem Sinne ungeeignet sind häufig anzutreffende Zielgrößen wie etwa eine undifferenzierte Kundenzufriedenheit gegenüber dem Gesamtunternehmen. Und natürlich müssen Kennzahlen auch mit einem wirtschaftlich vertretbaren Aufwand erhoben werden können.

In Abb. 5 sind unterschiedliche Beispiele für variable Entlohnungsbestandteile zusammengefasst. Insgesamt hat es sich übrigens bewährt, drei bis fünf Messgrößen einzubeziehen (vgl. Burchard 2004).

5 Personalauswahl, Personalbeurteilung und Personalentwicklung

5.1 Anmerkungen zum Hintergrund

An anderer Stelle wurde bereits darauf hingewiesen, dass die Personalarbeit im Vertrieb häufig eher wenig strukturiert abläuft. Homburg et al. (2011, S. 132) sprechen in diesem Zusammenhang sogar vom Personalmanagement als dem „Stiefkind des Vertriebs". Beim Blick in die Praxis zeigt sich, dass Personaleinstellung, -beurteilung und -entwicklung häufig sehr pragmatisch angegangen werden. So werden Personalauswahlentscheidungen oftmals auf Basis eines „Gefühls" getroffen, ohne vorher gründlich durchdacht zu werden. Rückmeldungen sind nicht strukturiert und Mitarbeiter bekommen ihr jährliches Feedback-Gespräch zwischen Tür und Angel – oder manchmal gar nicht. Und auch die Personalentwicklung geschieht – trotzt vielerorts hoher Investitionen – nicht wirklich fundiert. Ganz sicher gilt dies nicht für alle Unternehmen, aber tendenziell wird im Vertrieb häufiger die Auffassung vertreten, dass Mitarbeiter eben „funktionieren" müssen.

Das ist nicht nur sehr ärgerlich, sondern auch schädlich. Schädlich, weil damit wesentliche Ressourcen nicht richtig genutzt oder gar falsch eingesetzt und Mitarbeiter langfristig demotiviert werden. Und ärgerlich, weil eine etwas fundiertere Personalarbeit auch im Vertrieb durchaus pragmatisch umgesetzt werden kann.

Damit Herr Jäger es gleich von Anfang an anders machen kann, wollen wir dazu einige Ideen diskutieren.

5.2 Kompetenzmodelle als Grundlage fundierter operativer Personalarbeit

Eine gute Grundlage für eine nachhaltige und effiziente Personalarbeit bildet aus unserer Sicht deren Ausrichtung an konkreten Kompetenzen bzw. strategisch definierten Kompetenzmodellen. Da in dem Beitrag von Tiffert und Bänfer in diesem Buch hierzu schon umfangreich Stellung bezogen wird, wollen wir nun nur einige Aspekte erwähnen, die für das grundsätzliche Verständnis wesentlich sind.

Zunächst ein paar Anmerkungen zum Begriff: Aus dem Lateinischen kommend, bedeutet „competencia" zunächst so viel wie „zu etwas geeignet, fähig oder befugt sein" (North et al. 2013, S. 43). Häufig werden daher die Begriffe Qualifikation und Fähigkeit synonym mit dem Kompetenzbegriff gebraucht.

Im Kontext der Personalarbeit hat sich etabliert, unter Kompetenzen eine grundsätzliche „Selbstorganisationsdisposition" zu verstehen (Rosenstiel und Nerdinger 2011; Rosenstiel 2007). Es geht also darum, wie ein Mensch beruflich relevante Aufgaben selbstständig und selbstorganisiert durchführt.

Es lässt sich allerdings nicht eindeutig bestimmen, ob Kompetenzen auf angeborenen oder erlernten Fähigkeiten bzw. Fertigkeiten beruhen. Vielmehr werden Kompetenzen aus einem ganzen Spektrum von unterschiedlichen Ressourcen gebildet. So ist eine Kompetenz als ein „mehrdimensionales Konstrukt" zu verstehen (North et al. 2013, S. 44). Beispielsweise spielt das Umfeld eine große Rolle bei der konkreten Anwendung von Fähigkeiten. Das lässt sich gut beobachten, wenn eine Person den Aufgabenbereich oder das Unternehmen wechselt und im neuen Kontext Schwierigkeiten hat, an das alte Leistungsniveau anzuknüpfen.

Als Begriffsdefinition schlagen wir vor: Eine kompetente Person ist eine Person, die in einer bestimmten Situation in der Lage ist, diejenigen Ressourcen zu aktivieren und zu bündeln, die für die Problemlösung notwendig sind (vgl. North et al. 2013).

Welchen Nutzen bringt es Herrn Jäger nun, sich bei seiner Personalarbeit an spezifischen Kompetenzen zu orientieren?

In Anlehnung an Leinweber (2010) schlagen wir vor, nicht beliebige oder allgemeine Kompetenzen auszuwählen, sondern ganz explizit die Kompetenzen zu definieren, die zur Umsetzung der Unternehmens- bzw. der Vertriebsstrategie notwendig sind. Die benötigten Kompetenzen sollten dabei als konkrete erfolgskritische (beobachtbare) Verhaltensweisen formuliert werden, damit klar und überprüfbar ist, was mit der jeweiligen Kompetenz gemeint ist (vgl. Leinweber 2010).

Der große Gewinn einer Ausrichtung der Personalarbeit an solchen Kompetenzen liegt für Herrn Jäger darin, dass damit immer ein direkter Bezug zur Unternehmens- bzw. Vertriebsstrategie gegeben ist. So dienen Personalentwicklungsmaßnahmen dann nicht nur einer ungerichteten Weiterbildung der Mitarbeiter, sondern der Entwicklung von Kompetenzen zur Umsetzung der Strategie. Die Personalarbeit bekommt damit die geforderte klare Ausrichtung.

Für weitere Ausführungen, insbesondere zur Entwicklung von Kompetenzmodellen in der Praxis, empfiehlt sich der bereits erwähnte Beitrag von Tiffert und Bänfer in diesem Buch.

5.3 Personalauswahl

Der Begriff der Personalauswahl umfasst das gesamte Spektrum der Personalauswahlentscheidung, angefangen von der Festlegung des entsprechenden Anforderungsprofils bis hin zur methodischen Gestaltung und endgültigen Entscheidung.

Zumindest der Vertrieb von erklärungsbedürftigen Produkten ist und bleibt ein Personengeschäft, da im persönlichen Kontakt die einmalige Chance liegt, auf eine durch Emotionen und Vertrauen geprägte Beziehung zum Kunden hinzuwirken und sich vom Wettbewerber abzuheben – insbesondere vor dem Hintergrund immer stärkerer Produkt- und Dienstleistungshomogenität. Für Herrn Jäger kann daher die „Passung" zwischen dem Bewerber und der zu besetzenden Position über Erfolg oder Misserfolg entscheiden, denn Fehlbesetzungen kosten nicht nur Geld, sondern können auch langfristig das Ansehen des Unternehmens schädigen.

Nicht allen ist das so bewusst wie Herrn Jäger. Nach wie vor werden Personalauswahlentscheidungen häufig auf der Basis wenig differenzierter Verfahren getroffen. Das Risiko von Fehlbesetzungen ist entsprechend hoch. Dabei gibt es mittlerweile eine ganze Reihe von gut erprobten Verfahren (vgl. zum Folgenden Schuler 2006; Stock-Homburg und Bieling 2011):

- eigenschaftsorientierte Verfahren,
- biografieorientierte Verfahren und
- simulationsorientierte Verfahren.

Die eigenschaftsorientierten Verfahren konzentrieren sich auf die Erfassung bestimmter psychologischer Eigenschaften. Hierzu zählen vor allem Testverfahren zur Messung der Intelligenz sowie Persönlichkeits-, Einstellungs-, Motivations- und Interessentests.

Die biografieorientierten Verfahren basieren auf der Annahme einer gewissen Stabilität im menschlichen Verhalten. Auf Basis der Beobachtung oder zumindest der Beschreibung von vergangenem Verhalten wird auf zukünftige Handlungsweisen geschlossen. Zu den typischen Verfahren zählen die Analysen von Bewerbungsunterlagen oder biografische Interviews, in denen wesentliche berufliche Entwicklungsschritte gezielt reflektiert werden.

Bei simulationsorientierten Verfahren wird durch möglichst realitätsnahe Simulationen von beruflichen Aufgaben das Verhalten eines Bewerbers in konkreten Situationen beobachtet. Hierbei wird zwischen psychomotorischen Verfahren wie der Arbeitsprobe und situationsgebundenen Aufgaben unterschieden. Letztere umfassen zum einen isolierte Aufgaben wie Präsentationen, Postkorbübungen oder Computerszenarios und zum anderen interaktive Aufgaben wie Rollenspiele und Gruppendiskussionen.

Da jedes Verfahren eigene Stärken und Schwächen hat, ist aus unserer Sicht insbesondere die Kombination verschiedener Methoden sinnvoll (vgl. auch Obermann 2009). Daher empfehlen wir Herrn Jäger beispielsweise die Durchführung eines Assessment Centers. Statt mit einem Bewerber nur über die Inhalte der anvisierten Stelle zu sprechen oder einzelne Facetten von dessen Persönlichkeit zu messen, kann Herr Jäger beim Assessment Center künftige Aufgaben in Form von spezifischen Rollenübungen oder Fallstudien simulieren.

Durch diese Simulation typischer Arbeitssituationen wird bereits im Rahmen des Auswahlprozesses ein Verhalten gefordert, das später von dem neuen Mitarbeiter erwartet wird (vgl. Obermann 2009). Je nachdem, in welchem Ausmaß der Bewerber dieses Verhalten zeigt, kann man darüber Aussagen über die geforderten Kompetenzen ableiten. So wird die Beobachtung auf das spätere Verhalten „hochgerechnet". In einem Assessment Center interessieren daher nicht einzelne Persönlichkeitseigenschaften, sondern vornehmlich das Verhalten in konkreten Situationen, das beobachtet und bewertet wird. Damit steht das Assessment Center der Idee einer kompetenzorientierten Personalauswahl deutlich näher als andere Verfahren.

Auch hier verweisen wir auf den Beitrag von Tiffert und Bänfer in diesem Buch.

5.4 Personalbeurteilung

Personalbeurteilung bezeichnet die planmäßige und systematische Beurteilung von Mitarbeitern, die im Regelfall durch den direkten Vorgesetzten erfolgt und sich dabei auf Beobachtungen innerhalb der täglichen Arbeitspraxis bezieht, ohne auf psychologische Testverfahren zurückzugreifen (vgl. Rosenstiel und Nerdinger 2011). Eine regelmäßige und strukturierte Personalbeurteilung ist mit Sicherheit eines der wirksamsten Instrumente der Mitarbeiterführung. Wie wir später noch sehen werden, wurde in einer Vielzahl von Studien nachgewiesen, dass Rückmeldungen ganz wesentlich den Zusammenhang zwischen Zielsetzung und Zielerreichung beeinflussen.

Insofern ist es schon beinahe paradox zu sehen, wie wenig verhaltensbezogenes Feedback Vertriebsmitarbeiter in der Praxis bekommen. Zwar ist kein anderer Bereich im Unternehmen so transparent im Hinblick auf konkrete Kennzahlen zur eigenen Leistung – Verkaufszahlen sind auf Knopfdruck abrufbar und jeder Mitarbeiter weiß, wo er im Verhältnis zu seinen Zielen, aber auch im Vergleich zu seinen Kollegen steht –, aber das meinen wir nicht, wenn wir bei Personalbeurteilung sprechen.

Personalbeurteilung sollte ein strukturierter und systematisch organisierter Prozess sein, der insbesondere folgende Aspekte beinhaltet (vgl. Nerdinger 1997):

- die Erfolge der Arbeit anerkennen, die Stärken benennen und mit dem Mitarbeiter die Erfolgsmuster herausarbeiten;
- gemeinsam überlegen, wie die Erfolgsmuster auf kritischere Situationen übertragen werden können;
- gemeinsam herausarbeiten, wo Möglichkeiten liegen, die Arbeit noch interessanter und herausfordernder zu gestalten;
- gemeinsam herausarbeiten, wo Möglichkeiten liegen, das Leistungsniveau zu steigern und die Zielerreichung noch wahrscheinlicher zu machen, und Selbsterkenntnis beim Mitarbeiter fördern;
- gemeinsam mit dem Mitarbeiter herausarbeiten, wo welche Entwicklungsfelder liegen und die Selbsteinsicht fördern;
- Maßnahmen zur Weiterentwicklung (Personalentwicklung) sowie gewünschte Unterstützung vereinbaren und nächste Schritte terminieren.

Um die strategischen Ziele seines Vertriebs zu erreichen, ist es wichtig, den Mitarbeitern kontinuierlich Feedback zu geben, welche Fortschritte sie bei der Zielerfüllung machen oder wie ihr Arbeitsverhalten erlebt wird. Gerade für neue Mitarbeiter ist dies von großer Bedeutung, um sich schneller im Unternehmen zu orientieren und einzuarbeiten. Als Empfehlung für Herrn Jäger haben wir im Folgenden einige Prämissen für das Geben von Feedback zusammengefasst (vgl. Hossiep et al. 2008).

1. Verhaltensweisen und Handlungen des Mitarbeiters sollten als Beobachtung beschrieben werden; Bewertungen – auch implizit – sollten unterbleiben.

2. Rückmeldungen sollten so konkret wie möglich auf eine bestimmte Situation bezogen werden – nicht auf die Person und deren Verhalten allgemein.
3. Feedback sollte möglichst zeitnah – und nicht später im Sinne einer „Abrechnung" – gegeben werden.
4. Hilfreich ist es zu beschreiben, welche Verhaltensweisen beobachtet wurden, wie sie gedeutet wurden und welche Gefühle das Verhalten bei dem Beobachter ausgelöst hat (also zum Beispiel: „Ich habe … beobachtet, und das hat auf mich folgenden Eindruck gemacht: …"). Pauschale Diagnosen wie „Ihnen fehlt es offenbar an Durchsetzungsstärke" oder „Sie hatten wohl Angst" sind zu vermeiden.
5. Formulierungen sollten umkehrbar sein – also so formuliert, dass man sie auch dem Gesprächspartner gestatten würde.
6. Kein Feedback über Dritte, die nicht im Raum sind.

Ebenso wichtig wie das Geben von Feedback ist auch das Entgegennehmen von Feedback, wozu einige Empfehlungen zusammengefasst sind (vgl. Hossiep et al. 2008):

1. Hören Sie aufmerksam zu und fragen Sie (ggf. mehrfach) nach, wenn Darstellungen nicht klar geworden sind.
2. Versuchen Sie sich nicht direkt zu verteidigen bzw. zu rechtfertigen und die Gründe für Ihr eigenes Verhalten darzulegen.
3. Nehmen Sie sich ausreichend Zeit, um in Ruhe über das Feedback nachzudenken.
4. Teilen Sie dem Gesprächspartner Ihre Gefühle über die Rückmeldungen mit und informieren Sie ihn, welche Schlussfolgerungen/Konsequenzen Sie daraus ableiten

Neben regelmäßigen Rückmeldungen im Arbeitsverlauf sollte Herr Jäger außerdem einmal jährlich mit jedem Mitarbeiter ein separates Mitarbeiterbeurteilungsgespräch durchführen – leider in den wenigsten Unternehmen Standard. Der Beispielablauf für ein solches Mitarbeitergespräch ist in Tab. 1 dargestellt.

Das Spektrum der Instrumente und des Ablaufs der Mitarbeiterbeurteilung ist natürlich noch viel breiter, wir haben uns hier auf einige ganz ausgewählte Aspekte beschränkt. Zur Vertiefung des Themas sei auf die einschlägige Literatur verwiesen (vgl. z. B. Hossiep et al. 2008; Nerdinger 1997, 2001a).

5.5 Personalentwicklung

Auch im Bereich der Personalentwicklung fehlt es in vielen Vertriebsorganisationen an Professionalisierung (vgl. Homburg et al. 2011). In Ergänzung zur Personalauswahlentscheidung umfasst die Personalentwicklung dabei die Maßnahmen, die auf eine bessere Passung zwischen den Anforderungen der Arbeitsstelle und dem jeweiligen Kompetenzprofil des Mitarbeiters zielen (vgl. Rosenstiel und Nerdinger 2011).

Tab. 1 Beispielablauf für das Führen eines Mitarbeitergesprächs

Agendapunkt	Inhalt	Empfohlene Dauer
1. Begrüßung	Ziele, Zeitplan und Agenda des Gesprächs werden erläutert	5 Minuten
2. Rückblick	Rückblick auf positive und negative Erlebnisse des vergangenen Jahrs aus Sicht des Mitarbeiters, Rückblick auf positive und negative Erlebnisse des vergangenen Jahrs aus Sicht der Führungskraft, ggf. Rückblick auf die vereinbarten Entwicklungsfelder des letzten Jahrs	15 Minuten
3. Standortbestimmung und (neue) Ziele	Selbsteinschätzung der jeweiligen Kompetenzen durch den Mitarbeiter, Rückmeldung zur Einschätzung der jeweiligen Kompetenzen durch die Führungskraft, Abstimmung von möglichen Entwicklungsmaßnahmen etc.	30 Minuten
4. Feedback zur Zusammenarbeit/ Führungskraft	Rückmeldung des Mitarbeiters zur Zusammenarbeit, Rückmeldung der Führungskraft zur Zusammenarbeit, Feedback des Mitarbeiters zum Führungsstil des Vorgesetzten	30 Minuten
5. Abschluss des Gesprächs	Zusammenfassung der Gesprächsergebnisse und Vereinbarungen, Feedback zum Gespräch durch den Mitarbeiter an die Führungskraft	10 Minuten

Wesentliche Aufgabe für Herrn Jäger als Vertriebsleiter ist es in diesem Zusammenhang,

- sowohl durch das direkte eigene Wirken als auch
- indirekt durch die Beauftragung entsprechender (externer) Maßnahmen

auf eine entsprechende Kompetenzentwicklung bei den eigenen Mitarbeitern hinzuwirken.

Für den ersten Aspekt stehen Herrn Jäger zunächst die regelmäßigen Verhaltensrückmeldungen im Rahmen der Mitarbeiterbeurteilung zur Verfügung. Darin regt er durch die Förderung von Selbsterkenntnis eine Kompetenzentwicklung des Mitarbeiters an. Einen großen Stellenwert bzw. „Beliebtheit" im Vertrieb hat außerdem das „Lernen am Modell": Erfahrene Verkäufer führen gemeinsam mit neuen Mitarbeitern Kundenbesuche durch und zeigen ihnen, wie „der Hase läuft". Über die Nachhaltigkeit dieser Praxis lässt sich sicher streiten, da die Menschen natürlich unterschiedlich sind und es gerade im Vertrieb sehr individuelle Erfolgsstrategien gibt. Nach unseren Erfahrungen kann nichts ein regelmäßiges, kompetenzbasiertes Feedback ersetzen, und jeder Mitarbeiter muss seinen eigenen Erfolgsweg finden.

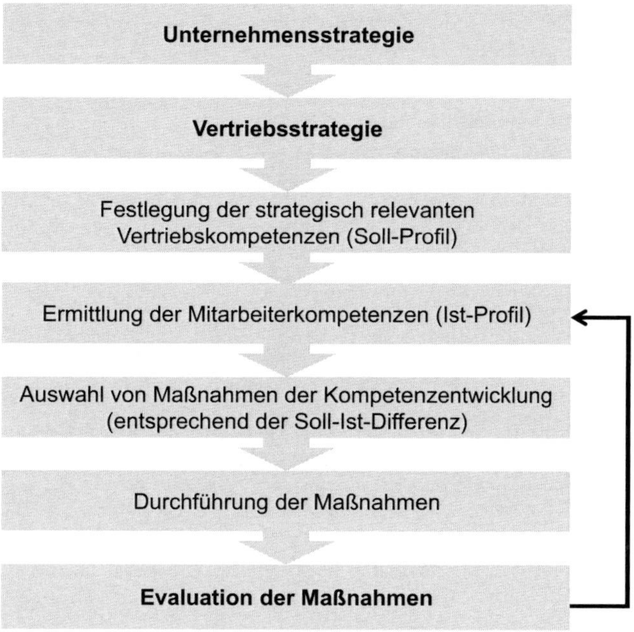

Abb. 6 Prozessvorschlag für eine strategisch fundierte Personalentwicklung

Daneben besteht eine wesentliche Aufgabe von Herrn Jäger darin, spezielle Maßnahmen zur Kompetenzentwicklung der eigenen Vertriebsmannschaft zu planen (vgl. Binckebanck und Wiese 2004; Gladbach und Huckemann 2004; Johnston et al. 2003). Natürlich wird er dies in Zusammenarbeit mit der Personalabteilung organisieren. Allerdings hat er als Vertriebsleiter dabei oftmals einen großen Einfluss auf die konkrete Planung und sollte diesen auch nutzen. Er kennt die Stärken und Schwächen seiner Mitarbeiter am besten und sollte darauf achten, dass die Maßnahmen entsprechend der definierten Kompetenzmodelle bzw. anhand der beispielsweise im Mitarbeitergespräch ermittelten Soll-Ist-Differenzen ausgerichtet werden. In der Praxis wird die Personalentwicklung häufig noch sehr angebotsorientiert gestaltet und der Bezug zu den Kompetenzen fehlt.

Ein Vorschlag, wie ein solcher Prozess der Personalentwicklung aussehen kann, ist in Abb. 6 zusammengefasst. Hier ist auch noch einmal explizit dargestellt, dass die Personalentwicklung immer auch an die Strategie des Unternehmens angekoppelt sein sollte.

6 Motivation der Mitarbeiter als kontinuierliche Führungsaufgabe

6.1 Anmerkungen zum Hintergrund

Abschließend zu unseren Einführungen in die Grundlagen des operativen Vertriebsmanagements wollen wir uns mit der Motivation von Mitarbeitern auseinandersetzen und auch hier einige Ideen für Herrn Jäger diskutieren.

Gerade im Vertrieb wird in der „richtigen" Motivation häufig ein wesentlicher Erfolgsfaktor gesehen (vgl. Nerdinger 1986, 2001b; Porepp et al. 2005; Walker et al. 1977). Die Motivierung von Mitarbeitern gilt häufig als „die" Führungsaufgabe schlechthin. Streng genommen ist diese Aufgabe jedoch gar nicht klar von den anderen Tätigkeiten einer Führungskraft abzugrenzen. Egal was Herr Jäger tut – ob er nun Ziele verhandelt oder einfach nur ein Gespräch führt –, sein Verhalten wird von seinen Mitarbeitern beobachtet und bewertet und wirkt sich auf deren Motivation aus. Wie das genau funktioniert, ist jedoch unklar. Unsere Vorstellung davon, wie Motivation entsteht, ist meistens durch ein vages „Alltagsverständnis" geprägt.

Wir haben in den vorherigen Ausführungen an der einen oder anderen Stelle schon implizit Bezug auf Motivationstheorien genommen – beispielsweise im Zusammenhang mit unseren Überlegungen zur Gestaltung von Vergütungssystemen –, ohne sie zu erklären. Dies wollen wir nun nachholen und dabei auch diskutieren, welche Ideen und Ansätze sich für die Führungsarbeit von Herrn Jäger eignen.

6.2 Begriffsklärung: Motiv, Anreiz und Motivation

Bevor wir einige hilfreiche Motivationstheorien vorstellen, ist es sinnvoll, zunächst folgende drei Begriffe zu klären:

- Motiv,
- Anreiz und
- Motivation.

Aus psychologischer Sicht wird unter einem Motiv eine persönliche und individuell unterschiedliche Wertedisposition verstanden, die beeinflusst, wie ein Mensch eine bestimmte Situation bewertet (vgl. Nerdinger 2013).

Berufliche, aber auch andere Situationen können die Möglichkeit bieten, bestimmte Wünsche oder Ziele zu realisieren und damit je nach Motivlage zu einem entsprechenden Verhalten anregen. Derartige Situationsmerkmale werden dabei als Anreiz bezeichnet (vgl. Nerdinger 2013).

Als Motivation wird der Prozess bezeichnet, bei dem bestimmte Anreize einer Situation bestimmte Motive eines Menschen ansprechen und ihn zu einem zielgerichteten Verhalten bewegen (vgl. Porepp et al. 2005). Motivation ist dabei immer das Produkt aus individuellen Motiven und den Merkmalen einer aktuellen Situation, die als Anreize auf die Motive einwirken und diese aktivieren (vgl. Nerdinger 2013).

Mitarbeiter zu motivieren, erfordert also Kenntnis sowohl der Anreize, welche die verschiedenen Motive anregen können, als auch der relevanten Prozesse, die ablaufen, bis es zum motivierten Verhalten kommt. In der Motivationspsychologie wird dementsprechend zwischen einer Inhaltsperspektive und einer Prozessperspektive der Motivationstheorien unterschieden (vgl. Nerdinger 1995, 2003a).

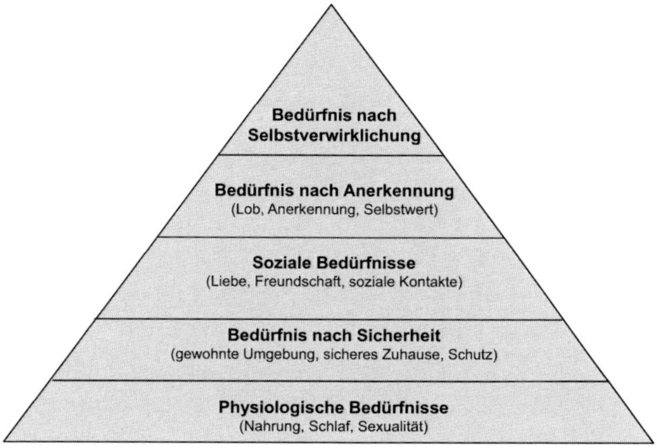

Abb. 7 Bedürfnispyramide von Maslow (Quelle: In Anlehnung an Kirchler 2008)

Zunächst wollen wir der Frage nachgehen, welche Faktoren geeignet sind, um Motivation im beruflichen Kontext auszulösen – uns also der Inhaltsperspektive zuwenden. Danach werden wir zumindest in Ansätzen noch eine Theorie zur Prozessperspektive diskutieren. Daraus werden wir jeweils Konsequenzen für die Führungspraxis von Herrn Jäger ableiten.

6.3 Die Motivationstheorie von Maslow

Ein Modell, das Motive in verschiedene Motivarten einteilt und mittlerweile auch Eingang in die Praxis gefunden hat, ist die Bedürfnispyramide von Abraham Maslow (1943). Maslow unterscheidet dabei zwei grundsätzliche Arten von Motiven – Defizit- und Wachstumsmotive – und ordnet ihnen jeweils verschiedene Bedürfnisklassen zu. Nach Maslows Ansatz verhindert die Befriedigung von Defizitmotiven Krankheiten, führt aber nicht zu Gesundheit. Psychische Gesundheit entsteht erst, wenn auch die Wachstumsbedürfnisse verfolgt werden können. Der Mensch strebt in Maslows Theorie nach Selbstverwirklichung.

Wesentliches Merkmal der Maslowschen Bedürfnispyramide ist, dass die Motive in einer Hierarchie angeordnet sind. Erst wenn die Bedürfnisse einer niedrigeren Klasse befriedigt sind, werden Bedürfnisse einer höheren Klasse aktiv. Es müssen also erst die physiologischen Bedürfnisse befriedigt sein, bevor Sicherheitsbedürfnis oder auch soziale Bedürfnisse in den Vordergrund treten und dann letztlich die Selbstverwirklichung relevant wird.

In Abb. 7 ist die Hierarchie der Bedürfnisse entsprechend dargestellt.

Auch wenn der Ansatz von Maslow empirisch nicht bestätigt werden konnte (vgl. Nerdinger 1995), so liefert er doch einen praktischen Nutzen: Er sensibilisiert grundsätzlich für das Vorhandensein verschiedener Motive, die bei Maslow als Bedürfnisse bezeichnet werden, und fordert zum Nachdenken auf, welche Motive bei dem jeweiligen Mitarbeiter aktuell aktiv sind.

6.4 Die Zwei-Faktoren-Theorie von Herzberg et al.

Offen bleibt bei Maslow die Frage, welche Anreize auf die Motive einwirken und welche dabei im beruflichen Kontext zu berücksichtigen sind. Hier setzt nun eine weitere inhaltsorientierte Motivtheorie an: die Zwei-Faktoren-Theorie der Arbeitszufriedenheit von Herzberg et al. (1959).

Anders als die Motivtheorie von Maslow baut die Theorie nach Herzberg et al. auf einer empirischen Untersuchung auf. Mittels der Methode der Erhebung „kritischer Ereignisse" haben Herzberg und sein Team untersucht, welche Zusammenhänge zwischen bestimmten Anreizen und den beiden Dimensionen Arbeitszufriedenheit und -unzufriedenheit bestehen. Das Besondere an dieser Untersuchung ist, dass Herzberg die beiden Dimensionen als zwei voneinander unabhängige Konzepte betrachtet: Unzufriedenheit vs. Nichtunzufriedenheit sowie Zufriedenheit vs. Nichtzufriedenheit. Das Gegenteil von Unzufriedenheit ist damit nicht Zufriedenheit, sondern ein neutraler Zustand der Nichtunzufriedenheit. Gleiches gilt für die Zufriedenheit. Die Anreize, die in seiner Untersuchung mit Nichtunzufriedenheit zusammenhängen, bezeichnet Herzberg als „Hygienefaktoren". Sie können zwar Unzufriedenheit reduzieren, führen aber nicht zu Zufriedenheit. Bei dieser Bezeichnung hat sich Herzberg an dem Begriff der Hygiene aus dem medizinischen Bereich orientiert: Hygiene ist die Bedingung für Heilung, führt aber selbst noch nicht dazu.

In der Studie von Herzberg hat sich gezeigt, dass vor allem Aspekte des Arbeitsumfelds als Hygienefaktoren wirken. Dazu zählen beispielsweise die Beziehung zu Kollegen, die Politik des Unternehmens und eben auch das Gehalt (vgl. Abb. 8).

Faktoren, die im positiven Fall zu Zufriedenheit führen, hat Herzberg als „Motivatoren" bezeichnet. Diese können potenziell die Zufriedenheit fördern und damit Motivation auslösen. Hierzu zählen insbesondere Faktoren, die mit dem Inhalt der Arbeit verknüpft sind.

Für unsere Führungskraft Herr Jäger lässt sich damit ableiten: Will er Leistungseinbußen durch Unzufriedenheit verhindern, sollte er die Hygienefaktoren beachten; will er Zufriedenheit und damit Leistungsbereitschaft fördern, muss er sich auf die Motivatoren konzentrieren. Dementsprechend sollte Herr Jäger Leistungserlebnisse ermöglichen, Leistungen und positives Verhalten ausdrücklich anerkennen, Weiterqualifizierung erleichtern und für persönliches Wachstum sorgen, Aufstieg ermöglichen und den Arbeitsinhalt motivierend gestaltend (Nerdinger 2000, 2003a).

Die Motivationstheorie von Herzberg bietet auch eine Erklärung, warum über Geld so schlecht motiviert werden kann. Geld wirkt offenbar in erster Linie als ein „Hygienefaktor". Fühlt sich ein Mitarbeiter schlecht bezahlt, führt dies zu Unzufriedenheit. Ist die Bezahlung sehr gut, heißt dies aber nicht, dass er deswegen gleich zufriedener mit seiner Arbeit ist, sondern er ist vielmehr zunächst nur „nicht unzufrieden".

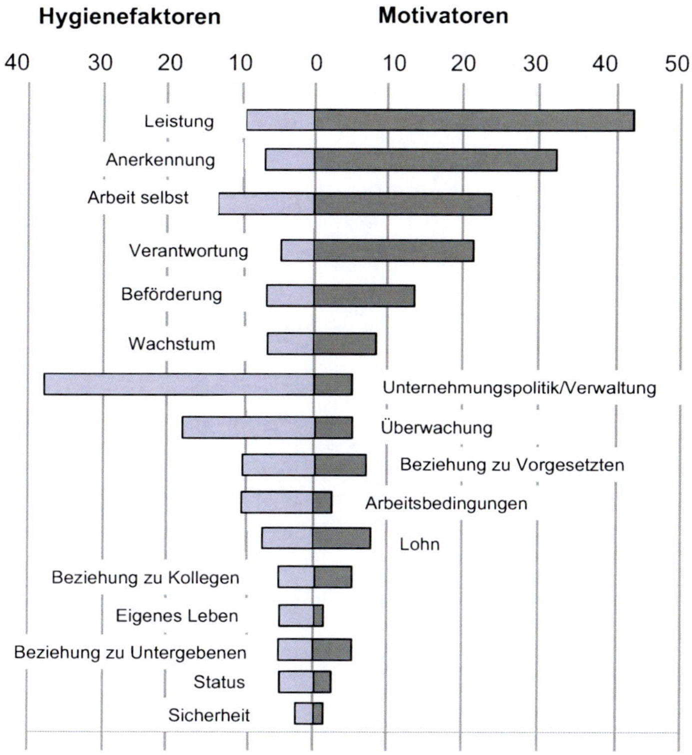

Abb. 8 Zwei-Faktoren-Theorie nach Herzberg et al. (Quelle: In Anlehnung an Holtbrügge 2007)

6.5 Die Zielsetzungstheorie von Locke und Latham

Als Drittes möchten wir schließlich eine Theorie vorstellen, die vor allem den inneren Prozess der Motivation beinhaltet und dabei den Zusammenhang zwischen der Zielsetzung und der Zielerreichung in den Fokus nimmt: die Zielsetzungstheorie von Locke und Latham (1990). Zwei der Grundaussagen der Theorie lauten (vgl. zum Folgenden auch Nerdinger 2001a, 2003a):

- Schwierigere und herausfordernde Ziele führen zu besseren Leistungen als leichtere Ziele.
- Spezifische und präzise formulierte Ziele führen zu besseren Leistungen als unspezifische oder vage formulierte Ziele.

Der Schwierigkeitsgrad der Ziele ist dabei in Abhängigkeit von der jeweiligen Person zu sehen und sollte einen realistischen Bezug zu den bisherigen Aufgaben haben. Die zugeordneten Ziele müssen also von dem jeweiligen Mitarbeiter als herausfordernd und realistisch empfunden werden. Zudem müssen die Ziele spezifisch formuliert werden. Klassische Aussagen wie „Geben Sie Ihr Bestes!“ sind daher wenig geeignet.

Diese beiden Zusammenhänge wurden in Hunderten von empirischen Studien bestätigt und können als gesicherte Annahmen gelten (Nerdinger 1995). Daneben gibt es aber auch eine Reihe von Aspekten, die als Einfluss auf diese positiven Zusammenhänge betrachtet werden müssen (vgl. zum Folgenden Nerdinger 2003a):

- Bindung an die Ziele,
- wahrgenommene Selbstwirksamkeit,
- erlebte Rückmeldung und
- Komplexität der Aufgabe.

Die Bindung an die Ziele meint das persönliche Gefühl der Verpflichtung gegenüber dem jeweiligen Ziel. Dafür ist es entscheidend, wie die Zielsetzung erfolgt. Wenn Herr Jäger die Mitarbeiter in die Zielsetzung einbezieht, wird das jeweilige Ziel auch zum „eigenen“ Ziel des Mitarbeiters. Aber auch „Tell-and-Sell-Ziele“ können wirksam sein – entscheidend ist, wie nachvollziehbar und glaubhaft Her Jäger die Zielsetzung erklärt: „Sind die Erklärungen für vorgegebene Ziele glaubhaft, haben sie die gleiche Wirkung wie Zielvereinbarungen!“ (Nerdinger 2003a, S. 47).

Das Konzept der Selbstwirksamkeit bezeichnet das aufgabenspezifische Selbstvertrauen (vgl. Bandura 1997) – also die eigene Überzeugung, das gesetzte Ziel auch erreichen zu können. Hierbei geht es nicht um Selbstüberschätzung – die eher negative Folgen hat (vgl. Nerdinger 2003a) –, sondern um eine realistische Einschätzung der eigenen Kompetenzen. Erlebt sich der Mitarbeiter als selbstwirksam, wird er auch bei auftretenden Schwierigkeiten an dem Ziel festhalten und Energie investieren. Herr Jäger kann also durch konkrete Rückmeldungen seine Mitarbeiter darin unterstützen, sich ihre Kompetenzen zu vergegenwärtigen, und möglicherweise ihnen auch helfen, den Zugang zu „vergessenen“ Kompetenzen wiederzuerlangen.

Rückmeldungen zu den Leistungsergebnissen beeinflussen ebenfalls den Zusammenhang zwischen Zielsetzung und Zielerreichung. Gerade bei sehr komplexen und langwierigen Verkaufssituationen sind Rückmeldungen wichtig, und Herr Jäger sollte diese in regelmäßigen Abständen geben und damit bei der Orientierung unterstützen. Gerade für neue Mitarbeiter ist das oftmals sehr wichtig. Positive Rückmeldungen können zudem das Vertrauen in die eigenen Fähigkeiten und die Selbstwirksamkeit steigern. Insbesondere wenn die Zielerfüllung bedroht ist, sollte die Rückmeldung verdeutlichen, dass mit größerer Anstrengung das Ziel noch erreicht werden kann (natürlich nur, wenn dem auch so ist), und damit die Selbstwirksamkeit steigern (vgl. Nerdinger 2006).

Auch die Aufgabenkomplexität beeinflusst den Zusammenhang zwischen Zielsetzung und Leistung. Gerade bei einfachen Aufgaben ist dieser Zusammenhang sehr eng. Hier sollten die Ziele entsprechend herausfordernd und präzise formuliert werden. Bei äußerst komplexen Aufgaben können sehr spezifische Ziele wiederum hinderlich wirken, da damit die individuelle Freiheit eingeschränkt wird, die Aufgabe zu bewältigen.

6.6 Exkurs: Die Bedeutung der Lern- und Leistungszielorientierung

Neben den hier bereits vorgestellten Faktoren deuten neuere verkaufspsychologische Forschungen auf weitere interessante Aspekte der Motivation hin. Einer davon ist der Einfluss der Zielorientierung auf die Leistung. Das Konzept entstammt der pädagogischen Psychologie und besagt, dass Menschen in Leistungssituationen dazu tendieren, sich entweder an Leistungs- oder an Lernzielen zu orientieren (vgl. Dweck und Leggett 1988; Elliott und Dweck 1988). Für Verkäufer, die sich an Leistungszielen orientieren, ist es beispielsweise entscheidend, dass Vorgesetzte oder andere wichtige Personen im Unternehmen die Erreichung von Leistungen durch Anerkennung oder Prämien honorieren (vgl. Nerdinger 2001b, 2004; Sujan et al. 1994). Für diese Verkäufer ist also die eigentliche Zielerreichung bzw. die damit verbundene Anerkennung das wesentliche Ziel. Lernzielorientierten Verkäufern ist diese Anerkennung des Ergebnisses durch andere zunächst nicht so wichtig. Sie werden grundsätzlich von herausfordernden Situationen angezogen und suchen nach Möglichkeiten zum Lernen sowie zur Erweiterung ihres Wissens und Könnens. Lernzielorientierte Verkäufer stehen neuen Herangehensweisen im Verkauf aufgeschlossen gegenüber und sind intrinsisch motiviert, ihre Fähigkeiten ständig zu verbessern (vgl. Nerdinger 2004).

Für den Verkauf ist eine entsprechende Unterscheidung insofern interessant, als bereits in verschiedenen Untersuchungen gezeigt werden konnte, dass eine hohe Lernzielorientierung auch mit einem höheren Verkaufserfolg zusammenhängt (vgl. Nerdinger 2001b, 2004). In einer eigenen Studie bei Verkäufern im Bereich von Finanzdienstleistungen zeigte sich beispielsweise, dass eine Lernzielorientierung statistisch annähernd doppelt so hoch mit der Anzahl der Kundenkontakte mit Verkaufserfolg korrelierte wie bei der Gruppe der Verkäufer mit einer Orientierung an Leistungszielen (vgl. Tiffert 2006).

Wir können es uns damit erklären, dass sich lernzielorientierte Verkäufer selbst höhere Ziele setzen, gleichzeitig mehr Anstrengungen vornehmen und ihre Zielerreichung zudem detaillierter planen (vgl. Nerdinger 2004). Weiterhin zeigte sich, dass eine hohe Lernzielorientierung auch mit einer erhöhten Arbeitszufriedenheit sowie einer erhöhten beruflichen Selbstwirksamkeitserwartung einhergeht (vgl. Tiffert 2006). Lernzielorientierte Verkäufer sehen Rückschläge möglicherweise weniger als eigene Schwäche an, sondern betrachten Schwierigkeiten als „willkommene" Herausforderung und Möglichkeit, neue Erfahrungen zu sammeln (vgl. Nerdinger 2004). Zudem hängt eine hohe Lernzielorientierung mit einem adaptiven Verkaufsansatz zusammen: Lernzielorientierte Verkäufer variieren ihr Verhalten eher entsprechend der Kundensituationen (vgl. Nerdinger 2003b). Leistungszielorientierte Verkäufer sollen dagegen weniger bereit sein, neue Verkaufstechniken auszuprobieren, da sie bei unbewährten Methoden schlechtere Ergebnisse und somit negative Leistungsbewertungen fürchten (vgl. Nerdinger 2004; Tiffert 2006).

Insgesamt gibt es also genügend Gründe, um künftig die Zusammenhänge und vor allem die Bedingungen zur Förderung der Lernzielorientierung weiter zu untersuchen. Denn obwohl die beiden Orientierungen als relativ stabil in einer Person gelten, können sie durch den Organisationskontext stark angeregt werden (vgl. Nerdinger 2004). Bereits nach heutigem Wissen können wir Herrn Jäger empfehlen, Rückmeldungen zum Verhalten im Sinne von Entwicklungshinweisen zu geben, um damit eine Lernzielorientierung zu fördern bzw. ein Unternehmensklima zu schaffen, dass lernzielorientierte Verkäufer anzieht. Im Gegensatz dazu dürfte eine reine Ergebnisfokussierung – etwa im Sinne der klassischen „Renner-Penner-Liste" – eher die Leistungszielorientierung ansprechen.

7 Schlusswort

Im vorliegenden Beitrag war es unser Ziel, einen einführenden Überblick über die wesentlichen Aufgaben des operativen Vertriebsmanagements zu geben. Da es keine einheitliche Systematik der Zuordnung unterschiedlicher Vertriebsmanagementaufgaben zur operativen oder strategischen Perspektive gibt, haben wir uns mit einem fiktiven Fallbeispiel beholfen: Am Beispiel des Vertriebsmanagers Bernhard Jäger haben wir zunächst überlegt, welche wesentlichen Aufgaben bei der Umsetzung strategischer Vertriebsziele relevant sind, und haben diese dann näher beschrieben. Bei unseren Ausführungen haben wir immer versucht, ganz konkrete Ideen für die Praxis abzuleiten.

In unseren Ausführungen haben wir dabei einen weiten Bogen geschlagen: Zunächst haben wir diskutiert, wie eine Abschätzung des notwendigen Außendienstumfangs sowie eine Strukturierung der Verkaufsgebiete im Zielmarkt erfolgen kann; wir sind auf Aspekte der Rollen- und Aufgabenklärung eingegangen und haben uns mit der Frage der Gestaltung von Ziel- und Vergütungssystemen beschäftigt. Zum Ende hin haben wir uns auch mit Inhalten des Personalmanagements befasst, bis wir dann abschließend auf die Motivation der Mitarbeiter eingegangen sind. Hier haben wir sowohl einige der klassischen Studien zur Mitarbeitermotivation als auch neuere Forschungsergebnisse vorgestellt.

Einen solchen Bogen zu schlagen und dabei den Umfang eines einführenden Textes nicht zu sprengen, hat einen Preis: So haben wir an der einen oder anderen Stelle unsere Ausführungen deutlich kürzer halten müssen, als uns selbst lieb gewesen wäre oder das Thema es verdient hätte.

Um die einzelnen Themen aber nicht ganz unabgeschlossen zu lassen, haben wir an der einen oder anderen Stelle Hinweise auf weiterführende Literatur gegeben. Darüber hinaus möchten wir an dieser Stelle ganz herzlich zur Lektüre der folgenden Beiträge dieses dritten Kapitels einladen. Wir würden uns sehr freuen, wenn sich damit auch einige der offen gebliebenen Fragen klärten.

Literatur

Artz, M. (2011). Anreiz- und Vergütungssysteme im Vertrieb. In C. Homburg, & J. Wieseke (Hrsg.), *Handbuch Vertriebsmanagement* (S. 306–334). Wiesbaden.

Bandura, A. (1997). *Self-efficacy: The exercise of control.* New York.

Becker, B., & Binckebanck, L. (2004). Cross Functional Selling. Kundenorientierung auf Organisationsebene implementieren. In D. Ahlert, H. Dannenberg, & M. Huckemann (Hrsg.), *Der Vertriebs-Guide. Produktiver Vertrieb – Mit weniger mehr verkaufen* (2. Aufl. S. 172–181). München.

Binckebanck, L. (2004). Vertriebsanalytik. In D. Ahlert, H. Dannenberg, & M. Huckemann (Hrsg.), *Der Vertriebs-Guide. Produktiver Vertrieb – Mit weniger mehr verkaufen* (2. Aufl. S. 162–171). München.

Binckebanck, L., & Wiese, F. (2004). E-Learning im Vertrieb: Aufbruch- oder Katerstimmung?. In D. Ahlert, H. Dannenberg, & M. Huckemann (Hrsg.), *Der Vertriebs-Guide. Produktiver Vertrieb – Mit weniger mehr verkaufen* (2. Aufl. S. 214–228). München.

Burchard, U. (2004). Einführung und Implementierung eines variablen Entlohnungssystems im Vertriebsaußendienst, dargestellt an einem Beispiel aus der Bauindustrie. In D. Ahlert, H. Dannenberg, & M. Huckemann (Hrsg.), *Der Vertriebs-Guide. Produktiver Vertrieb – Mit weniger mehr verkaufen* (2. Aufl. S. 147–161). München.

Bußmann, W. F., & Rutschke, K. (1998). *Team Selling* (2. Aufl.). Landsberg/Lech.

Dannenberg, H. (1997). *Vertriebsmarketing – Wie Strategien laufen lernen* (2. Aufl.). Neuwied u. a.

Dannenberg, H., & Zupancic, D. (2008). *Spitzenleistung im Vertrieb: Optimierung im Vertriebs- und Kundenmanagement*. Wiesbaden.

Dweck, C. S., & Leggett, E. L. (1988). A social-cognitive approach to motivation and personality. *Psychological Review, 95*(2), 256–273.

Elliot, E. S., & Dweck, C. S. (1988). Goals: An approach to motivation and achievement. *Journal of Personality and Social Psychology, 54*(1), 5–12.

Fließ, S. (2006). Vertriebsmanagement. In M. Kleinaltenkamp, W. Plinke, F. Jacob, & A. Söllner (Hrsg.), *Markt- und Produktmanagement* (S. 369–494). Berlin.

Fogg, C. D., & Rokus, J. W. (1973). A Quantitation Method for Structuring a Profitable Sales Force. *Journal of Marketing, Juli*, 8–17.

Gladbach, S., & Huckemann, M. (2004). Personalentwicklung in Zeiten knapper Budgets. In D. Ahlert, H. Dannenberg, & M. Huckemann (Hrsg.), *Der Vertriebs-Guide. Produktiver Vertrieb – Mit weniger mehr verkaufen* (2. Aufl. S. 229–239). München.

Goehrmann, K. E. (1984). *Verkaufsmanagement*. Stuttgart u. a.

Herzberg, F., Mausner, B., & Snyderman, B. (1959). *The motivation to work*. New York.

Holtbrügge, D. (2007). *Personalmanagement* (3. Aufl.). Berlin.

Homburg, C., Schäfer, H., & Schneider, J. (2011). *Sales Excellence: Vertriebsmanagement mit System* (6. Aufl.). Wiesbaden.

Hossiep, R., Bittner, J. E., & Berndt, W. (2008). *Mitarbeitergespräche – motivierend, wirksam, nachhaltig*. Göttingen.

Huckemann, M., Bußmann, W. F., Dannenberg, H., & Hundgeburth, M. (2000). *Verkaufsprozess-Management: So erzielen Sie Spitzenleistungen im Vertrieb*. Neuwied.

Johnston, M. W., Ford, N. M., Walker, O. C., Marshall, G. W., & Churchill, G. A. (2003). *Churchill/Ford/Walker's Sales force management*. Boston/Mass.

Kienbaum (2008). *Steuerung und Vergütung im Vertrieb, Kienbaum Management Consultants GmbH* (3. Aufl.). Gummersbach.

Kirchler, E. (2008). *Arbeits- und Organisationspsychologie* (2. Aufl.). Wien.

Locke, E. A., & Latham, G. P. (1990). *A theory of goal setting and task performance*. New Jersey.

Leinweber, S. (2010). Kompetenzmanagement. In *Strategische Personalentwicklung* (2. Aufl. S. 145–180). Heidelberg.

Maslow, A. H. (1943). A Theory of Human Motivation. *Psychological Review, 50*(4), 370–396.

Nerdinger, F. W. (1986). *Leistungsmotivation im Außendienst. Ergebnisse einer empirischen Untersuchung an Verkäufern im Außendienst*. München.

Nerdinger, F. W. (1995). *Motivation und Handeln in Organisationen: eine Einführung*. Stuttgart.

Nerdinger, F.W. (1997). Führung durch Gespräche, Hrsg.: Bayerisches Staatsministerium für Arbeit und Sozialordnung, Familie, Frauen und Gesundheit, München.

Nerdinger, F. W. (2000). *Erfolgreich führen. Grundwissen, Strategien, Praxisbeispiele*. Weinheim.

Nerdinger, F. W. (2001a). *Formen der Beurteilung in Unternehmen*. Weinheim/Basel.

Nerdinger, F. W. (2001b). *Psychologie des persönlichen Verkaufs*. München.

Nerdinger, F. W. (2003a). *Motivation von Mitarbeitern*. Göttingen.

Nerdinger, F. W. (2003b). *Kundenorientierung*. Göttingen.

Nerdinger, F. W. (2004). Ziele im persönlichen Verkauf. In J. Wegge (Hrsg.), *Förderung von Arbeitsmotivation und Gesundheit in Organisationen* (S. 11–26). Göttingen.

Nerdinger, F. W. (2006). Motivierung. In H. Schuler (Hrsg.), *Lehrbuch Personalpsychologie* (2. Aufl. S. 385–408).

Nerdinger, F. W. (2013). *Grundlagen des Verhaltens in Organisationen* (2. Aufl.). Stuttgart.

North, K., Reinhardt, K., & Sieber-Suter, B. (2013). *Kompetenzmanagement in der* (2. Aufl.). Wiesbaden: Praxis.

Obermann, C. (2009). *Assessment Center. Entwicklung, Durchführung, Trends* (4. Aufl.). Wiesbaden.

Porepp, H., Pundt, A., & Nerdinger, F. W. (2005). Was treibt Verkäufer an? Eine explorative Untersuchung impliziter Motive von Automobilverkäufern. In GfK (Hrsg.), *Jahrbuch der Absatz- und Verbraucherforschung* (Bd. 4, S. 355–375).

Ramaswami, S. N. (1996). Marketing Controls and Dysfunctional Employee Behaviors: A Test of Traditional and Contingency Theory Postulates. *Journal of Marketing, 60*(2), 105–120.

Rosenstiel, L. v. (2007). Unternehmerische Werte und personelle Kompetenzen. In J. Erpenbeck, & L. v. Rosenstiel (Hrsg.), *Handbuch Kompetenzmessung* 2. Aufl. Stuttgart.

Rosenstiel, L. v., & Nerdinger, F. W. (2011). *Grundlagen der Organisationspsychologie: Basiswissen und Anwendungshinweise* (7. Aufl.). Stuttgart.

Schuler, H. (2006). *Lehrbuch der Personalpsychologie*. Göttingen.

Stock-Homburg, R., & Bieling, B. (2011). Personalmanagement im Vertrieb: Herausforderungen und Lösungen. In C. Homburg, & J. Wieseke (Hrsg.), *Handbuch Vertriebsmanagement* (S. 281–305). Wiesbaden.

Sujan, H., Weitz, B. A., & Kumar, N. (1994). Learning orientation, working smart, and effective selling. *Journal of Marketing, 58*(1), 39–52.

Tiffert, A. (2006). *Entwicklung und Evaluierung eines Trainingsprogramms zur Schulung von Techniken des Emotionsmanagement: eine Längsschnittstudie im persönlichen Verkauf*. München.

Walker, O. C., Churchill, G. A., & Ford, N. M. (1977). Motivation and Performance in Industrial Selling: Recent Knowledge and Needed Research. *Journal of Marketing Research, 14*(2), 156–168.

Wieseke, J., & Rajab, T. (2011). Planung und Steuerung im Vertrieb. In C. Homburg, & J. Wieseke (Hrsg.), *Handbuch Vertriebsmanagement* (S. 245–280). Wiesbaden.

Wöhe, G. (2010). *Einführung in die Betriebswirtschaftslehre* (24. Aufl.). München.

Bedeutung und Erfolgsfaktoren der Vertriebsführung

Alexander Haas

Inhaltsverzeichnis

1 Bedeutung und Erfolgsfaktoren der Vertriebsführung

Effektive Vertriebsführung ist ein starker Treiber des Unternehmenserfolgs. Auf der Ergebnisseite bestimmen die Entscheidungen der Führungskräfte maßgeblich, ob die Vertriebsmannschaft erfolgreich als „Speerspitze des Marketing" agiert, indem sie neuen und vorhandenen Kunden die Produkte und Dienstleistungen des Unternehmens profitabel verkauft. Auf der Kostenseite handelt es sich bei den Vertriebsbudgets regelmäßig um die größten Budgets in Unternehmen. Denn die Vertriebsorganisationen industrieller Unternehmen und Dienstleister umfassen nicht selten mehrere hundert, ja tausend Mitarbeiter. Entsprechend müssen die Führungskräfte im Vertrieb permanent versuchen, Effizienzsteigerungen zu erzielen. Angesichts der Größe der Vertriebsorganisationen können dabei schon kleine prozentuale Veränderungen große Kosten- bzw. Umsatzeffekte bewirken. 5 Prozent Einsparung bei einer 300-köpfigen Vertriebsmannschaft entsprechen immerhin bereits 15 Mitarbeitern (vgl. Diller et al. 2005).

Alexander Haas ✉
Professur für Marketing (BWL I), Justus-Liebig-Universität Gießen, Licher Straße 66, 35394 Gießen, Deutschland
e-mail: alexander.haas@wirtschaft.uni-giessen.de

L. Binckebanck et al. (Hrsg.), *Führung von Vertriebsorganisationen*,
DOI 10.1007/978-3-658-01830-6_15, © Springer Fachmedien Wiesbaden 2013

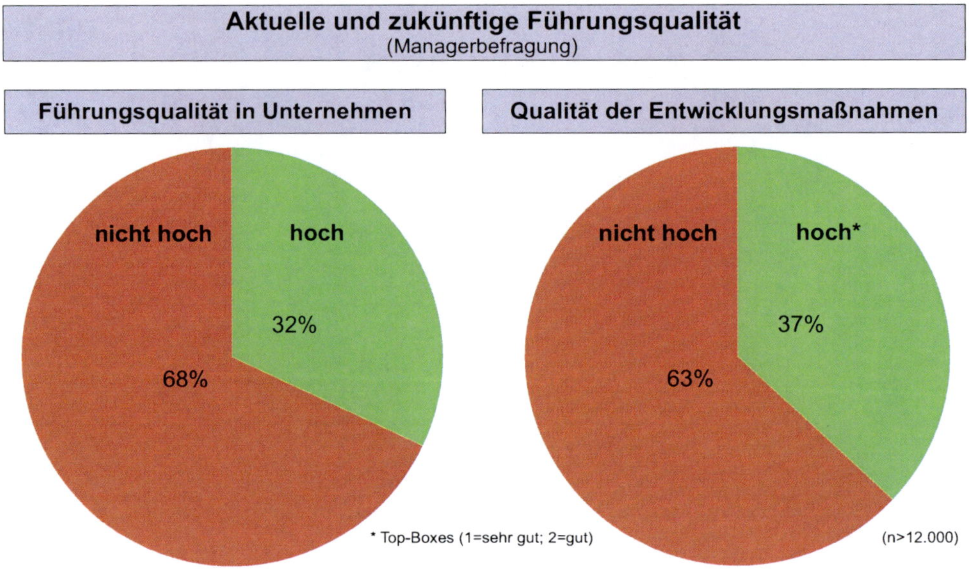

Abb. 1 Aktuelle und zukünftige Führungsqualität in Unternehmen (Quelle: DDI 2011)

Trotz ihrer Relevanz für effektives Vertriebsmanagement weist die Führungsqualität in Unternehmen erhebliche Schwächen auf. In einer Studie wurden unlängst über 12.000 Manager zur Führungsqualität im eigenen Unternehmen befragt. Nur gerade ein Drittel dieser Manager wertete die Qualität der Führung als gut oder sogar sehr gut (vgl. Abb. 1). Für den Vertriebsbereich bedeutet dieses Ergebnis, dass fast 70 Prozent der Manager dort zum Teil einen deutlichen Verbesserungsbedarf im Bereich der Führung sehen. Angesichts der traditionell im Vertrieb sehr intensiven Schulungsmaßnahmen könnte man bei einem solchen Ergebnis meinen, dass das Problem sprichwörtlich erkannt und somit demnächst gebannt sein sollte. Dies scheint aber nicht zu zutreffen. Denn in derselben Studie befand erneut nur etwas mehr als ein Drittel der Manager die dortigen Entwicklungsmaßnahmen von hoher Qualität, während etwa sechs von zehn Managern nicht mit den unternehmensseitig ergriffenen Entwicklungsmaßnahmen zufrieden waren. Insofern ist in vielen Unternehmen nicht nur die Führungspraxis im Vertrieb deutlich von einem guten Niveau entfernt, sondern es besteht auch nur eine geringe Aussicht auf eine kurzfristige Besserung.

Wie können Unternehmen die Führung ihres Vertriebs verbessern? Und welche Aspekte sind für eine effektive Vertriebsführung erfolgskritisch? Diesen Fragen wird im Folgenden auf Basis aktueller Studien nachgegangen. Dabei werden drei Bereiche thematisiert, deren Kenntnis für das erfolgreiche Management von Verkaufsprozessen von besonderer Bedeutung ist: Erstens benötigt effektive Vertriebsführung die richtigen Managementkompetenzen. Zweitens können die Vertriebsprozesse selbst mehr oder weniger effektiv ablaufen. Drittens kann der richtige Führungsstil seitens der Manager für Spitzenleistungen im Vertrieb sorgen. Wer diese drei Erfolgsfaktoren versteht, kann nicht nur die damit verbundenen Herausforderungen meistern, sondern auch hohe, häufig brachliegende Potenziale des Vertriebs erschließen – und so die Wettbewerber dauerhaft auf die Plätze verweisen.

2 Erfolgsfaktor Managementkompetenzen

Dass die richtigen Managementkompetenzen für einen produktiven Vertrieb sorgen können, ist wohl für keinen Manager wirklich überraschend. Schwieriger ist dann schon die Frage, welche „die richtigen" Kompetenzen sind. Die Antwort darauf muss an den Aufgabengebieten des Vertriebs anknüpfen. Denn Kompetenzen sind erst dann „richtig", wenn sie die erfolgskritischen Vertriebsaufgaben zu meistern helfen.

Was also sind die zentralen Aufgabengebiete des Vertriebs? Die Antwort lässt sich knapp halten: Innovation, Kundenorientierung und Vertriebsprozess. Die überragende Bedeutung dieser Aufgabenbereiche wird in Unternehmen regelmäßig geäußert und ist auch in zwei jüngeren Studien deutlich zu erkennen (vgl. Abb. 2). Daraus geht hervor, dass für Manager Innovation und Kundenorientierung die beiden mit Abstand wichtigsten Instrumente für das im Vertrieb besonders bedeutsame Wachstumsziel sind. Darüber hinaus streben Vertriebsmanager aktuell insbesondere eine Verbesserung des Vertriebsprozesses an. Der starke Managementfokus auf den Vertriebsprozess wird dadurch offensichtlich, dass außer dem Wachstumsziel ausschließlich Ziele mit Bezug zum Vertriebsprozess ganz oben in der Prioritätenliste der Vertriebsmanager rangieren. Demnach soll externe und interne Vertriebsexzellenz über eine hohe Umsetzungsgeschwindigkeit und zu immer niedrigeren Kosten sichergestellt werden.

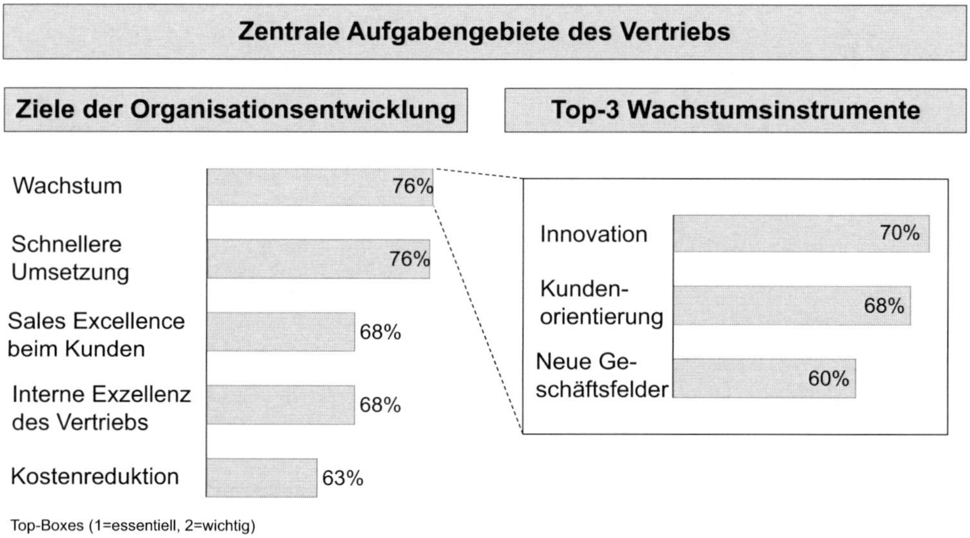

Abb. 2 Zentrale Aufgabengebiete des Vertriebs (Quelle: Markenverband; Roland Berger 2010; Droege und Handelsblatt Business Monitor 2010)

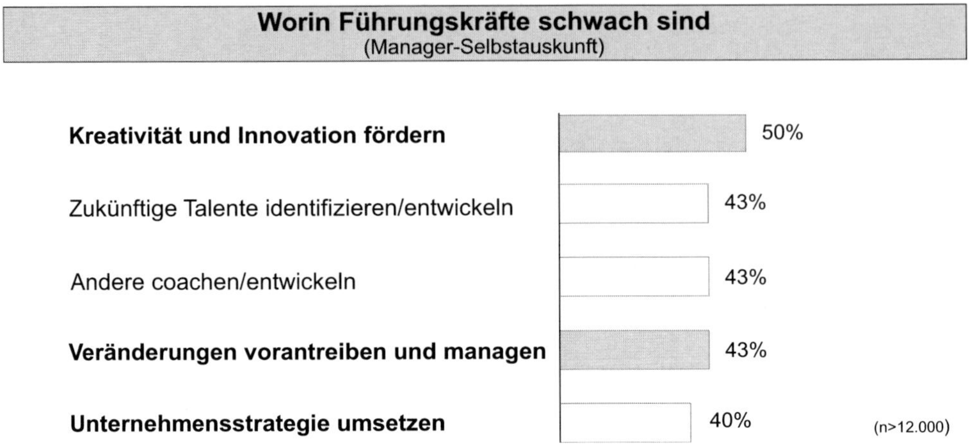

Abb. 3 Worin Führungskräfte schwach sind (Quelle: DDI 2011)

Die hohe Platzierung der drei Aufgabenbereiche Innovation, Kundenorientierung und Vertriebsprozess lässt die Grundlogik effektiver Vertriebsführung sichtbar werden. Denn ohne das Meistern dieser Aufgaben kann der Vertrieb seine eigentliche Aufgabe, das Verkaufen, nicht auf Dauer erfolgreich bewerkstelligen: Ohne Innovationen fehlen die Produkte, Dienstleistungen oder einfach nur Ideen, die den Kunden in besonderer Weise beim Lösen ihrer Probleme helfen, ihnen dadurch Wettbewerbsvorteile verschaffen und somit überzeugende Gründe für ihre Kaufentscheidung liefern. Fehlt es an der Kundenorientierung, besteht die Gefahr, dass der Vertrieb die Kundenprobleme nicht hinreichend versteht und als Folge erfolgsträchtige Gelegenheiten – von interessanten Verkaufsabschlüssen bis hin zur Entwicklung neuer Geschäftsfelder – ungenutzt verstreichen lässt. Und falls die Vertriebsprozesse nicht reibungslos ablaufen, können lange Dauer, geringe Flexibilität und hohe Kosten selbst ansonsten überzeugte Kunden zur Konkurrenz treiben.

Betrachtet man vor dem Hintergrund dieser erfolgskritischen Aufgaben die Kompetenzen der Manager, kommt man zu dem Ergebnis, dass zahlreiche Vertriebsmanager heutzutage ungenügende Kompetenzprofile für Führungsaufgaben im Vertrieb besitzen. Abbildung 3 stellt dar, worin Manager ihrer eigenen Meinung nach die größten Schwächen aufweisen. Als größte Schwachstelle zeigt sich das Fördern von Kreativität und Innovation – also ausgerechnet der Bereich, der von übergeordneter Bedeutung für das Wachstum der Unternehmen ist. Sage und schreibe jeder zweite Manager sieht hier deutliches eigenes Entwicklungspotenzial. Aber auch beim Management der Vertriebsprozesse weisen Manager erhebliche Defizite auf. Denn Schwächen beim Vorantreiben und Managen von Veränderungen führen unweigerlich zu Schwierigkeiten, wenn unternehmenseigene Strukturen und Prozesse an Kundenbedürfnisse angepasst oder marktorientierter gestaltet werden müssten. Dabei ist gerade der Vertrieb im Kontakt mit den Kunden und angesichts des dynamischen Umfelds mehr und mehr darauf angewiesen, innovative Lösungen für

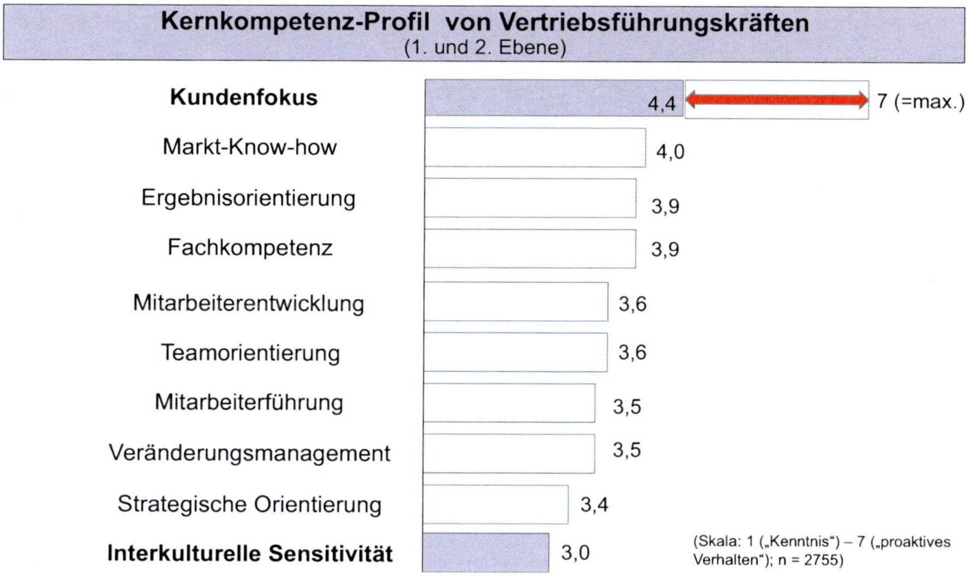

Abb. 4 Kompetenzprofil von Führungskräften im Vertrieb (Quelle: Egon Zehnder International 2005)

Kundenprobleme zu entdecken und in Zusammenarbeit mit internen und externen Partnern umzusetzen. Und für das erfolgreiche Finden und Verkaufen solcher Lösungen wird Veränderung im Sinne einer auch kurzfristigen Einführung von für das eigene Unternehmen innovativen Strukturen und Prozessen zusehends zur Norm. Dies zeigen nicht zuletzt die Unternehmen sehr deutlich, die ihr Produktangebot mit Dienstleistungen ergänzen oder sich vom Produktanbieter zum Lösungsanbieter wandeln (vgl. Ulaga und Reinartz 2011).

Auch bei den Kompetenzen zur Bearbeitung von (internationalen) Kunden gibt es erheblichen Verbesserungsbedarf. Eine Studie zum Kernkompetenzprofil von Vertriebsführungskräften der ersten und zweiten Ebene kommt zu dem Ergebnis, dass der Kundenfokus die am stärksten ausgeprägte Kompetenz ist (vgl. Abb. 4). Dieses Ergebnis verwundert nicht sonderlich. Erstaunlich ist allerdings die Tatsache, dass es selbst diese Kompetenz nur auf einen Wert von 4,4 schafft – bei einem Maximalwert von 7. Somit ist der Kundenfokus bei den Führungskräften im Vertrieb häufig nur Mittelmaß und insgesamt deutlich von einem proaktiven Ansatz entfernt. Dies gilt insbesondere für die Zusammenarbeit mit internationalen Kunden. Denn interkulturelle Sensitivität landet in der besagten Studie auf dem Schlussplatz der Kompetenzliste. Damit geht das Risiko einher, dass Aufträge nicht am Leistungsangebot scheitern, sondern auf der zwischenmenschlichen Ebene. Angesichts der häufig großen Umsatzbedeutung von Auslandsmärkten und der rasch fortschreitenden Internationalisierung vieler Märkte ist der Handlungsbedarf offensichtlich.

Insgesamt haben Unternehmen weiterhin die Möglichkeit, das Kompetenzprofil ihrer Vertriebsmanager zu verbessern. Rekrutierung und Entwicklung von Führungskräften in den Kompetenzfeldern Innovationsmanagement, Kundenorientierung und Prozessmanagement erscheinen dabei besonders vielversprechend. Während sich leistungsstarke Produkte „von alleine" verkaufen und es insofern schwierig machen, vorhandene Kompetenzschwächen im Vertrieb zu erkennen, schlummert in den Kompetenzprofilen ein großes Potenzial. Dieses gilt es zu heben.

3 Erfolgsfaktor Verkaufsprozess

Der Verkaufsprozess als Gegenstand effektiver Vertriebsführung ergibt sich aus dem grundsätzlichen Vertriebsziel des effektiven und effizienten Einsatzes der Ressourcen zur Ausschöpfung von Erlöspotenzialen (vgl. Hammerschmidt und Staat 2010). Die Effektivität wird gewährleistet, wenn sich die Mitarbeiter ganz auf die wertschöpfenden Aktivitäten konzentrieren können und damit direkt oder indirekt Ziele des Vertriebsmanagements (z. B. Kundenzufriedenheit, Umsatz, Gewinn) steigern. Die Effizienz betrifft das Output-Input-Verhältnis der Vertriebsprozesse. Dabei lassen sich die Unteraspekte Kosten, Qualität und Schnelligkeit unterscheiden. Entsprechend erfordert effizientes Vertriebsmanagement, die Leistungsziele mit möglichst geringem Mitteleinsatz sowie in hinreichender Qualität und Schnelligkeit zu erreichen. Schnelligkeit beinhaltet auch Flexibilität der Vertriebsorganisation. Denn häufig beruht die Schnelligkeit von Verkaufsprozessen in der Fähigkeit, flexibel auf Kundenbedürfnisse eingehen zu können und als Folge diese Bedürfnisse rasch erfüllen zu können (vgl. Haas und Köhler 2011).

Um als Vertriebsmanager den Vertriebsprozess zu verbessern, kann man an drei Bereichen ansetzen: an der Vertriebskultur, an den Rahmenbedingungen des Verkaufsprozesses sowie an den Aktivitäten der Vertriebsmitarbeiter. Mit Blick auf die Vertriebskultur kann man den Vertriebserfolg erhöhen, wenn eine Kultur des Lernens im Vertrieb implementiert wird. Wie man aus Abb. 5 erkennen kann, erfordert eine solche Lernkultur dreierlei Arten von Führungsaktivitäten. Erstens muss man die Erfolgsfaktoren der Topperformer kennen. Dabei gilt solchen Faktoren ein besonderes Augenmerk, die auch für andere Mitarbeiter relevant sein können. Denn auf Basis dieser Erfolgsfaktoren gilt es zweitens, Best Practices auszuarbeiten und diese innerhalb des Vertriebs weiterzugeben. Dadurch sorgt man als Führungskraft für Wissenszuwächse innerhalb des Vertriebs, die über das individuelle Lernen hinausreichen, weil sie auf die gemeinsamen Erfahrungen der Mitarbeiter im Vertrieb zurückgehen. Drittens sind Performance Reviews zu etablieren, die den Fokus auf Leistungssteigerung legen. Aus dieser Perspektive ergibt sich aus einer Untererfüllung von Leistungsvorgaben und deren Diskussion (z. B. vor dem Hintergrund der Best Practices) die Gelegenheit zum Lernen und Verbessern – statt zum Einschüchtern oder Abstrafen. Trotz des damit verbundenen Aufwands lohnt es sich, einen „lernenden Vertrieb" anzustreben. Wie die in Abb. 5 dargestellten Studienergebnisse zeigen, beherrschen die Weltklasseunternehmen die Disziplin der Lernkultur: Neun von zehn dieser Unternehmen haben systematisch die Elemente einer lernenden Organisation im Vertrieb implementiert. Damit sind sie den anderen Unternehmen weit voraus.

Bei den Rahmenbedingungen lassen die Weltklasseunternehmen ebenfalls erkennen, welche Faktoren von besonderer Bedeutung sind, wenn man die Effektivität des Vertriebsprozesses erhöhen will (vgl. Abb. 6). So achten die erfolgreichsten Unternehmen bei Investitionen in ein CRM-System besonders penibel darauf, mögliche Effektivitätssteigerungspotenziale auch tatsächlich zu realisieren. Mit Blick auf die Funktionalitäten derartiger Systeme folgt daraus, dass sich Kaufentscheidungen am Kriterium der Passgenauigkeit (für das zugrundeliegende Problem) und nicht am Funktionsumfang ausrichten. In Bezug auf die menschliche Komponente gilt es zudem, durch nach Art und Anzahl hinreichende Schulungsmaßnahmen eine sowohl schnelle als auch dauerhafte Nutzung des neuen CRM-Systems sicherzustellen. Darüber hinaus bemühen sich Weltklasseunternehmen aus den bereits oben erwähnten Gründen um eine möglichst flexible Organisationsstruktur, aber auch um ein auf die Unternehmensziele abgestimmtes Kennzahlensystem. Ein solches System hilft dem Vertrieb, die Unternehmensstrategie erfolgreich umzusetzen. Die konsequente Implementierung der Unternehmensstrategie im Rahmen der Vertriebsaktivitäten ist zwar nicht einfach, kann aber in besonderem Maße ökonomischen Wert für Kunden und das eigene Unternehmen schaffen (vgl. Terho et al. 2012).

Schließlich bieten die Aktivitäten der Vertriebsmitarbeiter der Führungskraft Ansatzpunkte für eine Verbesserung des Vertriebsprozesses. Art und zeitliche Struktur der Verkäuferaktivitäten bilden einen guten Startpunkt für entsprechende Optimierungen. Diesbezüglich wähnen Führungskräfte ihre Verkäufer – nomen est omen! – die meiste Zeit bei Verkaufsaktivitäten mit potenziellen Käufern (vgl. Haas 2011). Im modernen Vertrieb

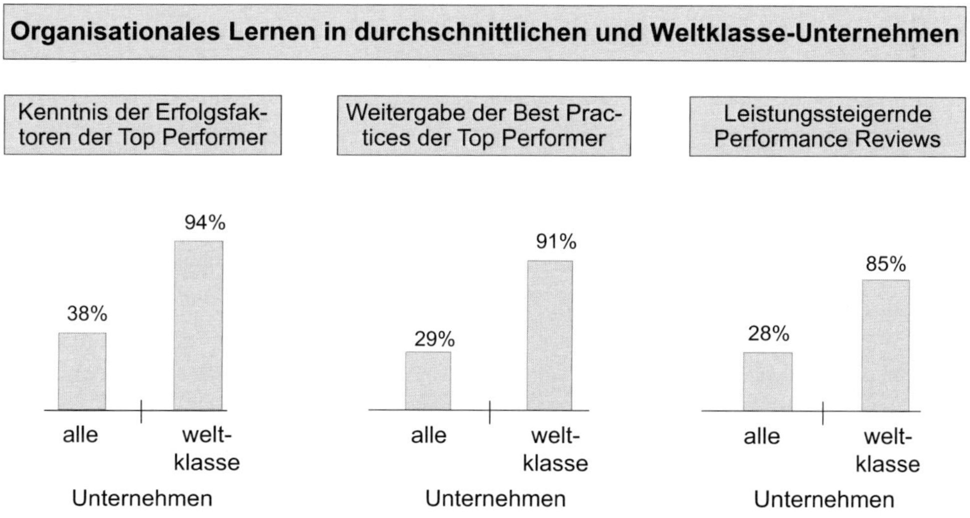

Abb. 5 Lernkultur als Erfolgsfaktor im Vertrieb (Quelle: Miller Heiman 2009)

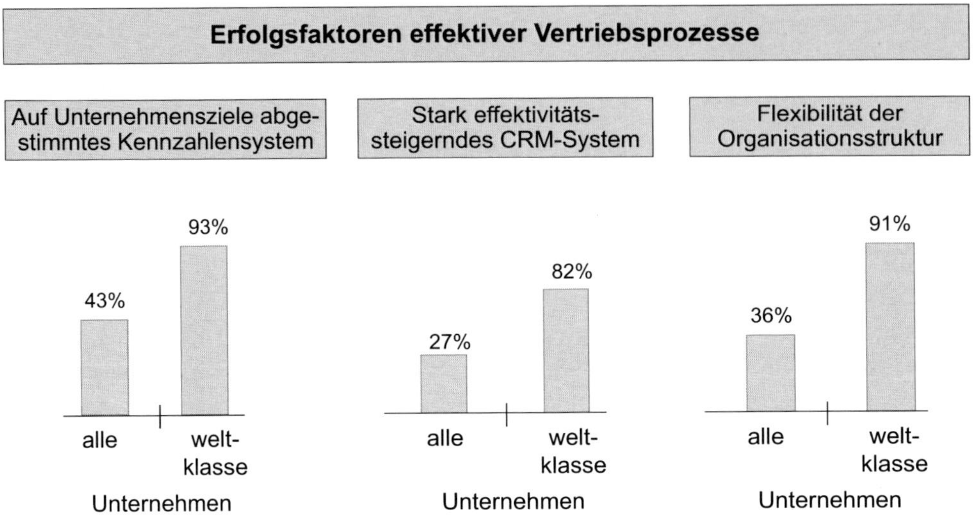

Abb. 6 Bedeutsame Rahmenbedingungen effektiver Vertriebsprozesse (Quelle: Miller Heiman 2009)

muss der Verkäufer als „Dirigent der Leistungserstellung" aber auch sicherstellen, dass die dem Kunden verkaufte Leistung termingerecht und in der zugesagten Qualität erbracht wird. Und neben administrativen Tätigkeiten, die den Verkäufern zunehmend aufgebürdet werden, pflegen viele Unternehmen einen sehr lockeren Umgang mit der wertvollen Ressource Verkäuferzeit. Als Ergebnis dieser Entwicklungen machen originäre Verkaufsaktivitäten inzwischen nur noch einen äußerst geringen Teil der Arbeitszeit der Verkäufer aus (vgl. Abb. 7). Rund ein Zehntel der Arbeitszeit, also ca. fünf Stunden pro Woche, ist dabei keine Seltenheit. In krassem Missverhältnis dazu stehen die fast zwei Drittel der Arbeitszeit, die Verkäufer heute mit administrativen Tätigkeiten, Reisen und sonstigen nicht-wertschöpfenden Tätigkeiten verbringen. Dies sehen auch die Verkäufer so. Wie aus Abb. 7 ebenfalls hervorgeht, würden sie sich eine deutliche Umschichtung ihres Zeitbudgets in Richtung des eigentlichen Verkaufens und der Neukundensuche wünschen. Um dies zu realisieren, benötigen Verkäufer die Unterstützung ihrer Führungskräfte. Daher sollten Vertriebsmanager unter Nutzung organisatorischer und technologischer Maßnahmen (z. B. Übernahme administrativer Tätigkeiten und telefonischer Kundenbetreuung durch den Innendienst) versuchen, ihre Verkäufer weitestgehend von Tätigkeiten ohne unmittelbaren Verkaufsbezug zu entlasten. Darunter fällt auch der Zeitfresser Besprechungen. In diesem Sinne hat etwa IBM festgelegt, dass Verkäufer pro Woche höchstens an einer 30-minütigen Besprechung mit ihren Vorgesetzten teilnehmen müssen (vgl. Johnston und Marshall 2009).

Auch Maßnahmen zur Verbesserung der Verkaufsaktivitäten beinhalten großes Erfolgspotenzial. Denn obwohl Vertriebsmanager angesichts der hohen Investitionen in

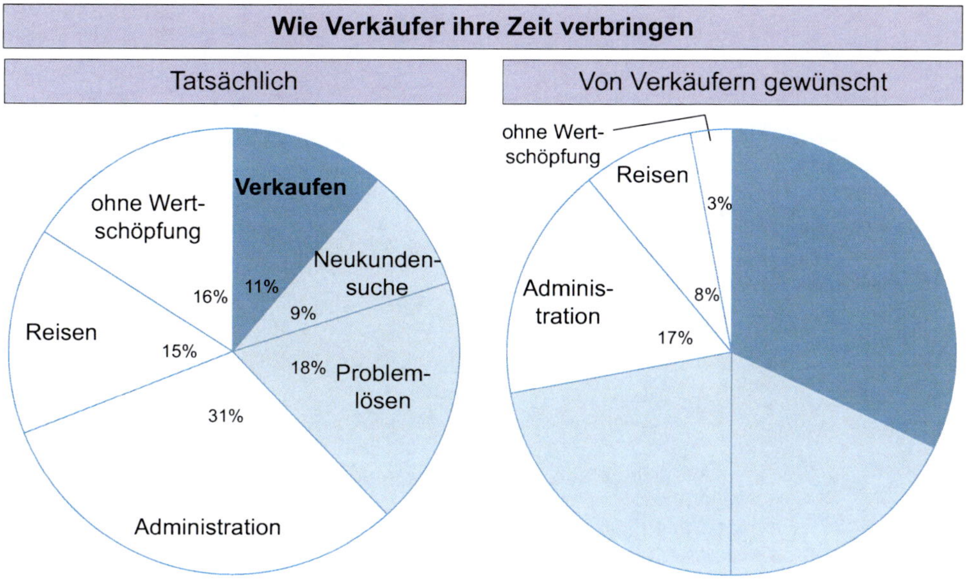

Abb. 7 Wie Verkäufer ihre Zeit verbringen (Quelle: Proudfoot Consulting 2006)

Schulungsmaßnahmen häufig der Meinung sind, die eigenen Verkäufer würden den Verkaufsprozess beherrschen, zeigen Studien immer wieder das Gegenteil. Abbildung 8 gibt das typische Ergebnis einer solchen Bestandsaufnahme wieder. Wie sich ersehen lässt, erreicht in der Mehrzahl der Aktivitäten entlang des Verkaufsprozesses nicht einmal ein Drittel der Verkäufer ein gutes Niveau. Besonders verbesserungsbedürftig sind dabei die „klassischen" Verkäuferaktivitäten des Präsentierens und Abschließens sowie das Nachfassen in der Nachkaufphase – also Aktivitäten, die gleichzeitig von besonderer Bedeutung für den kurzfristigen und langfristigen Verkaufserfolg sind. Angesichts der intensiven Schulungsmaßnahmen zeigt ein derartig ernüchterndes Ergebnis natürlich auch die Schwierigkeiten, die es dabei gibt, Inhalte von Trainings zum Bestandteil des Verhaltensrepertoires der Verkäufer zu machen. Stellt man sich als Führungskraft dieser Herausforderung und investiert in ein steigendes Niveau der diversen Tätigkeiten entlang des Verkaufsprozesses, versprechen diese Investitionen einen hohen Return on Investment (vgl. Meier-Maletz 1998).

4 Erfolgsfaktor Führungsstil

Die Produktivität des Vertriebs lässt sich ebenfalls im Rahmen der direkten Führung von Mitarbeitern erhöhen. In diesem Zusammenhang meint Führungsstil eine Verhaltenssteuerung der Mitarbeiter durch den persönlichen Auftritt und das Führungsverhalten des Vorgesetzten (vgl. Diller et al. 2005). Während sich im Laufe der Zeit ganz unterschiedliche

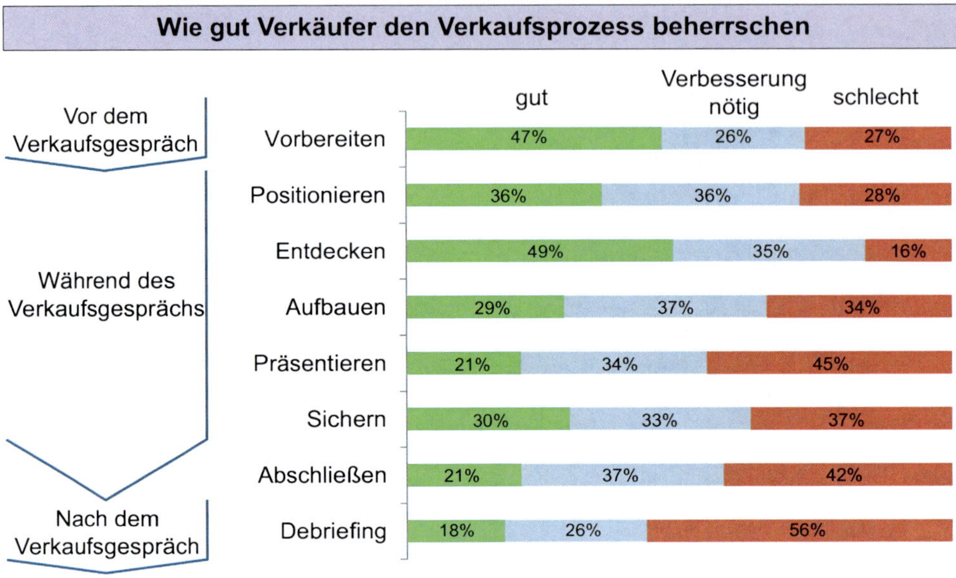

Abb. 8 Wie gut Verkäufer den Verkaufsprozess beherrschen (Quelle: Proudfoot Consulting 2006)

Führungsstilkonzepte entwickelt haben, hat sich die Unterscheidung zwischen aufgabenorientierten und personenorientierten Verhaltensweisen als hilfreich herausgestellt, um spezifisches Führungsverhalten, beispielsweise Coaching oder Feedbackgespräche, in breitere Kategorien einzuteilen (vgl. Yukl 2006). Aus dieser Perspektive können Vertriebsmanager erwünschte Führungsergebnisse durch aufgabenorientiertes und/oder personenorientiertes Führungsverhalten anstreben. Aufgabenorientierte Führung unterstützt Verkäufer dabei, Aufgabenanforderungen und Betriebsabläufe zu verstehen (z. B. in Form der Zuweisung von Aufgaben oder der sogenannten transaktionalen Führung). Personenorientierte Führung zielt darauf ab, Vertriebsmitarbeiter dabei zu unterstützen, Wissensstrukturen, Einstellungen und Verhaltensweisen zu entwickeln, die Verkäufer für effektives Arbeiten benötigen (z. B. durch Coaching oder transformationales Führungsverhalten).

Abbildung 9 stellt den Zusammenhang zwischen dem Führungsstil und Führungsergebnissen dar. So geht es im Rahmen der Führung in aller Regel um das besonders bedeutsame Ergebnis der Verkäuferleistung. Diese kann auf Basis objektiver Daten (z. B. erzielter Umsatz) bestimmt oder – stärker subjektiv – vom Manager beurteilt werden, wodurch dann auch schwer messbare Leistungsaspekte, etwa der Aufbau von Kundenbeziehungen, Berücksichtigung finden können. Aber auch die Fluktuation der Mitarbeiter ist regelmäßig eine wichtige Maßgröße der Vertriebsführung, da Fluktuationsraten im Vertrieb traditionell eher hoch liegen und hohe direkte und indirekte Kosten entstehen, wenn Vertriebsmitarbeiter das Unternehmen verlassen. Wie aus Abb. 9 ersichtlich ist, lassen sich die erwähnten Führungsergebnisse über die Beeinflussung von Verkäufereinstellungen anstreben. Im

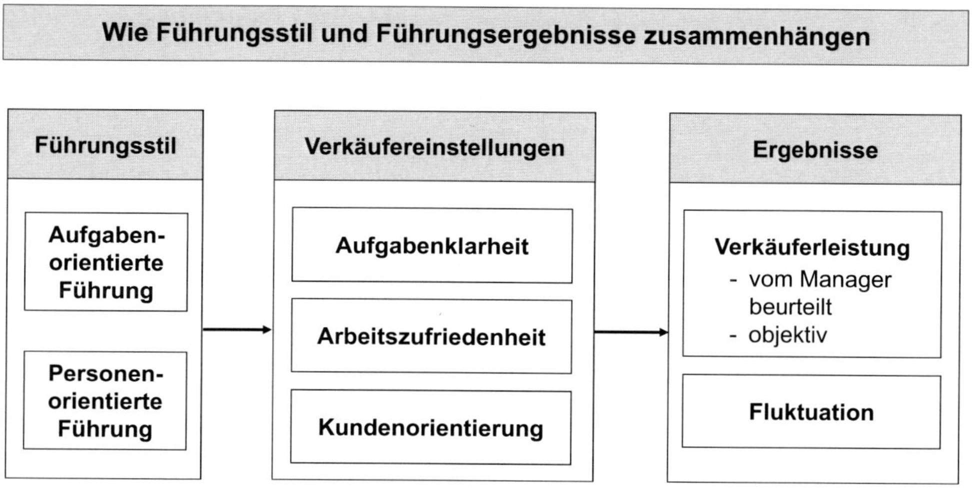

Abb. 9 Wie Führungsstil und Führungsergebnisse zusammenhängen (Quelle: Haas et al. 2009)

Rahmen der Vertriebsführung haben sich die seitens der Mitarbeiter wahrgenommene Klarheit der Aufgabe, die Arbeitszufriedenheit und die Kundenorientierung als sehr relevant herausgestellt, da sie einen positiven Einfluss auf die Verkäuferleistung ausüben und die Fluktuation reduzieren.

Welcher Führungsstil am besten geeignet ist, kann häufig nur im spezifischen Führungskontext beantwortet werden (vgl. Köhler 1995). Haas et al. (2009) finden bei einer Zusammenfassung der Ergebnisse vorhandener Studien zum Vertrieb allerdings einige generell gültige Zusammenhänge zwischen Führungsstil und Ergebnissen bzw. Verkäufereinstellungen. Die Analysen legen nahe, dass etwa für harte Verkaufsergebnisse ein personenorientierter Führungsstil besser geeignet ist als ein aufgabenorientierter. Vertriebsmanager bewerten die Wirkung von aufgaben- und personenorientierter Führung als in etwa gleich hoch, wenn es um die Verkäuferleistung aus Managersicht geht, aber Personenorientierung als vorteilhafter, wenn objektive Ergebnisse erreicht werden sollen (vgl. Abb. 10). Der über alle Studien hinweg kaum nachweisbare Zusammenhang zwischen aufgabenorientierter Führung und objektiver Verkäuferleistung zeigt dabei deutlich, wie situationsabhängig der Führungserfolg gerade bei diesem Führungsstil ist.

Möchte man als Manager die Fluktuation reduzieren, eignet sich dagegen ein aufgabenorientierter Führungsstil besser als ein personenorientierter. Denn Aufgabenorientierung hat einen stärkeren negativen Einfluss auf die Verkäuferfluktuation. Daran zeigt sich, dass aufgabenorientierte Führung auf Verkäuferseite den Aufbau solcher Kenntnisse und Fähigkeiten fördert, die stark an die jeweilige Vertriebsorganisation gebunden sind. Diese werden bei einem Jobwechsel in gewisser Weise unbrauchbar. Das im Zuge einer personenorientierten Führung erlernte Wissen lässt sich dagegen auch in einer neuen Organisation gut anwenden und stellt insofern kein Hindernis für einen Wechsel dar.

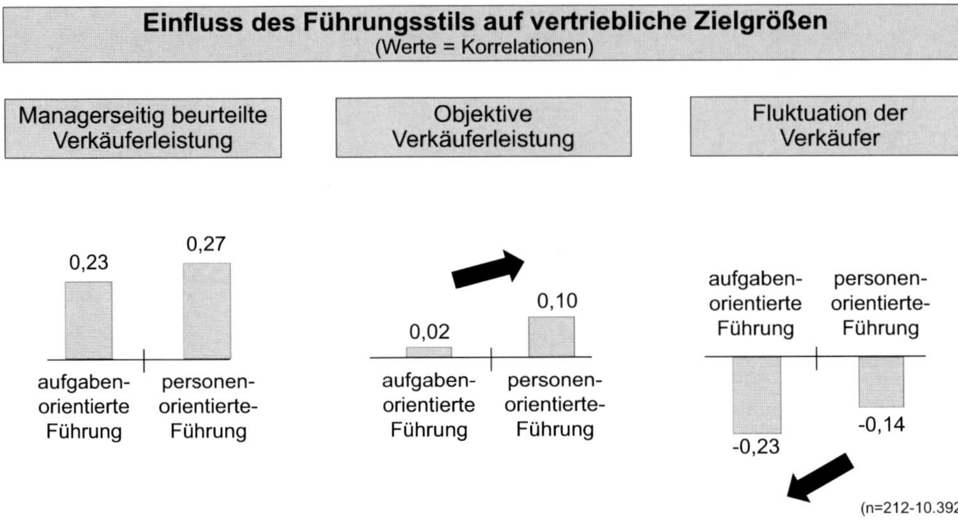

Abb. 10 Einfluss des Führungsstils auf bedeutsame Zielgrößen des Vertriebs (Quelle: Haas et al. 2009)

Bei „weichen" Zielgrößen ist eine personenorientierte Führung der aufgabenorientierten Führung überlegen. Abbildung 11 zeigt den Einfluss des Führungsstils auf die Aufgabenklarheit, Arbeitszufriedenheit und Kundenorientierung der Vertriebsmitarbeiter. In allen Fällen sind die Zusammenhänge für die personenorientierte Führung stärker. Durch personenorientierte Führung verstehen Vertriebsmitarbeiter ihre Aufgaben besser. Zudem ist bei einem solchen Führungsstil ihre Arbeitszufriedenheit und Kundenorientierung höher. Die Zusammenhänge zwischen Personenorientierung einerseits und Arbeitszufriedenheit bzw. Kundenorientierung andererseits sind dabei besonders ausgeprägt. Hier macht sich bemerkbar, dass Mitarbeiter bei einem personenorientierten Führungsstil eine überdurchschnittliche Zuwendung des Vorgesetzten wahrnehmen. Dies macht die Mitarbeiter nicht nur zufriedener, sondern sorgt dafür, dass sie auch in ihren Interaktionen mit Kunden Letztere mit ihren Bedürfnissen und Problemen in den Mittelpunkt stellen.

Schließlich üben Vertriebsmanager durch ihren Führungsstil auch einen starken Einfluss auf die Markenbildung aus. Zwar schreiben viele Unternehmen dem Vertrieb – sofern überhaupt – eine negative Bedeutung für das Markenmanagement zu, und das Marketing beanstandet nicht selten das vertriebsseitige „Verramschen" der Marke zum Erreichen von Verkaufszielen (vgl. Haas et al. 2009). Aber im Gegensatz zu dieser Ansicht steht die Bedeutung des Vertriebs für den Markenaufbau insbesondere von Unternehmensmarken und Marken auf Dienstleistungs- und Business-to-Business-Märkten außer Frage. Denn die Vertriebsmitarbeiter bilden für die Kunden in aller Regel die zentralen Kontaktpunkte zum Unternehmen und werden daher als personalisierte Marke wahrgenommen. Folg-

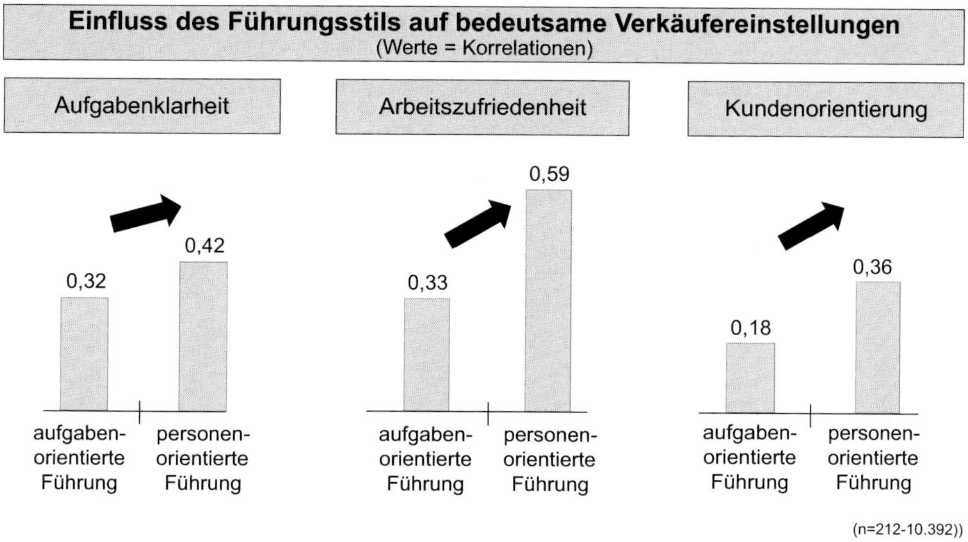

Abb. 11 Einfluss des Führungsstils auf bedeutsame Verkäufereinstellungen (Quelle: Haas et al. 2009)

lich sollten Vertriebsmanager ihre Mitarbeiter zu markenstärkendem Verhalten bewegen. Dazu hat sich ein sogenannter transformationaler Führungsstil als besonders effektiv herausgestellt. Hier überzeugen die Vorgesetzten ihre Verkäufer von den Markenwerten und -inhalten und reißen die Verkaufsmannschaft auf diese Weise mit (vgl. Morhart et al. 2009). Kontraproduktiv ist dagegen ein transaktionaler Führungsstil, der durch Belohnung und Bestrafung versucht, bei den Vertriebsmitarbeitern markenunterstützendes Verhalten hervorzurufen.

5 Zusammenfassung

Unternehmen stehen in ihrer Vertriebsführung heutzutage vor großen Herausforderungen. Um den Vertriebserfolg durch effektive Vertriebsführung zu erhöhen, sind die drei Erfolgsfaktoren Managementkompetenzen, Vertriebsprozess und Führungsstil von besonderer Bedeutung.

In vielen Unternehmen ist das Kompetenzprofil der Vertriebsmanager bestenfalls durchschnittlich und weist speziell für die erfolgskritischen Aufgabenbereiche des Innovationsmanagements, der Kundenorientierung und des Managements des Vertriebsprozesses ein deutliches Defizit auf. Dieses Kompetenzdefizit ist häufig nur schwer zu diagnostizieren. Denn gute Leistungsangebote der Unternehmen und die daraus resultierenden Vertriebserfolge erwecken allzu oft den Anschein einer durch kompetente Führungskräfte gekennzeichneten und dadurch vermeintlich leistungsstarken Vertriebsorganisation – und verstellen den Blick auf die weitaus besseren Ergebnisse, die im Falle eines höheren Kompetenzniveaus der Manager möglich wären. Hier sind die Unternehmen gefragt, ein effektives Kompetenzmanagement im Vertrieb einzuführen und dadurch Managementdefizite unter den Vertriebsführungskräften selbstkritisch zu identifizieren und zu beseitigen.

Vertriebsführung kann den Vertriebserfolg durch eine Optimierung des Vertriebsprozesses nachhaltig erhöhen. Großes Potenzial bietet in diesem Zusammenhang eine Kultur des Lernens. Entsprechend sollten Vertriebsmanager dafür sorgen, dass Erfolgsfaktoren und erfolgreiche Vorgehensweisen einzelner Verkäufer und Verkaufsteams identifiziert und der gesamten Verkaufsmannschaft zugänglich gemacht werden. In Feedbackgesprächen zwischen Führungskraft und Mitarbeiter bilden diese Informationen eine gute Grundlage für leistungssteigernde Maßnahmen in der Zukunft. Darüber hinaus beinhaltet auch die Optimierung der Verkäuferaktivitäten ein großes Erfolgspotenzial. Führungskräfte stehen nicht nur in der Verantwortung, den Verkäufern zu ermöglichen, einen möglichst großen Anteil ihrer Arbeitszeit in die eigentlichen verkäuferischen Tätigkeiten zu investieren. Vielmehr besitzen auch die Verkaufsfähigkeiten der Verkäufer noch großes Entwicklungspotenzial. Von besonderer Bedeutung sind in diesem Zusammenhang solche Schulungs- und Entwicklungsmaßnahmen, die eine effektive und nachhaltige Anwendung der verkäuferseitig gelernten Schulungsinhalte in der Vertriebspraxis sicherstellen.

Den klassischen Ansatz zur Erhöhung des Vertriebserfolgs bildet die Anwendung des richtigen Führungsstils. Obwohl häufig situationsabhängig, hat personenorientierte Führung gegenüber einem aufgabenorientierten Führungsstil hinsichtlich zahlreicher relevanter Führungsziele eine höhere Erfolgsvermutung auf ihrer Seite. Auch bei der immer wichtiger werdenden Aufgabe, Vertriebsmitarbeiter zu Markenbotschaftern zu machen, ist personenorientierte Führung die erste Wahl. Weniger wirkungsvoll ist sie dagegen, wenn die Mitarbeiterfluktuation reduziert werden soll. Denn ein aufgabenorientierter Führungsstil baut stärker unternehmensbezogenes Vertriebs-Know-how auf und sorgt so für eine höhere Bindung an das aktuelle Unternehmen als ein mitarbeiterorientierter Ansatz.

Insgesamt beinhalten die aktuellen Herausforderungen im Vertrieb große Erfolgspotenziale für die Vertriebsführung. Das Erschließen dieser Potenziale ist nicht leicht, auch weil viele davon nicht offensichtlich sind. Gleichwohl lohnen sich Investitionen, um diese „Hidden Potentials" systematisch zu erschließen und dadurch ein echter Vertriebs-Champion zu werden.

Literatur

DDI (2011). Global Leadership Forecast, zitiert aus: Doerfler, W.: Ernüchternde Ergebnisse, in: Personalmagazin, 9/2011, S. 30–32.

Diller, H., Haas, A., & Ivens, B. (2005). *Verkauf und Kundenmanagement. Eine prozessorientierte Konzeption.* Stuttgart.

Droege; Handelsblatt Business Monitor (2010). Wachstumsinstrumente, zit. aus: Mühlberger, A.: Jetzt die Weichen neu stellen!, in: SalesBusiness, 1–2/2010, S. 10–13.

Egon Zehnder International (2005). Executive Panel 2004/2005, zitiert aus: Wolters, H.; Kleinaltenkamp, M.: Wie gut sind die Vertriebschefs?, in: Absatzwirtschaft, 6/2005, S. 114–116.

Haas, A. (2011). Misserfolgsfaktor Vertriebsmythen – Kundenorientierung durch den Vertrieb. *Marketing Review St. Gallen*, *28*(1), 14–19.

Haas, A., & Köhler, R. (2011). Vertriebsorganisation. In C. Homburg, & J. Wieseke (Hrsg.), *Handbuch Vertriebsmanagement* (S. 209–243). Wiesbaden.

Haas, A., Krohmer, H., & Weispfenning, F. (2009). Sales Leadership Effectiveness: Meta-Analysis and Assessment of Causal Effects, in: Proceedings of the 2009 AMA Winter Marketing Educators Conference „Excellence in Marketing Research – Striving for Impact", Tampa (FL).

Hammerschmidt, M., & Staat, M. (2010). Effizienzbewertung von Vertriebsstrukturen. *Die Betriebswirtschaft*, *70*(1), 43–61.

Johnston, M. W., & Marshall, G. W. (2009). *Churchill/Ford/Walker's Sales Force Management* (9. Aufl.). New York.

Köhler, R. (1995). Führung im Marketingbereich. In A. Kieser (Hrsg.), *Handwörterbuch der Führung* (2. Aufl. S. 1467–1483). Stuttgart.

Markenverband, & Berger, R. (2010). *Vertriebsstudie 2011*. München.

Meier-Maletz, M. (1998). Messung von Verkaufstrainings. In E.-N. Detroy (Hrsg.), *Das große Handbuch für den Verkaufsleiter* (S. 762–779). Landsberg/Lech, S.

Miller Heiman (2009) Growth Strategies for Sales Leaders in Complex Selling Environments. Executive Summary of the 2009 Miller Heiman Sales Best Practice Study, www.millerheiman.com (Abruf am 20.02.2013).

Morhart, F., Herzog, W., & Tomczak, T. (2009). Brand-Specific Leadership: Turning Employees into Brand Champions. *Journal of Marketing*, *73*(5), 122–142.

Proudfoot Consulting (2006). *Proudfoot*. Report 2006. http://www.proudfootconsulting.com/Default.aspx?id=213202. Zugegriffen: 12.12.2006, Productivity.

Terho, H., Haas, A., Eggert, A., & Ulaga, W. (2012). It's Almost Like Taking the Sales out of Selling: Towards a Conceptualization of Value-Based Selling in Business Markets. *Industrial Marketing Management*, *41*(1), 174–185.

Ulaga, W., & Reinartz, W. J. (2011). Hybrid Offerings: How Manufacturing Firms Combine Goods and Services Successfully. *Journal of Marketing*, *75*, 5–23.

Yukl, G. (2006). *Leadership in organizations*. Upper Saddle River, New York.

Kompetenzorientierte Personalauswahl im persönlichen Verkauf

Alexander Tiffert und Anna Bänfer

Inhaltsverzeichnis

Alexander Tiffert ✉
Vertriebsentwicklung mit Kultur, Hemmingstedter Weg 154, 22609 Hamburg, Deutschland
e-mail: at@dr-tiffert.de
Anna Bänfer
Wabe Institut, Droste-Hülshoff Str. 21, 33619 Bielefeld, Deutschland
e-mail: Anna.baenfer@wabe-institut.de

L. Binckebanck et al. (Hrsg.), *Führung von Vertriebsorganisationen*,
DOI 10.1007/978-3-658-01830-6_16, © Springer Fachmedien Wiesbaden 2013

1 Einleitung

1.1 Einführende Anmerkungen

Wie im Vertrieb das richtige Personal finden? Das ist in vielerlei Hinsicht ein bedeutsames und gleichfalls herausforderndes Thema. Zum einen wird es für Unternehmen heute immer schwieriger, geeignete Kandidaten für den Vertrieb zu finden, zum anderen sind Fehlbesetzungen mit hohen Kosten verbunden, da hierbei nicht nur die Kosten für die Stellenbesetzung anfallen, sondern auch die Kosten für entgangene Aufträge oder sogar verlorene Kunden. Entsprechend verdient das Thema einen strategischen Fokus und ein professionelles Vorgehen.

Beim Blick in die Praxis fällt auf, dass derartige Entscheidungen oft wenig fundiert und eher „aus dem Bauch heraus" getroffen werden. Das Thema Personalauswahl scheint, wie auch das übergeordnete Thema des strategischen Personalmanagements, ein „Stiefkind" des strategischen Vertriebsmanagements zu sein (Homburg et al. 2011, S. 133). Das trifft natürlich nicht auf alle Unternehmen zu, aber insgesamt scheint es hier noch durchaus Entwicklungsbedarf zu geben.

Ziel des Beitrags ist es, konkrete Ansätze für eine fundierte Personalauswahl zu skizzieren. Dazu werden wir den Blick zunächst auf das Wesen und die Besonderheiten des persönlichen Verkaufs lenken, bevor wir dann konkret zur Personalauswahl auf Basis von Kompetenzmodellen kommen. Wie es sich gehört, werden wir in diesem Zusammenhang sowohl eine kurze Erläuterung des Begriffs als auch einen Vorschlag zur Entwicklung von Kompetenzmodellen in der Praxis geben. Zudem werden wir einen Überblick über unterschiedliche Instrumente zur Personalauswahl vorstellen. Mit diesen Grundlagen ausgestattet, werden wir dann anhand einer realen Unternehmenssituation eine kompetenzorientierte Personalauswahl beispielhaft illustrieren. Der Fall, den wir dabei beschreiben: eine Mitarbeiterauswahl für den „Key-Account-Vertrieb" mit der Methode des „Assessment Center". Das Beispiel stammt aus einem eigenen Beratungsprojekt, wobei die Unternehmensangaben zur Wahrung der Anonymität entsprechend verfremdet sind. Zum Abschluss diskutieren wir einige Implikationen und beschließen unsere Überlegungen mit einem kurzen Ausblick.

1.2 Wesen und Besonderheiten des persönlichen Verkaufs

Um ein gemeinsames Verständnis dafür zu entwickeln, was die Personalauswahl im persönlichen Verkauf erfordert, fassen wir kurz die verschiedenen Aufgaben bzw. die spezifischen Herausforderungen zusammen. Grundsätzlich lassen sich nämlich recht unterschiedliche Vertriebsformen unterscheiden (vgl. Meffert 2000):

1. der persönliche Verkauf,
2. der semipersönliche Verkauf und
3. der unpersönliche oder mediale Verkauf.

Der Begriff „persönlicher Verkauf" bezeichnet dabei diejenige Verkaufsform, bei der es zu einem direkten und persönlichen Kontakt zwischen einem Verkaufsmitarbeiter und dem jeweiligen Kunden kommt und deren Ziel es ist, einen Verkaufsabschluss zu erreichen. Das wesentliche Merkmal ist dabei die unmittelbare physische Präsenz beider Gesprächspartner (vgl. Nerdinger 2001; für eine Übersicht verschiedener Definitionen vgl. Tebbe 2000).

Findet der Kontakt nicht „Face-to-Face" statt, sondern wird das Verkaufsgespräch beispielsweise ausschließlich über das Telefon geführt, wird von einem semipersönlichen Verkauf gesprochen. Unterbleibt ein persönlicher Kontakt gar völlig und erfolgt der Verkaufsabschluss über Medien wie Produktkataloge oder das Internet, handelt es sich um unpersönlichen oder medialen Verkauf (vgl. Meffert 2000).

Der persönliche Verkauf ist – im Vergleich zum unpersönlichen Verkauf – mit deutlich höheren Kosten pro Kontakt verbunden (vgl. Benkenstein 2002). Je nach Situation können sich im industriellen Vertrieb die Kosten pro Gespräch leicht auf 300 bis 400 Euro addieren. Dennoch gibt es eine ganze Reihe guter Gründe, in diese Form der Kundenbearbeitung zu investieren (vgl. Johnston et al. 2003; Schwab 1992) – hier die drei wichtigsten:

1. Im persönlichen Gespräch können Argumente überzeugender vorgebracht werden und es lässt sich leichter auf die Reaktionen des Kunden eingehen, vor allem auch auf die nonverbalen.
2. Komplexe technische Zusammenhänge lassen sich leichter anschaulich erklären.
3. Wichtige Informationen über den Kunden und seine Bedürfnisse lassen sich leichter im persönlichen Gespräch erfragen.

Der persönliche Kontakt zum Kunden ist zudem die einzige Möglichkeit, auf eine persönliche, durch Emotionen und Vertrauen geprägte Beziehung zum Kunden hinzuwirken. Vor dem Hintergrund immer stärkerer Produkt- und Dienstleistungshomogenität ist dies nach heutigem Verständnis eine wesentliche Bedingung für einen langfristigen Erfolg der Unternehmung (vgl. Beyen 2004; Nerdinger 2003; Tiffert 2006). Dies gilt sicherlich besonders für den industriellen Vertrieb.

Da trotz aller strukturellen Ausdifferenzierung der Vertrieb immer noch ein Geschäft zwischen Menschen bleibt, ist natürlich auch die „Passung" der Bewerber für die entsprechenden Positionen erfolgsentscheidend. Dies unterstreicht nochmals die hohe Bedeutung einer fundierten Personalauswahl.

1.3 Grundsätzliches Vorgehen im Rahmen der Personalauswahl

Eine professionelle Personalauswahl beginnt nach unserem Verständnis bereits weit vor dem eigentlichen Auswahlprozess der Bewerber und muss vielmehr als komplexer Prozess mit entsprechenden Vor- und Nacharbeiten begriffen werden. Sinnvoll erscheint uns hier die Unterteilung von Stock-Homburg und Bieling (2011, S. 293). Sie unterscheiden die folgenden Schritte als zentrale Aufgaben:

1. Personalbedarfsplanung,
2. Personalwerbung und Personalansprache,
3. Personalauswahl und
4. Personalbindung.

Im Rahmen der Personalbedarfsplanung ist der aktuelle, aber auch der längerfristig zu erwartende Bedarf an Führungskräften und Mitarbeitern im Vertrieb festzulegen. In bestehenden Vertriebsorganisationen sind dazu vor allem die künftigen Entwicklungen und anhand entsprechender Kapazitätsrechnungen auch die Veränderungen im Bedarf abzuschätzen. Hinsichtlich der Gestaltung ganz neuer Vertriebsgebiete und Regionen sind ebenfalls entsprechende Planungsrechnungen durchzuführen (vgl. hierzu auch den Beitrag von Tiffert zum operativen Vertriebsmanagement in diesem Buch).

Personalwerbung und Personalansprache umfassen die verschiedenen Aktivitäten zur Eigenwerbung, sodass geeignete Bewerber von sich aus Kontakt zum Unternehmen aufnehmen. Ziel ist es, durch Erhöhen der Arbeitgeberattraktivität den Zugang zur Zielgruppe zu gewährleisten und dadurch das Interesse von potenziellen Bewerbern zu wecken. Dabei stellt der Fachkräftemangel natürlich eine enorme Hürde dar, weshalb auch immer häufiger Headhunter für die Personalsuche eingesetzt werden. Kritisch ist hierbei anzumerken, dass in der Zusammenarbeit mit Headhuntern oft konkurrierende Zielvorstellungen existieren. Der Auftraggeber sucht möglichst passende Kandidaten, der Personaldienstleister hingegen wird meistens erfolgsabhängig entlohnt. Zudem ist es fraglich, wie loyal Mitarbeiter sind, die lediglich aufgrund einer höheren Entlohnung anheuern. Vor diesem Hintergrund und angesichts der Verknappung an qualifizierten Mitarbeitern und Talenten sollten Unternehmen daher frühzeitig in die Personalwerbung und gezielt in eine eigene entsprechende Vernetzung investieren.

Die Personalauswahl beschreibt nun die konkrete Entwicklung und Umsetzung von Instrumenten zur Auswahl geeigneter Personen aus einem Kreis potenzieller Bewerber. In diesem Zusammenhang gilt es zunächst, das entsprechende Anforderungsprofil für die zu besetzende Stelle zu definieren sowie geeignete Methoden auszuwählen bzw. zu gestalten, um dann die Auswahlentscheidung fundiert herbeiführen zu können.

Mit dem Aufgabenfeld der Personalbindung schließt sich letztendlich der Kreis der Personalgewinnung. Die primäre Zielsetzung besteht darin, die leistungsfähigen und leistungsbereiten Mitarbeiter so gut wie möglich an das eigene Unternehmen zu binden, sprich Kündigungen von Leistungsträgern zu minimieren. Vor dem Hintergrund der zu erwartenden Verknappung des Angebots von qualifizierten Vertriebsmitarbeitern liegt es auf der Hand, dass auch dieses Thema in den kommenden Jahren immer weiter an Relevanz gewinnen wird.

Auch wenn es sich lohnen würde, die genannten unterschiedlichen Themenfelder näher zu beleuchten, wollen wir uns in diesem Beitrag konkret auf die Personalauswahl fokussieren. Denn während viele der anderen Themen oftmals durch die Personalabteilung bearbeitet werden, ist bei der Personalauswahl fast immer auch die entsprechende Vertriebsführungskraft involviert.

2 Kompetenzmodelle in der Personalauswahl

2.1 Einführende Anmerkungen

Grundsätzlich gibt es durchaus unterschiedliche Ansätze, die Personalauswahl zu gestalten. Gerade im Vertrieb wird häufig ein hoher Zusammenhang zwischen bestimmten Persönlichkeitsmerkmalen und dem späteren Verkaufserfolg erwartet. Daher liegt es nahe, auch entsprechende Diagnostikinstrumente einzusetzen. Der Begriff „Persönlichkeitsmerkmale" meint hier im Sinne der differenziellen Psychologie zeit- und situationsüberdauernde Erlebens- und Verhaltenseigentümlichkeiten, die einen einzelnen Menschen von anderen Menschen unterscheiden und geeignet sind, Verhalten vorherzusagen (vgl. Maltby et al. 2006).

Die Persönlichkeit, so der Gedanke, kann dabei durch die Ausprägung von verschiedenen Faktoren beschrieben werden, wobei jeder dieser Faktoren eine stabile Eigenschaft darstellt (vgl. Plaum 2002). Entsprechend sollte es möglich sein, aus der Messung der Persönlichkeitsmerkmale auch Aussagen über den späteren Erfolg im Vertrieb ableiten zu können. Folglich liegt es nahe, die Personalauswahl auf solche Faktoren hin auszurichten.

Im Rahmen verkaufspsychologischer Forschung wurde in verschiedenen Studien untersucht, ob sich entsprechende Zusammenhänge auch wissenschaftlich fundiert nachweisen lassen. Es zeigten sich allerdings zum Teil keine statistisch signifikanten Zusammenhänge, oder die Korrelationen waren deutlich geringer als erwartet (für einen Überblick über verschiedene Untersuchungen vgl. Nerdinger 2001). Das mag überraschen, allerdings fügt Nerdinger (2001, S. 81) an:

> Die enttäuschend geringen Zusammenhänge zwischen Leistung und Persönlichkeit der Verkäufer, die in früheren Studien gefunden wurden, sind demnach auf eine zu einfache Vorstellung von den Beziehungen zwischen Persönlichkeit und Verkaufserfolg zurückzuführen. Künftig müssen verstärkt die Interaktionen zwischen den verschiedenen, erfolgsrelevanten Bedingungen auf Seiten der Person des Verkäufers und der betrieblichen bzw. der Markt-Situation berücksichtigt werden.

Ausgesprochen interessant hierzu sind aus unserer Sicht auch die Beobachtungen von Varga von Kibéd und Sparrer (2009) im Zusammenhang mit ihren Arbeiten zur Methode der Strukturaufstellung. Dabei haben sie äußerst nachhaltig festgestellt, dass die Persönlichkeit eines Menschen weit weniger fest und stabil als weitläufig angenommen und viel wesentlicher durch den jeweiligen Kontext determiniert ist.

Welche Alternativen gibt es nun? In dem Bemühen, die Personalarbeit weiter zu fundieren, wird seit einigen Jahren nun immer häufiger die Orientierung an Kompetenzen empfohlen (vgl. Leinweber 2010).

2.2 Grundlagen zum Begriff der Kompetenz und zur Arbeit mit Kompetenzmodellen

So inflationär der Begriff der „Kompetenz" im Personalmanagement mittlerweile auch verwendet wird: Es ist es schwierig, in der Literatur eine einheitliche Definition zu finden. Vielmehr fällt auf, dass der Begriff je nach Perspektive des Autors eine entsprechende Bedeutung erhält.

Der lateinische Ursprung „competencia" bedeutet zunächst einmal so viel wie „zu etwas geeignet, fähig oder befugt sein" (North et al. 2013, S. 43). Aus diesem Grund werden Begriffe wie Qualifikation und Fähigkeit häufig synonym mit dem Kompetenzbegriff gebraucht. Gleichwohl gibt es auch völlig anders geartete Bedeutungen, beispielsweise wenn im Bankwesen von „Kreditkompetenz" die Rede ist (vgl. Rosenstiel 2007).

Im Kontext der Personalauswahl hat sich derweil das Verständnis etabliert, dass unter Kompetenzen eine grundsätzliche „Selbstorganisationsdisposition" zu verstehen ist (vgl. Rosenstiel und Nerdinger 2011; Rosenstiel 2007). Damit ist gemeint, wie ein Mensch beruflich relevante Aufgaben selbstständig und selbstorganisiert durchführt, um damit den entsprechenden Anforderungen gerecht zu werden. Die jeweilige Kompetenz ermöglicht dabei ein bestimmtes zielgerichtetes Verhalten.

Wir können allerdings nicht einfach sagen, dass dieses auf angeborenen oder erlernten Fähigkeiten bzw. Fertigkeiten beruht. Vielmehr werden Kompetenzen aus einem ganzen Spektrum von unterschiedlichen Ressourcen gebildet, und eine Kompetenz ist als ein „mehrdimensionales Konstrukt" zu verstehen (North et al. 2013, S. 44). Dabei sind auch Faktoren des Umfelds, Beziehungen oder auch die Merkmale der Situation maßgeblich. Eine kompetente Person ist in einer bestimmten Situation in der Lage, aus dem Potenzial ihrer Ressourcen diejenigen abzurufen und zu bündeln, die für die Problemlösung notwendig sind (vgl. North et al. 2013).

So vielfältig Arbeitssituationen sein können, so vielfältig sind selbstverständlich auch die geforderten Kompetenzen. Um hierbei zumindest eine grobe Sortierung vorzunehmen, schlägt Rosenstiel (2007, S. 53 f.) verschiedene Kompetenzklassen vor:

- **Fachlich** meint das selbstorganisierte Erwerben von fachlichem Wissen, um damit unbekannte komplexe Probleme zu bewältigen. Entsprechende Kompetenzen sind beispielsweise dann gefordert, wenn es darum geht, sich selbstständig immer wieder auf den neuesten Wissensstand zu Produkten und Dienstleistungen zu bringen und dieses Wissen auch selbstständig in das Verkaufsgespräch einzubringen.
- **Methodisch** bedeutet das selbstständige Entwickeln von passenden Vorgehensweisen und Strategien, um damit in komplexen Situationen Lösungen zu ermöglichen. Metho-

dische Kompetenzen sind im Vertrieb beispielsweise im Hinblick auf die grundsätzliche Gestaltung von Verkaufsgesprächen relevant.

- **Sozial-kommunikativ** bezieht sich auf all das, was die selbstständige Kommunikation und Kooperation mit anderen erfordert – im Vertrieb beispielsweise für den Aufbau von Kontakten und die Aufrechterhaltung einer Beziehung.
- **Personal** meint die Disposition, mit sich selbst reflexiv und kritisch umzugehen und daraufhin Emotionen, Motivationen, Einstellungen und Werthaltungen zu entwickeln und zu verändern.
- **Handlungsorientiert** steht für alle Kompetenzen, die es braucht, um selbstständig mit dem eigenen Willen umzugehen, um Ziele auch trotz Widerstände zu erreichen. Kompetenzen dieser Klasse haben ebenfalls eine hohe Relevanz für den Vertrieb.

Für die praktische Umsetzung im Rahmen einer kompetenzorientierten Personalauswahl muss zunächst festgelegt werden, welche Kompetenzen für die jeweilige Position und den dazugehörigen Arbeitskontext wirklich relevant sind. Darauf aufbauend ist dann zu überlegen, mit welchen Messinstrumenten die Personalauswahl letztlich umzusetzen ist.

2.3 Vorgehen zur Entwicklung von Kompetenzmodellen in der Praxis

Für die praktische Umsetzung einer kompetenzorientierten Mitarbeiterauswahl schlägt Leinweber (2010) nun vor, die benötigten Kompetenzen immer als konkrete erfolgskritische (beobachtbare) Verhaltensweisen zu formulieren. Das hat den Vorteil, dass damit auch erfahrbar und überprüfbar definiert ist, was mit der jeweiligen Kompetenz gemeint ist.

Die Auswahl bzw. Zusammenstellung entsprechender Kompetenzen zu Kompetenzmodellen sollte dabei immer auf strategischen Überlegungen basieren – in unserem Fall auf Basis der Vertriebsstrategie. Damit ist sichergestellt, dass die jeweilige Strategie auch umgesetzt wird, wenn die Mitarbeiter genau dieses Verhalten zeigen (vgl. Leinweber 2010). Entsprechend empfiehlt sich das folgende Vorgehen, das sich in eigenen Praxisprojekten bereits gut bewährt hat (vgl. Leinweber 2010):

1. Reflexion der strategischen Herausforderungen,
2. Reflexion der Schlüsselaufgaben im Rahmen der Verkaufsprozesse,
3. Reflexion der erfolgskritischen Verhaltensweisen,
4. Ableitung von Kompetenzbegriffen,
5. Formulierung von definierenden Verhaltensbeschreibungen.

Zunächst geht es also darum, bewusst die **strategischen Herausforderungen zu reflektieren**, um somit den Kontext für das aktuelle und künftige vertriebliche Handeln zu klären. In diesem Zusammenhang kann es beispielsweise sinnvoll sein, sich nochmals auf ausgewählte Fragen der Strategieentwicklung zu konzentrieren: In welchen Märkten und auf welchen Vertriebswegen sind wir heute und wo werden wir morgen unterwegs sein? Welche konkreten Entwicklungen erwarten wir dabei und wie werden wir diese beantworten? Bis hin zu der Frage: Wie wollen wir uns in diesem Marktumfeld ausrichten? Ziel ist es, sich für eine derartige längerfristige Sicht zu sensibilisieren und einen gemeinsamen Blick für die Zielsetzung zu bekommen.

Aufbauend auf den Reflexionen zur strategischen Ausrichtung sind die **wesentlichen Schlüsselaufgaben im Rahmen der Verkaufsprozesse (wiederholend) zu reflektieren**. Leitfragen für diesen Schritt können sein: Was sind heute schon Schlüsselaufgaben und wie werden sich diese künftig verändern? Oder: Welche Schlüsselaufgaben werden künftig noch neu dazukommen, welche fallen weg? Wie wird sich unser Verkaufsansatz verändern?

Der Schritt der **Reflexion der erfolgskritischen Verhaltensweisen** bringt in gewisser Weise die beiden ersten Reflexionen zusammen, indem nun auf der konkreten Handlungsebene überlegt wird, welches beobachtbare Verhalten von den jeweiligen Mitarbeitern gezeigt werden sollte, um die Ziele und Aufgaben zu erreichen. Leitfrage hierfür kann sein: Welche konkreten Verhaltensweisen sind wichtig, um heute wie auch morgen noch erfolgreich zu sein?

Darauf aufbauend meint der Schritt **Ableitung von Kompetenzbegriffen** das Zusammenfassen und Verdichten der beschriebenen Verhaltensweisen zu unterschiedlichen Kompetenzen. Dabei hat es sich bewährt, die verschiedenen Beschreibungen zunächst in Gruppen zu clustern. Eine Leitfrage kann sein: Welche Beschreibungen zielen im Kern auf eine gleiche Grundverhaltensweise? Und: Welche Kompetenz steckt dahinter? Je nach Umfang der ermittelten Kompetenzen kann es zudem sinnvoll sein, diese noch einmal in bestimmte Kompetenzklassen zu bündeln – so wie es in Abschn. 2.2 schon vorgestellt wurde.

Der letzte Schritt, die **Formulierung von definierenden Verhaltensbeschreibungen**, zielt auf das Beschreiben eines prototypischen Verhaltens für die jeweilige Kompetenz. Dabei ist noch einmal zu prüfen, ob die Kategorisierung der Kompetenzen zu weitestgehend trennscharfen Beschreibungen geführt hat, und ob gleichzeitig für jede definierte Kompetenz nur ein jeweils relevanter Verhaltensaspekt extrahiert wurde. Ziel ist es also, eine klare Beschreibung für das Verhalten zu finden, das eine Person mit der jeweiligen Kompetenz in der entsprechenden Situation zeigen würde.

Der hier beschriebene Prozess mag auf den ersten Blick etwas langwierig wirken, tatsächlich aber lässt sich die Definition von Kompetenzen in der praktischen Umsetzung recht zügig bearbeiten, beispielsweise in Form eines gemeinsamen Workshops.

2.4 Instrumente der Personalauswahl in der Praxis

Nachdem die erwünschten Kompetenzen definiert und ein Kompetenzprofil erstellt wurden, stellt sich für die Personalauswahl die Frage, wie die entsprechenden Kompetenzen gemessen werden können.

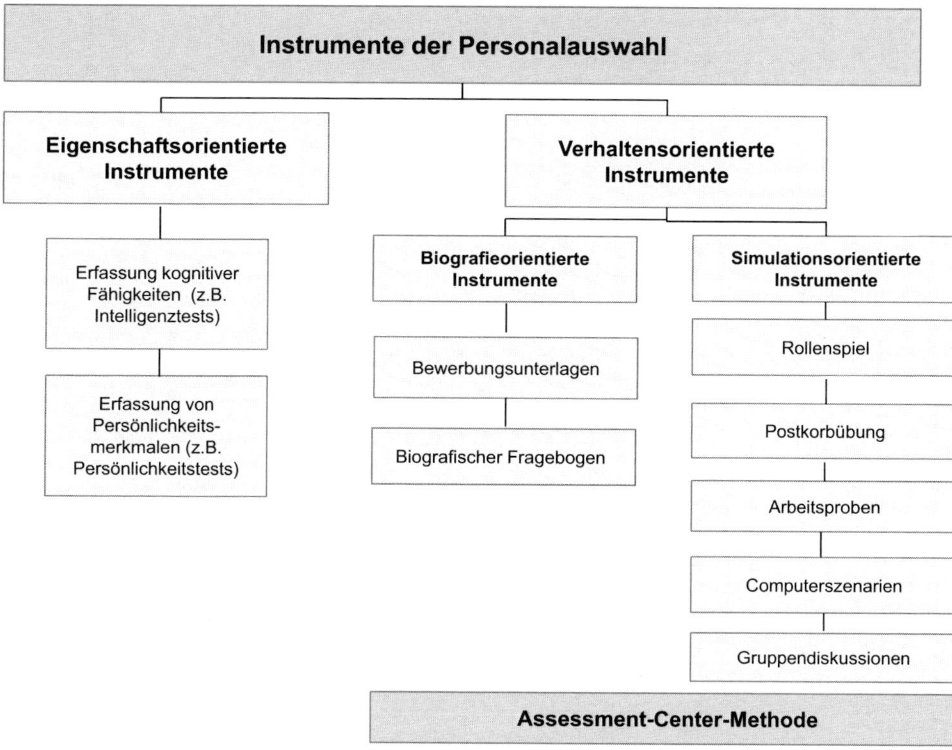

Abb. 1 Instrumente der Personalauswahl (Quelle: In Anlehnung an Stock-Homburg 2008)

Wir weisen nochmals darauf hin, dass Kompetenzen, begriffen als eine Verhaltensdisposition, streng genommen nicht direkt messbar sind: „Messbar ist das Ergebnis (auch als Performanz bezeichnet) und die Art und Weise des Handelns" (North et al. 2013, S. 51). Um dennoch im Rahmen eines Auswahlprozesses fundierte Entscheidungen über die Eignung eines Kandidaten treffen zu können, ist mittlerweile eine ganze Reihe an Instrumenten und Verfahren zur Personalauswahl entwickelt worden. Wie wir später noch ausführlicher darstellen, halten wir nicht alle Verfahren im Hinblick auf eine Kompetenzbeurteilung für geeignet. Zunächst wollen wir aber einen groben Überblick über die unterschiedlichen Arten geben.

Einige der Instrumente konzentrieren sich auf die Messung bestimmter Persönlichkeitseigenschaften und versuchen, auf der Grundlage unterstellter Zusammenhänge entsprechende Aussagen zu machen (vgl. Simon 2006). Andere Verfahren fokussieren sich auf bestimmte Verhaltensweisen in der Vergangenheit und wieder andere versuchen, durch eine konkrete Simulation der späteren Arbeitssituation die künftigen Anforderungen nachzustellen – und dann das jeweilige Verhalten zu beobachten.

In Anlehnung an Schuler (2006) können diese unterschiedlichen Verfahren in folgenden drei Kategorien zusammengefasst werden (vgl. Abb. 1):

- eigenschaftsorientierte Verfahren,
- biografieorientierte Verfahren,
- simulationsorientierte Verfahren.

Die **eigenschaftsorientierten Verfahren** haben zum Ziel, bestimmte psychologische Eigenschaften zu erfassen. Dies wird im klassischen Sinn vor allem mit der Durchführung von Tests erreicht. In diesen Bereich fallen beispielsweise Verfahren zur Messung der Intelligenz sowie Persönlichkeits- oder auch Einstellungs-, Motivations- und Interessentests.

Den **biografieorientierten Verfahren** liegt die Annahme zugrunde, dass es eine gewisse Stabilität im menschlichen Verhalten gibt und demnach auf Basis der Beobachtung oder zumindest der Beschreibung von vergangenem Verhalten auch auf das zukünftige Verhalten geschlossen werden kann. Typische Verfahren in diesem Sinne sind Analysen von Bewerbungsunterlagen oder aber auch biografische Interviews, in denen wesentliche berufliche Entwicklungsschritte gezielt reflektiert werden.

Die **simulationsorientierten Verfahren** haben zum Ziel, durch möglichst realitätsnahe Simulationen von beruflichen Aufgaben die direkten Leistungen und das Verhalten einer Person in konkreten Situationen zu beobachten. Dabei wird zwischen psychomotorischen Verfahren wie der Arbeitsprobe und situationsgebundenen Aufgaben unterschieden. Zu Letzteren gehören zum einen die individuellen Aufgaben wie Präsentationen, Postkorbübungen oder Computerszenarios und zum anderen die interaktiven Aufgaben wie Rollenspiele und Gruppendiskussionen.

Welche Verfahren erscheinen nun geeignet, um darauf die Personalauswahl aufzubauen?

In der unternehmerischen Praxis ist ein äußerst breites Angebot von Verfahren verfügbar. Besonders in Mode ist dabei die Kompetenzmessung mittels computerisierter Testverfahren. Schnell, einfach und präzise versprechen sie eine valide Kompetenzmessung und eine (vermeintlich) hohe Sicherheit in der Personalauswahl. Für die Anbieter solcher Instrumente ein durchaus lukrativer Markt mit beträchtlichen Gewinnspannen. Und für Kunden klingt es natürlich verlockend, eine gute Lösung für eine sonst aufwendige Auswahl zu haben.

Trotz eventueller Kosten- und Zeitersparnis ist diese Entwicklung durchaus kritisch zu beurteilen: Bei genauerer Betrachtung fällt nämlich auf, dass diese Verfahren statistisch häufig nicht wirklich nachvollziehbar untersucht sind. Für Kunden ist meistens nicht einsehbar, wie die jeweilige Skalengüte im Sinne der Reliabilität oder auch der Trennschärfe aussieht. Auch ist unklar, inwieweit Aussagen über die Eignung ohne nähere Betrachtung des späteren spezifischen unternehmerischen Kontextes überhaupt zulässig sind. Hier sind wir wieder bei der Frage, wie stabil die Persönlichkeit überhaupt ist oder ob nicht das Verhalten eines Mitarbeiters viel stärker durch den jeweiligen Kontext definiert wird. Daher stehen wir rein eigenschaftsorientierten Ansätzen kritisch gegenüber.

Aus unserer Sicht ist es grundsätzlich sinnvoll, verschiedene Verfahren zu kombinieren und dabei insbesondere Verfahren der Verhaltensbeobachtung einzubeziehen. Der Mehrwert liegt vor allem in den Erkenntnissen, die durch die Beobachtung des konkreten Verhaltens erlangt werden und auf anderem Wege nicht zum Vorschein kommen. Verhaltensbeobachtungen weisen demnach eine sehr hohe Validität auf. Die Arbeitsprobe als realitätsnahe Simulation wichtiger Arbeitsaufgaben gilt dabei als ein besonders verlässliches Verfahren, da ein direkter Schluss aus dem gezeigten Verhalten für das zukünftige Verhalten gezogen werden kann (vgl. Schmidt und Hunter 1998) und das Verhalten des Bewerbers in der Situation sowie das Arbeitsergebnis entsprechend beobachtet werden (vgl. Höft und Funke 2006).

Eine Methode, die auf einer Kombination unterschiedlicher Instrumente – häufig simulationsorientiert – aufbaut, ist das Assessment Center (zum Begriff und zur Entwicklung vgl. Obermann 2009). Die Kombination verschiedener Auswahlverfahren soll dazu führen, die jeweiligen Schwächen der einzelnen Auswahlinstrumente auszugleichen und somit die Genauigkeit der Aussage über die Eignung eines Bewerbers für den späteren Job zu erhöhen. Verknüpft mit gewissen Bedingungen halten wir diese Methode nach wie vor als kompetenzorientierte Personalauswahl für sehr geeignet. Daher beschreiben wir im Folgenden ein entsprechendes Vorgehen.

3 Personalauswahl in der Praxis: Beispiel eines Assessment Center für Key-Account-Verkäufer

3.1 Vorbemerkung zur Assessment-Center-Methode

Die Grundidee eines Assessment Centers (AC) lautet: Statt mit einem Bewerber nur über die kritischen Inhalte der künftigen Stelle zu sprechen oder einzelne Facetten seiner Persönlichkeit zu messen, gilt es vielmehr, die künftigen Aufgaben in Form von spezifischen Rollenübungen oder Fallstudien tatsächlich erlebbar zu machen und dadurch eine Auswahlentscheidung zu fundieren.

Durch die spezielle Simulation typischer Arbeitsanforderungen wird bereits im Rahmen des Auswahlprozesses ein Verhalten gefordert, das auch später von der Führungskraft oder dem neuen Mitarbeiter erwartet wird (vgl. Obermann 2009). Je nachdem, wie es dem Bewerber in der AC-Situation gelingt, das geforderte Verhalten zu zeigen, werden darüber Aussagen zur Kompetenz abgeleitet. Aus der Beobachtung im AC wird also auf das spätere Verhalten „hochgerechnet". Dementsprechend werden in einem AC typischerweise nicht einzelne Persönlichkeitseigenschaften beurteilt, sondern es interessiert vornehmlich die Beobachtung und Bewertung von Verhalten.

In Tab. 1 sind verschiedene Methoden und Verfahren zusammengefasst, wie sie typischerweise in AC-Situationen zum Einsatz kommen.

Damit in einem AC aber überhaupt vernünftige Aussagen möglich sind, müssen mehrere Bedingungen erfüllt und einige Herausforderungen bewältigt werden. Eine wesentliche Anforderung ist es, die Übungen, Fallstudien oder Rollengespräche so zu gestalten, dass damit die spätere tatsächliche Arbeitsanforderung so realitätsnah wie möglich nachempfunden wird. Je genauer die Simulation der tatsächlichen späteren Aufgabe, desto größer

Tab. 1 Ausgewählte Methoden und Verfahren für ein AC (Quelle: In Anlehnung an Stock-Homburg 2008)

Simulations-orientierte Instrumente	Vorgehensweise	Anforderungen	Vorteile	Nachteile
Rollenspiele	Simulation des Interaktionsverhaltens, Zuordnung bestimmter Rollen: Kunde, Verkäufer etc.	Durchführung: geschulte Beobachter (bei interaktiven Rollenspielen)	Interaktivität, Motivation	Hohe Anforderung an die Rollenspieler
Postkorbübung	Simulation administrativer Tätigkeiten (keine Interaktion)	Vorbereitung: Kenntnisse über die simulierten Tätigkeiten, Durchführung: keine besonderen Vorkenntnisse beim Einsatz standardisierter Tests	Direkter Bezug zum Arbeitsverhalten, relativ einfache Auswertung	Verzerrung durch Testsituation
Arbeitsprobe	Simulation von berufsrelevantem Verhalten in einer kontrollierten Situation	Vorbereitung: Kenntnisse über die simulierten Tätigkeiten, Durchführung: keine besonderen Vorkenntnisse	Testen tatsächlicher Leistungen, hohe Objektivität	Relativ hoher Aufwand für die Erstellung der Arbeitsvorlage, Verzerrung durch die Testsituation
Computersimulation	Computergestützte Simulationen und Planspiele zur Erfassung berufsbezogener Fähigkeiten	Durchführung: keine besonderen Vorkenntnisse	Relativ einfache Auswertung, hohe Objektivität	Begrenzte Relevanz der Testergebnisse für später gezeigte Arbeitsleistung
Gruppendiskussion	Simulation des Interaktionsverhaltens in kleinen Gruppen, Diskussion zu einem vorgegebenen Thema oder einer Aufgabe zur Problemlösung in der Gruppe	Vorbereitung: ggf. Kenntnisse zum Thema der Gruppendiskussion, Durchführung: mehrere geschulte Beobachter notwendig	Beobachtung des tatsächlichen Verhaltens	Verzerrung durch Testsituation, begrenzte Relevanz der Testergebnisse für später gezeigte Arbeitsleistung

ist auch die Wahrscheinlichkeit, dass durch das AC auch das spätere Arbeitsverhalten prognostiziert werden kann (vgl. Obermann 2009).

Aber auch eine valide Beobachtungsgabe ist durchaus herausfordernd. In der Vorbereitung sind die Kompetenzen genau zu definieren und gleichzeitig entsprechende Verhaltensweisen zu beschreiben, die im Rahmen das AC beobachtet werden sollen. Je präziser die Verhaltensweisen im Vorfeld definiert sind, desto genauer werden später die Beobachtungen ausfallen. Eine weitere Herausforderung liegt in der Beobachtung als solche: Für ungeschulte Beobachter ist es häufig sehr schwierig, zwischen tatsächlicher Verhaltensbeobachtung und Interpretation der Situation zu trennen und damit valide Beobachtungsergebnisse zu ermitteln. Zudem gibt es auch noch eine Reihe weiterer potenzieller Quellen für Beobachtungsfehler (für weitere Informationen vgl. Schuhmacher 2009; Obermann 2009; Bortz und Döring 2006). Gerade wenn bei einem AC ungeübte Beobachter eingesetzt werden, sollten diese im Vorfeld explizit trainiert und vorbereitet werden.

Und letztlich liegt eine wesentliche Herausforderung darin, die grundsätzliche Akzeptanz der Methode durch die Teilnehmer sicherzustellen. Insbesondere Bewerber, die in ihrer beruflichen Laufbahn bei früheren Auswahlprozessen weniger gute AC-Erfahrungen gemacht haben, reagieren häufig mit Vorbehalten und Ablehnung. Diese Vorbehalte gilt es in jedem Fall ernst zu nehmen. Ihnen sollte mit maximaler Transparenz über das Verfahren und die Art der Umsetzung begegnet werden.

Als zusammenfassende Empfehlung für die Gestaltung und Umsetzung eines AC schlägt Obermann (2009, S. 11) die Einhaltung vier wesentlicher Grundprinzipien vor:

- **Prinzip der Anforderungsanalyse:** Ein AC ist immer auf Grundlage einer spezifischen Anforderungsanalyse zu gestalten. Dazu sind im Vorfeld die Anforderungen an die jeweilige Position zu benennen und jeweilige Kompetenzmodelle abzuleiten. Im weiteren Verlauf sind für die Kompetenzen entsprechende Verhaltensweisen zu beschreiben (Verhaltensanker), damit diese im AC auch differenziert beobachtet werden können. Wir erinnern uns: Eine Kompetenz ist nicht direkt messbar, nur das Verhalten ist beobachtbar.
- **Prinzip der Methodenvielfalt:** Es ist ein charakterisierendes Merkmal, dass ein AC aus unterschiedlichen Methoden besteht. Damit sollen die Schwächen des einen Verfahrens durch die Stärken eines anderen ausgeglichen werden. Dieser Logik folgend sollten die zu beobachtenden Verhaltensweisen immer mehrfach in verschiedenen Übungen beobachtet werden. Das lässt sich nicht immer gewährleisten, da naturgemäß die Anzahl der Beobachtungen, die ein einzelner Beobachter bewerten kann, begrenzt ist. Dennoch ist es sinnvoll, sich an diesem Grundprinzip zu orientieren.
- **Prinzip der Mehrfachbeobachtung:** Die Teilnehmer eines AC sollten in den Übungen immer von mehreren Personen gleichzeitig beobachtet werden. Auch wenn die zu beobachtenden Verhaltensanker sehr genau definiert sind, lässt sich nicht verhindern, dass jeder Mensch eine bestimmte eigene Perspektive mitbringt. Eine Mehrfachbeobachtung hilft, diese unterschiedlichen Sichtweisen auszugleichen. Im Rahmen von „Beobachter-

konferenzen“ nach jedem Durchgang werden schließlich die verschiedenen Einzelbeobachtungen zu einer Gesamtbeurteilung zusammengefasst.

- **Prinzip der Transparenz:** Absolute Transparenz ist aus unserer Sicht eine Grundbedingung dafür, dass die Teilnehmer ein AC bereitwillig akzeptieren. Dazu sollten beispielsweise vor Beginn den Teilnehmern der Hintergrund und die Ziele des AC erklärt werden. Zudem ist vorab zu besprechen, wie eine Rückmeldung erfolgen soll. Schon aus Gründen der Fairness sollte nämlich jeder Teilnehmer am Ende eines AC ein Feedback zu den wahrgenommenen Stärken und Entwicklungsfeldern erhalten. In diesem Zusammenhang sollten am Ende auch die Übungen und die Beobachtungsdimensionen offengelegt werden. Somit werden dann das gesamte Vorgehen, der Prozess und die Ergebnisse eines AC nachvollziehbar. Assessment Center, die nicht auf dieser Transparenz aufbauen, hinterlassen bei den Teilnehmern häufig einen üblen Nachgeschmack und sind kein gutes Aushängeschild für ein Unternehmen.

Im Folgenden illustrieren wir in einem Fallbeispiel die wesentlichen Schritte einer kompetenzorientierten Personalauswahl mittels eines AC. Das Beispiel stammt aus einem realen Beratungsfall. Zur Wahrung der Anonymität wurden bestimmte Aspekte verfremdet. Das vorgestellte Vorgehen entspricht aber im Wesentlichen dem Projektverlauf.

3.2 Fallbeispiel aus der Praxis

3.2.1 Das Unternehmen und die Ausgangssituation

Der Kunde ist ein deutsches Mittelstandsunternehmen aus der Verpackungsmittelindustrie. Der deutsche Markt wird mit einem eigenen Außendienst bearbeitet, wobei der Vertrieb nach Produktgruppen in zwei Vertriebssparten aufgeteilt ist. Jeder der beiden Sparten steht ein Vertriebsleiter vor, der wiederum direkt an die Geschäftsleitung Vertrieb berichtet. Innerhalb der jeweiligen Vertriebssparten sind die Mitarbeiter geografisch in verschiedene Vertriebsgebiete deutschlandweit aufgeteilt.

Im Rahmen der weiteren Vertriebsentwicklung sollte in einem der Vertriebsbereiche die Betreuung von Schlüsselkunden weiter ausgebaut werden. Hierzu wurden zwei neue Mitarbeiter als Key Account Manager gesucht. Früher wurden derartige Stellenbesetzungen oftmals in Zusammenarbeit mit externen Personalberatern organisiert, wobei lediglich Bewerberinterviews durchgeführt wurden. Da dieses Vorgehen allerdings zu mehreren Fehlbesetzungen führte, sollte die Personalauswahl für die künftigen Key Account Manager (KAM) nun durch ein zusätzliches AC abgesichert werden.

Bevor wir mit der eigentlichen Umsetzung des AC begannen, haben wir die Ziele und den Auftrag für die Zusammenarbeit wiederholt präzisiert. Dabei haben wir auch die grundsätzlichen Rahmenbedingungen abgestimmt: Für die zu besetzenden KAM-Positionen lagen insgesamt sieben interessante Bewerbungen vor. Aus verschiedenen organisatorischen Gründen wurde geplant, jeweils zwei eintägige Auswahlworkshops im Sinne der AC-Methode durchzuführen, einmal mit vier und einmal mit drei Teilnehmern. Die Mitglieder der Projektgruppe bestanden aus dem Geschäftsführer Vertrieb, dem Vertriebsleiter, in dessen Sparte die Position zu besetzen war, und uns als Beratern.

3.2.2 Das Vorgehen zur Gestaltung und Umsetzung des AC

3.2.2.1 Vorgehen im Überblick

Das weitere Vorgehen zur Ausgestaltung und Umsetzung orientierte sich an den schon oben vorgestellten Grundprinzipien. Dementsprechend wurden folgende Schritte vereinbart:

- Analyse der Anforderungen und Ableitung von Kompetenzen,
- Entwicklung des AC-Designs sowie der Aufgaben und Übungen,
- Vorbereitung der Durchführung und ein Beobachtertraining,
- Durchführung eines eintägigen Auswahlworkshops.

3.2.2.2 Analyse der Anforderungen und Ableitung von Kompetenzen

Die Anforderungsanalyse wurde im Rahmen eines eintägigen Workshops durchgeführt, an dem sowohl der Geschäftsführer Vertrieb als auch der Vertriebsleiter teilnahmen. Wesentliche Schwerpunkte waren dabei:

- die Reflexion der aktuellen sowie künftigen Marktentwicklungen,
- die Benennung von Schlüsselaufgaben,
- die Ableitung von Implikationen für das geforderte Verkaufsverhalten und darauf aufbauend
- die Festlegung der Kompetenzen.

Zudem wurden für jede der Kompetenzen konkrete Verhaltensanker definiert, die dann später beobachtet werden sollten. Dieses Vorgehen entsprach damit den Empfehlungen zur Anforderungsanalyse (vgl. Abschn. 3.1) sowie den Vorschlägen zur Ableitung von Kompetenzmodellen (vgl. Abschn. 2.3).

Um einen Eindruck zu vermitteln, in welchem Umfeld die KAM tätig sein sollten, sind die benannten Schlüsselaufgaben zusammengefasst:

- Analyse der spezifischen Bedarfs- und Wettbewerbssituation der Schlüsselkunden im Zielmarkt;
- Erarbeitung der individuell erforderlichen Verkaufsstrategie zur Betreuung und konsequente Weiterentwicklung vorhandener Key Accounts; Ausbau des Kontaktnetzes;
- Unterstützung des Kunden bei der Planung und Umsetzung von internen Projekten zur Einführung von neuen Produkten in seiner Logistikkette; Umsetzung der Idee einer Wertschöpfungspartnerschaft mit dem Ziel einer nachhaltigen Differenzierung des Wettbewerbs;

- Übernahme von koordinierenden Aufgaben im Rahmen Produktentwicklung mit Kunden;
- eigenverantwortliche Durchführung von Verhandlungen, Vertragsgestaltung, Preisgespräche sowie Durchführung von Vertragsabschlüssen;
- usw.

Diese Aufgaben ergaben sich als konsequente Ableitung aus den reflektierten Marktfaktoren. Nachfolgend sind zudem einige der benannten „erfolgskritischen" Verhaltensweisen aufgeführt, die im Rahmen eines Brainstormings ermittelt wurden.

- Probleme erfassen und in Lösungen übersetzen;
- auf unterschiedlichen Hierarchieebenen kommunizieren;
- selbstständig Ziele setzen und verfolgen;
- Netzwerk aufbauen und ausbauen;
- Abschluss sicher einleiten und durchführen;
- „Jäger" sein (proaktives Verhalten zeigen);
- strukturiert und anschaulich präsentieren;
- hören, nicht nur erzählen;
- usw.

Aus der Sammlung der unterschiedlichen Verhaltensweisen, die von einem KAM gefordert werden, wurden dann Kompetenzen formuliert. Aus diesen wurden die wesentlichen ausgewählt, die als zentrale „Schlüsselkompetenzen" galten und die im AC beobachtet werden sollten (vgl. Tab. 2).

3.2.2.3 Entwicklung des AC-Designs sowie der Aufgaben und Übungen

Im nächsten Schritt wurde das eigentliche AC im Hinblick auf die Auswahl der Übungen und auch die Planung der Durchführung entwickelt. Dazu wurde ebenfalls ein halbtägiger Workshop durchgeführt, in dem überlegt wurde, welche Instrumente bzw. Aufgaben und Übungen überhaupt zur Beobachtung der unterschiedlichen Kompetenzen geeignet sind. Entsprechend dem Prinzip der „Methodenvielfalt" (vgl. Abschn. 3.1) haben wir versucht, den Ablauf so zu gestalten, dass die jeweiligen Verhaltensweisen in verschiedenen Übungen beobachtet werden konnten. Da allerdings auf der einen Seite ein recht breites Spektrum an unterschiedlichen Kompetenzen vorlag, auf der anderen Seite lediglich ein Tag für die Durchführung zur Verfügung stand und die Beobachter nicht überfordert werden sollten, mussten wir hier entsprechende Kompromisse eingehen. In Tab. 3 ist dargestellt, welche Kompetenzen auf welchem Wege beobachtet wurden.

Für die Beobachtung der Kompetenzen wurden zudem jeweils fünf bis sieben einzelne Verhaltensanker festgelegt. Am Beispiel der Verkaufskompetenz ist in Abb. 2 exemplarisch dargestellt, wie die Kompetenzen auf diese Weise operationalisiert wurde.

Verhaltensanker zur Beobachtung der grundsätzlichen Verkaufskompetenz

Beobachtungskriterium	**Zustimmung**					**Woran wurde die Bewertung festgemacht?**
	völlig		teil-weise		gar nicht	
1. Teilnehmer (TN) stellt Fragen, um auf die emotionale Beziehungsebene zum Kunden zu kommen.	☐	☐	☐	☐	☐	
2. TN zeigt Begeisterung und positive Emotionen im Auftreten – sowohl gegenüber dem Kunden als auch dem Produkt.	☐	☐	☐	☐	☐	
3. TN findet die richtigen Fragen, um gezielt den Kundenbedarf zu ermitteln, und fasst den Bedarf auch nochmals zusammen.	☐	☐	☐	☐	☐	
4. TN führt das Verkaufsgespräch mit einer klar erkennbaren Struktur. Es wird deutlich zwischen Bedarfserhebung und Präsentation unterschieden.	☐	☐	☐	☐	☐	
5. TN hört dem Kunden aktiv und interessiert zu und fragt spontan nach.	☐	☐	☐	☐	☐	
6. TN präsentiert das Produkt anschaulich und nutzenorientiert anhand des ermittelten Kundenbedarfs. Die Produktdemonstration ist auf den vorher definierten Bedarf ausgerichtet.	☐	☐	☐	☐	☐	
7. TN führt das Gespräch ohne erkennbaren Druck, bringt es aber zugleich zielgerichtet zum Abschluss.	☐	☐	☐	☐	☐	

Abb. 2 Entwicklung des AC: Beispiel für die Operationalisierung der Kompetenzen

Tab. 2 Ergebnisse der Anforderungsanalyse: Auswahl der Kompetenzen

Kernkompetenzen eines Key Account Managers	Erläuterung
Präsentationskompetenz	Kompetenz, vor Personen und Gruppen überzeugend und begeistert Konzepte und Ideen zu präsentieren
Teamkompetenz	Kompetenz, mit anderen kooperativ zu arbeiten und im Team Lösungen zu entwickeln
Verkaufskompetenz	Grundlegende Kompetenz, Beziehungen mit Kunden aufzubauen, deren Bedarf ganzheitlich zu erfassen und passende Lösungen zu entwickeln sowie die Lösungen nutzenorientiert darzustellen
Analysekompetenz	Kompetenz, sich neue Inhalte zu erschließen und konkrete Ideen für das weitere Vorgehen abzuleiten. Dazu gehören auch eine hohe analytische Kompetenz sowie eine strukturierte Arbeitsweise.
Selbstmanagementkompetenz	Kompetenz, sich selbst zu motivieren, sich Ziele zu setzen und das eigene Handeln im Hinblick auf die Zielerreichung zu überprüfen; aus Misserfolgen zu lernen und sich wieder neu zu motivieren
Hierarchieübergreifende Kommunikationskompetenz	Kompetenz, sich auf unterschiedliche Zielgruppen bzw. Ansprechpartner auf unterschiedlichen Hierarchieebenen einzustellen und die Kommunikation adäquat und sicher zu führen

Tab. 3 Entwicklung des AC: Zuordnung der Kompetenzen auf Aufgaben

	Selbstpräsentation	Gruppendiskussion	Fallstudie	Verkaufsgespräch	Interview
Präsentationsfähigkeit	x		x		
Teamfähigkeit		x			x
Verkaufskompetenzen				x	
Analysekompetenz		x	x		
Selbstmanagementkompetenz					x
Hierarchieübergreifende Kommunikationskompetenz			x		

3.2.2.4 Vorbereitung der Durchführung und Beobachtertraining

Zur Vorbereitung der AC-Durchführung wurden dann die Beobachter festgelegt. Entsprechend dem Prinzip der Mehrfachbeobachtung (vgl. Abschn. 3.1) nahmen neben einem Berater insgesamt drei weitere Personen aus dem Unternehmen als Beobachter an der Durchführung teil: der Geschäftsführer Vertrieb, sein Vertriebsleiter und eine Person aus dem Unternehmen, die im Rahmen des Rollenspiels „Verkaufsgespräch" auch die Rolle des Kun-

Tab. 4 Beobachtungsfehler in einem AC (Quelle: In Anlehnung an Schuhmacher 2009)

Beobachtungsfehler	Erläuterung
Beobachterdrift	Beobachter nehmen am Ende der Übung weniger wahr, aufgrund von Überforderung oder Ermüdung.
Halo-Effekt	Einzelne Eigenschaften eines Bewerbers bewirken einen Gesamteindruck und „überstrahlen" andere Eigenschaften.
Primacy/Recency Effekt	Der Anfang (Primacy) oder das Ende (Recency) der Beobachtung bleibt dem Beobachter besonders im Gedächtnis, sodass die anderen Leistungen weniger beachtet werden.
Logischer Fehler	Hinzuziehen von Hinweisreizen, die in Wirklichkeit nichts über die Kompetenz eines Bewerbers aussagen (z. B. suggeriert eine Brille eine hohe Intelligenz).
Milde-Effekt/ besondere Strenge	Zu gutmütige oder zu strenge Beurteilung der Leistung, aber keine realistische und objektive Bewertung.
Zentrale Tendenz	Der Beobachter vermeidet Extremurteile und bewertet meist sehr durchschnittlich.

den übernahm. Da keine dieser Personen bereits Erfahrung mit der Verhaltensbeobachtung im AC-Verfahren hatte, wurde dies in einem separaten halbtägigen Workshop nochmals trainiert. Dazu wurden die Übungen simuliert und die Durchführung entsprechender Verhaltensbeobachtungen trainiert. Besonders bewährt hat sich dabei der Einsatz einer Videokamera, da damit auf einzelne Aspekte nochmals gesondert eingegangen werden konnte.

Neben der Vermittlung des konkreten Vorgehens war insbesondere die Trennung zwischen „Was kann ich tatsächlich beobachten?" und „Was sind Deutungen und Interpretationen?" ein Schwerpunkt des Workshops. Zudem wurde auch explizit besprochen, welche Beobachtungsfehler in AC-Situationen häufig auftreten können (vgl. hierzu auch Tab. 4).

3.2.2.5 Durchführung eines eintägigen Auswahlworkshops

Im Rahmen der Durchführung der Auswahlworkshops ging es nun um die Umsetzung. Entsprechend dem Prinzip der Transparenz (vgl. Abschn. 3.1) wurde vorab den Teilnehmern sehr ausführlich Sinn und Zweck des Verfahrens erläutert. Dabei wurde betont, dass dieses Vorgehen grundsätzlich mehr Sicherheit für beide Seiten – Unternehmen und Bewerber – herbeiführen soll. Der letzte Teil des AC bestand zudem aus der Durchführung eines teilstrukturierten Interviews, in dem die Bewerber auch die Möglichkeit hatten, konkrete Fragen an den potenziellen Arbeitgeber zu stellen. Hierbei zeigte sich, dass es sehr positiv war, dass die Vertriebsführungskräfte selbst Teil des Beobachterteams waren und daher direkt auf die Fragen eingehen konnten.

Die Rückmeldungen zu den Beobachtungen erfolgten ebenfalls am Ende des Tages in Form von Einzelgesprächen. Dabei wurde den Teilnehmern das definierte Kompetenzprofil offengelegt, und es wurde transparent gemacht, zu welchen Verhaltensweisen und in welchen Übungen eine Beobachtung durchgeführt wurde. Hierauf aufbauend erhielt jeder

Tab. 5 Durchführung des AC: Ablauf für einen eintägigen Auswahlworkshop

Zeit	Teilnehmer				
	TN 1	TN 2	TN 3	TN 4	Beobachter
08:30–09:00	Begrüßung und Selbstpräsentation	Begrüßung und Selbstpräsentation	Begrüßung und Selbstpräsentation	Begrüßung und Selbstpräsentation	Beobachtung
09:00–10:00	Gruppendiskussion	Gruppendiskussion	Gruppendiskussion	Gruppendiskussion	Beobachtung
10:00–10:15	Pause	Pause	Pause	Pause	Beobachterkonferenz
10:15–11:15	Fallstudie: 10:15–10:30	Fallstudie: 10:30–10:45	Fallstudie: 10:45–11:00	Fallstudie: 11:00–11:15	Beobachtung
11:15–11:30	Pause	Pause	Pause	Pause	Beobachterkonferenz
11:30–12:30	Verkaufsgespräch: 11:30–12:00	Verkaufsgespräch: 12:00–12:30	Pause	Pause	Beobachtung
12:30–13:30	Mittag	Mittag	Mittag	Mittag	Mittag
13:30–14:30	Pause	Pause	Verkaufsgespräch: 13:30–14:00	Verkaufsgespräch: 14:00–14:30	Beobachtung
14:30–15:00	Pause	Pause	Pause	Pause	Beobachterkonferenz
15:00–18:00	Interview 15:00–15:45	Interview 15:45–16:30	Interview 16:30–17:15	Interview 17:15–18:00	Beobachtung

Teilnehmer eine differenzierte Rückmeldung über wahrgenommene Stärken und Entwicklungsfelder. Diese Rückmeldung erhielten die Teilnehmer im Wesentlichen durch die Berater. Damit war aber noch keine Aussage über eine Entscheidung für oder gegen eine Einstellung verbunden. Diese Rückmeldung wurde erst nach Abschluss aller Auswahlworkshops übermittelt.

In Tab. 5 ist der Ablaufplan wiedergegeben.

3.3 Weitere Erfahrungen mit der AC-Methode in der Praxis

Das gewählte Fallbeispiel liegt mittlerweile rund drei Jahre zurück und die Personen, die daraufhin eingestellt wurden, arbeiten alle immer noch erfolgreich im Unternehmen. Gleichzeitig wurde das erarbeitete Konzept auch noch für weitere Personalauswahlentscheidungen verwendet.

In der Literatur gibt es aber auch andere Beispiele. Dabei soll nicht unerwähnt bleiben, dass es über die wissenschaftliche Güte der AC-Methode immer noch eine breite und durchaus hitzige Diskussion gibt (vgl. Obermann 2009; Weinert 2004). Da allerdings je nach Perspektive und wissenschaftlicher Sozialisation teilweise gegensätzliche Argumente angebracht werden, ist aus unserer Sicht eine abschließende und allgemeingültige Bewertung gar nicht möglich.

In unserer Arbeit haben wir durchweg sehr positive Erfahrungen gemacht – nicht nur in dem hier vorgestellten Beispiel, sondern auch in anderen Projekten. Aus unserer Sicht hat es sich immer bewährt, die Beobachtungen nie als die „alleinige und absolute Wahrheit" zu betrachten. Vielmehr sehen wir den Mehrwert eines fundierten und sorgsam umgesetzten AC darin, wertvolle neue Hypothesen zu generieren, die für zusätzliche Perspektiven sorgen können.

Entscheidend für uns ist dabei auch immer, ob die Rückmeldungen zu den Beobachtungen für den Bewerber nachvollziehbar sind. Sobald es hier zu gravierenden Diskrepanzen kommt, sollte immer die Bereitschaft gegeben sein, auch das Testverfahren in seiner Validität zu hinterfragen. Eine insgesamt eher „fragende" Haltung halten wir für angemessener und hilfreicher, als aus den Beobachtungen pauschale „So-sind-Sie"-Aussagen abzuleiten.

Bei Berücksichtigung dieser Punkte halten wir die Durchführung eines AC sowohl für das Unternehmen als auch für den Bewerber für die momentan beste Methode, um wertvolle Rückmeldungen über die Passung bzw. Eignung des Bewerbers für die jeweilige Stelle zu erhalten.

4 Schlusswort

Ziel des vorliegenden Beitrags war es, verschiedene Perspektiven im Hinblick auf eine kompetenzorientierte Personalauswahl im persönlichen Verkauf aufzuzeigen. Das Thema hat aus unserer Sicht insbesondere auch deshalb eine hohe Relevanz, da Fehlentscheidungen häufig weitreichende Konsequenzen haben. Gleichzeitig werden in der Unternehmenspraxis derartige Entscheidungen häufig ausgesprochen „intuitiv" angegangen und es gibt durchaus einigen Raum für Weiterentwicklungen.

Aufbauend auf einigen einführenden Anmerkungen zu den Besonderheiten des persönlichen Verkaufs haben wir mit einigen grundlegenden Ausführungen zum Begriff „Kompetenz" in die Arbeit mit Kompetenzmodellen eingeführt. Unser Anliegen war es, fundiert, aber auch praxisorientiert die Entwicklung entsprechender Kompetenzmodelle zu skizzieren.

Des Weiteren sind wir auf die Messbarkeit von Kompetenzen eingegangen. Dabei haben wir uns durchaus kritisch zu Verfahren positioniert, die sehr einseitig die Messung von Persönlichkeitsmerkmalen fokussieren. Mittlerweile gibt es hier ein breites Spektrum von oftmals computergestützten Verfahren, die kommerziell vertrieben werden und vor allem schnelle und einfache Lösungen versprechen. Aus den dargestellten Gründen halten wir dies allerdings eher für bedenklich – zumindest, wenn die Anwendung unreflektiert erfolgt.

Als möglichen Ansatz zur Umsetzung einer kompetenzorientierten Personalauswahl haben wir die Methode des Assessment Center vorgeschlagen. Das Verfahren unterliegt mannigfaltigen Bedingungen und in der Umsetzung gibt es verschiedene Aspekte zu beachten. Um dies zu illustrieren, haben wir zum Schluss des Beitrags an einem eigenen Praxisbeispiel die Durchführung einer Personalauswahl für Key Account Manager beschrieben.

Uns ist klar, dass wir an dieser Stelle nur einige ausgewählte Perspektiven beleuchten können. Zum einen wäre es sicher lohnenswert, die verschiedenen Verfahren noch weiter zu diskutieren. Beispielsweise bleibt offen, ob ein AC als ein durchaus aufwendiges Verfahren auch für die Auswahl von ganzen Vertriebsteams geeignet ist oder welche Adaptionen hier sinnvoll und im Sinne der Validität vertretbar sind.

Und natürlich beschränkt sich das Personalmanagement nicht nur auf die Personalauswahl. Der Mehrwert strategischer Personalarbeit ergibt sich nämlich aus dem Zusammenspiel der unterschiedlichen Aspekte, wenn also beispielsweise kompetenzorientierte Personalauswahl, -beurteilung und -entwicklung ineinander greifen. Hier sehen wir in jedem Fall noch Raum für weiterführende Arbeiten im Hinblick auf das Thema Vertrieb.

Literatur

Benkenstein, M. (2002). *Strategisches Marketing: ein wettbewerbsorientierter Ansatz* (2. Aufl.). Stuttgart.

Beyen, W. (2004). Von „Peitschenhieben" zur „Gefühlsarbeit" – Über den neuen Umgang mit Kunden und verkaufsdidaktische Konzeptionen. Wirtschaft und Erziehung/Bundesverband der Lehrer an Wirtschaftsschulen e. V. *Wirtschaft und Erziehung/Bundesverband der Lehrer an Wirtschaftsschulen e. V., 56*(12), 404–409.

Bortz, J., & Döring, N. (2006). *Forschungsmethoden und Evaluation für Human- und Sozialwissenschaftler* (4. Aufl.). Berlin.

Höft, S., & Funke, U. (2006). Simulationsorientierte Verfahren der Personalauswahl. In H. Schuler (Hrsg.), *Lehrbuch der Personalpsychologie*. Göttingen.

Homburg, C., Schäfer, H., & Schneider, J. (2011). *Sales Excellence: Vertriebsmanagement mit System* (6. Aufl.). Wiesbaden.

Johnston, M. W., Ford, N. M., Walker, O. C., Marshall, G. W., & Churchill, G. A. (2003). *Churchill/Ford/Walker's Sales force management* (7. Aufl.). Boston.

Leinweber, S. (2010). Kompetenzmanagement. In *Strategische Personalentwicklung* (2. Aufl. S. 145–180). Heidelberg.

Maltby, J., Day, L., & Macaskill, A. (2006). *Differentielle Psychologie, Persönlichkeit und Intelligenz* (2. Aufl.). München.

Meffert, H. (2000). *Marketing: Grundlagen marktorientierter Unternehmensführung; Konzepte, Instrumente, Praxisbeispiele; mit neuer Fallstudie VW Golf* (9. Aufl.). Wiesbaden.

Nerdinger, F. W. (2001). *Psychologie des persönlichen Verkaufs*. München.

Nerdinger, F. W. (2003). *Kundenorientierung*. Göttingen.

North, K., Reinhardt, K., & Sieber-Suter, B. (2013). *Kompetenzmanagement in der* (2. Aufl.). Wiesbaden: Praxis.

Obermann, C. (2009). *Assessment Center. Entwicklung, Durchführung, Trends* (2. Aufl.). Wiesbaden.

Plaum, E. (2002). Probleme und Perspektiven der Erfassung von Persönlichkeitsvariablen: Zurück zu Lewin?. In G. Jüttermann, & H. Thomae (Hrsg.), *Persönlichkeit und Entwicklung* (S. 262–287). Weinheim.

Rosenstiel, L. v. (2007). Unternehmerische Werte und personelle Kompetenzen. In J. Erpenbeck Rosenstiel, & L. v. Rosenstiel (Hrsg.), *Handbuch Kompetenzmessung* 2. Aufl. Stuttgart.

Rosenstiel, L. v., & Nerdinger, F. W. (2011). *Grundlagen der Organisationspsychologie: Basiswissen und Anwendungshinweise* (7. Aufl.). Stuttgart.

Schmidt, F. L., & Hunter, F. E. (1998). The validity and utility of selection methods in personnel psychology: Practical and theoretical implications of 85 years of research findings. *Psychological Bulletin, 124*, 262–274.

Schuhmacher, F. (2009). *Mythos Assessment Center. Risikomanagement bei Personalentscheidungen und Leitfaden zur Anwendung*. Wiesbaden.

Schuler, H. (2006). *Lehrbuch der Personalpsychologie*. Göttingen.

Schwab, G. (1992). *Persönlicher Verkauf im Marketing*. Linz.

Simon, W. (2006). Persönlichkeitstest. In W. Simon (Hrsg.), *Persönlichkeitsmodelle und Persönlichkeitstest* (S. 35–53). Offenbach: Jokers edition.

Stock-Homburg, R. (2008). *Personalmanagement: Theorien – Konzepte – Instrumente*. Wiesbaden.

Stock-Homburg, R., & Bieling, B. (2011). Personalmanagement im Vertrieb: Herausforderungen und Lösungen. In C. Homburg, & J. Wieseke (Hrsg.), *Handbuch Vertriebsmanagement* (S. 281–305). Wiesbaden.

Tebbe, C. (2000). *Erfolgsfaktoren des persönlichen Verkaufsgespräches: adaptives Verkaufen im Kundenkontakt*. Frankfurt am Main.

Tiffert, A. (2006). *Entwicklung und Evaluierung eines Trainingsprogramms zur Schulung von Techniken des Emotionsmanagement: eine Längsschnittstudie im persönlichen Verkauf*. München.

von Varga Kibéd, M., & Sparrer, I. (2009). *Ganz im Gegenteil: Tetralemmaarbeit und andere Grundformen Systemischer Strukturaufstellungen – für Querdenker und solche, die es werden wollen* (6. Aufl.). Heidelberg.

Weinert (2004). *Organisationspsychologie* (5. Aufl.). Weinheim, Basel.

Kundenorientierung im persönlichen Verkauf

Friedemann Nerdinger

Inhaltsverzeichnis

1 Grundlagen

1.1 Persönlicher Verkauf

Der persönliche Verkauf hat erhebliche betriebswirtschaftliche Bedeutung – denn dabei handelt es sich um das wirksamste, aber auch das kostspieligste Instrument des Marketings (vgl. Nerdinger 2001, 2007). Gekennzeichnet ist der persönliche Verkauf durch den direkten Kontakt, die Interaktion „Face-to-Face“ zwischen Verkäufer und Käufer mit dem Ziel des Verkäufers, durch Verkaufsgespräche einen Verkaufsabschluss zu bewirken. Unter diese weite Bestimmung des persönlichen Verkaufs fallen die verschiedensten beruflichen Tätigkeiten:

Friedemann Nerdinger ✉
Universität Rostock, Ulmenstraße 69, 18057 Rostock, Deutschland
e-mail: friedemann.nerdinger@uni-rostock.de

L. Binckebanck et al. (Hrsg.), *Führung von Vertriebsorganisationen*,
DOI 10.1007/978-3-658-01830-6_17, © Springer Fachmedien Wiesbaden 2013

- Verkaufsbesuche beim Konsumenten (Außendienstverkauf),
- Verkauf im Rahmen organisierter Einladungen (Messeverkauf, Partyverkauf),
- Beratung durch Verkäufer beim Handel (Wiederverkäuferverkauf),
- fernmündliche Anfragen (Telefonverkauf),
- Verkäufe durch die Geschäftsleitung (Verkauf auf Ebene des Topmanagements),
- Verkauf im Einzelhandel.

Die Heterogenität der Erscheinungsformen des Verkaufs macht es relativ schwierig, Gemeinsamkeiten zu formulieren. Folgende allgemeine Aufgaben kennzeichnen aber die meisten Verkaufstätigkeiten (vgl. Meffert et al. 2011):

- **Akquisition von Kundenaufträgen**: Dabei handelt es sich um die Hauptaufgabe des Verkäufers. Sie umfasst diverse Teilaufgaben, unter anderem die Kontaktaufnahme mit dem Kunden, Besuchsplanung, Ermittlung der Kundenbedürfnisse, Information der Kunden, Demonstration der Produkte etc.
- **Informationsbeschaffung**: Vor allem der Außendienst kann Marktinformationen beschaffen, die den verschiedensten Aktivitäten des Unternehmens dienen.
- **Verkaufsunterstützung**: Dazu zählen die Beratung und die Instruktion über den richtigen Umgang mit einem Produkt, im weiteren Sinne auch die Präsentation der Waren.
- **Image- und Einstellungsbildung**: Da ein Verkäufer sein Unternehmen gegenüber der Umwelt repräsentiert, haben sein Verhalten im persönlichen Kontakt, die Ehrlichkeit seiner Aussagen und seine Zuverlässigkeit erheblichen Einfluss auf das Bild, das sich ein Kunde von einem Unternehmen macht.
- **Logistische Funktionen**: Im Konsumgüterbereich haben die wachsende Macht des Handels und die Rationalisierungen der Hersteller zur Übernahme logistischer Funktionen durch den Außendienst geführt.

Der persönliche Verkauf hat nicht nur aufgrund dieser vielfältigen Funktionen erhebliche Bedeutung für das Unternehmen; entscheidend ist, dass das Verhalten der Verkäufer im Rahmen der Interaktion unmittelbar auf die Kunden wirkt. Daher ist die berufliche Einstellung, die gewöhnlich mit dem Konzept der Kundenorientierung beschrieben wird, eine besonders wichtige Einflussgröße auf sein Verhalten.

1.2 Das Konzept „Kundenorientierung"

Kundenorientierung wird als Merkmal sowohl der Organisation (vgl. Bruhn 2011) als auch der einzelnen Mitarbeiter betrachtet. Im Sinne eines Merkmals der Mitarbeiter handelt es sich um eine Einstellung (gelegentlich wird auch das durch eine solche Einstellung bestimmte Verhalten als Kundenorientierung bezeichnet, was nicht unbedingt zur begrifflichen Klarheit beiträgt). Relativ allgemein kann *Kundenorientierung* definiert werden als das Bestreben, die Bedürfnisse und Erwartungen der Kunden zu erkennen und sich zu bemühen, diese zu erfüllen (vgl. Nerdinger 2003). Kundenorientierung zielt aus Sicht der Verkaufsorganisation auf die Erhöhung des Kundennutzens und den Aufbau stabiler Beziehungen zu den Kunden. Zu diesem Zweck muss Vertrauen geschaffen werden, was am besten durch die kontinuierliche Zufriedenstellung des Kunden erfolgt. In dem Maße, in dem sich ein Verkäufer an den individuellen Wünschen und Bedürfnissen des Kunden orientiert, wird ihm dies besser gelingen.

Das erfordert von den Mitarbeitern eine spezifische Einstellung zum Kunden. Unter *Einstellungen* werden in der Sozialpsychologie zeitlich überdauernde Haltungen gegenüber Objekten verstanden, wobei diese Haltungen eine kognitive, eine affektive und eine verhaltensbezogene Komponente aufweisen (vgl. Eagly und Chaiken 2005). Im Fall der Kundenorientierung bedeutet das: Die Einstellung gegenüber (der Arbeit mit) Kunden umfasst das Wissen über die Kunden (kognitive Komponente), die Gefühle, die Kunden auslösen (affektive Komponente), und die Bereitschaft, sich in einer bestimmten Weise gegenüber den Kunden zu verhalten (verhaltensbezogene Komponente). Kundenorientierung als Einstellung zum Kunden ist aus Sicht der Unternehmen für die Steuerung des Verhaltens der Mitarbeiter auch deshalb wichtig, weil sich Einstellungen – im Gegensatz zu Persönlichkeitsmerkmalen, die nur schwer modifizierbar sind – zumindest innerhalb eines bestimmten Rahmens verändern lassen.

Eine kundenorientierte Einstellung wird wiederum als entscheidende Determinante des kundenorientierten, das heißt an der Erfüllung der Wünsche und Bedürfnisse des Kunden orientierten Verhaltens, gesehen. In Anlehnung an Brown et al. (2002) erfordert eine solche Wirkung der Einstellung personale Voraussetzungen: Die Umsetzung von Kundenorientierung in entsprechendes Verhalten setzt zum einen beim Verkäufer Selbstwirksamkeit voraus (vgl. Bandura 1997), sprich Verkäufer müssen sich zutrauen, Kunden im Verkaufsgespräch zufriedenstellen zu können. Zum anderen sollten sie intrinsisch dazu motiviert sein. Intrinsische Motivation ist der Antrieb, der einer Aufgabe inhärent ist (im Gegensatz zur extrinsischen Motivation, bei der ein Mitarbeiter aufgrund der mit einer Aufgabe verbundenen Belohnungen handelt; vgl. hierzu Nerdinger 2013). Intrinsische Motivation bedeutet in diesem Zusammenhang, dass es dem Verkäufer Freude macht, mit Kunden zu interagieren und sie zufriedenzustellen – in diesem Fall ist es die Tätigkeit des Verkaufens, die motiviert.

2 Wirkungen der Kundenorientierung

2.1 Kundenorientierung und Kundenzufriedenheit

Von Einstellungen wird angenommen, dass sie das Verhalten steuern, wobei die Beziehung zwischen kundenorientierter Einstellung und kundenorientiertem Verhalten differenziert zu betrachten ist. Stock und Hoyer (2005) haben in einer Untersuchung des persönlichen Verkaufs vermutet, dass Kundenorientierung der Verkäufer zur Zufriedenheit der Kunden führt. Die Einstellung zum Kunden sollte dabei partiell über das Verhalten vermittelt wer-

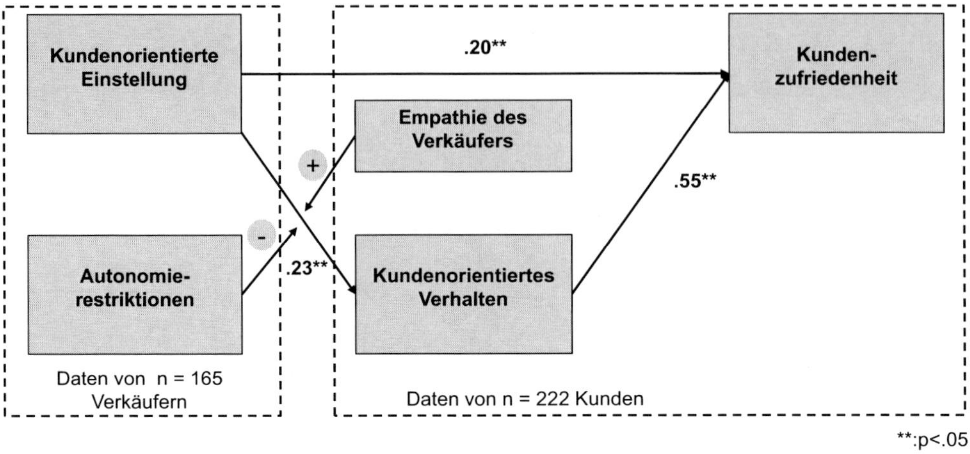

Abb. 1 Der Zusammenhang zwischen der Einstellung „Kundenorientierung", kundenorientiertem Verhalten und der Kundenzufriedenheit (Quelle: Stock und Hoyer 2005)

den, aber auch einen direkten Effekt auf die Zufriedenheit der Kunden haben. Zudem soll die Beziehung zwischen der Einstellung und dem Verhalten durch den Grad der vom Verkäufer erlebten *Autonomie* – der Möglichkeit, in der Tätigkeit selbstständig Entscheidungen zu treffen – und seiner Empathie moderiert werden. Unter *Empathie* wird die Fähigkeit verstanden, sich in andere Menschen hineinzuversetzen und mitzufühlen sowie die eigenen Gefühle zu erkennen und angemessen zu reagieren (zur Bedeutung der Empathie im Rahmen der Verkaufsinteraktion vgl. Wieseke et al. 2012). Je geringer die Autonomie – das heißt je mehr Autonomierestriktionen in der Tätigkeit wahrgenommen werden –, desto weniger sollte der Mitarbeiter in der Lage sein, sich an den Bedürfnissen der Kunden zu orientieren. Wenn es gelingt, die Serviceinteraktion mit den Augen des Kunden zu betrachten, sollten Dienstleister dessen Erwartungen besser erkennen und diese auch eher realisieren. Eine Untersuchung an 222 Paaren von Verkäufern und jeweils ausgewählten Kunden bestätigt diese Vermutungen (vgl. Abb. 1).

Nach den Befunden dieser Untersuchung findet sich ein direkter Effekt der Einstellung der Verkäufer auf die Zufriedenheit der Kunden, der sich durch die Theorie emotionaler Ansteckung erklären lässt (vgl. Nerdinger 2011). Demnach sollte sich eine kundenorientierte Einstellung auch in den nonverbal gezeigten Emotionen ausdrücken, die wiederum positive Gefühle (Zufriedenheit) im Kunden auslösen können. Hohe Empathie beeinflusst die Beziehung zwischen Einstellung und Verhalten positiv, Restriktionen in der Autonomie wirken sich dagegen negativ aus.

Neben dem erwähnten Effekt der Autonomie sind dabei noch weitere Wirkungen von Situationsmerkmalen zu beachten. So ist nach den Befunden von Grizzle et al. (2009) ein *Klima der Kundenorientierung* in einer ganzen Geschäftseinheit entscheidend dafür, ob die kundenorientierte Einstellung des einzelnen Verkäufers auch zu einem entsprechenden Verhalten führt. Unter einem Klima der Kundenorientierung verstehen die Autoren den auf die Kunden fixierten Aspekt des Organisationsklimas, das wiederum definiert ist als die relativ überdauernde Qualität der inneren Umwelt der Organisation, die durch die Mitglieder erlebt wird, ihr Verhalten beeinflusst und durch die Werte einer bestimmten Menge von Merkmalen der Organisation beschrieben werden kann (vgl. Rosenstiel und Nerdinger 2011). Grizzle et al. haben in ihrer Untersuchung gezeigt, dass kundenorientiert eingestellte Mitarbeiter sich vor allem dann gemäß ihrer Einstellung verhalten, wenn sie in einer Geschäftseinheit arbeiten, in der ein Klima der Kundenorientierung vorherrscht. Demnach ist es nicht ausreichend, kundenorientierte Mitarbeiter auszuwählen, vielmehr müssen auch die Bedingungen in der betrieblichen Einheit so gestaltet werden, dass die Mitarbeiter ein auf den Kunden und seine Bedürfnisse ausgerichtetes Klima wahrnehmen. Zudem belegt die Untersuchung von Grizzle et al. (2009) einen Zusammenhang zwischen einem Klima der Kundenorientierung und dem Umsatz der Geschäftseinheit, wobei dieser Zusammenhang unabhängig von den Kosten ist. Ein Klima der Kundenorientierung hat demnach auch ökonomisch positive Auswirkungen.

Der Einfluss der Kundenorientierung von Verkäufern auf die Zufriedenheit von Kunden und die damit erwarteten ökonomischen Konsequenzen wurden immer wieder belegt (vgl. zusammenfassend Nerdinger 2011). Wie lässt sich diese Wirkung erklären? Nach einer Hypothese sollte Kundenorientierung zu verstärkter Perspektivenübernahme führen. Unter *Perspektivenübernahme* wird die kognitive Fähigkeit verstanden, sich in andere Menschen hineinzuversetzen und deren Wahrnehmung eines Ereignisses nachvollziehen zu können (vgl. Parker und Axtell 2001). Demzufolge sollte diese Fähigkeit auch die von den Kunden wahrgenommene Qualität der Leistung des Verkäufers beeinflussen. Axtell et al. (2007) haben empirisch herausgefunden, dass Kundenorientierung die wichtigste Bedingung der Perspektivenübernahme ist, die wiederum sehr eng mit der Bereitschaft korreliert, Kunden zu helfen.

Eine positive Einstellung zu Kunden – im Sinne der Kundenorientierung – ist nach den vorliegenden Erkenntnissen eine wesentliche Voraussetzung für ein Verhalten im Kontakt mit dem Kunden, das diesen zufriedenstellt. Darüber hinaus scheint sie auch positiv auf die Person des Verkäufers – sein Wohlbefinden, seine Arbeitszufriedenheit und seine Bindung an die Verkaufsorganisation – zu wirken, vor allem, wenn sie in Einklang mit seiner Arbeitssituation erlebt wird (vgl. Nerdinger 2011). Für die Organisation steht aber der Zusammenhang der Kundenorientierung mit der Leistung des Verkäufers im Vordergrund.

2.2 Kundenorientierung und Leistung

Der Leistungsbegriff wird in der Forschung unterschiedlich verwendet, wobei sich Verhalten, Leistung („performance") und Effektivität unterscheiden lassen (vgl. Nerdinger 2001):

- **Leistungsverhalten** umfasst ohne Bewertung alle Aufgaben und Aktivitäten, in die zum Beispiel ein Verkäufer in einer Organisation eingebunden ist.

- **Leistung** im Sinne der Verrichtung der Arbeit umfasst die Beiträge des Verkäufers zur Erreichung der Ziele der Organisation, also das Verhalten, das seinen Beitrag zur Effektivität der Organisation erhöht oder verringert.
- **Effektivität** bezieht sich auf die Ergebnisse der Leistung, die gewöhnlich in globalen Maßen wie der Produktivität oder Umsatzzahlen erfasst werden.

Der Verkauf scheint geradezu ideal zur Erfassung der Leistung im Sinne der Effektivität durch objektive Maße: Umsatz in einer festgelegten Periode, Anzahl der Verkäufe pro Zeiteinheit, Stornoquoten usw. – im Verkauf kann alles Mögliche „objektiv" gezählt und gemessen werden. Bei genauer Betrachtung lässt sich aber keines dieser Maße allein auf das Leistungsverhalten des Verkäufers zurückführen, da die Ergebnisse immer auch durch Faktoren der Umwelt beeinflusst werden. In dem Umfang, in dem Umweltfaktoren Einfluss auf die Ergebnisse nehmen und sich nicht für alle Verkäufer (eines Unternehmens) gleichen, sind die Maße kontaminiert, das heißt, sie erlauben keinen eindeutigen Rückschluss auf den Anteil des Verkäufers an der Leistung. In der Forschung werden sowohl objektive Verkaufszahlen als auch das Leistungsverhalten des Verkäufers als Bezugspunkt gewählt, wobei die Leistung entweder von den vorgesetzten Verkaufsleitern oder von den Verkäufern selbst eingestuft wird.

Viele Untersuchungen zur Frage, ob Kundenorientierung solche Maße der Leistung von Verkäufern erklären kann, wurden mit der SOCO-Skala (vgl. Saxe und Weitz 1982) durchgeführt. Damit werden zwei Verkaufsstile erfasst, die Verkaufsorientierung (Selling Orientation) und die Kundenorientierung (Customer Orientation). *Kundenorientierung* beschreibt eine Einstellung, die auf langfristige Kundenzufriedenheit zielt und jede Unzufriedenheit des Kunden zu vermeiden sucht. Mit *Verkaufsorientierung* wird dagegen eine Einstellung erfasst, die allein auf den Verkaufsabschluss zielt. Jaramillo et al. (2007) haben eine Metaanalyse von 16 Studien (mit 17 Effektstärken), in denen die SOCO-Skala eingesetzt wurde, durchgeführt und gezeigt, dass ein moderater Zusammenhang zwischen den Werten der SOCO-Skala und subjektiven Leistungseinschätzungen bei Verkäufern vorliegt. Bei der Erfassung der Leistung mit objektiven Maßen dagegen findet sich kein Zusammenhang. In dieser Metaanalyse konnte allerdings die Kundenorientierung nicht von der Verkaufsorientierung getrennt werden, was den Wert der Ergebnisse einschränkt. Eine derartige Trennung haben aber Franke und Park (2006) in ihrer Metaanalyse durchgeführt mit dem Ergebnis, dass Kundenorientierung nur dann mit der Leistung von Verkäufern korreliert, wenn diese von den Verkäufern selbst eingestuft wird. Wird die Leistung dagegen über die Einschätzung von Verkaufsleitern oder über objektive Verkaufsergebnisse erfasst, findet sich kein signifikanter Zusammenhang. Dieser unerwartete Befund hat verschiedene Untersuchungen angeregt.

Jaramillo und Grisaffe (2009) haben vermutet, dieser Befund sei darauf zurückzuführen, dass sich die Kundenorientierung der Verkäufer erst über einen längeren Zeitraum in objektiven Verkaufszahlen niederschlagen kann. Da kundenorientiertes Verhalten dem Aufbau einer Beziehung dient, erfordert sie Zeit. Mit der zunehmenden Vertrautheit und dem steigenden Vertrauen sollten langsam auch die Verkaufszahlen steigen. In einer Studie mit 608 selbstständigen Verkaufsrepräsentanten, deren objektive Verkaufszahlen über einen längeren Zeitraum zur Verfügung standen, haben die Autoren diese Hypothese überprüft. Sie zeigen anhand anspruchsvoller statistischer Analysen, dass Kundenorientierung tatsächlich keinen Einfluss auf statische, objektiv erfasste Ausgangswerte des Verkaufs haben. Dagegen finden sich signifikante Einflüsse der Kundenorientierung auf längerfristige Entwicklungen der Verkaufszahlen: Wie vermutet, steigen in Abhängigkeit von der Kundenorientierung der Verkäufer ihre Verkaufszahlen im Laufe der Zeit.

Demgegenüber hat Haas (2009) 203 Konsumenten zu jeweils unterschiedlichen Verkäufern befragt, wobei v. a. drei Aspekte interessierten: Deren Fähigkeit, ein positives Gesprächsklima aufzubauen, ihre Vermeidung von Abschlussdruck und Unterstützung bei der Entscheidung. In diesen drei Aspekten sieht Haas (2009) die wesentlichen Merkmale der Kundenorientierung. Zudem haben die Konsumenten jeweils angegeben, ob das beschriebene Verkaufsgespräch mit oder ohne Kauf endete und wie zufrieden sie mit der Beratung waren. Auch die Ergebnisse dieser Studie zeichnen ein differenziertes Bild. So findet sich ein indirekter Effekt kundenorientierten Verhaltens auf den Kauf, der über die Zufriedenheit mit der Beratung vermittelt wird. Es zeigt sich aber auch ein umgekehrt u-förmiger Einfluss der Vermeidung von Abschlussdruck – demnach sind zu viel *und* zu wenig Abschlussdruck ungünstig für den Verkauf! Zudem ist der Aufbau eines positiven Gesprächsklimas zwar positiv mit der Beratungszufriedenheit korreliert, aber negativ mit dem erfolgreichen Abschluss des Verkaufsgesprächs im Sinne des Kaufs. Der Autor schließt daraus, dass eine auf Produkt-Know-how und Sozialkompetenz aufbauende Beratung den Verkaufserfolg erhöht, wobei durchaus auch „sanfter Druck" zum Abschluss angemessen sei.

Auch Homburg et al. (2011) kommen in ihrer aufwendigen Studie zu einer differenzierten Sicht des Zusammenhangs zwischen Kundenorientierung und der Leistung im Sinne des Verkaufsergebnisses (Leistung wurde in dieser Studie erhoben über die Selbsteinschätzung der Verkäufer). In einer triadischen Untersuchung von 56 Verkaufsleitern, 195 Verkaufsrepräsentanten und 538 Kunden zeigt sich ein umgekehrt u-förmiger Zusammenhang zwischen Kundenorientierung und Leistung, das heißt, es findet sich ein Optimum an Kundenorientierung mit Blick auf das Verkaufsergebnis (zu wenig ist ebenso ungünstig wie zu viel!) Dagegen können die Autoren einen linearen Zusammenhang zwischen der Kundenorientierung und der Einstellung der Käufer zum Verkäufer nachweisen, je kundenorientierter also der Verkäufer, desto zufriedener der Kunde.

Schließlich haben Zablah et al. (2012) metaanalytisch die Wirkmechanismen der Kundenorientierung aufgezeigt. Demnach verringert Kundenorientierung die negativen Wirkungen der unterschiedlichen Erwartungen, die Kunden und Vorgesetzte an die Verkäufer richten (Rollenkonflikt und Rollenambiguität) und wirkt positiv auf die Zufriedenheit der Verkäufer und ihre Bindung an das Unternehmen. Beide vermittelnden Prozesse wirken sich wiederum positiv auf die Leistung aus. Zusammenfassend ist daher festzuhalten, dass Kundenorientierung als psychologisches Konstrukt beim aktuellen Stand der Forschung eine wichtige Variable für den Verkaufserfolg darstellt. Damit kommt der Frage nach der

Beeinflussung von Kundenorientierung durch die Verkaufsorganisation bzw. ihre wichtigsten Vertreter, die Führungskräfte, erhebliche Bedeutung zu.

2.3 Beeinflussung von Kundenorientierung

Da Kundenorientierung eine Einstellung zur Arbeit mit Kunden darstellt, kann sie – in einem bestimmten Rahmen – beeinflusst werden. Die für die Vertriebsführung wichtigsten Formen der Beeinflussung – Selektion, persönliche Führung, Training und Motivation – seien im Folgenden knapp und exemplarisch umrissen.

2.3.1 Selektion

Die gezielte Auswahl von kundenorientierten Verkäufern erfordert es, das Merkmal „Kundenorientierung" vor der Einstellung zu erheben. Eine Möglichkeit dazu bietet beispielsweise die SOCO-Skala von Saxe und Weitz (1982), die sich als valides Instrument zur Messung der Kundenorientierung erwiesen hat. Neben solchen Tests wurde noch eine Reihe anderer Verfahren entwickelt, die eine direkte Erfassung der Fähigkeiten von Verkäufern im Umgang mit Kunden ermöglichen (sollen). Dazu zählen *film-* bzw. *videogestützte Verfahren*. Das Vorgehen bei solchen Verfahren sei an einem Beispiel verdeutlicht. Schuler et al. (1993) haben für den Bankenbereich ein Verfahren entwickelt, mit dem sich wichtige Aspekte der *sozialen Kompetenz*, das heißt der Fähigkeit zum erfolgreichen Umgang mit anderen Menschen, erfassen lassen. Die Autoren haben aus einer Reihe von Filmen, die für Trainingszwecke produziert wurden, elf Ausschnitte ausgewählt. Im Anschluss an jede Filmsequenz erscheint für eineinhalb Minuten ein Standbild mit zwei Fragen, die von Bewerbern zu beantworten sind. Zur Erfassung von Kundenorientierung wird zum Beispiel folgende Szene gezeigt: Ein etwas unkonventionell gekleideter junger Mann will von einer Kundenberaterin nähere Informationen haben, um einen Kredit für seinen Urlaub aufnehmen zu können. Die Beraterin reagiert hierauf zunächst erstaunt, berät aber dann den Kunden. Daraufhin erscheinen folgende zwei Aufgaben am Bildschirm: „Beschreiben Sie das Verhalten der Beraterin!" und „Wie könnte sich die Beraterin besser verhalten?".

Durch die erste Frage wird geprüft, ob die Bewerber die entscheidenden sozialen Hinweisreize erkennen, das heißt, es wird die soziale Wahrnehmungsfähigkeit als wesentliches Merkmal sozialer Kompetenz erfasst. Die zweite Frage ermöglicht Rückschlüsse auf das Verhalten bei der Begegnung mit Kunden. Das reale Verhalten der Bewerber in ähnlichen Situationen kann damit natürlich nicht direkt gemessen werden. Da aber niemand in der Lage sein dürfte, ein Verhalten zu beschreiben, das ihm völlig unbekannt ist, sollten die Antworten valide Hinweise auf das eigene Verhalten in solchen Situationen geben. Die Antworten werden über eine Checkliste ausgewertet, im Vorfeld werden demnach Listen mit möglichen Antworten erstellt, die dann von den Beobachtern nur noch abgehakt werden (vgl. Schuler et al. 1993).

Film- oder videogestützte Verfahren der Personalauswahl können die Einschätzung der Leistung durch die Kunden gut prognostizieren, zudem haben sie eine hohe Akzeptanz bei den Bewerbern, die solche Test gewöhnlich als realistisch und interessant erleben. Allerdings müssen diese Verfahren speziell für die Bedürfnisse des jeweiligen Unternehmens entwickelt und auf ihre Messqualitäten geprüft werden, was sehr aufwendig ist. Beim Einsatz psychologischer Testverfahren ist zudem zu beachten, dass die auf diesem Wege gewonnenen Informationen nicht allein über die Auswahl entscheiden sollten. Mit Tests wird die Persönlichkeit der Bewerber erfasst und überprüft, ob sie die grundlegenden Voraussetzungen für das im Kontakt mit den Kunden erwartete Verhalten mitbringen. Ziel der Auswahl muss es aber sein, diejenigen unter den Bewerbern herauszufinden, die für die speziellen Aufgaben des Unternehmens und die besonderen Anforderungen im Markt geeignet sind.

2.3.2 Kundenorientierte Führung

Die Frage, wie sich Führungsverhalten allgemein beschreiben lässt, wird seit Langem intensiv erforscht. Ausgangspunkt dieser Forschungsrichtung bilden die Ohio-Studien, in deren Rahmen zum ersten Mal ein Fragebogen zur Erfassung des Führungsverhaltens – der Leader Behavior Description Questionnaire (LBDQ nach Hemphill und Coons 1957) – konstruiert wurde. Mit diesem Fragebogen werden zwei Hauptdimensionen des Führungsverhaltens gemessen, die als Consideration und Initiating Structure bezeichnet werden. Consideration erfasst Wärme, Vertrauen, Freundlichkeit, Achtung der Mitarbeiter und wird deshalb als *mitarbeiterorientiertes Verhalten* übersetzt. Mit Initiating Structure werden die aufgabenbezogene Organisation und Strukturierung sowie die Aktivierung und Kontrolle der Mitarbeiter gemessen. Daher wird diese Dimension im Deutschen als *aufgabenorientiertes Verhalten* bezeichnet.

Die Wirkung der beiden grundlegenden Dimensionen des Führungsverhaltens wurde in vielen empirischen Untersuchungen überprüft. Nach den Ergebnissen der Metaanalyse von Judge et al. (2004) korreliert die Mitarbeiterorientierung des Vorgesetzten stark mit der Zufriedenheit der Mitarbeiter, seine Aufgabenorientierung etwas schwächer mit der Leistung. Das sind insgesamt gesehen beachtliche Zusammenhänge, die aber möglicherweise das Spektrum des Verhaltens von Vorgesetzten im Vertriebsbereich noch nicht völlig adäquat beschreiben. Vor allem in Bezug auf die Führung von Mitarbeitern in Vertrieb sollten nach Homburg und Stock (2002) diese beiden Dimensionen des Führungsverhaltens allein nicht genügen, um die Kundenorientierung der Verkäufer zu erklären. Bei Leistungs- und Mitarbeiterorientierung steht nach ihrer Meinung die Interaktion zwischen Vorgesetzten und Mitarbeitern im Zentrum der Betrachtung. Demgegenüber ist es bei der Führung von Mitarbeitern im Kundenkontakt besonders wichtig, die Mitarbeiter im Sinne einer Verbesserung der Interaktion mit dem Kunden zu beeinflussen. Dies versuchen die Autoren mit Items einer neu entwickelten Skala zum *kundenorientierten* Führungsverhalten zu erfassen (Beispielitems: „Mein Vorgesetzter lebt Kundenorientierung vor", „Mein Vorgesetzter fördert kundenorientierte Mitarbeiter in besonderem Maße" oder „Mein Vorgesetzter arbeitet an der Verbesserung der kundenbezogenen Prozesse in seinem Verantwortungsbereich").

Die Bedeutung kundenorientierten Führungsverhaltens wurde in einer Untersuchung mit Vertretern von Unternehmen aus dem Business-to-Business-Bereich überprüft. In 124

Telefoninterviews mit Dienstleistern haben die Befragten das Führungsverhalten ihres Vorgesetzten und die eigene Kundenorientierung eingeschätzt. Die drei Dimensionen des Führungsverhaltens erwiesen sich als voneinander relativ unabhängig (Kundenorientierung hat den geringsten Zusammenhang mit den beiden anderen Dimensionen) und alle drei Dimensionen haben Einfluss auf die kundenorientierte Einstellung der Mitarbeiter. Überraschenderweise hat die leistungsorientierte Führung den größten Einfluss auf die Kundenorientierung der Mitarbeiter. Leistungsorientierte Führung bedeutet im Kern, dem Mitarbeiter klare Ziele zu setzen und deren Verfolgung konsequent zu kontrollieren. Gerade die für leistungsorientierte Führung kennzeichnende eindeutige Betonung dessen, was zu erreichen ist, vermeidet Rollenambiguität und gibt den Mitarbeitern im Kundenkontakt die notwendige Sicherheit, die kundenorientiertes Verhalten voraussetzt. Allerdings müssen diese Deutungen noch in weiteren empirischen Studien überprüft werden, da die Ergebnisse der Untersuchung von Homburg und Stock (2002) nicht zuletzt aufgrund der Beschränkung auf eine Stichprobe von Mitarbeitern nur bedingt verallgemeinerbar sind.

Stock und Hoyer (2002) konnten die beschriebenen Erkenntnisse in einer ähnlich angelegten Untersuchung mit 146 Vertriebsmitarbeitern weitgehend bestätigen. Auch in dieser Untersuchung trugen alle drei Dimensionen des Führungsverhaltens signifikant zur Erklärung der Kundenorientierung der Mitarbeiter bei, wobei die Dimension „Aufgabenorientierung" wiederum am wichtigsten war. Zudem wurden in dieser Studie 256 Kunden der Vertriebsmitarbeiter zu deren Verhalten befragt. Die Bewertungen des Mitarbeiterverhaltens durch die Kunden stehen dabei in signifikantem Zusammenhang mit den von den Mitarbeitern eingestuften Dimensionen des Führungsverhaltens, wobei dieser Zusammenhang durch die kundenorientierte Einstellung der Mitarbeiter vermittelt wird.

Der plausible und in der Praxis häufig vertretene Gedanke, dass Führungskräfte ein Vorbild (ein Rollenmodell) für die Mitarbeiter mit Kundenkontakt sein sollen, konnte zumindest in diesen Untersuchungen nur bedingt untermauert werden. Vielmehr scheint die Vermeidung von Rollenambiguität durch eindeutige Zielsetzungen hilfreicher bei der Entwicklung kundenorientierter Einstellungen und Verhaltensweisen.

2.3.3 Training der Kundenorientierung

Bei komplexeren Verkaufstätigkeiten setzt das Training gewöhnlich an der Vermittlung sozialer Fähigkeiten, speziell der Schlüsselqualifikation für den Verkauf, der sozialen Kompetenz an (zum Aufbau von Trainings sozialer Kompetenzen vgl. Kanning 2007). Kundenorientiertes Verhalten kann aber auch in einfachen Tätigkeiten, beispielsweise dem Verkauf von Backwaren, durch ein Training sozialer Kompetenz verbessert werden (vgl. Neumann 2011). Solche Fähigkeiten lassen sich „off the job" trainieren, wobei die verbale und nonverbale Kommunikation im Rollenspiel geübt wird. Durch Aufzeichnung des Spiels auf Video können anschließend die einzelnen Sequenzen in der Trainingsgruppe genau analysiert werden. Die Teilnehmer erhalten dadurch intensive Rückmeldung über ihr Verhalten, die hilfreich für die Bewältigung der Tätigkeit ist.

Bei der Auswertung von Rollenspielen wird sowohl die verbale als auch die nonverbale Kommunikation unter dem Aspekt analysiert, wie der Kunde das Verhalten des Mitarbeiters vermutlich erlebt. So können auch solche Servicestandards vermittelt werden, die ein Unternehmen für den Kontakt mit den Kunden für angemessen erachtet. Darüber hinaus sollten die Gefühle des Mitarbeiters in verschiedenen – insbesondere in kritischen – Situationen mit Kunden reflektiert werden. Die Mitarbeiter müssen darauf vorbereitet werden, dass sie in solchen Situationen ernste emotionale Konflikte erleben können. Daher ist es wichtig, Möglichkeiten für den effektiven Umgang mit den eigenen Gefühlen zu trainieren (vgl. dazu im Detail Tiffert 2006).

2.3.4 Intrinsische Motivation kundenorientierten Verhaltens

Brown et al. (2002) haben die intrinsische Motivation als wesentliches Merkmal der Kundenorientierung bestimmt und empirisch festgestellt, dass eine so bestimmte Kundenorientierung zwischen allgemeinen Persönlichkeitsmerkmalen und dem Verhalten der Mitarbeiter im Sinne ihrer Leistung vermittelt. Da im Vergleich zu einer Verkaufsorientierung eine Kundenorientierung größere Anstrengung von Verkäufern fordert (vgl. Thakor und Joshi 2005), stellt sich die Frage, wie sich Verkäufer zu einer solchen Einstellung motivieren lassen. Nach Hackman und Oldham (1980) ist das Entstehen intrinsischer Motivation an die Ausführung der Arbeitsaufgabe bzw. an die Arbeitstätigkeit gebunden. Das Erleben der Arbeit muss demnach drei Grundbedingungen erfüllen:

1. erlebte Bedeutsamkeit der eigenen Arbeit,
2. erlebte Verantwortung für die Ergebnisse der eigenen Arbeit und
3. Wissen über die aktuellen Resultate der eigenen Arbeit, besonders über die Qualität der Ergebnisse.

Die psychologischen Erlebniszustände sind nach Hackman und Oldham (1980) Folge von fünf Merkmalen der Tätigkeit.

1. Anforderungsvielfalt der Arbeitsaufgabe: Die Aufgabe sollte nicht nur eine einzelne bzw. wenige Fähigkeiten des Arbeitenden beanspruchen, sondern möglichst viele motorische, intellektuelle und soziale.
2. Ganzheitlichkeit der Aufgabe: Der Grad, zu dem ein zusammenhängendes Produkt der Aufgabe fertiggestellt wird im Gegensatz zu reduzierten Teilaufgaben.
3. Bedeutsamkeit der Aufgabe für das Leben und die Arbeit anderer.
4. Autonomie im Sinne von Kontroll- und Entscheidungsspielraum, das heißt die Arbeitenden können selbst die Mittel und Teilziele ihrer Arbeit wählen und gewinnen damit Kontrolle über die Arbeitssituation.
5. Rückmeldung aus der Tätigkeit, sprich Rückmeldungen, die unmittelbar in der Aufgabe angelegt sind.

Da die Kundenorientierungsforschung bislang die Bewertung der verschiedenen Aspekte der Tätigkeit im persönlichen Verkauf nicht näher untersucht hat, haben sich Thakor und Joshi (2005) auf die erlebte Bedeutsamkeit im Sinne der affektiven Bewertung der Tätigkeit beschränkt und ihren Zusammenhang mit der Kundenorientierung von Verkäufern untersucht. Sie haben dabei vermutet, dass dieser Zusammenhang durch zwei affektive Bewertungen des Arbeitsumfelds moderiert wird: Die Identifikation mit dem Unternehmen und die Zufriedenheit mit der Bezahlung. Zwar ist die erlebte Bedeutsamkeit die wichtigste Determinante der intrinsischen Motivation, aber die dadurch motivierten Tätigkeiten werden immer in einem situativen Kontext ausgeführt. Die Bewertung dieses Kontextes wiederum hängt stark von der Identifikation mit der Organisation ab, wobei unter organisationaler Identifikation die psychologische Übereinstimmung zwischen Verkäufer und den Werten der Organisation verstanden wird (vgl. van Dick 2003). Unter der Annahme, dass die Erfüllung der Bedürfnisse der Kunden als wesentliches Merkmal der Kundenorientierung einen zentralen Wert in Vertriebsorganisationen darstellt, sollten Verkäufer, die sich mit ihrem Unternehmen identifizieren, kundenorientiertes Verkaufen als wichtige Aufgabe ansehen. Demnach sollte eine hohe Identifikation mit dem Unternehmen den Zusammenhang zwischen der erlebten Bedeutsamkeit der Arbeit und der Kundenorientierung noch verstärken (bzw. eine geringe Identifikation den Zusammenhang abschwächen). Ähnlich ist die Wirkung der Bezahlungszufriedenheit zu verstehen. Da sich darin die affektive Bewertung der Belohnung im Austausch für die im Verkauf gezeigte Anstrengung niederschlägt, sollte sie den Zusammenhang zwischen der erlebten Bedeutsamkeit und der Kundenorientierung erhöhen.

Diese Annahmen haben Thakor und Joshi (2005) an 281 Verkäufern aus dem Industriesektor überprüft und bestätigt: Demnach korreliert die erlebte Bedeutsamkeit der Tätigkeit signifikant mit der Kundenorientierung der Verkäufer, und ihr Zusammenhang wird durch die organisationale Identifikation und die Bezahlungszufriedenheit deutlich verstärkt. Führungskräfte im Verkauf sollten daher vor allem darauf achten, dass die ihnen unterstellten Verkäufer ihre Tätigkeit als bedeutsam erleben. In Anlehnung an Hackman und Oldham (1980) können sie das erreichen, indem sie die Tätigkeiten der Verkäufer vielfältiger gestalten und inhaltlich anreichern, beispielsweise indem diese nicht nur für den bloßen Verkauf zuständig sind, sondern auch Dienstleistungen für den Kunden verrichten (vgl. Nerdinger 2011). Bezahlungszufriedenheit kann durch Transparenz bei der Festlegung der Belohnung und Koppelung an die Leistung erhöht werden. Da dies meist schwieriger zu bewerkstelligen ist, kann auch die Stärkung der Identifikation mit der Organisation ein geeigneter Weg zur Erhöhung der Kundenorientierung sein. Fürsorgliches und rücksichtsvolles Führungsverhalten sowie regelmäßiges und konstruktives Feedback sind geeignete Wege, um die Identifikation zu erhöhen.

3 Ausblick

Die Kundenorientierung von Verkäufern ist eine wichtige Größe im persönlichen Verkauf – sie steht in einem direkten Zusammenhang zur Zufriedenheit der Kunden und steigert auf längere Sicht den Absatz, vor allem wenn ein optimales Maß an Kundenorientierung eingesetzt wird. Daher sollte das Verkaufsmanagement die Kundenorientierung der Verkäufer stärken, wobei verschiedene Interventionen erfolgversprechend sind. Dazu zählen unter anderem die gezielte Auswahl kundenorientierter Mitarbeiter, kundenorientierte Führung, Training der Einstellung und des Verhaltens sowie die Gestaltung der Arbeitsaufgaben mit dem Ziel, die intrinsische Motivation zu erhöhen. Eine solche Investition wird sich sowohl wirtschaftlich als auch psychologisch auszahlen; wirtschaftlich durch bessere Absätze, psychologisch nicht zuletzt durch eine langfristige Verbesserung des Images des Verkaufsberufs.

Literatur

Axtell, C. M., Parker, S. K., Holman, D., & Totterdell, P. (2007). Enhancing customer service: Perspective taking in a call centre. *European Journal of Work and Organizational Psychology, 16*(2), 141–168.

Bandura, A. (1997). *Self-efficacy. The exercise of control.* New York.

Brown, T. J., Mowen, J. C., Donavan, D. T., & Licata, J. W. (2002). The customer orientation of service workers: Personality trait effects on self- and supervisor performance ratings. *Journal of Marketing Research, 39*(1), 110–119.

Bruhn, M. (2011). *Kundenorientierung. Bausteine für ein exzellentes Customer Relationship Management* (4. Aufl.). München.

Eagly, A. H., & Chaiken, S. (2005). Attitude research in the 21st century: The current state of knowledge. In D. Albarracin, B. T. Johnson, & M. Zanna (Hrsg.), *The handbook of attitudes* (S. 742–767). Mahway.

Franke, G. R., & Park, J.-E. (2006). Salesperson adaptive selling behavior and customer orientation: A meta-analysis. *Journal of Marketing Research, 42*(4), 693–702.

Grizzle, J. W., Lee, J. M., Zablah, A. R., Brown, T. J., & Mowen, J. C. (2009). Employee customer orientation in context: How the environment moderates the influence of customer orientation on performance outcomes. *Journal of Applied Psychology, 94*(5), 1227–1242.

Haas, A. (2009). Kann zu viel Kundenorientierung nachteilig sein? Eine Analyse der Wirkung der Kundenorientierung von Verkäufern auf die Kaufentscheidung. *Zeitschrift für Betriebswirtschaft, 79*(1), 7–29.

Hackman, J. R., & Oldham, G. R. (1980). *Work redesign.* Reading.

Hemphill, J. K., & Coons, A. E. (1957). Development of the Leader Behavior Description Questionnaire. In R. M. Stogdill, & A. E. Coons (Hrsg.), *Leader behavior. Its description and measurement* (S. 6–38). Columbus.

Homburg, C., Müller, M., & Klarmann, M. (2011). When should the customer really be king? On the optimum level of salesperson customer orientation in sales encounters. *Journal of Marketing, 75*(1), 55–74.

Homburg, C., & Stock, R. M. (2002). Führungsverhalten als Einflussgröße der Kundenorientierung von Mitarbeitern: Ein dreidimensionales Konzept. *Marketing – ZFP, 24,* 123–137.

Jaramillo, F., & Grisaffe, D. B. (2009). Does customer orientation impact objective sales performance? Insights from a longitudinal model in direct selling. *Journal of Personal Selling & Sales Management, 29*(2), 167–178.

Jaramillo, F., Ladik, D. M., Marshall, G. W., & Muki, J. P. (2007). A meta-analysis of the relationship between sales orientation-customer orientation (SOCO) and salesperson job performance. *Journal of Business and Industrial Marketing, 22*(5), 302–310.

Judge, T. A., Piccolo, R. F., & Ilies, R. (2004). The forgotten ones? The validity of consideration and initiating structure in leadership research. *Journal of Applied Psychology, 89*(1), 36–51.

Kanning, U. P. (2007). *Förderung sozialer Kompetenzen in der Personalentwicklung*. Göttingen.

Meffert, H., Burmann, C., & Kirchgeorg, M. (2011). *Marketing: Grundlagen marktorientierter Unternehmensführung. Konzepte – Instrumente – Praxisbeispiele* (11. Aufl.). Wiesbaden.

Nerdinger, F. W. (2001). *Psychologie des persönlichen Verkaufs*. München.

Nerdinger, F. W. (2003). *Kundenorientierung*. Göttingen.

Nerdinger, F. W. (2007). Verkäufer-Käufer-Interaktion. In L. Rosenstiel, D. Frey, & S. Göttingen (Hrsg.), *Marktpsychologie* Enzyklopädie der Psychologie, Serie Wirtschafts-, Organisations- und Marktpsychologie, (Bd. 5, S. 671–708).

Nerdinger, F. W. (2011). *Psychologie der Dienstleistung*. Göttingen.

Nerdinger, F. W. (2013). Motivierung. In H. Schuler, & U. Kanning (Hrsg.), *Lehrbuch Personalpsychologie* 3. Aufl. Göttingen. im Erscheinen

Neumann, C. (2011). *Entwicklung und Evaluation eines Trainingsprogramms zur Schulung von kundenorientiertem Verhalten*. Mering.

Parker, S. K., & Axtell, C. M. (2001). Seeing another view point: Antecedents and outcomes of employee perspective taking activity. *Academy of Management Journal, 44*(6), 1085–1101.

v. Rosenstiel, L., & Nerdinger, F. W. (2011). *Grundlagen der Organisationspsychologie* (7. Aufl.). Stuttgart.

Saxe, R., & Weitz, B. A. (1982). The SOCO-Scale: A measure of the customer orientation of salespeople. *Journal of Marketing Research, 23*(3), 346–353.

Schuler, H., Diemand, A., & Moser, K. (1993). Filmszenen. Entwicklung und Konstruktvalidierung eines neuen eignungsdiagnostischen Verfahrens. *Zeitschrift für Arbeits- und Organisationspsychologie, 37*(1), 3–9.

Stock, R. M., & Hoyer, W. D. (2002). Leadership style as driver of salespeople's customer orientation. *Journal of Market-Focused Management, 5*(5), 355–376.

Stock, R. M., & Hoyer, W. D. (2005). An attitude-behavior model of salespeople's customer orientation. *Journal of the Academy of Marketing Science, 33*(4), 536–552.

Thakor, M. V., & Joshi, A. W. (2005). Motivating salesperson customer orientation: Insights from the job characteristics model. *Journal of Business Research, 58*(5), 584–592.

Tiffert, A. (2006). *Entwicklung und Evaluierung eines Trainingsprogramms zur Schulung von Techniken des Emotionsmanagements*. Mering.

Van Dick, R. (2003). *Commitment und Identifikation mit Organisationen*. Göttingen.

Wieseke, J., Geigenmüller, A., & Kraus, F. (2012). On the role of empathy in customer-employee interactions. *Journal of Service Research, 15*(3), 316–331.

Zablah, A. R., Franke, G. R., Brown, T. J., & Bartholomew, D. E. (2012). How and when does customer orientation influence frontline employee job outcomes? A meta-analytic evaluation. *Journal of Marketing, 76*(2), 21–40.

Preissetzungskompetenz im Verkaufsaußendienst – Delegation um jeden Preis?

Sandra Hake und Manfred Krafft

Inhaltsverzeichnis

1 Einleitung

1.1 Problemstellung

> Letting the sales force set prices is about the same as hiring a fox to guard the henhouse (Kern 1989, S. 44).

In der Wirtschaft ist ein zunehmender Trend zur Dezentralisierung von Entscheidungen zu beobachten (vgl. Sengul et al. 2011). Auch in der betriebswirtschaftlichen Literatur

Sandra Hake ✉
Bergiusstr. 25, 40589 Düsseldorf, Deutschland
e-mail: s.hake@uni-muenster.de
Manfred Krafft
Institut für Marketing, Westfälische Wilhelms-Universität, Am Stadtgraben 13–15,
48143 Münster, Deutschland

L. Binckebanck et al. (Hrsg.), *Führung von Vertriebsorganisationen*,
DOI 10.1007/978-3-658-01830-6_18, © Springer Fachmedien Wiesbaden 2013

Abb. 1 Preisdelegation von US-amerikanischen Medizintechnikanbietern (Quelle: In Anlehnung an Stephenson et al. 1979)

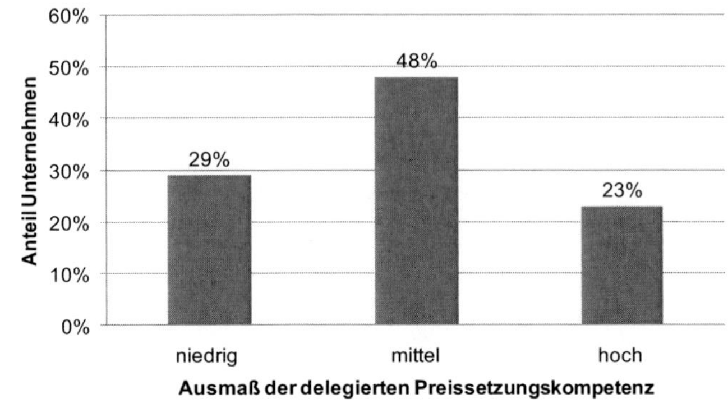

wird häufig argumentiert, dass Entscheidungsrechte dort verankert sein sollen, wo das relevante Wissen für diese Entscheidungen angesiedelt ist. Nur dann könne dieses Wissen effizient genutzt werden. Schon 1945 bemerkte Hayek, dass zentrale Entscheidungsträger oft nicht in der Lage sind, Probleme effizient zu lösen, die in der Unternehmenshierarchie auf niedrigeren Ebenen anfallen (vgl. Hayek 1945).

Bezüglich des Preismanagements auf Business-to-Business-Märkten ist ebenfalls ein Trend zur Dezentralisierung zu beobachten. So wird die Preissetzungskompetenz im Jahre 2010 in viel höherem Maße an dezentrale Entscheidungsträger delegiert, als es vor 30 Jahren der Fall war (vgl. Abb. 1 und 2).

Eine US-Studie aus dem Jahr 1979 zeigt, dass von insgesamt 108 Unternehmen 29 Prozent niedrige bis gar keine Preissetzungskompetenz übertrugen, 48 Prozent den Verkaufsaußendienstmitarbeitern (VADM) beschränkte Preissetzungskompetenzen zubilligten und 23 Prozent der untersuchten Unternehmen die Preissetzungskompetenz vollständig an den Verkaufsaußendienst (VAD) weitergaben (vgl. Stephenson et al. 1979). In einer aktuellen Studie von 2010, die 181 deutsche Unternehmen aus der Industriemaschinen-

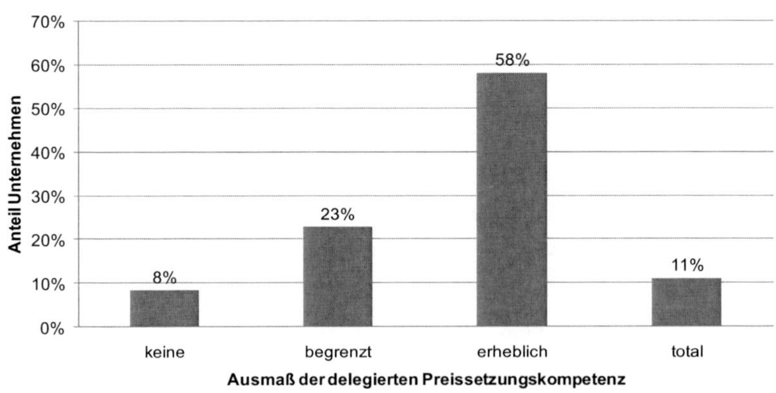

Abb. 2 Preisdelegation im deutschen Industriegütersektor (Quelle: Frenzen et al. 2010)

und Elektrotechnikbranche betrachtete, zeigt sich, dass nur 8 Prozent der Unternehmen niedrige bis gar keine Preissetzungskompetenz an den VAD delegierten und 23 Prozent eine begrenzte Preissetzungskompetenz zugestanden haben, während 58 Prozent der betrachteten Unternehmen bereits substanzielle und 11 Prozent umfassende Preissetzungskompetenzen an den VAD übertrugen (vgl. Frenzen et al. 2010).

Ein Vergleich dieser beiden Studien deutet darauf hin, dass die Delegation von Preissetzungskompetenz an den VAD in den letzten 30 Jahren zugenommen hat. Sowohl die grundsätzliche Entscheidung, Preissetzungskompetenz zu delegieren, als auch der Grad der tatsächlichen Delegation sind gestiegen. Diese Tendenz ist Ausdruck des intensivierten Wettbewerbs und der strategischen Neuausrichtung von Unternehmen auf Business-to-Business-Märkten.

Unter den vier Elementen des Marketingmix – Produktpolitik, Distributionspolitik, Kommunikationspolitik und Preispolitik – kommt dem Preis eine besondere Rolle zu. So üben Entscheidungen im Rahmen der Preispolitik einen direkten Einfluss auf den Gewinn aus. Zudem ist die Wirkung einer Preisveränderung ambivalent: Eine Preissenkung kann die Nachfrage nach einem Produkt stimulieren und somit über den Mengeneffekt die Umsatzerlöse erhöhen. Da der Preiseffekt jedoch gegenläufig ist, kann dieser die Umsatzerlöse wieder verringern. Eine Preisveränderung ist zudem von den Kunden direkt und unmissverständlich wahrnehmbar und führt nahezu ohne zeitliche Verzögerung zu einer Wirkung. Der Preis ist somit kurzfristig das wirksamste Instrument, um sich von der Konkurrenz zu differenzieren. Die steigende Preissensibilität auf Seiten der Kunden erhöht zusätzlich die Bedeutung des Preises. Eine unzulängliche Preissetzung kann somit das Ergebnis eines Unternehmens substanziell verschlechtern (vgl. Simon und Fassnacht 2009).

1.2 Relevanz des Preismanagements auf Business-to-Business-Märkten

Eine optimale Preissetzung bedeutet grundsätzlich ein komplexes Entscheidungsproblem. Auf Business-to-Business-Märkten stellt sie sogar eine noch größere Herausforderung dar. Anders als im Endkonsumentenbereich können Leistungsbündel und deren Preise von Kunde zu Kunde variieren. Produkte sind oft nicht vergleichbar und der Absatzmarkt eines Industriegüterunternehmens ist durch einen heterogenen Kundenstamm charakterisiert. Daher existieren für bestimmte Produkte oder Leistungsbündel keine Referenzpreise, die durch den Markt determiniert sind, sondern die Preise sind individuell und kundenspezifisch auszuhandeln.

Die meisten Business-to-Business-Unternehmen bieten hoch spezialisierte und oft individualisierte Produkte oder Leistungsbündel an. Der Absatz dieser Industriegüter erfolgt häufig über einen VAD, der die industriellen Kunden im Sinne eines systematischen Kundenmanagements über alle Phasen des Kundenlebenszyklus betreut und berät. Dem VADM kommt dabei eine Sonderrolle innerhalb des Unternehmens zu. Er bildet die Schnittstelle zwischen dem Kunden und dem Unternehmen, ist Experte für die verkauften Produkte und kann die deren Marktbedingungen am zuverlässigsten einschätzen (vgl. John und Weitz 1989). Industriegüterunternehmen sind vor diesem Hintergrund in hohem Maße abhängig von ihrem VAD. Dies gilt sowohl für die Beurteilung der individuellen Bedürfnisse, Zahlungsbereitschaften und Kaufabsichten des Kunden, für den Verhandlungsprozess mit dem Kunden als auch für die Weitergabe der entsprechenden Informationen durch die VADM an die Unternehmensleitung.

Transaktionsprozesse auf Business-to-Business-Märkten weisen im Vergleich zu Business-to-Consumer-Märkten einige Besonderheiten auf. Die abgeleitete, institutionelle Nachfrage bildet dabei ein zentrales Unterscheidungskriterium (vgl. Backhaus und Voeth 2010). Sie ist durch folgende Charakteristika determiniert (vgl. Homburg und Krohmer 2009):

- Multipersonalität,
- hoher Formalisierungsgrad,
- hoher Individualisierungsgrad (Produkt und Betreuung),
- Dienstleistungsintensität,
- Langfristigkeit und
- hohe Interaktion.

Typisch für Geschäftsbeziehungen auf Business-to-Business-Märkten ist die Beteiligung mehrerer Personen am Kaufprozess (**Multipersonalität**). VADM interagieren häufig nicht nur mit einer Person des Käuferunternehmens, sondern mit einer Gruppe von Personen, die mit dem Kauf des Gutes beauftragt wurden. Diese Gruppe wird als Buying Center bezeichnet. Durch die beschriebene Konstellation werden die Verhandlungen, die über ein einzelnes Produkt oder Leistungsbündel geführt werden, sehr komplex. Ein weiteres wesentliches Merkmal in Geschäftsbeziehungen ist der **hohe Formalisierungsgrad**. In den Unternehmen existieren häufig festgesetzte Richtlinien und Prozesse, nach denen ein Angebot bewertet und ein Kauf abgewickelt wird. So werden beispielsweise verschiedene Scoring-Modelle verwendet, um Angebote zu beurteilen.

Hinzu kommt, dass die gehandelten Produkte maßgeschneidert werden müssen und dementsprechend einen **hohen Individualisierungsgrad** aufweisen. Auch die Betreuung der Kunden ist speziell auf die Produkte und Bedürfnisse zugeschnitten. Aufgrund dieser Besonderheiten existiert am Markt kein Preis für derartige, hoch spezialisierte Güter. Eine extensive Nachkaufbetreuung gehört in den meisten Fällen zu dem Produkt- und Leistungsbündel, das auf einem Industriegütersektor veräußert wird. Die hohe **Dienstleistungsintensität** und insbesondere die **Langfristigkeit** der Beziehung müssen in der Preissetzung ebenfalls berücksichtigt werden. Da sich der entsprechende VADM in **ständiger Interaktion** mit den industriellen Kunden befindet, kann er deren Zahlungsbereitschaft und Preissensitivität relativ gut einschätzen.

In Bezug auf das Preismanagement in Business-to-Business-Märkten bedeutet dies, dass die Entscheidung über den Preis den Akteuren übertragen werden sollte, die über relevante und umfangreiche Informationen für diese Entscheidung verfügen. Die Anbieter auf Industriegütermärkten stehen demzufolge vor der Entscheidung, inwieweit die Preissetzungskompetenz an die VADM delegiert werden soll, also ob VADM Preise in Verkaufsverhandlungen eigenverantwortlich adjustieren können sollen. Zusätzlich kann sich diese Form der Delegation auf andere Bereiche der Konditionenpolitik erstrecken, wie beispielsweise auf die Festlegung von Zahlungsbedingungen oder die Anpassung von Zusatzleistungen (vgl. Hansen et al. 2008).

Die in der Literatur geforderte Verankerung der Entscheidungsrechte bei den Trägern des dafür relevanten Wissens spricht demnach für eine Delegation der Preissetzungskompetenz an die betreuenden VADM (vgl. Hayek 1945). Die Besonderheiten der Business-to-Business-Märkte verstärken die Rolle des VADM als zentrale Schnittstelle zum Markt und zum individuellen Kunden sowie als Informationslieferant.

Ziel dieses Beitrags ist es, die Dezentralisierung von Entscheidungen, insbesondere im Rahmen der Preisdurchsetzung auf Business-to-Business-Märkten kritisch zu beleuchten (Hake und Krafft 2010). Es werden die theoretischen Grundlagen der Delegation von Preissetzungskompetenz an den VAD erarbeitet sowie ihre Determinanten, Moderatoren und Konsequenzen betrachtet. Im Anschluss an die einleitenden Bemerkungen werden im zweiten Abschnitt die Chancen und Risiken der Delegation von Preissetzungskompetenz theoretisch fundiert und hergeleitet. Im dritten Abschnitt werden sodann aus bisherigen empirischen Ergebnissen die konkreten Determinanten einer erfolgreichen Delegation von Preissetzungskompetenz an den VAD abgeleitet. Der Beitrag schließt mit einem Resümee zur Delegation von Preissetzungskompetenz an den VAD.

2 Delegation von Preissetzungskompetenz – Pro und Kontra

2.1 Betrachtung aus Sicht der Prinzipal-Agenten-Theorie

Im Rahmen der Prinzipal-Agenten-Theorie werden die Kooperationen von Marktteilnehmern bei Unsicherheit, Informationsasymmetrie und Opportunismus betrachtet. Entscheidungskompetenzen werden vom Auftraggeber, der als Prinzipal bezeichnet wird, an den Auftragnehmer, den Agenten, delegiert. Aus dieser Delegation ergeben sich spezifische Probleme, die mithilfe der Prinzipal-Agenten-Theorie systematisiert und untersucht werden können. Des Weiteren liefert die Theorie Hinweise zur Lösung der spezifischen Probleme einer Prinzipal-Agenten-Beziehung (vgl. Krafft 2001).

In einer Prinzipal-Agenten-Beziehung vergibt ein risikoneutraler Prinzipal mangels Kenntnissen und Fähigkeiten Aufträge an einen risikoaversen Agenten. Der Agent selbst hat hinsichtlich seiner eigenen Fähigkeiten, seiner Arbeitsmoral und der Aufgabe einen Informationsvorsprung vor dem Prinzipal. Dieser kann das Handlungsergebnis zwar beobachten, daraus aber keine sicheren Rückschlüsse auf den Leistungsbeitrag des Agenten ziehen, da das Ergebnis nicht nur von der Leistung des Agenten abhängig ist, sondern auch von Umwelteinflüssen. Da Informationen für den Prinzipal jedoch nicht kostenfrei zugänglich sind, ergibt sich aus seiner Perspektive ein Steuerungs- und Kontrollbedarf.

Im Licht dieser Überlegungen stellt die Entscheidung der Delegation von Preissetzungskompetenz an den Verkaufsaußendienst eine Prinzipal-Agenten-Beziehung dar. Die Rolle des Prinzipals wird dabei von der Unternehmensleitung oder der Verkaufsaußendienstleitung eingenommen, die Rolle des Agenten kommt dem einzelnen Verkaufsaußendienstmitarbeiter zu. Die dem Agenten übertragene Aufgabe besteht in der Festsetzung der Preise für die Produkte und Leistungsbündel, die er verkauft. Da die Unternehmensleitung den Umfang und die Qualität der Verkaufsanstrengungen des Agenten nicht beobachten kann, ist es ihr nur möglich, von der Anzahl der verkauften Produkte, den Umsätzen oder dem Gewinn auf den zugrunde liegenden Arbeitseinsatz zu schließen. Die Vorteile einer Delegation der Preissetzungskompetenz an den VAD liegen in dem Informationsvorsprung des VADM gegenüber der Verkaufsleitung. Es wurde bereits im ersten Kapitel dieses Beitrags gezeigt, dass der VADM die zentrale Schnittstelle zwischen Unternehmen und Kunden bildet (vgl. Krafft 1999). Der VADM kann die Bedürfnisse und Zahlungsbereitschaften der einzelnen Kunden besser einschätzen als das Unternehmen und ist somit eher in der Lage, eine effiziente Preissetzung vorzunehmen.

Ein zentrales Risiko bei der Delegation von Preissetzungskompetenzen an den VAD besteht darin, dass der VADM seinen Arbeitseinsatz durch eine Reduktion des Preises substituiert (Stephenson et al. 1979). Dies ist in der individuellen Nutzenmaximierung des VADM begründet. Arbeitseinsatz bedeutet für den VADM Freizeitverlust, der negativ in seine Nutzenfunktion eingeht. Des Weiteren steht der VADM unter Druck, möglichst viele Produkte zu verkaufen. Daher hat er die Neigung, eine Preisreduktion vorzunehmen, um das Geschäft erfolgreich abzuschließen. Es wird somit deutlich, dass Unternehmensleitung und VADM hinsichtlich der Preissetzung divergierende Zielvorstellungen haben.

Zur Minimierung dieser Interessenkonflikte gibt es verschiedene Lösungsmöglichkeiten. Dem VADM können beispielsweise Anreize über ein Entlohnungssystem gegeben werden, damit er im Sinne des Unternehmens handelt. Das Unternehmen kann außerdem mithilfe geeigneter Steuerungssysteme die Handlungen des VADM überwachen. Adäquate Optionen zur Ausgestaltung von Anreizsystemen und zur Anwendung von verschiedenen Steuerungsmöglichkeiten, um den Erfolg der Delegation von Preissetzungskompetenz zu erhöhen, werden in Abschn. 3 dieses Beitrags näher betrachtet.

2.2 Weitere Argumente zur Delegation von Preissetzungskompetenz

Die Delegation von Preissetzungskompetenz an den Verkaufsaußendienst birgt sowohl Chancen als auch Risiken. Diese sind hauptsächlich in den divergierenden Interessen von Unternehmen und VADM begründet. Zunächst muss ein Unternehmen allerdings die grundsätzliche Entscheidung treffen, ob es überhaupt Preissetzungskompetenz an den VAD delegieren möchte oder nicht. Die folgende Aufzählung der wesentlichen Vor- und Nachteile soll zunächst ein Grundverständnis des vorliegenden Entscheidungsproblems ermöglichen (vgl. Albers und Krafft 2013; Frenzen et al. 2010; Hansen et al. 2008).

Vorteile der Delegation von Preissetzungskompetenz an den VAD:
Erhöhte Flexibilität: Das Unternehmen kann schneller auf veränderte Marktbedingungen, Aktionen der Konkurrenz und Kundenbedürfnisse reagieren.

Informationsasymmetrie: Der VADM hat in der Regel durch den persönlichen Kontakt einen Informationsvorsprung gegenüber der Verkaufs- oder Unternehmensleitung in Bezug auf die individuellen Bedürfnisse und die Zahlungsbereitschaft des Kunden und kann seinen Wissensvorsprung nutzen.

Motivation: Der zusätzliche Grad an Autonomie und die zusätzlich übertragene Kompetenz können die intrinsische Motivation des VADM erhöhen.

Kostensenkung: Der Koordinationsaufwand einer zentralen Preissetzung entfällt.

Reduktion Arbeitsbelastung: Unternehmens- bzw. Verkaufsleitung werden zeitlich entlastet.

Nachteile der Delegation von Preissetzungskompetenz:

Mangelnde Erfahrung des VADM: Der VADM kann unter Umständen die Konsequenzen von drastischen Preisreduktionen für das Unternehmen nicht abschätzen.

Substitution: Der VADM verringert seinen Arbeitseinsatz und kompensiert dies mit einer stärkeren Preisreduktion.

Ungleichbehandlung: Eine individuell angepasste Preissetzung führt dazu, dass Kunden ungleich behandelt werden und für gleiche oder ähnliche Leistungsbündel stark divergierende Preise zahlen. Wird dieser Sachverhalt den Kunden bekannt, resultiert daraus in der Regel Unzufriedenheit.

Überforderung: Hohe Verantwortung und Autonomie können zu einer Überbelastung und Überforderung des VADM führen.

Höhere Personalkosten: Um bei der Delegation von Preissetzungskompetenz die vom Unternehmen erwünschten Effekte zu erzielen, bedarf es hoch qualifizierter VADM. Diese Mitarbeiter verursachen wiederum höhere Kosten.

Preiskämpfe/Preisspiralen: Kunden, die Kenntnis von den Preisspielräumen eines VADM haben, nutzen dieses Wissen, um bei Konkurrenzanbietern den Preis neu zu verhandeln. Insbesondere bei risikoaversen VADM kann dies schnell zu einem ruinösen Preiswettbewerb führen.

Es wird deutlich, dass zahlreiche Gründe für die Delegation von Preissetzungskompetenz an den VAD sprechen. Jedoch gibt es auch einige gewichtige Gegenargumente. In der Literatur zum Verkaufsmanagement gibt es keinen Konsens, ob Preissetzungskompetenz delegiert werden sollte oder nicht, wie Tab. 1 verdeutlicht.

Die bisherige Forschung liefert dennoch Hinweise auf die relative Vorteilhaftigkeit der Delegation von Preissetzungskompetenz an den VAD, sodass Erfolgsdeterminanten abgeleitet werden können (vgl. dazu Abschn. 3). Weinberg (1975) zeigt, dass bei einer Entlohnung auf Basis des realisierten Deckungsbeitrags eine Interessenharmonisierung – im

Tab. 1 Stand der Forschung zur Delegation von Preissetzungskompetenz

Autor(en)	Theoretische Basis	Datenbasis	Zentrale Ergebnisse
Homburg et al. (2012)	Informationsökonomische Theorie	124 Business-to-Business-Unternehmen, Befragung	Es gibt eine nicht lineare inverse U-Funktion zwischen der Delegation der Preissetzungskompetenz und der Profitabilität.
Frenzen et al. (2010)	Prinzipal-Agenten-Theorie	181 Business-to-Business-Unternehmen, Befragung	Es gibt eine positive Beziehung zwischen der Delegation der Preissetzungskompetenz und der Performance eines Unternehmens.
Hansen et al. (2008)	Prinzipal-Agenten-Theorie	222 Business-to-Business-Unternehmen, Befragung	Die Delegation von Preissetzungskompetenz kann enorme Vorteile mit sich bringen, aber auch zu einem spezifischen Typ von Agency-Kosten führen: die suboptimale Substitution von Verkaufsbemühungen durch Preissenkungen.
Mishra und Prasad (2004)	Prinzipal-Agenten-Theorie	–	Wenn die Informationen des Außendienstmitarbeiters des Unternehmens durch Vertragsschließung offengelegt werden, funktioniert zentralisierte Preissetzung ebenso gut wie die Delegation von Preissetzungskompetenz.
Mishra und Prasad (2005)	Prinzipal-Agenten-Theorie	–	Im Fall von Informationsasymmetrie befindet sich der Markt dann im Gleichgewicht, wenn alle Unternehmen zentralisierte Preissetzung verfolgen, unabhängig von der Wettbewerbsintensität.
Bhardwaj (2001)	Spieltheoretisches Modell	–	In Situationen intensiven Preiswettbewerbs delegieren Unternehmen Preisentscheidungen an den Verkaufsaußendienst, und die Verkaufsaußendienstmitarbeiter setzen einen höheren Preis.
Joseph (2001)	Formal-analytisches Modell	–	Delegation vollständiger Preissetzungskompetenz ist nicht immer optimal. Entlohnungssätze sollten außerdem höher sein, wenn die Preissetzungskompetenz begrenzt ist. Nur dann werden Bemühungen der VADM effizient allokiert.

Tab. 1 (Fortsetzung)

Autor(en)	Theoretische Basis	Datenbasis	Zentrale Ergebnisse
Lal (1986)	Prinzipal-Agenten-Theorie	–	Ist eine Situation durch Informationsasymmetrie zwischen Außendienstmitarbeiter und Verkaufsleiter charakterisiert, kann dies eine Möglichkeit für ein Unternehmen sein, von der Delegation der Preisverantwortung zu profitieren.
Stephenson et al. (1979)		108 Business-to-Business-Unternehmen, Befragung	Es zeigt sich, dass Unternehmen, die ihre Preissetzungskompetenz zentralisieren, profitabler sind als solche, die Kompetenz delegieren.
Weinberg (1975)	Prinzipal-Agenten-Theorie	–	Außendienstmitarbeiter, denen eine Provision für eine realisierte Gewinnspanne gezahlt und Preiskontrolle übertragen wird, setzen Preise, die simultan ihr eigenes Einkommen und die Profite des Unternehmens maximieren.

Sinne der Prinzipal-Agenten-Theorie – zwischen Unternehmen und VADM stattfindet. Er stellt fest, dass unter dieser Bedingung die Delegation von Preissetzungskompetenz an den VAD optimal ist.

Hansen et al. (2008) identifizieren Bedingungen, unter denen Unternehmen mit ineffizienten Trade-offs zwischen der Delegation von Preissetzungskompetenz und Anstrengungen konfrontiert sind und leiten daraus Implikationen zur Gestaltung von Anreiz- und Vergütungssystemen ab. Außerdem zeigen die Autoren, dass Unternehmen, die ihre Außendienstmitarbeiter genau überwachen, deren suboptimale Substitution von Verkaufsbemühungen durch Preissenkungen minimieren können.

Frenzen et al. (2010) identifizieren eine positive Beziehung zwischen der vertikalen Delegation der Preissetzungskompetenz und dem Erfolg eines Unternehmens und zeigen außerdem, dass das Maß an Delegation der Preissetzungskompetenz an VADM umso höher ausfällt, je größer die Informationsasymmetrie und die Schwierigkeit sind, den Input zu messen. Außerdem belegen die Autoren, dass die Delegation von Preissetzungskompetenz eher zum Erfolg führt, wenn die Risikoaversion der VADM moderat oder niedrig ausgeprägt ist.

Homburg et al. (2012) identifizieren zwei Schlüsseldimensionen der organisationalen Struktur von Preissetzungskompetenz: die vertikale Delegation der Preissetzungskompetenz über taktische Preisentscheidungen innerhalb des Außendienstes und die horizontale Verteilung der Kompetenz über strategische Preisentscheidungen zwischen dem Außendienst, dem Marketing und dem Finanzbereich. Die Autoren zeigen, dass die horizontale Verteilung und die vertikale Delegation der Preissetzungskompetenz sich gegenseitig komplementieren, indem die horizontale Verteilung die Vorteile der vertikalen Delegation verstärkt und deren Nachteile mildert. Außerdem kommen sie zu dem Ergebnis, dass deckungsbeitragsbasierte Anreize den Einfluss der vertikalen Delegation auf die Preissetzungskompetenz-Profitabilitäts-Beziehung mäßigen.

Viele Autoren warnen allerdings vor der Delegation von Preissetzungskompetenz an den VAD. In einer empirischen Studie von Stephenson et al. (1979) verzeichnen Unternehmen mit dem höchsten Grad an delegierter Preissetzungskompetenz den stärksten Bruttogewinneinbruch. Das Umsatzwachstum, die durchschnittlichen Umsätze pro VADM, der Deckungsbeitrag und auch die Gesamtkapitalrendite korrelieren negativ mit dem Grad der delegierten Preissetzungskompetenz.

Dennoch kann es in einigen Marktsituationen notwendig sein, die Preissetzung flexibel zu gestalten und Kundenbedürfnissen und -erwartungen zu entsprechen (vgl. Schmidt 2008). Gerade die typischen Charakteristika von Business-to-Business-Märkten und der dort gehandelten Produkte machen es häufig notwendig, Preise anpassen zu können. So weisen Kunden mitunter substanzielle Unterschiede in ihrer Zahlungsbereitschaft für industrielle Güter auf (vgl. Hansen et al. 2008). Der nachfolgende Abschnitt gibt einen Überblick, unter welchen Bedingungen Preissetzungskompetenz an den VAD delegiert werden sollte und wann Unternehmen vorzugsweise auf eine zentrale Preissetzung zurückgreifen sollten.

3 Determinanten einer erfolgreichen Delegation von Preissetzungskompetenz

Die Entscheidung, Preissetzungskompetenz an den Verkaufsaußendienst zu delegieren, kann nicht ohne Berücksichtigung der jeweiligen Bedingungen getroffen werden. Der Erfolg dezentraler Preisverhandlungen durch VADM ist von verschiedenen Faktoren abhängig. Daher existiert stets ein Trade-off zwischen positiven und negativen Effekten der Delegation von Preissetzungskompetenz. Bei deren Analyse können grundsätzlich zwei Kategorien unterschieden werden: **Unternehmensspezifische Determinanten** sowie **marktbezogene Determinanten**. Diese werden im folgenden Abschnitt vorgestellt und deren Effekte diskutiert. Darauf aufbauend werden Handlungsempfehlungen abgeleitet.

3.1 Unternehmensinterne Determinanten

3.1.1 Anreiz- und Steuerungssysteme

Das Entlohnungssystem spielt eine wesentliche Rolle bei der Gestaltung von **Anreizen** für VADM. Es besteht grundsätzlich ein gewisser Grad an Informationsasymmetrie zwischen Unternehmen und VADM. Da Letzterer im Zuge seiner individuellen Nutzenmaximierung das „Arbeitsleid" zu minimieren versucht, das Unternehmen jedoch an einem möglichst

Tab. 2 Variable Vergütung auf Basis von Umsätzen und Deckungsbeiträgen

	Zielpreis	Realisierter Preis	Grenzkosten	Provisionssatz	Provisions-einkommen
Entlohnung auf Basis von Umsätzen	100 €	100 €	80 €	5 %	5 €
	100 €	90 €	80 €	5 %	4,50 €
Entlohnung auf Basis von Deckungsbeiträgen	100 €	100 €	80 €	25 %	5 €
	100 €	90 €	80 €	25 %	2,50 €

hohen Arbeitseinsatz interessiert ist, gibt es stets divergierende Zielvorstellungen zwischen diesen beiden Akteuren. Es besteht also grundsätzlich ein Bedarf zur Sicherstellung der Anreizkompatibilität.

Im Idealfall sollte die Vergütung des VADM an seine Arbeitsleistung, also an den direkten Beitrag zur Erreichung der Unternehmensziele geknüpft sein. Dies kann mit einem fixen Grundgehalt und variablen Vergütungskomponenten realisiert werden. Da die Arbeitsleistung jedoch nicht vollständig beobachtbar ist und damit auch nicht Vertragsgegenstand sein kann, muss die Entlohnung an andere Variablen geknüpft werden. Dies können zum Beispiel Preise, Absatzmengen, Umsätze oder realisierte Deckungsbeiträge sein. Um die Substitution von Arbeitseinsatz durch Preisreduktionen zu vermeiden, sollte die Vergütung des VADM auf Basis von Deckungsbeiträgen erfolgen, anstatt beispielsweise auf Basis von Umsätzen (vgl. Weinberg 1978). Ein einfaches Beispiel verdeutlicht den Unterschied (Tab. 2).

Der Zielpreis für eine Mengeneinheit eines Produktes beträgt 100 Euro, die Grenzkosten betragen 80 Euro. Wird nun die variable Vergütungskomponente eines VADM auf Basis von Umsätzen kalkuliert, so führt eine Senkung des Preises von 10 Euro pro Mengeneinheit nur zu einer Einkommensreduktion von 10 Prozent bei dem verantwortlichen VADM. Wird die variable Vergütung dagegen an den realisierten Deckungsbeiträgen bemessen, so führt dieselbe Preisreduktion von 10 Euro zu einem Rückgang des Provisionseinkommens von 50 Prozent. Der VADM erhält nur noch ein Provisionseinkommen von 2,50 Euro.

Durch die Entlohnung auf Basis von realisierten Deckungsbeiträgen wird also der persönliche Anreiz des VADM, den Arbeitseinsatz durch Preisreduktionen zu substituieren, deutlich gemindert. Vorsicht ist allerdings geboten, wenn ein VADM ein Produktportfolio betreut, das unterschiedliche realisierte Deckungsbeiträge aufweist. In diesem Fall wird er dem Produkt die meiste Zeit und Aufmerksamkeit widmen, das den höchsten Deckungsbeitrag aufweist. Dies kann mitunter dazu führen, dass er seinen Arbeitseinsatz aus Sicht des Unternehmens suboptimal auf einige Produkte konzentriert.

Eine sinnvolle und notwendige Ergänzung der Anreizsysteme zur Interessenharmonisierung von VADM und Unternehmen ist das **Steuerungssystem**. Zu dessen grundsätzlichen Gestaltung existieren in der Literatur zwei unterschiedliche Philosophien (vgl. Krafft 1999): Die des ergebnisbasierten und die des verhaltensbasierten Steuerungssystems.

Ein verhaltensbasiertes Steuerungssystem ist charakterisiert durch:

- Überwachung: Ein intensives Monitoring von Mitarbeiteraktivitäten ist üblich.
- Zentralisierung: Ein hohes Maß an Managementkontrolle und -intervention ist typisch.
- Subjektive Bewertung: Kriterien wie Fähigkeiten und Produktwissen sowie aktivitätsbezogene Kriterien (z. B. Anzahl Kundenbesuche, Präsentationen, Informationssammlung) werden in die Leistungsbewertung einbezogen.
- Entlohnung: Ein hoher Festgehaltsanteil am Gesamteinkommen eines VADM ist üblich.

Ein ergebnisorientiertes Steuerungssystem ist dagegen charakterisiert durch:

- Selbstständigkeit der Mitarbeiter: Das Monitoring der Aktivitäten der VADM ist gering.
- Dezentralisierung: Die Mitarbeiter treffen operative Entscheidungen weitestgehend unabhängig vom Management.
- Objektive und am Output orientierte Bewertung: Zur Bewertung der Mitarbeiter werden ergebnisbezogene Messgrößen wie Umsätze, Gewinne oder Deckungsbeiträge verwendet.

Der zentrale Unterschied dieser beiden Philosophien besteht in der Prozess- bzw. Ergebnisorientierung. Die Implementierung eines verhaltensbasierten Steuerungssystems ist aufgrund des Vorliegens einer ausgeprägten Prinzipal-Agenten-Beziehung sehr kostenintensiv. Zudem existieren auch psychologische Kosten der formalen Überwachung. Untersuchungen zeigen, dass Mitarbeiter eine formale Überwachung als Eingriff in ihre Privatsphäre wahrnehmen. Formale Steuerungssysteme können daher sinnvoll durch informelle Kontrolle substituiert werden. Zu den informellen Steuerungsinstrumenten gehören die Unternehmenskultur, gemeinsame Normen und zwischenmenschliches Vertrauen. Diese informellen Steuerungsinstrumente können die Effizienz der formalen Steuerung verbessern (vgl. Christ et al. 2008).

Abschließend lässt sich jedoch feststellen, dass – unabhängig von der Art des Steuerungssystems – ein höherer Überwachungsgrad mit einer besseren Nutzung von Vorteilen der Delegation von Preissetzungskompetenz korreliert. Je intensiver die Kontrolle ist, desto geringer ist die Gefahr der Substitution von Arbeitseinsatz durch Preisnachlässe und desto effizienter ist die Delegation der Preissetzungskompetenz für das Unternehmen.

3.1.2 Informationen

Der Informationsvorsprung des VADM entsteht aus den intensiven Interaktionen mit Kunden, langjährigen Vertragsbeziehungen und spezifischen Marktkenntnissen. Aus dieser **Informationsasymmetrie** resultiert die Vorteilhaftigkeit der Delegation von Preissetzungskompetenz an den Verkaufsaußendienst (Lal 1986). Selbst wenn der VADM am Anfang eines Geschäftsjahrs noch keine exakte Prognose über die Absatzchancen eines bestimmten Produkts machen kann, so sammelt er dennoch im Laufe des Jahrs viele Informationen, die seine Einschätzung der Marktbedingungen sukzessive verbessern. Dies ist der

Verkaufs- bzw. Unternehmensleitung oftmals nicht ohne substanziellen Kostenaufwand möglich.

Der Grad der Informationsasymmetrie und somit der Vorteilhaftigkeit der Delegation von Preissetzungskompetenz an den VAD hängt allerdings von verschiedenen Faktoren ab. So ist die **Heterogenität** in einem betreuten Kundenstamm eine maßgebliche Determinante. Je unterschiedlicher die Kunden sind, desto kostenintensiver ist die Generierung von Informationen für das Unternehmen. Der VADM kann insbesondere bei einem heterogenen Kundenstamm die Absatzfunktionen der einzelnen Kunden wesentlich besser einschätzen als die Verkaufsaußendienst- oder Geschäftsleitung. Weiterhin ist die **Stabilität der Marktbedingungen** zu beachten. In Segmenten, in denen die Marktbedingungen sehr stark variieren, ist es dem Unternehmen nicht hinreichend möglich, die Marktsituation zu analysieren. Der VADM hat in diesem Fall also ebenfalls einen klaren Informationsvorsprung.

Zusammenfassend ist festzuhalten, dass die Delegation von Preissetzungskompetenz an den VADM mit steigender Informationsasymmetrie zwischen Unternehmen und VAD vorteilhafter wird. Jedoch birgt diese Informationsasymmetrie zahlreiche Risiken, die durch entsprechende Anreiz- und Steuerungssysteme beschränkt werden können.

3.1.3 Organisation

Um die Effizienz der Delegation von Preissetzungskompetenz an den Verkaufsaußendienst zu erhöhen, gibt es neben den Anreiz- und Steuerungssystemen weitere Instrumente. Ein Unternehmen, das eine vertikale Delegation von Preissetzungskompetenz verfolgt, sollte auch eine horizontale Diffusion des Preismanagements fördern. Die strategische Preissetzung neuer Produkte, die Adjustierung von Listenpreisen oder Preisrichtlinien sollte nicht ausschließlich durch eine Abteilung erfolgen, sondern idealerweise von mehreren Abteilungen gemeinsam durchgeführt werden (vgl. Homburg et al. 2012).

Dies erlaubt dem Unternehmen eine optimale Ausschöpfung sämtlichen Wissens und damit eine Überwindung von vertikalen und auch horizontalen Informationsasymmetrien. Die Preisstrategie kann in regelmäßigen Absprachen zwischen den Abteilungen Marketing, Vertrieb, Forschung und Entwicklung sowie dem Controlling gemeinsam abgestimmt werden. Diese Vorgehensweise integriert zum einen das Feedback von Mitarbeitern und Vorgesetzten in den Entscheidungsprozess und fördert dadurch zum anderen die gegenseitige Akzeptanz der den VADM zugewiesenen Kompetenz.

3.2 Unternehmensexterne Determinanten

3.2.1 Marktbezogene Determinanten

Die Vorteilhaftigkeit einer Delegation von Preissetzungskompetenz an den VAD hängt nicht nur von unternehmensinternen Faktoren ab. Zusätzlich zu den in Abschn. 3.1 vorgestellten, vom Unternehmen kontrollierbaren Entscheidungsvariablen beeinflussen auch Marktbedingungen die Optimalität der Kompetenzdelegation bis hin zur Unternehmensstruktur. Eine Konsequenz ist die Notwendigkeit der Zentralisierung oder Dezentralisierung von Entscheidungskompetenzen, beispielsweise die organisationale Verankerung von Preissetzungskompetenzen. Bei dieser Entscheidung kommt zwei Marktbedingungen eine besondere Bedeutung zu: der **Wettbewerbsintensität** und der **Marktdynamik**.

Ein Unternehmen, das auf **wettbewerbsintensiven** Business-to-Business-Märkten agiert, kann von der Delegation der Preissetzungskompetenz an den VAD profitieren. In monopolistischen Märkten, in denen Produkte nur begrenzt verfügbar sind, ist eine Anpassung an individuelle Kundenbedürfnisse nicht erforderlich, sodass die Notwendigkeit von kurzfristigen Preisanpassungen entfällt (vgl. Houston 1986). Die Zentralisierung der Preissetzungskompetenz ist daher die beste Lösung. In wettbewerbsintensiven Märkten steht dem Kunden jedoch eine Vielzahl an Alternativen zur Befriedigung seiner individuellen Bedürfnisse zur Verfügung. Das anbietende Unternehmen muss in derartigen Fällen in der Lage sein, den Preiserwartungen der Kunden kurzfristig zu entsprechen, um eine Abwanderung zur Konkurrenz zu vermeiden. Der VADM, der die Schnittstelle zum Kunden bildet und die Geschäftsbeziehung pflegt, kann erkennen, wann es notwendig ist, den Preis eines Produkts oder Leistungsbündels zu reduzieren, um den Verkauf zu realisieren. In dieser Situation ist es kaum möglich, Preisreduktionen erst nach einem intensiven Kommunikationsprozess mit Vorgesetzten oder der Unternehmensleitung vorzunehmen. Die umfassende Delegation von Preissetzungskompetenz an den VAD ist demnach gerade in wettbewerbsintensiven Märkten erforderlich und kann dazu beitragen, den Unternehmenserfolg substanziell zu steigern.

Das Konstrukt der **Marktdynamik** bezeichnet die Geschwindigkeit, mit der sich der Kundenstamm eines Unternehmens und damit die Präferenzen der Kunden verändern (vgl. Jaworski und Kohli 1993). Unternehmen, die in Märkten mit hoher Dynamik agieren, sind gezwungen, sich den ständig verändernden Marktbedingungen anzupassen, um langfristig im Wettbewerb mit anderen Unternehmen bestehen zu können. Die Delegation von Preissetzungskompetenz an den VAD kann dabei ein Instrument sein, um der hohen Marktdynamik effizient zu begegnen. Der VADM erkennt in einer Verhandlungssituation aufgrund seines Informationsvorsprungs besser, in welchem Maße sich die Präferenzen des industriellen Kunden verändert haben. In dieser Situation muss das Unternehmen schnell reagieren, um den Kunden langfristig zu behalten. Die Delegation von Preissetzungskompetenz an den VAD ermöglicht es dem Verkäufer, den Preis schnellstmöglich so zu variieren, dass eine Kundenabwanderung verhindert werden kann. Das Unternehmen kann damit den Absatz der aktuellen Produkte sicherstellen und hohe Lager- oder Entsorgungskosten vermeiden. Bei hoher Marktdynamik ist die Delegation von Preissetzungskompetenz an den VAD demzufolge vorteilhaft.

3.2.2 Kundenbezogene Faktoren

Zusätzlich zu den marktbezogenen Determinanten gibt es noch kundenbezogene Faktoren, welche die Vorteilhaftigkeit der Delegation von Preissetzungskompetenz an den VAD maßgeblich beeinflussen. Dazu zählen vor allem die stark ausgeprägte **Heterogenität des**

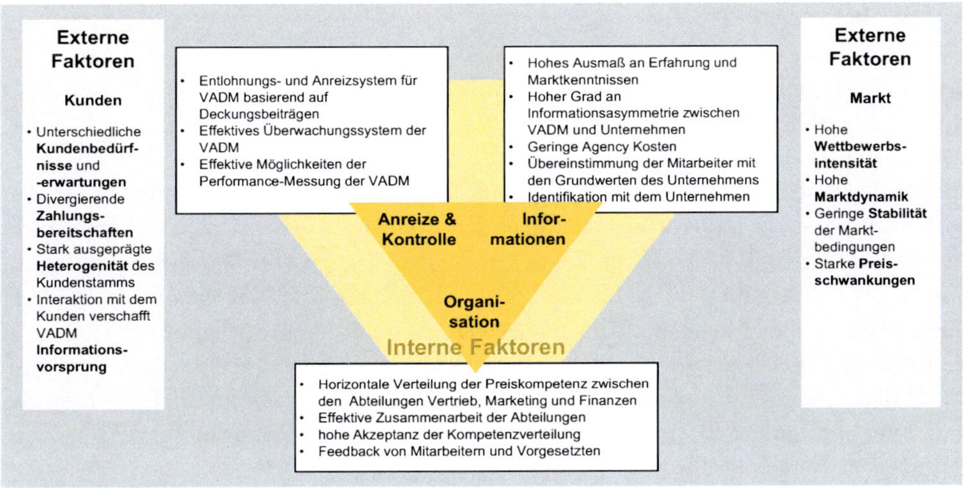

Abb. 3 Erfolgsfaktoren der Delegation von Preissetzungskompetenz an den Verkaufsaußendienst

Kundenstamms, die **unterschiedlichen Kundenbedürfnisse** und **-erwartungen** sowie **divergierende Zahlungsbereitschaften.**

Ein zentrales Charakteristikum von Business-to-Business-Märkten liegt in den Eigenschaften der dort gehandelten Produkte. Die meisten Güter sind stark individualisiert und spezialisiert. Dadurch sind Produkte oft nicht vergleichbar. Ferner ist der Absatzmarkt eines Business-to-Business-Unternehmens durch einen **heterogenen Kundenstamm** charakterisiert. Daher existieren für bestimmte Produkte oder Leistungsbündel keine Referenzpreise, die durch den Markt determiniert sind, sondern die Preise sind individuell und meist kundenspezifisch auszuhandeln. Je größer die Heterogenität des Kundenstamms ist, desto schlechter eignet sich demzufolge eine zentrale Preissetzung, und die Kompetenz sollte delegiert werden.

Aufgrund der **unterschiedlichen Kundenbedürfnisse** und **-erwartungen** erfolgt der Absatz dieser Industriegüter durch VADMs, die den industriellen Kunden im Sinne eines systematischen Kundenmanagements über alle Phasen des Kundenlebenszyklus betreuen und beraten können. Der VADM bildet dabei die Schnittstelle zwischen dem Kunden und dem Unternehmen, ist Experte für die verkauften Produkte und kann nicht nur die Kundenbedürfnisse für diese Produkte am zuverlässigsten einschätzen (vgl. John und Weitz 1989), sondern auch die ebenfalls **divergierenden Zahlungsbereitschaften** der Kunden. Bei stark unterschiedlichen Kundenbedürfnissen ist eine Delegation der Preissetzungskompetenz daher sinnvoll. In Abb. 3 werden die Determinanten einer erfolgreichen Delegation von Preissetzungskompetenz an den VAD zusammengefasst.

4 Schlussbetrachtung

Die Entscheidung der Delegation von Preissetzungskompetenz an den Verkaufsaußendienst hat große Bedeutung für ein Unternehmen. Im vorliegenden Beitrag wurde gezeigt, dass Preisveränderungen direkte und potenziell ambivalente Wirkungen auf den Unternehmenserfolg entfalten. Die Gestaltung der Delegation von Preissetzungskompetenz an den VAD muss daher sorgfältig analysiert und geplant werden. In diesem Zusammenhang wurde die Vorteilhaftigkeit der zunehmenden Dezentralisierung von Entscheidungskompetenzen kritisch diskutiert. Dabei wurden speziell für den Fall der Delegation von Preissetzungskompetenz Rahmenbedingungen definiert, die es ermöglichen, diese Delegation an den VAD erfolgreich umzusetzen. Die Prinzipal-Agenten-Theorie diente dabei als primäre theoretische Fundierung, ergänzt durch empirische Ergebnisse aus der Vertriebsforschung. Zusammenfassend ist festzustellen, dass die Delegation von Preissetzungskompetenz an den VAD besonders Erfolg versprechend ist, wenn

- das Unternehmen auf hoch dynamischen Märkten agiert,
- die betreffenden Produkte einem starken Wettbewerb unterliegen,
- VADM auf Basis von realisierten Deckungsbeiträgen (nach Abzug von gewährten Rabatten) entlohnt werden können,
- der VADM gegenüber der Vertriebs- oder Unternehmensleitung über einen substanziellen Informationsvorsprung verfügt,
- das Steuerungs- und Kontrollsystem des Unternehmens eine extensive Beobachtung der Mitarbeiter zulässt,
- gegenseitiges, interpersonelles Vertrauen ein bedeutender Grundsatz im Unternehmen ist, und
- die vertikale Delegation von Preissetzungskompetenz durch horizontale Diffusion zwischen Unternehmensabteilungen ergänzt wird.

Zentrale Erkenntnis dieses Beitrags ist es, dass die Delegation von Preissetzungskompetenz an niedrigere Hierarchieebenen im Unternehmen nicht unabhängig von organisatorischen Gegebenheiten betrachtet werden kann. Der Erfolg einer Kompetenzdelegation wird maßgeblich von Faktoren wie der Unternehmenskultur, dem Grad der vorhandenen Informationsasymmetrie, dem Entlohnungs- und Anreizsystem sowie den Unternehmensgrundwerten determiniert. Die vorliegende Diskussion von theoretischen und empirischen Erkenntnissen der Vertriebsforschung bringt Transparenz in die komplexe Entscheidung der Delegation von Preissetzungskompetenz.

Literatur

Albers, S., & Krafft, M. (2013). *Vertriebsmanagement*. Wiesbaden.

Backhaus, K., & Voeth, M. (2010). *Industriegütermarketing* (9. Aufl.). München.

Bhardwaj, P. (2001). Delegating Pricing Decisions. *Marketing Science, 20*(2), 143–169.

Christ, M. H., Sedatole, K. L., Towry, K. L., & Thomas, M. A. (2008). When Formal Controls Undermine Trust and Cooperation. *Strategic Finance, 89*(7), 39–44.

Frenzen, H., Hansen, A.-K., Krafft, M., Mantrala, M. K., & Schmidt, S. (2010). Delegation of Pricing Authority to the Sales Force. An Agency-Theoretic Perspective of Its Determinants and Impact on Performance. *International Journal of Research in Marketing, 27*(1), 58–68.

Hake, S., & Krafft, M. (2010). Delegation von Preissetzungskompetenz an den Verkaufsaußendienst. In C. Homburg, & D. Totzek (Hrsg.), *Preismanagement auf Business-to-Business-Märkten – Preisstrategie, Preisinstrumente, Preisfindung* (S. 181–204). Wiesbaden.

Hansen, A.-K., Krafft, M., & Joseph, K. (2008). Price Delegation in Sales Organizations. An Empirical Investigation. *Business Research, 1*(1), 94–104.

Hayek, F. A. (1945). The Use of Knowledge in Society. *The American Economic Review, 35*(4), 519–530.

Homburg, C., Jensen, O., & Hahn, A. (2012). How to Organize Pricing? Vertical Delegation and Horizontal Dispersion of Pricing Authority. *Journal of Marketing, 76*(5), 49–69.

Homburg, C., & Krohmer, H. (2009). *Marketingmanagement. Strategie – Instrumente – Umsetzung – Unternehmensführung* (3. Aufl.). Wiesbaden.

Houston, F. S. (1986). The Marketing Concept. What It Is and What It Is Not. *Journal of Marketing, 50*(2), 81–87.

Jaworski, B. J., & Kohli, A. K. (1993). Market Orientation. Antecedents and Consequences. *Journal of Marketing, 57*(3), 53–70.

John, G., & Weitz, B. (1989). Salesforce Compensation. An Empirical Investigation of Factors Related to Use of Salary versus Incentive Compensation. *Journal of Marketing Research, 26*(1), 1–14.

Joseph, K. (2001). On the Optimality of Delegating Pricing Authority to the Sales Force. *Journal of Marketing, 65*(1), 62–70.

Kern, R. (1989). Letting your salespeople set prices. *Sales and Marketing Management, 14*, 44–49.

Krafft, M. (1999). An Empirical Investigation of the Antecedents of Sales Force Control Systems. *Journal of Marketing, 63*(3), 120–134.

Krafft, M. (2001). Marketing. In P.-J. Jost (Hrsg.), *Die Prinzipal-Agenten-Theorie in der Betriebswirtschaftslehre* (S. 217–240). Stuttgart.

Lal, R. (1986). Delegating Pricing Responsibility to the Salesforce. *Marketing Science, 5*(2), 159–168.

Mishra, B. K., & Prasad, A. (2004). Centralized Pricing Versus Delegating Pricing to the Salesforce Under Information Asymmetry. *Marketing Science, 23*(1), 21–27.

Mishra, B. K., & Prasad, A. (2005). Delegating Pricing Decisions in Competitive Markets with Symmetric and Asymmetric Information. *Marketing Science, 24*(3), 490–497.

Schmidt, S. (2008). *Delegation von Preiskompetenz an den Verkaufsaußendienst. Eine empirische Analyse ausgewählter Determinanten und Gestaltungsmöglichkeiten*. Wiesbaden.

Sengul, M., Gimeno, J., & Dial, J. (2011). Strategic Delegation: A Review, Theoretical Integration, and Research Agenda. *Journal of Management, 38*(1), 375–414.

Simon, H., & Fassnacht, M. (2009). *Preismanagement. Strategie – Analyse – Entscheidung – Umsetzung* (3. Aufl.). Wiesbaden.

Stephenson, P. R., Cron, W. L., & Frazier, G. L. (1979). Delegating Pricing Authority to the Sales Force. The Effects on Sales and Profit Performance. *Journal of Marketing, 43*(2), 21–28.

Weinberg, C. B. (1975). An Optimal Commission Plan for Salesmen's Control over Price. *Management Science, 21*(8), 937–943.

Weinberg, C. B. (1978). Jointly Optimal Sales Commissions for Nonincome Maximizing Sales Forces. *Management Science, 24*(12), 1252–1258.

Everything changes – systemische Ansätze für das Change Management

Alexander Tiffert

Inhaltsverzeichnis

1 Einleitung

Wer heute über die Wichtigkeit von Change Management spricht, trägt Eulen nach Athen. Bereits seit Jahren genießt das Thema unter Managern großes Ansehen, und einschlägige Fachwerke belegen jedes Jahr aufs Neue die Bestsellerlisten der Wirtschaftsliteratur. Als einer der prägenden Autoren im deutschsprachigen Raum gilt dabei sicher Klaus Doppler,

Alexander Tiffert ✉
Vertriebsentwicklung mit Kultur, Hemmingstedter Weg 154, 22609 Hamburg, Deutschland
e-mail: at@dr-tiffert.de

L. Binckebanck et al. (Hrsg.), *Führung von Vertriebsorganisationen*,
DOI 10.1007/978-3-658-01830-6_19, © Springer Fachmedien Wiesbaden 2013

der das Thema bereits seit Ende der 1980er Jahre erfolgreich besetzt und dessen Klassiker „Changemanagement“ mittlerweile in der zwölften Auflage erschienen ist (vgl. Doppler und Lauterburg 2008). Seit vielen Jahren wird landauf, landab propagiert, wie wichtig es ist, notwendige Veränderungen zu erkennen, rechtzeitig Mitarbeiter „mitzunehmen“ und Unternehmen flexibel auszurichten. Insofern ließe sich zu Recht fragen: Warum also noch eine weitere Abhandlung zu diesem Thema? Wurde nicht mittlerweile alles schon gesagt, was es zu sagen gibt?

Die Antwort ist leider einfach und gleichzeitig folgenschwer: offenbar nicht! Denn nach wie vor laufen immer noch die allermeisten Veränderungsprojekte anders als erwartet: Budgetgrenzen und Zeitpläne werden deutlich überschritten, oft müssen ganze Veränderungsvorhaben aufgrund massiver Rückschläge oder unüberwindbarer Widerstände aufgegeben werden. Vahs und Leiser (2007) beziffern den Anteil der Change-Prozesse, die wegen dieser Gründe scheitern, auf 50 bis 80 Prozent. Die Folgen, insbesondere wenn notwendige Veränderungen im Vertrieb ausbleiben, sind natürlich fatal. Denn gerade im Vertrieb, der als Schnittstelle des Unternehmens zum Kunden gilt, wird sehr direkt über Erfolg oder Misserfolg, Untergang oder Überleben eines Unternehmens entschieden. Was kann also getan werden?

Ziel dieses Beitrags ist explizit nicht, noch eine neue und endlich Erfolg versprechende Technik oder ein neues Tool vorzustellen, mit dem der Wandel dann nun endlich gelingt. Vielmehr wählen wir einen viel tiefer gehenden und vor allem sehr radikalen Ansatz: Unser Anliegen ist zum einen, die grundsätzliche Art und Weise, wie die Gestaltung von Veränderungsprozessen bisher gedacht wurde – und auf die sowohl die aktuelle Fachliteratur als auch die Konzepte der großen Beratungshäuser aufbauen –, nahezu komplett infrage zu stellen. Unserer Meinung nach steht das „klassische“ Change Management aktuell selbst vor einem Paradigmenwechsel und die klassischen Konzepte werden den heutigen Anforderungen nicht mehr gerecht (und wurden es vielleicht nie wirklich?). Zum anderen wollen wir erste Ideen für ein neues Grundverständnis skizzieren. Unsere Überlegungen sind also von grundlegender Natur und auf das gesamte Unternehmen übertragbar – sie gelten nicht nur für den Vertriebsbereich. Insofern werden wir sie auch etwas allgemeiner formulieren. Die Leistungserstellungsprozesse in den Unternehmen sind heute ohnehin so komplex vernetzt, dass Vertriebsentwicklung immer in größerem Kontext gedacht und begriffen werden sollte.

Zum Gang der Ausführungen: Zunächst widmen wir uns dem bisher vorherrschenden Verständnis von Change Management und der bilanzierenden Frage nach seinen bisherigen Erfolgen in der Praxis. Vor dem Hintergrund veränderter Umwelt- und Marktbedingungen für Organisationen und Unternehmen werden wir sehen, dass ein Umdenken notwendig wird. Im Anschluss daran bauen wir das theoretische Fundament für eben diese Überlegung auf. Dabei soll sich ein neuer Blick auf Organisationen entwickeln, um adäquate Prämissen für den Umgang mit Veränderungsprozessen in Organisationen abzuleiten. Abschließend werden die daraus folgenden Implikationen für die Arbeit als Führungskraft bei der Gestaltung und Umsetzung von Veränderungsprozessen vorgestellt und diskutiert.

Vorab möchte ich aber noch einen herzlichen Dank an meinen Kollegen und Freund Dirk Villányi richten für seine vielfältigen Anregungen und Ideen zu diesem Beitrag.

2 Zum traditionellen Verständnis von Change Management

2.1 Begriffsklärung und Verständnis

Beim Blick in die Fachliteratur fällt zunächst auf, dass der Begriff Change Management sehr unterschiedlich verwendet wird. Einig sind sich die Autoren zwar darüber, dass es sich um die Begleitung von Veränderung handelt – dies legt schon die bloße Übersetzung des englischen Begriffs nahe. Jedoch gehen die Perspektiven in der genaueren Ausdifferenzierung dann wieder auseinander. Offenbar werden je nach persönlichem Schwerpunkt und Vorlieben der Autoren bestimmte Aspekte in den Vordergrund gerückt: So betonen Stolzenberg und Heberle (2006) in ihrem Buch „Change Management" insbesondere den Aspekt der Kommunikation. Andere Autoren heben den Einsatz bestimmter Werkzeuge hervor oder beschreiben Change Management über eine Form des Projektmanagements (vgl. Stück 2012). Offenbar hat die lange Tradition, die der Begriff schon hat, nicht wirklich zu einer einheitlichen Begriffsklärung beigetragen.

Um sich einer solchen so gut wie möglich zu nähern, bietet sich nach Stück (2012) eine Metadefinition an. Der Autor hat verschiedene in der Fachliteratur verwendete Definitionen analysiert und die unterschiedlichen Ausrichtungen, im Sinne des kleinsten gemeinsamen Nenners, in einer Definition zusammengefasst. Diese Darstellung ist für unsere Betrachtungen insofern interessant, da sich damit zumindest im Groben das grundlegende Verständnis des Begriffs widerspiegelt:

> Changemanagement ist der ganzheitliche Ansatz, Veränderungen in Unternehmen prozessorientiert und aktiv, sowohl im Rahmen der konzeptionellen Arbeit wie auch insbesondere der Umsetzung zu begleiten, zu steuern, zu kontrollieren und zu kommunizieren sowie Veränderungswissen und -bereitschaft kontinuierlich zu bessern (Stück 2012, S. 13).

Offenbar wird die Grundannahme geteilt, dass ein Veränderungsvorhaben in verschiedene kleine (Prozess-)Schritte strukturiert werden kann. Für diese gilt es dann Maßnahmen zu konzipieren, um sie gezielt auf verschiedenen Ebenen umzusetzen. Change Management wird dabei also als ein Prozess begriffen, der linear, strukturierbar, planbar und steuerbar ist.

2.2 Phasenmodelle als Erfolgsmodelle

Aufbauend auf dem oben beschriebenen Grundverständnis mangelt es in der Fachliteratur nicht an entsprechenden Vorschlägen und Modellen für die Ableitung praktischer Implikationen. Durchgesetzt haben sich dabei vor allem verschiedene Phasenmodelle. Dabei wird das Veränderungsvorhaben in verschiedene Schritte unterteilt, für die wiederum entsprechende Handlungsanweisungen angegeben werden (vgl. Kotter 1996; Vahs und Weiand 2010).

Ein recht umfassendes Modell hat Krüger (2009) entwickelt. Das Besondere hierbei: Es beschreibt relativ differenziert die verschiedenen Phasen eines Veränderungsprozesses, denen wiederum ganz konkrete Aufgaben für die Unternehmensleitung bzw. Führungskräfte zugeordnet werden. Dieses Modell zeigen wir im Folgenden – zumindest in Form eines Überblicks –, denn an ihm lässt sich beispielhaft und nachvollziehbar deutlich machen, was es mit der Vorstellung auf sich hat: Change Management als linearen, strukturierbaren, planbaren und steuerbaren Prozess zu begreifen.

Insgesamt werden fünf verschiedene Phasen in dem Modell nach Krüger (2009) unterschieden:

- Initialisierungsphase,
- Konzeptionsphase,
- Mobilisierungsphase,
- Umsetzungsphase sowie
- Verstetigungsphase.

In der **Initialisierungsphase** lautet die Aufgabe der Unternehmensleitung, den erforderlichen Veränderungsbedarf erst einmal festzustellen und dann vor allem die Wandlungsträger zu aktivieren. Dabei gilt es beispielsweise zu beachten, welche Personen betroffen sind und welche Bedürfnisse diese haben. Zudem sind die Personen auszuwählen, die den Veränderungsprozess als Promotoren unterstützen können.

In der **Konzeptionsphase** geht es darum, das Vorgehen im Rahmen des Veränderungsvorhabens konkret zu planen. Dazu zählen die Festlegung von klaren Zielen und vor allem der Entwurf konkreter Maßnahmen zur Zielerreichung. Als Ergebnis dieser Phase sollte klar benannt sein, in welcher Form bzw. mit welchen Maßnahmen der Veränderungsprozess stattfinden soll.

In der **Mobilisierungsphase** soll bei den betroffenen Mitarbeitern die notwendige Veränderungsbereitschaft ausgelöst werden. Kernthema ist hier eine zielgruppenspezifische Kommunikation, warum die Veränderung notwendig ist und welche Verbesserung dabei angestrebt wird. Gleichfalls sind die notwendigen Rahmenbedingungen in personeller, technischer sowie organisatorischer Hinsicht zu gestalten, um auch die Veränderungsfähigkeit sicherzustellen.

In der **Umsetzungsphase** geht es um die operative Umsetzung der geplanten Maßnahmen. Da nicht alle Maßnahmen gleichzeitig durchgeführt werden können, ist auf eine sinnvolle Priorisierung zu achten. Einige Autoren betonen dabei, dass vor allem zunächst die Projekte ausgewählt werden sollen, die schnelle Ergebnisse – sogenannte Quick Wins – herbeiführen (vgl. König und Volmer 2008). Hintergrund dafür ist, dass sich diese wiederum positiv auf die Veränderungsmotivation auswirken sollen.

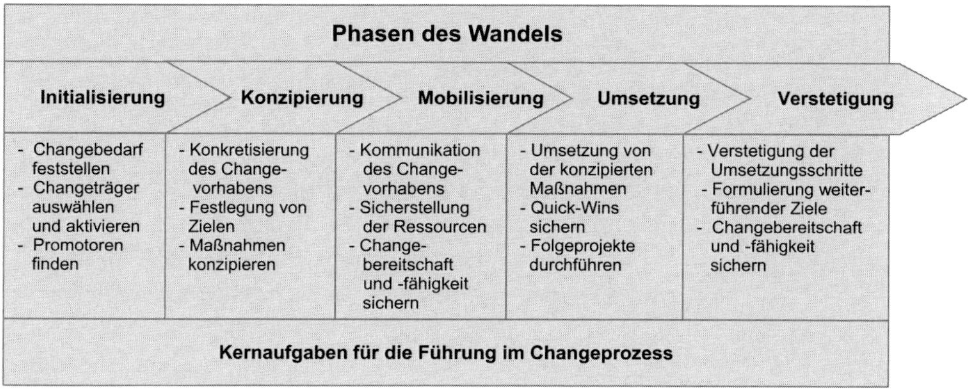

Abb. 1 Phasenmodell zum Change Management (Quelle: In Anlehnung an Krüger 2009)

In der **Verstetigungsphase** gilt es, die umgesetzten Veränderungen zu stabilisieren. Dabei ist zu überlegen, welche neuen Ziele formuliert werden sollten, und vor allem, wie die Wandlungsbereitschaft und -fähigkeit der Mitarbeiter weiterhin gefördert werden kann.

In Abb. 1 sind die verschiedenen Phasen des Modells grafisch zusammengefasst.

Wie bereits erwähnt sind in der Literatur noch andere Modelle zu finden. Das Grundprinzip dabei ist im Wesentlichen dasselbe und entspricht dem hier dargestellten linearen, prozessorientierten Ansatz. Derartige Modelle sind bei Praktikern natürlich äußerst beliebt, da sie einen konkreten, hilfreichen Fahrplan und klare Richtlinien versprechen – und dadurch klarstellen, was zu tun ist.

2.3 Kritische Beobachtungen zum bisherigen Erfolg der klassischen Konzepte

Ein Blick in die Praxis, verbunden mit der Frage nach den Erfolgsquoten der gängigen Change-Prozesse, stimmt betrüblich. Denn nach wie vor gilt: 50 bis 80 Prozent der Veränderungsprozesse scheitern in der Praxis, das heißt, sie werden teurer, dauern länger oder müssen ganz aufgegeben werden (vgl. Pfannenberg 2003; Vahs und Leiser 2007). Was das für die Unternehmen bedeutet, liegt auf der Hand. Diese Zahlen werfen aber auch viele Fragen auf, vor allem verweisen sie auf eine paradoxe Situation: Auf der einen Seite existiert eine Vielzahl sehr ausgeklügelter und elaborierter Modelle, auf der anderen Seite gelingt es bei weit mehr als der Hälfte der Veränderungsprozesse nicht, diese in der Praxis erfolgreich umzusetzen. Was ist da los?

Auch dem wurde verschiedentlich nachgegangen, und in der Literatur lassen sich hierfür ganz unterschiedliche Erklärungen finden. Das Spektrum der beschriebenen „Sünden" reicht dabei von „mangelnder Analyse der Ausgangssituation", „ungenügend kommuniziertem Problembewusstsein", „fehlender Motivation", „fehlenden Fähigkeiten und Fertigkeiten", einem „falschen Controlling" bis hin zur „fehlenden Kommunikation" oder auch „politischen Spielen", „fehlendem Mut" usw. (vgl. Kraus et al. 2006; Vahs und Weiand 2010).

All diese Überlegungen sind zwar folgerichtig und in der jeweiligen Denkrichtung gut begründet. Offen bleibt aber, warum die Veränderungsvorhaben so systematisch am Ziel vorbeilaufen. Konsequenterweise keimt der Verdacht auf, dass die klassische Vorstellung von einem linearen Veränderungsprozess – bei dem ein Schritt auf dem anderen aufbaut, bei dem erst konzipiert und dann implementiert wird, bei dem gezielte Steuerung vornehmlich eine Frage von genauer Analyse und Planung ist – in der Realität einfach nicht greift. Offenbar ist es notwendig, den theoretischen Rahmen und das Grundverständnis zu erweitern. Unterstützung erhält dieser Gedanke zudem durch Beobachtungen von Nagel und Wimmer (2009) zu den Paradoxien im Kontext der Strategieentwicklung. Ihre Beobachtungen lassen sich auch auf unsere Überlegungen übertragen:

1. Die Zukunft ist und bleibt ungewiss. Viele Entwicklungen der jüngsten Vergangenheit haben deutlich gemacht, wie ungenau sich wirtschaftliche Entwicklungen vorhersagen lassen. Noch die besten Planungen und Analysen konnten beispielsweise nicht die dramatischen Entwicklungen auf den Finanzmärkten vorhersehen. Dynamik und Komplexität der Marktentwicklung haben mittlerweile ein Niveau erreicht, auf dem es schier unmöglich scheint, langfristige Marktentwicklung und damit sichere Prämissen für die Gestaltung eines Change-Prozesses zu antizipieren.
2. Die Vernetzungen am Markt sind derartig komplex, dass es unmöglich ist, diese sinnvoll abzubilden. Dementsprechend kann auch nicht prognostiziert werden, auf welchen Ebenen beispielsweise Marktentwicklungen stattfinden werden. Auch hierfür liefert die jüngste Vergangenheit eindrucksvolle Belege.
3. Organisationen reagieren offenbar mit einer Eigendynamik auf Steuerungsimpulse, und es ist nicht möglich vorherzusehen, wie welche Intervention wirkt. In einem Moment erscheint ein Vorgehen sehr griffig und zielführend, im anderen Moment erscheint es hoffnungslos. Diese Beobachtungen widersprechen damit deutlich der Idee, Planung und Umsetzung eines komplexen Veränderungsprozesses könnten sauber getrennt voneinander behandelt werden.

Die Überlegungen ließen sich sicher noch weiter ausführen, was allerdings den Umfang unseres Beitrags sprengen würde. Doch es wird bereits deutlich, wie utopisch die Idee erscheint, ein Veränderungsprozess ließe sich so gestalten wie in den entsprechenden Phasenmodellen skizziert. Insgesamt muss davon ausgegangen werden, dass die Grundidee einer Steuer- und Planbarkeit von Veränderungsprozessen dem beobachtbaren Verhalten von Organisationen nicht entspricht und damit aufgegeben werden muss. Zudem muss, bedingt durch die offenbar vorhandenen Selbstorganisationsprozesse, jede Trennung zwischen Planungsphase und Umsetzungsphase fehlschlagen, da offenbar nicht antizipiert werden kann, in welcher Art und Weise eine Organisation auf gut gemeinte Veränderungsmaßnahmen reagiert.

Damit sollte deutlich geworden sein: Es ist utopisch, einen Veränderungsprozess für einen Zeitraum von mehreren Monaten bis hin zu mehreren Jahren zu planen. Entsprechende „Road Maps for Change" können damit bestenfalls oberflächlich die Nerven beruhigen, tatsachlich sinnvolle und valide Maßnahmen können damit aber nicht umgesetzt werden. Was also können wir dann noch tun?

Um darauf eine Antwort zu finden, ist es notwendig, unser Denken über Organisationen grundsätzlich zu verändern. Dabei gilt es, die offenbar wirkenden Selbstorganisationsprozesse in Organisationen mit einzubeziehen. Auf der Grundlage derartiger Überlegungen sind dann gleichfalls Ansätze für ein wirksameres Führungshandeln abzuleiten. Es braucht also insgesamt ein neues Verständnis von Organisationen und von der Art und Weise, wie Change Management in Organisationen zu begreifen und umzusetzen ist. Hierfür liefert insbesondere die soziologische Systemtheorie wertvolle Impulse. Deshalb gehen wir im Folgenden näher darauf ein.

3 Systemische Ansätze für ein „anderes" Change Management

3.1 Vorbemerkungen

Aus unserer Sicht lohnt sich die Orientierung an den Ansätzen der soziologischen Systemtheorie bzw. der neueren systemischen Organisationstheorie (vgl. z. B. Luhmann 2011; Simon 2007). Die besondere Stärke dieser Wissenschaftsdisziplin: Wie keine andere Theorierichtung bietet sie elaborierte Konzepte für die differenzierte Beschreibung von Phänomenen im Kontext von Gesellschaft, für die Unterscheidung von Organisationen in Relation zur Gruppe oder im Hinblick auf die Rollen und Möglichkeiten von Individuen in Organisationen. Damit respektiert sie die vielfältigen Besonderheiten von Organisationen (vgl. Willke 2005).

Im deutschsprachigen Raum ist diese Denkrichtung dabei untrennbar mit dem Namen Niklas Luhmann verbunden, der sich über 30 Jahre lang mit der Frage beschäftigte, wie Gesellschaft „funktioniert" – und sich dabei auch sehr eindringlich mit Organisationen befasste (vgl. z. B. Luhmann 2011).

An dieser Stelle können wir freilich keine umfassende Einführung geben, wollen aber zumindest einige Überlegungen von Luhmann und seinen Kollegen skizzieren, die für die Praxis des Change Managements durchaus folgenreich sind, um im Anschluss darüber nachzudenken, welche ersten Implikationen und etwaigen Handlungsanleitungen sich daraus für die Rolle der Führungskraft im Rahmen von Veränderungsprozessen ableiten lassen.

3.2 Luhmanns Verständnis von Organisation und Kommunikation

Eine der wesentlichen Besonderheiten von Luhmanns theoretischen Überlegungen zum Wesen von Organisationen ist es, dass er Organisationen zunächst nicht über die Menschen erklärt, sondern sich auf die strukturellen Aspekte, genauer gesagt auf die Kommunikationsprozesse fokussiert. Organisationen bestehen nach Luhmanns Betrachtung dabei nicht aus Menschen zuzüglich ihrer jeweiligen Austausch- und Kommunikationsprozesse, vielmehr sind soziale Systeme ausschließlich über Kommunikationsprozesse bestimmbar.

Diese Betrachtung erschließt sich zunächst nicht völlig intuitiv und soll daher noch etwas näher erklärt werden. Zunächst ist anzumerken: Luhmann unterscheidet im Bereich der lebenden Systeme grundsätzlich drei verschiedene Arten, die sich aufgrund ihrer spezifischen Prozesse in einer bestimmten Form der autonomen Selbstorganisation hervorbringen:

- **biologische Systeme**, die in biochemischen Prozessen einen Organismus hervorbringen,
- **psychische Systeme**, bei denen die generierenden Prozesse Gedanken und Gefühle sind und durch die sich wiederum so etwas wie eine Identität herausbildet, und
- **soziale Systeme,** die wiederum aus Kommunikationsprozessen bestehen.

Der Begriff der Kommunikation geht im Kontext systemtheoretischer Überlegungen deutlich über das klassische Sender-Empfänger-Modell – also die bloße Übermittlung von Information – hinaus. Mit dem Begriff Kommunikation sind grundsätzlich all jene Prozesse umfasst, die zu einer Koordination der Aktivitäten von Akteuren führen (vgl. Baecker 2012; Simon 2007). Zu den Kommunikationsprozessen gehören damit also nicht nur persönliche Anweisungen, sondern auch all die unterschiedlichen Formen anonymisierter Kommunikation. Ganz einfach gesprochen zählen dazu beispielsweise:

- das gesamte Sammelsurium von definierten Abläufen (sogenannte Programme; im Vertrieb beispielsweise in Form definierter Verkaufsprozesse oder niedergeschrieben im „Handbuch Vertrieb"),
- die Festlegungen über Kommunikationswege,
- bestimmte Rollenbeschreibungen oder
- die kulturellen Spielregeln der Organisation.

Sie alle sind Aspekte der Kommunikation und dienen der Beschreibung von Organisationen.

Wenn Luhmann nun Organisationen als soziale Systeme betrachtet, lenkt er damit unseren Blick auf die Kommunikationsprozesse und eben nicht auf die Menschen, wie Organisationen eher im klassischen Sinne begriffen werden. Bei Luhmann ist der Mensch also erst einmal ausgeklammert (vgl. Abb. 2).

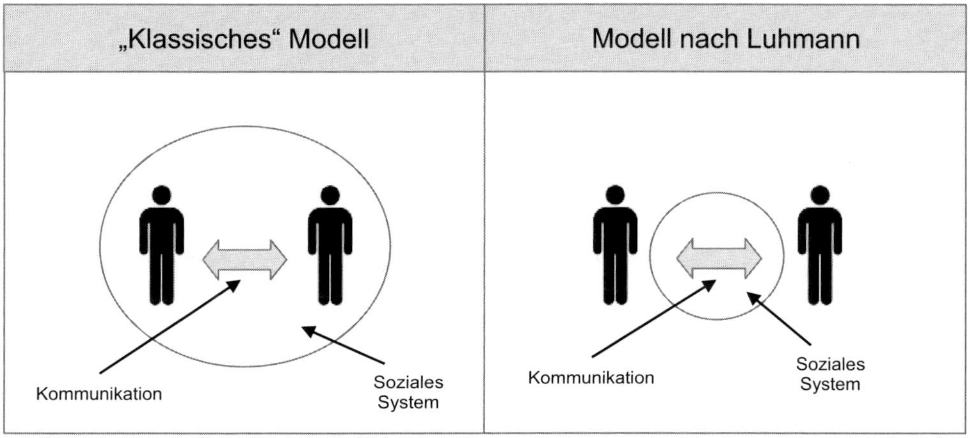

Abb. 2 Modelle sozialer Systeme I: Grundidee (Quelle: In Anlehnung an Villányi et al. 2009)

Diese Sichtweise provoziert natürlich, da es ja gerade zum guten Ton gehört, den „Faktor Mensch" in den Mittelpunkt aller Betrachtungen zu stellen. Allerdings wird dabei unterschlagen, dass Organisationen zunächst einmal anders funktionieren bzw. anders strukturiert sind. Helmut Willke merkt hierzu sehr treffend an:

> Die Formel von der Zentralität der Humanressource führt aber schnell in die Irre, wenn darüber die Bedeutung systemischer Faktoren vernachlässigt wird, vor allem der handlungsleitenden Regeln, der kommunikativen Tiefenstrukturen, der organisationalen Dynamik und der Merkmale der systemischen Komplexität als Faktor der Ermöglichung und Beschränkung der Ermöglichung von Entscheidungen der Organisationsmitglieder. Anders formuliert: Es macht wenig Sinn, über die Ausschöpfung der Humanressource einer Organisation zu reden, ohne den Kontext an verhaltenssteuernden Regeln zu berücksichtigen, in welchem diese Ressourcen zur Entfaltung kommen sollen und kommen können. [...] Das ganze Spiel der wechselnden Moden von ‚Wiederentdeckungen' des Menschen im Unternehmen wird gegenstandlos, wenn klar ist, dass System und Akteur oder Unternehmen und Mitglieder zwei Seiten einer Form darstellen, deren Reduktion auf nur eine Seite der Form des Unternehmens nicht gerecht werden kann (Willke 2005, S. 168).

Nach Luhmanns Verständnis fallen die Menschen auch nicht komplett „unter den Tisch", sie werden vielmehr als „Umwelt" des Systems betrachtet. Und sie sind dabei strukturell an die Organisation gekoppelt: Wenn es einer Organisation beispielsweise nicht gelingt, so interessant zu sein, dass sie Menschen motiviert, sich ihr in den Dienst zu stellen, dann wird diese Organisation nicht lange bestehen. Die Umwelt(en) einer Organisation beeinflusst somit die Möglichkeiten, aber sie determiniert sie nicht (Simon 2007). Die Mitglieder einer Organisation bleiben vielmehr austauschbar und agieren jeweils im Sinne ihrer organisationsspezifischen Rolle. Eine Rolle ist dabei als ein Bündel von aufeinander bezogenen Erwartungen zu verstehen, also als „System von Regeln, welche ein bestimmtes Spiel und innerhalb dieses Spiels bestimmte arbeitsteilige Aufgabenbündel konfigurieren"

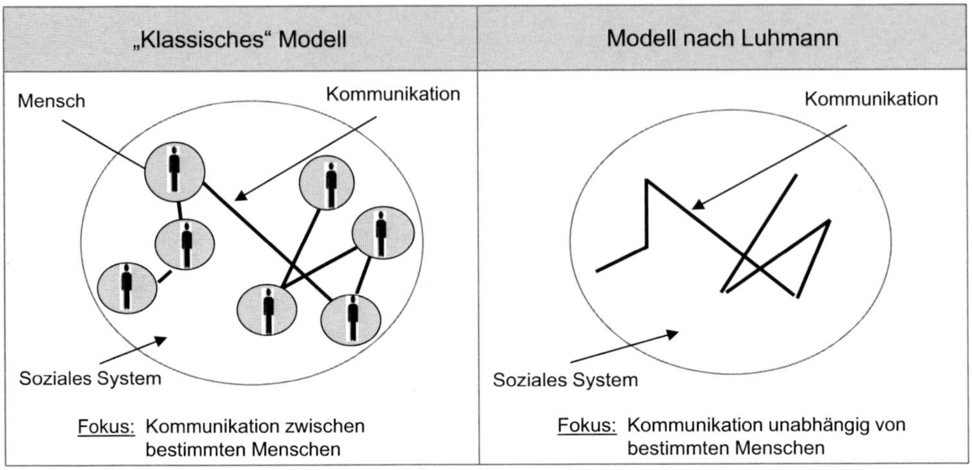

Abb. 3 Modelle sozialer Systeme II: Organisation (Quelle: In Anlehnung an Villányi et al. 2009)

(Willke 2005, S. 151). Insofern agieren die Mitglieder innerhalb eines Kommunikationsnetzes (Willke 2005) oder im „Netzwerk der Erwartungen und Erwartungs-Erwartungen" (Königswieser et al. 2013, S. 67). Abbildung 3 versucht dieses nochmals zu verdeutlichen.

Hier zeigt sich übrigens noch einmal die besondere Stärke der Systemtheorie. Sie zwingt sehr genau zu differenzieren, welchen Einfluss das einzelne Individuum auf das organisationale Geschehen überhaupt hat und welchen Anteil Regelsysteme, etablierte Routinen und Erwartungen oder auch weitere Formen anonymisierter Kommunikationsstrukturen übernehmen (vgl. Willke 2005).

All diese Ausführungen sind aber nicht nur eine schöne theoretische Spielerei, sondern beschreiben auch einen zentralen Faktor zur Sicherung der Überlebensfähigkeit von Organisationen. Indem diese nämlich formale Kommunikationsprozesse und Strukturen ausdifferenzieren und dabei unter anderem dafür sorgen, den einzelnen Mitarbeiter austauschbar zu halten, erwerben sie überhaupt erst das Potenzial, ihre Gründer zu überleben (vgl. Simon 2009, 2012). Was passiert, wenn sich Organisationen derartigen Ausdifferenzierungsprozessen verweigern und zu lange an gruppenförmig strukturierten Face-to-Face-Formen festhalten, hat Kühl (2002) an Unternehmen der New Economy untersucht. Letztlich lässt sich dabei sagen, dass ab einer bestimmten Größe alle Organisationen vor der Herausforderung stehen, formale Organisationsstrukturen – wie oben schon skizziert – auszubilden.

Organisationen nun mit der Theoriebrille von Luhmann zu betrachten und zu verstehen, hat aber auch insgesamt für die Arbeit mit ihnen eine Reihe sehr praktischer Vorteile. Ein erster besteht darin, dass organisationale Phänomene somit überhaupt erst differenziert beobachtbar bzw. in größerem Zusammenhang erklärbar werden. Es ist schließlich schier unmöglich, einen einzelnen Menschen mit all seinen Motiven zu verstehen oder zu erklären, entsprechend utopisch wäre es, wenn wir versuchten, ein Großunternehmen über das Wechselspiel bzw. in der Addition der psychischen Systeme zu erklären. Suchen wir also nach Erklärungen von bestimmten Phänomenen, sollten wir auf die Muster der Kommunikation schauen, um auf diese Weise zum Beispiel etwas über die handlungsleitenden Spielregeln zu erfahren. Aber auch erste Ableitungen im Hinblick auf Interventionen sind möglich: Nachhaltigkeit in der Veränderung bedeutet letztlich immer, die relevanten Kommunikationsprozesse bzw. Regeln und Strukturen zu fokussieren.

So weit also gut und schön. Mit einem etwas kritischeren Blick ließe sich jedoch sagen: Es ist ja interessant, Organisationen über ihre Kommunikationsprozesse zu begreifen, aber warum die ganzen Change-Vorhaben so kläglich scheitern, wird trotzdem nicht klar! Denn bisher lässt sich auch noch nicht erklären, warum die Phasenmodelle nicht funktionieren. Wir müssen also einen Schritt weitergehen und unsere Überlegungen etwas mehr fundieren.

3.3 Zur Autopoiesis sozialer Systeme und den Grenzen der Steuerbarkeit von Organisationen

Im vorangehenden Abschnitt haben wir davon gesprochen, dass sich Organisationen laut Luhmann als soziale Systeme, bestehend aus Kommunikationsprozessen, verstehen lassen. Eine zweite für uns interessante Überlegung bzw. Unterstellung Luhmanns setzt bei der Frage nach der inneren Ordnung und Selbstorganisation an – und damit letztlich nach der Beeinflussbarkeit und Steuerbarkeit sozialer Systeme bzw. Organisationen. Das Stichwort hierzu lautet „Autopoiesis".

Der Begriff leitet sich ab aus den griechischen Wörtern „autos", selbst, und „poiesis", schöpferische Tätigkeit. Er bedeutet also so viel wie „Selbsterzeugung". Das Konzept der Autopoiesis geht zurück auf die beiden chilenischen Biologen Maturana und Varela (1987), die damit den Prozess der Selbstorganisation von lebenden Systemen beschreiben. Ihren Forschungen zufolge reproduzieren sich Organismen allein auf Grundlage ihrer internen biochemischen Prozesse und ihrer eigenen Ressourcen. Dies geschieht in Form rekursiver, das heißt rückbezüglicher Anschlussoperationen, die eine Struktur fortlaufend und immer wieder neu erzeugen, auf diese Weise den Fortbestand des Systems sichern und gleichfalls eine Grenze zur Umwelt ziehen (sogenannte operationale Schließung). Autopoietische, operational geschlossene Systeme stehen dabei durchaus potenziell unter dem Einfluss ihrer Umwelten. Alles Einwirken von „außen" kann dabei allerdings nur innerhalb der internen Struktur verarbeitet werden, und da diese interne Struktur nicht von außen durchschaubar ist, kann auch nicht verlässlich antizipiert werden, ob und wie ein System auf einen äußeren Reiz reagiert. Hierfür gilt der Begriff der sogenannten Strukturdeterminierung, verdeutlicht am folgenden Beispiel:

> Wenn man einen Stein tritt, so kann man seine Flugbahn im Idealfall berechnen, da man die Gesetze der Physik anwenden und die aufgewandte Kraft in Beziehung zur Masse des Steins setzen kann (hier erweist sich der Stein als triviale Maschine). Tritt man hingegen einen Hund,

> so kann man ebenfalls die Gesetze der Physik anwenden. Sie reichen aber nicht aus, um das Verhalten des Hundes vorherzusagen: Ob er davonfliegt oder wegläuft, bellt, jault oder beißt, hängt zu einem guten Teil von seinem Innenleben ab – und das ist von außen nicht beobachtbar. Der Hund ist als autopoietisches, operational geschlossenes System zu betrachten, er reagiert nicht trivial, das heißt nicht auf den Tritt, sondern in Abhängigkeit von seinen aktuellen inneren Zuständen und Strukturen (Bateson 1967, zit. n. Simon 2009, S. 51 f.).

Luhmann hat das Konzept der Autopoiesis Anfang der 1980er Jahre auch auf soziale Systeme übertragen, womit sich natürlich maßgebliche Konsequenzen für die Wirksamkeit von deren Interventions- und Steuerungsabsichten ergeben und für die Frage, wie die Begleitung von Change-Management-Prozessen zu gestalten ist.

In der Folge ist anzuerkennen, dass sich Organisationen nicht gezielt steuern oder verändern lassen. Denn autopoietische Systeme lassen sich zwar mehr oder weniger von ihrer jeweiligen Umwelt irritieren, sie „entscheiden" aber schlussendlich aufgrund ihrer internen Struktur, wie sie mit der Störung umgehen und wie es weitergeht, sodass sie in letzter Konsequenz von außen (zunächst einmal) nicht zielgerichtet veränder- oder gar steuerbar sind.

Diese Erkenntnis mag frustrieren, berührt sie doch einige Grundfesten unseres Denkens: zum Beispiel die Vorstellung, wir hätten „die Dinge in der Welt" – Organisationen etwa – unter Kontrolle. Doch dies soll nicht heißen, dass keinerlei Einfluss möglich ist. Vielmehr stellt sich die Frage, wie Interventionen in komplexen autonomen Systemen gestaltet sein müssen, damit die Wahrscheinlichkeit steigt, dass sie gelingen.

Der Bielefelder Systemtheoretiker und Luhmann-Schüler Helmut Willke hat sich näher mit dieser Frage beschäftigt und leitet verschiedene Folgerungen für eine erfolgreiche Intervention in autopoietischen Systemen ab (vgl. zum Folgenden Willke 2005):

1. Eine der wesentlichen Grundbedingungen für das wirkungsvolle Intervenieren ist es, mit der Intervention in die Wahrnehmung des intervenierten Systems zu kommen und somit als Information in die operativen Kreisläufe eingeschleust zu werden.
2. Dabei gilt es zu berücksichtigen, dass die Wirkung dieser Information nicht von den Absichten der Intervention, sondern von der Operationsweise und den Regeln der Selbststeuerung des Systems abhängt, in das interveniert werden soll (Stichwort Strukturdeterminierung).
3. Damit sollte klar sein, dass jede direkte Verhaltenslenkung nach dem linearen, berechenbaren Steuerungsparadigma ausgeschlossen ist. Eine Beeinflussung setzt zudem voraus, dass das entsprechende Umweltereignis bzw. der Veränderungsimpuls überhaupt die Fähigkeit hat, das System zu irritieren, also als relevant im Sinne der vorherrschenden Systemlogik wahrgenommen wird (genauer: im Sinne einer Differenz zu den internen Prozessen des Systems; Stichwort Leitdifferenz).
4. Um nachhaltig Veränderungen zu erzielen, ist es wiederum notwendig, dass die in das System eingespielten Informationen zu Veränderungen im Regelwerk führen. Veränderung muss sich also in den Kommunikationsprozessen niederschlagen.

5. Insgesamt gilt: Veränderung ist dabei immer nur als Eigenleistung des Systems möglich. Sie kann zwar von außen angestoßen werden – und dies kann sehr notwendig sein –, muss aber von innen gewollt sein.
6. Am ehesten kann unter Intervention noch verstanden werden: Sie ist darauf ausgerichtet, externe Beobachtungsperspektiven zur Verfügung zu stellen und damit das zu verändernde System in eine Distanz zur eigenen Selbstbeschreibung zu bringen. Aus dieser Distanz wird dann für das intervenierte System eine erweiterte Beobachtung möglich, aus der neue Optionen erkannt werden können.
7. Gelingende Interventionen können demnach so begriffen werden: Es gelingt, durch externe Anstöße interne Entwicklungsmöglichkeiten für das zu intervenierende System beobachtbar zu machen und in den Raum möglicher Optionen zu bringen. Ganz einfach ausgedrückt: Hilfe zur Selbsthilfe. Im Kern laufen damit alle Interventionen auf Selbständerungen dieser Systeme hinaus.

Welche konkreten Implikationen sich für das Handeln als Führungskraft hieraus ableiten, werden wir noch eingehender besprechen. An dieser Stelle können wir aber bereits zusammenfassen: Eigendynamik und Eigenlogik sozialer Systeme reduzieren die Möglichkeiten externer Interventionen im Wesentlichen darauf, Irritationen und Anregungen zu geben. Unabhängig von rein spezifischen Interventionen kann zudem auch ganz grundsätzlich versucht werden, durch die Gestaltung von Kontextbedingungen, durch die Entscheidung über Kommunikationswege und über Entscheidungsprämissen oder durch Restriktionen sowie Anreize eine gerichtete Beeinflussung zu erzielen. Jedoch ist bei all diesen Vorhaben zu respektieren und vor allem auch damit zu rechnen, „dass das intervenierte System [hier: die Organisation bzw. das Unternehmen (AT)] aus den veränderten Kontextparametern andere kognitive Schlüsse und operative Konsequenzen zieht, als das intervenierende System sich das vorgestellt hat“ (Willke 2002, S. 103).

3.4 Zur Blindheit von Organisationen und der Bedeutung strukturell verankerter Reflexivität

Diese ersten einführenden Überlegungen zum Wesen von Organisationen aus Sicht der neueren Organisationstheorie bieten bereits verschiedene Möglichkeiten, Implikationen für ein „frisches“ Verständnis von Change Management in Organisationen abzuleiten. Vorher allerdings möchten wir unsere Überlegungen um eine weitere Perspektive bereichern. Hierfür greifen wir nochmals auf das oben schon angedeutete Phänomen der operationalen Geschlossenheit zurück.

Unter operationaler Schließung können wir für Organisationen – begriffen als soziale Systeme – den Prozess betrachten, in dem sich ein selbstreferenzieller Verweisungszusammenhang von organisationsspezifischer Kommunikation ausbildet, der eine Grenzziehung zur Umwelt zur Folge hat (vgl. Willke 2005). Dieser Prozess ist eine absolut notwendige Voraussetzung für die Stabilisierung und Reproduzierbarkeit eines komplexen Systems in einer komplexen Umwelt (vgl. Willke 2005). Würde sich eine Organisation für alle Einflüsse offen halten, würde die Komplexität sie überfordern und das System bzw. die Organisation geriete in die Gefahr, im Chaos zu versinken. Oder wie Luhmann selbst es in dem posthum veröffentlichten Manuskript zu Organisationen ausdrückt: „Die Umwelt wird ausgeschlossen, damit das System auf Grund dieser Reduktion von Komplexität eigene Komplexität aufbauen kann; und die operativ produzierte Außengrenze wird intern durch die Unterscheidung von Selbstreferenz und Fremdreferenz markiert" (Luhmann 2011, S. 222). Konkret bedeutet dies, dass Organisationen beispielsweise rückbezügliche Programme und Entscheidungsprämissen ausbilden, eine bestimmte Form von Sprache entwickeln und auch Leitdifferenzen etablieren, an denen sich die gesamte Kommunikation ausrichtet. Leitdifferenzen wirken dabei aber ebenfalls wie Wahrnehmungsfilter und beeinflussen, was in die Wahrnehmung einer Organisation kommt oder eben nicht. Der Hintergrund hierfür ist, dass Wahrnehmung immer auf die Wahrnehmung von Unterschieden gerichtet ist; Leitdifferenz ist daher die „Brille" für die verschiedenen Unterschiede.

Wenn beispielsweise in einer Vertriebsorganisation die Leitdifferenz „Gewinn/Verlust" etabliert ist, dann wird die Organisation zwar sensibel wahrnehmen, was Gewinn und Verlust ist, aber all das, was nicht direkt damit zu tun hat, kann nicht gelesen werden und bleibt potenziell ohne Resonanz (vgl. Willke 2005).

In dem Maße, in dem Organisationen sich also gegenüber ihren Umwelten verschließen, um ihr Überleben zu sichern, verschließen sie sich auch gegenüber möglichen Bedrohungen, die so nicht gelesen werden können. Was könnten hilfreiche Strategien sein, mit einer solchen Situation umzugehen?

Eine für diese Überlegungen durchaus inspirierende Theorie bietet Buckley (1967) an, der sich unter anderem mit der Frage nach der Unterscheidbarkeit von Systemarten beschäftigte. Dabei schlägt er vor, Systeme danach zu unterscheiden, wie sich diese im Hinblick auf Ordnung und Unordnung verhalten, und unterscheidet drei Systemtypen:

- Systeme, die zu einem mechanistischen Gleichgewichtszustand streben (Äquilibrium) und dabei keinerlei Möglichkeit der Selbststeuerung haben, wodurch sie sehr berechenbar auf externe „Störungen" reagieren. Das Äquilibrium-Modell ist auf solche Systemtypen anwendbar, die, wenn sie sich in Richtung eines Gleichgewichtspunkts (Equilibrium Point) bewegen, typischerweise an Organisation, also an Ordnung und Struktur, verlieren und dann dazu tendieren, ein minimales Niveau innerhalb relativ begrenzter Störungsbedingungen zu halten (z. B. das System Heizung und Thermostat);
- Systeme, die zu einem organismischen Gleichgewichtszustand streben (homöostatische Systeme) und dabei durchaus die Fähigkeit zur Selbstregulation besitzen, aber in der Weiterentwicklung ihrer inneren Struktur begrenzt sind. Homöostatische Modelle setzen also an Systemen an, die entgegen einer präsenten Tendenz zur Reduktion dazu neigen, ein gegebenes, relativ hohes Niveau an Organisation aufrechtzuerhalten (z. B. ein einfacher Organismus);

- dynamisch adaptive Systeme, die in der Lage sind, aus sich heraus – sozusagen aus ihrem Inneren – immer wieder eine eigene Anpassung an veränderte Umweltbedingungen vorzunehmen.

Gerade vor dem Hintergrund der weiter oben beschriebenen Herausforderung moderner Organisationen, sich permanent und fortlaufend an neue Umweltbedingungen anzupassen, ist es interessant, wie Buckley dynamisch adaptive Systeme beschreibt und was sich davon möglicherweise auch auf Organisationen übertragen lässt. Dann – so unsere Hypothese – wäre eine bessere Anpassungsfähigkeit „einzubauen".

Ein adaptives System muss nach Buckley (1968, S. 491)

1. in einem permanenten Austausch mit seiner Umwelt stehen. Es benötigt einen bestimmten Grad an Plastizität und Irritationsfähigkeit gegenüber seiner Umwelt, sodass es in der Umwelt stattfindende Ereignisse wahrnehmen und auf diese Einfluss nehmen oder zumindest reagieren kann.
2. über eine Quelle bzw. einen Mechanismus verfügen, der es ihm ermöglicht, seinerseits Varietät zu erzeugen, um so latent gehaltene Möglichkeiten einer adaptiven Variabilität zu schaffen. Das System ist damit in der Lage, den veränderten Umweltvarietäten und Umweltrestriktionen angemessen zu begegnen.
3. selektive Kriterien oder Mechanismen haben, die aus dem Varietätspool struktureller Veränderung die beste aller möglichen, das heißt realisierbaren, Umweltentsprechungen herausstellt.
4. in der Lage sein, die neu entstandene „erfolgreiche" Eigenstruktur zu erhalten und/oder durchsetzen zu können.

Das Besondere an adaptiven Systemen ist also, dass sie in der Lage sind, aus sich heraus ihre Strukturen so zu verändern, dass sie damit fortlaufend eine Anpassung an veränderte Umweltbedingungen organisieren. Dabei verfügt ein adaptives System über die Fähigkeit struktureller Umweltvarietät; es kann Umweltrestriktionen erfassen und entsprechend konstruktiv damit umgehen. Wie und in welchem Maß Varietät und Restriktionen der Umwelt im System abgebildet werden können, hängt dabei von dessen Entwicklungsgrad ab. Was das für uns im Hinblick auf Organisationen bedeutet, ist noch zu klären.

4 Implikationensempfehlungen für ein neues Change Management

4.1 Vorbemerkungen zum Gebrauch der Empfehlungen

Nach unseren Ausflügen in die neuere Organisationstheorie haben wir nun das Fundament geschaffen – in der hier zumutbaren Breite und Komplexität –, um daraus erste Ideen für die Führung im Change-Prozess abzuleiten. Wir wollen dabei ganz bewusst von ersten Ideen sprechen, denn wie bereits diskutiert hat jedes Unternehmen seine eigene innere

Dynamik, und so verlangt auch jedes Change-Vorhaben nach einem sehr individuellen Vorgehen.

Eine feste Absicht haben wir allerdings: Wir wollen grundsätzliche Prämissen für die Gestaltung von Veränderungsvorhaben im Sinne von Leitgedanken aufzeigen. Dabei sei ganz explizit betont: Jede der folgenden Aussagen versteht sich als Einladung zum Perspektivenwechsel, begleitet von der unbedingten Aufforderung, jeweils individuell zu prüfen, wie sich die darin ausgedrückte Idee auf die eigene konkrete Praxis und den jeweiligen Kontext übertragen lässt.

4.2 Leitgedanken als Empfehlung für die Führung

4.2.1 Change Management als Daueraufgabe begreifen

In der vorherrschenden Marktdynamik lassen sich Veränderungen nicht mehr als isolierte bzw. abgrenzbare Einzelprojekte begreifen. Vielmehr ist die Bewältigung von Veränderungen als Daueraufgabe zu verstehen. Damit ist ein grundlegender Paradigmenwechsel gemeint, der eine gänzlich andere Haltung zum Thema Change Management verlangt. Veränderungsbegleitung sollte als eine permanente Führungsaufgabe verstanden werden, ohne klaren Anfang, ohne klares Ende. Eine solche Sichtweise verhilft zu einem realistischeren Bild von den Anforderungen an Führungskräfte und unterstützt eine adäquate Erwartungsbildung. Damit tritt, wie wir weiter unten noch sehen werden, viel stärker die Frage in den Raum, wie Organisationen strukturell auf eine höhere (Selbst-)Veränderung ausgerichtet werden können; oder zumindest die Frage nach geeigneten strukturellen Maßnahmen, um die Veränderungsfähigkeit grundsätzlich zu erhöhen.

4.2.2 Die Idee der gezielten Steuerbarkeit aufgeben und die eigenen Grenzen anerkennen

Ebenfalls auf einen Paradigmenwechsel zielt dieser zweite Gedanke: Führungskräfte sollten anerkennen, dass eine Organisation nie gezielt gesteuert, nie gezielt verändert werden kann. Dies leitet sich maßgeblich aus den Ausführungen zur Eigendynamik und Selbstorganisation von Organisationen ab. Die Selbstorganisationsprozesse in Organisationen ernst zu nehmen bedeutet, sich selbst mit der Unsicherheit und Nichtplanbarkeit zu konfrontieren. Führungskräfte brauchen Fähigkeiten, diese ständige Konfrontation auszuhalten und angemessen mit ihr umzugehen.

Das ist alles andere als banal, denn meist gilt immer noch: „Eine gute Führungskraft weiß, wo es langgeht und hält die Zügel fest in der Hand!“ Entsprechend hoch sind die Erwartungen auf klare Ansagen und ein klares Bild vom Lösungsweg. Diesen Erwartungen nicht mehr entsprechen zu wollen, bedeutet möglicherweise, Erwartungen zu enttäuschen, was neue Widerstände provoziert. Ein durchaus anspruchsvolles Unterfangen also.

Zudem evoziert das Zulassen von Unsicherheit und Nichtplanbarkeit oftmals auch komplexe innere Konflikte. In vielen Coaching-Gesprächen mit Führungskräften haben wir die Erfahrung gemacht, dass durch die Einsicht in die Unsteuerbarkeit häufig ganz zentrale

Fragen des eigenen Selbstwerts bzw. des eigenen Identitätskonzepts berührt werden. Dabei tauchen dann Fragen auf wie „Welchen Beitrag liefere ich als Führungskraft, wenn ich akzeptieren soll, dass ich Organisationen gar nicht gezielt steuern kann …?", „Wofür bekomme ich dann überhaupt mein Geld …?" oder auch „Was bedeutet der Umgang mit Nichtwissen für mich und woran kann ich mich orientieren …?". Hier hat es sich aus unserer Sicht bewährt, die Sorgen der Führungskräfte ernst zu nehmen und sie gezielt im Umgang mit Paradoxien und Ambivalenzen zu stärken. Ob dies in Form von begleitenden Einzelcoachings oder im Rahmen kollegialer Beratung erfolgen sollte, ist sicherlich individuell zu prüfen und zu entscheiden. Entsprechende Auseinandersetzungen sind aus unserer Sicht aber unabdingbar, um illusorische Scheinsicherheiten abzulegen und sich rechtzeitig mit neuen, passenderen Führungskonzepten auseinanderzusetzen.

4.2.3 Veränderungsarbeit in Schleifen denken und umsetzen

Wie kann Führung in komplexen autopoietischen Systemen überhaupt wirksam organisiert sein? Hierzu haben wir bereits verschiedene Aspekte zu einem systemischen Interventionsverständnis diskutiert und betont: Selbst wenn eine Organisation als autopoietisches, strukturdeterminiertes System nicht gezielt gesteuert werden kann, bedeutet das nicht, dass Führung nicht mehr notwendig ist. Im Gegenteil! Organisationen lassen sich zwar nicht gezielt steuern, können aber, wie wir schon beschrieben haben, „irritiert" werden. Das heißt, sie reagieren durchaus auf Führungsimpulse, nur ist im Vorfeld nicht vorhersehbar, **wie** sie das tun werden.

Eine logische Konsequenz erscheint uns, Interventionen immer in Schleifen zu denken, bei denen sich Phasen der (Neu-)Konzeption von Maßnahmen und Phasen der Umsetzung abwechseln. Wimmer bringt es sehr treffend auf den Punkt: „Kein Veränderungsprozesse ist ‚planbar'. Das Verändern von Organisationen ist ein hypothesengeleitetes Experimentieren, das das Verändern des Veränderns von Anbeginn miteinbaut" (Wimmer 2004, S. 188). An die Stelle einer langfristig aufgestellten und gut geplanten Change-Architektur – im Sinne der eingangs angeführten Phasenmodelle – tritt ein strukturierter Prozess, der in kurzen, regelmäßigen Abständen diese Schritte in reflexiven Schleifen immer wieder neu verbindet (vgl. Königswieser und Exner 2005):

1. beobachten und Informationen sammeln,
2. Hypothesen bilden und diskutieren,
3. Interventionen planen und letztlich
4. intervenieren.

Jede Maßnahme ist in diesem Sinne potenziell zugleich eine Diagnose, auf deren Grundlage wieder neue Maßnahmen abgeleitet werden – eine Idee, die übrigens auch schon Königswieser und Exner im Sinne der systemischen Schleife visualisiert haben (vgl. Abb. 4).

Was bedeutet dies für die praktische Umsetzung? Nun, es könnte bedeuten, dass im Rahmen der Festlegung der Change-Architektur überlegt wird, welche wesentlichen Prozessschritte relevant sind und wie diese in Form von mehreren unterschiedlichen Schleifen

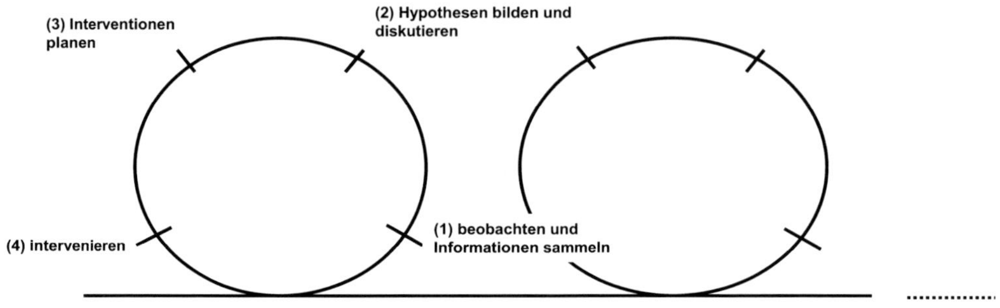

Abb. 4 Idee der systemischen Schleife (Quelle: Nach Königswieser und Exner 2005)

zusammengefasst werden können. Da in sinnvollen Abständen nach jeder Umsetzungsphase von vornherein Reflexionsschleifen eingeplant werden, sind Abweichungen weniger kritisch, da die Möglichkeit besteht, sofort darauf zu reagieren. Aus einer langfristigen Planung wird ein dynamisches, flexibles Vorgehen und ein konsequentes Nachsteuern im Sinne der Frage: „Was ist mit dem, was wir jetzt wissen, der nächste sinnvolle Schritt?"

4.2.4 Relevante Soll-Ist-Diskrepanzen in die Kommunikation bringen

Welche Implikationen lassen sich für das Intervenieren als Führungskraft ableiten? Wie bereits in den theoretischen Vorüberlegungen diskutiert, verschließen sich soziale Systeme bei ihrer Ausdifferenzierung gegenüber ihren Umwelten und operieren auf Grundlage selbstbezüglicher reflexiver Prozesse. Dadurch entsteht eine strukturell organisierte Blindheit, wie im Kontext des Problems der operationalen Schließung bereits besprochen. Im Unternehmenskontext sind es beispielsweise eingefahrene Wege und Routinen, die den Blick nach außen behindern. Auf diese Weise ließe sich dann auch verstehen, warum Unternehmen offenbar unbeirrbar an bestimmten Produkten festhalten, für die der Markt schon lange nicht mehr da ist.

Eine wesentliche Aufgabe für die Führung sollte darin bestehen, immer wieder für eine entsprechende Außenperspektive zur sorgen und durch Fokussierung der Aufmerksamkeit relevante „Soll-Ist-Diskrepanzen" immer wieder in die Kommunikation zu bringen. In seiner Studie zur Zukunft von Führung aus systemischer Sicht formuliert Krusche (2008, S. 94) den Aspekt der Einspielung von „Soll-Ist-Differenzen" als Überlebensfunktion wie folgt:

> Dies geschieht zu dem Zweck, das Innere in einen Vergleichsdruck zwischen dem, was ist, und dem, was aus der Perspektive des Ganzen und seiner Funktionstüchtigkeit sein sollte, zu bringen. Führung versorgt das System in diesem Sinne mit einer Grundspannung, die ihre Kraft aus der Differenz von innen und außen bezieht. Über das Management einer solchen ‚strukturellen Spannung' sichert Führung die Lebensfähigkeit der Organisation, in dem sie permanent dafür sorgt, dass sowohl genügend Irritation als auch genügend Routinen im System vorhanden sind und dauerhaften Wandel (oder wandelbare Dauer) ermöglichen.

Dabei ist die Führung oftmals ebenfalls gefordert, die entsprechende Übersetzungsarbeit zu leisten, damit relevante Beobachtungen im System überhaupt gelesen werden können.

Wie das nun auf der konkreten Handlungsebene aussehen kann, wird sehr unterschiedlich sein. Als eine sehr schöne Darstellung von verschiedenen Verfahren systemischer Interventionen sei auf die Arbeit von Königswieser und Exner (2005) verwiesen, die eine ganze Reihe diverser Architekturelemente sehr ausführlich dargestellt und beschrieben haben.

4.2.5 Für eine höhere Anpassungsfähigkeit innerhalb der Organisation sorgen

Abgeleitet aus den Überlegungen zum Wesen adaptiver Systeme könnten Führungskräfte schließlich überlegen, strukturell die Beobachtungsfähigkeit für relevante Außenphänomene zu fördern. Dazu könnten sie beispielsweise gezielt „Kommunikationsräume" schaffen, in denen verschiedene Abteilungen – beispielsweise Außendienst und Service – immer wieder zusammenkommen, um gemeinsam eine Außenperspektive einzunehmen. Leitfragen für derartige Zusammenkünfte können dabei sein: Welche Entwicklungen beobachten wir aus unserer jeweiligen Perspektive, was könnte dabei Implikationen für unser Geschäftsmodell und unsere Marktausrichtung haben? Die große Herausforderung besteht darin, eine mögliche Bedrohung zu entdecken, die noch gar nicht als Bedrohung erkannt wurde.

Zudem wäre zu überlegen, an welchen Stellen Organisationen gezielt Varietät aufbauen könnten, um sich auf mögliche Anforderungen in der Zukunft vorzubereiten. So ließen sich beispielsweise gezielt Produkte oder auch Marktbearbeitungsansätze parallel entwickeln und umsetzen, und entsprechend der jeweiligen Anforderung könnte dann überlegt werden, welcher Weg am besten weiterführt. Ganz unabhängig davon, wie nun im Detail eine konkrete Umsetzung aussieht, ist die Grundidee dabei dieselbe: möglichst frühzeitig passende Lösungen für Anforderungen zu finden, die so noch gar nicht spezifiziert sind.

Die Anpassungsfähigkeit zu erhöhen, bedeutet aber auch, Entscheidungsprozesse und Entscheidungsprämissen immer wieder zur Disposition zu stellen und durch Einladung zum Widerspruch Kreativität und neue Lösungen zu ermöglichen. Insofern sollte Führung kontinuierlich ein „Ja" zum Widerspruch vermitteln, um so die Wahrscheinlichkeit für intelligente Lösungen zu erhöhen (Krusche 2008).

4.2.6 Organisationale Phänomene im systemischen Kontext betrachten

Abschließend sei betont: Aufbauend auf den vielschichtigen Ausführungen zum systemtheoretischen Ansatz in der Tradition Luhmanns sollten Erklärungen für bestimmte organisationale Phänomene nicht – wie üblich – auf der individuellen Ebene gesucht werden. Vielmehr lohnt der Versuch, das Wechselspiel und die Beziehungen der relevanten Systemelemente bzw. die relevante Systemdynamik mit in den Fokus zu nehmen. Sollten beispielsweise im Verlauf einer vertrieblichen Neuausrichtung Widerstände auftreten, würden wir entsprechend nicht nach den Schuldigen suchen, sondern vielmehr versuchen, die „organisationalen Muster" oder auch die bisherigen „Spielregeln" herauszustellen, und überlegen, was der „Widerstand" über die Organisation erkennen lässt oder auch welche „Funktion" der Widerstand für die jeweilige Organisation hat. Ganz offensichtlich lassen sich durch solch eine Betrachtung auch ganz andere Interventionsansätze finden.

5 Schlusswort

Im vorliegenden Beitrag haben wir versucht, eine neue Sichtweise auf das Thema Change Management in Organisationen zu entwerfen und dabei – entsprechend eines erweiterten Organisationsverständnisses – konkrete Ansatzpunkte für die operative Führungsarbeit abzuleiten.

Dafür haben wir nach einer einführenden Betrachtung zur Aktualität des Themas einen Blick in die aktuelle Praxis geworfen. Es zeigte sich, dass ein Großteil der Veränderungsprozesse nicht erfolgreich umgesetzt werden kann, und wir suchten nach möglichen Ursachen. Dabei vertraten wir die These, dass das Verständnis von Organisationen grundsätzlich überdacht und diese vielmehr als sich selbst organisierende Systeme begriffen werden müssen. Bei unseren Ausführungen haben wir uns dabei an Theorien aus der neueren Systemtheorie bzw. der neueren systemischen Organisationstheorie angelehnt und entsprechende Konzepte und Ideen vorgestellt. Aufbauend auf den theoretischen Überlegungen haben wir dann erste konkrete Implikationen für die Führungspraxis entworfen.

Im Rahmen weiterführender Arbeiten wäre es lohnenswert, die Ideen zur Gestaltung von Change-Prozessen im Sinne des hier skizzierten Organisationsverständnisses weiter auszuführen. Dabei wäre es interessant zu erkunden, wie ein angepasstes Prozessmodell für Veränderung aussehen könnte – und ob es überhaupt sinnvoll ist, wenn Change zur Daueraufgabe mutiert. Zudem ließe sich die Interventionsebene noch weiter beleuchten. Und last but not least wäre es wünschenswert, konkrete Praxiserfahrungen mit den hier skizzierten Ansätzen zu reflektieren und die Wirksamkeit der aufgezeigten Ideen zu evaluieren.

Literatur

Baecker, D. (2012). Kommunikation. In J. V. Wirth, & H. Kleve (Hrsg.), *Lexikon des systemischen Arbeitens: Grundbegriffe der systemischen Praxis, Methodik und Theorie* (S. 203–207). Heidelberg.

Bateson, G. (1967). Kybernetische Erklärung. In G. Bateson (Hrsg.), *Ökologie des Geistes* (S. 270–301). Frankfurt.

Buckley, W. F. (1967). *Sociology and Modern Systems Theory*. Englewood Cliffs, N.J.: Prentice Hall.

Buckley, W. F. (1968). Society as a Complex Adaptive System. In W. F. Buckley (Hrsg.), *Modern Systems Research for the Behavioral Scientist* (S. 490–513). Chicago.

Doppler, K., & Lauterburg, C. (2008). *Change Management: Den Unternehmenswandel gestalten* (12. Aufl.). Frankfurt am Main.

König, E., & Volmer, G. (2008). *Handbuch Systemische Organisationsberatung*. Weinheim.

Königswieser, R., & Exner, A. (2005). *Systemische Intervention: Architekturen und Designs für Berater und Veränderungsmanager* (9. Aufl.). Stuttgart.

Königswieser, R., Wimmer, R., & Simon, F. B. (2013). Back To The Roots? Die neue Aktualität der („systemischen") Gruppendynamik. *OrganisationsEntwicklung*, *1*, 65–73.

Kotter, J. P. (1996). *Leading change*. Boston et al.

Kraus, G., Fischer, T., & Becker-Kolle, C. (2006). *Handbuch Change-Management: Steuerung von Veränderungsprozessen in Organisationen; Einflussfaktoren und Beteiligte; Konzepte, Instrumente und Methoden*. Berlin.

Krusche, B. (2008). *Paradoxien der Führung. Aufgaben und Funktionen für ein zukunftsfähiges Management*. Heidelberg.

Krüger, W. (2009). *Excellence in Change. Wege zur strategischen Erneuerung*. Wiesbaden.

Kühl, S. (2002). Jenseits der Face-to-Face-Organisation. Wachstumsprozesse in Kapitalmarktorientierten Unternehmen. *Zeitschrift für Soziologie*, Jg. 31, H. 3, Juni 2002, S. 186–210.

Luhmann, N. (2011). *Organisation und Entscheidung* (3. Aufl.). Wiesbaden.

Maturana, H. R., & Varela, F. J. (1987). *Der Baum der Erkenntnis: die biologischen Wurzeln des menschlichen Erkennens*. Bern.

Nagel, R., & Wimmer, R. (2009). *Systemische Strategieentwicklung: Modelle und Instrumente für Berater und Entscheider*. Stuttgart.

Pfannenberg, J. (2003). *Veränderungskommunikation: den Change-Prozess wirkungsvoll unterstützen; Grundlagen, Projekte, Praxisbeispiele*. Frankfurt am Main.

Simon, F. B. (2007). *Einführung in Systemtheorie und Konstruktivismus*. Heidelberg.

Simon, F. B. (2009). *Einführung in die systemische Organisationstheorie* (4. Aufl.). Heidelberg.

Simon, F. B. (2012). *Einführung in die Theorie des Familienunternehmens*. Heidelberg.

Stolzenberg, K., & Heberle, K. (2006). *Change Management. Veränderungsprozesse erfolgreich gestalten, Mitarbeiter mobilisieren* (2. Aufl.). Heidelberg.

v. d. Stück, S. (2012). *Eine kritische Analyse ausgewählter Change Management-Methoden für die ganzheitliche Umsetzung von Veränderungsprojekten*. München.

Willke, H. (2002). *Dystopia. Studien zur Krisis des Wissens in der modernen Gesellschaft*. Frankfurt am Main.

Willke, H. (2005). *Systemtheorie II: Interventionstheorie* (4. Aufl.). Stuttgart.

Wimmer, R. (2004). *Organisation und Beratung. Systemtheoretische Perspektiven für die Praxis*. Heidelberg.

Vahs, D., & Leiser, W. (2007). *Change Management in schwierigen Zeiten. Erfolgsfaktoren und Handlungsempfehlungen für die Gestaltung von Veränderungsprozessen*. Wiesbaden.

Vahs, D., & Weiand, A. (2010). *Workbook Change-Management. Methoden und Techniken*. Stuttgart.

Villányi, D., Junge, M., & Brock, D. (2009). Soziologische Systemtheorie. In Brock et al. (Hrsg.), *Soziologische Paradigmen nach Talcott Parsons* (S. 337–397). Wiesbaden.

Stressmanagement für Führungskräfte im Vertrieb

Thomas Trilling

Inhaltsverzeichnis

Thomas Trilling ✉
Mercuri International Deutschland GmbH, Theodor-Hellmich-Str. 8,
40667 Meerbusch, Deutschland
e-mail: thomas.trilling@mercuri.de

L. Binckebanck et al. (Hrsg.), *Führung von Vertriebsorganisationen*,
DOI 10.1007/978-3-658-01830-6_20, © Springer Fachmedien Wiesbaden 2013

1 Die Bedeutung von Stress im Vertrieb

Ein normaler Arbeitstag eines Vertriebsleiters:

Noch vor dem Abflug in die ausländische Niederlassung werden am Flughafen bereits um 6 Uhr die ersten Mails beantwortet; während des Flugs erfolgt ein letzter Blick in die Präsentation zur Vorbereitung des Meetings; kaum aus dem Flugzeug heraus sind bereits mehrere Nachrichten auf der Mailbox und ein Dutzend E-Mails eingegangen: Reklamationen von Kunden, Fragen von Mitarbeitern, ein wichtiger Kunde droht abzuspringen; bis das Taxi die Stadt erreicht hat, werden Telefonate geführt und Mails beantwortet; trotz Flugverspätung und Stau erreicht er gerade noch rechtzeitig den Budgetmarathon mit dem Vertriebsteam, der bis zum Abend dauern wird; in den Pausen wird versucht, der Flut der E-Mails Herr zu werden, die Mailbox abzuhören, zu telefonieren und den Mitarbeitern gerecht zu werden; dann geht es zur Abendveranstaltung, wo Netzwerken mit dem Vorstand angesagt ist – und zwischendurch der Familie noch ein Lebenszeichen geben; um Mitternacht im Hotelzimmer werden noch schnell ein paar Mails versendet, damit es morgen nicht so viel wird – doch am nächsten Tag geht es wieder von vorne los.

Über kaum ein Thema ist in der Presse so viel geschrieben worden wie über das Thema Stress. Also warum damit beschäftigen? Die Antwort ist einfach: Die Bedeutung von Stress im Vertrieb wird von den Beteiligten viel zu oft unterschätzt und/oder verdrängt.

- Stress wird unterschätzt, weil er unmittelbar und vom Gestressten unbemerkt signifikanten Einfluss auf die Ausstrahlung, Überzeugungskraft und Performance hat.
- Stress wird verdrängt, weil es aus den Augen Betroffener einem Karriereknick gleichkommt, wenn man zugibt, den Anforderungen zumindest zeitweise nicht gerecht werden zu können. Die Strategie lautet deswegen leider „Augen zu und durch". Das führt bereits nach kurzer Zeit zu einer Negativspirale, die die Performance des Mitarbeiters tagtäglich negativ beeinflusst.

Jeder Verkäufer weiß, dass die Fähigkeit, andere Menschen zu überzeugen, zu einem großen Teil von der mentalen Verfassung abhängt. Sie ist wie bei einem Leistungssportler einer der wesentlichen Faktoren für den Erfolg, an dem die Führungskraft wie der Coach einer Mannschaft einen großen Anteil hat. „Nichts beflügelt den Erfolg so stark wie der Erfolg", lautet nicht umsonst eine Redewendung im Vertrieb.

► Gerade beim Thema Stress kommt insbesondere der Führungskraft eine besondere Rolle zu: So hat sie die Chance, mit dem Stressniveau auch die Leitungsfähigkeit der Mitarbeiter und die Vertriebsergebnisse nachhaltig positiv zu beeinflussen, indem sie eine Vertriebskultur schafft, in der negativer Stress erst gar nicht entsteht.

Aus diesem Grund ist es für jede Führungskraft im Vertrieb wichtig zu erkennen,

- welche Auswirkungen Stress im Vertrieb hat,
- was man selbst tun kann, um das eigene Stressniveau möglichst gering zu halten,
- wie stark das Team bereits unter Stress steht und
- was zu tun ist, um optimale Rahmenbedingungen für eine hundertprozentige Verkaufsperformance zu schaffen.

1.1 Begriffliche Einordnung

Stress ist die Reaktion des Körpers auf eine tatsächliche oder potenzielle Bedrohung, wie z. B. Ärgernisse, Zeitdruck oder Überforderung (vgl. Leka et al. 2003). Wohl auch deswegen wird bei der im Vertrieb herrschenden Leistungsorientierung Stress oft als Zeichen von Schwäche stigmatisiert. Zudem herrscht vielfach der Irrglaube vor, Stress sei erst existent, wenn Symptome wie Schlafstörungen oder Erschöpfung auftreten. Jedoch entsteht Stress mehrere Hundert Mal am Tag, lange bevor die Symptome spürbar werden.

▸ Bereits jedes Mal, wenn ein Verkäufer oder eine Führungskraft beispielsweise bloß an ein Ärgernis denkt oder darüber spricht, wird der Stressmechanismus aktiviert.

Geeignete Anlässe gibt es im Vertrieb reichlich: Preisverhandlungen, Präsentationen, „schwierige" Kunden, fordernde Vorgesetzte oder Mitarbeiter, die nicht mitziehen, schwer erfüllbare Vorgaben, Misserfolge, mangelnde Abstimmung zwischen den Abteilungen oder ein belastendes Betriebsklima. Es reicht aber auch der Stau auf der Autobahn oder die Verspätung bei Bahn oder Flugzeug, um in Stress zu geraten. Besonders schwierig wird es, wenn die Gedanken um Ärgernisse kreisen oder in Problemen festhängen bzw. keine Zeit zum Abschalten bleibt. Dahinter liegen oft fundamentale Themen: die Sorge um Karriere, den Arbeitsplatz oder die Familie. Einen Überblick hierzu vermittelt Abb. 1.

Die Ursprünge des Stressmechanismus sind in der Evolution begründet. Um das Überleben zu sichern, war und ist es erforderlich, mögliche Bedrohungen schnell zu erkennen und darauf mit Kampf oder Flucht zu reagieren („Fight-or-Flight-Response", vgl. McCarty 2000). Stress ist dabei der Wirkungsmechanismus, der dem Organismus sofort die Energie zur Verfügung stellt (vgl. Bamberger 2007).

1.2 Unmittelbare Auswirkung im Kunden- oder Mitarbeitergespräch

Sobald in einer Gesprächssituation irgendetwas als „Bedrohung" identifiziert wird, wird der Stressmechanismus aktiviert. Dazu reicht schon das Heraufziehen der Augenbrauen

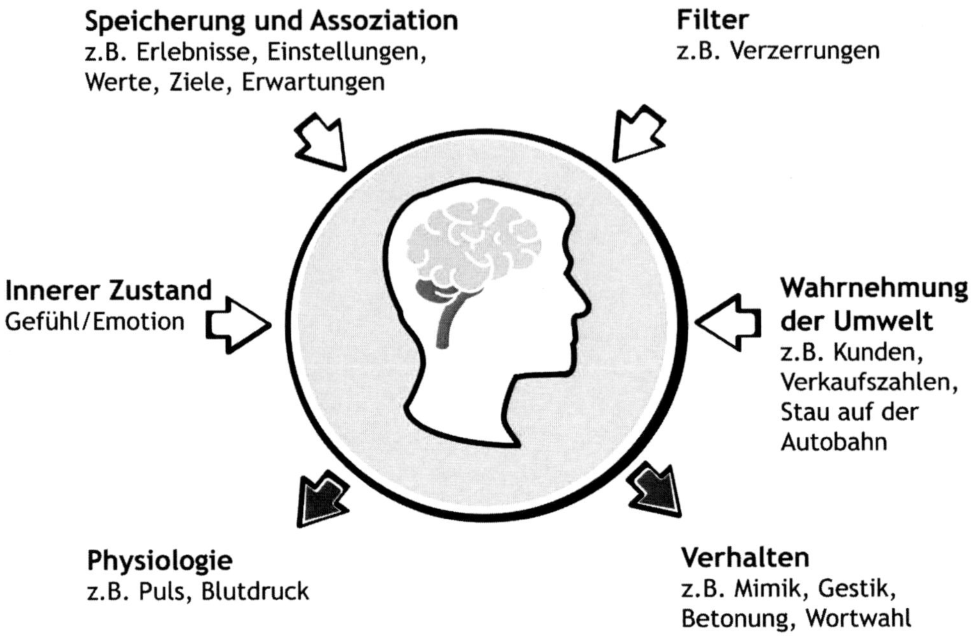

Abb. 1 Stress entsteht durch die individuelle Bewertung einer Situation (Quelle: In Anlehnung an Grochowiak 1999)

des Gegenübers, eine Handbewegung oder ein gezieltes (kritisches) Hinterfragen des eigenen Standpunktes. Sofort leiden die persönliche Ausstrahlung und die Überzeugungskraft. Die eigene Mimik und Gestik reagiert, ohne dass ein willentlicher Einfluss darauf besteht. Die Pupillen verengen sich, die Augen und die Lippen werden leicht zusammengekniffen, die Stimmlage wird höher, die Sätze werden kürzer, die Sprechgeschwindigkeit schneller und die Wortwahl ist weniger positiv.

Vor dem Angebot hat die Bedarfsanalyse zu erfolgen. Doch insbesondere unter Stress werden im Gespräch noch weniger Fragen gestellt als in der Praxis ohnehin schon leider üblich und erforderlich. Wenn dennoch versucht wird, das Gespräch zu steuern, dann an unpassender Stelle suggestiv mit Formulierungen wie „Sie werden mir doch sicher zustimmen …" oder „Sie benötigen doch sicher auch …, nicht wahr?". Das schränkt die Entscheidungsfreiheit des Kunden ein. Interessant ist, dass Verkäufer sich ihrer eigenen Vorgehensweise gar nicht bewusst sind. Im Gegenteil: Reagiert der Kunde auf den Verkäufer eher verschlossen, weil er sich durch dessen Vorgehensweise unwohl oder nicht wertgeschätzt fühlt (oder mit anderen Worten: die rhetorischen Attacken bewusst oder unbewusst „als Bedrohung" empfindet), geben Verkäufer nach dem Termin dem Kunden die Schuld am Gesprächsverlauf: „Der Kunde hat zugemacht! Ich kam nicht an ihn heran." Oder: „Der Kunde hatte keinen Bedarf."

Die dargestellte Situation lässt sich mühelos auf Führungssituationen, zum Beispiel ein Mitarbeitergespräch übertragen. Die Kernaufgabe der Führung besteht darin, das Arbeitsumfeld des Mitarbeiters so zu gestalten, dass dieser sich motivieren kann. Jedes negative Sprachmuster (Suggestion, Behauptung, Unterstellung etc.) wirkt sich sofort auf die Motivation des Mitarbeiters aus, weil er die Signale des Vorgesetzten „als Bedrohung" auffasst und entsprechend reagiert. Da der Vorgesetzte unter besonderer Beobachtung der Mitarbeiter steht, gilt dies für sein gesamtes Auftreten, nicht nur für einzelne Gespräche.

Wer also in Drucksituationen gelassen bleiben kann, führt qualitativ bessere Verkaufs- und Mitarbeitergespräche, die Beziehung zum Kunden und zum Mitarbeiter wird verbessert. Im Kundengespräch kann der Wert des Angebots besser herausgearbeitet werden, Preisforderungen werden reduziert und die eigene Verhandlungsposition wird gestärkt.

1.3 Kurzfristige Auswirkung auf die Verkaufsperformance

Ein Verkäufer, der negativen Stress hat, wird häufiger Kaufwiderstände in Gesprächen überwinden müssen. Das verschlechtert seine Erfolgsquoten in der Neukundengewinnung und beim Cross-Selling. Ebenso wird er häufiger Misserfolge zu verkraften haben. Das Gleiche gilt für Führungskräfte, denen es mit steigendem Stressniveau schwerer fällt, ihr Team zu motivieren. Am Ende bleibt oft nur die Anweisung als Führungsinstrument.

Nur wer als Verkäufer im Kundenkontakt oder als Führungskraft im Mitarbeitergespräch seine Fähigkeit zur Selbstreflexion nutzt, fragt sich, inwieweit die Reaktion des Mitarbeiters auf das eigene Verhalten zurückzuführen ist und was man selbst hätte anders machen können.

Wer aber über ein Problem oder einen Misserfolg nachdenkt oder sich mit anderen darüber austauscht, beeinflusst nicht nur sein eigenes Stressniveau und seine Motivation, sondern auch die seiner Kollegen und Mitarbeiter negativ. Er hält alle Beteiligten davon ab, die Arbeitszeit produktiv zu nutzen.

Stellen Sie sich zum Beispiel folgende Situation vor, wie sie im Berufsalltag in dieser oder ähnlicher Form üblich ist. Ein Mitarbeiter übergibt seinem Vorgesetzten eine Präsentation. Beide haben viel zu tun, der Terminkalender ist voll, das Stressniveau ist hoch. Statt des erwarteten Lobs kritisiert der Vorgesetzte das Ergebnis. Was bedeutet dieses kurze Gespräch für die Performance im Team?

- Zehn Minuten Gespräch für Vorgesetzten und Mitarbeiter: zweimal zehn Minuten.
- Der Mitarbeiter verlässt das Büro und geht „Eine rauchen": zehn Minuten.
- Der Mitarbeiter spricht dort mit einem Kollegen über die empfundene Ungerechtigkeit.
- Der Kollege ist interessiert, mitfühlend oder neugierig und verlängert seine „Rauchpause": fünf Minuten.

- Der Mitarbeiter kehrt zurück, holt sich einen Kaffee, sieht immer noch „genervt aus“ und wird dort von einem Kollegen mit „Was ist denn los?“ angesprochen. Wieder vergehen zweimal fünf Minuten.
- Endlich kehrt der Mitarbeiter zurück in sein Büro, sein Ärger ist aber nicht verflogen, sondern durch die Gespräche mit den Kollegen eher gefestigt. Sein Büronachbar kennt solche Situationen aus eigenem Erleben, sieht schon am Gesicht des Hereinkommenden, wie das Gespräch mit dem Chef war. Beide tauschen sich kurz über ihn und die eigenen Erlebnisse aus: zweimal zehn Minuten.

Der Produktivitätsverlust in diesem Beispiel beträgt über eine Stunde Arbeitszeit durch ein unbedacht geführtes oder schlecht vorbereitetes Gespräch mit einem Mitarbeiter. Die Situation nach einem schwierigen oder nicht erfolgreichen Kundentermin oder Verkaufstag ist ähnlich. Stress kann dabei sowohl die Ursache als auch die Folge einer Führungs- oder Verkaufssituation sein. Ein sich verstärkender Regelkreis.

Um eine Einschätzung über den Produktivitätsverlust im eigenen Unternehmen zu bekommen, braucht man nur folgende Frage zu beantworten: Wie viele solcher Ereignisse gibt es im Vertriebsteam pro Tag, Woche, Monat, Jahr? Die nächste Fragen könnten dann lauten: Was hat diese unproduktive Arbeitszeit gekostet und was hätte damit besser angefangen werden können?

Gespräche mit Verkaufsleitern zeigen, dass in einem Verkaufsteam mit Innen- und Außendienst jährlich mehrere Tausend Stunden Arbeitszeit zielorientierter und produktiver eingesetzt werden können. Zudem müssen weniger Probleme mit nach Hause genommen werden, das Privatleben dient wieder eher als Ausgleich, die Work-Life-Balance wird verbessert.

1.4 Mittel- und langfristige Auswirkung auf die Gesundheit

Zur Erinnerung: Mit jedem Gedanken an ein Problem wird der Stressmechanismus bereits gestartet. Kaum einer weiß, dass 80 Prozent aller Krankheiten durch Stress ausgelöst oder beeinflusst werden und 60 Prozent aller Arztbesuche darauf zurückzuführen sind (vgl. Bittner und Koepchen 2006). Wichtig ist zudem, dass weder Ausgleich durch Bewegung oder Entspannung Auswirkungen darauf haben, wie ein Ärgernis in Zukunft bewertet wird – am nächsten Tag ärgert sich der Betroffene wieder über den Kunden oder die vollen Straßen. Viele gut gemeinte Anti-Stress-Programme, wie autogenes Training oder Entspannungsübungen, bringen daher nicht den gewünschten Erfolg.

Es ist leicht nachzuvollziehen, dass nur derjenige voll leistungsfähig ist, der auch über eine gute Gesundheit verfügt. Die meisten Menschen verstehen unter Gesundheit den Zustand, den sie als normal hinnehmen, wenn sie nicht krank sind. Es reicht aber nicht aus, einen Zustand durch das Nichtvorhandensein eines anderen zu definieren. Seit einiger Zeit wird daher oft von „Wellness“, dem Wohlfühlen gesprochen. Man fühlt sich wohl, wenn man frei ist von Sorgen, Nöten und Ängsten. Daher definiert die Weltgesundheitsorgani-

Grafik Regelkreis

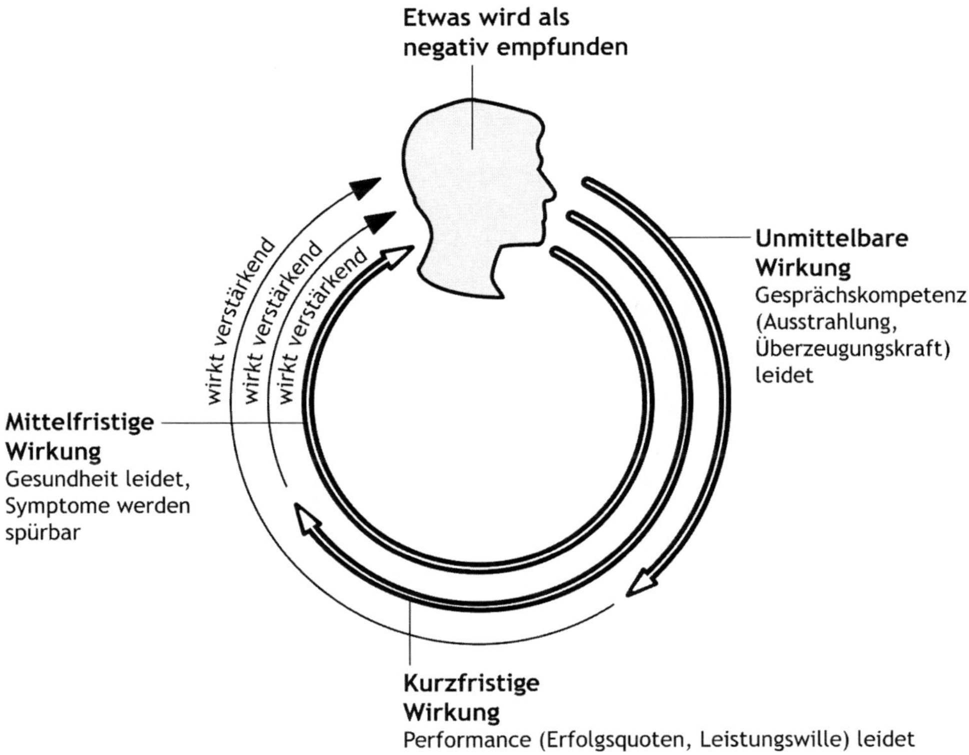

Abb. 2 Stress im Vertrieb als Regelkreis mit sich verstärkender Rückkopplung

sation WHO Gesundheit als den Zustand „vollkommenen körperlichen, seelischen und sozialen Wohlbefindens“ (Oetting 2006, S. 14). Wer aber aufgrund des Stresses schlecht ein- und/oder nicht durchschläft, keine Erholungspausen hat oder schnell erkältet ist, wird über kurz oder lang in seiner gesamten Leistungsfähigkeit signifikant nachlassen (vgl. hierzu auch Abb. 2). Zudem ist nachgewiesen, dass Herz-Kreislauf-Erkrankungen, Diabetes, Tinnitus und sogar Krebs durch Stress ausgelöst werden können (vgl. Bittner und Koepchen 2006).

2 Die Vertriebsführungskraft als Vorbild für den Umgang mit Stress

Wer als Führungskraft mit Drucksituationen souverän umgehen kann, dem fällt es leichter, Zuversicht auch in schwierigen Zeiten auszustrahlen, die erforderlichen Entscheidungen angemessen schnell zu treffen und lösungsorientiert zu kommunizieren. Die souveräne

Führungskraft gibt den Mitarbeitern im Vertrieb das Gefühl, dass man ihr vertrauen kann. Ihr folgt ein Mitarbeiter gerne, weil er zum Beispiel glaubt, dass von ihr die eigene Entwicklung positiv beeinflusst wird und er unter ihrer Führung leichter erfolgreich sein kann.

Zur Arbeit im Vertrieb gehört insbesondere für Führungskräfte, sich selbst anspruchsvolle Ziele zu setzen, schnelle Entscheidungen zu treffen oder mit belastenden Situationen souverän umzugehen, die nicht zu ändern sind. Das kann auch Führungskräfte vor große Herausforderungen stellen:

- Gerade eine Führungskraft im mittleren Management ist in einer unkomfortablen Sandwichposition (z. B. Regionalleitung) und hat unpopuläre Entscheidungen des Topmanagements auch gegen die eigene Überzeugung möglichst „geräuschlos" umzusetzen (z. B. Preiserhöhungen, Umstrukturierungen, Freisetzungen etc.).
- Führungskräfte sind für die Verkaufsergebnisse der Mitarbeiter verantwortlich – ohne einen direkten Einfluss auf Vorbereitung und Durchführung der Gespräche zu haben. Oft genug hängt von deren Performance nicht nur die eigene Karriere, sondern der Wohnsitz der eigenen Familie ab.
- Führungskräfte bekommen seltener Lob und Anerkennung als Mitarbeiter. Von einem Vertriebsleiter wird das Erreichen vorgegebener Ziele erwartet, Lob von der Geschäftsleitung ist in vielen Fällen rar.
- Führungskräfte im Vertrieb werden auch als Topverkäufer wahrgenommen, von ihnen werden also neben Managementkompetenzen auch rhetorischer Feinschliff im Verkaufsgespräch erwartet.

2.1 Anspruch und Wirklichkeit

Viele Sales Manager ziehen sich in Druck- und Stresssituationen wie jeder andere Mensch in die ihnen angestammten Verhaltensmuster zurück, zum Beispiel in verstärkte Administration der Verkaufszahlen oder Aktivismus. Jegliches demotivierendes Verhalten löst Enttäuschung und Frust beim Mitarbeiter aus und fördert den negativen und problemorientierten Flurfunk im Unternehmen. Das kostet Performance im ganzen Team sowie Umsatz und Ertrag und gefährdet die Gesundheit aller.

Eine Studie an Managern, die drei Monate oder länger wegen Burn-out aus dem Arbeitsleben ausscheiden mussten, zeigte, dass diese als einzige Gemeinsamkeit aufwiesen, hart gearbeitet zu haben, ehrgeizig und leistungsorientiert zu sein und schlecht „Nein" sagen zu können. Eigenschaften, in denen sich viele Führungskräfte wiederfinden und die in dieser Kombination zu einem hohen Gefährdungspotenzial führen (vgl. Asberg et al. 2002).

In einer Studie des Managementzentrums St. Gallen unter mehr als 500 Führungskräften in Deutschland, Österreich und der Schweiz kam im Jahr 2003 heraus, dass jeder zweite Manager seine Mitarbeiter aufgrund des Drucks für nicht mehr voll leistungsfähig hielt (vgl. Buchhorn 2004). Eine weitere Studie der Haufe Akademie (2009) zeigte, dass viele

Führungskräfte beim Umgang mit Druck und Belastung kein gutes Vorbild sind: Sie nehmen die eigene Schädigung in Kauf und fordern das Gleiche von den Mitarbeiten.

Ein ähnliches Bild ergibt sich auch nach einer Befragung von 166 Führungskräften deutscher Unternehmen hinsichtlich der gelebten Unternehmenskultur (Kienbaum 2011). Hier zeigte sich, dass die gelebte Unternehmenskultur noch weit vom Wunschbild entfernt ist. Zwar war die überwiegende Mehrheit der Befragten sich dahingehend einig, dass im Unternehmen eine hohe Leistungsorientierung herrsche. Jedoch waren im mittleren Management nur sieben und im Topmanagement nur 16 Prozent der Ansicht, dass diese Leistung auch angemessen anerkannt und wertgeschätzt wird. Auch wenn die eingeschränkte Zustimmung in dieser Befragung mit 36 und 45 Prozent höher ausfiel, bleibt als Faktum stehen, dass rund die Hälfte der Befragten in der Anerkennung der Leistung große Potenziale sah. Und genau darin liegt ein Haupttreiber für den täglichen Stress: hohe Leistungsorientierung in Verbindung mit unzureichender Wertschätzung. Denn gerade authentisches Lob und Anerkennung für hohen Einsatz, das Angebot von Perspektiven oder Entwicklungsmöglichkeiten – alles, was bestimmt wichtig, aber nicht dringend ist, bleibt unter Stress allzu oft aus. Das eigene Verhalten als Führungskraft hat einen signifikanten Einfluss auf das Stressempfinden der Mitarbeiter (vgl. Nyberg 2009).

2.2 Die Wahl der Perspektive

Der Mensch ist aus der Evolution als Negativwahrnehmer hervorgegangen. Das bedeutet, dass Menschen häufiger unter Stress stehen, als sie heutzutage müssten. Bamberger (2007, S. 24) meint dazu: „Allzu entspannte Menschen hatten zur Zeit unserer Vorfahren schlechte Überlebenschancen. Daher treffen wir heutzutage nur wenige von ihnen an". Es fällt Menschen leicht, bei Störungen, Ärgernissen oder Bedrohungen viele Details wahrzunehmen (vgl. Watzlawik 2000). Im Gegenzug werden positive Erlebnisse als Einheit betrachtet bzw. als „normal" angesehen und damit abgewertet. Sie bekommen gar keine oder nur eine geringe Aufmerksamkeit. Die Realität wird verzerrt, unsere Wirklichkeit ist negativer, als sie sein müsste.

Das ist für eine Führungskraft insofern eine Herausforderung, als dass sie besonders sorgsam mit ihrer Wahrnehmung umgehen muss. So nehmen Vorgesetzte die Leistung eines Mitarbeiters als gegeben hin, können sich aber an kleine Unzulänglichkeiten lange und detailliert erinnern und darüber sprechen. Doch um authentisch Wertschätzung und Lob geben zu können, ist es erforderlich, die positiven Aspekte einer Leistung überhaupt wahrgenommen zu haben. Ansonsten bleibt beim Mitarbeiter das Gegenteil des Lobes in Erinnerung („Das ist zwar gut, aber …").

Es ist daher sinnvoll, die Wahrnehmung positiver Details zu trainieren. Das hat viele Vorteile:

- Die Laune steigt und mit ihr die positive Ausstrahlung,
- es fällt leichter, auf anspruchsvolle Kunden und Mitarbeiter zuzugehen,

- Lösungen können schneller gefunden und Bewältigungsstrategien schneller gelernt werden und
- die Zeit kann besser genutzt werden.

Wer seine Wahrnehmung trainieren möchte, kann das in ganz alltäglichen Situationen sowie im Führungs- und Verkaufsumfeld leicht umsetzen, indem zum Beispiel an jedem Kunden, Kollegen und Mitarbeiter mehrere positive Eigenschaften gefunden werden. Das klingt zunächst einfach, entpuppt sich dann oft als große Herausforderung. Nur wer die Stärken eines Mitarbeiters auch vor Augen hat, wird diese authentisch wertschätzen können.

Vor allem ist es wichtig, sich am Ende eines Arbeitstags die geleisteten und erledigten Dinge vor Augen zu führen. Auch hier ist es viel leichter, an die Ärgernisse oder die noch zu erledigenden Aufgaben zu denken. Deswegen ist es sinnvoll, negative Gedanken sofort zu stoppen und an Lösungsmöglichkeiten zu denken.

2.3 Bewältigungsstrategien

Stress entsteht im Kopf, und zwar indem eine Situation als „Bedrohung" bewertet wird. Deswegen ist es erforderlich, auch im Kopf eine Lösung zu trainieren. Die Wahrnehmung von Positivem und Erfolgen bilden die Grundlage, anspruchsvolle Situationen leichter zu bewältigen. Dennoch reicht ein einmaliges Umdenken in der Regel nicht aus, sondern es geht darum, Denkgewohnheiten zu verändern.

Hilfreich ist ein intensives Bewusstmachen der Tatsache, welche herausfordernden bzw. „bedrohlichen" Situationen bereits erfolgreich gemeistert werden konnten (vgl. Loehr 1991). Auch hierbei handelt es sich streng genommen um eine Form des Wahrnehmungstrainings. Hilfreich ist einerseits das Auflisten gemeisterter Situationen rückblickend über einen längeren Zeitraum und andererseits das tägliche Vergegenwärtigen in Form eines Tagebuchs.

Um als Führungskraft nicht nur das eigene Stressniveau, sondern auch das der Mitarbeiter positiv zu beeinflussen, ist es erforderlich, in herausfordernden Situationen Entscheidungsmöglichkeiten zu haben und über Entscheidungskompetenz zu verfügen.

▸ Je besser die Fähigkeit ausgeprägt ist, in herausfordernden Situationen die Wahl zu haben und entscheiden zu können, desto stärker ist die eigene Resilienz, die Widerstandskraft gegen den Stress.

Das gilt interessanterweise auch für Situationen, in denen man zunächst keine Wahl zu haben scheint. Denn auch wenn die Situation als solche nicht beeinflusst werden kann, hat man immer die Wahl, ob man sich aufregen oder ruhig bleiben will. Eine solche Fähigkeit ist nicht angeboren, sondern durch Erfahrung erworben und kann gelernt werden („bewertungsorientiertes Coping", vgl. Loehr 1991). Die Kontrolle über die eigene Gefühlswelt ist der Schlüssel für erfolgreiches Stressmanagement sowie die leistungssteigernde Führung von Mitarbeitern.

Ein wesentliches Element für eine funktionierende Bewältigungsstrategie ist die eigene innere Einstellung. So kann ein einziger Satz im inneren Dialog die Stressreaktion hervorrufen. Diese stressfördernde Einstellung gilt es zu finden und durch eine stressreduzierende zu ersetzen. Wer sich zum Beispiel im Umgang mit seinen Mitarbeitern denkt, „Ich muss das Team kontrollieren", hat nicht nur Stress, weil er den Aktivitäten nicht vertraut, sondern wird auch die Motivation der Mitarbeiter reduzieren. Wenn es gelingt, stattdessen „Ich vertraue den Fähigkeiten meiner Mitarbeiter. Ich sehe mich als Coach, um sie zu Bestleistung anzuspornen" zu denken, wird eine positive Ausstrahlung haben, mehr erreichen und ganz nebenbei auch weniger Stress haben.

3 Das Stressniveau im Vertrieb

Für die Umsetzung von Anti-Stress-Strategien ist es erforderlich, zunächst das Stressniveau im Vertrieb zu erkennen. Das kann sowohl auf individueller Ebene geschehen als auch auf Teamebene und sich auf Beobachtung, Befragung oder tatsächliche Messung stützen. Die Führungskraft steht dabei vor dem Dilemma, dass

- ein potenziell unter Stress stehender Mitarbeiter sich nur dann zu erkennen gibt, wenn er der Überzeugung ist, keine negativen Repressalien befürchten zu müssen oder ihm diese Möglichkeit als das geringere Übel im Vergleich zu sozialen oder gesundheitlichen Stressfolgen erscheint – der Handlungsdruck also hoch ist –, oder
- er sogar verleugnet unter Stress zu stehen, sofern er auf das Thema angesprochen wird, weil er weiterhin als leistungsfähig gelten möchte.

Die Lösung ist daher oft ein Anti-Stress-Training für alle nach dem „Gießkannenprinzip". Doch gerade von leistungs- und ergebnisorientierten Verkäufern wird das oft als „esoterisch" und nicht anwendbar eingestuft. Dabei ist eine konsequente Schulung und nachhaltige Betreuung von allen Mitarbeitern unbedingt angezeigt. Um die Akzeptanz der Maßnahme zu gewährleisten, sollte deshalb unbedingt auf die Anwendbarkeit der Maßnahmen im Vertrieb geachtet werden.

3.1 Erkennen gefährdeter Mitarbeiter durch die Führungskraft

Wichtige Erkenntnis für den Vertrieb ist, dass ein niedriger Krankenstand per se nicht viel über die Gesundheit und die Produktivität der Verkäufer aussagt. Fakt ist zwar, dass Beschäftigte mit körperlichen Beeinträchtigungen eher eine Genesungspause einlegen als diejenigen, die unter psychischen Belastungen leiden. Letztere gehen meist noch lange und unbehandelt ihrem normalen Verkaufsalltag bei geminderter Produktivität nach. Der

Leidensdruck muss bei psychischen Belastungen sehr groß sein, um die befürchteten Risiken (Stigmatisierung, Image- oder Statusverlust, Karriereknick, Einkommensreduktion durch fehlende variable Gehaltsbestandteile etc.) zu überwinden. Doch wenn schließlich die Symptome akut werden, ist eine längere Krankschreibung oft nicht zu vermeiden. Erfolgreiche Bemühungen um Prävention, etwa im Rahmen betrieblicher Programme zur Stressprävention, setzen allerdings voraus, dass Betroffene eigene Belastungsgrenzen sensibel wahrnehmen.

Es können drei typische Reaktionsmuster auf Stress festgestellt werden, die bei jedem Menschen unterschiedlich stark verteilt und ausgeprägt sind (vgl. Trilling 2012).

- *Der mentale Stresstyp* neigt dazu, seine täglichen Probleme in sich hinein zu fressen. Er ärgert sich oft über Kleinigkeiten, denkt über die Ungerechtigkeit der Welt nach und erzählt allen vertrauten Menschen davon. Dadurch löst er seine „Probleme" aber nicht. Ganz im Gegenteil, durch das ständige Wiederholen wird seine eigene Sicht der Dinge negativer, als die Realität tatsächlich ist. Das wiederum beeinflusst die Bewertung des nächsten „Problems" negativ und lässt das Stressniveau weiter ansteigen.
  Die Führungskraft, die nicht notwendigerweise zu den „Vertrauten" zählt, bekommt davon nichts mit. Ihr gegenüber wird der gestresste Mitarbeiter weiterhin versuchen, in einem anderen Licht zu erscheinen. Deswegen ist es besonders wichtig, im Vergleich zu „normalem" Verhalten auf kleine Veränderungen der Mitarbeiter hinsichtlich Körperhaltung, -spannung, Mimik und Gestik sowie auf Randbemerkungen in Einzelgesprächen oder Meetings zu achten. Deutliche Anzeichen für Stress ist darüber hinaus ein Nachlassen von Enthusiasmus und Tatkraft.
- *Der körperliche Stresstyp* neigt zu häufigen Wehwehchen, zum Beispiel einem verspannten Nacken, Kopfschmerzen oder Essstörungen (zu viel/zu wenig). Es kann sein, dass er sich schon daran gewöhnt hat und seit einiger Zeit Medikamente nimmt, damit es ihm besser geht. Auch wenn er äußerlich ruhig und gelassen wirkt, kann es sein, dass er regelmäßig errötet, feuchte oder kalte Hände bekommt oder stärker transpiriert (z. B. Achseln, Stirn). Wenn der Stress übermäßig zunimmt, hat er oft morgens keinen Hunger und auch tagsüber nicht richtig Appetit. Abends bekommt er richtig Heißhunger und isst mehr als nötig, dann auch oft das Falsche. Die Urlaubs- oder Weihnachtsgrippe nimmt er mittlerweile mit einem Schmunzeln hin. Durch den hohen Stresspegel ist das Immunsystem zu Beginn der Urlaubszeit geschwächt, sodass die Erkältung fast vorprogrammiert ist. Für die Führungskraft ist es hier wichtig, auf Äußerungen hinsichtlich des Wohlbefindens zu achten. Die einfache Frage „Wie geht's?" kann hier schon die erste Tendenz aufzeigen, wenn der Mitarbeiter beispielsweise häufiger über Kopfschmerzen klagt.
- *Der verhaltensauffällige Stresstyp* ist für die Führungskraft sicher am einfachsten zu erkennen, lässt sich sein Stressniveau doch direkt am sichtbaren Verhalten ablesen. Er ist leicht reizbar, fährt aus der Haut, kommt zu Besprechungen nicht mehr pünktlich, macht Fehler bei der Arbeit, ist vergesslich usw. Häufig werden diese Symptome aber verdrängt oder versucht, sie mit anderen Ursachen zu begründen („Das neue EDV-

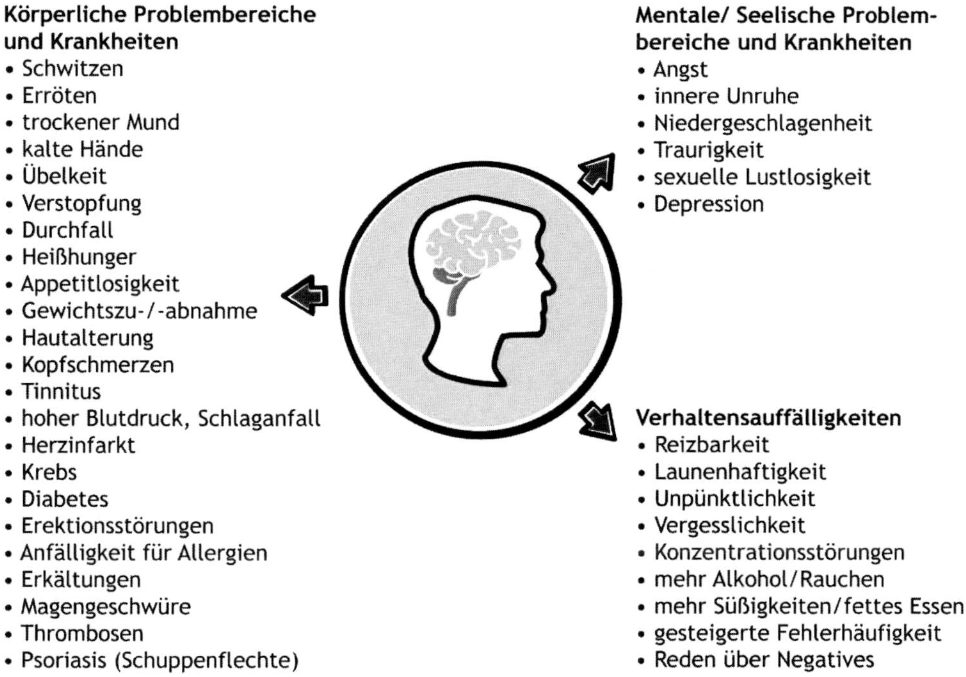

Abb. 3 Beispiele individueller Stresssymptome

System …", „Der Kunde hat mich mal wieder aufgehalten …"). Tagsüber wird der Organismus durch Kaffee und Adrenalin hochgeputscht, sodass er abends oft durch Alkohol heruntergefahren werden muss. Der Zigarettenkonsum steigt an, je größer der Druck wird. Aber jede Zigarette bedeutet zusätzlichen Stress für den Organismus, ebenso Alkoholkonsum. Nikotin und Alkohol sind gleichermaßen Auslöser für und Symptom von Stress – ein Regelkreis mit positiver Rückkopplung. Je größer der Stress, desto mehr Nikotin wird verlangt, desto größer die Belastung für den Körper usw.

Wer sich ausreichend Zeit für seine Mitarbeiter nimmt, wird Veränderungen eher bemerken und kann frühzeitig Unterstützung anbieten. Um das Stressniveau der Mitarbeiter einzuschätzen, ist es sinnvoll, auf Verhaltensveränderungen zu achten. Einen Überblick über individuelle Stresssymptome vermittelt Abb. 3.

3.2 Ermitteln des Stressniveaus im Vertriebsteam durch Experten

Neben der Beobachtung durch die Führungskraft gibt es noch die Möglichkeit, externe Stressexperten hinzuzuziehen. Sie haben die Möglichkeit, über geeignete Fragebögen oder eine tatsächliche Messung das Stressniveau zu ermitteln. Dazu bieten sich regelmäßige Verkaufstrainings an. In diesem Kontext sind Verkäufer für einfache und gleichzeitig wirksame Techniken offen. Denn welcher Verkäufer ist nicht daran interessiert, wie er es zum Beispiel schaffen kann, in einer Drucksituation beim Einkäufer gelassen und souverän zu bleiben. Auf diesem Weg kann das Thema Stress in ein Seminar eingebaut werden, ohne dass ein Verkäufer sein Gesicht verliert. In der Regel erzeugt die Verdeutlichung der Thematik nicht nur Offenheit, sondern auch Interesse, mehr in diese Richtung zu unternehmen und das eigene Stressniveau zu senken. Die Erfahrung zeigt, dass es gerade für die Zielgruppe der Verkäufer wichtig ist, sehr praxisnah zu arbeiten und nicht einen „esoterischen" Eindruck zu erwecken. Die Kombination vertrieblicher und mentaler Kompetenz ist der Schlüsselfaktor für die nachhaltige Umsetzung.

3.2.1 Stresstests und Coachings

Das Ausfüllen von (Online-)Tests zur Selbsteinschätzung stellt eine gute Basis dar, um einerseits einen Eindruck von der subjektiven Stressbelastung zu bekommen und andererseits gezielte Maßnahmen im Vertrieb einleiten zu können. Zudem können die Daten aggregiert und anonymisiert werden, sodass auch Aussagen über regionale Stressverteilungen und Stressursachen möglich werden. Maßnahmen auf individueller oder Teamebene (Seminare und Coachings) können so sehr effizient geplant und umgesetzt werden. Bei der Durchführung macht es dann Sinn, zusätzlich eine individuelle Messung vorzunehmen. Auch gibt es wertvolle Hinweise auf notwendige organisatorische Maßnahmen (z. B. Gebietsgrößen, Karrierepfade oder Anreizsysteme).

Oftmals entstehen gerade durch anonyme Befragungen und im Gespräch mit externen Coaches neue Blickwinkel, über die im Tagesgeschäft aus bekannten Gründen nicht gesprochen wurde. Das heißt, dass es für eine Führungskraft manchmal überraschend ist, dass mehrere Mitarbeiter mit dem einen oder anderen Thema ein „Problem" haben. Der eigene blinde Fleck in der Führungsarbeit wird so verkleinert. Das ist nicht nur gut für das Arbeitsklima und die Motivation, sondern selbstverständlich auch für die Verkaufsergebnisse.

3.2.2 Individuelle Messung des Stressniveaus

Wie schon erwähnt löst jedwede Bedrohung eine Angriffs- oder Fluchtreaktion im Körper aus. Dazu wird unter anderem die Körpertemperatur durch Schweißabsonderung reguliert. Bereits seit Ende des 19. Jahrhunderts ist bekannt, dass mentale Vorgänge – etwa das Erinnern an ein unangenehmes Ereignis – eine Veränderung des Hautwiderstands bewirken. Die kleinste Veränderung der Feuchtigkeit der Haut kann an den Fingerkuppen durch den Einsatz eines Biofeedbackverfahrens gemessen werden: Je höher der Stress, desto feuchter die Haut, desto niedriger ist der Widerstand. Wichtig hierbei ist die Tatsache, dass parallel mehrere Prozesse im Körper ablaufen, welche die Organe aktivieren und gleichzeitig schädigen.

Für die Messung des individuellen Stressniveaus sind in der Regel mehrere Messzeitpunkte erforderlich (vgl. Abb. 4). Mit einer einzelnen Messung kann jedoch die schnelle Reaktion des Organismus auf mentale Prozesse verdeutlicht werden. In Coaching-

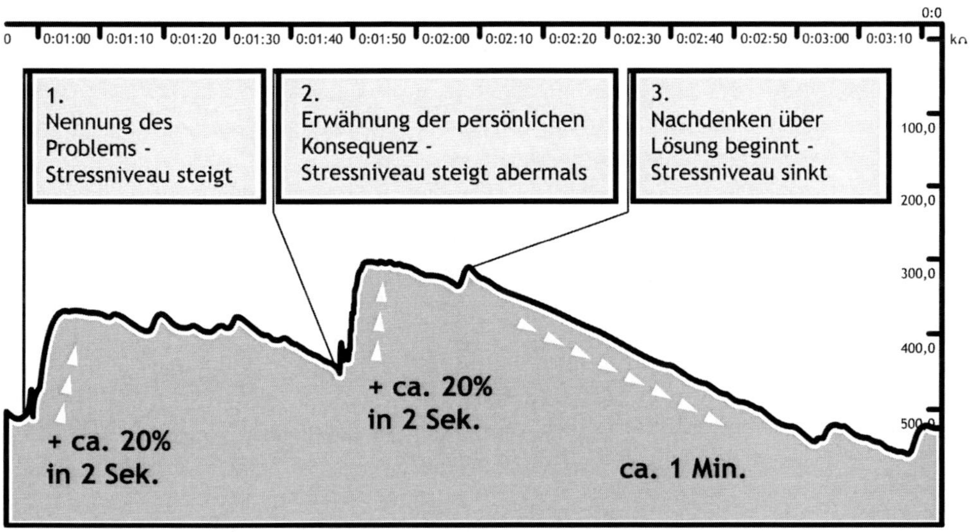

Abb. 4 Messung des individuellen Stressniveaus und der Stressreaktion

Gesprächen gibt die Veränderung des Hautwiderstands zudem sehr deutliche Hinweise auf die „Problemsituation" des Klienten. Im nachfolgenden Beispiel einer Messung während eines Coaching-Gespräches wird deutlich, wie sich der Hautwiderstand und mit ihm das Stressniveau verändert, wenn der Klient über ein für ihn belastendes Thema spricht. Nach einer ersten Nennung des Problems sinkt der Hautwiderstand (steigt das Stressniveau) um ca. 20 Prozent von ca. 450 kOhm auf ca. 350 kOhm. Bei der Erwähnung der persönlichen Konsequenzen aus dieser Situation steigt das Stressniveau abermals um ca. 20 Prozent. Der Klient hatte lediglich darüber berichtet, welche negativen Konsequenzen sich für ihn aus einer noch nicht beschlossenen Umstrukturierung ergeben könnten.

Das bloße Denken an das „Problem" wird sofort im Hautwiderstand messbar. Gleichfalls zeigt sich, wie das anschließende Suchen nach einer Lösung das Stressniveau sinken lässt und wie lange es im Vergleich zur Aktivierung dauert. Hätte sich der Klient weiter in sein problembehaftetes „Kopfkino" hineingesteigert, wäre eine weitere Erhöhung sehr wahrscheinlich gewesen. Lösungsorientiertes Denken fokussiert sich auf die Selbstkontrolle und senkt das Stressniveau sofort.

4 Leistungsorientierte Vertriebskultur ohne Stress

Die Kultur, die einen Vertrieb prägt, entsteht in der Regel über mehrere Jahre und beinhaltet alle gemeinsamen Werte, Denkmuster und Verhaltensnormen sämtlicher im Vertrieb arbeitenden Menschen. Sie wird beeinflusst durch die eingesetzten Führungs- und Steuerungsinstrumente. Dementsprechend hat die Führungskraft viele gestalterische Möglichkeiten, um das Stressniveau nachhaltig zu beeinflussen.

Die Herausforderung ist dabei, dass die Führungskraft selbst an der eher kurzfristigen Zielerreichung gemessen wird, Maßnahmen zur Stressreduktion zumindest im organisatorischen Bereich länger dauern und eine direkte Zurechnung auf das eigene Handeln nur schwer möglich ist. Das bedeutet, richtiges Handeln zur Stressvermeidung ist zwar wichtig, aber nicht dringend – zumindest solange die Verkaufszahlen stimmen.

Je positiver und lösungsorientierter der Umgang im Verkaufsteam ist, desto niedriger ist – wie beschrieben – das Stressniveau und desto höher sind die Chancen auf gute Verkaufsleistungen. Dabei spielt das Stressniveau der Führungskraft eine gravierende Rolle in der positiven und lösungsorientierten Kommunikation mit dem Team: Nur wer möglichst stressresistent ist, wirkt auch wirklich souverän.

Welchen Einfluss die Kommunikation untereinander spielt, konnte zum Beispiel in einer Studie von Fredrickson und Losada (2005) nachgewiesen werden. Teammitglieder in sogenannten „High-Performing-Teams" verfügen nicht nur über einen höheren Handlungsspielraum und über höhere Entwicklungsmöglichkeiten, sondern pflegen vor allem einen besonders positiven Umgang miteinander. Die nach harten Kriterien wie Profitabilität oder Kundenzufriedenheit besonders erfolgreichen Teams wendeten dreimal mehr positive Sprachmuster (Lob, Anerkennung, Wertschätzung, positives Feedback usw.) als negative an. Alles, was das Gefühl von Ungerechtigkeit und Kontrollverlust erzeugen kann, wird nicht nur den Druck, sondern auch den Stress erhöhen. Es lohnt sich also, über den eigenen Umgang mit dem Vertriebsteam regelmäßig zu reflektieren und den Umgang der Teammitglieder untereinander zu beobachten.

4.1 Vertriebsziele

Stress entsteht für einen Verkäufer am ehesten dann, wenn er die Erreichbarkeit gegebener Ziele als nicht realistisch einschätzt und damit signifikante Konsequenzen (Einkommen, Karriere, Ansehen etc.) verbindet. Dann kommt es in der Folge entweder zu problemorientierten Gedanken bzw. negativer Kommunikation im Team oder zu Mehrarbeit, kürzeren Erholungsphasen und Einschränkungen im Privatleben.

Natürlich sollte ein Ziel SMART (spezifisch, messbar, attraktiv, realistisch und terminiert) sein. Doch insbesondere bei der Einschätzung der Realisierbarkeit gehen die Meinungen von Vertriebsleitung und Mitarbeiter oft auseinander. Die Ursachen liegen nicht nur in unterschiedlichen Perspektiven. Vorgegebene und unabänderliche Wachstumsziele, die auf die Mitarbeiter heruntergebrochen werden und von ihnen akzeptiert werden „müssen", sorgen für eine große Belastung. Dabei gehört es zur Aufgabe der Vertriebsleitung, entweder die Realisierbarkeit dieser „Draufgabe" gänzlich infrage zu stellen (was ein großer Stressor für die Führungskraft sein kann) oder sie dem Mitarbeiter entsprechend zu verkaufen und ihn bei der Zielerreichung zu unterstützen. Ebenso herausfordernd ist eine pauschale Betrachtung der Jahresziele (z. B. plus 10 Prozent), die ebenso leicht Ziele als unrealistisch erscheinen lässt.

Wird ein als unrealistisch eingeschätztes Ziel vom Mitarbeiter akzeptiert, so kann das für immensen und dauerhaften Stress sorgen. Deswegen ist es erforderlich,

- die Zielvorgaben so präzise wie möglich zu beschreiben und herzuleiten,
- die Einschätzung der Fähigkeiten zur Zielerreichung zu objektivieren und
- die Zielvereinbarung im partnerschaftlichen Sinne lösungsorientiert zu gestalten.

Stressreduzierend und motivierend wirkt es sich aus, wenn der Vertriebsmitarbeiter auf Basis seiner eigenen Erfahrungen seine Ziele im Rahmen eines festgelegten Zielkorridors zunächst selbst festlegt, um sie dann mit der Führungskraft final zu vereinbaren. Darüber hinaus ist es aus Sicht eines Mitarbeiters hilfreich, dass er mit eigener Aktivität die Zielerreichung auch sicherstellen kann. Ist das nicht der Fall, steigt die Wahrscheinlichkeit eines erhöhten Stressniveaus.

Voraussetzung für das beschriebene Vorgehen ist, dass der Mitarbeiter seine eigene Verkaufspipeline gut einschätzen und Ergebnisse auf bestimmte Aktivitäten (nicht Zufälle) zurückführen kann. Mit jeder Zufallskomponente nehmen das Gefühl des Kontrollverlustes und damit der Stress zu. Je besser die Kompetenzen hinsichtlich Planung, Gesprächsführung und Selbstreflexion entwickelt sind, je regelmäßiger und positiver das Feedback seitens der Führungskraft oder von Coaches ist, desto stärker ist die Fähigkeit ausgeprägt, Ergebnisse auf eigene Aktivitäten zurückzuführen. Werden also die Kompetenzen der Mitarbeiter regelmäßig evaluiert, trainiert und weiterentwickelt – insbesondere wenn außergewöhnliche Ereignisse anstehen (z. B. Preisanpassungen, Produktneueinführungen oder Neukundengewinnungsaktionen) – so kann sich das insgesamt positiv auf das Stressniveau auswirken.

Nach der Pareto-Regel, die in den allermeisten Fällen auch in der Praxis zutrifft, werden 80 Prozent des Umsatzes mit 20 Prozent der Kunden erzielt. Für die Zielfestlegung reicht es daher zunächst aus, die Entwicklung der wichtigsten Kunden im Einzelfall zu beobachten und deren Potenziale für das Folgejahr zu prognostizieren. Die Entwicklung der übrigen Kunden kann dann zum Beispiel pauschal abgeschätzt werden (z. B. analog zur durchschnittlichen Veränderung der wichtigsten Kunden).

Damit sowohl Verkäufer als auch ihre Führungskräfte eine möglichst gleiche Einschätzung der Potenziale haben, ist es hilfreich, sich nicht auf ein „Bauchgefühl“ zu verlassen, sondern geeignete Kriterien und Wahrscheinlichkeiten zu definieren. So sind selbstverständlich konkrete Angebotsanfragen mit einer höheren Eintrittswahrscheinlichkeit zu bewerten als das bloße Erwähnen eventueller Aufträge seitens des Kunden oder die Nutzung von Schätzwerten bzw. Pauschalisierungen.

Auf der anderen Seite wirken konkrete Vorgaben hinsichtlich durchzuführender Aktivitäten (x Besuche pro Woche bei Kundengruppe 1 und y Besuche bei Kundengruppe 2) nicht notwendigerweise stressend auf den Mitarbeiter, hat er doch klare Messpunkte, um seine Leistung quantitativ zu beurteilen. Solche Vorgaben sollten jedoch mit Augenmaß beurteilt werden und einen gewissen Spielraum ermöglichen.

4.2 Vertriebssteuerung

Zur Vertriebssteuerung zählen aus Unternehmenssicht alle Möglichkeiten, die Aktivitäten und Ergebnisse der Vertriebsmitarbeiter zu planen und zu steuern. Jedoch werden aus Sicht der Vertriebsmitarbeiter dieselben Instrumente häufig als Belastung oder Kontrollmechanismen wahrgenommen, da sie ihre Arbeitsleistung transparent machen. Instrumente sind aus ihrer Sicht meistens ein lästiges Übel, das Zeit kostet und für sie zunächst keinen direkten Nutzen bringt. Dieser Ärger reicht schon aus, um das Stressniveau geringfügig zu erhöhen. Ist tatsächlich Mehrarbeit unter Zeitdruck erforderlich oder sind negative Konsequenzen bei Nichterfüllung der Vorgaben zu erwarten, wird der Stress signifikant steigen. Nicht viel anders sieht es mit Anreizsystemen zur Steuerung aus. Hier ist der direkte Nutzen zwar erkennbar, jedoch können auch sie für nicht unerheblichen Stress sorgen.

4.2.1 Planung und Reporting

Zu den „unliebsamen" Tools des Vertriebscontrolling zählt das Aktivitätsreporting im CRM ebenso wie die Verkaufspipeline. Auch wenn Verkäufer vor allem über den Mehraufwand klagen, geht es tatsächlich jedoch um die Einschränkung von Freiheitsgraden im Vertrieb.

Ein nicht zu unterschätzender Stressor ist die Gestaltung der Vertriebssteuerung. In vielen Fällen wird nur die Ergebnisentwicklung beobachtet. Das ist vor allem deswegen riskant, weil weder Verkäufer noch Vertriebsleitung Daten darüber erhalten, ob der Verkäufer mit den richtigen Botschaften, bei den richtigen Ansprechpartnern, bei den richtigen Kundengruppen strategiekonform handelt und das Aktivitätsniveau auch quantitativ ausreicht. Ein wesentlicher stressauslösender Aspekt ist der zeitliche Abstand zwischen Aktivität und Ergebnis. Wenn sich Veränderungen in den Vertriebsergebnissen oder Planungsabweichungen zeigen, ist schon wichtige Zeit verstrichen. Der Druck zur Zielerreichung und der Stress steigen für alle Betroffenen.

Um das Stressniveau möglichst gering zu halten, ist es erforderlich, dass die Arbeit mit den Instrumenten übersichtlich und einfach ist, wenig Zeit kostet und der Nutzen für den Mitarbeiter erkennbar ist. Darüber hinaus sollten neben den Vertriebsergebnissen die Aktivitäten nach festgelegten Kriterien erhoben werden, um eine rechtzeitige Steuerung zu ermöglichen.

4.2.2 Entlohnungsmodelle

Je größer der variable Anteil in der Einkommensgestaltung eines Verkäufers ist, desto mehr Einsatz wird er aufbringen, um seine Ziele zu erreichen. Jedoch steigen der Leistungsdruck und damit der Stress, je niedriger das Grundgehalt ist und je geringer die Zurechenbarkeit von Aktivitäten zu Ergebnissen ist (Zufallskomponente). Um den bestmöglichen motivationalen Effekt aus dem Entlohnungssystem zu ziehen und das Stressniveau zu senken, ist es einerseits erforderlich, über eine gute Datenbasis der Markt- und Potenzialinformationen der Kunden zu verfügen. Andererseits sollten dem Mitarbeiter auch alle Ressourcen zur Verfügung stehen, um diese Potenziale auch zu heben. Zu solchen Ressourcen zählt die Unterstützung des Teams ebenso wie die persönliche Weiterentwicklung durch Trainings- und Coaching-Maßnahmen zur Verbesserung der persönlichen Erfolgsquoten.

4.2.3 Beurteilung und Karriere

In Ergänzung zu den Entlohnungsmodellen behandeln Beurteilungen die Art und Weise der Zielerreichung und bilden damit den Grundstein für die Karrieremöglichkeiten des Mitarbeiters.

Damit hat dieses Thema je nach persönlicher Zielsetzung und Lebensplanung einen großen Einfluss auf das Stressempfinden. So kann die Bevorzugung eines Mitarbeiters auf der Karriereleiter für einen lange andauernden schwelenden Konflikt im Team sorgen, weil dadurch nicht nur alle Bemühungen des Einzelnen, sondern das System als solches infrage gestellt werden. Die daraus resultierende Unsicherheit in Verbindung mit empfundener Ungerechtigkeit und Abwertung der individuellen Leistung lässt den Stress steigen, das Betriebsklima leiden und die Performance sinken. Die Abwanderung wichtiger Leistungsträger mit den entsprechenden Folgekosten (z. B. Kundenmitnahmen, Kosten für Recruiting und Einarbeitung, Umsatzrückgang) ist leider kein Einzelfall.

Wichtig ist, dass Beurteilungskriterien definiert sind und sich alle Beurteilenden daran halten. Nur dann entsteht Glaubwürdigkeit durch Nachvollziehbarkeit und somit ein niedriges Stressniveau.

4.3 Lösungsorientierte Kommunikation

Die Führungskraft kann durch die eigene Vorbildfunktion die Zusammenarbeit innerhalb des Teams nachhaltig beeinflussen. So verwundert es nicht, dass mit dem Wechsel eines unliebsamen Vorgesetzten in eine andere Abteilung auch der Krankenstand sich ändert. Mitarbeiter haben ein gutes Gespür dafür, ob eine Führungskraft Vorbild in punkto Erfolg und Engagement ist und sich so Vertrauen, Glaubwürdigkeit und Akzeptanz verdient hat.

Es ist aber nicht nur wichtig, was die Teammitglieder über ihre Führungskraft denken, sondern auch, was die Vertriebsleitung über die Teammitglieder denkt. Je bewusster einem die Stärken eines Menschen sind, desto positiver wird die eigene Ausstrahlung sowie Kommunikation sein und desto niedriger das Stressniveau von beiden Beteiligten. Die innere Einstellung zu einem Menschen beeinflusst Mimik, Gestik und Betonung des Gesagten ebenso wie die gewählten Worte – schneller und intensiver als es das Bewusstsein uns glauben macht.

Sprache verrät viel über die eigene Einstellung (vgl. Schaffer-Suchomel et al. 2006) und löst immer etwas beim Gesprächspartner aus. Deswegen ist es hilfreich, auf die eigene Wortwahl in der Kommunikation mit Mitarbeitern (Gespräche, Meetings, E-Mails) und

Tab. 1 Mehr Einfluss durch positiven Ausdruck

Destruktive Formulierungen	Konstruktive Formulierungen
„Herr Müller, Sie haben mich falsch verstanden."	„Herr Müller, ich merke, ich habe mich unklar ausgedrückt."
„Sie müssen das umsetzen!"	„Ich vertraue auf Ihre Erfahrung." „Es ist sinnvoll, wenn wir alle an einem Strang ziehen."
„Es ist mir egal, wie Sie das umsetzen, Herr Müller."	„Bitte entscheiden Sie, wie Sie vorgehen, Herr Müller."
„Das ist ein Problem!"	„Das ist eine anspruchsvolle Aufgabe."
„Sie müssen das doch einsehen, Herr Müller!"	„Herr Müller, was denken Sie, wenn Sie das Thema aus einer anderen Perspektive betrachten?"

mit Kunden besonders zu achten und negative Ausdrücke durch positive zu ersetzen (vgl. Tab. 1).

Um die Motivationswirkung beispielsweise in Feedbackgesprächen maximal auszuschöpfen, ist es erforderlich, selbst lösungs- und nicht problemorientiert zu sein, die Erfahrung bzw. die Kompetenz des Mitarbeiters zu berücksichtigen sowie auf die Persönlichkeit des Mitarbeiters im Gespräch einzugehen.

5 Fazit

Stress hat nicht nur einen gesundheitsbezogenen Charakter, sondern vielmehr auch Einfluss auf die Fähigkeit zu argumentieren und zu überzeugen sowie auf die Erfolgsquoten im Vertrieb. Übliche Betrachtungen von Anti-Stress-Strategien gehen damit nicht weit genug und fokussieren viel zu spät auf eine rein symptomatische Bekämpfung, die obendrein oft nichts bringt. Viel wichtiger ist es nämlich, Stress gar nicht erst entstehen zu lassen. Und darauf hat die Führungskraft einen großen Einfluss. Je besser es ihr gelingt, das eigene Stressniveau gering zu halten, desto leichter wird es ihr fallen, das Umfeld der Mitarbeiter stressfrei zu gestalten.

Ein positives Leistungsklima entsteht dann, wenn der Mitarbeiter einen Sinn in seiner Arbeit sieht, er in gewissem Rahmen die Kontrolle über die Arbeitsbedingungen und die Ergebnisse hat, sich fair und gerecht behandelt fühlt und im Rahmen seiner persönlichen Ziele Perspektiven hat. Darüber hinaus ist es wichtig, dass alle Negativismen und Problemgespräche möglichst rasch beendet und in Lösungen überführt werden.

Das Ergebnis sind nicht nur zufriedene Mitarbeiter und Kunden, niedrigere Kosten durch weniger Fluktuation, Arztbesuche usw. und gute Erfolgskennzahlen im Vertrieb. Es lohnt sich also, rechtzeitig etwas mehr für ein positives Leistungsklima und gegen den Stress zu unternehmen.

Literatur

Asberg, M., Nygren, A., & Rylander, G. (2002). Work-related Stress and its Conseqences, in: Stress and Burn-Out, A Growing Problem for Non-Manual Workers, International Metalworkers' Federation.

Bamberger, C. M. (2007). *Stress-Intelligenz: So finden Sie Ihren optimalen Stress-Level und gewinnen Lebensenergie*. München.

Bittner, G., & Koepchen, J. (2006). *Mentale Medizin, Gesundheit beginnt im Kopf – eine Einführung: Perspektiven und Möglichkeiten einer neuen Medizin* (2. Aufl.). Essen.

Buchhorn, E. (2004). Haltlos im Chaos. *Manager-Magazin, 34*, 1.

Fredrickson, B., & Losada, M. (2005). Positive affect and the complex dynamics of human flourishing. *American Psychologist, 60*(7), 678–686.

Grochowiak, L. (1999). *Das NLP Master Handbuch: Erlernen Sie NLP auf Master-Niveau*. Paderborn.

Haufe Akademie (2009). *Führungskräftestudie 2009, Work-Life-Balance und Führungsverhalten*. Freiburg.

Kienbaum (2011). *Kienbaum-Studie „Unternehmenskultur 2011 – Rolle und Bedeutung"*. Gummersbach.

Leka, S., Griffiths, A., & Cox, T. (2003). Work Organisation and Stress. In World Health Organization Protecting Workers' Health Series No. 3. Nottingham.

Loehr, J. E. (1991). *Persönliche Bestform durch Mentaltraining für Sport, Beruf und Ausbildung*. München.

McCarty, R. (2000). Fight-or-Flight Response. In G. Fink (Hrsg.), *Encyclopedia of Stress* (S. 143–145). San Diego, London.

Nyberg, A. (2009). *The Impact of Managerial Leadership on Stress and Health among Employees, Department of Public Health Sciences, NASP – National Prevention of Suicide and Mental Health*. Stockholm: Karolinska Institutet.

Oetting, M. (2006). *So entkommen Sie der Falle Stress, ein Selbstlernbuch mit Trainingsbausteinen auf Grundlage der Standards der Weltgesundheitsorganisation WHO*. Hamburg.

Schaffer-Suchomel, J., Krebs, K., & Dahlke, R. (2006). *Du bist, was Du sagst: Was unsere Sprache über unsere Lebenseinstellung verrät*. München.

Trilling, T. (2012). *Druck und Stress im Vertrieb positiv nutzen: So steigern Sie berufliche Performance und Lebensqualität*. Wiesbaden.

Watzlawik, P. (2000). *Anleitung zum Unglücklichsein* (21. Aufl.). München.

Vertriebssteuerung und -incentivierung

Harald L. Schedl, Alexander Thöle und Daniel Korany

Inhaltsverzeichnis

1 Leadership im Vertrieb

Als Führungsposition stellt die Vertriebsleitung eine Vorbildfunktion für alle Vertriebsmitarbeiter dar. Dies bedeutet, die geforderte Professionalität vorzuleben, die Vertriebsmannschaft zu motivieren und Leitgedanken klar zu formulieren. Eine einheitliche Ausrichtung nach Margen- oder Volumenzielen ist beispielsweise eine zentrale strategische Vorgabe, an der sich Vertriebsmitarbeiter orientieren können und müssen. Dies ist in der Praxis oft nicht klar in einer ausformulierten Vertriebsstrategie definiert und zeigt sich zum Beispiel anhand großer Bandbreiten der erzielten Durchschnittsmargen pro Vertriebsmitarbeiter.

Die Hauptaufgabe eines Vertriebsleiters ist vor allem in der Mitarbeiterführung zu sehen. Dazu gehören neben der Steuerung insbesondere das Coaching und die Übergabe von

Harald L. Schedl ✉
Simon-Kucher & Partners GmbH, Willy-Brandt-Allee 13, 53113 Bonn, Deutschland
e-mail: harald.schedl@simon-kucher.com
Alexander Thöle
Simon-Kucher & Partners GmbH, Willy-Brandt-Allee 13, 53113 Bonn, Deutschland
e-mail: alexander.thoele@simon-kucher.com
Daniel Korany
Simon-Kucher & Partners GmbH, Ganghoferstr. 66, 80339 München, Deutschland
e-mail: daniel.korany@simon-kucher.com

L. Binckebanck et al. (Hrsg.), *Führung von Vertriebsorganisationen*,
DOI 10.1007/978-3-658-01830-6_21,

© Springer Fachmedien Wiesbaden 2013

Kompetenzen („Enabling") an die Mitarbeiter. In der Praxis hingegen sind Führungskräfte im Vertrieb häufig zu stark ins Tagesgeschäft involviert, zum Beispiel in die Kundenbetreuung und Auftragsverhandlung. Dadurch können sich Vertriebsführungskräfte oftmals nur unzureichend um die Steuerung des Vertriebs und die strategische Planung kümmern. Darüber hinaus leidet die Vertrauensbasis als bedeutsamer Motivationshebel, wenn Kompetenzen nicht an Vertriebsmitarbeiter abgegeben werden.

Zum gelungenen Vertriebspersonalmanagement gehört neben der Mitarbeiterführung auch die geeignete Besetzung der Stellen. Je nach Strategie sind unterschiedliche Rollen und dementsprechende Anforderungsprofile erforderlich. Im Vertrieb lassen sich grundsätzlich vier Profile identifizieren, die sich in den beiden Dimensionen Führungspotenzial und Potenzial zur Neukundenakquise unterscheiden: Bestandskundenbetreuer („Farmer"), Key Account Manager, Marktentwickler und Neukundenentwickler („Hunter").

Ein „Farmer", bei dem beide oben genannten Dimensionen eher schwach ausgeprägt sind, ist für die Pflege bestehender Kunden wichtig, wobei die Betreuung von Key Accounts ein höheres Führungspotenzial und somit eine andere Stellenbesetzung erfordert. Um neue Märkte zu erschließen, müssen beide Dimensionen stark ausgeprägt sein. Zu den Aufgabenbereichen des Marktentwicklers gehören das Aufbauen von Netzwerken, das Beschaffen nötiger Marktinformationen sowie das Kennenlernen und Überzeugen potenzieller Kunden. Ist die Neukundenakquise auf bereits vertraute Märkte fokussiert, ist das Führungspotenzial des Verkäufers weniger bedeutsam. In der Praxis sind in Vertriebsabteilungen meist unterschiedliche Mitarbeiterprofile vorhanden. Es lässt sich jedoch beobachten, dass Anforderungen nicht differenziert genug formuliert werden und dementsprechend im Unternehmen vorhandene Vertriebsprofile nicht ausreichend mit der entsprechenden Vertriebsstrategie kongruieren. Beispielhaft zeigten sich bei einem Unternehmen aus der Stahlindustrie (vgl. Abb. 1[1]) große Probleme bei der Akquisition neuer Kunden in Kernmärkten. Die Analyse der Vertriebskompetenz zeigte den Grund dafür auf: ein unausgewogenes Mitarbeiterportfolio mit einem klaren Mangel an „Huntern".

Für die Sicherstellung eines schlagkräftigen Vertriebs müssen Führungskräfte neben einem professionellen Vertriebspersonalmanagement auch einen möglichst sinnvollen Einsatz der Vertriebsressourcen gewährleisten. In den meisten Unternehmen ist es aufgrund einer hohen Anzahl an Kunden weder möglich noch ratsam, alle Kunden gleich zu behandeln. Als geeignete Grundlage für Priorisierungsentscheidungen bietet sich eine systematische Kundensegmentierung an. Aus unserer Erfahrung werden Kunden oft lediglich nach ihrem Volumen oder Umsatz klassifiziert. Ein Kundensegmentierungsmodell sollte aber die ganzheitliche Bedeutung, den sogenannten Kundenwert, eines Kunden für ein Unternehmen abbilden. Dazu hat es sich bewährt, Kunden nach zwei Dimensionen zu bewerten: ihrem aktuellen Wert für das Unternehmen sowie ihrem zukünftigen Potenzial (vgl. Abb. 2). Die Ermittlung des Kundenwerts setzt sich je nach Unternehmensstrategie

[1] Die in diesem Beitrag verwendeten Abbildungen haben konzeptionellen Charakter und finden in einer Vielzahl unserer Projekte Anwendung. Aus diesem Grund kann keine genaue Quelle angegeben werden.

Abb. 1 Vertriebsprofilierung bei einem Stahlhersteller

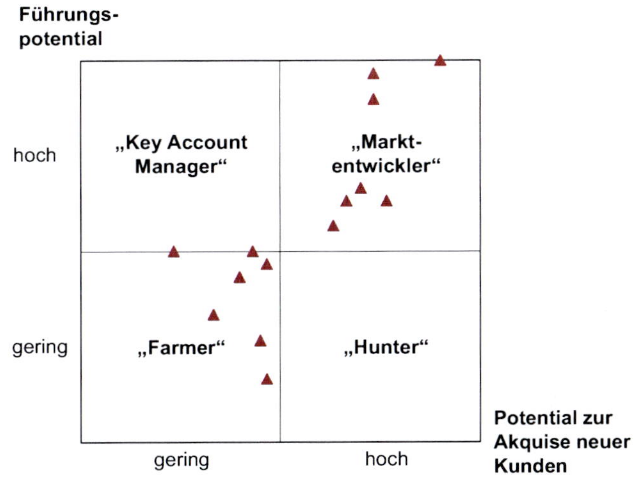

Abb. 2 Kundensegmentierungsmodell

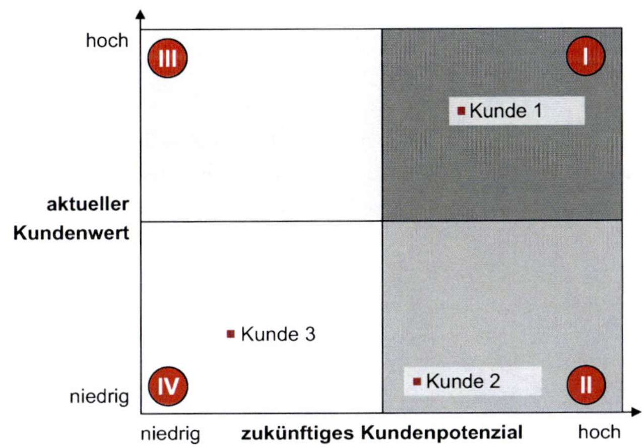

aus mehreren Parametern zusammen, zum Beispiel Preissensitivität, Umsatz, Zahlungsverhalten und Loyalität. Das zukünftige Potenzial lässt sich entweder direkt abschätzen oder indirekt über beispielsweise den Lieferanteil und die strategische Bedeutung des Kunden bestimmen.

Gegenstand der Priorisierung von Vertriebsressourcen können neben Maßnahmen zur Kundenbetreuung (Kundenentwicklungspläne, Besuchsroutinen etc.) auch Serviceleistungen, die Bearbeitung von Anfragen oder der Angebotsumfang (z. B. Budgetangebot, vollumfängliches Angebot) sein. Die Kundensegmentierung unterstützt somit nicht nur das Management bei der strategischen Vertriebssteuerung, sondern ebenso die Vertriebsmitarbeiter im Tagesgeschäft.

2 Vertriebssteuerung mittels Kennzahlen

Um den Erfolg der Vertriebsstrategie und abgeleiteter Maßnahmen zu messen, sollten Vertriebs-KPIs (Key Performance Indicators) definiert und regelmäßig erhoben werden. Solche Kennzahlen verfolgen zwei Hauptziele: Sie bewerten die Leistung des Vertriebs und dienen als Warnsignale für Leistungsdefizite. Typischerweise lassen sich Kennzahlen in drei Klassen aufteilen: Profitabilität, Markt- und Kunden-Perspektive sowie die interne bzw. die Kostenperspektive (vgl. Abb. 3).

Eine wichtige Bedingung für den langfristigen Erfolg eines Kennzahlensystems im Vertrieb ist dessen Transparenz und Einfachheit. Das Kennzahlensystem muss überschaubar bleiben, da sonst der Erhebungsaufwand enorm wird und gleichzeitig die Steuerungswirkung wegen der hohen Komplexität nachlässt.

Die Auswahl der richtigen KPIs geschieht idealerweise auf Basis einer Longlist durch die unternehmensspezifische Bewertung von Relevanz und Implementierbarkeit der möglichen Kennzahlen (vgl. Abb. 4). Einfach zu implementierende und für die Vertriebssteuerung relevante Kennzahlen sollten direkt in das System aufgenommen werden. Wenig relevante Kennzahlen sollten, unabhängig von ihrer Implementierbarkeit, nicht Bestandteil des Kennzahlensystems werden, um die Komplexität nicht unnötig zu erhöhen. Ist eine Kennzahl sehr relevant, aber die Erhebung derzeit nicht möglich, gilt es die richtigen Voraussetzungen dafür zu schaffen. Dies bedeutet zumeist die Durchführung von Datenpflege

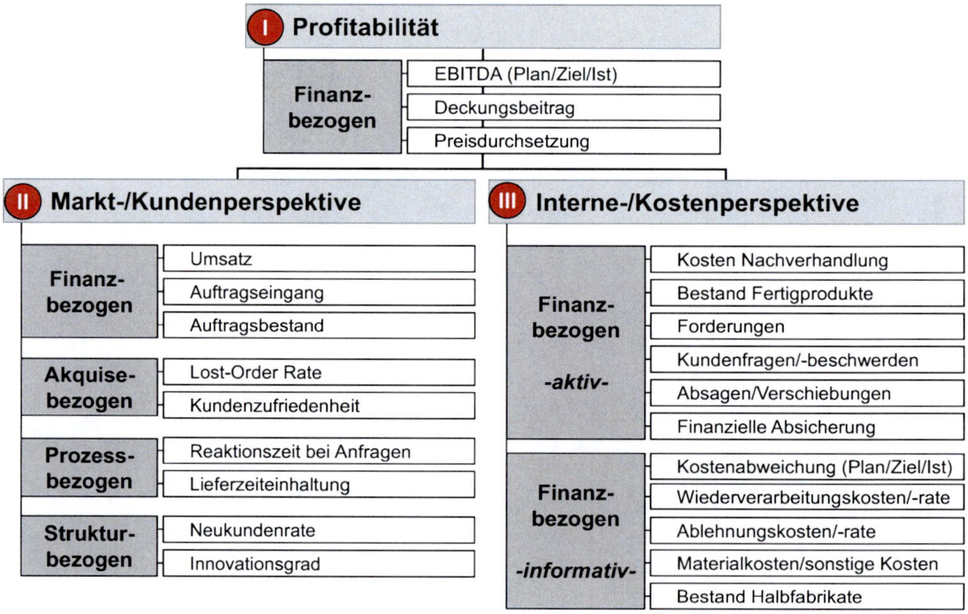

Abb. 3 Kennzahlensystem im Vertrieb

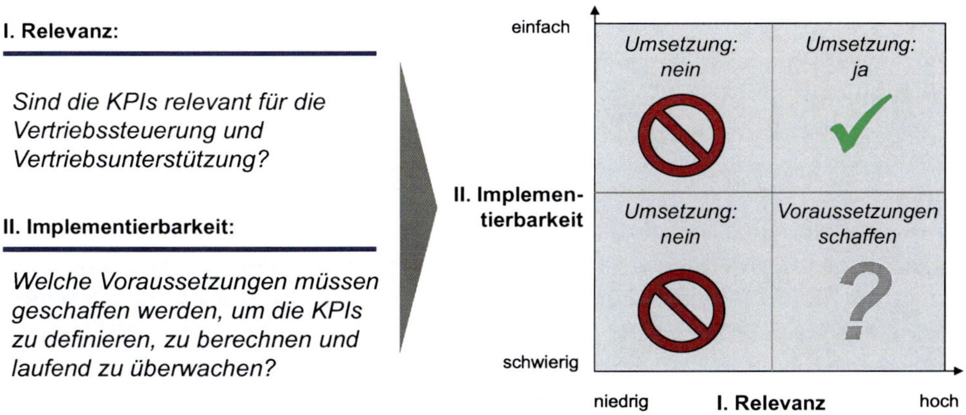

Abb. 4 Auswahl der Kennzahlen

Struktur	KPI	Funktionsbereiche				Erhebungsfrequenz
		Vertriebsleitung	Außendienst	Innendienst	Produktmanagement	
Profitabilität	EBITDA (Plan, Soll, Ist)	x	x	x	x	jährlich
	Deckungsbeitrag	x			x	monatlich
	Preiserreichung	x	x		x	monatlich
Markt-/Kundenperspektive	Umsatz	x	x	x	x	monatlich
	Auftragseingang	x	x	x		monatlich
	Auftragsbestand	x	x	x		monatlich
	Lost-Order-Rate	x	x	x		monatlich
	Kundenzufriedenheit	x	x	x	x	jährlich
	Reaktionszeit auf Anfragen	x	x	x		monatlich
	Liefertreue	x	x	x		monatlich
	Anzahl an Neukunden	x	x			monatlich
	Innovationsgrad	x			x	jährlich

Abb. 5 Differenzierung der KPIs nach Vertriebsfunktionen (Ausschnitt)

und Datenbereinigungsarbeiten. Unverzichtbare Elemente eines jeden Vertriebskennzahlensystems sollten aber Profitabilitätskennzahlen sein. Dafür ist eine saubere Kostenermittlung und Deckungsbeitragskalkulation erforderlich. Übersteigt der zu tätigende Aufwand zur Einführung relevanter Kennzahlen die kurzfristig verfügbaren Ressourcen, sollte zunächst eine Priorisierung der Kennzahlen erfolgen und das KPI-System nach und nach erweitert werden.

Eine Differenzierung der Kennzahlen in sogenannte „Views“ oder „Cockpits“ ist nötig, da sie nur für bestimmte Hierarchiestufen (z. B. Vertriebsleitung, Verkäufer, Sachbearbeiter) oder Geschäftsbereiche (z. B. Neumaschinengeschäft vs. Service) relevant sein können. Für die Vertriebsleitung sind beispielsweise KPIs, wie Deckungsbeitrag, Kapazitätsauslastung und Mitarbeiterzufriedenheit von hoher Bedeutung, während für Verkäufer die Anzahl an Neukunden, Kundenzufriedenheit und Preisqualität wichtiger sein können. Abbildung 5 zeigt beispielhaft einen Ausschnitt der Aufteilung der KPIs auf einzelne Funktionsbereiche.

Die Erhebungsfrequenz hängt von der Komplexität der Erhebungsmethode ab. Eine Kundenzufriedenheitsstudie findet in der Regel jährlich statt, wohingegen die Preisdurchsetzung pro Monat, gar pro Transaktion gemessen werden kann. In vielen Unternehmen werden zwar Kennzahlen erfasst, deren Beachtung und die Ableitung von Maßnahmen kommen allerdings häufig zu kurz. Daher ist es besonders wichtig, bei der Einführung eines Kennzahlensystems auch die Implikationen für das Unternehmen und die daraus resultierenden Prozesse festzulegen und zu überwachen. Ein benutzerfreundliches CRM-System kann helfen, die Kennzahlen im Vertriebsalltag stärker zu verankern.

3 Zielvereinbarungen

Erfolg im Vertrieb, der durch die Messung geeigneter Kennzahlen transparent wird, erfordert die Mitwirkung aller Mitarbeiter im Einklang mit der Vertriebsstrategie. Eine hohe und zielorientierte Mitarbeitermotivation kann nur erreicht werden, wenn Individual- und Firmenziele zusammen passen. Dies erfolgt durch Zielvereinbarungen, an denen die Leistung der Mitarbeiter gemessen wird. Als Grundlage der Mitarbeiterziele dienen demnach die Unternehmens- und die daraus abgeleiteten Vertriebsziele, die bereits durch eine Auswahl an Kennzahlen konkretisiert wurden. Indem der Personalverantwortliche jene Kennzahlen als Individualziele definiert, die für den entsprechenden Mitarbeiter beeinflussbar sind, ist die Motivation zum Erreichen der unternehmerischen Ziele gegeben.

Unsere Projekterfahrung zeigt jedoch selten eine hinreichende Differenzierung der Zielvereinbarungen auf die spezifischen Vertriebsrollen. Die Verschiedenartigkeit von vertrieblichen Aufgaben spricht allerdings für individuelle Zielvereinbarungen. Während beispielsweise „Farmer" durch hohe Profitabilitätsziele den Deckungsbeitrag pro Kunde steigern sollten, kann für Marktentwickler ein stärkerer Fokus auf Neukundenakquise und Marktbekanntheit sinnvoll sein. Besonderes Augenmerk ist auch auf die konsequente Trennung zwischen Innen- und Außendienst zu legen. Während im Innendienst die effiziente Abwicklung im Vordergrund steht, ist im Außendienst die effektive Kundengewinnung und -betreuung vorrangig.

Die Individualisierung der Zielvereinbarungen bezieht sich nicht nur auf die Auswahl der Kennzahlen, sondern auch auf die erwartete Leistung, die als Zielerreichung von 100 Prozent definiert wird. Die Motivationswirkung kann durch unrealistische oder zu leicht erreichbare Ziele verfehlt werden. Im Gegenteil begünstigen sie sogar Unzufriedenheit und Demotivation.

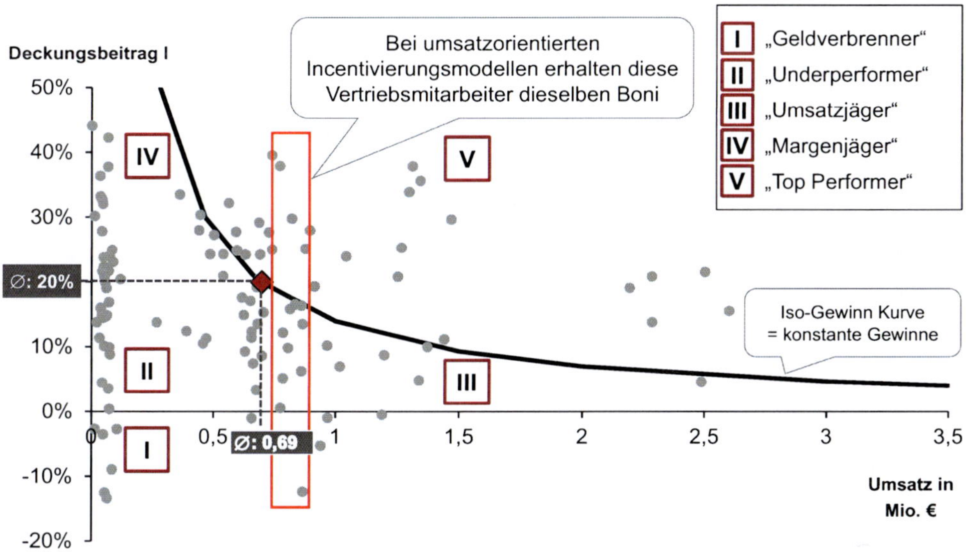

Abb. 6 Umsatz und Deckungsbeitrag pro Vertriebsmitarbeiter bei einem Entsorgungsdienstleister

Erfahrungsgemäß sind Zielvereinbarungen in der Praxis zu oft nur an Volumen- oder Umsatzziele gekoppelt, die niedrige Margen zur Folge haben können. Es ist allerdings empfehlenswert, bei der Auswahl der Ziele besonderen Wert auf Profitabilität bzw. Preisqualität zu legen, die unentbehrlich für den nachhaltigen Unternehmenserfolg sind. Sofern ein systematischer Pricing-Ansatz vorhanden ist, eignet sich die Preisqualität als Vereinbarung besonders gut, da sie die Anwendung der Preislogik unterstützt, Profitabilität sicherstellt und langfristig ein erwünschtes Preisniveau im Markt etabliert.

Das Fehlen klarer und differenzierter Zielvereinbarungen führt in der Regel zu keinem klaren Vertriebsfokus: Einige Vertriebler konzentrieren sich vor allem darauf, mehr Menge zu verkaufen; andere achten stärker auf die realisierten Preisniveaus und nehmen dafür Auftragsverluste in Kauf. Ein klares Bild der Steuerungswirkung von Zielvereinbarungen bekommt man daher beispielsweise anhand einer Analyse der Umsätze und Deckungsbeiträge pro Vertriebsmitarbeiter. Eine große Streuung weist auf eine mangelnde Steuerung der Vertriebler hin. Im Beispiel aus Abb. 6 zeigt sich, dass einige der analysierten Vertriebsmitarbeiter als „Margenjäger" hohe Deckungsbeiträge bei geringeren Mengen erzielten, andere als „Umsatzjäger" überdurchschnittliche Umsätze zulasten der Marge machten. Eine einheitliche Marschrichtung im Vertrieb ist jedoch Grundvoraussetzung für eine langfristig erfolgreiche Vertriebsarbeit.

4 Variable Vergütung des Vertriebs

Die gesetzten Zielvereinbarungen bilden durch die Gestaltung von Anreizen den Motor der Mitarbeitermotivation. Grundsätzlich sind Anreize nicht ausschließlich monetärer Natur. Angefangen bei öffentlichem Lob über Verantwortungsübergabe bis hin zu Sachzuwendungen oder etwa Reisen, sehen Unternehmen große Erfolge in der Mitarbeitermotivierung, die sich nicht auf der Gehaltsabrechnung bemerkbar macht. Gerade im Vertrieb sind gezielte monetäre Anreize aber zusätzlich notwendig und vielfach Branchenstandard.

Für die monetären Anreize ist die Entwicklung eines variablen Vergütungssystems erforderlich. Dieses dient neben der zielorientierten Mitarbeitersteuerung und Motivationssteigerung auch der Flexibilisierung von Personalkosten. Grundlage für die variable Vergütung sind die definierten individualisierten Zielvereinbarungen, die wiederum aus den Unternehmens- und Vertriebszielen abgeleitet wurden. Aus unternehmerischer Sicht steht demnach einer hohen Auszahlung einer Vergütung ein hoher Mehrwert für das Unternehmen entgegen.

Die Bezugsebene der Ziele wird dabei häufig vernachlässigt: Ist die vergütungsrelevante Leistung zurückzuführen auf ein Individuum, auf eine Gruppe oder die gesamte Firma? Erfolg versprechend ist eine ausgewogene Mischung von Individual- und Teamkomponenten (vgl. Abb. 7), um destruktive Konkurrenzkämpfe zwischen Verkäufern oder gesamten Abteilungen zu minimieren und gleichzeitig Anreize zu individuellen Höchstleistungen zu schaffen.

Bei der Entwicklung eines erfolgreichen Vergütungsmodells ist es entscheidend, dass die Vertriebsmitarbeiter die zugrunde liegende Systematik vollumfänglich verstehen und schnell nachvollziehen können. Ist dies nicht der Fall, verfehlt das Modell seine Steue-

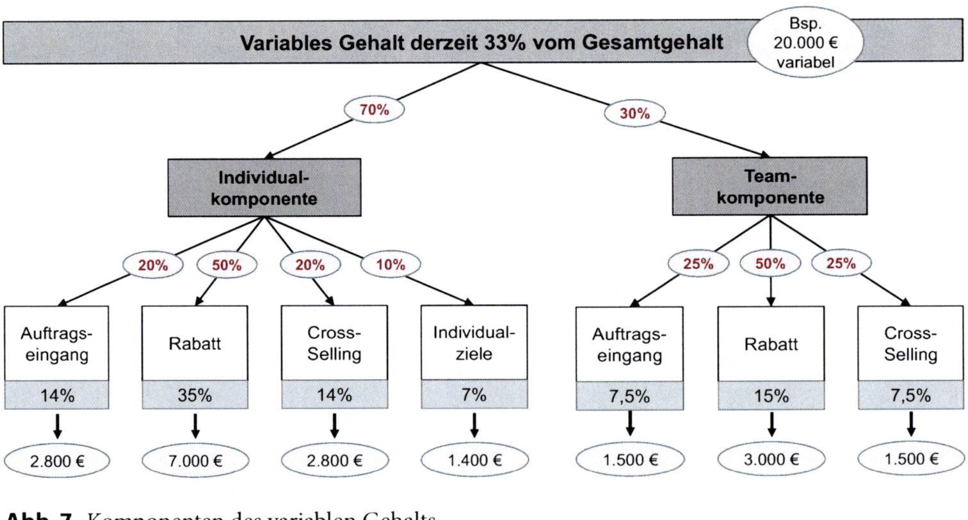

Abb. 7 Komponenten des variablen Gehalts

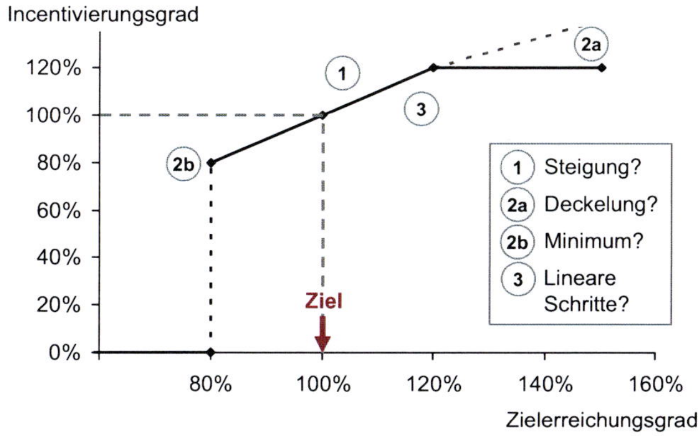

Abb. 8 Zahlungsfunktion der variablen Entlohnung

rungswirkung. Aus zahlreichen Beratungsprojekten zur Einführung und Optimierung von variablen Vergütungssystemen lassen sich folgende Kernanforderungen für den langfristigen Erfolg zusammenfassen:

- Transparenz,
- Fairness,
- Relevanz für jeden Vertriebsmitarbeiter,
- Attraktivität für Topperformer,
- Einfachheit bei der Verwaltung,
- Wirtschaftlichkeit für das Unternehmen sowie
- Einklang mit den Unternehmenszielen.

Die Ermittlung des gesamten Zielerreichungsgrads erfolgt über die Verrechnung der einzelnen Zielerfüllungen. In der Regel ist es ratsam, die Ziele je nach Relevanz für das Unternehmen verschieden zu gewichten. Die einzelnen Ziele stehen meist in einem additiven Zusammenhang. Ist die Zielerreichung dagegen multiplikativ als Produkt der Leistungsfaktoren definiert, erhöht es den Druck auf die Verkäufer und ist je nach Unternehmenskultur nur schwierig anwendbar. In einem solchen Fall ist der gesamte Zielerreichungsgrad 0 Prozent, wenn ein einzelnes Ziel zu 0 Prozent erreicht wird.

Einzelheiten zur variablen Entlohnung werden durch eine Zahlungsfunktion geregelt (vgl. Abb. 8). Grundsätzlich müssen drei wesentliche Entscheidungen durch das Vertriebs- und Personalmanagement in Bezug auf die Funktion getroffen werden:

1. **Wie steil ist die Steigung der Zahlungsfunktion?**
   Hinter dieser Entscheidung steht die Frage, wie stark eine Leistungssteigerung eines Mitarbeiters belohnt bzw. ein Leistungsabfall bestraft wird. Dabei gibt es keine allgemeingültige Lösung. Sie ist abhängig von der Branche, Unternehmenskultur und Hierarchiestufe des Mitarbeiters.

2. **Hat die Funktion Ober- und Untergrenzen?**
   Eine Untergrenze bedeutet, dass eine Mindestanforderung, zum Beispiel ein Zielerreichungsgrad von 80 Prozent, erfüllt werden muss, um überhaupt einen Anspruch auf variable Entlohnung erheben zu können. Bei geeigneter Ermittlungsgrundlage des Zielerreichungsgrads scheint eine Mindestgrenze sinnvoll, zumal eine Zielerreichung von 60 Prozent ein klares Leistungsdefizit darstellt und nicht belohnt werden sollte. Ob die variable Vergütung nach oben gedeckelt sein sollte, ist eine Frage, die eine differenzierte Betrachtung erfordert. Eine zu niedrig gewählte Höchstgrenze hemmt die Topverkäufer, wohingegen eine nach oben hin offene Funktion bei entsprechend hoher Leistung zu exorbitanten Auszahlungssummen führen kann. Dies ist insbesondere dann problematisch, wenn die gewählten Ziele nicht optimal aufeinander abgestimmt sind. Im konkreten Fall eines Entsorgungsdienstleisters kam es so beispielsweise zu einer Bonuszahlung von etwa 40.000 Euro an einen Business Development Manager für die Akquisition eines Großkunden mit negativer Marge, obgleich die Geschäftsführung die Steigerung der Profitabilität als wichtigstes Unternehmensziel definiert hatte.
3. **Wird die variable Vergütung linear zur Zielerreichung oder kategorisch ermittelt?**
   In der Regel sind lineare Zahlungsfunktionen gerechter, ohne einen höheren Anspruch zur Ermittlung der Auszahlungssumme darzustellen. Abhängig von der Messung des jeweiligen Ziels kann die exakte Ermittlung allerdings eine Scheingenauigkeit vortäuschen und stößt daher zum Teil auf Widerstand bei den Mitarbeitern. Sollte bei bestimmten Zielen die Bildung von Kategorien vorgenommen werden, sind diese eng zu definieren. So werden auch kleine Fortschritte belohnt, ohne einen Anspruch auf vollkommene Exaktheit des Zielerreichungsgrads zu erheben.

Ein sehr wichtiger Hebel zur Motivationssteigerung der Vertriebsmitarbeiter ist darüber hinaus der Zeitpunkt der Auszahlung. Anreizsysteme sind deutlich erfolgreicher, wenn die Mitarbeiter unmittelbar die Auswirkungen der eigenen Leistung spüren. Auszahlungen sollten demnach, wenn möglich, mehrmals im Jahr stattfinden.

Wie gezeigt wurde, liegt die Herausforderung bei der Aufsetzung eines erfolgreichen variablen Vergütungssystems vor allem in der Verschiedenartigkeit der Anforderungen. Einerseits sind die konsequenten Ableitungen des Modells aus den übergeordneten Zielen und die stimmige Zusammensetzung und Gewichtung der einzelnen Mitarbeiterziele grundlegende Voraussetzungen. Andererseits ist eine äußerst detaillierte Betrachtung der Zahlungsfunktionen sowie eine Simulation der Ergebnisse auf Mitarbeiterebene notwendig, um die mögliche Ausnutzung von Lücken im System aufzudecken und teure Fehler zu vermeiden. Werden diese Fehler vermieden und das System erfolgreich eingeführt, fungiert es als zentraler Treiber für den langfristigen Vertriebserfolg.

Grundlagen zum Aktivitätsmanagement im Vertrieb

Holger Dannenberg

Inhaltsverzeichnis

1 Einleitung

Unumstritten benötigen Vertriebsmannschaften und einzelne Verkäufer Zielsetzungen für ihre Arbeit. Diese machen deutlich, welche Verkaufsergebnisse erzielt werden sollen, sie sollen motivieren, Erfolgserlebnisse bieten und sind häufig die Grundlage für Provisionen und Prämien. Generell lassen solche Zielsetzungen den Verkäufern aber immer noch relativ viele Freiheiten bei der individuellen Vorgehensweise bzw. bei der Entwicklung von konkreten Aktivitäten. Eine Zielsetzung stellt noch nicht sicher, dass auch die richtigen Kunden in der richtigen Häufigkeit und Qualität kontaktiert werden. Deswegen kommt es bei der Führung von Vertriebsmannschaften entscheidend darauf an, nicht nur Ziele zu setzen, sondern auch sicherzustellen, dass die jeweils richtigen Aktivitäten zur Zielerreichung durchgeführt werden. Oder, um es etwas plakativer zu sagen: Führungskräfte können keine Ziele, sondern nur Aktivitäten managen.

Holger Dannenberg ✉
Mercuri International Deutschland GmbH, Theodor-Hellmich-Straße 8,
40667 Meerbusch, Deutschland
e-mail: holger.dannenberg@mercuri.de

L. Binckebanck et al. (Hrsg.), *Führung von Vertriebsorganisationen*,
DOI 10.1007/978-3-658-01830-6_22, © Springer Fachmedien Wiesbaden 2013

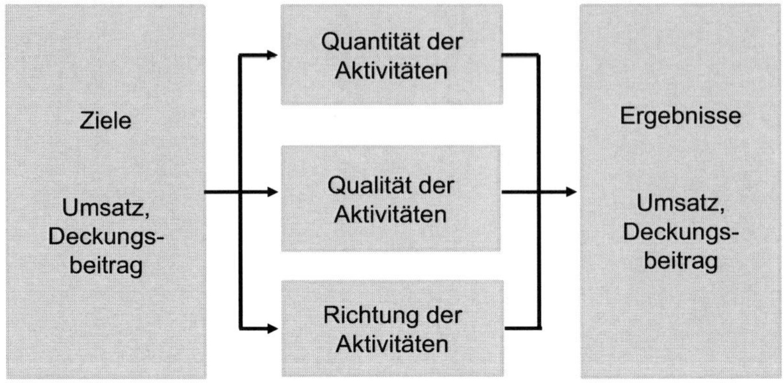

Abb. 1 QQR-System (Quelle: Mercuri International Deutschland GmbH)

Ziele zunächst in Aktivitäten zu „übersetzen" ist eine der größten Herausforderungen für Verkäufer und Führungskräfte. Dazu hat Mercuri International verschiedene Konzepte entwickelt, die einen systematischen Transformationsprozess sicherstellen.

2 Von Zielen zu Aktivitäten – QQR, das Basiskonzept des Aktivitätsmanagements

Das QQR-System beschreibt zunächst die grundlegenden Verkaufsaktivitäten, mit denen die Ziele erreicht werden können. Dabei lassen sich drei Kategorien von Aktivitäten unterscheiden:

- **Quantität**: Diese Kategorie bezieht sich auf quantitativ messbare Aktivitäten, zum Beispiel die Anzahl der Kundenbesuche, die Anzahl der Angebote oder die Anzahl der Demonstrationen/Vorführungen.
- **Qualität**: Die richtige Anzahl der Kundenkontakte wird aber nicht allein die Zielerreichung sicherstellen. Die Kundenkontakte müssen auch in der richtigen Qualität durchgeführt werden. Wie gut sind die Kundenbesuche, Angebote und Demonstrationen inhaltlich gestaltet? Wie gut sind die Kommunikationsfähigkeit der Verkäufer, ihr Einfühlungsvermögen, ihre Ausstrahlungskraft und ihre Argumentation?
- **Richtung**: Wenn die richtige Anzahl von Kontakten in der richtigen Qualität auch bei den richtigen Kundengruppen und Gesprächspartnern für die richtigen Produkte durchgeführt wird, stimmt auch die Richtung der Vertriebsarbeit.

Erst eine auf die Zielsetzungen abgestimmte Kombination von Quantität, Qualität und Richtung der Verkaufsarbeit wird dafür sorgen, dass die Ziele auch tatsächlich erreicht werden (vgl. Abb. 1).

3 Verkaufsprozesse – die Produktionsfunktionen des Vertriebs

Auch Vertrieb ist ein Produktionsprozess. Es werden zwar keine Werkstücke gefertigt, aber Aufträge, Umsätze und Deckungsbeiträge. Während Prozesse in der Produktion oft gründlich analysiert und auf Effizienzsteigerungspotenziale untersucht wurden, ist die Vertriebsarbeit meist weniger gut strukturiert. Verkaufen wird als eine Art persönliches Gesamtkunstwerk angesehen, und was genau bei der Vertriebsarbeit passiert ist oft eine Blackbox. Aber nur wenn es gelingt, Licht in diese Blackbox zu bringen und die Produktionsfunktionen für die Vertriebsarbeit zu definieren, lassen sich auch die genauen Aktivitäten definieren, die nötig sind, um die Vertriebsziele zu erreichen. Grundsätzlich lassen sich dabei zwei Arten von Verkaufsprozessen unterscheiden:

1. Ausbauprozesse, mit denen Aufträge oder Projekte generiert werden sollen.
2. Kundenbindungsprozesse, mit denen eine existierende Kundenbeziehung abgesichert werden soll und die bei bestehenden Kunden die Grundlage für neue Aufträge schaffen sollen.

3.1 Ausbauprozesse

Zielsetzung ist es, die notwendige Anzahl von Aufträgen zu erreichen, die für die Erreichung eines Verkaufsziels nötig ist. Diese Prozesse haben alle die gleiche Grundstruktur: Zielkunden müssen identifiziert, kontaktiert und überzeugt werden. Im Gegensatz zu klassischen Arbeitsprozessen in der Verwaltung oder der industriellen Produktion sind Ausbauprozesse im Vertrieb allerdings etwas komplizierter. Es werden keine Vorgänge oder Werkstücke, sondern Kunden bearbeitet. Kunden lassen sich nur schwer normieren, sie reagieren nicht immer logisch und werden gleichzeitig von Wettbewerbern bearbeitet. Deshalb ist es auch quasi ein Naturgesetz des Vertriebs, dass nicht alle Werkstücke (= potenzielle Kunden), die bearbeitet werden, am Ende auch tatsächlich einen Auftrag erteilen. Es müssen also immer deutlich mehr potenzielle Kunden bearbeitet werden, als letztlich für die Erreichung der Ziele nötig sind. Diese abnehmenden Erfolgswahrscheinlichkeiten werden durch Erfolgskennziffern (KPI) zwischen den einzelnen Phasen eines Verkaufsprozesses beschrieben.

In dem in Abb. 2 dargestellten Beispiel müssen beispielsweise 15 Zielkunden kontaktiert werden, um letztlich einen Auftrag in Höhe von 50.000 Euro zu erhalten. Das sind natürlich nur Beispielzahlen und ggf. unterscheiden sich die Erfolgsquoten bei bestehenden und neuen Kunden bzw. je nach Produkt oder Branche. Aber es wird deutlich, welche Quantität an Aktivitäten entwickelt werden muss, um einen Auftrag zu erhalten.

Natürlich beinhalten die quantitativen Erfolgsquoten auch ein bestimmtes Qualitätsniveau. Sie gelten nur, wenn die Aktivitäten auch in der richtigen Qualität durchgeführt werden. Deshalb sollte im Rahmen von Verkaufsprozessen das erwartete Qualitätsniveau für jede Aktivität festgelegt werden. Wie müssen die einzelnen Arbeitsschritte durchge-

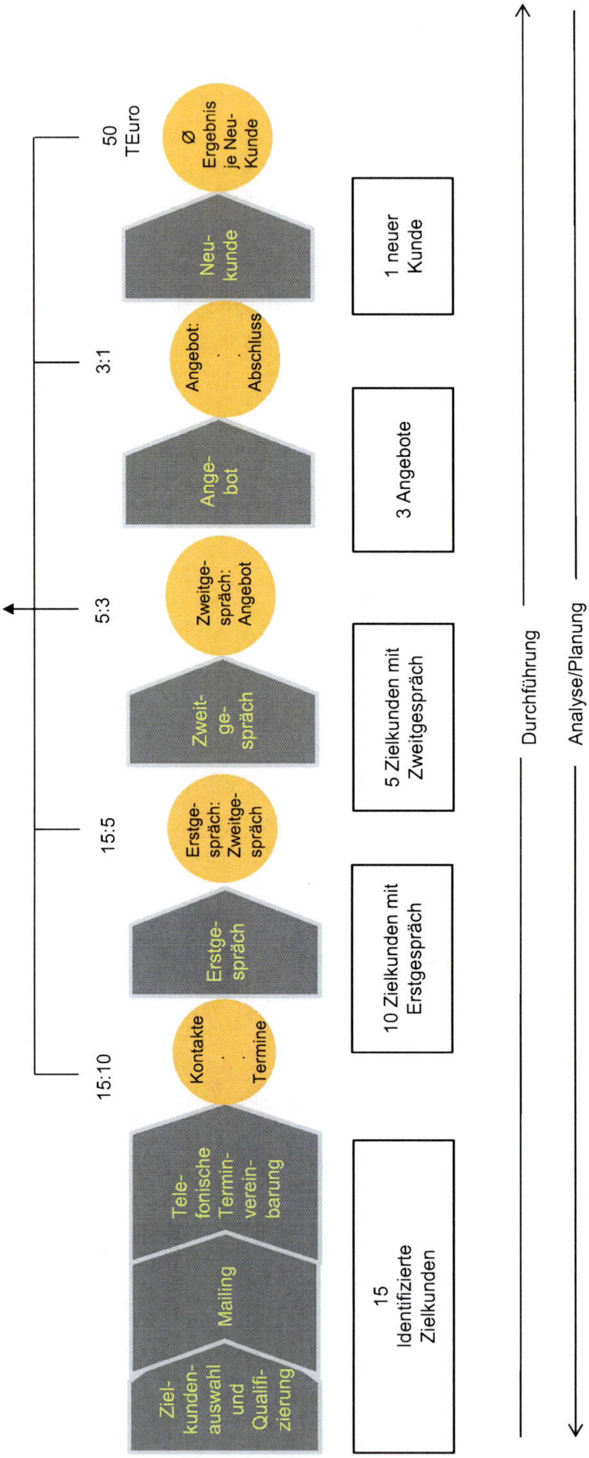

Abb. 2 Beispiel Ausbauprozess Neukunden (Quelle: Mercuri International Deutschland GmbH)

führt werden, damit die Erfolgsquoten wirklich erreicht werden? Welche unterstützenden Instrumente sollen eingesetzt werden? Trainingsinhalte, Verkaufshandbücher etc. sollten deshalb möglichst exakt auf die einzelnen Aktivitäten bzw. Schritte eines Verkaufsprozesses ausgerichtet sein, und kann anhand von Fallstudien trainiert werden. Die typischen Verkaufsseminare, die Techniken losgelöst von Verkaufsprozessen vermitteln, sind dafür nicht geeignet (vgl. Abb. 3).

Die Richtung der Verkaufsarbeit hat ebenfalls einen entscheidenden Einfluss auf die Effizienz eines Verkaufsprozesses. Allein das Profil der Zielkunden entscheidet oft über die Effizienz eines Prozesses. Je besser sie zum Angebotsprofil passen, desto besser werden normalerweise die Erfolgsquoten sein und desto weniger Kapazitäten werden benötigt. Aber nicht nur die Auswahl der Kunden ist eine Richtungsentscheidung. Auch die Erfassung und Ansprache der einzelnen Mitglieder des Buying Center spielen eine große Rolle. Wer ist in welcher Phase wichtig? Über wen kann ein Erstkontakt hergestellt werden? Wie können Mitglieder des Buying Center, zu denen kein direkter Kontakt möglich ist, beeinflusst werden? Was sind die jeweils spezifischen Interessen der einzelnen Funktionen und welche Argumente sollten wann eingesetzt werden?

Erst wenn alle drei Aktivitätskategorien – Quantität, Qualität und Richtung – berücksichtigt werden, lassen sich Verkaufsziele systematisch erreichen.

3.2 Kundenbindungsprozesse

In vielen Verkaufssituationen geht es aber nicht nur um den direkten Verkauf eines Produkts oder einer Leistung mit einem dezidierten Verkaufsprozess. Ist kein aktueller Bedarf vorhanden, muss sich ein Verkäufer zunächst so positionieren, dass er im Bedarfsfall angesprochen wird. In anderen Fällen erfolgen Bestellungen auf der Basis eines Rahmenvertrags oder es handelt sich um Wiederkäufe, die nicht jedes Mal separat verhandelt werden. In diesen Situationen spielt die generelle Kundenbindung eine große Rolle. Zielsetzung ist es, auch jenseits von vertraglichen Vereinbarungen so gute Beziehungen zum Kunden aufzubauen, dass er auch ohne einen gesonderten Verkaufsprozess direkt anfragt oder bestellt und dass Wettbewerber nicht zum Zuge kommen.

Die Kundenbeziehung ist damit die entscheidende Grundlage für eine dauerhaft erfolgreiche Verkaufsarbeit. Viele Verkäufer sind dementsprechend stolz auf die Qualität ihrer Kundenbeziehungen. Für sie ist es eine Frage der persönlichen „Chemie", die man nicht standardisieren oder über Aktivitäten steuern kann. Zu einem gewissen Teil stimmt das. Gute Beziehungen und der Aufbau von Kundenloyalität wird von vielen – häufig auch sehr persönlichen – Faktoren beeinflusst. Aber es wäre schlimm, wenn sich ein Unternehmen bei der so wichtigen Frage der Kundenbeziehungen ausschließlich auf die Intuition der Verkäufer verlassen müsste. Auch der Aufbau von Kundenbeziehungen folgt bestimmten Regeln, kann zumindest teilweise gemessen und über gezielte Aktivitäten beeinflusst werden.

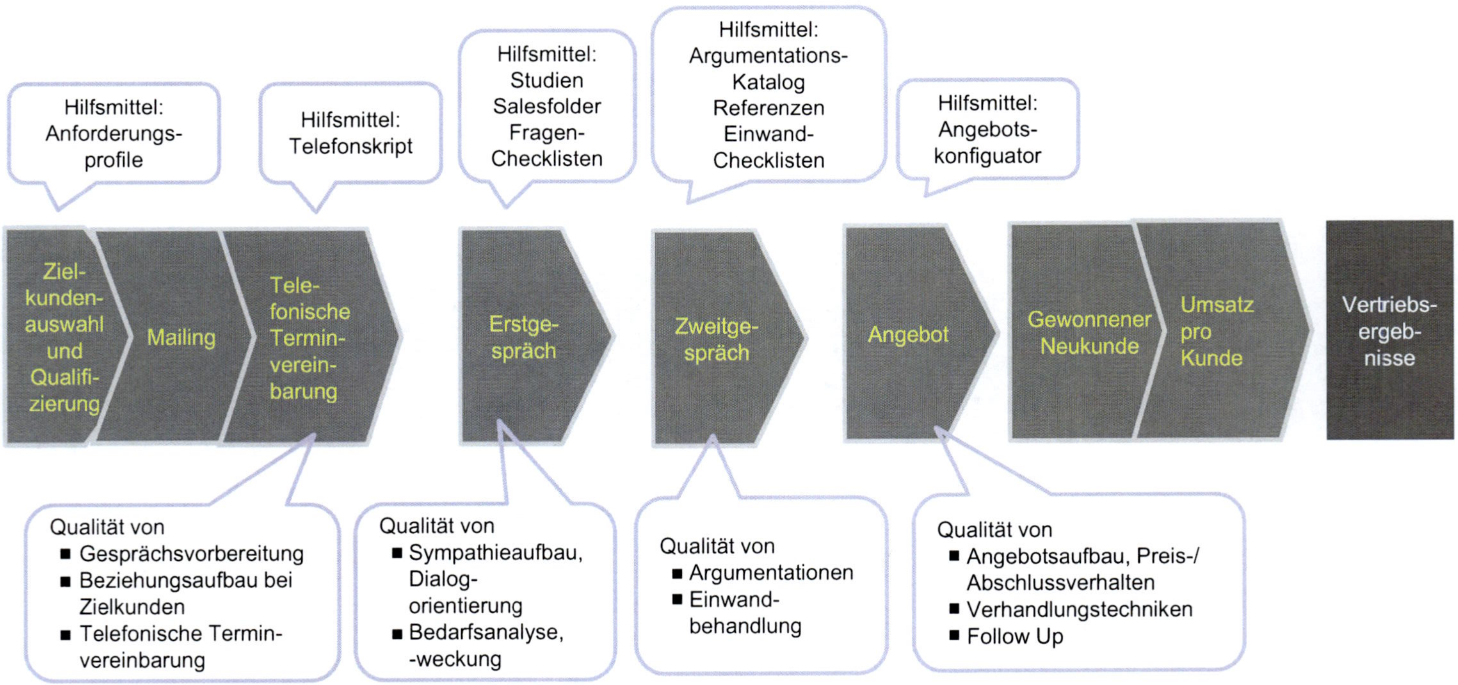

Abb. 3 Qualität der Prozessdurchführung (Quelle: Mercuri International Deutschland GmbH)

In der Praxis wird oft versucht, Kundenbindung durch die Vorgabe von Besuchshäufigkeiten durch die Verkäufer für einzelne Kundengruppen oder durch Einladungen, Veranstaltungen oder Geschenke sicherzustellen. Dies ist nach unserer Überzeugung und unseren Ergebnissen weder systematisch noch professionell. Kundenbesuche ohne wirklichen Grund sind beispielsweise eher eine Belästigung als eine Kundenbindungsmaßnahme. Auch das Bauchgefühl eines Verkäufers ist zwar wichtig, aber kein zuverlässiger Gradmesser für die Qualität einer Kundenbeziehung. Selbst Kundenzufriedenheitsbefragungen helfen nur sehr begrenzt weiter. Sie beziehen sich auf die Gesamtheit der Kunden, decken nicht alle Kunden ab und lassen keine Rückschlüsse auf die Qualität einer einzelnen Kundenbeziehung zu. Darüber hinaus sind zufriedene Kunden nicht automatisch loyale Kunden. Die meisten Unternehmen haben regelmäßig schmerzhaft erfahren, dass auch zufriedene Kunden ohne Vorwarnung zum Wettbewerb wechseln, wenn sie dort einen kleinen Vorteil erhalten.

Ein Kundenbindungsprozess ist völlig anders strukturiert als ein Ausbauprozess. Es ist nicht mehr ein klassischer Workflow, sondern ein selektiver Einsatz von konkreten Aktivitäten, die auch zu unterschiedlichen Zeitpunkten und unabhängig voneinander eingesetzt werden können, zur Stabilisierung der Kundenbeziehung. Um Kundenbindung professionell zu managen, müssen die Stellhebel definiert werden, die zur Kundenbindung beitragen. Das sind messbare Stabilitätskriterien, mit denen jede Kundenbeziehung bewertet werden kann. Einige Bespiele dafür sind:

- **Anzahl der Kontaktpartner beim Kunden**: Je mehr Kontaktpartner persönlich bekannt sind, desto vielschichtiger ist die Informations- und Beziehungsbasis. Sachliche oder emotionale Probleme mit einzelnen Gesprächspartnern können so eher kompensiert werden.
- **Anzahl der Kontaktpartner des Kunden im eigenen Unternehmen**: Im Prinzip gilt hier das Gleiche – die Kundenbeziehung basiert auf mehreren Ebenen und ist so weniger anfällig für zwischenmenschliche Differenzen einzelner Kontakte.
- **Kontakte auf Geschäftsleitungsniveau**: Wenn es nicht nur auf operativer, sondern auch auf strategischer Ebene Kontakte gibt, können Konfliktsituationen leichter entschärft und korrigierende Maßnahmen besser eingeleitet werden. Beide Geschäftsführer sind nicht durch das Tagesgeschäft belastet und können so wesentlich emotionsfreiere Verhandlungen führen. Allerdings ist es dabei wichtig, nicht den eigenen Verkäufer einfach zu übergehen und sich auf die Geschäftsführungsebene des Kunden zu beschränken. Plötzliche Zugeständnisse, die vorher vom Verkäufer abgelehnt worden sind, oder auch das Erreichen von Verhandlungserfolgen, also die Schaffung neuer Rahmenbedingungen, hätten schwerwiegende Folgen für die Motivation der operativen Mitarbeiter. Greift die Geschäftsführungsebene direkt in das operative Geschäft ein, besteht zusätzlich die Gefahr, dass zukünftig alle operativen Fragen auf Geschäftsleitungsebene bearbeitet werden müssten.
- **Produktportfolio**: Je mehr unterschiedliche Produkte ein Kunde bezieht, desto stabiler ist die Beziehung. Rückgänge bei einem Produkt können leichter ausglichen werden,

ohne dass die gesamte Stellung beim Kunden gefährdet ist. Auch dem in fast allen Industrien anzutreffenden Trend zur Lieferantenreduktion kann so am besten begegnet werden. Zudem lassen sich auch qualitative Schwächen von einzelnen Produkten leichter kompensieren bzw. sie werden nicht automatisch auf das gesamte Unternehmen übertragen.

- **Inanspruchnahme von Services und ergänzenden Dienstleistungen**: Je häufiger ein Kunde solche Angebote nutzt, desto größer werden Vernetzung, Abhängigkeit und Bindung des Kunden an das Unternehmen. Es kann also durchaus Sinn machen, bei solchen Angeboten nur mit kostendeckenden Margen zu arbeiten, wenn dadurch die Austauschbarkeit als Lieferant spürbar reduziert wird.
- **Reklamationsquoten**: Reklamationen stellen einen guten Gradmesser für die Befindlichkeit des Kunden dar. Grundsätzlich sollten Reklamationen positiv gesehen werden. Zum einen zeigt der Kunde Engagement im Vergleich zu vielen unzufriedenen Kunden, die sich nicht melden. Zum anderen ist jede professionell bearbeitete Reklamation (und natürlich die Lösung des zugrunde liegenden Problems) ein Mittel zur Festigung der Kundenbindung.
- **Servicestandards**: Servicestandards wie die maximale Dauer für die Beantwortung einer Anfrage sollen bereits im Vorfeld dafür sorgen, dass eine Kundenbeziehung nicht belastet wird. Auch hier kann man davon ausgehen, dass die Kundebeziehung umso besser ist, je exakter Servicestandards eingehalten werden.
- **Gesprächsinhalte**: Wird neben den direkten Geschäftsthemen auch über persönliche berufliche Perspektiven/Herausforderungen der Gesprächspartner gesprochen? Weiß man etwas über interne Erfolge und Niederlagen? Gibt es auch Gespräche über private Themen? Die Schulprobleme oder -erfolge der Kinder? Hausbau? Solche Beziehungen sind nicht so anfällig wie rein geschäftliche.
- **Integration in Kundengremien**: Wer als Lieferant in internen Gremien, Ausschüssen oder Projektgruppen des Kunden sitzt, ist nicht nur akzeptiert, sondern schwer ersetzbar. Er erhält zudem viele Hintergrundinformationen, die es ihm erleichtern, sich weiterhin richtig zu positionieren. Er kann Bedürfnisse und Anforderungen antizipieren und so uneinholbare Wettbewerbsvorsprünge erlangen.

Der große Vorteil dieser Stellhebel ist, dass sie alle aktiv durch das Anbieterunternehmen beeinflussbar sind. Immer wenn nicht die höchste mögliche Ausprägung erreicht wird, entsteht automatisch ein Handlungsbedarf für den Kundenbindungsprozess.

Mit einem einfachen Scoring-Modell kann der konkrete Status dieser Stellhebel analysiert werden (vgl. Tab. 1).

Für den Erfüllungsgrad eines jeden Stabilitätsfaktors werden ein bis drei Punkte vergeben. Wenn die volle Punktzahl nicht erreicht wird, können sofort konkrete Aktivitäten zugeordnet werden.

Tab. 1 Beispiel Scoring-Modell zur Messung der Beziehungsstabilität (Quelle: Mercuri International Deutschland GmbH)

	Stabilitätskriterien	1 Punkt +	2 Punkte ++	3 Punkte +++	Aktivitäten zur Verbesserung der Beziehungsstabilität
1	Kontaktebenen/-partner beim Kunden				
2	Kontaktebenen/-partner im eigenen Unternehmen				
3	Kontakte auf GF-Niveau				
4	Etabliertes Produktportfolio				
5	Inanspruchnahme von Service				
6	Reklamationsquoten				
7	Einhaltung von Servicestandards				
8	Gesprächsinhalte				
9	Integration in Kundengremien				
10	Referenzkunde				

4 Messung der Aktivitätsdurchführung

Um Aktivitäten zu managen, müssen also zunächst aus Ergebniszielen Aktivitätsziele abgeleitet werden. Der nächste Schritt besteht darin, das Erreichen von Aktivitätszielen zu messen. Die typischen Fragestellungen hierbei lauten: Inwieweit wurden die definierten Aktivitäten der Ausbauprozesse auch durchgeführt, welche KPI wurden erreicht und welche Aktivitäten zur Stabilisierung der Kundenbeziehungen wurden tatsächlich durchgeführt? Haben die Aktivitäten zu den gewünschten Ergebnissen geführt? Wenn nicht, welche Aktivitäten müssen angepasst werden?

Dazu sind natürlich bestimmte Berichtssysteme erforderlich, die die Aktivitätsdurchführung widerspiegeln. Es ist vergleichsweise einfach, die Quantität und auch die Richtung der Aktivitäten pro Kunden zu erfassen und mit den Zielsetzungen zu vergleichen. Leider sind die meisten CRM-Systeme aber nicht exakt darauf ausgerichtet. Es werden zwar Aktivitäten erfasst, aber nicht mit einer Zielgröße verglichen. Ein Zielabgleich erfolgt meist nur bei Ergebnissen oder Teilergebnissen (z. B. Pipeline). Weitaus schwieriger ist die Messung der Qualität der Aktivitäten. Dazu ist es nötig, einen Verkäufer bei typischen Aktivitäten zu begleiten (Stichwort „Coaching") und zu beobachten. Erst dadurch entsteht ein professionelles Aktivitätsmanagement im Vertrieb.

5 Fazit

Kein Fußballtrainer würde auf die Idee kommen, nur ein Spielergebnis vorzugeben und in der Umkleidekabine auf den Halbzeitstand zu warten. Er definiert vorab genau die Spielzüge (Verkaufsprozesse), die die Mannschaft durchführen muss, um einen bestimmten Gegner zu besiegen. Er trainiert jede einzelne Art des Ballkontaktes (Aktivität) und das Zusammenspiel der Spieler bis zur Automatisierung. Er sitzt am Spielfeldrand und beobachtet den Spielablauf (Berichts-/Reportingsysteme, Coaching) und greift korrigierend ein, wenn die Spielzüge nicht wie geplant durchgeführt werden oder wenn sie nicht zum Erfolg führen. In der vertrieblichen Führungspraxis ist das leider nicht immer der Fall.

Ein konsequentes Aktivitätsmanagement schafft nicht nur die Voraussetzung, um Vertriebsergebnisse systematisch zu erreichen. Es ist zugleich auch ein Frühwarninstrument, das es ermöglicht, korrigierend einzugreifen, bevor Ziele nicht erreicht werden.

Führung im Vertrieb – Einblicke in die Praxis

Ralf Menikheim

Inhaltsverzeichnis

1 Einleitung

Dieser Beitrag versteht sich als eine Einladung, um am Beispiel der Vertriebsführung in einem Unternehmen aus dem Finanzsektor einen konkreten Blick in die Praxis zu werfen. Die Besonderheit des Unternehmens und seiner Vertriebsführung besteht darin – wie später noch ausführlicher dargestellt wird –, dass es in einem sehr dynamischen Marktumfeld unterwegs ist. Gerade in hochdynamischen Märkten kommt es entscheidend darauf an,

Ralf Menikheim ✉
Karl Krämer Straße 15, 71364 Winnenden, Deutschland
e-mail: ralf.menikheim@hlcm.de

L. Binckebanck et al. (Hrsg.), *Führung von Vertriebsorganisationen*,
DOI 10.1007/978-3-658-01830-6_23, © Springer Fachmedien Wiesbaden 2013

dass die Führung einen klaren Blick für ihr eigenes Handeln entwickelt, um auch in einem sehr unsicheren Marktumfeld den Mitarbeitern eine Orientierung geben zu können. Aus diesem Grund ist es Ziel dieses Beitrags, konkrete Beispiele für entsprechende Handlungsprämissen und Leitplanken des eigenen Führungshandelns aufzuzeigen.

Aktuell ist das gesamte Marktumfeld des Finanzsektors großen sozioökonomischen, soziodemografischen, makro- und mikroökonomischen und außergewöhnlichen Veränderungen unterworfen. Das digitale Informationszeitalter, die Überalterung der Gesellschaft, das „grüne" Denken, der Durst nach Transparenz, Preisbewusstsein und nicht zuletzt auch die ethische Einstellung und damit einhergehend die moralische Anforderung gegenüber dem Finanzmarkt und Finanzmarktprodukten, gepaart mit einer neuen, hohen Risikoaversion, stellen den Vertrieb im klassischen Sinne und somit die Führung im Vertrieb vor herausfordernde Aufgaben.

Führung im Allgemeinen bedarf schon einer enormem Empathie, gepaart mit hochflexiblem Denken und Handlungsbereitschaft, die Konsequenzen folgen lässt. Speziell werden diese Themen in der praktischen Führung im Vertrieb, denn die Mitarbeiter arbeiten hier mit hochkomplexen Themen in einem instabilen Umfeld. Die Messbarkeit von Erfolg und Misserfolg kann sofort an Zahlen manifestiert werden, wodurch die Mitarbeiter unter einem erhöhten Leistungsdruck stehen und viel stärker und eindeutiger miteinander verglichen werden können, als es in anderen Bereichen zu finden ist.

Davon ausgehend, dass die meisten Vertriebe oder Vertriebsbereiche in Unternehmen die Basisstrukturen geschaffen haben und alle Hygienefaktoren – wie marktgerechte Vergütungsmodelle – installiert sind, werde ich im folgenden Beitrag beispielhaft aufzeigen, wie eine erfolgreiche Führung eines Vertriebs aussehen kann und vor allem, wie flexibel von der Leitung verschiedene Rollen eingenommen werden müssen.

Dazu erläutere ich zunächst in Abschn. 2 das Unternehmen und dessen Spezifika sowie die Besonderheiten des Markts und daraus resultierend die speziellen Anforderungen an den Vertrieb und dessen Führung. In Abschn. 3 gehe ich dann speziell auf die einzelnen Rollen ein, die innerhalb der Führung entstehen, und erläutere diese anhand von praktischen Beispielen.

2 Marktbedingungen und Anforderungen an den Vertrieb im Unternehmen

2.1 Das Unternehmen

Das Unternehmen ist Teil einer zu den weltweit führenden Finanzdienstleistern gehörenden Gruppe und feierte 2011 sein 20-jähriges Bestehen. Als modernes deutsches Versicherungsunternehmen mit Know-how und Expertise bietet es fondsgebundene Lösungen und flexible Garantiefonds in allen steuerlich geförderten Schichten sowie Produkte zur Absicherung bestimmter biometrischer Risiken an. Der Absatz der Produkte erfolgt ausschließlich über Finanzintermediäre.

2.2 Besonderheiten im Markt

Das Bedürfnis nach Versicherung steht bei der Bevölkerung eher am unteren Ende der Skala. Karl Valentin, bayerischer Komiker, Volkssänger, Autor und Filmproduzent, prägte den Satz: „Eine Versicherung ist etwas, das man eigentlich nie brauchen müssen möchte, aber doch einfach wollen muss, weil man sie immer brauchen tun könnte."

Im wirtschaftlichen Sinne sind Versicherungen die planmäßige Deckung eines im Einzelnen ungewissen, insgesamt aber schätzbaren Geldbedarfs auf der Grundlage eines zwischenwirtschaftlichen Risikoausgleichs.

Die Marktteilnehmer gliedern sich in Nachfrager, bestehend aus Privatpersonen und gewerblichen Kunden, sowie Anbieter in Form von in- und ausländischen Versicherern (AG, VVaG, öffentliches Recht) und die Vermittlerschaft in Form von Maklern, Ausschließlichkeitsvertrieben der Gesellschaften sowie Mehrfachgeneralagenturen.

Im Jahr 2010 waren insgesamt 582 Versicherungsunternehmen am Markt, davon 95 Lebensversicherungsunternehmen, 152 Pensionskassen, 48 Krankenversicherer, 211 Schaden-Unfallversicherer und 36 Rückversicherer. Bei den Lebensversicherern bedeutet dies zum Beispiel einen Rückgang der Anbieter um ca. 20 Prozent in 20 Jahren.

Die hochkomplexe Materie sowie die staatlichen Regulierungen des Markts erschweren die Transparenz für den Mandanten und auch in weiten Teilen für die Beraterschaft. Die Rahmenbedingungen des Markts werden definiert durch verstärkten Konkurrenz- und Kostendruck, Shake-Out-Prozess der Anbieter, höhere Anforderungen an Transparenz und finanzielle Stabilität (Unternehmensratings, Solvency II, IFRS, EU-Vermittlerrichtlinie, VVG Reform, IMD2), Veränderung demografischer und sozioökonomischer Faktoren, europäischen Binnenmarkt, Währungsunion, EU-Osterweiterung (Wettbewerb), Globalisierung/weltweite Kapitalmärkte (Wettbewerb), technologischen Fortschritt im IT-Bereich, Veränderungen der regulatorischen und der steuerlichen Rahmenbedingungen, ein gesamtwirtschaftliches Umfeld (Wachstumsschwäche) und neue Aufgaben im Bereich der sozialen Sicherung. Durch diese komplexen Rahmenbedingungen des Markts und ständige Veränderungen entstehen für den Vertrieb neue Herausforderungen, die im Folgenden erörtert werden.

2.3 Herausforderungen für den Vertrieb

Der Vertrieb steht nun vor der Frage, wie er erfolgreich bestehen kann. Wo sind die vertriebsstarken Kanäle und strategischen Konzepte? Welche Vertriebswege setzen sich mittel- und langfristig erfolgreich durch und vor welche Herausforderungen wird der Produktgeber gestellt? Als Nischenanbieter, dessen Produkte ohne Garantie aus dem Versicherungsmantel wachstums- und chancenorientierte Anleger ansprechen und dessen Vertriebsweg von Hause aus eingeschränkt auf Finanzintermediäre ist, sind gezielt Strategien zu entwickeln und umzusetzen, die eine Marktführerschaft in der Nische hervorbringen.

2.4 Anspruch an die Vertriebsleitung

Unabhängig davon, in welcher Position im Vertrieb geführt wird – ob in der Führung von Führungskräften oder in der Führung von Vertriebsmitarbeitern –, sind immer die gleichen oder ähnliche Grundsätze zu beachten:

- Es sind die Rahmenbedingungen für die Mitarbeiter zu definieren.
- Es sind die eigenen Rahmenleitplanken, der Führungsraum, zu definieren.

Die Vertriebsleitung kann die beste und motivierteste Vertriebsmannschaft der Welt zum Misserfolg führen, wenn sie es versäumt hat, Rahmenbedingungen zu schaffen. Diese müssen schriftlich fixiert und Bestandteil eines jeden Vertriebsmitarbeitergesprächs sein. Sie wirken als wichtige Leitplanken und schaffen eine bedeutsame Orientierung. Gerade in hochdynamischen Märkten besteht üblicherweise ohnehin eine hohe Unsicherheit über künftige Entwicklungen, weshalb es umso wichtiger ist, als Führungskraft hier besonders für Klarheit zu sorgen. Üblicherweise sind die Rahmenbedingungen durch die grundsätzlichen Entscheidungen des Unternehmens bestimmt und beinhalten Themen wie Compliance, Finance, Customer, People, Building the Business und Risk.

Daneben ist es allerdings absolut entscheidend, auch als Führungskraft bestimmte Eckpfeiler für das eigene Führungshandeln zu definieren – hieraus ergibt sich der Führungsraum.

Aus der praktischen Erfahrung haben sich dabei insbesondere die folgenden Leitlinien als sehr geeignet erwiesen:

- „**Nie in den Mangel gehen**“: Eine Führungskraft sollte stärkenorientiert arbeiten und das Produktportfolio sowie die Servicequalität und die Unternehmenswerte immer aus diesem Standpunkt gegenüber ihren Mitarbeitern vertreten. Es muss immer aus der Fülle argumentiert und nicht in das Konzert derer miteingestimmt werden, die nur aufzeigen, was dem Unternehmen alles fehlt – an Produkten, Service etc.
- „**In der Kraft bleiben**“: Eine Führungskraft sollte ebenso darauf achten, immer aus der Stärke und in der Kraft ihren Mitarbeitern gegenüberzutreten. Es ist mehr als kontraproduktiv, wenn Ihnen ein Mitarbeiter erzählt, wie schlecht es ihm beispielsweise gesundheitlich, psychisch, familiär usw. geht und Sie Ihr Verständnis dadurch ausdrücken, dass Sie ihm auch diese oder jene Problematik in Ihrem Leben darlegen. Sie helfen nicht, indem Sie sich auf dieselbe Stufe stellen, sondern nur, wenn Sie mit Ihrer Kraft andere aufrichten.
- „**Der Angst entgegengehen**“: Der hohe Druck im Vertrieb fördert gleichzeitig auch Ängste bei den Mitarbeitern. Es ist bedeutsam, diese Ängste nicht zu unterdrücken, sondern zu benennen und damit gezielt Lösungen und Strategien zur Bewältigung zu finden und zu entwickeln. Auch mit der eigenen Angst – zum Beispiel nicht mehr gemocht zu werden, wenn man unbeliebte Entscheidungen treffen muss – muss man sich stets auseinandersetzen und ihr mit geeigneten Strategien Paroli bieten.

- „**Empathisch sein**“: Führung bedeutet auch immer, sich in den Mitarbeiter hineinzuversetzen und ihn auf seinem Weg zu begleiten und zu unterstützen. Dafür ist es wichtig, den Mitarbeiter zu sehen und auch entsprechend auf Probleme und Missverständnisse eingehen zu können, genauso wie gute und motivierende Leistungen zu stärken und zu erkennen. Empathie ist eine der am meisten unterschätzten Führungseigenschaften. Sie bedarf der Kunst des aktiven Zuhörens und des Rollentauschs. Nur wer zuhört und sich einfühlt, kann verstehen, und nur wer versteht, kann führen.
- „**Verantwortlich sein und Verantwortung schaffen**“: Es ist wichtig, die Gesamtverantwortung im Blick zu behalten. Der Mitarbeiter ist immer Teil der Gesamtleistung und sollte in diesem Sinne gefördert und auch gefordert werden. Wenn die Führungskraft es schafft, Verantwortlichkeiten zu kreieren, dann ist der Weg der verlässlichen Delegation ebenfalls geebnet und Ihr Mitarbeiter ist gleichzeitig noch hochmotiviert, da Verantwortung zu erhalten zeigt, dass ihm vertraut wird.

Um in unterschiedlichen Führungssituationen angemessen zu reagieren, muss eine Führungskraft natürlich auch grundsätzlich in verschiedenen Rollen agieren. Dabei ist es wichtig, den definierten Führungsraum nicht zu verlassen, sonst verlieren die Mitarbeiter jede Form von Orientierung.

Das Bewusstwerden dieser verschiedenen Rollen ermöglicht daher der Führungskraft, ihren Führungsstil entsprechend auf die jeweils geforderte Situation anzupassen, um den Mitarbeiter bestmöglich zu führen und ihm eine Orientierung zu geben, aber gleichzeitig auch Ziele und Leistungen zu fordern und ihn zu fördern. Welche verschiedenen Rollen sich dabei in der Praxis bewährt haben, wird im Folgenden dargestellt.

3 Rollen der Vertriebsführung

3.1 Der Freund

Der Rolle des Freunds kommt im Vertrieb eine große Bedeutung zu. Ein „wahrer“ Freund ist immer für einen da, unterstützt, fördert, kommuniziert klar und geht mit einem durch „dick und dünn“. Er steht mit einem für eine gemeinsame Sache, für ein Ideal. Es gibt ein Miteinander, Freude, Spaß und eine große Schnittmenge an Gemeinsamkeiten. Wenn eine Führungskraft nun die Rolle des „Freunds“ annimmt, wird sie zum Ansprechpartner für soziale Themen wie Familie, Krankheit, Kinder, also für alle Themen rund um Freud, Leid, Not, Erfolg und Misserfolg im privaten Bereich. Diese Rolle verlangt von der Führungskraft enorme geistige und psychische Empathie. In der Art, wie eine Führungskraft diese Rolle ausfüllt, gibt es aber auch Grenzen, und diese Grenzen werden durch die Leitplanken des Führungsraums bestimmt.

3.2 Der Mentor

Die Rolle des Mentors wird vor allem genutzt, wenn Vertriebsnachwuchsführungskräfte geformt werden oder die Key People, auf denen der Erfolg aufbaut und die die Grundpfeiler des Unternehmens darstellen, gefördert werden sollen. Der Mentor arbeitet die Stärken des Einzelnen heraus und macht sie noch stärker. Er zeigt neue Wege und manifestiert den Erfolg. Er nimmt sich gezielt Zeit und unterstützt unter Umständen durch externe Trainingsmaßnahmen und durch schnelle Reflexion des Handelns.

Der Mentor schätzt den Vertriebsmitarbeiter klar und zuverlässig durch Erstellen einer Stärken-Schwächen-Analyse ein. Er zeigt ihm den Weg auf und begleitet ihn durch viele Gespräche und Reviews, die dokumentiert werden. Der Mitarbeiter wird gezielt weiterentwickelt, was durch den Einsatz externer Trainer oder Schulungsmaßnahmen noch weiter unterstützt werden kann.

3.3 Der Trainer

Er gibt eine Taktik vor, die dem Mitarbeiter hilft, die gesetzten Ziele zu erreichen. Er reflektiert offen, zeitnah und konstruktiv. Er bietet Trainings on the Job an. Er studiert Methoden- und Fachkompetenz ein. In der Praxis könnte zum Beispiel der Fall eintreten, dass das Unternehmen schlechte Presse erhält. Dann entwickelt die Geschäftsleitung eine Strategie, der Trainer gibt die Taktik vor und studiert diese ein. Auch für den Fall, dass ein wichtiger Key Partner den Umsatz einstellen will oder bei einem Produkt ein Schwenk eingeleitet werden soll, muss zwingend mit dem Vertriebsmitarbeiter trainiert werden.

3.4 Das Teammitglied

Hier sei noch einmal explizit darauf hingewiesen, dass Sie *niemals* Ihren Führungsraum verlassen dürfen. Als Teammitglied teilen Sie die Sorgen, Ängste und Nöte, entwickeln aber auch Ideen und Lösungsansätze, um gemeinsam erfolgreich zu sein.

Ein Team entwickelt eine Idee, das Unternehmen zieht mit, Erfolg stellt sich ein, Sie feiern mit, aber immer im Führungsraum. Es darf auf keinen Fall zu Entgleisungen kommen, wie einen starken Alkoholrausch, in dem Sie nicht mehr Herr Ihrer Sinne sind. Das Gleiche gilt auch für Misserfolg – Verständnis zeigen ist hilfreich, aber auch dort sollten Grenzen gesetzt werden, es sollte nicht zu einem „Mitjammern" ausarten.

3.5 Der Kritiker

Die Führungskraft im Vertrieb in der Rolle des Kritikers im Berufsleben darf nicht kritisieren um der Kritik willen. Jede Art von Kritik muss immer Potenziale aufzeigen und sehr konstruktiv sein. Beim Kritiküben muss man den Sales-Mitarbeiter „mit auf die Reise nehmen", um ihm dann ein „Angebot" zu unterbreiten.

Ein häufiges Problem ist, dass sich der Vertriebsmitarbeiter in „die eine Strategie" verrennt und dabei nur mäßigen Erfolg aufzeigt. Hier muss man durch gezielte Fragetechnik dafür sorgen, dass er selbst erkennt, dass es Optimierungsbedarf gibt, und ihm dann als Führungskraft Lösungen aufzeigen oder im optimalen Fall mit ihm gemeinsam Lösungen erarbeiten, um seine Ziele effizient und erfolgreich zu erreichen.

3.6 Der Ratgeber

In dieser Rolle ist es gefragt, Rat zu erteilen. Ein Rat ist keine Arbeitsanweisung und keine Kritik am Tun und Handeln des Vertriebsmitarbeiters, sondern als Angebot an ihn zu verstehen. Dies kann aber nur geschehen, wenn der Mitarbeiter offen dafür ist, diese Ratschläge anzunehmen, zu verstehen und umzusetzen.

In der Praxis stellen Sie zum Beispiel fest, dass ein erfolgreicher Vertriebsmitarbeiter ständig gestresst und abgekämpft – just in time – zu seinen Terminen erscheint. Hier kann man durchaus den Rat geben, mal über sein Zeitmanagement nachzudenken, und den Mitarbeiter unter Umständen dabei unterstützen, dieses entsprechend zu verbessern.

3.7 Der Kontrolleur

Generell ist dies die unbeliebteste Rolle bei den Vertriebsmitarbeitern. Sales hat immer etwas mit Vertrauen und großer Freiheit zu tun. Es ist daher enorm wichtig, nicht einfach zu kontrollieren, sondern dem Vertriebsmitarbeiter zu erklären, welchen Grund diese Kontrolle hat und was daraus alles abgeleitet werden kann, etwa eine Verkaufs- und/oder Produktstrategie. Es könnte beispielsweise durch ein Reporting festgestellt werden, dass im ganzen Bundesgebiet ein bestimmtes Produkt mit einer gewissen Schulungsstrategie sehr gut angenommen wird. Wieder andere Daten führen zu einem optimalen regionalen Arbeitskräfteeinsatz oder gar zu Strukturveränderungen und können sich daher positiv auf den Mitarbeiter auswirken.

4 Abschluss

Wir haben gesehen, wie spannend und vielschichtig das Thema Führung im Vertrieb ist und dass man mit dem Erlernen und Ausfüllen von Rollen sowie der Bereitschaft, konsequent zu handeln, schon die wesentlichen Tools kennt und beherrscht. Zusammenfassend ist für eine Führungskraft demnach zunächst bedeutsam, dass sie ihren Führungsraum definiert und beim Ausfüllen der Rollen darauf achtet, weiterhin in diesem Führungsraum zu agieren, um die Mitarbeiter bei den veränderten Marktbildern und Herausforderungen, die sich im Vertrieb ergeben, erfolgreich zu führen. Dabei ist es nicht bedeutsam, ob der Vertriebsmitarbeiter im Innendienst oder Außendienst arbeitet, da er in beiden Bereichen die entsprechenden Herausforderungen bewältigen muss.

Warum der eine Vertriebsmitarbeiter nun mit vollem Engagement, lernzielorientiert, weiterentwicklungswillig und hochmotiviert zu Werke geht und der andere quasi „zum Jagen" getragen werden muss, liegt wieder an vielen kleinen Einzelfaktoren und muss individuell herausgearbeitet werden.

Am Ende ist es aber immer wie in jedem anderen Arbeitsbereich auch: Es gibt die Spitzengruppe, das Mittelfeld und die, denen – wie auch deren Kunden und dem Unternehmen – man dann eventuell nach einiger Zeit den Gefallen tun muss, zu erkennen, dass das Zusammenspiel nicht funktioniert.

Grundsätzlich vertrete ich nicht die Meinung, dass aus jedem ein guter Vertriebsmitarbeiter zu machen ist.

Die Key People sind die Säulen und die Stützen des Unternehmens. Wichtig ist,

1. ihnen Gehör zu schenken,
2. sie ernst und wichtig zu nehmen,
3. ihnen Vertrauen zu schenken

und im Idealfall ihre Anregungen mit in den Betrieb zu nehmen und umzusetzen.

Mit diesen Maßnahmen lässt sich die Fluktuation von Main Playern enorm eindämmen. Dem Mittelfeld ist die Spitzengruppe stets ein Vorbild und es gilt als erstrebenswert, dazuzugehören.

MIX
Papier aus verantwortungsvollen Quellen
Paper from responsible sources
FSC® C105338

Printed by Books on Demand, Germany